"十二五"国家重点图书
合成树脂及应用丛书

有机硅树脂及其应用

■ 赵陈超　章基凯　编著

化学工业出版社

·北京·

有机硅树脂是一类高性能特殊材料，也是近年来发展较快应用较广的新材料之一，一直受到广泛关注。本书较为全面、系统地介绍了有机硅树脂各方面的内容，在阐述有机硅树脂制备的一般知识与基本理论的基础上，深入而系统地介绍了有机硅树脂、改性有机硅树脂的制备方法、性能与应用等。全书共五章，包括概述、有机硅树脂的制备、改性有机硅树脂的制备、有机硅树脂的性能、有机硅树脂的应用及其相关硅胶方面论述等。

本书内容详实丰富，文字浅显，选材新颖，既有一定的理论深度，更有较强的实用性、知识性和手册性，是从事有机硅树脂研究与开发、生产与应用的科技工作者的有益的参考书，并可作为大专院校师生的参考书。也是关心有机硅树脂发展与应用，需要了解这一内容的广大读者必要的工具书和参考书。

图书在版编目（CIP）数据

有机硅树脂及其应用/赵陈超，章基凯编著．—北京：化学工业出版社，2011.8（2018.8 重印）
（合成树脂及应用丛书）
ISBN 978-7-122-11018-3

Ⅰ．有⋯　Ⅱ．①赵⋯②章⋯　Ⅲ．有机硅化合物-合成树脂　Ⅳ．TQ322.4

中国版本图书馆 CIP 数据核字（2011）第 067215 号

责任编辑：仇志刚　　　　　　　　　文字编辑：徐雪华
责任校对：王素芹　　　　　　　　　装帧设计：尹琳琳

出版发行：化学工业出版社（北京市东城区青年湖南街 13 号　邮政编码 100011）
印　　装：北京天宇星印刷厂
710mm×1000mm　1/16　印张 27　字数 522 千字　2018 年 8 月北京第 1 版第 4 次印刷

购书咨询：010-64518888　　　　　　售后服务：010-64518899
网　　址：http://www.cip.com.cn
凡购买本书，如有缺损质量问题，本社销售中心负责调换。

定　价：78.00 元　　　　　　　　　　　　　　版权所有　违者必究

《合成树脂及应用丛书》编委会

高 级 顾 问： 李勇武　袁晴棠

编委会主任： 杨元一

编委会副主任： 洪定一　廖正品　何盛宝　富志侠　胡　杰
　　　　　　　　　王玉庆　潘正安　吴海君　赵起超

编委会委员（按姓氏笔画排序）：

　　王玉庆　王正元　王荣伟　王绪江　乔金樑
　　朱建民　刘益军　江建安　杨元一　李　杨
　　李　玲　邴涓林　肖淑红　吴忠文　吴海君
　　何盛宝　张师军　陈　平　林　雯　胡　杰
　　胡企中　赵陈超　赵起超　洪定一　徐世峰
　　黄　帆　黄　锐　黄发荣　富志侠　廖正品
　　颜　悦　潘正安　魏家瑞

Preface 序

合成树脂作为塑料、合成纤维、涂料、胶黏剂等行业的基础原料，不仅在建筑业、农业、制造业（汽车、铁路、船舶）、包装业有广泛应用，在国防建设、尖端技术、电子信息等领域也有很大需求，已成为继金属、木材、水泥之后的第四大类材料。2010年我国合成树脂产量达4361万吨，产量以每年两位数的速度增长，消费量也逐年提高，我国已成为仅次于美国的世界第二大合成树脂消费国。

近年来，我国合成树脂在产品质量、生产技术和装备、科研开发等方面均取得了长足的进步，在某些领域已达到或接近世界先进水平，但整体水平与发达国家相比尚存在明显差距。随着生产技术和加工应用技术的发展，合成树脂生产行业和塑料加工行业的研发人员、管理人员、技术工人都迫切希望提高自己的专业技术水平，掌握先进技术的发展现状及趋势，对高质量的合成树脂及应用方面的丛书有迫切需求。

化学工业出版社急行业之所需，组织编写《合成树脂及应用丛书》（共17个分册），开创性地打破合成树脂生产行业和加工应用行业之间的藩篱，架起了一座横跨合成树脂研究开发、生产制备、加工应用等领域的沟通桥梁。使得合成树脂上游（研发、生产、销售）人员了解下游（加工应用）的需求，下游人员了解生产过程对加工应用的影响，从而达到互相沟通，进一步提高合成树脂及加工应用产业的生产和技术水平。

该套丛书反映了我国"十五"、"十一五"期间合成树脂生产及加工应用方面的研发进展，包括"973"、"863"、"自然科学基金"等国家级课题的相关研究成果和各大公司、科研机构攻关项目的相关研究成果，突出了产、研、销、用一体化的理念。丛书涵盖了树脂产品的发展趋势及其合成新工艺、树脂牌号、加工性能、测试表征等技术，内容全面、实用。丛书的出版为提高从业人员的业务水准和提升行业竞争力做出贡献。

该套丛书的策划得到了国内生产树脂的三大集团公司（中国石化、中国石油、中国化工集团），以及管理树脂加工应用的中国塑料加工工业协会的支持。聘请国内 20 多家科研院所、高等院校和生产企业的骨干技术专家、教授组成了强大的编写队伍。各分册的稿件都经丛书编委会和编著者认真的讨论，反复修改和审查，有力地保证了该套图书内容的实用性、先进性，相信丛书的出版一定会赢得行业读者的喜爱，并对行业的结构调整、产业升级与持续发展起到重要的指导作用。

袁晴棠

2011 年 8 月

Foreword 前言

聚硅氧烷是第一个在工业上获得应用的元素高分子,也是元素有机高分子领域中发展最快的一个分支。自 20 世纪 40 年代问世以来,有机硅就以其独特的结构而具有许多优异的性能,如良好的耐高低温性、耐候性、防潮、绝缘、介电性、生理惰性、透气性、表面疏水性以及较低的表面张力、玻璃化温度等,广泛地应用于电子、电器、交通、纺织、造纸、皮革、食品、医药、卫生等部门,是一种很有发展前途的新型绿色材料。

随着聚合的理论和技术的发展,作为有机硅系中的重要产品之一——有机硅树脂受到了国内外学者的高度重视,早在 1937 年美国人 J. F. 海德首先制成浸涂电绝缘用玻璃布的有机硅树脂。1943 年美国陶-康宁公司建成甲基苯基硅树脂中间试验工厂,1945 年实现了工业化生产。国内始于 1952 年建立了有机硅产品(硅油、硅橡胶、硅树脂)的研究和工业生产,配合了国民经济和国防工业的发展需要。除单纯的聚硅氧烷的树脂外,相继开发出各种系列和牌号的改性有机硅树脂、有机硅树脂的乳液、固态有机硅树脂、粉末有机硅树脂等,有机硅树脂主要作为绝缘漆(包括清漆、瓷漆、色漆、浸渍漆等)浸渍 H 级电机及变压器线圈,以及用来浸渍玻璃布、玻璃布丝及石棉布后制成电机套管、电器绝缘绕组等。用有机硅绝缘漆黏结云母可制得大面积云母片绝缘材料,用作高压电机的主绝缘。此外,硅树脂还可用作耐热、耐候的防腐涂料,金属保护涂料,建筑工程防水防潮涂料,脱模剂,黏合剂以及二次加工成有机硅塑料,在电子、电气和国防工业中,作为半导体封装材料和电子、电器零部件的绝缘材料等领域的应用也日趋广泛,相关的理论研究也得到了发展。

本书以编者在长期技术积累的基础上,整理以往编写发表的资料和文章,并参考了近年来国内外有关有机硅树脂合成及有机硅树脂应用技术的专著及论文编写而成,比较全面阐述和总结了各种类型有机硅树脂合成与应用技术,试图为从事有机硅树脂合成与应用技术开发这一领域工作的人们提供参考与帮助。在编写过程中,参考并引用了国内外同行专家的文献资料，在此表示感谢。

有机硅树脂作为一类新型的高科技材料，其品种层出不穷，应用技术日新月异，限于编者水平和时间仓促，书中可能有不少疏漏之处，敬请诸位同行专家和广大读者给予补充和指正，不胜感谢。

编者
2011 年 3 月于上海

Contents 目录

第1章　绪言 — 1
1.1　有机硅发展简史 — 2
1.1.1　有机硅化学的发展历程 — 2
1.1.2　有机硅工业发展状况 — 5
1.2　硅树脂的结构单元 — 7
1.3　硅树脂的分类 — 9
1.3.1　按主链结构来划分 — 9
1.3.2　按照交联固化反应机理划分 — 10
1.3.3　按照固化条件来区分 — 11
1.3.4　按照产品的形态区分 — 12
1.4　有机硅材料技术发展趋势 — 13
1.4.1　交联方式 — 13
1.4.2　聚合物的化学改性 — 14
1.4.3　配合技术和新型添加剂 — 15
参考文献 — 16

第2章　有机硅树脂的制备 — 18
2.1　有机硅单体的制备 — 18
2.1.1　有机金属合成法 — 19
2.1.2　直接合成法 — 23
2.1.3　硅氢加成法 — 25
2.1.4　热缩合法 — 28
2.1.5　歧化（再分配）法 — 31
2.2　重要的有机硅单体及其性质 — 33
2.2.1　有机氯硅烷单体的性质 — 33
2.2.2　有机硅醇 — 36
2.2.3　有机烷氧基硅烷 — 37
2.2.4　有机酰氧基硅烷 — 38
2.2.5　有机硅胺 — 39
2.2.6　甲基苯基二氯硅烷 — 39
2.2.7　含有机官能团的有机硅烷 — 39
2.3　有机硅树脂的制备原理 — 40
2.3.1　有机硅树脂合成路线 — 40

2.3.2　有机硅树脂的合成工艺过程 ································ 41
   2.3.3　有机硅树脂的合成主要工序 ································ 42
 2.4　有机硅树脂的配方设计原则 ·· 43
   2.4.1　R/Si 值，Ph/R 值 ·· 44
   2.4.2　取代基的类型 ·· 46
 2.5　纯硅树脂的制备及实例 ·· 47
   2.5.1　缩合型硅树脂的制备 ··· 47
   2.5.2　过氧化物型硅树脂的制备 ····································· 63
   2.5.3　加成型硅树脂的制备 ··· 64
 参考文献 ·· 65

第3章　改性有机硅树脂的制备 —————— 68
 3.1　醇酸树脂改性有机硅树脂 ··· 69
   3.1.1　有机硅改性醇酸树脂的物理法 ······························ 69
   3.1.2　有机硅改性醇酸树脂的化学法 ······························ 70
   3.1.3　有机硅改性醇酸树脂的合成工艺及其性能 ·············· 71
   3.1.4　有机硅改性醇酸树脂实例 ···································· 76
 3.2　有机硅改性聚酯树脂 ··· 82
   3.2.1　物理共混法 ··· 82
   3.2.2　化学改性法 ··· 83
   3.2.3　大分子共聚改性法 ··· 83
   3.2.4　单体共聚改性法 ·· 90
 3.3　环氧树脂改性有机硅树脂 ··· 93
   3.3.1　共混改性 ·· 94
   3.3.2　共聚改性 ·· 99
   3.3.3　实例 ··· 114
 3.4　酚醛树脂改性有机硅树脂 ··· 118
   3.4.1　有机硅改性酚醛树脂的经典制法 ························· 120
   3.4.2　影响有机硅改性酚醛树脂性能的因素 ··················· 121
   3.4.3　有机硅改性酚醛树脂的制备实例 ························· 124
 3.5　丙烯酸树脂改性有机硅树脂 ······································ 128
   3.5.1　改性原理 ·· 129
   3.5.2　物理共混法 ··· 129
   3.5.3　化学改性法 ··· 130
 3.6　有机硅改性聚酰亚胺的合成 ······································ 141
   3.6.1　改性原料和方法 ··· 142
   3.6.2　共聚改性法制备有机硅改性聚酰亚胺 ··················· 143
 3.7　有机硅改性聚氨酯树脂 ·· 157
   3.7.1　物理改性 ·· 158

3.7.2　化学改性 ·· 159
3.8　有机硅改性氟树脂 ··· 177
　　3.8.1　物理共混法 ·· 178
　　3.8.2　化学改性 ·· 181
3.9　有机硅改性其他树脂 ·· 188
　　3.9.1　有机硅改性聚烯烃 ··· 188
　　3.9.2　有机硅改性 SBS ·· 190
　　3.9.3　反应性有机硅改性肉桂酸酯类紫外线吸收剂 ··· 191
　　3.9.4　硅氧烷改性聚碳酸酯 ··· 193
　　3.9.5　有机硅改性聚异丁烯 ··· 193
　　3.9.6　硅氧烷改性聚氯乙烯 ··· 194
　　3.9.7　有机硅改性腰果酚醛聚合物 ·· 195
　　3.9.8　硅氧烷改性聚苯乙烯 ··· 196
　　3.9.9　有机硅改性菜油皮革加脂剂 ·· 196
　　3.9.10　硅氧烷改性聚酰胺 ·· 198
　　3.9.11　有机硅改性三聚氰胺甲醛树脂 ··· 199
　　3.9.12　硅氧烷改性聚苯醚 ·· 199
　　3.9.13　有机硅改性萜烯树脂 ·· 200
　　3.9.14　硅氧烷改性聚苯硫醚 ·· 202
　　3.9.15　有机硅改性 VAc/BA/AA 共聚乳液 ·· 202
　　3.9.16　硅氧烷改性聚甲醛或共聚甲醛 ··· 204
　　3.9.17　有机硅改性醋丙乳液 ·· 205
　　3.9.18　硅氧烷改性饱和聚酯 ·· 206
参考文献 ··· 207

第4章　有机硅树脂的性能——212

4.1　硅树脂组成与性能的关系 ··· 212
4.2　耐热性、耐寒性 ··· 215
　　4.2.1　分子结构特点决定硅树脂高耐热性 ·· 215
　　4.2.2　有机硅树脂分子中不同侧基对耐热性的影响 ·· 216
　　4.2.3　与其他有机树脂耐热性比较 ·· 218
4.3　电性能（电绝缘性） ·· 222
4.4　耐候性 ··· 225
4.5　相容性与防粘性 ··· 228
4.6　机械强度——力学性能 ··· 228
4.7　耐化学试剂性 ·· 230
4.8　憎水性 ··· 232
4.9　透湿性 ··· 233
4.10　耐辐射性 ··· 233
参考文献 ··· 233

第 5 章 有机硅树脂的应用 —— 235

5.1 有机硅绝缘漆 —— 235
5.1.1 线圈浸渍漆 —— 238
5.1.2 云母粘接用绝缘漆 —— 243
5.1.3 玻璃布及套管浸渍漆 —— 245
5.1.4 玻璃布层压板用浸渍漆 —— 246
5.1.5 低温或室温固化有机硅漆 —— 247
5.1.6 绝缘覆盖磁漆-有机硅硅钢片绝缘漆 —— 249
5.1.7 有机硅电器元件用涂料 —— 250
5.1.8 专用有机硅电绝缘涂料 —— 251

5.2 有机硅涂料 —— 253
5.2.1 有机硅耐热涂料 —— 253
5.2.2 耐候涂料 —— 277
5.2.3 耐磨涂料 —— 284
5.2.4 防黏脱模涂料 —— 293
5.2.5 防水、防潮涂料 —— 295
5.2.6 耐核辐照涂料 —— 300
5.2.7 有机硅示温涂料 —— 301
5.2.8 塑料保护用有机硅涂料 —— 302
5.2.9 其他有机硅涂料 —— 303

5.3 有机硅胶黏剂 —— 313
5.3.1 硅树脂型胶黏剂 —— 313
5.3.2 有机硅压敏胶黏剂 —— 329

5.4 有机硅塑料 —— 349
5.4.1 有机硅层压塑料 —— 349
5.4.2 有机硅模压塑料 —— 351
5.4.3 有机硅泡沫塑料 —— 357
5.4.4 微粉及梯形聚合物 —— 358

5.5 有机硅改性密封胶 —— 358
5.5.1 有机硅改性密封胶的原料 —— 359
5.5.2 典型配方 —— 361
5.5.3 硅改性密封胶的特点 —— 365
5.5.4 技术进展 —— 366

5.6 有机硅树脂乳液在涂料工业中的应用 —— 368
5.6.1 有机硅乳液作成膜聚合物的特点 —— 369
5.6.2 有机硅乳液涂料实例 —— 370

5.7 有机硅改性聚合物皮化材料 —— 389
5.7.1 有机硅改性丙烯酸树脂 —— 389

- 5.7.2 有机硅改性聚氨酯 390
- 5.7.3 有机硅改性硝化棉 392
- 5.7.4 有机硅改性酪素 392

5.8 有机硅树脂石材防护剂 396
- 5.8.1 石材防护剂种类 397
- 5.8.2 有机硅树脂石材防护剂 398
- 5.8.3 有机硅树脂石材防护剂的制备 400
- 5.8.4 有机硅树脂石材防护剂性能 400

5.9 有机硅树脂在其他方面的应用 402
- 5.9.1 有机硅改性环氧树脂的电子封装材料 402
- 5.9.2 有机硅改性环氧树脂在油墨中的应用 404
- 5.9.3 有机硅树脂作为补强材料 405
- 5.9.4 有机硅树脂作为增黏剂 405
- 5.9.5 有机硅树脂在精纺纯毛织物防缩整理中的应用 406
- 5.9.6 有机硅树脂在特种纸加工中的应用 408
- 5.9.7 有机硅改性聚氨酯用作弹性体 408
- 5.9.8 有机硅改性聚氨酯在医学上的应用 409
- 5.9.9 水性聚氨酯-含硅丙烯酸酯织物涂层胶 410
- 5.9.10 有机硅乳液手套涂覆液 411
- 5.9.11 有机硅乳液用作金属表面的憎水膜 412
- 5.9.12 有机硅乳液用作脱模剂 412
- 5.9.13 有机硅改性丙烯酸酯类水基压敏胶 414

参考文献 415

第1章 绪言

硅元素熔点为 1420℃，是世界上分布最广的元素之一，地壳中约含 21.75%，主要以二氧化硅和硅酸盐存在，自然界中常见的化合物有石英石、长石、云母、滑石粉等耐热难熔的硅酸盐材料。二氧化硅熔点为 1710℃。硅和碳是在元素周期表中同属ⅣA族的主族元素，原子序数 14，因此碳、硅两元素具有许多相似的化学性能。最早的研究工作是将硅与碳相类比，一些科学工作者热心追求硅取代碳的分支化学，或结合起来的硅-碳化学。初期研究的是寻找带硅-碳键的化合物的途径和方法，这种键在任何天然物质中是没有已知模型的。天然的硅的化合物是以硅酸盐的形式存在，是几千年来人类最早利用的一种原料。

凡是含 Si—C 键的化合物通称为有机硅化合物，习惯上也常把那些通过氧、硫、氮等使有机基与硅原子相连接的化合物也当作有机硅化合物。有机硅树脂即聚有机硅氧烷是含 Si—O—Si 链、硅原子上至少连接一个有机基团（$[-\underset{R'}{\overset{R}{Si}}-O]$ 结构单元，R_1、R_2 是烷基或芳基）接成主链的高聚物。Silicone 一词，有关词典译为（聚）硅酮，通式为 R_2SiO_2 与酮 R_2CO 相对应。有的译为"硅珙"，用它泛指含 Si—C 键的单体或聚合的有机硅化合物，有时用作各类有机硅聚合物的集合名词；也有狭义地用来指含 Si—O—Si 键的有机硅聚合物，其中硅原子通过氧原子而相互连接起来，没有被氧占用的硅的化合价被至少一个有机基团所饱和。其线型聚硅氧烷含有 1000 多个 $[-\underset{R'}{\overset{R}{Si}}-O]$ 单元，称为硅橡胶。少于 1000 个 $[-\underset{R'}{\overset{R}{Si}}-O]$ 单元的封端线型聚硅氧烷为油状流体（硅油），如 $Me_3SiO[-\underset{R}{\overset{R}{Si}}-O]_n OSiMe_3$。具有高度交联网状结构的聚有机硅氧烷，是以 Si—O 键为分子主链，并具有高支链度的有机硅聚合物的是有机硅树脂，又称硅树脂：

$$\left(\begin{matrix} Ph & Me & H \\ | & | & | \\ -Si-O-Si-O-Si-O \\ | & | & | \\ Me & Me & O \\ & & | \\ & & X \end{matrix}\right)_n$$

Ph 代表芳基，Me 代表甲基，X 代表交联的基团，n 代表聚合度。其通式为 $R_n SiO_{(4-n)/2}$，实际上有机硅氧烷单元也可以用这个化学式表示，基中 n 的值为 1～3。

以硅氧键（—Si—O—Si—）为骨架组成的聚硅氧烷，是有机硅化合物中为数最多，研究最深、应用最广的一类，约占总用量的 90% 以上。有机硅产品含有 Si—O—Si 键，在这一点上基本与形成硅酸和硅酸盐的无机物结构单元相同；同时又含 Si—C 键（烃基），而只有部分有机物的性质，是介于有机和无机聚合物之间的聚合物。由于这种双重性，使有机硅聚合物除具有一般无机物的耐热性、耐燃性及坚硬性等特性外，又有绝缘性、热塑性和可溶性等有机聚合物的特性，因此被人们称为半无机聚合物。由于有机硅产品兼备了无机材料与有机材料的性能，因而有机硅树脂具有比其他有机聚合物更高的热稳定性和较高的抗氧化性。在广泛温度范围里，和其他烃类聚合物相比，有机硅树脂能保持初始的物理性质。它具有耐高低温、电气绝缘、耐臭氧、耐辐射、难燃、憎水、耐腐蚀、无毒无味以及生理惰性等优异特性，广泛应用于电子电气、建筑、化工、纺织、轻工、医疗等各行业，应用有机硅的主要功能包括：密封、封装、黏合、润滑、涂层、层压、表面活性、脱膜、消泡、发泡、交联、防水、防潮、惰性填充等。并且随着有机硅数量和品种的持续增长，应用领域不断拓宽，形成化工新材料界独树一帜的重要产品体系，许多品种是其他化学品无法替代而又必不可少的。

1.1 有机硅发展简史

1.1.1 有机硅化学的发展历程

1.1.1.1 创始时期

1863～1880 年，法国科学家弗里得尔（C. Friedel）和克拉夫茨（J. M. Crafts）以及稍后的拉登堡（A. Ladenberg）等做了大量工作。他们已注意到了硅和硅碳化合物，并进行了广泛、深入的研究。将四氯化硅和二乙基锌在封管中加热到 160℃，合成了第一个含 Si—C 键的有机硅化合物——四乙基硅烷：

$$2Zn(C_2H_5)_2 + SiCl_4 \longrightarrow 2ZnCl_2 + Si(C_2H_5)_4$$

1885 年，化学家波利斯（Polis）利用伍兹（Wurtz）反应成功地合成了硅的芳烃化合物：

$$SiCl_4 + 4RCl + 8Na \longrightarrow R_4Si + 8NaCl$$

式中，R 为苯基、甲苯基或苯甲基。

此后，弗里得尔与拉登堡不用封管，由二乙基锌与三乙氧基氯硅烷和金属钠反应制得了各种取代基的硅烷，如乙基氯硅烷、乙基乙氧基氯硅烷、苯基氯硅烷等。1863～1903 年四十年间是有机硅化学的创始时期，习惯上称为第一期。

1.1.1.2 成长时期

从 1904～1937 年这一阶段，即 1904 年英国科学家基平（F. S. Kippihg）采用格林纳试剂与四氯化硅成功地合成了含有硅-碳键的化合物——二甲基二氯硅烷，从而为有机硅的研究奠定了基础：

$$2CH_3MgCl + SiCl_4 \longrightarrow (CH_3)_2SiCl_2 + 2MgCl_2$$

不但合成了许多有机硅简单化合物 R—Si—X，而且也出现了环体和线型聚硅氧烷（以—Si—O—Si—键为骨架的材料）。除此以外，在试验过程中发现：得到了含有可水解的官能团的部分烷基取代的硅烷时，二甲基二氯硅烷的化学性质十分活跃，它水解后可生成硅醇，通过硅二醇与硅三醇分子之间的缩合，可以生成硅—氧键为骨架的高聚物原理，打开了有机硅树脂合成道路。这些高聚物有的为油状，有的像树脂状，有的是胶状，这就是今天所得到的各种硅油、硅树脂和硅橡胶，但当时忽视了所见到的聚合现象，未能认识到这一领域中聚合作用的重要性，因此，把这些聚合物作茧自缚为讨厌的副产物分离出来。

基平在有机硅化学领域工作了 45 年，前后发表了 54 篇研究论文，最后他得出结论：有机硅化学领域不能和碳化学相比拟，二者的差别比相同点要大得多：

(1) 相同点 硅烷和碳氢组成的烷一样有四个共价键、同样具有正四面排列特点。

(2) 不同点

① 硅为第二周期元素，原子共价半径比碳大，不能形成（p-p）π 多重键，在与氧结合时只能形成（d-p）π 键。硅原子比碳原子大 20%，并且要重。

② 硅比碳的电负性小，即硅电正性大。不仅在 Si—C 键中 Si 显正电性，而且在 Si—H 键中也是如此。所以在 Si—O、Si—C、Si—H 等键中，在化学分解时，硅原子是受亲核试剂（Nu^-）攻击，而 O、C 和 H 等是受亲电试剂（E^+）的攻击，见下式：

$$-\overset{|}{\underset{|}{Si}}-\ddot{Z}- \ +E^+ \longrightarrow -\overset{|}{\underset{|}{Si}}^+-\ddot{Z}-$$
$$\overset{|}{\underset{|}{E}}$$

$$-\overset{|}{\underset{|}{Si}}-\ddot{Z}- \ +Nu^- \longrightarrow -\overset{|}{\underset{|}{Si}}-\ddot{Z}-$$
$$\overset{|}{\underset{|}{Nu}}$$

③ 硅的最外层电子排列是 3s3p，3d 是空轨道，容易与其他元素形成配位键，所以在有利条件下，硅配位数大于4。

基平被公认为世界有机硅化学的卓越奠基人。他的功绩在于找出了合成有机硅化合物的途径，并得出了为数众多的明确的有机硅化合物，奠定了有机硅化学的基础。但这不是当今有机硅化学之起点。

在理论工作方面，已开始了不对称硅原子化合物的合成，为有机硅光活性异构物的研究创造了条件。这三十多年是有机硅化学的成长时期，也是有机硅化学作为系统研究的开始，习惯上称为第二期。

1.1.1.3 发展时期

美国道康宁公司（DOW-CORNING CO.）的海德（G. F. Hyde）、通用电气公司（G. E. CO）的帕特诺得（W. J. Patnode）、罗乔（E. G. Rochowt），认识到有机硅高聚物很有应用前途，他们对合成高聚物的原料——有机硅单体的合成方法进行了积极改进，使其走上的工业化的道路。到了 20 世纪 30 年代末，道康宁公司以格氏反应为基础的，特别是罗乔于 1941 年发明了"直接合成法"合成有机硅树脂中间体——有机氯硅烷的方法，促进了有机硅树脂工业化时期的到来。使有机硅的生产掀起了一场大革命，有机硅的工业化生产成为可能，为有机硅化合物的大规模发展奠定了技术基础。

被称为"直接合成法"合成甲基氯硅烷，它包括两个步骤：第一步是让硅石（SiO_2）在电炉中煅烧制得纯净的硅块，再经研磨成为硅粉；第二步是使氯甲烷在铜催化剂存在下，与硅粉直接作用生成二甲基二氯硅烷，其反应式表示如下：

$$Si + 2CH_3Cl \xrightarrow[265\sim285℃]{Cu,Zn} (CH_3)_2SiCl_2$$

生成物除 $(CH_3)_2SiCl_2$ 以外，还有许多副产物，如 $(CH_3)_3SiCl$，CH_3SiCl_3，$(CH_3)_4SiCl$，$SiCl_4$，CH_3HSiCl_2，$SiHCl_3$ 以及少量的 H_2、Cl_2、CH_4、C 等。

1944 年美国道康宁公司开始发展有机硅工业，1947 年美国通电电气公司用直接法生产甲基氯硅烷单体，以后该法为世界各国所采用。在一些主要国家进行工业化生产的同时，又发明了聚有机硅氧烷的平衡化反应，并建立了一整套近乎完善的工业化技术。各种性能优异的硅油、硅橡胶、硅树脂、偶联剂相继出现，大大加快了有机硅的发展，1938～1965 年这一发展时期习惯称为第三期。

1.1.1.4 繁荣时期

自1966年至今,人们除了把已有成果巩固、发展、改进、利用外,又转向有机硅新领域,过去认为不可能合成的化合物,现在也可以合成出来了。近期发展的最快的一支,是硅-金属键化合物,特别是硅与过渡元素形成的化合物,更有理论意义和实用价值。各种发明如雨后春笋般涌现,有机硅化学结出了丰硕的成果。因此从1966年以来,人们称为繁荣的第四期。

1.1.2 有机硅工业发展状况

科学发展促进了生产建设,生产部门反过来又对科研提出新要求。在工业上,特别在电器工业上需要耐热材料,但一般有机高聚物远远不能满足要求,人们早已知天然硅酸盐含有—Si—O—Si—键,但又因为是体型的结构,性脆。因此想到只要把硅原子上引入有机基团,即有可能变成线型结构或低度交联的高聚物,从而形成柔韧(或弹性)的材料,其应用范围就变得广泛了。从这个目的出发,开始了有机聚硅氧烷的研究。康宁玻璃厂化学家海德首先把有机硅化学和高分子化学结合在一起,取得了有机硅高分子聚合反应的经验;之后,在他的指导下康宁玻璃厂生产了用于电绝缘玻璃布的有机硅树脂、涂料和浸渍剂。在1938~1941年期间,海德与其合作者又研制出了许多聚有机硅氧烷产品。与此同时,道化学(Dow Chemical)公司也开始了聚有机硅氧烷的生产研制,于1942年建立了二甲基硅油和甲基苯基硅树脂中试装置。1943年道化学公司与康宁玻璃公司合资(各50%)成立了道康宁公司。1947年通用电气公司成立有机硅部,采用直接法生产甲基氯硅烷,并制造聚硅氧烷产品。

在第二次世界大战以后,由于有机硅树脂耐热的优点,美、德、法、英、日、前苏联等竞相发展,有机硅产品在军工生产的成功应用,使得主要工业国都投入了大量资金进行有机硅的研究和生产,有机硅树脂推向了市场。20世纪50年代,一些有机硅生产企业相继诞生,如,德国瓦克(Wacker,1951年)、拜耳(Bayer,1952年)、日本信越化学(1953年)、法国的罗纳-普朗克(Rhone-Poulenc)、美国的联合碳化物(Union Carbide,1956年,已转入Witeo公司)公司等都纷纷建立有机硅生产装置。经多次兼并重组,目前世界上生产有机硅产品的主要跨国公司有DC、GE、Wacker、信越、Rhodia、Degussa、Crompton。后两家公司的有机硅产品主要是硅烷偶联剂。

新中国成立前,我国在有机硅方面的研究和生产是一个空白。新中国成立后,始于1952年建立了有机硅产品(硅油、硅橡胶、硅树脂)的研究和工业生产,配合了国民经济和国防工业的发展需要。由于产品基本上都用于高科技领域,需求量十分有限,发展比较缓慢。到20世纪80年代初,甲基氯硅烷生产不仅规模小(千吨左右),且水平很低(粗单体中二甲基二氯硅烷含量只有60%～70%）；硅油、硅树脂的生产规模为中试水平（百吨级）；HTV硅橡胶规模为中试水平（几十吨）；RTV、LSR硅橡胶为小试水平（几吨）。主要生产企业有吉林化学工业公司电石厂、上海树脂厂、北京化工二厂、晨光化工研究院二分厂等。

改革开放以来，我国国民经济连续多年的快速发展成为有机硅产品发展的强劲动力。1981年，我国有机硅以两位数的平均年增长率增长，特别是进入20世纪90年代，增长速度更加迅猛。国内有机硅产品市场的快速发展，促使大批企业步入有机硅产业领域，从事甲基氯硅烷、有机硅基础聚合物及下游等产品生产。

21世纪以来，我国有机硅的科研、生产和应用取得了很大的发展。我国自主研究开发的甲基氯硅烷生产用铜催化剂，活性高、选择性好，经相关企业应用，取得了十分满意的效果。企业在甲基氯硅烷生产中重视了原材料的质量，采取了有效措施后，生产的粗单体中主产物二甲基二氯硅烷含量可达90%，收率可达84%。

有机硅产品的产量增加了好几倍，有机硅的科研和生产单位遍布各地。电机、机械、塑料、橡胶、涂料、纺织、造纸、皮革、建筑、医药等部门都普通使用了各种有机硅产品。应用范围已包括绝缘、密封、润滑、耐热及耐候涂料、消泡、脱模、防水处理、玻璃纤纸处理、药用处理、人工心脏等医用器材、防震油、液压油、传热介质、打光剂、化妆品等各个方面。新单体和新用途的品种也在不断的增加中。

现在有机硅聚合物的发展已超出耐热高聚物的范围。有机硅产品不仅能耐高温、低温，而且具有优良的电绝缘性、耐候性、耐臭氧性、表面活性，又有无毒、无味及生理惰性等特殊性能。按照不同要求，制成各种制品：从液体油到弹性橡胶；从柔性树脂涂层到刚性塑料；从水溶液到乳液型的各种处理剂，以满足现代工业的各种需要。从人们的衣、食、住、行到国民经济生产各部门都能找到有机硅产品。有机硅产品正朝着高性能，多样化的方向发展。

有机硅树脂涂料是以有机硅树脂及有机硅改性树脂（如醇酸树脂，聚酯树脂，环氧树脂、丙烯酸酯树脂、聚氨酯树脂等）为主要成膜物质的涂料，与其他有机树脂相比，具有优异的耐热性、耐寒性、耐候性、电绝缘性、疏水性及防粘脱膜性等，因此，被广泛用作耐高低温涂料、电绝缘涂料、耐热涂料、耐候涂料、耐烧蚀涂料等。

国外有机硅工业发展的趋势是：

(1) 有机硅单体，特别是甲基氯硅烷单体生产装置进一步扩大，单机生产能力超过7万吨/年，生产装置实现计算机控制，使生产效率和产品质量进一步提高，技术经济指标更趋于合理，同时更加注意节能和综合利用。

(2) 不断开发有机硅新品种，拓宽应用领域，大力开展应用研究，提高产品各项性能指标，满足用户需求。

(3) 有机硅产品以生产过程竞相利用连续化、自动化，使技术水平不断提高。且加快采用先进技术，扩大生产规模，降低生产成本，加大科技投入费用。

世界有机硅单体的生产主要集中在北美、西欧和日本，美国道康宁、迈图（原美国 GE 高新材料集团）、德国瓦克（Wacker）、信越化学工业株式会社（Shin-Etsu）、罗地亚（Rhodia）（已出售给蓝星）等五大有机硅生产商占据世界聚硅氧烷总产量的 80% 以上。我国原有多套有机硅单体合成装置，包括江西星火化工厂、吉化电石厂、晨光化工研究院、上海树脂厂、北京化工二厂、浙江新安化工厂、蚌埠有机硅化工厂、川天化有机硅分厂、济南石化四厂、通化第五化工厂、旅顺有机硅化工厂、江西星海精细化工厂等。但由于技术原因，目前只有蓝星集团、新安化工集团、山东金岭集团、宏达新材料股份有限公司、吉林石化电石厂、江苏梅兰化工集团、浙江合盛化工集团 7 家主要公司生产有机硅单体。道康宁公司是世界上最大的有机硅单体生产商，拥有 86 万吨/年的生产能力，占全球产能的 28% 左右。而中国只有蓝星集团、新安化工集团、山东金岭集团等少数企业可以规模化生产单体（10 万吨及以上）。近十年来中国有机硅产品产量情况见表 1-1。

■表 1-1　近十年来中国有机硅产品产量情况　　　　　　　　　　　单位：万吨

产品类别	2002	2004	2006	2009
硅橡胶	16	24	32	47
硅油（折纯）	1.6	2	2.5	6
硅树脂	0.5	0.6	0.9	1
硅烷偶联剂	1.3	1.8	2.6	10
合计	19.4	28.4	38	64

有机硅行业 2009 年有机硅单体的产能已经达到 109 万吨，产能利用率只有 50%，产量为 50 多万吨。所有的有机硅产品 2009 年的表观消费量为 45 万吨（相当于 90 万吨单体），进口硅氧烷 13 万吨（相当于 26 万吨单体）。其中硅树脂的产能为 2 万吨，产量为 1 万吨，需求量 2 万吨，进口量为 1 万吨。

1.2　硅树脂的结构单元

硅树脂的骨架是由与石英相同的硅氧烷键（—Si—O—Si—）构成的一种无机聚合物，故其具有耐热性、耐燃性、电绝缘性、耐候性等特点。但是，由于石英不易成型加工，完全不含加热软化的可塑性因素，并且完全达到了三元结构的极限，因此，它具有极高的熔点。而硅树脂由于在硅氧烷键的 Si 原子上结合了 CH_3 和 C_6H_5，以及 OCH_3、OC_2H_5、OC_3H_7 等有机基团，而且以直链状的二元结构置换部分三元结构，因而易加热流动，易溶于

第1章 绪言

有机溶剂，对基材具有亲和性，使用很方便。氧原子的自由化合价决定每个硅氧烷单元的官能度，因此有机硅氧烷单元有单、双、三和四官能的。无官能的分子 R_4Si 不能作为高聚物的结构单元。构成硅树脂的基本结构单元主要有4种，其结构、表达式、官能度、R/Si 比和标记见表1-2，而 T 单元或 Q 单元是必须具备的成分。其中，在这些结构单元上连接有机基团 R 为 H 或有机基，如 CH_3（Me）、C_2H_5（Et）、C_3H_7（Pr）、$CH=CH_2$（Vi）、C_6H_5（Ph）等。在这些单元中，组成三元结构的 T 单元和 Q 单元是必须具备的成分。通过与 D 单元和 M 单元的组合，可制备出各种性能的硅树脂。根据三元结构（T）的含量、有机基（R）的类型、反应性官能团的数量（OH、OR、不饱和基、氨基等），所得的产物具有从液状至高黏度油状，直至固体的各种形态。

■表1-2 硅树脂的基本结构单元

结构	表示式	官能度	R/Si 比	标记
R—Si(R)(R)—O	$R_3SiO_{1/2}$	1	3	M
O—Si(R)(R)—O	R_2SiO	2	2	D
O—Si(R)(O)—O	$RSiO_{3/2}$	3	1	T
O—Si(O)(O)—O	SiO_2	4	0	Q

MQ 硅树脂，意指由单官能链节（Me_3SiO，即 M）与四官能链节（SiO_2，即 Q）构成的硅树脂；MDQ 硅树脂，则指由单官能链节、双官能链节和四官能链节构成的硅树脂。

仅由 Q 单元构成的聚合物，通常作为硅树脂的一个结构单元使用。而以 Na 盐形态存在的水玻璃和以乙氧基（OC_2H_5）部分封端的聚硅酸乙酯只不过是作为特殊例子使用的。M 单元可称之为链中止剂，它具有调节分子量大小的调节剂的作用。仅由 D 单元构成的硅油及橡胶是人们所熟知的。不同硅氧烷单元能够自结合和相互结合，组成多种多样的有机硅化合物。

聚有机硅氧烷属于有机硅化合物这一类别，其特点是分子中至少有一个直接的 Si—C 键。硅的其他种类有机化合物，如硅酸酯、异氰酸硅烷、异氰酸基硅烷、异硫氰酸基硅烷、酰氧基硅烷等，都不包含直接的 Si—C 键，其中的碳只是经过氧才连接到硅上的。主要硅的有机化合物的族系见表1-3。

■ 表1-3　硅的有机化合物的族系

有机(基)硅化合物 (含 Si—C 键)		有机氧基硅化合物 (无 Si—C 键)		其他硅的有机化 合物(无 Si—C 键)
单体	聚合物	单体	聚合物	
有机硅烷 有机卤硅烷 有机烷基硅烷等	聚有机硅氧烷 聚有机硅烷 聚有机硅氮烷 聚有机硅硫烷等	有机氧基硅烷 （原硅酸酯）	聚有机氧基硅氧烷 （聚硅酸酯）	异氰基硅烷 异氰酸基硅烷 异硫氰酸基硅烷 酰氧基硅烷

1.3 硅树脂的分类

硅树脂有以下多种分类方法。

1.3.1 按主链结构来划分

按硅树脂中分子链组成可分为纯硅树脂和改性有机硅树脂两大类：

① 纯硅树脂　纯硅树脂为典型的聚硅氧烷结构，其侧基为 H 或有机基，根据硅原子上所连的有机取代基的种类不同，纯硅树脂又可以细分为：甲基硅树脂、苯基硅树脂、甲基苯基硅树脂、MQ 硅树脂、乙烯基硅树脂、加成型硅树脂等。

纯硅树脂主要是由 $MeSiCl_3$、Me_2SiCl_2、$PhSiCl_3$、Ph_2SiCl_2 等单体来制备的。根据使用目的，采用一种单体或几种单体混合水解缩聚或先经烷氧基化、后水解缩聚制备。水解缩聚时，单体的取代基、网状程度（R/S 比）等都将影响到树脂的性能。M、T 链节的多少可以调节固化硅树脂的弹性和固化性能；苯基的引入不仅能改进硅树脂的耐热性、弹性、与颜料的配伍性，也能改进它与有机树脂的配伍性及与基材的黏附力；引入乙烯基比较容易感受过氧化物催化剂的作用，能得到可在较低温度下固化的硅树脂。

② 改性硅树脂　为了改进纯硅树脂的性能，扩大应用领域，常在硅树脂分子的侧基引入碳官能基，或用有机聚合物对其改性。改性硅树脂则是杂化了热固性等有机树脂的聚硅氧烷或者是使用其他硅氧烷及碳官能硅烷（硅氧烷）改性的聚硅氧烷。如有机硅醇酸树脂漆（耐热、耐候性能好，用有机酸金属盐催化常温固化）；有机硅聚酯漆（涂膜坚韧、固化性好，受热不易变色）；有机硅丙烯酸漆（耐水、耐化学药品性好）；有机硅环氧漆（耐热、耐酸性好）；有机硅聚氨酯漆（用异氰酸酯常温固化，耐候、耐酸性好）。

纯硅树脂的固化物在高温下具有抗分解变色及碳化的能力，但与有机树脂相比，对金属、塑料、橡胶等基材的粘接力差。而另一方面有机树脂漆在耐热、耐候方面则不如有机硅树脂。为充分发挥有机硅树脂和有机树脂（有机聚合物）二者的优良性能，弥补各自的性能缺陷，研究开发了有机树脂改性硅树脂。

1.3.2 按照交联固化反应机理划分

按照交联固化方式的不同，硅树脂分为缩合型、铂催化加成型、过氧化物（自由基型）固化型，是目前工业化生产的硅树脂的主要固化机理。

① 缩合型　缩合反应是早已被利用的最普通的固化反应机理，目前多数硅树脂品种还都使用脱水反应或脱乙醇反应，聚合交联而成网状结构，特殊的还使用脱氢反应，这是硅树脂固化所采取的主要方式。虽然缩合反应形成的新硅氧烷键仍能发挥硅树脂本来的耐热性、强度高、黏结性好、成本低。但固化时，由于在副产品的低分子气体放出时会使固化树脂层形成气泡、孔隙且有有机溶剂挥发出来污染环境，官能团的量难控制，储存稳定性差、回黏、难干燥，因此大多作为表面涂料、线圈浸渍漆、层压板、憎水剂、胶黏剂等使用。

反应机理：

$$\equiv\!SiOH + HOSi\!\equiv \xrightarrow{-H_2O} \equiv\!Si\!-\!O\!-\!Si\!\equiv$$

$$\equiv\!SiOH + ROSi\!\equiv \xrightarrow{-ROH} \equiv\!Si\!-\!O\!-\!Si\!\equiv$$

$$\equiv\!SiOH + HSi\!\equiv \xrightarrow{-H_2} \equiv\!Si\!-\!O\!-\!Si\!\equiv$$

② 过氧化物固化　采用含双键的有机硅聚合物、利用过氧化物为固化引发剂，是使有机硅聚合物固化的另一途径。这时所使用的过氧化物的分解温度决定树脂的固化温度。所以，当树脂在低于过氧化物分解温度的条件下贮存时，稳定性良好。但必须部分接触空气才能阻止贮存期间产品的固化。可用于线圈浸渍漆、胶黏剂、层压板等。

$$\equiv\!SiCH\!=\!CH_2 + CH_3Si\!\equiv \longrightarrow \equiv\!Si(CH_2)_3Si\!\equiv$$

$$\equiv\!SiCH_3 + CH_3Si\!\equiv \xrightarrow{-H_2} \equiv\!SiCH_2CH_2Si\!\equiv$$

③ 铂加成反应　加成型硅树脂的固化机理是通过含 Si—Vi 键的硅氧烷与含 Si—H 键的硅氧烷在铂催化剂作用下发生氢硅化加成反应而交联，从而达到固化的目的。加成型有机硅树脂以液态的形式存在，不使用任何有机溶剂来溶解，不含有机溶剂，无低分子物脱出，不副产气体，固化条件温和，固化成膜时不产生气泡和砂眼，不影响电气性能，无污染和收缩率大等缺点，因而可得到尺寸精确的优质的固化物，而且内部变形也小并具有优良的内干性、导热性、耐电晕性及耐热冲击性等。同时，由于可任意控制反应官能团数，因此能预先给定交联数，所以能随意获得从硬到软的产物，反应易控制。但相对于缩合浸渍漆而言，其合成工艺比较复杂，成本也相对高一些，通常需要由基础树脂、交联剂、活性稀释剂、铂配合物催化剂及抑制剂组成。催化剂容易中毒，当体系中存在微量的能使催化剂中毒的各种化合物

（如含有胺类、P、As、S等的化合物），它们就会严重地妨碍固化。需要严格控制原材料及产品中的中毒剂，使用时也必须避免与使催化剂中毒的物质或材料接触。而且，因为固化反应结果产生与过氧化物固化相同的亚硅烷基链（$SiCH_2CH_2-Si$），所以耐热性稍差。例如无溶剂硅树脂与发泡剂混合可以制得泡沫硅树脂。加成型硅树脂主要用于套管，线圈浸渍漆、层压板等。

$$\equiv SiCH=CH_2 + HSi \equiv \xrightarrow{Pt} \equiv SiCH_2CH_2Si \equiv$$

三种型号硅树脂中缩合型硅树脂用量最大。

1.3.3 按照固化条件来区分

根据发生固化反应的条件不同，可分为表1-4所示的四种类型，如加热固化型、低温（室温）干燥型、低温（室温）固化型、紫外线固化型等。

■表1-4 按固化条件分类

分类	优点	缺点	应用
加热固化	同基材的粘接性、电气特性好	需要增加设备费用，在精细的电子元器件上使用有困难	耐热涂料、层压板、黏合剂、套管、线圈浸渍
常温干燥	不需要加热设备，适用于电子元器件	只是不剥落，固化不完全	电气电子元器件涂料，设备用涂料
常温固化	不需要加热设备进行固化	需严格密闭保管	电气电子元器件涂料
光固化	迅速固化，无溶剂	粘接性差	电子元器件和精密仪器的封装

利用加热使之开始固化反应的方式是最普通的方法，脱水缩合反应要在100℃左右才开始缓慢地进行。为了达到实用的速度，必须以Pb、Sn、Zn、Fe等有机金属盐和胺类作固化催化剂，并加热到150℃以上，而为了使反应结束则需加热到200℃。通过加热固化反应，可降低未固化树脂的熔融黏度，灌封基材表面的微细空隙，提高同基材的黏合力，清除会引起热软化和电气特性下降的低分子挥发物质等，制得性能稳定的固化树脂。但是，由于涂布基材的种类太多，而有些又不堪高温加热处理，因此现在正在寻求在常温～100℃左右的低温固化型。常温干燥型主要用于电子元器件的防潮涂层，或建筑材料的防水处理等。这种类型只是挥发涂层表面的溶剂，而形成不剥落的涂膜，由于没有进行真正的固化反应，因而，如果将涂膜加热，或使其与溶剂接触，或将其浸泡于沸水中，它们就会溶解或剥落，失去其原来的作用。

与此相比，常温固化型有两种类型，一种是在使用前加入固化剂，使之在常温下缓慢地进行固化反应的所谓双组分类型；另一种是内含固化促进剂，利用空气中的水分和氧，以及二氧化碳使之进行固化反应的单组分类型。前者，例如可用胺类或异氰酸酯化合物使引入环氧基的硅树脂常温固化。后者，如果在分子结构中引入易水解的官能团，例如 OCH_3、OC_2H_5 等烷氧基，$OCOCH_3$ 等的酰氧基，$ON=C\genfrac{}{}{0pt}{}{R_1}{R}$ 等的酮肟基，并添加锡化合物作水解促进剂，则它们遇到水分就会分别引起脱乙醇、脱醋酸、脱肟反应，生成新硅氧烷键。此外，还有利用不饱和醇酸树脂改性型的氧化聚合反应，以及用 SiONa 的碱性硅醇盐的 CO_2 的脱碳酸固化反应等。总之，同加热固化反应相比，虽然要增加一些反应时间，但不需要加热设备；同常温干燥型相比，其优点是可以得到优良的涂膜。但是，它必须严格地密闭保管，要绝对防潮。

最近开发的光固化型由于是用紫外线、电子束照射而固化的，因此其最大的优点是固化快，其固化时间是以秒和分为单位来计算的。在用电子束辐射固化时，由于必须在真空或惰性气体条件下固化，因此所需的设备费用较高，据称达到实用化的极少。用紫外线辐射虽然已在电子元器件的涂层或封装方面达到了实用化，但由于被照射体的里侧等光照不到的部分不能固化，因此必须充分注意。此外，由于固化速率很快，如果涂膜过硬，则会产生固化变形，以致造成粘接不良和开裂，因此涂膜必须是柔软的结构。

1.3.4 按照产品的形态区分

硅树脂在没有固化前称为预聚硅树脂（或称为硅树脂预聚物）。预聚硅树脂根据三官能链节（T 单元）或四官能链节（Q 单元）的含量、取代基（R）的种类、R/Si 比及反应性官能团的数量（OH、OMe、OEt、Vi、H 等）的不同，具有原液状（又称无溶剂树脂）、固体状或将固体树脂溶于溶剂中的溶剂型、水基型、乳液型等。

① 溶剂型，由于是将硅树脂溶于甲苯和二甲苯等溶剂中构成，所以其黏度很低，在一般涂复及浸渍等时，作业性良好。使用稀释时可以自由调节其黏度和浓度，也可较容易地混合和分散填充剂和颜料等粉末，它们是涂料基料的最普通的形态。但是，如果树脂层太厚，就会发泡，或污染作业环境，或有着火爆炸的危险，因此操作者必须充分注意作业场地的通风。虽然因大气污染等问题，曾提出要开发水溶液及乳液型漆，但最近这种呼声已日益低落下来了。含有 Si—OH 基，有机硅改性的中间体、涂料填充剂、耐热涂料的基料，现用作涂料与浸渍漆。

② 在无溶剂漆中，在常温下固态的称为固态树脂，液态的称为无溶剂漆。为使其变成液态，可使其低分子化或成直链结构，在侧链上引入极性小的反应基（例如乙烯基及氢基等），利用加成反应而成三元结构。已低分子化的物质，如果仍使其单独固化，将降低物理机械性能，所以可使用高分子硅氧烷交联剂，或使用有机树脂和改性的中间体。低分子硅氧烷中官能团很少，在常温下还含有部分具有蒸气压的物质，如果这些物质残存于固化树脂

中，则在使用中就会缓慢蒸发，而附着于周围的电气接点上，引起所谓绝缘故障，这是必须注意的。无溶剂漆虽然不会污染作业环境，也没有发泡问题，但由于其黏度约为溶液型漆的 10 倍，因此其作业条件受到一定的限制，一般含 Si—OR，有机硅改性的中间体，现被用作线圈浸渍、壳体漆和电气零件端部的封闭剂。

③ 固态树脂是软化点为 60～80℃ 左右的透明的脆性固体，被用作粉末涂料的基料、成型材料改性剂、成型材料基体树脂等。

④ 还有一种乳液型、溶液型的水溶性漆，使用安全，例如常温憎水剂用的碱性硅醇盐的水溶液，以及聚酯和丙烯酸树脂改性硅漆的水溶液等，但后者在日本不大使用。其原因可能是由于水的蒸发潜热大，所需能源耗资大，以及在涂膜的耐水性、耐热性方面存在问题。现用作涂料、憎水剂等。

按照分子摩尔质量的大小可分为低摩尔质量和高摩尔质量两类。

因此，硅树脂按其主要用途也可分为有机硅绝缘漆、有机硅涂料、有机硅塑料和有机硅黏合剂等几大类。

1.4 有机硅材料技术发展趋势

当前，世界有机硅材料技术发展的方向是高性能、多功能和复合化。通过配合技术的进步和添加新的添加剂，以及改变交联方式、共聚、共混等改性技术实现有机聚合物与有机硅材料复合，是当前有机硅技术发展的重要方向。科技工作者们根据需要通过下列几种途径设计出各种不同分子结构的有机硅产品，满足不同场合特别是高科技发展的需要。

近几年来，尽管有机硅产品越来越多，然而归结起来，新型有机硅材料应用开发所采用的新技术主要有 3 个方面。

1.4.1 交联方式

有机硅树脂和室温硫化硅橡胶其传统方式是利用硅醇基和烷氧基的缩合反应，而利用乙烯基和氢的加成反应的开发带来了很大的技术进步。加成反应可控制固化速度，且无副产物生成，所以提高了制品的电性能和耐热性等物性。如日本东丽有机硅公司由含 Si—H 键的有机硅氧烷与乙烯基有机硅氧烷制得聚硅氧烷；美国 GE 公司采用新型零价镍配合物催化剂研制的加成型硅橡胶；美国 3M 公司研制的 Si—H 键化合物与烯键化合物的加成制品。这些新产品的某些物理性能得到了明显提高。在缩合反应方面，也开发出用于单组分室温硫化硅橡胶的各种交联剂。在原有醋酸型、酮肟型和醇型交联剂的基础上，开发了能使硅橡胶模量低、伸长大的氨氧型和酰胺型交联剂；进而又开发了毒性小、固化快、在高温下不分解的丙酮型交联剂。例如日本公布的TSE39X系列产品就是改进后得到的一种无腐蚀快干密封剂。近年来，以硅氢加成交联发展起来的液体硅橡胶特别引起人们重视。它是由分子量大小不等，从数千至一二十万的乙烯基生胶和含Si—H百分之十几（摩尔分数）的硅氢油以及催化剂及填料所组成。这种混料的黏度较小，生胶有一部分为乙烯基封端，硅氢油也有Si—H封头。在末端的SiVi和SiH活性比较大，反应快，因此在交联时还有链增长反应，使分子量又有提高，强度加大，所要填料须反复处理，充分除去表面羟基。根据成品要求，黏度可控制在$100\sim300Pa·s$，送入泵式螺杆机，注射压力在$10\sim200kgf/cm^2$，胶料通过螺杆混合加热硫化成型挤出，螺杆受热反应很快，有单组分和双组分，目前用得最多的是双组分。液体硅橡胶拉伸强度可达$8\sim9MPa$，伸长率$500\%\sim600\%$，撕裂强度$30\sim40kgf/cm^2$，它生产效率高，每台机器一年可生产一百万个部件，对小零件的制作可降低1/4成本，所以液体硅橡胶近几年发展很快。

以快速固化、节约能源为目的，国外正在加速研究通过电子束（EB）和紫外线（UV）固化的交联方式。电子束交联不会带来任何杂质，并可在室温下进行深层次的反应。国外用电子束交联方式已制备性能较佳的高强度硅橡胶，其拉伸强度为10MPa，伸长率500%，撕裂强度25kN/m，最高达43kN/m。但电子束需要电子加速器等大型设备，非一般单位有能力购置。近年来活跃起来的是光交联，光交联以紫外光为能源，设备简单，操作费用低，每摩尔光子（365nm）只需10多美分，就可以获得面积$0.5m^2$、厚$100\mu m$的高分子交联。更有意义的是光交联速度快，在室温下可以让带状、线状样品迅速固化，如光缆和胶带纸等，它还可以定域反应，使在掩膜下$1\mu m$宽的线带固化。可用于复印和半导体电路的光刻，是非常有前景的交联方法。聚硅氧烷的光交联，一种是在它的分子中引入光敏基团，借这些光敏基团的互助结合而形成交联。另一种是本身没有光敏基团，只有乙烯基之类的官能团，借光敏引发剂如Benzoin之类，它见光分解生成自由基，引起交联。

1.4.2 聚合物的化学改性

在硅氧烷的主链上引入长链烷基以及氨基、羟基、巯基、氰基、环氧基、聚醚基等有机官能团，形成的改性硅油被赋予有机或特殊的界面活性。例如引入氨基的硅氧烷用作发型定型，引入聚酰亚胺的有机涂料可用作大规模集成电路结点涂料和纯化膜。近年来，硅烷化技术在有机合成中甚为活跃。它使原来难以实现的有机合成得以进行，因而导致了人们合成含有不同键的有机硅化合物的兴趣。最近又出现了称为共混聚合物的制品，有机硅和乙丙橡胶的改性橡胶就是一例，它作为弥补两者不足的材料引起人们的重视。特别值得指出的是，把聚硅氧烷和有机高分子以化学键或其他稳定的方式结合起来。可把聚二甲基硅氧烷（PDMS）的某些特征引入有机高分子得到新的聚合物，用于高分子的改性，同时也可以促进有机硅工业的发展。由于 PDMS 的链很柔软，它上面的官能基团活性又比较大，容易和各类高分子反应。因此，近几年来。聚硅氧烷与有机高分子相结合的研究蓬勃发展，文献很多，可看成发展的一个主要趋势。

(1) **增强塑料**　引进少量 PDMS，改进工程塑料（如尼龙、聚碳酸酯等）的韧性，提高抗冲击强度，同时也能改进机械加工的精密度。

(2) **增强橡胶**　在硅橡胶中引入少部分（<20%）热塑性高分子代替二氧化硅等无机填料，可制成热塑性弹性体（TPE），可用塑料方法加工成型，强度也可以提高很多。

(3) **改进表面性能**　在某些高分子（如环氧树脂、天然橡胶、聚酰亚胺等）中引入 PDMS，即使数量仅为 1%～3%，也可使其表面性能改观，从亲水变为疏水，加工时容易脱模，还可以改进润滑性能，使摩擦系数降低，在摩擦时不容易氧化破坏。

(4) **制备分离膜**　PDMS 的透气率比其他高分子高一两个数量级，但它的强度差，不能单独做膜，和其他高分子结合解决了支撑问题，其选择系数也可提高。

(5) **制备液晶骨骼**　在聚氢甲基硅氧烷上，通过硅氢加成反应接上各种液晶基团以制备高分子化的液晶，使相变温度加宽，晶态比较稳定，某些液晶的化学效应也明显起来。

(6) **降低加工温度**　有些高分子如聚酰亚胺、聚芳酯等熔点很高，加工时有热分解，引入 PDMS 可降低其加工成型温度。

(7) **医用材料**　有机硅在医用材料方面应用广泛多样。

1.4.3 配合技术和新型添加剂

开发配合技术、加工技术和添加新的添加剂。配合技术的进步和添加新的添加剂赋予功能性的实例越来越多。例如添加炭黑开发了导电硅橡胶，从而开发了电子计算机键盘、数字钟表控制器、电视接触电路开关、电磁干扰屏蔽、汽车点火电缆、玻璃纤维等具有多种用途的产品。特殊加工技术进而开发了各种导向部件和负压元件等散热板和润滑脂。液体注射成型（LIMS）和就地成型（FIPG）加工技术的最新发展，它们分别在双组分和单组分的室温硫化硅橡胶的加工中体现出更大的优越性。同时，真空浇注成型和超高频连续挤出成型（UHF）等先进的加工技术已得到开发和应用。

通过添加新的添加剂改变或提高某些有机硅产品性能近年来也取得十分有实用价值的成果。如抑制侧甲基氧化反应发生和进一步清除硅羟基引起的主链降解是提高高温硫化硅橡胶和室温硫化硅橡胶在热空气中稳定性的两个重要方面。目前国内外分别在添加不同类型添加剂的方法提高硅橡胶热稳定性方面，都取得比较好的效果。如美国 DC、GE 公司采用添加两种或两种以上复合金属化合物，使硅橡胶在 275℃左右也能长期使用；中国科学院北京化学研究所采用添加硅氮环体或聚合体，以消除硅橡胶端羟基和水引发的主链降解，并能有效提高硅橡胶在封闭体系内的热稳定性；上海高分子材料研究开发中心和上海爱世博有机硅材料有限公司采取添加自行创新合成的特殊高分子化合物，在高温场合下（250℃以上）能产生离子，多次阻止自由基氧化和再氧化，最终形成热稳定的产物，有效阻止硅橡胶侧链的热高温降解，使硅橡胶的耐热时间（在 250～350℃下）提高 2～5 倍，经北京航空材料研究院应用，将它加入二甲基室温硫化硅橡胶中，在特定硫化体系中，经 300℃、600h 长时间热空气考核，仍未失去弹性，已投入实际应用。另外，还通过在高温硫化硅橡胶中添加极少量的有机硅抗黄变剂和在环氧树脂中加入不超过 1%特殊有机硅聚合物，分别达到抗黄变和改变环氧树脂表面性能（不粘其他材料以及光滑等）、达到内脱模等目的。

特别值得指出的是。有机硅工业不同于通用合成材料，通用合成材料是以原料制造工艺、大型生产技术及产品加工为中心发展的，而有机硅则是以产品开发为中心发展的。以日本为例，三十多年来一直采用直接法合成硅单体。据称生产工艺变化不大，而有机硅技术重点主要在于产品应用、有机基团引入聚合物结构、交联技术和配合技术等方面。

总体上来说，有机硅材料技术的发展趋势主要体现在有机硅化合物以及有机硅高分子功能化的实现，具体主要包括以下诸方面的微观技术手段。

(1) 变换硅氧烷分子结构，例如变换分子的大小、形状（线状，分枝状）、交联密度等；

(2) 改变结合在硅原子上的有机基团，例如烷基（甲基、乙基多碳基）、苯基、乙烯基、氢基、聚醚基等；

(3) 选择不同的固化方法，例如过氧化物固化、脱氢反应、脱水反应、加成反应、脱醇反应、脱酮肟反应、紫外光固化、电子束固化等；

(4) 采用有机树脂改性（共聚、混合），例如环氧、醇酸、聚醚、丙烯酸等；

(5) 选择不同填料。例如金属皂、二氧化硅、炭黑、氧化钛等；

(6) 选择各种不同二次加工技术，例如乳液、溶液脂、炼胶、胶黏带等；

(7) 采用各种共聚技术，如本体聚合、嵌段聚合、乳液聚合等。

参 考 文 献

[1] 幸松民等. 有机硅合成工艺及产品应用. 北京：化工出版社，1995.
[2] 徐全祥. 合成胶粘剂及其应用. 沈阳：辽宁科学技术出版社，1985.
[3] 罗运军. 有机硅树脂及其应用. 北京：化学工业出版社，2002.
[4] 张启富，黄建中. 有机涂层钢板. 北京：化学工业出版社，2003.
[5] 马庆麟. 涂料工业手册. 北京：化学工业出版社，2001.

[6] 周宁琳．有机硅聚合物导论．北京：科学出版社，2000．
[7] 刘国杰．现代涂料工艺新技术．北京：中国轻工业出版社，2002．
[8] 冯圣玉，张洁，李美江，朱庆增．有机硅高分子及其应用．北京：化学工业出版社，2004．
[9] 钱知勉．塑料性能应用（修订版）．上海：上海科学技术文献出版社，1987．
[10] 欧阳国恩．实用塑料材料学．北京：国防科技大学出版社，1991．
[11] 王孟钟，黄应昌．胶粘剂应用手册．北京：化学工业出版社，1987．
[12] 李士学等．胶粘剂制备及应用．天津：天津科学技术出版社，1984．
[13] 殷立新，徐修成．胶粘基础与胶粘剂．北京：航空工业出版社，1988．
[14] 黎碧娜等．日用化工最新配方与生产工艺．广州：广东科技出版社，2001．
[15] 李子东．实用胶粘技术．北京：新时代出版社，1992．
[16] 马长福．实用粘接技术460问．北京：金盾出版社，1992．
[17] 马长福．实用粘接技术800问．北京：金盾出版社，1992．
[18] 电子工业常用胶粘剂编写组编．电子工业 常用胶粘剂．北京：国防工业出版社，1981．
[19] 张桂秋．实用化工产品配方大全．南京：江苏科学技术出版社，1994．
[20] 蔡辉，闫逢元等．环氧树脂研究与应用进展．材料导报，2003，17（2）：46．
[21] 邓如生．共混改性工程塑料．北京，化学工业出版社，2003．
[22] 晨光化工研究院有机硅编写组．有机硅单体及聚合物．北京：化学工业出版社，2000．
[23] 刘国杰，耿耀宗．涂料应用科学与工艺学．北京：中国轻工业出版社，1994．
[24] 闫福安，富仕龙，张良均，樊庆春．涂料树脂合成及应用．北京：化学工业出版社，2008．
[25] 朱洪法．100种精细化工产品配方与制造．北京：金盾出版社，1994．
[26] 高南．特种涂料．上海：上海科学技术出版社，1986．
[27] 高丰．国外有机硅树脂及其耐热涂料进展．化工新型材料，1986，14（10）：1-4．
[28] 周菊兴，董永祺．不饱和聚酯树脂生产及应用．北京：化学工业出版社，2004．
[29] 章基凯，有机硅材料技术发展动向．化学世界．2003，10．
[30] 章基凯，有机硅产品发展动态与建议．有机氟硅材料工业协会专家委员会报告．2004.08．
[31] 章基凯主编．有机硅材料．北京：中国物资出版社，1999．

第 2 章　有机硅树脂的制备

2.1 有机硅单体的制备

有机硅单体是制备硅油、硅橡胶、硅树脂以及硅烷偶联剂的原料，可有几种基本单体生产出成千种有机硅产品（图 2-1）。

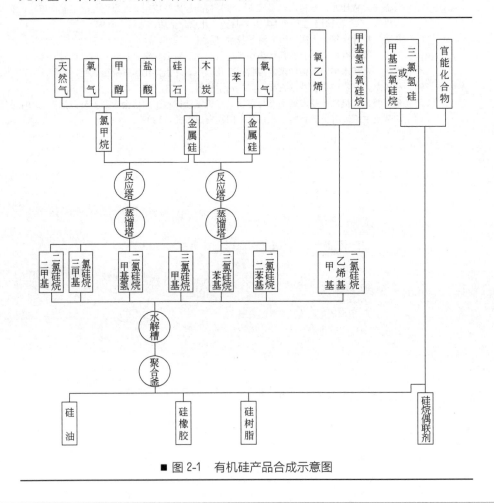

■ 图 2-1　有机硅产品合成示意图

按官能团的种类的不同，硅树脂的合成单体可分为有机氯硅烷单体、有机烷氧基硅烷单体、有机酰氧基硅烷单体、有机硅醇、含有机官能团的有机硅单体等。

有机硅聚合物单体的通式：R_nSiX_{4-n}，R 为有机基团，X 为卤素（Cl）或 OR，前者称卤硅烷单体，后者成为取代正硅酸酯类，这些单体经水解成为 $R_nSi(OH)_{4-n}$，再进一步缩合构成有一定分子量的有机硅聚合物。

一般最常用的有机硅单体是甲基氯硅烷和苯基氯硅烷。制备有机硅单体的方法有好几种，有的适用于工业规模的生产，有的方法适用于实验室规模的生产。

2.1.1 有机金属合成法

2.1.1.1 格氏试剂法

格氏试剂法是以金属或金属有机化合物为传递有机基的媒介，使有机基与硅化合物中的原子连接而生成有机硅化合物的方法，即卤硅烷与卤代烃反应，从而生成有机卤硅烷。格氏试剂法是 1904 年被首次用于合成有机硅化合物，也是最早使用的甲基氯硅烷单体的生产方法。1904 年，基平（F. S. Kipping）首先用格氏试剂法合成了大量的有机硅化合物，如果用有机镁化合物（格氏试剂）RMgX（R 为烷基，X 为卤素）的试剂与卤硅烷（四氯化硅）或烷氧基硅烷反应，制得烷基和芳基氯硅烷单体，其反应如下：

$$\equiv SiCl + RMgX \longrightarrow \equiv SiR + MgXCl$$
$$RX + Mg \longrightarrow RMgX$$

R 表示烷基或苯基，X 表示 Cl 或 Br。

$$SiCl_4 + RMgX \longrightarrow RSiCl_3 + R_2SiCl_2 + R_3SiCl + R_4Si$$
$$Si(OR')_4 + RMgX \longrightarrow RSi(OR')_3 + R_2Si(OR')_2 + R_3SiOR'$$

R' 表示 CH_3、C_2H_5。

从上列反应中所得到的产物为一混合物。但适当调节格氏试剂的用量，可使其中一种烃基氯硅烷成为主要产物。格氏试剂法合成的意义首先在于它的广泛应用性，差不多各种有机基团都能用格氏试剂法连接到硅原子上。这些反应可以进行 1 次、2 次、3 次和 4 次，并且有机基团的种类可以不同，用这个方法可以合成众多的有机氯硅烷。其中，生成甲基硅单体的反应式如下：

$$CH_3Cl + Mg \longrightarrow CH_3MgCl$$
$$CH_3MgCl + SiCl \longrightarrow CH_3SiCl_3 + MgCl_2$$
$$CH_3MgCl + CH_3SiCl_3 \longrightarrow (CH_3)_2SiCl_2 + MgCl_2$$
$$CH_3MgCl\text{（过量）} + (CH_3)_3SiCl \longrightarrow (CH_3)_4Si + MgCl_2$$
$$CH_3MgCl + (CH_3)_2SiCl_2 \longrightarrow (CH_3)_3SiCl + MgCl_2$$

格氏试剂法比直接法更容易使反应向指定的方向进行，通常调整格氏试剂的用量就有可能达到优先生成一、二、三以至四取代硅烷的目的。反应不会只形成单独的一种取代物，总是伴有较高或较低程度的有机硅烷，其最终产物为各组分的混合单体。格氏试剂法合成甲基氯硅烷简要工艺流程如图2-2 所示。

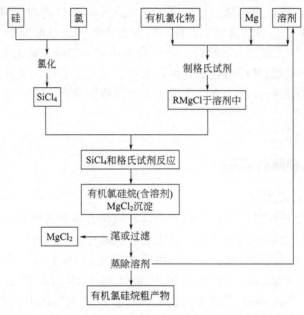

■ 图 2-2　格氏试剂法合成甲基氯硅烷工艺流程

硅原子上的有机基团的体积和数目都会影响格氏反应的进行，体积越大，影响越大；基团数目越多，反应也越不利。通常很难往硅上引入第四个有机基团。如果需要得到较高取代程度的硅烷，必须用过量很多的格氏试剂，并采用沸点较高的溶剂。

溶剂对硅烷的取代程度有着重要的影响，制备格氏试剂，乙醚是最早被使用的溶剂，但因其沸点低、易燃，所以比较危险。若要减少使用乙醚的危险性，可先用乙醚引发，再加入甲苯并把乙醚蒸出。在乙醚溶液中，一般认为格氏试剂与二烷基镁和卤化镁处在平衡状态：

$$RMgX \rightleftharpoons R_2Mg + MgX \rightleftharpoons R_2Mg \cdot MgX$$

在制备苯基单体时，使用 $Si(OC_2H_5)_4$ 可以代替乙醚，使 RX 和 Mg 顺利地反应制得 RMgX，$Si(OC_2R_5)_4$ 既可用作反应原料，又可当溶剂使用，因而它在制取有机硅单体方面获得了广泛应用。采用格氏试剂反应生产苯基氯硅烷的第一步是制备苯基氯化镁溶液；然后苯基氯化镁与四氯化硅搅拌反应，生成苯基氯硅烷和氯化镁。下表是在四氢呋喃中用有机镁合成芳基氯硅烷的收率。

RMgCl：氯硅烷	苯基三氯硅烷	苯基二氯硅烷
2：2.2	47%	17%
2：0.9	8%	77%

四氢呋喃及其同系物是格氏试剂法反应的优良溶剂，例如，某些格氏试剂（如 $CH_2=CHMgX$）离开了四氢呋喃就很难合成。用乙醚作溶剂，因溶解性能差，容易发生歧化反应，因而很难在硅原子上引入乙烯基及炔基等。

格氏试剂法最早分两步进行反应：第一步使卤代烃与悬浮在溶剂中的金属镁屑反应形成格氏试剂；第二步将格氏试剂与卤硅烷或烷氧基硅烷反应，形成有机卤硅烷或有机烷氧基硅烷。

格氏试剂法也可以一步完成，即将镁屑与硅烷加入溶剂中，然后慢慢加入卤代烃；也可以把硅烷、卤代烃加入到悬浮在溶剂中的镁屑中。

烷氧基硅烷也可和格氏试剂反应制备有机氯硅烷，虽然此种反应不如卤硅烷那样重要，但却有其特点和优点。首先，烷氧基硅烷的水解稳定性高，没有腐蚀性；其次，产物容易分离而获得纯产品。但是，烷氧基硅烷的反应活性比卤硅烷差，产物的收率也比较低。

由于格氏试剂法对水分非常敏感，所以要求所有的原料、溶剂、设备及管道等都必须十分干燥。

总之，格氏试剂法的优点在于：产物组分较少，可以把大部分烷基、芳基、不饱和基团（烯类，炔类）等引入到硅原子上以制备特殊的有机硅单体，也可以制得在一个硅原子上连有不同有机基团的混合烃基硅烷，能副产金属盐；缺点在于：反应时需要大量使用易燃的乙醚或其他溶剂，不仅消耗量大，且易燃易爆，生产不安全；工艺步骤多而复杂；原料四氯化硅、格氏试剂价格昂贵，成本高，不宜于进行工业大生产，所以主要的有机氯硅烷如甲基氯硅烷和苯基氯硅烷等均已不用格氏法合成。但格氏法作为合成特种有机硅单体，仍具有其重要性的。

格氏试剂法在合成有机硅单体的历史上起过重要的作用，格氏试剂法对有机硅化学的重要意义不仅在于它是第一个作为有机硅单体工业化生产的方法，而且迄今仍在用，但是由于格氏试剂法工艺步骤相对比较复杂，反应时有大量镁盐生成，特别是反应时要使用大量易燃溶剂，且有时反应不平稳，可能有爆炸的危险。因此，现在主要单体的生产已为更加经济有效的直接法所取代，但对一些特种单体，特别是实验室规模的制备，格氏试剂法仍不失其重要性。

2.1.1.2 Wurtz-Fittig 法

反应是通过金属钠与卤代烃或烷氧基硅烷的缩合而使有机基与硅化合物中的硅原子连接，生成有机硅化合物，此方法又称钠缩合法。

$$\equiv Si-X + RX + Na \longrightarrow \equiv Si-R + NaX$$

$$\equiv Si-OR' + RX + 2Na \longrightarrow \equiv Si-R + NaX + NaOR'$$

这种反应适于合成四烃基硅烷，特别是四芳基硅烷。它不适用于制备部分取代的烃基硅烷。

$$SiCl_4 + 4\ p\text{-}ClC_6H_4C_6H_5 + 8Na \longrightarrow (p\text{-}C_6H_5C_6H_4)_4Si$$

$$C_6H_5SiCl_3 + 3\,p\text{-}ClC_6H_4C_6H_5 + 6Na \longrightarrow (p\text{-}C_6H_5C_6H_4)_3SiC_6H_5$$

常用的溶剂有甲苯、二甲苯、十氢化萘等。有时也用乙醚及其他醚类溶剂。

硅上的烷氧基也可以进行伍尔茨反应，但反应活性比卤素小，同时含有烷氧基和卤素的硅化合物可以使卤素起伍尔茨反应而保留烷氧基官能团，如：

$$ClSi(OC_2H_5)_3 + n\text{-}C_4H_9Cl + 2Na \longrightarrow n\text{-}C_4H_9Si(OC_2H_5)_3 + 2NaCl$$

用金属有机化合物来合成有机硅单体，除了上述的三种常用方法以外，还有其他的金属有机化合物可用，只是一般不常用，例如：

$$SiCl_4 + 2ZnEt_2 \xrightarrow[\text{在硅管中}]{140\sim160\,^\circ C} SiEt_4 + 2ZnCl_2$$

$$MeCl + Me_2SiCl_2 \xrightarrow{Al,\,375\,^\circ C} Me_3SiCl$$

$$MeBr + Me_2SiBr_2 \xrightarrow{Al,\,350\,^\circ C} Me_3SiBr$$

$$MeCl + Ph_2SiCl_2 \xrightarrow{Al,\,360\,^\circ C} MePhSiCl_2 + MePh_2SiCl$$

$$(p\text{-}CH_3C_6H_4)_3SiH + C_6H_5C(CH_3)_2K \longrightarrow (p\text{-}CH_3C_6H_4)_4Si$$

2.1.1.3 有机锂法

有机锂法也很有用，其反应式如下：

$$\equiv Si\text{—}H + RLi \longrightarrow \equiv Si\text{—}R + LiH$$

$$\equiv Si\text{—}OR' + RLi \longrightarrow \equiv Si\text{—}R + LiOR'$$

有机金属化合物法，一般说产物比较单纯，易于分离，且能引入多种类型的有机基，但需要适用大量的溶剂，不太安全，现在主要用于实验室中制备有机硅单体。

有机锂试剂比格氏试剂更为活泼，更容易与 Si—X、Si—OR 和 Si—H 键反应。用这种试剂比较容易和方便地制得四取代硅烷。如：

$$C_6H_5SiCl_3 + 3\,p\text{-}CH_3C_6H_4Li \longrightarrow (p\text{-}CH_3C_6H_4)_3SiC_6H_5$$

$$(C_2H_5O)_4Si + 4n\text{-}C_4H_9Li \longrightarrow (n\text{-}C_4H_9)_4Si$$

$$SiH_4 + 4C_2H_5Li \longrightarrow Si(C_2H_5)_4$$

同样，也可以用有机锂试剂来制取部分取代或混合烃基的有机硅化合物，如：

$$SiH_4 + 2C_2H_5Li \longrightarrow (C_2H_5)_2SiH$$

$$SiCl_4 + 2(CH_3)_3SiCH_2Li \longrightarrow [(CH_3)_3SiCH_2]_2SiCl$$

$$Si(OC_2H_5)_4 + 3n\text{-}C_4H_9Li + C_6H_5Li \longrightarrow (n\text{-}C_4H_9)_3SiC_6H_5$$

有机锂化合物的最大特点是用来引入大基团的化合物，如：

$$\text{萘-OCH}_3 \xrightarrow{n\text{-}C_4H_9Li} \text{萘(OCH}_3)(Li) \xrightarrow{(CH_3)_3SiCl} \text{萘(OCH}_3)(Si(CH_3)_3)$$

有机锂试剂和格氏试剂相比优势在于：受空间位阻的影响比格氏试剂小；收率提高；使用 Li 试剂通常要进行到完全取代为止，且反应速度快，例：

$$p\text{-}ClC_6H_4CH_2MgCl + Ph_3SiCl \longrightarrow Ph_3SiCH_2\text{-}\underset{}{\underset{}{\bigcirc}}\text{-}Cl$$

3%于120℃，7天

$p\text{-}ClC_6H_4CH_2SiCl_3 + 3PhLi \longrightarrow$ 83%于0℃，数分钟。

有机锂试剂对不同有机硅化合物有如下活性次序：

$(o\text{-}CH_3C_6H_4)_3SiCl > (o\text{-}CH_3C_6H_4)_3SiH > (o\text{-}CH_3C_6H_4)_3SiOC_2H_5 >$
$(i\text{-}C_{10}H_7)_3SiBr > (i\text{-}C_{10}H_7)_3SiCl > (i\text{-}C_{10}H_7)_3SiOC_2H_5 > (i\text{-}C_{10}H_7)_3SiH$

2.1.2 直接合成法

2.1.2.1 直接合成法合成甲基氯硅烷

1941年，罗乔（E. G. Rochow）首先提出了由氯甲烷和硅粉在铜催化剂作用下反应直接合成甲基氯硅烷技术。次年，R. Muller也取得了专利。此法具有原料易得、工序简单、不用溶剂、时空效率高，且易于实现连续化大生产等优点，目前成为工业上生产甲基氯硅烷唯一的方法。

直接合成法是研究得最多的方法，指在高温的反应温度下，使用一定的催化剂，将有机卤化物与元素硅或硅铜合金直接反应，一步生成各种有机氯硅烷混合物的方法。目前，在工业生产中所有的甲基氯硅烷都是通过直接法反应生成的，世界上各主要有机硅生产厂家都是采用沸腾床（流化床）直接合成法生产甲基氯硅烷单体，其主要反应式如下：

$$CH_3Cl + Si \xrightarrow{300℃,Cu} (CH_3)_nSiCl_{4-n}(n=1,2,3)$$

但在实际过程中却比较复杂，有以下一系列副反应：

$$4CH_3Cl + 2Si \longrightarrow (CH_3)_3SiCl + CH_3SiCl_3$$
$$3CH_3Cl + Si \longrightarrow CH_3SiCl_3 + 2CH_3\cdot$$
$$2CH_3\cdot \longrightarrow CH_3-CH_3$$
$$3CH_3Cl + Si \longrightarrow (CH_3)_3SiCl + Cl_2$$
$$2Cl_2 + Si \longrightarrow SiCl_4$$
$$4CH_3Cl + 2Si \longrightarrow (CH_3)_4Si + SiCl_4$$
$$2CH_3Cl \longrightarrow CH_2=CH_2 + 2HCl$$
$$3HCl + Si \longrightarrow HSiCl_3 + H_2$$
$$CH_3Cl + HCl + Si \longrightarrow CH_3SiHCl_2 \text{ 等}$$

加上反应过程中还可能发生热分解、歧化以及氯硅烷水解（原料带进的水分）等反应，致使反应产物变得更为复杂，甲基氯硅烷产物可多达41个。主反应的产物是二甲基二氯硅烷（M2），副产物中除了一甲基三氯硅烷外尚有少量的三甲基氯硅烷（M3）、四甲基硅烷（M4）及各种氢氯硅烷和多种高沸物。如 EtSi—Si≡、EtSi—CH$_2$—Si≡、EtSi—O—Si≡。表2-1列出了工业产品中的主要组分及其含量。

■表 2-1　甲基氯硅烷产物的主要组成

化学名称	分子式	缩写	沸点(101.3kPa)/℃	质量分数/%
二甲基二氯硅烷	$(CH_3)_2SiCl_2$	M2	70.2	75~85
一甲基三氯硅烷	CH_3SiCl_3	M3	66.1	5~15
三甲基氯硅烷	$(CH_3)_3SiCl$	M1	57.3	3~5
一甲基二氯硅烷	CH_3HSiCl_2	MH	40.4	3~5
二甲基氯硅烷	$(CH_3)_2SiHCl$	M2H	35.4	~1
四甲基硅烷	$(CH_3)_4SiCl$	S	26.2	<1
四氯化硅	$SiCl_4$	Q	57.6	<1
三氯化硅(硅氯仿)	$HSiCl_3$	TCS	31.8	<1
乙烷、乙烯、甲烷等烃类				微量
高沸物(二硅烷等)			>70.2	3~8

直接法合成中甲基氯硅烷生成的高沸物，主要为含 $\equiv$Si—Si$\equiv$、$\equiv$Si—O—Si$\equiv$ 及 $\equiv$Si—CH$_2$—Si$\equiv$ 的化合物、高级烷基氯硅烷、烃类、卤代烃以及它们的衍生物等。此外，反应中还有副产氢气、氯化氢、低级烷烃及烯烃等低沸物。表 2-2 为含硅高沸物及其沸点。

■表 2-2　含硅高沸物组成及沸点

高沸组分	沸点/℃	高沸组分	沸点/℃
$CH_3(C_2H_5)SiCl_2$	101 (99.9kPa)	$Cl_2CH_2SiOSiCH_3Cl_2$	138 (101.3kPa)
$(C_2H_5)SiCl_3$	97.9 (101.3kPa)	$Cl(CH_3)_2SiOSiCH_3Cl_2$	142 (98.5kPa)
$(C_2H_5)_2SiHCl$	100.5 (101.3kPa)	$(CH_3)_2SiOSi(CH_3)_2Cl$	139 (98.5kPa)
$CH_3(C_3H_7)SiCl_2$	119 (98.3kPa)	$(C_2H_5)_2ClSiSiC_2H_5Cl_3$	187 (97.5kPa)
$(C_3H_7)SiCl_3$	122 (98.7kPa)	$Cl(CH_3)_2SiCH_2SiCH_3Cl_2$	189~192 (101.3kPa)
$Cl(CH_3)_2SiC_2H_5$	181 (99.2kPa)	$Cl_2CH_3SiCH_2SiCH_2Cl_2$	209 (99.5kPa)

在无催化剂条件下，CH_3Cl 需要在 350℃ 以上才能与硅粉反应，并且主要生成 $MeSiCl_3$。显然，没有催化剂，直接法将失去意义。但即便使用催化剂，而由于直接法为多相接触催化放热反应，影响反应的因素极为复杂，所以掌握最佳反应条件，实现较理想的反应，并非易事，通过选用高性能的触体（硅粉、催化剂及助催化剂）、合理结构的反应器以及适用的工艺条件（反应温度、接触时间、系统压力、原料净化等）均可以提高直接法的技术经济指标。

此法具有原料易得、工序简单、不用溶剂、时空产率高，且易于实现连续化大生产等优点。因而，一经问世便很快取代了格氏法，成为工业上生产有机卤硅烷的主要方法。原料主要为金属硅和三氯甲烷。所采用的元素硅是纯度 95% 以上的通过 200 目之细粉，具有金属光泽呈青紫色的结晶体。硅由二氧化硅（硅石）在电炉中用碳还原制得；氯甲烷则由甲醇与氯化氢制备（反应副产物少），或由天然气氯化而来（副产物多），还可由二甲醚和盐酸反应而得，或直接利用农药厂制敌百虫的副产物回收物即可。催化剂多用铜粉，要求铜表面有一定的氧化程度和特定的结构及一定的颗粒尺寸（与硅粉的粒度相匹配，若太细则易被夹带出去）。此外，国外学者还选用镁、锌、黄铜等作助催化剂。

2.1.2.2 直接合成法合成苯基氯硅烷

苯基氯硅烷是制备有机硅聚合物的重要单体之一，它对改善聚有机硅氧烷的性能，特别是在提高有机硅产品的耐热性、化学稳定性、耐辐照性等方面，具有明显作用。在有机硅单体中，其用量及重要性仅次于甲基氯硅烷，居第二位。在苯基氯硅烷单体中，最常用的是苯基三氯硅烷，有的公司用二苯基二氯硅烷，有的不用。

苯基氯硅烷的直接合成法与甲基氯硅烷的直接合成法相似，也采用铜粉作催化剂，由氯化苯与硅-铜触体反应，反应温度一般在 400～600℃ 之间，铜催化剂用量一般为 30%～50%。比起铜来，银是直接合成苯基氯硅更好的催化剂，用硅-银作触体（硅粉∶银粉＝9∶1），反应在 400℃ 就可很好地进行。苯基氯硅烷直接合成法的反应方程式如下：

$$C_6H_5Cl + Si \xrightarrow[500℃]{Ag \text{ 或 } Cu} C_6H_5SiCl_3 + (C_6H_5)_2SiCl_2$$

直接合成法生产苯基单体的优点是可以同时生产一苯基及二苯基氯硅烷（粗单体中苯基单体含量为 60% 以上，其中一苯基三氯硅烷含量为 50% 以上，二苯基二氯硅烷含量为 10% 以上）；其缺点是副反应生成有毒的二氯联苯，其沸点与苯基氯硅烷接近，要用吸收法除去，使成本提高。添加锌、锡、氧化锌、氯化锌、氧化镉和氯化镉能抑制副反应，并促进二苯基二氯硅烷的生成。在氯化苯中添加四氯化硅、三氯氢硅、四氯化锡和氯化氢也能抑制副反应、并促进一苯基三氯硅烷的生成。同时它们都能抑制联苯生成。

直接法合成苯基氯硅烷的反应器有沸腾床、搅拌床和转炉。

2.1.3 硅氢加成法

硅氢化合物（≡Si—H）与不饱和烃类的加成反应，也能形成硅-碳键。这种方法在 20 世纪 40 年代末期发现，现已为实验研究及工业生产有机硅化合物的重要方法之一。这个方法的特点是副产物少，而且可以制取一些难于用其他方法制得的碳上带有官能团的有机硅化合物。其一般的反应式如下：

$$HSiX_3 + CH_2=CH_2 \longrightarrow CH_3-CH_2SiX_3$$

$$HSiX_3 + CH\equiv CH \longrightarrow CH_2=CHSiX_3 (\longrightarrow X_3SiCH_2CH_2SiX_3)$$

2.1.3.1 自由基加成

加热加成、紫外光或 γ 射线辐照加成，过氧化物引发加成，都属自由基加成反应。在这类反应的产物中，除生成 1∶1 的加成产物外，尚有调聚物产生，这取决于烯类的聚合容易程度。一般反应历程是：

① $HSiCl_3 \xrightarrow{辐照} H\cdot + \cdot SiCl_3$(自由基生成)

或$(CH_3COO)_2 \longrightarrow 2CH_3\cdot + 2CO_2$

$CH_3\cdot + HSiCl_3 \longrightarrow CH_4 + \cdot SiCl_3$(自由基生成)

② $CH_2:CH_2 + \cdot SiCl_3 \longrightarrow \cdot CH_2CH_2SiCl_3$(引发)

③ $H\cdot + \cdot CH_2:CH_2SiCl_3 \longrightarrow CH_3CH_2SiCl_3$(链终止,得1:1加成物)

④ $HSiCl_3 + \cdot CH_2:CH_2SiCl_3 \longrightarrow CH_3CH_2SiCl_3 + \cdot SiCl_3$(链转移)

对于$HSiCl_3$与乙烯的反应来说,一般只生成1:1的加成产物,但与四氟乙烯的加成,则往往生成调聚物:

$$HSiCl_3 \xrightarrow{辐照} H\cdot + \cdot SiCl_3$$

$$CF_2=CF_2 + \cdot SiCl_3 \longrightarrow Cl_3SiCF_2CF_2\cdot(引发)$$

$$CF_2=CF_2 + \cdot CF_2CF_2SiCl_3 \longrightarrow \cdot CF_2CF_2CF_2CF_2SiCl_3(链增长)$$

$$HSiCl_3 + \cdot (CF_2CF_2)_nSiCl_3 \longrightarrow H(CF_2CF_2)_nSiCl_3 + \cdot SiCl_3(链转移) n=1,2,3\cdots$$

这个反应可以用加入过量的$HSiCl_3$来控制使不生成调聚物。而对于一些容易聚合的烯烃,如丙烯腈、甲基丙烯酸甲酯、苯乙烯等,在过氧化物的催化下得不到加成产物,而是生成聚合物,如:

$$C_6H_5CH=CH_2 + HSiCl_3 \xrightarrow{(C_6H_5COO)_2} Cl_3Si(CH_2CHC_6H_5)_nH$$

加热加成比用过氧化物引发的加成更容易引起聚合反应。如CH_2SiHCl_2与$CH_2=CH_2$在过氧化物存在下加热到100~110℃没有调聚物生成,若不加任何引发剂,把反应混合物在100~500atm(1atm=101.3kPa)下加热至250~300℃,就会得到$CH_3Cl_2Si(CH_2CH_2)_nH, n\leqslant 6$。

氯代乙烯和硅氢化合物在高温下反应得不到加成产物,而得综合产物,例如:

$$CH_2=CHCl + HSiCl_3 \xrightarrow{550\sim 650℃} CH_2=CHSiCl_3 + HCl$$

$$Cl_2C=CHCl + HSiCl_3 \xrightarrow{550℃} Cl_2C=CHSiCl_3 + HCl$$

$$Cl_2C=CCl_2 + HSiCl_3 \xrightarrow{600℃} Cl_2C=CClSiCl_3 + HCl$$

但四氯乙烯在低温下,以光或过氧化物引发,除得到缩合物外,还可得到一些加成产物:

$$Cl_2C=CCl_2 + HSiCl_3 \longrightarrow Cl_3SiCCl_2CCl_2H$$

在自由基加成反应中,硅氧化合物的结构与反应活性之间的关系表现出如下次序:

$$HSiCl_3 > CH_3SiHCl_2 > (C_2H_5)_2SiH_2 > (C_2H_5)_3SiH$$

关于硅氢加成的位置有一条原则,就是$\cdot SiCl_3$总是加至使烯烃先形成仲(第二)或叔(第三)碳自由基的那种位置上,所以,硅几乎都是与末端的碳相连。如:

$$(CH_3)_2C=CH_2 + \cdot SiCl_3 \longrightarrow (CH_3)_2\overset{\cdot}{C}CH_2SiCl_3$$

$$(CH_3)_2\overset{\cdot}{C}CH_2SiCl_3 + HSiCl_3 \longrightarrow (CH_3)_2HCCH_2SiCl_3 + \cdot SiCl_3$$

在这个反应中只得到异丁基三氯硅烷而没有叔丁基三氯硅烷生成。

又如：

$$H_2SiCl_2 + CH_2\!=\!CHCF_3 \xrightarrow{\text{紫外光}} HSiCl_2CH_2CH_2CF_3$$

$$HSiCl_3 + CH_3CH_2CH\!=\!CHCH_3 \xrightarrow{(C_6H_5COO)_2}$$
$$H_3CH_2CH_2CH(SiCl_3)CH_3 + CH_3CH_2CH(SiCl_3)CH_3$$
$$\qquad\qquad\qquad 70 \qquad\qquad : \qquad\qquad 30$$

对共轭双烯物的加成，可以是 1,4 加成，也可以是 1,2 加成，一般来说 1,2 加成较多，如：

$$HSiCl_3 + F_2C\!=\!CF\!-\!CF\!=\!CF_2 \longrightarrow Cl_3SiCF_2CHFCF\!=\!CF_2$$

2.1.3.2 离子型加成

金属（如 Pt，Pd 等）、氯铂酸（H_2PtCl_6）、有机碱类 [如吡啶，$(C_6H_5)_3P$ 等] 都能催化硅氢化合物与不饱和烃类的加成，因其反应机理牵涉到反应物的键极化，所以属离子型反应。在一般情况下，$\equiv$Si—H 键的极化方向为 $\equiv$Si$^+$—H$^-$，例如：

$$CH_3Si^+H^- + CH_2\!=\!CH\!-\!\overset{O}{\overset{\|}{C}}\!-\!OCH_3 \longrightarrow CH_3\!-\!\overset{CH_3Si}{\overset{|}{CH}}\!-\!\overset{O}{\overset{\|}{C}}\!-\!OCH$$

$$Cl_3Si^+H^- + CH_2\!=\!CHOCOCH_3 \longrightarrow Cl_3SiCH_2CH_2OCOCH_3$$

$$Cl_3Si^+H^- + CH_2\!=\!CH(CH_2)_2CH_3 \longrightarrow Cl_3SiCH_2CH_2(CH_2)_2CH_3$$

有这种催化剂存在下的加成反应，可以加入阻聚剂，如 2,6-二叔丁基对甲酚，叔丁基邻苯二酚等，因而那些聚合趋势很强的烯烃，如丙烯腈、苯乙烯等也能顺利地与硅氢化合物加成，生成简单的 1:1 加成产物。如：

$$CH_2\!=\!CHCN + RSiHCl_2 \xrightarrow{Pt/C} CH_3CH(SiRCl_2)CN$$
$$(R\!=\!CH_3,Cl)$$

$$CH_2\!=\!CH\!-\!C_6H_5 + HSiCl_3 \xrightarrow{Pt/C} Cl_3SiCH_2\!-\!CH_2C_6H_5$$

$$CH_2\!=\!CH\!-\!CH_2CN + HSiCl_3 \xrightarrow{H_2PtCl_6\cdot 6H_2O} Cl_3SiCH_2\!-\!CH_2CH_2CN$$

$$CF_2\!=\!CH_2 + HSiCl_3 \xrightarrow{Pt/C} Cl_3SiCH_2CF_2H$$

$$RfCH\!=\!CH_2 + CH_3SiHCl_2 \xrightarrow{Pt/C \text{ 或 } H_2PtCl_6} (RfCH_2CH_2)(CH_3)SiCl_2$$
$$Rf\!=\!CF_3,C_2F_5,C_3F_7$$

上述反应中，在催化剂的影响下发生加成反应，其机理有两种可能，或者首先由 H^- 的亲核进攻发生，或者首先由 $\equiv$Si$^+$ 的亲电进攻发生。

$$CH_3Si^+H^- + CH_2\!=\!CH(CH_2)_2CH_3 \xrightarrow{Pt}$$
$$[CH_2^-\!-\!CH_2(CH_2)_2CH_3 + Si^+Cl_3] \longrightarrow$$
$$\qquad\qquad Cl_3SiCH_2CH_2(CH_2)_2CH_3 \text{（亲核进攻引发）}$$

$$Cl_3SiH + CH_2\!=\!CH(CH_2)_2CH \xrightarrow{Pt}$$
$$[Cl_3SiCH_2\!-\!C^+H(CH_2)_2CH_3 + H^-] \longrightarrow$$
$$\qquad\qquad Cl_3SiCH_2CH_2(CH_2)_2CH_3 \text{（亲电进攻引发）}$$

在烯烃中的双键与强吸电子基团共轭时，双键末端碳原子上的电子密度较低，而使 H^- 加至末端碳原子上，加成反应很可能是由 H^- 的亲核进攻引发的：

$$CH_2=CHCOOCH_3 \longrightarrow CH_2-CH=C(O^-)-OCH_3$$

$$CH_3Si^+ \ H^- + CH_2=CHCOOCH_3 \longrightarrow [Cl_3Si^+ + CH_3-CHCOOCH_3] \longrightarrow CH_3-CHCOOCH_3 \ (SiCl_3)$$

关于加成的位置，当我们考虑了 $\equiv$Si—H 键的异裂方向与 H—X 键的异裂方向相反这一点就会明白，下面比较二个例子：

① $Cl_3SiH^- + CH_2=CH-C(=O)-OCH_3 \longrightarrow CH_3-CH(SiCl_3)-C(=O)-OCH_3$

$H^+ X^- + CH_2=CH-C(=O)-OCH_3 \longrightarrow XCH_2CH_2-C(=O)-OCH_3$

② $Cl_3SiH + CH_2=CH(CH_2)_2CH_3 \longrightarrow Cl_3SiCH_2CH_2(CH_2)_2CH_3$

$H^+ X^- + CH_2=CH(CH_2)_2CH_3 \longrightarrow CH_3CHX(CH_2)_2CH_3$

2.1.3.3 与炔属化合物的加成

硅氢化合物与炔属化合物的加成产物，随反应条件的不同，可以是烯烃基硅化合物或烃基硅化合物：

$$CH\equiv CC_4H_9\text{-}n + HSiCl_3 \xrightarrow{(C_6H_5COO)_2} Cl_3SiCH=CH-C_4H_9\text{-}n$$

$$CH\equiv CC_4H_9\text{-}n + 2HSiCl_3 \xrightarrow{(C_6H_5COO)_2} Cl_3SiCH_2CH(SiCl_3)C_4H_9\text{-}n$$

$$CH\equiv CH + HSiCl_3 \xrightarrow{Pt} Cl_3SiCH=CH_2, \ Cl_3SiCH_2CH_2SiCl_3$$

$$CH\equiv CH + SiH_4 \xrightarrow{460\sim510℃} (CH\equiv CH)(CH_2=CH)_2SiH, (CH_2=CH)SiH_3$$

$$CH\equiv CH + SiH_4 \xrightarrow{紫外光+Hg} (CH\equiv CH)SiH_3, H_3SiCH_2CH_2CH_3$$

最后一个反应中主要生成带乙炔基的硅化合物，可能是来自乙烯基硅化合物的脱氢，也可能由于以下机制：

$$HC\equiv C-H + H_3Si-H \longrightarrow \left[\begin{array}{c} HC\equiv C\cdots H \\ H_3Si\cdots H \end{array}\right] \longrightarrow HC\equiv C-SiH_3 + H_2$$

近来发现，在过氧化苯甲酰催化下，氯硅仿与炔烃发生反式加成，若以铂催化，则发生顺式加成。在机理上前者符合自由基加成，而后者符合离子型加成。

2.1.4 热缩合法

此法是合成有机卤硅烷的另一方法，是指由氯硅烷（主要为含氢氯硅烷）与烃或卤代烃反应法，即利用含 Si—H 键的化合物与不饱和烃加成；或者与烃、卤代烃在一定条件下进行缩合反应，生成有机硅化合物。例如，硅氢加成反应如下：

$$RCH=CH_2 + H-Si\equiv \longrightarrow RCH_2CH_2Si\equiv$$

在高温或催化剂的作用下，缩合生成有机氯硅烷的方法，又可称为热缩合法。把缩合过程看作是硅烷上的氢或氯被烃基取代的过程，缩合法还可称为取代法。二甲二氯硅烷的制备可用下式表示：

$$HSiCl_3 + 2C_2H_6 \xrightarrow[\text{加压}]{BCl_3, 375℃} Me_2SiCl_2 + MeSiCl_3 + EtSiCl_3$$

反应可以通过自由基反应也可用贵金属化合物作为催化剂。一般常用的贵金属催化剂为铂化合物。铂催化剂被广泛用于合成官能性有机硅化合物，例如：

$$HSiCl_3 + HC\equiv CH \longrightarrow CH_2=CHSiCl_3$$
（乙烯基单体）

$$HSiCl_3 + CH_2=CHSiCl_3 \longrightarrow ClCH_2CH_2SiCl_3$$
（偶联剂中间体）

$$CH_3SiHCl_2 + CH_2=CHCN \longrightarrow CH_3SiCl_2CH_2CH_2CN$$
（耐油硅橡胶中间体）

硅氢键的热缩合反应也是一种亲核取代反应，典型的例子是甲基苯基二氯硅烷的合成：

$$CH_3SiHCl_2 + C_6H_5Cl \longrightarrow CH_3(C_6H_5)SiCl_2 + HCl$$

亲核取代反应广泛用于合成碳官能团硅烷，例如：

$$HSiCl_3 + CH=CHCl \longrightarrow CH_2=CHSiCl_3$$
$$CH_3SiHCl_2 + CH_2=CHCl \longrightarrow CH_3(CH_2=CH)SiCl_2 + HCl$$

硅烷与烃类反应法可以制得多种有用的有机硅化合物，特别是对于制取碳官能团硅化合物（在有机硅化合物中的有机基团上含有不饱和键或杂原子）极其方便有效。缩合法原料易得，设备流程简单，工艺稳定，操作安全，产率可观；但其所需反应温度较高，经常伴有副反应，生成一定含量的副产物，给主产物的分离带来困难，提高了生产成本，它不能制取用量最大的甲基氯硅烷单体。

我国在合成苯基三氯硅烷及甲基苯基二氯硅烷的生产中，对高温热缩合法合成苯基氯硅烷的方法进行了较多的研究，取得了良好的成绩，并在生产上达到了国际水平。

2.1.4.1 热缩合法制备苯基三氯硅烷

前面已述，目前工业上采用直接法进行生产苯基三氯硅烷。虽然由直接法生产出的粗单体中苯基中单体含量为60%以上（其中苯基二氯硅烷含量为50%以上，二苯基二氯硅烷的含量为10%以上），但由于该法须用大量的铜作催化剂，我们希望尽量减少铜的用量或不用铜，以将铜作其他更重要的用途；再者，直接法设备结构复杂。我国对高温热缩合法合成苯基三氯硅烷进行了研究。该法具有操作简便，设备简单，不用催化剂，无二苯基二氯硅烷生成等优点。与直接法生产配合起来，可以补救直接法生产存在的不足。

用高温热缩合法制备苯基三氯硅烷，采用石英管，利用含硅氢键 Si—H 的化合物与芳香族或脂肪族化合物在高温和催化剂存在下进行缩合形成硅-碳键，通过氯苯和氯硅仿的混合物，进行高温热缩，制得苯基三氯硅烷，收率（以氯硅仿计）为52%。

我国采用铜管，所得苯基三氯硅烷收率（以氯硅仿计）为50%~55%。高温热结合的主要反应是：

$$HSiCl_3 + C_6H_5Cl \longrightarrow C_6H_5SiCl_3 + HCl$$

副反应是：

$$HSiCl_3 + C_6H_5Cl \longrightarrow SiCl_4 + C_6H_6$$

$$4HSiCl_3 \longrightarrow 3SiCl_4 + Si + 2H_2\uparrow$$

反应在衬钢的钢管中进行，其最佳条件是：反应管后段温度为 $(625\pm5)℃$，预热段温度为 $(370\pm10)℃$，接触时间为 $20\sim30s$，摩尔比 $(C_6H_5Cl/HSiCl_3)$ 为 $2:1$。苯基三氯硅烷的收率（以氯硅仿计）为50%~55%，生产能力达 $55\sim60g$ 纯单体/(L·h)，苯基三氯硅烷含量（质量）30%~35%。

2.1.4.2 热缩合法制备甲基苯基二氯硅烷

甲基苯基二氯硅烷是制备有机硅高聚物，特别是制备硅橡胶及耐热硅油的重要原料之一。

国外采用石英管反应器，收率能达35%，此法的特点是流程和设备结构比较简单，容易操作，可以连续生产，不需要催化剂。

进行的主要反应是：

$$CH_3HSiCl_2 + C_6H_5Cl \xrightarrow{\triangle} CH_3C_6H_5SiCl_2 + HCl$$

副反应是：

$$CH_3HSiCl_2 + C_6H_5Cl \longrightarrow C_6H_6 + CH_3SiCl_3$$

$$2CH_3HSiCl_2 \longrightarrow CH_3SiCl_3 + CH_3SiH_2Cl$$

$$2CH_3HSiCl_2 \longrightarrow (CH_3)_2SiCl_2 + H_2SiCl_2$$

热缩合法合成 $MePhSiCl_2$ 的工艺流程如图2-3所示。

反应最佳条件是：温度为620℃（顶部为500℃），预热温度为250℃，接触时间为 $40\sim50s$，摩尔比 (C_6H_5Cl/CH_3HSiCl_2) 为 $2/2\sim2.5/1$。甲基苯基二氯硅烷单程收率（以甲基二氯硅烷计）为35%~37%，生产能力为 $24\sim25g$ 纯单体/(L·h)。

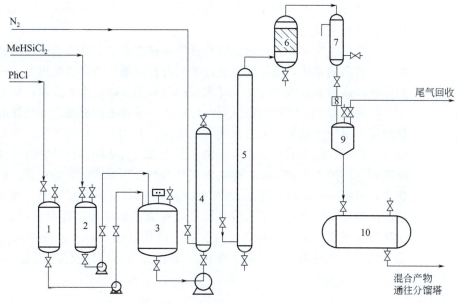

图 2-3　热缩合法合成 MePhSiCl$_2$ 工艺流程
1,2—计量罐；3—混合罐；4—预热器；5—反应器；6—过滤器；
7—冷凝器；8—视镜；9—接受器；10—产物罐

国外有些专利提到氯硅烷与烃或氯化烃在高温加压下的反应，其中有些采用了三氯化硼或其他催化剂，用催化剂降低反应温度是一种值得考虑的途径，举几个例子如下：

$$HSiCl_3 + C_6H_6 \xrightarrow[BCl_3]{400℃,60atm} C_6H_5SiCl_3(33\%)$$

$$C_6H_5HSiCl_2(3.5\%)$$

$$HSiCl_3 + C_6H_6 \xrightarrow{275℃,加压} C_6H_5SiCl_3(72.8\%)$$

$$(CH_3)HSiCl_2 + C_6H_6 \xrightarrow[H_3PO_3]{275℃,加压} (CH_3)(C_6H_5)SiCl$$

$$HSiCl_3 + C_6H_6Cl \xrightarrow[BCl_3]{290℃,55atm} C_6H_5SiCl_3$$

$$(ClC_6H_4)SiCl_3$$

$$C_6H_4(SiCl_3)_2$$

2.1.5　歧化（再分配）法

歧化法是指使用一定的催化剂，将连接于同一个或不同硅原子上的不同基团，包括烃基、氢及电负性基团（如 Cl、F、OMe、OEt 等），在一定温度条件或其他因素作用下可以相互互换的原理，达到基团再分配、调整官能度或生成新的有机硅化合物的目的。在此过程中，取代基的种类及总数不变，但可生成不同于起始原料的产物。依据这一原理制取有机（卤）硅烷的方法，故又称为再分配法。反应所用的催化剂一般为 Friedel-Crafts 催化剂，如有机胺和三氯化铝。

再分配法区别于直接合成法及其他间接合成法，其突出优点是处理某些生产中过剩的单体，系从便宜或过剩的有机硅单体或卤硅烷出发，通过基团交换获得高价值硅烷的方法，可实现综合利用并降低生产成本；同时，利用这个方法可以比较容易制得在同一硅原子上带有不同烃基的实用性的特种硅烷单体，反应中硅原子上各基团可以交换，总的 Si—C 键不变，但可形成新的 Si—C 键。在当前有机硅生产中，不管采用何法均存在产物组分分配与实际需要之间的不平衡问题，经常出现某些组分不足或过剩的难题。借助再分配法，可将一些应用价值不大或产量过剩的单体，转化成生产急需和价值更高的硅烷。特别是用于制取混合烃基或有机氢硅烷等，其意义更大。因而，这种方法在实际生产中是必不可少的，歧化法作为一个合成方法的辅助方法，已为多数有机硅厂采用。生成二甲基二氯硅烷的反应方程式可用下式表示：

$$CH_3SiCl_3 + (CH_3)_3SiCl \xrightleftharpoons[\text{温度,压力}]{\text{催化剂}} 2(CH_3)_2SiCl_2$$

催化剂可用 $AlCl_3$、$NaAlCl_4$、$KAlCl_4$ 或氯酸处理过的氧化铝；助剂可用含氢氯硅烷（如含氢三氯硅烷、甲基含氢二氯硅烷等）；载体可用多孔人造刚玉、浮石、多孔黏土、海泡石、岩盐和硅石等。歧化反应装置多用高压反应釜或管式压力反应器。

硅烷中各种取代基的交换，有的是简单加热下即可进行。但通常都使用催化剂，以期降低反应温度，缩短反应时间，提高选择性及获取高收率产物等目的。在各类催化剂中，弗里德尔-克拉夫茨催化剂用得最多，并以 $AlCl_3$ 的效果最佳。

此法可用来合成稀有化合物。反应中硅原子上各种基团可以交换，总的 Si—C 键数目不变，但可形成新的 Si—C 键。如：

$$Et_4Si + Pr_4Si \xrightarrow[180°]{AlCl_3} Et_4Si + Et_3SiPr, Et_2SiPr_2 + EtSiPr_3 + Pr_4Si$$

$$Me_3SiCl + MeSiCl_3 \xrightarrow[\substack{MeHSiCl_2 \\ 150℃}]{AlCl_3} 2Me_2SiCl_2 \quad 79\%$$

总之，以上这些合成方法，从其生产能力的高低、操作控制的难易、经济的合理、安全和可靠乃至调节单体官能度的能力等方面来评价，可以认为，没有哪一类是绝对优越的，而是各有优缺点和适用性。因此，当今大规模的有机硅生产厂，以直接法为主，同时采用其他合成方法，借以互相补充，充分发挥各自长处，最大限度地降低生产成本。

2.2 重要的有机硅单体及其性质

2.2.1 有机氯硅烷单体的性质

烃基（芳基）氯硅烷是一类工业上最重要的有机氯硅烷单体，其通式为 $R_nSiCl_{4-n}(n=1\sim3)$，主要有一甲基三氯硅烷（CH_3SiCl_3）、二甲基二氯硅烷[$(CH_3)_2SiCl_2$]、一甲基二氯硅烷（CH_3SiHCl_2）、二甲基氯硅烷[$(CH_3)_2HSiCl$]、四氯硅烷（$SiCl_4$）、三甲基一氯硅烷[$(CH_3)_3SiCl$]、一苯基三氯硅烷（$C_6H_5SiCl_3$），二苯基二氯硅烷[$(C_6H_5)_2SiCl_2$]、甲基苯基二氯硅烷[$(CH_3)C_6H_5SiCl_2$]等。根据分子中氯原子的多少成为一氯、二氯、三氯硅烷，经水解后就成为不稳定的一元、二元、三元硅醇，硅醇之间脱水缩聚就制成不同分子量的有机硅树脂。

2.2.1.1 物理性质

(1) 大多数甲基（苯基）氯硅烷均为刺激性无色液体，只有三苯基一氯硅烷在室温下为固体[熔点（96±1）℃]。单体与空气中的水分接触，极易发生水解，放出氯化氢（HCl），故有强烈气味。单体接触人体皮肤，有腐蚀作用。

(2) 大部分甲基（或苯基）氯硅烷的相对密度均大于1，但其相对密度随氯原子数目及有机基团的分子量大小而变化，增加单体中有机基团的百分数，如三甲基一氯硅烷其相对密度就降至0.85。由于苯基有机基团结构紧密，苯基氯硅烷的相对密度都比相应的甲基氯硅烷的相对密度大；苯基氯硅烷的沸点随硅原子上的苯基基因数目的增加而增加，但甲基氯硅烷没有这种规律性。

(3) 所有的甲基（或苯基）氯硅烷均易溶于芳香烃、卤代烃、醚类、酯类等溶剂中。

随着氯原子个数的多少及烃基种类之不同，使这类烃基氯硅烷单体品种很多，选择主要的列表于2-3。

■表2-3 烃基（芳基）氯硅烷物理常数

名称	分子式	熔点/℃	沸点/℃	相对密度	折射率 n_D^{20}
甲基三氯硅烷	CH_3SiCl_3	-77	66.4	1.237	1.4088
乙基三氯硅烷	$C_2H_5SiCl_3$	-105.6	98	1.2519	1.4257
苯基三氯硅烷	$C_6H_5SiCl_3$	-39.3	201.5	1.3256	1.5245
乙烯基三氯硅烷	$CH_2=CHSiCl_3$	-95	92	1.2735	1.4365
二甲基二氯硅烷	$(CH_3)_2SiCl_2$	-76.1	70	1.067	1.4023
二苯基二氯硅烷	$(C_6H_5)_2SiCl_2$	-22	305.2	1.222	1.5765

续表

名　称	分子式	熔点/℃	沸点/℃	相对密度	折射率 n_D^{20}
二乙烯基二氯硅烷	$(CH_2=CH)_2SiCl_2$		118	1.088	1.4503
三甲基氯硅烷	$(CH_3)_3SiCl$	-57.7	57.9	0.854	1.3880
二乙基二氯硅烷	$(C_2H_5)_2SiCl_2$		129.0	1.0472	1.4291
三乙基氯硅烷	$(C_2H_5)_3SiCl$		143.5	0.925	
三苯基氯硅烷	$(C_6H_5)_3SiCl$	97	368		
甲基二氯氢硅烷	CH_3HSiCl_2	-90.6	41	1.110	1.3982
二甲基一氢硅烷	$(CH_3)_2HSiCl$	-103	5	0.8545	1.3820
苯基二氯氢硅烷	$C_6H_5HSiCl_2$		184	1.2115	1.5246
苯基甲基二氯硅烷	$C_6H_5(CH_3)SiCl_2$		205	1.182	1.5180
苯基二甲基氯硅烷	$C_6H_5(CH_3)_2SiCl$		195	1.028	1.5082
二苯基甲基氯硅烷	$CH_3(C_6H_5)_2SiCl$		295.5	1.1277	1.5742
三氯氢硅	$HSiCl_3$	-126.6	31.9	1.3417	1.4080
四氯化硅	$SiCl_4$	-68.8	57.6	1.491	1.4126

2.2.1.2　化学性质

有机氯硅烷分子中含有极性较强的 Si—Cl 键，活性较强，能发生以下化学反应。

(1) 水解反应　有机氯硅烷与水能发生水解反应，生成硅醇，并放出氯化氢气体。

$$R_3SiCl + H_2O \longrightarrow R_3SiOH + HCl$$
$$R_2SiCl_2 + 2H_2O \longrightarrow R_2Si(OH)_2 + 2HCl$$
$$RSiCl_3 + 3H_2O \longrightarrow RSi(OH)_3 + 3HCl$$

中间阶段的硅醇不稳定，在酸或碱的催化作用下，易脱水缩聚，即生成 Si—O—Si 为主链的有机硅低聚物：

① 一氯硅烷水解生成单官能度的一元硅醇，经缩聚只能生成二聚体。

$$R_3SiCl + H_2O \longrightarrow R_3SiOH + HCl$$
$$2R_3SiOH \longrightarrow R_3Si-O-Si-R_3 + H_2O$$

因此一元硅醇是一种链终止剂，当它结合在增长着的链端之后，就使进一步增链成为不可能，可以用作调节分子量大小的控制剂。

② 二氯硅烷水解生成双官能度的二元硅醇，经缩聚生成线型聚有机硅氧烷或环体聚有机硅氧烷。生成的环体中，以 $x=3,4,5$ 的环体的量最多，也较稳定。

$$nR_2SiCl_2 + 2nH_2O \longrightarrow nR_2Si(OH)_2 + 2nHCl$$
硅醇(中间阶段)

$$nR_2Si(OH)_2 \longrightarrow HO\left[\begin{array}{c}R\\|\\Si-O\\|\\R\end{array}\right]_{n-x}H + \left[\begin{array}{c}R\\|\\Si-O\\|\\R\end{array}\right]_x + (n-1)H_2O$$

线性分子　环体，$x=3\sim9$

环体结构

$$\begin{matrix} & R_2 \\ & Si \\ & / \ \backslash \\ & O \quad O \\ R_2Si - O - SiR_2 \end{matrix} \qquad \begin{matrix} R_2Si - O - SiR_2 \\ | \qquad\qquad | \\ O \qquad\qquad O \\ | \qquad\qquad | \\ R_2Si - O - SiR_2 \end{matrix} \qquad \begin{matrix} R_2Si \\ O \quad O \\ R_2Si \quad SiR_2 \\ O \quad O \\ R_2Si - O - SiR_2 \end{matrix}$$

$x=3 \qquad\qquad x=4 \qquad\qquad x=5$

生成的环体中，以 $x=3$、4、5 的环体的量多，也较稳定。

由极纯的二氯硅烷的水解缩合或四环体的开环聚合可得到高分子量的聚硅氧烷硅橡胶，它的硫化反应表示如下：

$$HO-\underset{\underset{CH_3}{|}}{\overset{\overset{CH_3}{|}}{Si}}-(O-\underset{\underset{CH_3}{|}}{\overset{\overset{CH_3}{|}}{Si}})_n-O-\underset{\underset{CH_3}{|}}{\overset{\overset{CH_3}{|}}{Si}}-OH \xrightarrow[\Delta]{BPO}$$

如果在二氯硅烷中加入一氯硅烷，便可得到低分子量的聚硅氧烷。由二氯硅烷/一氯硅烷的比例可调节分子量的大小，得到不同分子量的硅油，硅油的链末端为三甲基硅氧基：

$$H_3C-\underset{\underset{CH_3}{|}}{\overset{\overset{CH_3}{|}}{Si}}-(O-\underset{\underset{CH_3}{|}}{\overset{\overset{CH_3}{|}}{Si}})_n-O-\underset{\underset{CH_3}{|}}{\overset{\overset{CH_3}{|}}{Si}}-CH_3$$

③ 三氯硅烷水解生成三官能度的三元硅醇，经缩聚生成体型聚有机硅氧烷

$$RSiCl_3 + H_2O \longrightarrow R-\underset{\underset{OH}{|}}{\overset{\overset{OH}{|}}{Si}}-OH$$

$$n HO-\underset{\underset{OH}{|}}{\overset{\overset{R}{|}}{Si}}-OH \longrightarrow$$

通常在聚合单体中加入三氯硅烷，可在聚合物上引入支链结构和羟基，通过三官能度单体、二官能度单体和一官能度单体的配比调节及工艺条件的变化，进行共水解组合可得到分子量和平均羟基数目及结构不同的聚合物。活泼的羟基在高温下可以进一步发生缩合反应，随着交联度的提高，树脂变为不熔不溶的体型网状结构固体。影响烃基氯硅烷水解缩合的因素很多，有单体结构、水用量、pH 值、溶剂性质、温度高低等。如水用量不足时基本

上生成线型高分子，而水分过量时就完全水解。介质 pH 值呈酸性时反应迅速，而在中性和碱性介质时反应速率迟缓。此聚硅氧便是这种含有多羟基的分子量不太高的聚合物或称有机硅树脂。有机硅树脂进一步的热交联反应可表示如下：

但是这种反应是可逆的，在高潮湿的条件下，交联结构可部分分解。

(2) 与醇类反应　生成甲基烷氧基硅烷或苯基氧基硅烷。

$$RSiCl_3 + 3R'OH \longrightarrow RSi(OR')_3 + 3HCl\uparrow$$

(3) 酰氧基化反应　酰氧基化反应如下：

$$RSiCl_3 + 3(CH_3CO)_2O \longrightarrow RSi(CH_3COO)_3 + 3CH_2COCl$$

(4) 氨（或胺类）反应　生成有机硅胺类单体。

$$2(CH_3)_3SiCl + 3NH_3 \longrightarrow (CH_3)_3Si-NH-Si(CH_3)_3 + 2NH_3Cl$$

2.2.2 有机硅醇

硅醇是有机氯硅烷水解法制备有机硅树脂的重要的中间产物，由甲基（或苯基）氯硅烷、甲基（或苯基）乙氧基硅烷、甲基（或苯基）乙酰氧基硅烷等经水解生成。其通式为：

$$R_nSi(OH)_{4-n}$$

硅醇键是极性键，且分子间能以不同的氢键缔合，故硅醇的沸点较高。同时，硅醇基还能与水分子形成氢键，使其在水中具有一定的溶解度。但因烷基链长增加，故其在水中溶解度下降，而在有机溶剂中的溶解度增加，重要硅醇的物理常数见表 2-4。

■表 2-4　重要硅醇的物理常数

名称	分子式	熔点/℃	沸点/℃	相对密度	折射率 n_D^{20}
三甲基一羟基硅烷	$(CH_3)_3SiOH$	-4.5	98.9	0.8141	1.3889
二甲基二羟基硅烷	$(CH_3)_2Si(OH)_2$	96~98			1.454
甲基苯基二羟基硅烷	$C_6H_5(CH_3)Si(OH)_2$	74~75			
三乙基一羟基硅烷	$(C_2H_5)_3SiOH$		63	0.8638	1.4329
二乙基二羟基硅烷	$(C_2H_5)_2Si(OH)_2$	96	140	1.134	1.413~1.517
三苯基一羟基硅烷	$(C_6H_5)_3SiOH$	155		1.097	1.454
二苯基二羟基硅烷	$(C_6H_5)_2Si(OH)_2$	132			1.564~1.656

硅烷水解时形成有机硅醇，硅醇自发缩聚或强制缩聚而或快或慢地转化成硅氧烷。有机硅醇的反应活性取决于硅醇结构及反应条件。在 R 相同条

件下，随着硅原子上—OH基数目的减少，以及有机基团数量及体积增大，对—OH基的空间屏蔽作用增大，硅醇的综合倾向降低，在中性水解条件下易于制备有机硅醇。有机硅醇的反应活性顺序为：$RSi(OH)_3 > R_2Si(OH)_2 > R_3SiOH$。对于羟基数相同的硅醇而言，R越大则越稳定。其中$CH_3Si(OH)_3$水解后即自行缩聚，不能分离；而$(CH_3)_3SiOH$、$(C_6H_5)_3SiOH$等由于有机基数目增多或有机基团体积大，性质较为稳定，可以分离。其中$(C_6H_5)_3SiOH$、$(C_6H_5)_2Si(OH)_2$易于分离成成品。此外，催化剂及反应温度对硅醇缩合反应的影响也很大。

① 缩聚反应。利用硅醇易于脱水缩聚或与含有其他官能基团的有机硅烷缩聚，生成稳定的Si—O—Si主链的有机硅高聚物的特性，是目前制备有机硅高聚物的主要方法。以下是与有机氯硅烷、有机烷氧基硅烷、有机酰氧基硅烷等作用，形成Si—O—Si链的主要反应。

$$\equiv Si-OH + HO-Si\equiv \longrightarrow \equiv Si-O-Si\equiv + H_2O$$
$$\equiv Si-OH + Cl-Si\equiv \longrightarrow \equiv Si-O-Si\equiv + HCl\uparrow$$
$$\equiv Si-OH + RO-Si\equiv \longrightarrow \equiv Si-O-Si\equiv + ROH$$
$$\equiv Si-OH + NH_3-Si\equiv \longrightarrow \equiv Si-O-Si\equiv + NH_3\uparrow$$
$$\equiv Si-OH + H-Si\equiv \longrightarrow \equiv Si-O-Si\equiv + H_2\uparrow$$
$$\equiv Si-OH + CH_3COO-Si\equiv \longrightarrow \equiv Si-O-Si\equiv + CH_3COOH$$

② 在浓碱溶液的作用下，生成硅醇的碱金属盐。硅醇的碱金属盐在水溶液中稳定，但遇酸分解，重新生成硅醇，并进行缩聚。

$$\equiv Si-OH + NaOH \longrightarrow \equiv Si-O-Na + H_2O$$
$$\equiv Si-O-Na + HCl \longrightarrow \equiv Si-OH + NaCl$$
$$\equiv Si-OH + HO-Si\equiv \longrightarrow \equiv Si-O-Si\equiv + H_2O$$

2.2.3 有机烷氧基硅烷

有机烷氧基硅烷单体是除甲基或苯基氯硅烷以外的另一类重要单体，可由有机氯硅烷单体与醇类反应生成。其通式为$R_nSi(OR')_{4-n}$ ($n=1 \sim 3$)。其中R为甲基或苯基，R'为甲基或乙基。

常见的甲氧基或乙氧基硅烷的物理常数见表2-5。

■表2-5 烃基烷氧基硅烷物理常数

名 称	分子式	沸点/℃	相对密度	折射率 n_D^{20}
三甲基一甲氧基硅烷	$(CH_3)_3SiOCH_3$	57.8	0.7542	1.3678
三甲基一乙氧基硅烷	$(CH_3)_3SiOC_2H_5$	75.7	0.7573	1.3743
二甲基二甲氧基硅烷	$(CH_3)_2Si(OCH_3)_2$	82	0.8638	1.3705
二甲基二乙氧基硅烷	$(CH_3)_2Si(OC_2H_5)_2$	112~113.5	0.827	1.3840
一甲基三乙氧基硅烷	$CH_3Si(OC_2H_5)_3$	143~143.5	0.899	1.3844
一甲基三甲氧基硅烷	$CH_3Si(OCH_3)_3$	103.5	0.9548	1.3711
二甲基乙烯基乙氧基硅烷	$(CH_3)_2Si(OC_2H_5)CH=CH_2$	99	0.7934	1.3983

续表

名　　称	分子式	沸点/℃	相对密度	折射率 n_D^{20}
一甲基苯基二乙氧基硅烷	$CH_3(C_6H_5)Si(OC_2H_5)_2$	216~221	0.9627	1.4701
一苯基三乙氧基硅烷	$C_6H_5Si(OC_2H_5)_3$	233~235	0.9970	1.4632
二苯基二甲氧基硅烷	$(C_6H_5)_2Si(OCH_3)_2$	145~152		
二苯基二乙氧基硅烷	$(C_6H_5)_2Si(OC_2H_5)_2$	296	1.024	1.5236
一苯基三甲氧基硅烷	$C_6H_5Si(OCH_3)_3$	1300	1.0641	1.47331
四甲氧基硅烷	$Si(OCH_3)_4$	121	1.032	1.3683
四乙氧基硅烷	$Si(OC_2H_5)_4$	167	0.9334	1.3832

甲基或苯基乙氧基硅烷（甲氧基硅烷）多系无色芳香味的液体，遇水较稳定，水解时 SiOR′ 键较 Si—Cl 反应活性低，放出的 R′OH 系醇类，没有腐蚀性；水解后生成硅醇，再进行脱水缩聚。

有机烷氧基硅烷进行水解、缩聚反应生成 Si—O—Si 键聚合物时，由于水解产物为醇，不产生 HCl 的腐蚀性副产物，故得到广泛的应用。

(1) 当与其他连在硅原子上的官能团反应时，生成 Si—O—Si 链。

$$\equiv Si-OR + HO-Si\equiv \longrightarrow \equiv Si-O-Si\equiv$$
$$\equiv Si-OR + CH_3COO-Si\equiv \longrightarrow \equiv Si-O-Si\equiv + CH_3COOR$$
$$\equiv Si-OR + Cl-Si\equiv \longrightarrow \equiv Si-O-Si\equiv + RCl$$

(2) 与有机化合物（或有机树脂）中的—OH 结合，这是利用含有—OR 基团的有机硅来改性普通树脂的途径。

$$\equiv Si-OR + HO-R' \longrightarrow \equiv Si-O-R' + ROH$$

(3) 在酸或碱的存在下，进行水解及脱水缩聚。

$$\equiv Si-OR + H_2O \longrightarrow \equiv Si-OH + ROH$$
$$\equiv Si-OH + HO-Si\equiv \longrightarrow \equiv Si-O-Si\equiv + H_2O$$

2.2.4　有机酰氧基硅烷

有机酰氧基硅烷单体中以乙酰氧基硅烷具有最大的工业价值。其通式为：$R_nSi(OOCR')_{4-n}(n=1\sim3)$，主要为乙酰氧基单体，包括二甲基二乙酰氧基硅烷[$(CH_3COO)_2Si(CH_3)_2$]、甲基三乙酰氧基硅烷[$(CH_3COO)_3SiCH_3$]、二苯基二乙酰氧基硅烷[$(CH_3COO)_2Si(C_6H_6)_2$]等。

有机酰氧基硅烷单体易水解，放出醋酸，比氯硅烷单体水解放出的氯化氢腐蚀性小。一般用作室温硫化硅橡胶中的交联剂。其反应为：

$$CH_3COO-Si\equiv + H_2O \longrightarrow HO-Si\equiv + CH_3COOH$$
$$\equiv Si-OH + HO-Si\equiv \longrightarrow \equiv Si-O-Si\equiv + H_2O$$

它们在隔绝空气的贮存条件下稳定。一旦暴露于空气中，即被空气中的潮汽（水分）所水解，进而脱水缩聚，生成 Si—O—Si 键化合物。

作为制备有机硅高聚物的原料，它也可和有机烷氧硅烷单体反应，生成 Si—O—Si 键聚合物。

$$\equiv\!Si\!-\!OR + CH_3COO\!-\!Si\!\equiv \longrightarrow \equiv\!Si\!-\!O\!-\!Si\!\equiv + CH_3COOR$$

2.2.5 有机硅胺

有机硅胺其通式为 $R_nSi(NH_2')_{4-n}$、$R_nSi(NHR)_{4-n}$、$R_nSi(NR_2')_{4-n}$。其 Si—N 键极易水解，生成硅醇及有机胺类，可作为室温硫化硅橡胶的交联剂。

也可和其他连于硅原子上的官能基（如 OR' 等）反应生成 $\equiv\!Si\!-\!O\!-\!Si\!\equiv$ 链的高聚物。

最重要的含硅氮键的化合物是六甲基二硅氮烷。这是一种很有效的硅烷基化试剂，它可使不挥发性醇变成易挥发的硅氧烷。该反应在低温条件下也能进行完全，且转化率很高。

$$\underset{\text{不挥发性醇}}{(CH_3)_3Si\!-\!\underset{\underset{H}{|}}{N}\!-\!Si(CH_3)_3} + 2HO\!-\!R \longrightarrow \underset{\text{挥发性硅氧烷}}{2(CH_3)_3Si\!-\!OR} + NH_3$$

2.2.6 甲基苯基二氯硅烷

甲基苯基二氯硅烷是制备有机硅高聚物的重要单体之一。在同一硅原子上有甲基及苯基。因而兼有甲基氯硅烷和苯基氯硅烷的一些特性，而弥补了其单一有机基团的单体的缺点。现已广泛使用于提高性能的（特别是热稳定性能）有机硅高聚物的制备方面。

其化学性质和甲基氯硅烷及苯基氯硅烷相似。

2.2.7 含有机官能团的有机硅烷

此类单体既含有与硅原子直接相连的官能团，又含有与硅原子直接相连的烃基上的官能团，如乙烯基三氯硅烷($CH_2\!=\!CHSiCl_3$)、甲基乙烯基二氯硅烷[$CH_3(CH_2\!=\!CH)SiCl_2$]、乙烯基三乙氧基硅烷[$CH_2\!=\!CHSi(OC_2H_5)_3$]、甲基乙烯基二乙氧基硅烷[$CH_3(CH_2\!=\!CH)Si(OC_2H_5)_2$]、三氟丙基甲基二氯硅烷[$CF_3CH_2CH_2(CH_3)SiCl_2$]、氰丙基三氯硅烷（$NCCH_2CH_2CH_2SiCl_3$）等，因此既具有常规有机硅单体官能团特有的反应性能，又具有一般有机官能团的反应性能，是一种特殊有机硅单体，其类型、品种正在不断发展。

2.2.7.1 含不饱和基团的硅烷

含有不饱和乙烯基的有机硅单体具有共聚性能。在有机硅高聚物制备中，引入含有乙烯基的单体，由于链上有了乙烯基不饱和基团的存在，增加了高聚物的反应活性；将乙烯基单体引入有机硅聚合物中，可以制备低温硫化硅橡胶或有机硅树脂。其反应为：

$$\mathrm{CH_2=CH-Si-} + \mathrm{H-Si-} \xrightarrow[\mathrm{Pt}]{50\sim80℃} \mathrm{-Si-CH_2CH_2-Si-}$$

单体中的乙烯基或丙烯基可进一步发生有机碳化学中所熟悉的反应，如加卤素和卤化氢、环氧化和 Diels-Alder 反应等。

2.2.7.2 羟基代有机硅烷

该类化合物的通式为：

$$\mathrm{-Si-ROH} \text{ 和 } \mathrm{-Si-R-O-C-R'} \atop \mathrm{O}$$

由于电正性硅原子的存在，α 碳原子上的羟基比相应的醇活泼。羟基离硅原子越远，则同醇的性质越相似。羟基代芳基硅烷具有酚的性质，如与甲醛缩合等，从而达到将硅氧烷引入有机树脂中的目的。

2.2.7.3 环氧基代有机硅烷

如将环氧基引进有机硅烷中，则可制得环氧基代有机硅烷。借助于环氧基的反应，可按硅氧烷基引入含活性氢的聚合物中，以改善树脂的性能。

2.3 有机硅树脂的制备原理

以 Si—O—Si 为主链的有机硅聚合物可以通过各种途径制备。但目前工业生产中普遍采用的是简单、易行又较经济的有机氯硅烷水解法来进行，即氯硅烷单体经水解成硅醇再进行缩聚成为有机硅树脂。常用的有机氯硅烷单体有：甲基三氯硅烷（CH_3SiCl_3）；苯基三氯硅烷（$C_6H_5SiCl_3$）；二甲基二氯硅烷（$(CH_3)_2SiCl_2$）；二苯基二氯硅烷（$(C_6H_5)_2SiCl_2$）；苯基甲基二氯硅烷（$C_6H_5CH_3SiCl_2$）。

2.3.1 有机硅树脂合成路线

有机硅树脂合成基本化学反应为：

① 水解　　$R_2SiCl_2 + H_2O \longrightarrow R_2Si(OH)_2 + HCl$

② 缩聚　　$R_2Si(OH)_2 \longrightarrow HO-[R_2Si-O]_n-H$

③ 链终止　$-SiR_2-O-H + HO-SiR_3 \longrightarrow -SiR_2-O-SiR_3$

④ 交联　　$nR_2Si(OH)_2 + mRSi(OH)_3 \longrightarrow$

$$\begin{array}{c} \mathrm{R} \quad \mathrm{R} \quad \mathrm{R} \\ | \quad | \quad | \\ \mathrm{-Si-O-Si-O-Si-O-} \\ | \quad | \quad | \\ \mathrm{O} \quad \mathrm{R} \quad \mathrm{O} \\ | \quad | \quad | \\ \mathrm{-Si-O-Si-O-Si-R} \\ | \quad | \quad | \\ \mathrm{R} \quad \mathrm{O} \end{array}$$

大型网络分子结构

当反应终止时,分子量较小的线型分子结构的低聚物为有机硅油或硅脂;分子量很大的线型分子结构的热塑性体为硅橡胶;其中掺有三官能团单体的产物为热固性硅树脂。

2.3.2 有机硅树脂的合成工艺过程

将平均官能度大于2的甲基氯硅烷与苯基氯硅烷(如甲基三氯硅烷、二甲基二氯硅烷、甲基三氯硅烷、二苯基二氯硅烷、甲基苯基二氯硅烷以及有机烷氧基硅烷为单体原料)的混合物配成甲苯溶液,在冷却、搅拌和控制pH值条件下,逐渐加入丁醇和水进行水解缩聚反应。经分离、水洗,并蒸发部分溶剂,得到一定固体含量的树脂。此时树脂分子时较低,尚不能直接使用。将此低分子量树脂在一定的温度下进一步聚合,增大树脂的分子量。根据不同官能度和不同有机基的硅单体相配合可以制备不同结构和性能的有机硅树脂。

如果将低分子量硅树脂与不饱和聚酯树脂、醇酸树脂、酚醛树脂,环氧树脂等混合共缩聚,可以得到改性有机硅树脂液体。

采用水解法制备有机硅树脂的主要工艺流程包括:①单体的混合;②单体的水解;③硅醇的分层、水洗及过滤;④硅醇的浓缩除去溶剂;⑤硅醇的缩聚及稀释;⑥产品的过滤及包装。

用氯硅烷水解的方法制备有机硅树脂的工艺流程见图2-4。

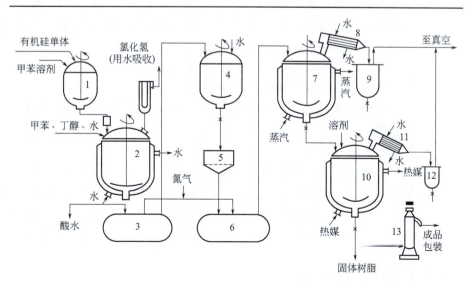

■ 图2-4 水解法制备有机硅树脂的工艺流程

1—混合釜;2—水解釜;3,6—中间贮槽;4—水洗釜;5—过滤器;7,10—浓缩釜;8,11—冷凝器;9,12—溶剂贮槽;13—高速离心机

2.3.3 有机硅树脂的合成主要工序

2.3.3.1 水解缩合工序

水解缩合是合成有机硅树脂的最重要工序。通常,水解缩合过程是将甲基氯硅烷与甲基苯基氯硅烷按规定比例与甲苯、二甲苯等溶剂均匀混合,在搅拌下缓慢加入到过量的水中(或水与其他溶剂中)进行水解。水解时保持一定温度,水解完成后静置至硅醇和酸水分层,然后放出下层酸水,再用水将硅醇洗至中性。

硅烷水解后,生成硅醇,除继续缩聚成线型或支化低聚物外,分子本身也可自行缩聚成环体。环体的形成消耗了组分中的官能团(羟基),减少了各组分分子间共缩聚的机会,故不利于均匀共缩聚体的生成。水解后组分中环体众多,分子结构的不均匀性愈大,最后产品的性能相差愈大。

水解后各组分分子间的共缩聚和分子本身自缩聚反应是一种彼此竞争的反应,若在单位体积内各组分分子浓度大,分子间距离小,彼此碰撞的机会多,各组分分子因其官能基团彼此碰撞而反应机会也多,共缩聚就占优势;若单位体积内分子浓度低,各组分分子间距离大,彼此碰撞机会少,分子本身含有的官能基因反应的机会相对地增多,分子本身自缩聚的反应就占优势。

有机硅环体的生成,是一定链长的硅醇内羟基基团彼此反应、本身自缩聚的结果。如环体中分子链间内应力愈小,环体就愈稳定,生成量也多。如二甲基二氯硅烷水解时,有三环体、四环体、五环体等生成,其中四环体量较多。

各种单体共水解时,虽然配方一样,往往由于控制的水解条件不同,水解产物的组分和环体生成量相差很大。

影响水解反应的主要因素有单体结构、水的用量、介质的 pH 值和水解温度等。

2.3.3.2 硅醇的浓缩工序

水解完毕后,静置至硅醇液和酸水分层,然后放出酸水,再用水将硅醇液洗至中性(用 pH 试纸检定)。然后在减压下进行脱水,并蒸出一部分溶剂,进行浓缩,当树脂溶液的固体含量为 50%~60% 时,停止脱水和蒸出溶剂。为减少硅醇进一步缩合,系统压力愈低愈好,浓缩温度应不超过 90℃。

2.3.3.3 硅醇的缩聚工序

浓缩后的硅醇液是低分子的共缩聚体和环状物。其羟基含量高,分子量低,因此物理性能差、贮存稳定性也不好,使用性能也差,因此必须进一步用催化剂进行缩聚及聚合,如各种 Lewis 酸和碱都是缩聚反应的催化剂。催化剂既能使硅醇间羟基脱水缩聚，又能使低分子环体开环，进行分子重排的聚合反应，以提高分子量，并使分子量及结构均匀化。即将各分子的Si—O—Si键打断，再形成稳定的、物理机械性能好的高分子聚合物。

对低分子环体的聚合反应为：

$$(R_2SiO)_n + (R'_2SiO)_n \longrightarrow \left[\begin{array}{c}R\\|\\-Si-O-\\|\\R\end{array}\begin{array}{c}R'\\|\\Si-O-\\|\\R'\end{array}\right]_n$$

对端羟基的低分子缩聚物的缩聚反应为：

$$\equiv Si-OH + HO-Si\equiv \longrightarrow \equiv Si-O-Si\equiv + H_2O$$

2.3.3.4 成品的过滤及包装工序

特别是作为电绝缘涂料用的有机硅树脂成品液应该仔细过滤，强调过滤质量，彻底清除杂质，以免影响电绝缘性能。

2.4 有机硅树脂的配方设计原则

按分子中官能团的数量的不同，硅树脂的合成单体可分为单官能度单体、二官能度单体、三官能度单体和四官能度单体。

单官能度单体主要有三烃基氯硅烷、三烃基烷氧基硅烷等，二官能度单体主要有二烃基氯硅烷、二烃基烷氧基硅烷、二烃基酰氧基硅烷等，三官能度单体主要有一烃基氯硅烷、一烃基烷氧基硅烷、一烃基酰氧基硅烷等，四官能度单体主要有四烃基氯硅烷、四烃基烷氧基硅烷等。不同官能度的单体互相结合能形成不同结构高聚物。单官能度单体互相结合，只能生成低分子化合物；二官能度单体互相结合，可以生成线型高聚物或低分子$(D)_n$环体（$n=3\sim9$，以$n=3,4,5$较多）；三官能度单体互相结合，可以生成低分子$(D)_n$环体（$n=3\sim8$），或不溶不熔的三维空间交联的高分子聚合物；四官能度单体互相结，可以生成不溶不熔的无机物质，如$(SiO_2)_n$结构的高聚物；单官能度单体和二官能度单体互相结合，依据两者摩尔比的不同，可以生成不同链长的低分子至高分子的线型聚合物；单官能度单体与三官能度或四官能度单体互相结合，可生成低聚物至不溶不熔的高度交联的高聚物；二官能度单体与三官能度或四官能度单体互相结合，可以生成具有分支结构的高聚物或不溶不熔的三维空间高度交联结构的高聚物。

常规有机硅树脂的制备，大多数使用CH_3SiCl_3、$(CH_3)_2SiCl_2$、$C_6H_5SiCl_3$、$(C_6H_5)_2SiCl_2$、$CH_3(C_6H_5)SiCl_2$等单体为原料，而且大多是两种或多种单体并用。对于常规有机硅树脂的产品性能主要受以下诸因素的影响。

2.4.1 R/Si 值，Ph/R 值

R/Si 值即烃基的取代程度，它的意义是在有机硅高聚物组成中每一硅原子上所连烃基的平均数目，由 R/Si 值可以估计这种高聚物的固化速度、线型结构程度、耐化学药品性及柔韧性等性能。

Ph/R 值表示了高聚物组成中硅原子上所连苯基数目和所连全部烃基的比值，即苯基在所有烃基中含量。

这些因素对产品树脂的性能和使用情况有很大影响，例如：

R/Si≤1 时，则表明这种树脂是由三官能度或四官能度的单体缩合而成的具有网状结构或体型结构的聚合物。在室温条件下为硬脆固体，加热不易软化，在有机溶剂中不易溶化，多应用于层压塑料或其他热固性塑料。

若 R/Si≥2 时，该类聚合物多是油状液体或弹性体（硅油或硅橡胶）。R/Si＝2 系用二官能度单体；R/Si 稍大于 2 时，它是由二官能度单体和少量单官能度单体缩聚而成的。

因此，Brown 提出用取代度（DS）、SiO_x、烷基和芳基的质量分数 4 个参数来设计硅树脂，可参见表 2-6、图 2-5 中数据可进行有机硅树脂的配方设计。

烃基平均取代程度（DS）是指在有机硅高聚物中每一硅原子上所连烃基（脂烃及芳烃）的平均数目。其计算公式如下：

$$DS = \sum \frac{R_n SiCl_{4-n} \text{的摩尔分数}}{100} \times n$$

n 为某组分中烃基取代数。

■表 2-6 硅树脂的配方参数

树脂类型	DS	质量分数/%		
		SiO_x	苯基	烷基
层压和模塑用树脂	<1.0	55	34	11
涂料用中间体（空气干燥涂料用）	1.0	45	47	8
一般用涂料树脂	1.4	42	48	10
高温涂料用树脂	1.5	38	53	9
玻璃漆布用树脂	1.6	37	51	12
涂料用中间体（金属卷涂涂料用）	1.8	35	56	9
浇铸用树脂	1.9	30	56	12
硅油或硅橡胶	≥2.0			

由烃基平均取代程度可以估计这种树脂的固化速度、线型结构程度、耐化学药品性及柔韧性等。DS≤1 时，表明这种树脂交联程度很高，系网状结构，甚至是体型结构，室温下为硬脆固体，加热时易软化，在有机溶剂中不易溶化，大多数应用于层压塑料方面。所用单体多数是三官能度的，甚至有四官能的。DS＝2 或稍大于 2，则是线型油状体或弹性体，即硅油或硅橡

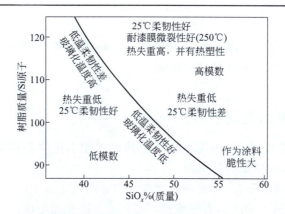

图 2-5 树脂组成变动对性能影响

胶产品。DS=2 表示树脂系用二官能度单体合成，DS 稍大于 2，除二官能度单体外，还使用了少量单官能度单体作封头剂。

计算公式：

① 树脂中每一个硅原子所得树脂（RES）质量 M_t/Si 的计算公式：

$$\text{RES. } M_t/Si = \sum \frac{R_n SiCl_{4-n} \text{的摩尔分数}}{100} \times (R_n SiO_{(4-n)/2} \text{的分子量})$$

其值的大小随烃基取代程度及取代基分子量大小而变动。

② 树脂组成中芳烃（一般为 C_6H_5，AR）取代基质量百分数的计算公式为：

$$\text{AR. } M_t\% = \left(\sum \text{芳基分子量} \times n \times \frac{R_n(AR)SiCl_{4-n} \text{的摩尔分数}}{100}\right) / (\text{REM. } M_t/Si) \times 100$$

③ 树脂中脂烃（一般为 CH_3-，R）取代基质量%的计算公式为：

$$\text{R. } M_t\% = \left(\sum \text{脂烃基分子量} \times n \times \frac{R_n(AR)SiCl_{4-n} \text{的摩尔分数}}{100}\right) / (\text{REM. } M_t/Si) \times 100$$

若 AR. $M_t\%=0$，即 Ph/R=0，则为纯甲基有机硅树脂、漆膜硬度高。但热稳定性不如引入部分苯基的有机硅树脂好，对颜料及一般有机树脂的相容性差。

树脂中引进苯基，可以提高热稳定性、柔韧性和对颜料及一般有机树脂的相容性、对底层的附着力。但若引进的苯基太多，相应地增加了漆膜受热时的热塑性。

④ 树脂组成中硅-氧组分的质量百分数的计算公式

即有机硅树脂中除去烃基（芳烃基及脂烃基）的质量后，余下的质量（$SiO_x\%$），其计算公式：

$$SiO_x \text{质量}\% = 100 - \text{芳烃取代基质量}\% - \text{脂烃取代基质量的}\%$$

而 $SiO_x = SiO_{(4-2)/2} + SiO_{(4-2)/2} + \cdots$
$\qquad\quad = SiO + SiO_{3/2} + \cdots$

烃基取代基质量百分数愈大，则 $SiO_x\%$ 值就愈小。而 $SiO_x\%$ 值愈大，则表示取代基百分含量愈低。

2.4.2 取代基的类型

除 R/Si 及 Ph/R 值外，还应该考虑引进的各种单体结构对硅树脂性能也有很大的影响，例如：

$C_6H_5SiO_{1.5}$　表现硬度高，中等的固化速度；

$CH_3SiO_{1.5}$　表现脆性，硬高度及固化速度快；

$(C_6H_5)_2SiO$　表现弹性模数高，坚韧性强及固化速度慢；

$(CH_2)_2SiO$　表现软性和柔韧性；

$CH_3(C_6H_5)SiO$　表现坚韧性，弹性模量中等及柔韧性。

一般说来，在有机硅树脂中，三、四官能度单体提供交联点，二官能度单体增进柔韧性，单官能度单体在高聚物形成中有止键作用或调节作用。配方中二甲基单体的摩尔分数不宜太高，过高将显著增加固化后的柔韧性，而且没有交联的低分子环体也增多。在漆膜热老化时由于环体的挥发，能导致漆膜脆性增加。二苯基单体的引入，可以增加漆膜在高温时的坚韧性和硬度。但由于二苯基二羟基硅烷反应活性差，不易全部进入树脂结构中，低分子物也易挥发，因此二苯基单体用量也不宜过多。甲基苯基单体现在已广泛用于有机硅树脂生产中，给予树脂以柔韧性，而不会像二甲基单体那样使树脂硬度降低。

在硅树脂中，最常用的有机取代基是甲基和苯基，其两种有机基团的性能对照如下：

(1) 甲基含量高的有机硅树脂性能：柔韧性好、耐电弧性好、憎水性好、保光性好、高温时质量损失小、耐热冲击性好、耐化学药品性好、固化速度快、抗紫外线及红外线的稳定性好。

(2) 苯基含量高的有机硅树脂性能：热稳定性好、坚韧性好、热塑性大、耐空气中氧的氧化作用稳定性好、在热老化时能长期保持柔韧性、在室温下溶剂挥发后，能表面干燥、与普通有机树脂的混溶性好、贮存稳定性好，但机械性、耐水性、干燥性差，固化速度慢，对有机溶剂的抵抗力弱，但若引进的苯基太多，相应地增加了漆膜受热时的热塑性。

实践证明，Ph/Me 在 0.5~1 之间时，综合性能比较好，甲基苯基二氯硅烷虽然性能最优，但因成本太高而尚未广泛使用，工业上常采用两种或两种以上的单体共同水解合成树脂。

随着烷基中碳原子数的增加，硅树脂在烷烃溶剂中的溶解能力增加，但热稳定性急剧降低。表 2-7 列出了不同烷基和芳基对硅树脂热老化稳定性的影响。

■表2-7 不同烷基和芳基对硅树脂热老化稳定性的影响

取代基	半衰期[①]/h	取代基	半衰期[①]/h
苯基	>100000	戊基	4
甲基	>10000	癸基	12
乙基	6	十八烷基	26
丙基	2	乙烯基	101
丁基	2		

① 在250℃的条件下，有一半基团被氧取代所需的时间。

因此，研制一种有机硅树脂，必须根据产品性能和具要求进行配方设计，一般先考虑加入单体的摩尔分数组成及估计树脂R/Si及Ph/R值，根据以上几项计算值，再参考表2-6及图2-4，可以初步估计此树脂的应用范围及大致的性能，并考虑到引入单体结构的特点来考虑配方。然后制备树脂，检验其性能；再根据测试结果，逐步调整配方，直至达到所需性能及要求，才能达到需要树脂的实际配方。另外还需考虑其水解及缩聚、聚合的条件，因为这些对树脂性能也有很大影响。

目前国内生产的一些有机硅树脂基本组成及用途见表2-8。

■表2-8 一些有机硅树脂的组成及用途

型号	曾用型号	R/Si	Ph/Me	有机树脂改性	主要用途
W_{30-1}	1053	1.5045	0.66		H级浸渍漆,耐热漆
W_{30-2}	1052	1.6	0.85		H级浸渍漆
W_{30-3}		1.36	0.61	315聚酯	绝缘漆,耐热漆
W_{30-4}		1.44	0.625		浸渍漆,耐热漆
W_{31-1}		1.5	0.5	315聚酯	配制耐热磁漆
W_{31-2}		1.4	0.59	315聚酯	配制耐热磁漆
W_{33-5}	1153	1.47	0.48		H级浸渍漆
W_{33-1}		1.0	0.885		层压板,层压塑料
W_{33-2}		1.0	0.7		层压板,层压塑料

由表2-8可见，W_{30-1}清漆R/Si=1.5，Ph/Me=0.66，具有较好的耐热性，常用作耐热绝缘漆；W_{30-2}清漆R/Si=1.6具有较好的弹性及耐热性，常用于耐热绝缘的玻璃布漆；聚酯改性有机硅漆W_{30-3}、W_{31-1}、W_{31-2}提高了有机硅的强度，常用于耐热绝缘漆和配制耐热磁漆；R/Si小的清漆如W_{33-1}、W_{33-2}是硬树脂涂料，具有较强的黏接力，宜作层压材料的黏合剂。

2.5 纯硅树脂的制备及实例

2.5.1 缩合型硅树脂的制备

硅树脂在没有固化前为预聚硅树脂。预聚硅树脂可以通过缩合反应、有机过氧化物引发反应和硅氢加成反应实现交联固化。缩合型预聚硅树脂分子中，主要含有 Si—OH、Si—OR、Si—H 等基团，这些基团在催化剂作用下或者加热下会进一步缩合并交联成固体产物。其反应机理为：

$$\equiv SiOH + HOC\equiv \xrightarrow{\text{催化剂或加热}} \equiv SOC\equiv + H_2O$$

$$\equiv SiOR + HOC\equiv \xrightarrow{\text{催化剂或加热}} \equiv SOC\equiv + ROH$$

$$\equiv SiOR + HSi\equiv \xrightarrow{\text{催化剂或加热}} \equiv SOC\equiv + H_2\uparrow$$

常用的催化剂有 Pb、Zn、Sn、Co、Fe、Ce 等金属的环烷酸盐或羧酸盐、全氟磺酸、氯化磷腈、胺类、季铵碱、季鏻碱、钛酸酯、胍类化合物等。甲基硅树脂、苯基硅树脂、甲基苯基硅树脂等均为缩合型硅树脂。

2.5.1.1 甲基硅树脂

甲基硅树脂系是以甲基三氯硅烷，或甲基三烷氧基硅烷、甲基三酰氧基硅烷为原料，常以乙醇作溶剂，经水解缩聚反应制得的产物。该树脂固化后高度交联，透明度高，硬度大，耐磨性好，外观像玻璃，所以称之为玻璃树脂；广泛用于有机玻璃等塑料，以及纸张涂复材料。甲基硅树脂是由 $MeSiO_{3/2}$、Me_2SiO、$Me_3SiO_{1/2}$ 及 SiO_2 结构单元构成主链的聚硅氧烷产品，但通常由 $MeSiO_{3/2}$ 和 Me_2SiO 结构单元组成，其中 $MeSiO_{3/2}$ 结构单元是必备的，如下所示：

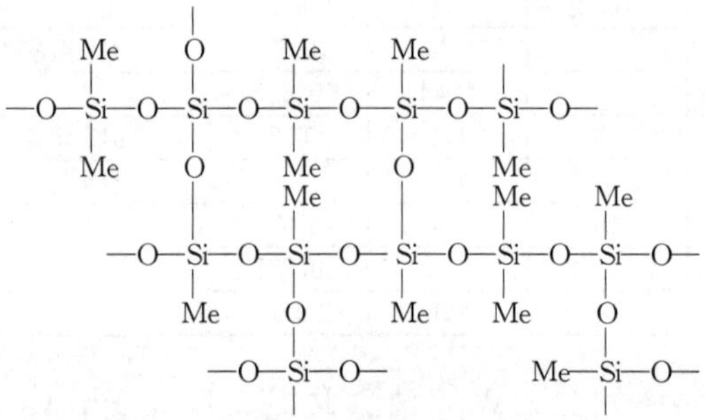

各种结构单元的比例不同，构成了性能不同的甲基硅树脂，如可以制成性质较柔软、可溶可熔性的硅树脂或者是不溶不熔性的硬脆的固体树脂。

硅树脂最终加工制品的性能取决于所含有机基团的数量（即 R 与 Si 的比值）和不同有机基团（如甲基/苯基）的比例。因此制造硅树脂时首先由选择哪种单体以及如何决定它们的配比开始，而单体种类的选择及其用量决定于产品的使用对象与具体的要求条件。一般规律是：R/Si 值愈小，所得到的硅树脂就愈能在较低温度下硬化；R/Si 值愈高，所得到的硅树脂的硬化则需要在高温（如 200～250℃）下长时间烘烤，但所得硅树脂膜的热弹性比前者要好得多。

下面以全部由 $MeSiO_{3/2}$ 结构单元构成的甲基硅树脂为例，介绍甲基硅树脂的制法。它可由甲基三氯硅烷或甲基三烷氧基硅烷、甲基三酰氧基硅烷为原料，经水解缩聚反应而制得预聚物。其反应式示意如下：

$$\text{MeSiX}_3 + \text{H}_2\text{O} \longrightarrow \text{MeSi(OH)}_3 \xrightarrow{-\text{H}_2\text{O}}$$

[结构式：含 Me、O 基团的 —O—Si—O—Si—O—Si—O— 网络结构]

式中，X=Cl、OMe、OEt、OCOCH 等。

(1) MeSiCl$_3$ 直接水解缩合制甲基硅树脂。 在附有转速为 200～240r/min 搅拌器的耐酸反应釜中，加入 13 质量份冰水混合物，保持 0℃ 及搅拌下，在 0.5h 内加入 1 份 MeSiCl$_3$，再维持搅拌 1min，即可将产物移入沉降釜中，在 0℃ 下维持 4～5h，使缩合反应进一步完成，并使生成的甲基硅树脂沉降下来。除去液面上的絮凝物，排出酸水，搅拌下慢慢加入 70℃ 的去离子水，硅树脂凝集成白色固体。滤去水层，继续用 70℃ 去离子水洗涤若干次，直至中性为止。然后风干或减压干燥得到易粉碎的白色固体硅树脂。它在乙醇中全溶，呈中性，软化点为 40～47℃，150℃ 下的凝胶化时间为 9min 左右。适用期为 2～7 天。产品适用于配制耐高温、耐电弧模塑料。

(2) MeSiCl$_3$ 在有机溶剂存在下水解缩合制甲基硅树脂。 工业生产中，MeSiCl$_3$ 多在有机溶剂（如甲苯、二甲苯、异丙醇、正丁醇、甲乙酮、丙酮、甲基异丁酮、二氧六环、醋酸乙酯、醋酸丁酯等）存在下进行水解缩合反应，以获得凝胶含量低及可溶可熔的甲基硅树脂。例如将 600 质量份 MeSiCl$_3$ 慢慢加入内盛 540 份甲苯，118 份水及 27 份气相法白炭黑的反应釜中，水解完成后，过滤、中和得到 135 份黏度（25℃）为 600mPa·s 的甲基硅树脂。室温下放置 3h，即固化成不溶不熔的产物。若采用低温贮存或配制成溶液，则贮存期可延长至 6～12 个月。

(3) 由 MeSi(OR)$_3$ 出发制透明甲基硅树脂。 MeSi(OR)$_3$（R 为 Me、Et）中的 SiOR 键的水解速度比 Si—Cl 键慢得多，以致需要借助催化剂才能顺利水解。此法较易获得预定性能及含有 SiOH 及 SiOR 的预聚物。固化后透明度高，耐磨性好，适用作透明塑料增硬涂层及防水剂等。例如 MeSi(OEt)$_3$ 在过量水及微量盐酸催化下水解时，起始反应物分为两相，随着反应进行及副产物 EtOH 量的增加，即转化为均相物。最终得到含有 SiOEt，并溶于 EtOH 的无色透明甲基硅树脂。具体工艺过程如下：将工业级 MeSi(OEt)$_3$ 及饱和 Na$_2$CO$_3$ 水溶液按体积比为 100：(1～2) 加入塔釜内加热蒸馏精制，塔顶除去低沸物后，收集沸程为 140～145℃ 的馏分（HCl 含量低于 2μL/L 即精制的 MeSi(OEt)$_3$）。取出 180 质量份，加入带搅拌的搪瓷反应釜中，再加入 60 份含 HCl 为 153μL/L 的稀盐酸，在 80℃，在 80℃ 下回馏反应 3h，而后加入 0.025 份 Me$_3$SiNHSiMe$_3$ 以中和 HCl，升温至 90℃ 蒸出大部分 EtOH 及水，并于 0.5h 内升温至 110℃ 完成硅树脂预熟化过程，降温后加 110 份无水乙醇，过滤得到 200 份浓度约为 40%（质量分数）的甲基硅树脂乙醇溶液。

与以甲基三氯硅烷为原料相比，以甲基三乙氧基硅烷为原料制备甲基硅树脂的合成工艺具有如下特点：

① 水解反应的副产物乙醇是 MeSi(OEt)$_3$、水、硅醇的良溶剂，随之就可进行，反应体系由两相逐渐变为均相透明，均匀反应；Si—OEt 的存在，使 Si—OH 浓度降低，从而减慢了它的缩聚反应速度，避免了树脂过早凝胶化。

② Si—OEt 的水解速度比 Si—Cl 键慢得多，酸度（或催化剂量）稳定，反应易于控制，适于大规模工业化生产，易得到产品质量与性能稳定的甲基硅树脂产品。

③ 在水解配方中只需加入与单体中可水解基团等摩尔比（或少过量）的水，设备容积利用率大，生产效率高，还省去水洗、过滤等过程，后处理简单。

④ 反应中不使用有机溶剂，因此树脂产品内不会含有苯、甲苯、二甲苯等有害于人体健康的物质；水解过程不排放腐蚀性的盐酸，减少了对设备的腐蚀。

(4) 以正硅酸乙酯、甲基三乙氧基硅烷和二甲基二乙氧基硅烷为主要原料，在少量乙醇和稳定剂存在下水解缩合，可制得纳米尺寸的甲基硅树脂溶液，其胶粒粒径为 50～100nm，成膜性优良，基于铜片的硅树脂膜附着力为 1 级，冲击强度≥500N·cm，是一种优良的耐候、憎水涂料。由与 MeSi(OR)$_3$ 与 Me$_2$Si(OR)$_2$ 共水解缩合制得的产物硬度降低，柔性提高；反之，由 MeSi(OR)$_3$ 与 Si(OR)$_4$ 共水解缩合制得的硅树脂则可快速固化，得到更坚硬的涂层。但在特定工艺条件下，由 MeSi(OMe)$_3$、Me$_2$Si(OMe)$_2$ 及 Si(OMe)$_4$ 碱催化及溶剂中水解缩合，也可制得不含凝胶点的透明硅树脂。例如，由 130g MeSi(OMe)$_3$，76g Si(OMe)$_4$，60g Me$_2$Si(OMe)$_2$，200g 二甲苯，1.3gNaOH，及 27g 水配成的物料，先在 40℃下反应 2h，再在 70℃下反应 2h，而后在常压下浓缩成含固量约为 40%，再混入 8g 浓盐酸及 30g 水，在 40℃下搅拌反应 2h，即可得到含固量 50%（质量分数），黏度（25℃）19mm^2/s，平均摩尔质量为 15000g/mol，SiOH 含量 5.4%（质量分数）及 SiOMe 含量 3.5%（质量分数）的无凝胶及无微凝胶点的硅树脂。

2.5.1.2 苯基硅树脂

苯基硅树脂是以 PhSiX$_3$（X＝Cl、OMe、OEt 等）水解缩聚或 PhSiX$_3$ 与 Ph$_2$SiX$_2$ 共水解缩聚而制成的有机硅树脂。用一般的水解缩聚方法，以 PhSiCl$_3$ [或 PhSi(OR)$_3$] 制得的苯基硅树脂热塑性太大，而无太大的实际用途。然而，由 PhSiCl$_3$ 在特定条件下水解，而后再经平衡重排反应得到的含苯基硅倍半氧烷单元结构的聚合物（PhSiO$_{1.5}$）。具有很好的综合性能，已得到实际应用。PhSiCl$_3$ 水解时，先生成含羟基的低摩尔质量聚合物，低摩尔质量聚合物分子内或分子间进行缩合反应，而形成高摩尔质量的环线型聚合物——苯梯聚硅氧烷，分子量为 10^6，耐 650℃ 高温，玻璃化温度 300～400℃。反应过程示意如下：

$$PhSiCl_3 \xrightarrow{H_2O} \text{(环状中间体)} \xrightarrow[\text{(分子间或分子内)}]{\text{催化缩合}} \text{苯梯聚合物}$$

苯梯聚合物与立体结构的硅树脂不同，它为环线型结构，可溶解于苯、四氢呋喃、二氯甲烷等有机溶剂，并能流延成无色透明、坚韧的薄膜，但不熔融。耐潮热解聚性能优异，在蒸汽中的耐热老化性能几乎与在空气中一样，在空气中加热到 525℃ 才开始失重。拉伸强度约为相应的普通有机硅树脂的两倍，达到 27.4～41.2MPa，同时具有优良的电气性能。

苯梯聚合物的合成方法举例如下：

$$1058g\ PHSiCl_3 + 1416g\ 乙醚 \xrightarrow[\text{加 540g 水}]{\text{搅拌，<25℃}} 水解物溶液 \xrightarrow[\text{至中性}]{\text{水洗}} \xrightarrow{\text{蒸馏除乙醇}}$$

$$糊状水解物 \xrightarrow[\text{除去水和苯}]{\text{加 1300～1800g 苯}} \xrightarrow{\text{共沸蒸馏}} 47.6\%\ 预聚物溶液$$

$$取\ 105g\ 预聚物溶液 \xrightarrow{\text{加 13g 联苯/联苯醚混合物、0.05g KOH 的甲醇溶液}}$$

$$\xrightarrow[\text{去甲醇、水、苯}]{\text{加热至 250℃}} \xrightarrow[\text{维持 1h}]{\text{250℃}} 白色固体 \xrightarrow{\text{溶于微热苯}}$$

$$\xrightarrow[\text{中和 KOH}]{\text{加少量乙酸}} \xrightarrow{\text{过滤}} 聚合物溶液 \xrightarrow{\text{注入足量甲醇中}} 纤维状苯梯聚合物$$

如此得到的苯梯聚合物的特性黏度为 4.0，摩尔质量为 $40 \times 10^4 g/mol$（光散射法）。

如果 $PhSiCl_3$ 在 5% 的稀溶液中进行水解，则主要生成低摩尔质量的缩聚物。缩聚物在 KOH 催化下于 250℃ 加热反应，便形成摩尔质量高达 $400 \times 10^4 g/mol$ 的苯梯聚合物。

高摩尔质量的苯梯聚合物在碱性催化剂存在下，会发生解聚而得到羟基封端的低摩尔质量的苯梯聚合物。这种低聚物可作为中间体，从而把苯梯结构引入到其他聚合物中使其改性。当苯梯低聚物与 Me_2SiCl_2、$MePhSiCl_2$ 或氯封端的聚二甲基硅氧烷等作用时，则可以得到性能优良的绝缘材料。

$PhSiCl_3$、Ph_2SiCl_2 与 $SiCl_4$ 在甲苯和丁醇混合溶剂中共水解也可获得性能优良的苯基硅树脂。

2.5.1.3 甲基苯基硅树脂

甲基苯基硅树脂是既含有甲基硅氧结构单元又含有苯基硅氧结构单元的硅树脂，可由 $MeSiO_{1.5}$、Me_2SiO、$MePhSiO$、$PhSiO_{1.5}$、Ph_2SiO 等链节选择性地按照一定的比例组合而成，其结构如下所示：

$$\begin{array}{c}
\text{结构式}
\end{array}$$

在有机硅树脂中，甲基硅树脂的碳含量最低，有很高的耐热性，硅原子上连接的甲基基团空间位阻最小，树脂的交联度高、硬度大、热塑性小，是很好的防水、防潮的表面涂料和胶黏剂。但纯甲基硅树脂与有机物、颜料等的相容性差，热弹性小，应用范围受到限制。甲基苯基硅树脂可看作是在甲基硅树脂主链中引入了苯基硅氧链节，苯基硅氧链节的引入可以改进产品热弹性、与有机树脂和颜料等物质的相容性、对各种基材的黏结性等，其力学性能、光泽性、与无机填料的配伍性等方面也明显优于甲基硅树脂，它兼具有甲基硅树脂和苯基硅树脂的特性。已广泛用作耐高温绝缘漆、耐高温涂料、耐高温胶黏剂、耐高温模塑封装料、烧蚀材料等。

制备甲基苯基硅树脂的水解缩聚工艺可采用间歇式，也可采用连续式。间歇法合成甲基苯基硅树脂的实例如下。

［例1］ 以耐热、绝缘性能较好的 W_{30-1} 清漆为例，合成如下。

① 水解　将63.4份苯基三氯硅烷、10.12份二苯基二氯硅烷、4.48份甲基三氯硅烷、37.9份二甲基二氯硅烷等单体与190.0二甲苯混匀装于高位槽中，另将47.0份二甲苯与474.0份水放入反应釜中，开动搅拌，滴加上述单体与二甲苯的混合液，于20~25℃约3~4h滴完，然后静置分层，放出酸水层，上层为硅醇液将其水洗5~6次，直至分出的水层呈中性，得硅醇溶液。

② 浓缩　将上述制好的硅醇液放入浓缩釜中，在搅拌下缓慢加热，并开动真空泵减压，使溶剂逐渐蒸出。最高温度不超过75℃，浓缩后固体分控制在50%~60%之间。

③ 缩聚　将浓缩好的硅醇液放入釜内，加入环烷酸锌或辛酸锌催化剂，搅拌混匀。

在搅拌下减压除去溶剂，然后慢慢升温至130~135℃，并在此温度下减压缩聚至取样测胶化时间达2~3min/200℃时，停止减压，反应到胶化时间达40~60s/200℃为终点，停止加热，降温，用二甲苯稀释、冷却、过滤、包装，即得成品。

[例2] W_{30-2}有机硅树脂合成如下。

① 水解　先将单体二甲基二氯硅烷 52.5kg、二苯基二氯硅烷 39.9kg、一苯基三氯硅烷 79.4kg 及溶剂二甲苯 175.5kg 加入到混合釜内，搅拌，充分混合 30min，用二氧化碳或氮气，将混合物压到混合单体滴加槽内。再将溶剂二甲苯 87kg 及自来水 870kg 加入到水解釜内，搅拌 15min，温度控制在 30~35℃，开始滴加混合单体（液下滴加），以后水解温度控制在 35~40℃，滴加时间 5~5.5h，滴加完毕，继续搅拌 30min，然后静置分层 30min，放去下层酸水，上层硅醇抽入到水洗釜内，约加自来水 600kg，进行水洗。搅拌约 10s，静置分层 30min，放去下层水洗液。如此连续水洗 6 次后至水洗液 pH 值为 7，停止水洗。将水洗至中性的硅醇用高速离心机过滤 1 次。

② 浓缩　将硅醇加入到浓缩釜内，搅拌，开蒸汽加热，抽真空，减压蒸去部分溶剂。测定固体含量。浓缩硅醇固体含量控制在 55%~65%。冷却，放料。

③ 缩合反应　将 100kg 浓缩硅醇加入到用油夹套加热的缩合釜内，开动搅拌，加入 0.03kg 催化剂辛酸锌（用少量二甲苯调成糊状），开真空泵，抽真空，加热，蒸出剩余溶剂，然后升温到 165~175℃ 进行缩合，随时抽样测定胶化时间，当胶化时间达到 1~2min、温度 200℃ 时作为缩合终点，继续搅拌，停止加热，降温，停止抽真空，加入已在高位槽内准备好的溶剂二甲苯（将树脂稀释到约 60%），趁热将釜底放料口少量树脂放回入釜内，防止堵塞，搅拌 0.5h，放料，测定固体含量，调整固体含量在 55%~56%，过滤 2 次，装桶，检验。

[例3] 200℃ 固化的通用型有机硅耐热绝缘清漆，漆膜柔韧性好、耐热性优良。

① 原料配方　其原料参考配方见表 2-9。该配方烃基平均取代程度 DS=1.529，RES. M_t/Si=110.879，R. M_t%=11.9，AR. M_t%=45，SiO_x 质量%=43.1，二甲苯溶剂用量为单体总质量的 2 倍，其中稀释单体用 1.5 倍，余下 0.5 倍量的溶剂加入水解水中。水解用的水量为单体总质量的 4 倍。制备工艺同上。

■表 2-9　常规有机硅耐热绝缘涂料原料参考配方

物料名称	单体用量 （摩尔分数）/%	100%纯度单体 用量/质量份	实际使用单体 氯含量/%	实际使用单体 纯度/%	实际投料量 /质量份
CH_3SiCl_3	17.1	26.5	69	86.7	30.4
$(CH_3)_2SiCl_2$	35.2	45.4	55	99.64	41.5
$C_6H_5SiCl_3$	29.4	62.2	49	97.4	64.0
$(C_6H_5)_2SiCl_2$	17.7	44.8	27	96.3	46.5
二甲苯（与单体混合）					273.6
二甲苯（与水混合）					91.2
水					729.6

② 成品规格

外观	微黄至淡黄色透明液体
固体含量/%	50±1
耐热性	
铜片（200℃弹性通过 ϕ3）/h	≥200
铝片（250℃弹性通过 ϕ3）/h	≥500
黏度［涂-4 杯,(25±1)℃］	≤20～40
干燥时间（铜片,200℃）/h	≤3
击穿强度/(kV/mm)	
常态(20±5)℃	≥55
(200±2)℃	≥30
受潮后［(20±2)℃,R.H.95%±3%,24h］	35
体积电阻/Ω·cm	
常态(20±5)℃	≥1×10^{13}
(200±2)℃	≥1×10^{11}

③ 用途　该清漆可用于电机线圈、柔性玻璃布、柔性云母板、玻璃丝套管的浸渍和耐热绝缘涂层。清漆或加有颜料的磁漆也可作为耐热涂料使用，可长期在 200℃的环境下使用，有优良的热稳定性和电绝缘性能。

[例 4]　电绝缘浸渍漆

可由 MeSiCl$_3$, Me$_2$SiCl$_2$, PhSiCl$_3$, Ph$_2$SiCl$_2$ 出发，按图 2-6 所示的间歇式合成工艺流程，制取甲基苯基硅树脂浸渍漆。

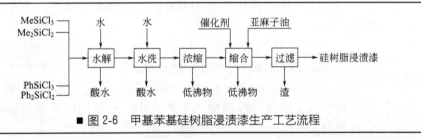

■ 图 2-6　甲基苯基硅树脂浸渍漆生产工艺流程

具体制法如下：将 700 质量份水及 70 质量份二甲苯加入附有搅拌器、温度计、加料口及冷凝器的搪瓷水解釜内，保持搅拌及 30℃以下，再将 PhSiCl$_3$, Me$_2$SiCl$_2$, Ph$_2$SiCl$_2$, MeSiCl$_3$ 及二甲苯按质量分数比 95:55:16:7:290 混匀，并于 4h 内加入水解釜中反应，继续搅拌 0.5h，静置，去酸水层，水解物用水反复洗至中性，而后移入缩聚釜，在 80℃及减压下浓缩至含固量为 50%～60%（质量分数）。降温加入环烷酸锌（锌用量为纯水解物的 0.03%）。并在 135℃左右及减压下进一步缩聚至凝胶化时间（200℃下）为 20～60s。降温加入树脂质量 2%的亚麻子油及少量催化剂，并用二甲苯稀释至含固量为 50%，过滤后得到热冲击性能及电绝缘性良好的甲基苯基硅树脂浸渍漆。

[例5] 在水解釜中加入 10L 乙酸丁酯、8L 异丙醇和 49.5L 水，于 18~20℃搅拌下将 4.5kg $MeSiCl_3$、14.8kg $PhSiCl_3$ 和 10L 甲苯的混合液慢慢加入反应釜中进行水解缩合反应。混合液加完之后，停止搅拌，静止分层，放出酸水层，有机层用水洗至中性。然后蒸除溶剂并加热缩聚，可制得适用于浸渍玻璃布的甲基苯基硅树脂液。

2.5.1.4 MQ 硅树脂

MQ 树脂是硅树脂的一种，系由单官能度的硅氧单元（$R_3SiO_{1/2}$，简称 M 单元）与四官能度的硅氧单元（$SiO_{4/2}$，简称 Q 单元）水解缩合而组成的一种具有结构比较特殊的双层-紧密球状物的聚有机硅氧烷产品，即球芯部分为 Si—O 链连接、密度较大且聚合度为 15~50 的笼状二氧化硅，球壳部分被密度较小的 $R_3SiO_{1/2}$ 层所包围。其摩尔质量一般为 1000~8000g/mol，主要结构式为：

$$[R^1R^2R^3SiO_{1/2}]_a[SiO_{4/2}]_b$$

式中，R^1，R^2，R^3 为 Me，Ph，Vi，OH，H 等，分子结构中 M 链节与 Q 链节之比及 M 的结构决定了 MQ 树脂的性质和应用范围。当 R 全为 Me 时，称为甲基 MQ 硅树脂；当 R 部分被 Vi 或 H 取代时，则相应地称为甲基乙烯基 MQ 硅树脂或甲基氢 MQ 硅树脂。

MQ 硅树脂可有以下几种结构：

$(Me_3SiO_{0.5})_a(SiO_2)_b$ 　　　　　　　　甲基 MQ 硅树脂
$(Me_3SiO_{0.5})_a(ViMe_2SiO_{0.5})_b(SiO_2)$ 　甲基乙烯基 MQ 硅树脂
$(Me_3SiO_{0.5})_a(Me_2HSiO_{0.5})_b(SiO_2)$ 　甲基氢 MQ 硅树脂
$(Me_3SiO_{0.5})_a(ViMe_2SiO_{0.5})_b(Me_2SiO)_c(SiO_2)$ 　甲基乙烯基 MDQ 硅树脂

MQ 树脂因 M/Q 比值的不同，使 MQ 树脂具有不同的相对分子质量（以下简称分子量），从而呈现从黏性流体到固体粉末的状态的不同状态，其物理性质如密度、透明度、黏度、软化点、增黏性及亲油亲水性等均会随之变化。制备 MQ 树脂时，应依用途及具体要求慎重选定 M/Q 及合成工艺条件。

MQ 树脂具有独特的性能，广阔的应用前景。MQ 硅树脂具有优异的耐热性、耐低温性、成膜性、柔韧性、抗水性和粘接性能，主要用作硅氧烷压敏胶的填料、增黏剂及加成型液体硅橡胶的补强填料。同时，在甲基 MQ 硅树脂中引入各种有机基团或将其扩展为 MDQ 或 MTQ 结构的硅树脂，例如，环氧改性 MQ 硅树脂可用作有机树脂涂料的增黏剂用粘接表面处理剂、大规模集成电路生产时微细加工的碱显像耐蚀材料；氯甲基改性 MQ 硅树脂对紫外线、电子束及 X 射线有敏感性；高烷基改性 MQ 硅树脂可用作有机树脂的添加剂，以减轻其内应力及作为内脱模剂等方面取得实用性的进展。

MQ 树脂是一类前景光明、且具有较大的工业应用价值的有机硅高分子化合物。首先，它可不从有机硅金属化合物和硅等昂贵原料出发，而从廉价的水玻璃出发就可大规模生产；其次，它不同于其他有机硅树脂，在制备过程中对原料配比不需严格控制；再次，它易改性，应用前景广泛。MQ 树脂的制备方法，按 Q 链节原料来源，主要分为正硅酸乙酯法和硅酸钠（水玻璃）法两种。硅酸钠法还可细分为硅酸法、二氧化硅水溶胶法和胶体二氧化硅法 3 种。M 链节来源主要为 $(Me_2Si)_2O$ 或 Me_3SiCl，根据需要，还可配入少量 $(ViMe_2Si)_2O$ 或 $(HMe_2Si)_2O$。

(1) 正硅酸乙酯法 该方法以正硅酸乙酯（TEOS）作 Q 基团为原料，产物结构较明确，研究和使用较多。先将六甲基二硅氧烷在酸性条件下水解，然后 70℃ 滴入正硅酸乙酯水解缩合，最后水洗、提纯。其产品分子量分布窄，但水洗复杂，成本较高。这种方法可用原料比例控制树脂的分子构型。反应式表示如下：

$$Me_3SiOSiMe_3 + Si(OEt)_4 + 2H_2O \xrightarrow{H^+} Me_3SiO_{0.5} \cdot SiO_2 + 4EtOH$$

为了优化生产工艺，人们对 $n(M)/n(Q)$、溶剂、水的用量、酸的浓度和回流温度等进行了研究。John 等讨论了溶剂种类和水的用量的影响，认为溶剂的选择范围比较广，最佳用量为共水解料质量的 0.25~2 倍。为了便于分离，尽量不用与水易混合的溶剂如醇、酮、醚等；为避免凝胶，延长产物储存时间，溶剂应选择甲苯、二甲苯等。水的适宜用量为 TEOS 和封端剂总的物质的量的 2~40 倍。Huangwei 等研究表明，当盐酸浓度低于 0.58%（质量分数，下同）时，体系易发生凝胶；盐酸浓度为 0.91% 时，体系在 78℃ 回流 0.5h 后，用气相色谱测试，发现六甲基二硅氧烷峰几乎可以忽略；盐酸浓度高于 1.36% 时，继续增大盐酸浓度对反应无有利影响。因此盐酸的适宜浓度范围是 0.91%~1.36%。此外，他们还发现回流温度应高于乙醇沸点，这可避免在生产和储存中发生凝胶现象。

乙烯基 MQ 硅树脂的制备，在容积为 3L 的耐压玻璃瓶中加入 342g 六甲基二硅氧烷、99g 乙烯基双封头（1,3-二乙烯基-1,1,3,3-四甲基二硅氧烷）、1200g 聚硅酸乙酯和 15g 浓 H_2SO_4，在搅拌下于 5min 内滴加 254g 水，这时体系温度升至 60℃ 以上；在 115℃ 下搅拌反应 5h；再将反应物置于蒸馏烧瓶中，用 $NaHCO_3$ 中和后加入甲苯，蒸出副产物乙醇和残存的水；继续升温至 140℃，蒸出甲苯，得到 M 与 Q 量之比为 0.9、结构通式为 $(Me_3SiO_{0.5})_{0.7}(ViMe_2SiO_{0.5})_{0.2}(SiO_2)_{1.0}$ 的 MQ 树脂。

倪勇等在室温搅拌下向六甲基二硅氧烷（MM）、TEOS、1,3-二乙烯四甲基二硅氧烷和微量浓硫酸的混合体系中加入一定量的水，在 115℃ 回流 5h 后水洗至中性，真空提出低沸物后即得无色透明黏稠的 MQ 树脂。

美国专利 US4707531 将 TEOS 滴加到 MM 和浓盐酸的水溶液中，所得 MQ 树脂的 M/Q 比与投料基本一致。Traver 等报道了以 6~15 个碳的脂肪烃为溶剂合成液态 MQ 树脂，产物没有痕量芳香烃杂质，可用于制备护肤品组合物。

硅酸酯法制备 MQ 硅树脂举例如下。将 129.6g(Me_3Si)$_2$O、40g 盐酸、60g 水及 30g EtOH 加入反应瓶中，于 70℃搅拌下慢慢加入 208g Si(OEt)$_4$。反应结束后，用类似硅酸钠法的后处理，可得到 93% 收率的甲基 MQ 硅树脂。

(2) 硅酸钠法 目前，国内外生产 MQ 硅树脂都主要采用正硅酸乙酯为原料，虽然由此所得的产物性能良好，但价格昂贵，在一定程度上限制了其应用。

硅酸法以水玻璃为四官能团有机硅单元作 Q 基团为原料，六甲基二硅氧烷（MM）或三甲基一氯硅烷（Me_3SiCl）为单官能团有机硅单元作 M 基团，在低温和酸性条件下，发生水解缩聚，从而形成了低分子量的硅树脂，然后水洗、分离、提纯，制备了 MQ 硅树脂，其性能与用正硅酸乙酯法制备的产品基本相同。其中，MM 是封端剂，控制 MQ 硅树脂的分子量，而水玻璃水解后的自缩聚产物则构成了 MQ 硅树脂的基本成分。反应式表示如下：

$$Me_3SiOSiMe_3 + 2Na_2O \cdot SiO_2 + 4HCl \xrightarrow{乙醇} Me_3SiO_{0.5} \cdot SiO_2 + 4NaCl + 2H_2O$$

一部分 $Me_3SiOSiMe_3$ 用双封头或含氢封头剂代替，便可制得甲基乙烯基 MQ 硅树脂或甲基氢 MQ 硅树脂。

MQ 硅树脂中单官能硅氧链节数与四官能硅氧链节数的比例表示树脂分子构型的大小。单官能硅氧链节比例小时，树脂的分子构型大，在有机溶剂或基础聚合物（如含乙烯基封端硅油）中的溶解性差。

这种方法工艺简单，原料成本低，产品分子量分布较宽，但价格却低廉得多。因此具有良好的应用推广价值，此法也是近来研究的热点之一。相关文献报道的路线有 3 种：

① 水玻璃稀释后加酸中和，然后加入 MM 或 Me_3SiCl 共水解；
② 水玻璃稀释后同时加酸和 MM 或 Me_3SiCl；
③ 先加酸、MM 或 Me_3SiCl 后，再加水玻璃共水解。

这 3 种路线所得产物的 M/Q 比值及分子量可能会不同，第 1 种方法较常用，所得产品分子量较高。

其基本合成路线可归纳为：
① MM 的水解反应

$$(CH_3)_3SiOSi(CH_3)_3 + H_2O \xrightarrow{H^+} 2(CH_3)_3SiOH$$

② 水玻璃自缩聚反应

$$Na_2O(SiO_2)_n + H_2O \xrightarrow{H^+} HO\left[\begin{array}{c}OH\\|\\Si-O\\|\\OH\end{array}\right]_n H$$

③ MM 与水玻璃自缩聚产物的缩合封端反应

$$\text{HO}\!-\!\!\left[\!\text{Si}\!-\!\text{O}\!\right]_{\!n}\!\!\text{H} + (\text{CH}_3)_3\text{SiOH} \longrightarrow \text{HO}\!-\!\!\left[\!\text{Si}\!-\!\text{O}\!\right]_{\!n}\!\!\text{H}$$

(结构式中含 OH 基和 O—Si(CH₃)₃ 基)

此方法所得产物受很多因素影响。加料顺序对分子量影响明显，先加 MM 和乙醇后再加水玻璃所得产物分子量明显低于先加水玻璃后加 MM 和乙醇的。投料比对分子量影响也很显著，增加 MM 用量，可生成更多封端单元 M，从而使 M 与水玻璃自缩聚产物间的缩合封端反应能充分进行，降低产物分子量。产物的分子量随水解时间的延长而增大，但过度延长水解时间易凝胶，一般水解时间为 1min 左右。此外，升高共水解温度会降低产物的分子量，适宜的共水解温度一般为 20~40℃；延长回流时间也会降低产物分子量，但水解缩聚较彻底，产物收率也有所增加。萃取剂会对产物在甲苯中的溶解性产生影响，以 MM 为萃取剂，产物在甲苯中溶解快且溶液清澈透明。

[实例 1] 先将 228ml 浓盐酸和 65ml 异丙醇加入反应瓶中，然后迅速加入由 292ml 硅酸钠和 800ml 水配成的溶液。在 20℃下保持 5min 后，再加入 300ml 异丙醇、250ml $(\text{Me}_3\text{Si})_2\text{O}$、200ml 二甲苯及 224ml Me_3SiCl，并在 60℃下保持 2h。反应结束后，静置分层。除去酸水层，有机层中加入 50ml 异丙醇和 50ml 二甲苯，加热回流至体系温度达到 140℃，停止加热，冷却，过滤，加入 0.1%（质量）的环氧丙烷以中和 HCl。最后用异丙醇/二甲苯混合液调稀，得到固含量为 60%（质量）甲基 MQ 硅树脂。

[实例 2] 92 质量份 23.4% SiO_2 硅酸钠水溶液（水玻璃）+155 份水 $\xrightarrow[\text{加 96 质量份浓 HCl}]{\text{搅拌}}$ $\xrightarrow{\text{加 496 质量份 MM 和 65 质量份乙醇混合液}}$ $\xrightarrow[50\sim60\text{℃},4\text{h}]{\text{升温}}$ $\xrightarrow[\text{去酸水层}]{\text{静置分层}}$ 有机层 $\xrightarrow{\text{水洗至中性}}$ $\xrightarrow[\text{（无水 CaCl}_2\text{）}]{\text{干燥}}$ $\xrightarrow[\text{去 CaCl}_2]{\text{过滤}}$ $\xrightarrow[\text{去 MM}]{\text{蒸馏}}$ 白色松散的硅树脂

另外，还有乙基、戊基、苯基乙基等缩合型硅树脂，可参照相应甲基硅树脂的制法。在此不再一一介绍。

(3) 正硅酸乙酯法和水玻璃法的比较 水玻璃有机化法和正硅酸乙酯法各有特点。就合成工艺的成熟程度来看，水玻璃有机化法由于工艺简单、原料比较便宜且容易得到，因而被更广泛地研究；而就合成的生产效率而言，正硅酸乙酯法更好。由表 2-10 所示正硅酸乙酯法和水玻璃法的产物比较可见，正硅酸乙酯法所得产物溶解性不如水玻璃法，这可能是正硅酸乙酯是纯度为 98%以上的单体，反应体系中的局部浓度很高，容易由于过度自聚产生胶凝。水玻璃法的平均收率较低，可能是为防止胶凝，水玻璃的质量分数通常不超过 10%，易于制得低 MQ 产品（M/Q<0.5 时，则易凝胶化）。另外，正硅酸乙酯法所得产物的分子量分布较窄。

■ 表2-10　正硅酸乙酯法和水玻璃法的产物比较

合成方法	平均收率/%	分子量的分布	甲苯中的溶解性
水玻璃	11.7	1.5~2.4	清澈,透明无沉淀
正硅酸乙酯	47.2	1.3~1.7	混浊有沉淀

正硅酸乙酯法所得产品 M/Q 比值容易控制,收率高;但因为空间位阻的缘故,水解和缩聚不完全,产物中还有未反应的烷氧基官能团,因此产物 M/Q 比值与理论往往相去甚远。再者,原料价格较贵,后续水洗工艺较繁杂,不利于推广。水玻璃法虽然以廉价的水玻璃为原料,但产物分子量分布较宽,M/Q 比及结构不易控制,易凝胶化,收率低,应用受到限制,还需探索较佳工艺条件,特别是解决合成过程中易出现的凝胶问题,提高产物收率和性能。

2.5.1.5　纯有机硅树脂乳液

纯有机硅树脂乳液即乳液型硅树脂（硅树脂乳液）,已大量用作建筑涂料及黏合剂,对环境无污染,对人体无毒害,而且生产成本较低,发展势头良好,主要制法如下。

(1) 硅树脂乳化法　一般是先将混合硅烷单体共水解缩合制成硅树脂预聚体,而后在乳化剂及水的共同作用下乳化成硅树脂乳液。例如,35.1 质量份 $MeSiCl_3$,15.2 质量份 Me_2SiCl_2 及 49.7 质量份 $PhSiCl_3$ 共水解缩得到硅树脂。取出 150g,混入 50g 85% 的质量比为 1:1 的聚氧乙烯烷基苯基醚及聚氧乙烯三甲基壬基醚共聚物,300g 水,100g 溶剂油,100g 二甲苯及 100g 10% 的聚乙烯醇水溶液,并将其乳化成固含量 24.7%,黏度（25℃）为 1420mPa·s 的乳液。后者在 3000r/min 转速的离心机中处理 30min 不分层,将其涂在铝板上,固化后,可获得光滑的涂层。

由混合有机氯硅烷制得的硅树脂预聚物,还可在甲基纤维素、十二烷基硫酸钠及甲醛水溶液的作用下,与水乳化成稳定的硅树脂乳液。也可用油酸及含氨水溶液乳化而得。

(2) 硅烷单体共水解乳化　具体制法如下:将 33.6 质量份 $MeSi(OMe)_3$,122 质量份 $Ph(OMe)_3$,44.5 质量份 $Me_2Si(OMe)_3$,120 质量份 50% 的 $C_8H_{17}MeNC_3H_6Si(OMe)_3$ 甲醇溶液及 5 质量份 $H_2NC_2H_4NHC_3H_6Si(OMe)_2$ 装入反应器内,在搅拌下慢慢加入 90 质量份水进行水解反应,并在 90℃下回流 2h,而后蒸去 MeOH,混入 75 质量份丁基纤维素,得到含固量 55%（质量分数）的混合物,再用 20 倍体积的水稀释即可得到硅树脂乳液,在 40℃下可稳定 1 个月以上,产物适用作耐高温涂料。例如,由 60 质量份（按固含量计）硅树脂乳液,加入 25 份陶瓷粉,20 份滑石粉,5 份云母粉,10 份玻璃料,并在研磨机中处理,所得涂料喷涂在钢板上（厚 25~30μm）,并在 180℃下烘干 30min,涂层在 500℃下可耐 2000h 以上。

(3) 硅树脂预聚物与 $(Me_2SiO)_4$ 平衡　例如,由 100 质量份硅树脂预聚物［系由 100 份（$MeSiO_{1.5}$）,10 份 Me_3SiCl 及 50 份 $(Me_3Si)_2NH$ 反应

制得]，300 份（Me_2SiO）$_4$，10 份聚氧乙烯辛基苯基醚，10 份聚氧乙烯壬基苯基醚，先在 85～90℃下加热，而后加入 80 份水，并在 55～60℃下保持 1h，并乳化之。即可得到适用作玻璃划伤掩蔽涂料。固化后，透明、耐候、憎水。

再如，由 190g(Me_2SiO)$_4$，46g $MeSi(OEt)_3$ 及 12g $H_2NC_2H_4NHC_3H_6SiMe(OMe)_3$ 的部分水解物，在 $C_{16}H_{33}Me_3N^+Cl^-$ 及聚氧乙烯壬基苯基醚的水溶液中乳化，而后加入 KOH 在 80℃下反应 24h，再陈化 24h 得到 35％支链硅氧烷的乳液。取出 43.8g 加入 6g $H_2NC_2H_4NHC_3H_6Si(OMe)_3$ 及 50.2g 水反应，得到支链硅氧烷含量为 72％（质量分数）的混合物。后者适用作三元乙丙泡沫橡胶的耐磨涂层。

对外墙涂料来说，其抵抗水、环境、气候等外界因素的侵蚀能力相当重要。涂料体系应具有良好的水蒸气透过性以及低液态水吸收率，以确保外墙保持干燥。同时也应具长期的耐候性与良好的耐沾污性。因此，具有优异憎水功能的有机硅乳液就成为制造高性能外墙涂料的较佳选择。由于硅树脂具有类似石英的网状化学结构，不同于普通乳胶漆通过形成连续致密的膜来阻止液态水的吸收，而是通过赋予多孔基材憎水性和增强基材来达到保护目的，因此涂膜具有良好的呼吸功能和更为优异的耐候性。

德国工业标准 DIN 18363 给出了纯硅树脂涂料的组成：硅树脂乳液、聚合物乳液、颜料、填料和助剂，并规定其应具有良好的憎水性。

法国标准化协会（AFNOR）规定：只有有机硅树脂在基料中的比例超过 40％时，才可称作硅树脂涂料。

欧洲标准 EN 1062 规定：硅树脂外墙涂料的基料应包括纯有机硅树脂，并应具有 2 个重要的物理性能——高水蒸气透过率（S_d 值小于 0.14m）和低液态水吸收率 [W_{24} 值小于 $0.1kg/(m^2 \cdot h^{0.5})$]。

纯硅树脂涂料（SREP）与传统乳胶漆的性能比较列于表 2-11。

配方如下：

组　成	纯硅树脂涂料/g	传统乳胶漆/g
水	294.00	294.00
润湿分散剂	4.00	4.00
增稠剂	8.00	8.00
消泡剂	3.00	3.00
钛白粉	120.00	120.00
填料	340.00	340.00
硅树脂乳液 BS 45	100.00	0.00
有机硅憎水助剂 BS 1306	10.00	0.00
防霉杀菌剂	12.00	12.00
pH 值调节剂	2.00	2.00
成膜助剂	7.00	7.00
聚合物乳液	100.00	210.00

■表 2-11　纯硅树脂涂料与传统乳胶漆的性能

涂料类型	液态水吸收率 /[kg/(m² · h^{0.5})]	水蒸气的扩散阻力 S_d/m	耐候性 (5年曝晒)	耐擦洗性(1000h QUV-B 后)	憎水性
纯硅树脂涂料	0.09	0.09	无明显色差	20000 次	完全不润湿
传统乳胶漆	0.15	0.36	有色差	6000 次	完全润湿

由表 2-11 可知，硅树脂涂料具有很高的水蒸气透过率和很低的液态水吸收率。由电镜照片可见，硅树脂涂料的开孔结构有效保持了涂料的可呼吸性。同时硅树脂对颜填料形成了充分的包裹。传统乳胶漆形成的封闭膜，虽然可以抵挡外界水分的渗透，但也使水蒸气的透过率大大降低。

纯有机硅树脂乳液（SRE），由三功能团单元组成；聚硅氧烷乳液（SF），由两功能团单元组成；两种混合物，SR/SF（主要组分为纯有机硅树脂）和 SF/SR（主要组分为聚硅氧烷乳液）；苯丙乳液，比较基料对涂料性能的影响，其结果见表 2-12。

■表 2-12　有机硅基料对涂料性能的影响（配方 PVC 均为 62%）

有机硅基料	活性组分含量/%	W_{24}/[kg/(m² · h^{0.5})]	水蒸气透过率 S_d 值/m	户外测试		
				粉化	憎水性	耐沾污性
SRE-1	42	0.10	0.087	无	1～2	易清洗
SRE-2	50	0.09	0.082	无	1～2	易清洗
SF-1	60	0.10	0.075	粉化	1～2	严重污染
SF-2	60	0.08	0.078	粉化	1～2	严重污染
SR/SF	50	0.09	0.080	轻微粉化	1～2	易清洗
SF/SR	40	0.26	0.064	粉化	1～2	污染
苯丙乳液	50	0.15	0.34	粉化	5	污染

由表 2-12 可见，只有采用三功能团纯硅树脂为基料的涂料，才可以在获得理想的水蒸气透过率（S_d 值小于 0.14m）与液态水吸收率 [W_{24} 值小于 0.1kg/(m² · h^{0.5})]，并获得良好的耐沾污性和耐粉化性。这是由于硅氧烷乳液，不能在颜填料表面形成有效地包裹。且聚硅氧烷具有类似硅油的慢干、易沾污的缺陷。

当有机硅树脂和聚合物乳液的用量发生变化时，涂料的性能将发生改变。

由表 2-13 可见，当有机硅树脂与聚合物乳液的配比为 1∶1 时，相应的有机硅树脂活性含量为 53%（总配方），聚合物乳液固体含量为 5%（总配方）。所得涂料的呼吸性能较理想 [W_{24} 值小于 0.1kg/(m² · h^{0.5})，S_d 值小

■表 2-13　硅树脂乳液与聚合物乳液的配比对涂料性能的影响

涂膜性能	纯硅树脂∶苯丙乳液		
	2∶8	5∶5	8∶2
液态水吸收率 W_{24}/[kg/(m² · h^{0.5})]	0.12	0.08	0.14
水蒸气透过率 S_d/m	0.15	0.09	0.06
200h QUV-B 后耐擦洗性	7000	>10000	6100
耐沾污性	较差	最好	一般

于0.14m]。同时，也具有很好的对颜填料的包裹能力和较佳的耐沾污性。

因此，与传统的丙烯酸乳胶漆相比，纯硅树脂涂料具有更好的可呼吸性、憎水性、耐候性。随着市场对高质量外墙涂料需求的日益增长，纯硅树脂涂料必将获得更大的应用。

有机硅具有润滑、柔软、疏水、易成膜和耐热等性能，原料成本低，产品无毒、无环境污染，已大量应用于现代工业中。在纺织行业，有机硅已经广泛应用于织物后整理，如柔软、润滑、拒水、上浆、涂层和防霉等，已成为纺织印染工业中的一类重要助剂。以乳液形式存在的有机硅树脂可以直接应用于织物后整理，具有方便、经济、环保等特点。但在使用过程中常常会出现破乳漂油现象，影响整理效果。因此，制备出的有机硅乳液具有良好的稳定性是应用的必要条件。

以硅烷偶联剂和羟基硅油为原料，采用碱催化阴离子乳液聚合法直接制备了有机硅树脂乳液，简化了有机硅印染助剂的制备工艺，合成的乳液可直接用于织物整理，降低了生产成本。通过滴加有机硅单体控制反应速度和乳胶粒粒度，反应主要为均相成核，聚合（增长）反应在胶束表面进行。即在250mL四口圆底烧瓶中依次加入10%～40%复配乳化剂[Span-20和十二烷基硫酸钠（SDS）]、4%～10%氢氧化钠和100g去离子水，加热升温至70℃后缓慢滴加5～8g有机硅单体[甲基三乙氧基硅烷：羟基硅油=20：80]，加完后继续搅拌反应至设定时间。反应结束后，快速冷却反应液，加入2mL醋酸，调节反应液的pH值为6～7，出料得所需乳液。

由实验可知，影响有机硅乳液稳定性的因素顺序为：催化剂用量（对单体质量）＞乳化剂质量比＞有机硅单体用量＞反应时间＞乳化剂用量（对单体质量）。

当4%催化剂、20%乳化剂[m(Span-20)：m(十二烷基硫酸钠)为3：4]、50g/L有机硅单体、反应时间为7h时，制得的有机硅乳液稳定性最好，并将此乳液应用于涤棉和涤纶织物的整理，测得整理前后织物的性能如下。

织物		拒水效果/分	折皱回复角/(°)		白度/%	强力/N
			急弹	缓弹		
涤棉	未整理	正反面均全部润湿	185	205	91.43	1402
	整理	整个表面受到部分润湿	170	195	90.68	856
涤纶	未整理	正反面均全部润湿	173	200	92.81	480
	整理	整个表面受到部分润湿	135	165	91.33	362

由上表可以看出，织物经整理后产生拒水效果。由于硅树脂结构中含有反应性基团（—OCH_2CH_3），经过高温烘焙，整理剂能够与纤维的活性基团（如—OH）反应，在织物上形成一层疏水性的薄膜，从而具有一定的拒水性能。整理前后织物白度基本不变，折皱回复角减小。原因是整理过程中有机硅整理剂在织物表面通过分子间及与纤维分子间相互交联形成网状结构，使织物从形变中回复的能力降低。其中，涤纶织物整理后折皱回复角减

小得更多。

制得的有机硅树脂乳液可直接用于涤棉和涤纶织物的整理,且整理后织物的拒水性能得到改善,但折皱回复角、白度和强力有所下降。且涤棉织物整理后强力损失更多。

功能化的有机硅氧烷所具有的生理惰性以及特殊的修饰效果,使有机硅乳液在化妆品中的需求量正快速增加,已成为洗发香波、洗面奶、护肤霜、美容霜、剃须膏等个人护理用品中必不可少的成分。硅树脂是具有高度交联结构的聚有机硅氧烷,具有很好的成膜性和润滑性,能为肌肤提供充满质感的皮肤感受,是近年来在化妆品应用中崭露头角的新型有机硅类添加剂,颇受化妆品生产厂商的青睐。

目前,有机硅树脂多由有机氯硅烷或烷氧基硅烷溶胶-凝胶法制得,所得产品应用于化妆品中虽然能够获得良好的舒展性,但也存在着硅氧烷树脂粉粒子较硬,使得表面手感不良的缺点。为此,以甲基三甲氧基硅烷为原料,采用乳液聚合法制备有机硅树脂乳液:在装有搅拌器、回流冷凝管、温度计和滴液漏斗的 250mL 三口圆底烧瓶中加入 3g 复合乳化剂[阴离子表面活性剂十二烷基硫酸钠(SDS)、非离子表面活性剂聚氧乙烯(10)辛基苯酚醚(TX-10)]、0.6g 催化剂氢氧化钠(NaOH)和 100g 去离子水,开动搅拌器在适宜温度下搅拌 10min,使乳化剂充分溶解至溶液透明。然后升温至 80℃,将 10g 甲基三甲氧基硅烷(MTMS)滴加到三口烧瓶中,5min 内滴完。滴加完毕后,继续搅拌,恒温聚合 9h。反应结束后,用冰醋酸中和,制得转化率高、稳定性好、粒径分布均匀且平均粒径约为 $7\mu m$ 的有机硅硅树乳液。

2.5.2 过氧化物型硅树脂的制备

过氧化物型硅树脂是指可通过有机过氧化物引发固化的硅树脂,即乙烯基硅树脂。其结构式如下:

$$\begin{array}{c}
\text{Vi} \quad \text{O} \quad \text{R} \quad \text{R} \\
-\text{O}-\text{Si}-\text{O}-\text{Si}-\text{O}-\text{Si}-\text{O}-\text{Si}-\text{O}- \\
\text{R} \quad \text{O} \quad \text{R} \quad \text{O} \quad \text{R} \\
\text{R} \quad \text{R} \quad \text{Vi} \quad \text{R} \\
-\text{O}-\text{Si}-\text{O}-\text{Si}-\text{O}-\text{Si}-\text{O}-\text{Si}-\text{O}- \\
\text{O} \quad \text{R} \quad \text{O} \quad \text{R} \\
-\text{O}-\text{Si}-\text{O}- \quad \text{R}-\text{Si}-\text{O}-
\end{array}$$

R=Me、Ph 等;可相同,也可不同。与缩合型硅树脂的固化机理不同,由于在乙烯基硅树脂分子结构中含有乙烯基,在加热或过氧化物存在下,可使乙烯基双键打开而交联成三维网状结构。其固化机理描述如下:

$$ROOR \xrightarrow{\triangle} 2RO\cdot$$

$$\equiv SiCH=CH_2 \xrightarrow{RO\cdot} \equiv Si\overset{\cdot}{C}HCH_2OR \longrightarrow \begin{array}{c} \equiv SiCHCH_2OR \\ | \\ \equiv SiCHCH_2OR \end{array}$$

$$\equiv Si\overset{\cdot}{C}HCH_2OR \xrightarrow[RO\cdot]{\equiv SiCH_3} \equiv SiCHCH_2Si\equiv + ROH$$
$$\begin{array}{c} | \\ CH_2OR \end{array}$$

$$\equiv SiCH_3 \xrightarrow[-ROH]{RO\cdot} \equiv Si\overset{\cdot}{C}H_2 \longrightarrow \equiv SiCH_2CH_2Si\equiv$$

乙烯基硅树脂的制造工艺与缩合型硅树脂基本相同，采用不同比例的氯硅烷或烷氧基硅烷单体共水解缩聚方法，在单体中加入适量乙烯基单体，如$ViMeSiCl_2$，$ViMe_2SiCl$、$ViSi(OMe)_3$、$ViPhSiCl_2$等即可。

例如，在反应釜中加入228质量份甲苯和744.8质量份水，搅拌下慢慢加入44.3质量份Ph_2SiCl_2、36.1质量份Me_2SiCl_2、51.8质量份$PhSiCl_3$、19.8质量份$VeViSiCl_2$和76质量份甲苯的混合液进行水解缩聚反应，温度控制在30~40℃。反应结束后，静置分层，分出酸水层，有机层用水洗至中性。蒸除溶剂，至固含量达到50%~60%时为止。然后加入适量催化剂（如KOH），在160~170℃及大于6.6kPa真空度下缩聚，缩聚反应程度以定期取样测凝胶化时间为准。当凝胶化时间达到3~3.5min（250℃）时停止缩聚反应，即得乙烯基硅树脂。

该种硅树脂有良好的电气绝缘性能，防水性、耐高低温性等。可用于浸渍或浇注电容器。变压器、螺线管、马达及其他电控仪表等，也可用于模塑料制品。

2.5.3 加成型硅树脂的制备

加成型硅树脂是指通过含$SiCH=CH_2$的基础树脂和含Si—H基的聚硅氧烷交联剂发生催化硅氢化反应而交联固化的硅树脂，它用于作为浇铸料、包封料时不会有气泡、沙眼，尺寸稳定，具有优良耐热冲击性能，适合于电气设备的浸渍和封装，也作为高温粘接剂的保护涂料。它通常有四个组成部分：乙烯基硅树脂、含氢聚硅氧烷（含氢硅油）、稀释剂和催化剂。固化机理如下：

$$\equiv Si-H + CH_2=CH-Si\equiv \xrightarrow{[Pt]} \equiv SiCH_2CH_2Si\equiv$$

该种硅树脂在固化时无小分子物放出，使用时不会产生气泡及沙眼。加成型硅树脂通常不含溶剂，固化条件温和。适合于做涂料、浇铸料、浸渍料、包封料、胶黏剂等。

2.5.3.1 原料及制备

(1) 乙烯基硅树脂 乙烯基硅树脂是加成型硅树脂的基础树脂，其分子结构及制备方法如过氧化物型硅树脂。

(2) 含氢硅油 含氢硅油是加成型硅树脂的交联剂，通常为低聚合度的线型或环状甲基含氢聚硅氧烷、甲基苯基含氢聚硅氧烷。常用的有：

$$Me_3SiO{\left(\!\!\begin{array}{c}H\\|\\SiO\\|\\Me\end{array}\!\!\right)}_{3\sim6}\!\!SiMe_3 \qquad {\left(\!\!\begin{array}{c}H\\|\\SiO\\|\\Me\end{array}\!\!\right)}_{3\sim6} \qquad Me_3SiO{\left(\!\!\begin{array}{c}H\\|\\SiO\\|\\Me\end{array}\!\!\right)}_{a}\!\!{\left(\!\!\begin{array}{c}Ph\\|\\SiO\\|\\Ph\end{array}\!\!\right)}_{b}\!\!SiMe_3$$

基础树脂与含氢硅油的相容性较差，为了改进二者的相容性，可在含氢硅油的硅原子上引入适量的特种有机基。如通过含氢硅油与少量的 α-甲基苯乙烯反应，制得含 α-甲基苯乙基的含氢硅油：

$$Me_3SiO{\left(\!\!\begin{array}{c}H\\|\\SiO\\|\\Me\end{array}\!\!\right)}_{2\sim4}\!\!{\left(\!\!\begin{array}{c}Me\\|\\SiO\\|\\CH_2CHMePh\end{array}\!\!\right)}\!\!SiMe_3 \qquad {\left(\!\!\begin{array}{c}H\\|\\SiO\\|\\Me\end{array}\!\!\right)}_{3}\!\!{\left(\!\!\begin{array}{c}CH_2CHMePh\\|\\SiO\\|\\Me\end{array}\!\!\right)}$$

(3) 稀释剂 稀释剂是作为调节硅树脂产品的黏度之用，通常为 50～2500mm^2/s 的低黏度含乙烯基的聚硅氧烷油。例如：

$$ViMe_2SiO{\left(\!\!\begin{array}{c}Ph\\|\\SiO\\|\\Me\end{array}\!\!\right)}_{4}\!\!SiMe_2Vi \qquad Me_3SiO{\left(\!\!\begin{array}{c}Vi\\|\\SiO\\|\\Me\end{array}\!\!\right)}\!\!{\left(\!\!\begin{array}{c}Ph\\|\\SiO\\|\\Me\end{array}\!\!\right)}_{3}\!\!SiMe_2Ph \qquad PhMe_2SiO{\left(\!\!\begin{array}{c}Vi\\|\\SiO\\|\\Me\end{array}\!\!\right)}\!\!{\left(\!\!\begin{array}{c}Ph\\|\\SiO\\|\\Me\end{array}\!\!\right)}_{4}\!\!SiMePhVi$$

$$Me_3SiO{\left(\!\!\begin{array}{c}Ph\\|\\SiO\\|\\Me\end{array}\!\!\right)}_{8}\!\!SiMe_2Vi \qquad ViPhMeSiO{\left(\!\!\begin{array}{c}Ph\\|\\SiO\\|\\Ph\end{array}\!\!\right)}_{2}\!\!SiMePhVi \qquad ViPhMeSiO{\left(\!\!\begin{array}{c}Vi\\|\\SiO\\|\\Me\end{array}\!\!\right)}\!\!{\left(\!\!\begin{array}{c}Ph\\|\\SiO\\|\\Me\end{array}\!\!\right)}_{3}\!\!SiMePhVi$$

稀释剂的制备方法举例如下。

在反应釜中加入一定配比的 $MePhSiCl_2$、$ViMeSiCl_2$ 和甲苯，在 30～40℃于搅拌下慢慢加入甲苯、丁醇和水的混合物进行共水解反应。加完后继续搅拌反应 2h，静置分层，分出酸水层，有机层用水洗至中性。蒸除溶剂后，得到水解物。然后在水解物中加入一定量的 $(ViMe_2Si)_2O$ 和四甲基氢氧化铵硅醇盐，升温至 100～120℃平衡反应 6h，再升温至 150℃以上分解催化剂。减压脱出低沸物后，即得到含乙烯基的聚硅氧烷（稀释剂）。

(4) 催化剂 使用的催化剂主要是氯铂酸。其他形式的铂化合物也可使用。

2.5.3.2 加成型硅树脂的配制

配制加成型硅树脂时通常分成两组分分别包装。如第一组分为部分基础树脂、稀释剂和铂催化剂混合物；第二组分为另一部分基础树脂和含氢聚硅氧烷。也可采用其他的分装形式，只要含乙烯基配料（基础树脂和稀释剂）、交联剂和催化剂三者不同时在一组分中即可。使用时，将两组分按比例混匀，在 150℃或更高温度即可固化。

参 考 文 献

[1] 徐文媛，李凤仪，王乐夫．二甲基二氯硅烷的制备及应用．江西科学，2002，20（3）：190-193．

[2] 程格，王跃川．5,5′-二甲基-3,3′-二（三甲基硅基）联苯的合成．精细化工，2000，17（5）：292-294．

[3] 陈发德, 黄绪棚. 环己基甲基二甲氧基硅烷的研究进展. 有机硅材料, 2001, 15 (3): 25-27.
[4] 程格, 王跃川. 卤代三甲基硅基苯的合成. 化学试剂, 2001, 23 (2): 107-108.
[5] 邵月刚. 有机金属法合成二甲基二氯硅烷. 有机硅材料, 2000, 14 (5): 10-11.
[6] 田露露, 王嘉骏, 顾雪萍, 冯连芳, 郑晓彬, 邵月刚. 有机硅单体合成工艺的研究进展. 现代化工, 2004, 24 (12): 23-26.
[7] 幸松民, 王一璐编著. 有机硅合成工艺及产品应用. 北京: 化学工业出版社, 2000.
[8] 罗运军, 桂红星编. 有机硅树脂及其应用. 北京: 化学工业出版社, 2002.
[9] Lewis I N, Ward W J. [J]. Industrial & Engineering Chemistry Research, 2002, 41 (3): 397-402.
[10] 闫福安, 富仕龙, 张良均, 樊庆春. 涂料树脂合成及应用. 北京: 化学工业出版社, 2008.
[11] 战凤昌, 李悦良. 专用涂料. 北京: 化学工业出版社, 1988.
[12] 冯圣玉, 张洁, 李美江, 朱庆增. 有机硅高分子及其应用. 北京: 化学工业出版社. 2004.
[13] 高群, 王国建. 安普杰. 有机硅压敏胶的研究进展. 中国胶粘剂, 2003, 12 (1): 59-63.
[14] 李思东, 葛建芳, 蒲侠等. MQ硅树脂的合成工艺研究. 广东化工, 2009, 36 (2): 13-15.
[15] 晨光化工研究院有机硅编写组. 有机硅单体及聚合物. 北京: 化学工业出版社, 1986.
[16] 徐晓秋, 杨雄发, 董红, 伍川, 蒋剑雄. MQ树脂的制备和应用研究进展. 化工新型材料, 2009, 37 (10): 5-7.
[17] 周宁琳. 有机硅聚合物导论. 北京: 科学出版社, 2000.
[18] 倪勇, 边界, 来国桥等. 紫外光固化有机硅防粘隔离剂的研制. 杭州化工, 2001, 31 (2): 38-40.
[19] 暴峰, 孙争光, 黄世强. MQ硅树脂的合成及性能. 有机硅材料, 2002, 16 (3): 9-12.
[20] Akihiko shirahata, Chiba. Method for producing organosilicon polymers and the polymers prepared thereby [P]. US 4707531, 1987-11-17.
[21] Traver, Frank J, et al. MQ resin manufactured in solvent consisting of aliphatic hydrocarbons having from 6-15 carbon atoms [P]. CA 2087760. 1993-1-21.
[22] 王国建, 谢晶. 水玻璃有机化法制备 MQ 硅树脂的研究. 建筑材料学报, 2007, 7 (3): 299-305.
[23] 魏朋, 熊传溪, 刘利萍. MQ硅树脂的制备及其对硅橡胶的补强作用. 有机硅材料, 2007, 21 (2): 76-80.
[24] HUANG Wei HUANG Ying, YU Yunzhao. Synthes is of MQ silicone resins through hydrolytic condensation of ethyl polysilicate and hexamethyldisiloxane. Appli Polym Sci 1998, 70: 1753-1757.
[25] TSUMURA Hiroshi MUTOH Kiyoyuki SATOH Kazushi et al Method for the preparation of an organopolysiloxane containing tetrafunctional siloxane units: US, 5070175 [P]. 1991-12-03.
[26] DI Mingwei HE Shiyu, LI Ruiqi et al Resistance to proton radiation of nano-TiO_2 modified silicone rubber. Nuclear Instruments and Methods in Physics Research B: 2006, 252: 212-218.
[27] BRANDRUP J, MMERGUT E H. Polymer H and-book, Second Edition. New York: John wiley & Sons, 1975: 1-33.
[28] 尹朝辉, 潘慧铭, 吴伟卿等. MQ硅树脂及其压敏胶粘带的研究. 中国胶粘剂, 2002, 11 (3): 21-24.
[29] 黄文润. 有机硅材料的市场与产品开发 (续十七). 有机硅材料及应用, 1998 (2): 10-13.
[30] 黄伟, 黄英, 余云照. MQ硅树脂增强缩合型室温硫化硅橡胶. 合成橡胶工业, 1999, 22 (5): 281-284.
[31] 王欣欣. MQ树脂对LTV性能的影响. 有机硅材料, 2001, 15 (1): 27-29.
[32] 陆宪良, 展红卫, 刘维民. 有机硅胶粘剂在耐火云母带中的应用. 华东理工大学学报, 1997, 23 (4): 472-476.
[33] 苏喜春, 王树根. 氨基改性有机硅乳液的制备. 印染助剂, 2003 (6): 36-38.
[34] Lin Li-hui, Chen Ken-ming. Surface activity and water repellency properties of cleavable modified silicone surfactants [J]. Colloids and Surfaces A: Physico. Chem. Eng. Aspects, 2006

(275): 99-106.

[35] 苏喜春,王树根,苏开第. 环氧基改性有机硅乳液的制备. 印染助剂, 2005 (6): 27-30.

[36] 张超灿,廖海军,童晓梅. γ-甲基丙烯酰氧丙基三(三甲基硅氧基)硅烷的制备及其乳液聚合研究. 胶体与聚合物, 2004 (2): 1-3.

[37] 李战雄,贺敬超,芦晓燕. 环氧改性氟硅织物整理剂的制备及应用. 精细化工, 2005, 22 (增): 76-79.

[38] 李战雄,靳霏霏,唐孝明,赵言. 有机硅树脂乳液制备及应用. 印染助剂, 2007. 24 (10): 14-16.

[39] 幸松明,王一璐. 有机硅合成工艺及产品应用. 北京: 化学工业出版社, 2000.

[40] 罗伯特. Y. 路克海德. 应用于皮肤护理品的聚合物的最新进展. 日用化学品工业, 2006, 28 (10): 8-11.

[41] Baney R H, Maki Itoh, Akihito Sakskibara, et al. Silsequioxanes. Chemical Reviews, 1995, 95: 1409-1430.

[42] Harada Yukinobu, Takagi Aakria. Production of spherical polymethylsilsesquioxane particle [P]. JP 2000186148, 2000.

[43] Harada Yukinobu, Takagi Aakria. Prodution of fine silicone particle [P]. JP, 2000178357, 2000.

[44] Watanabe T, Aizawa H, Nagai Y. Production of spherical fine silicone particle [P]. JP 4088023, 1992.

[45] 黄汉生译. 用途广泛的硅氧烷粉添加剂. 化工新型材料, 1997, 8: 24-25.

[46] 魏鹏,辛忠,陆馨. 超细聚甲基硅氧烷微球的制备. 功能高分子学报, 2005, 18 (4): 682-686.

[47] 曹同玉,刘庆普,胡金生. 乳液聚合合成原理、性能及应用. 北京: 化学工业出版社, 1997.

[48] Chern C S. Emulsion polymerization mechanisms and kinetics [J]. Progress in Polymer Science, 2006, 31: 443-486.

[49] 黄世强,孙争光,李盛标. 新型有机硅高分子材料. 北京: 化学工业出版社, 2004.

[50] 杨凯,曹光群,杨成. 乳液聚合法制备有机硅树脂乳液的研究. 化工新型材料, 2008, 36 (11): 62-64.

[51] 黄忠连. 有机硅树脂乳液在外墙涂料中的应用. 涂料工业. 2003, 33 (6): 27-29.

[52] General Electric Co. JP-Kokai 昭 60-1259. 1985.

第 3 章　改性有机硅树脂的制备

有机硅结构中含有 Si—O 键，其键能高达 425kJ/mol，远远大于 C—C 键能（345kJ/mol）和 C—O 键能（351kJ/mol），并且硅与其他原子形成双键的可能也难以发生。这就导致了有机硅化合物具有耐高低温性、耐玷污性、耐候性和抗氧化等优越性能；硅原子在化合物中处于四面体中心，根据四面体结构，两个甲基垂直于硅与两相邻氧原子连接的平面上，此外，Si—C 键键长较长，以致两个非极性的甲基上的三个氢就像撑开的伞，使它具有高度的疏水性；甲基上的三个氢原子因甲基的旋转占有较大空间，增加了相邻硅氧烷分子之间的距离。根据分子间作用力原理，范德华力与分子间距离的六次方成反比，故硅氧烷分子间作用力比烃类化合物要弱得多，从而它的表面张力比相近摩尔质量的烃类化合物小，导致硅氧烷在界面上易展布，硅氧烷能降低体系的表面张力（约 25mN/m），能促进溶液经气孔渗透而进入表皮内部，从而极大地增大了聚合体系的渗透率，具有良好的透气性；有机聚硅氧烷是由无机硅氧链和有机碳氢链两部分组成；加上相对较大的 Si—O—Si 键角（145°）以及低的弯曲力，这些特点大大促进了有机硅链的流动性，降低其玻璃化温度。各种有机合成树脂有各自的优点和缺点，它们的缺点正好是有机硅聚合物的优点。将有机硅引入有机合成树脂，利用有机硅优点改进有机合成树脂的不足，使有机硅和有机合成树脂的性能更加完善，这对有机硅和有机合成树脂工业发展具有重大的意义。因此，如何利用有机硅优点改进有机合成树脂的不足已成为当今研究的热点和难点。

有机硅改性合成树脂的方法有物理共混法和化学结构改性法。由于分子结构自身的特点，许多有机树脂与有机硅的相容性差，因而物理的混合方法达不到预想的改性效果。只有通过化学的方法才能达到很好的改性目的。化学改性法即是将有机硅引入到有机聚合物中而达到改性的目的。将硅氧键引入有机聚合物中主要利用以下两类化合物：(1) 硅烷偶联剂等硅烷化合物；(2) 含有反应性官能团的硅氧烷单体及低聚物。用有机硅与不同树脂分子发生反应可以得到性能各异的改性树脂。

3.1 醇酸树脂改性有机硅树脂

醇酸树脂是一种合成的聚合物，可通过聚合物中各组分的调节制备出性能优良的适用于表面涂层的树脂，它是由多元醇、多元酸及脂肪酸为主要成分通过缩聚反应而成的油或脂肪酸改性聚酯树脂。

多元醇：主要是甘油，也可以是季戊四醇、山梨醇、三羧甲基丙烷及各种二甘醇。

多元酸：主要是邻苯二甲酸或其酸酐（苯酐）、间苯二甲酸、己二酸、马来酸等酸，也用三元酸如偏苯三酸等。

一元酸：主要是亚麻油、豆油、桐油等植物油中所含的酸（以油的形式使用，或以酸的形式使用），也可用苯甲酸、合成脂肪酸。

按脂肪酸（或油）分子中双键的数目及结构，可分为干性、半干性和非干性三类。干性醇酸树脂可在空气中固化；非干性醇酸树脂则要与氨基树脂混合，经加热才能固化。另外也可按所用脂肪酸（或油）或邻苯二甲酸酐的含量，分为短、中、长和极长四种油度的醇酸树脂。

醇酸树脂可用熔融缩聚或溶液缩聚法制造。熔融法是将甘油、邻苯二甲酸酐、脂肪酸或油在惰性气氛中加热至200℃以上酯化，直到酸值达到要求，再加溶剂稀释。溶液缩聚法是在二甲苯等溶剂中反应，二甲苯既是溶剂，又作为与水共沸液体，可提高反应速率。反应温度较熔融缩聚低，产物色浅。树脂的性能随脂肪酸或油的结构而异。因其原料易得、成本低、性能良好、用途广泛，特别在涂料工业中它是产量最大的合成树脂之一。但醇酸树脂在耐水性、耐候性等方面存在不足，户外使用一般不超过3年。醇酸树脂与硅树脂结合（硅树脂改性醇酸）是克服上述缺点最有效的方法，增强了化学稳定性。有机硅改性醇酸树脂涂料既保留有醇酸树脂漆室温下固化和涂膜物理、力学性能好和使用性能的优点，又具有有机硅树脂耐热、耐紫外线老化、保护光泽及耐水性好的特点，是一种综合性能优良的涂料。虽然成本有所提高，用在化肥生产设备，如钢贮罐、反应器的管道和楼梯等上面，使用寿命可达15年以上，使用寿命是原醇酸树脂的5倍以上，有机硅与醇酸树脂共缩清漆的性能优于两者冷混漆的性能，降低了维修及劳务费用，具有良好的经济效益。

有机硅改性醇酸树脂，可采用物理法和化学法两种。

3.1.1 有机硅改性醇酸树脂的物理法

物理法是最早使用的改性方法，将有机硅树脂直接加到反应达终点的醇酸树脂反应釜中与中低油度的醇酸树脂冷混即可。有机硅树脂在高温下有可能和醇酸树脂通过共价键相连，但也可能大部分有机硅树脂只是和醇酸树脂混溶，为了改进有机硅树脂的混溶性，有机硅树脂中常含一些长链烷基，通过这样简单的混合，醇酸树脂的室外耐候性大大改进。一般来说，使用相容性较好的高苯基硅树脂与中低油度的醇酸树脂冷混，比用高甲基含量的有较好的热塑性，较快的气干速度和较好的溶解性能。尽管如此，改性效果仍然不佳，故现已被淘汰。

早期的化学改性法多采用分步合成工艺，即从含 SiX（X 为 Cl、OMe、OEt、OAc 等）键的有机硅烷出发，先与甘油酯反应，进而再与二元羧酸或其酸酐反应，得到改性醇酸树脂，也可由多元醇或脂肪酸与多元醇生成的单酯出发，先与多元酸反应，进而再与烷氧基硅烷共缩合，得到改性醇酸树脂。上述两法都存在操作步骤繁琐，产物易凝胶化及反应终点难控制等缺点；随后，逐步改由含 SiOH 或 SiOR 键的硅氧烷中间体出发，并与预先制成的醇酸树脂中间体进行缩合反应，也可将有机硅低聚物作为多元醇和醇酸树脂进行共缩聚，均能得到有机硅改性醇酸树脂。通过反应改性的醇酸树脂耐候性更好，同时改善了有机硅树脂的固化性能，降低了有机硅树脂的成本。有机硅改性醇酸树脂主要是气干性的，但也可改性用于氨基醇酸漆的醇酸树脂。据报道一种有机硅改性的氨基醇酸漆在美国佛罗里达曝晒场经三年曝晒后的光泽度可达 70%，而未改进的仅 18%。用醇解法制成的羟基封端醇酸预聚体与以水解法或异官能团法制成的有机硅预聚体进行缩聚反应合成出（A-B）$_n$ 型结构的有机硅-醇酸嵌段共聚物，有机硅的含量达 20%～30%。并以该嵌段共聚物为基料制成清漆。该清漆综合性能优良，既具有醇酸树脂清漆的室温固化、漆膜柔韧性、冲击强度和附着力好等优点，又具有有机硅树脂的耐热、耐候性、保光性、抗粉化性和抗水介质腐蚀等性能，比未改性的醇酸树脂漆有很大提高，使用 10 年后漆膜仍然完整，外观良好。

3.1.2 有机硅改性醇酸树脂的化学法

有机硅改性醇酸主要采用化学法，一般有三种工艺：第一种是将硅中间物、醇、酸一起加入反应器一步反应而成；第二种是将硅中间物先和醇反应，然后再加入酸反应而成；第三种是醇和酸反应先生成含羟基的醇酸中间物，再和硅中间物反应而成。实际上采用第三种工艺较多。常用的合成反应有如下几种途径。

(1) 由含 Si—OMe 键的烷氧基硅烷（或硅氧烷）中间体与含 C—OH 键的醇酸树脂中间体出发，通过脱醇反应而得，例如：

$$\underset{\underset{O}{|}}{\overset{\overset{O}{|}}{R-Si-OMe}} + \underset{CH_2OCOR''}{\overset{CH_2OH}{CHOCOR'}} \longrightarrow \underset{\underset{O}{|}}{\overset{\overset{O}{|}}{R-Si-O-CH_2}} + MeOH$$
$$ \underset{CH_2OCOR''}{CHOCOR'}$$

(2) 由含 Si—OH 键的硅烷（或硅氧烷）中间体与含 C—OH 键的醇酸

树脂中间体出发，通过脱水反应而得，反应示意式如下：

$$\begin{array}{c}\text{O}\\|\\\text{R—Si—OH}\\|\\\text{O}\end{array} + \begin{array}{c}\text{CH}_2\text{OH}\\|\\\text{CHOCOR}'\\|\\\text{CH}_2\text{OCOR}''\end{array} \longrightarrow \begin{array}{c}\text{O}\\|\\\text{R—Si—O—CH}_2\\|\\\text{O}\end{array} + \text{H}_2\text{O} \quad \begin{array}{c}\\\\\\\\\text{CH}_2\text{OCOR}'\\\text{CH}_2\text{OCOR}''\end{array}$$

（3）含羟基的醇酸树脂（或多元醇）与含硅羧基的硅烷（或硅氧烷）进行酯化反应

$$\equiv\text{Si—R—COOH} + \text{HO—C}\equiv \longrightarrow \equiv\text{Si—R—COOC}\equiv + \text{H}_2\text{O}$$

（4）含官能性硅烷（或硅氧烷）与过量的多元醇缩合，然后再与多元酸及脂肪酸反应

$$\equiv\text{SiOR}' + \text{HO—}\overset{|}{\text{C}}\text{—R—}\overset{|}{\text{C}}\text{—OH} \xrightarrow{-\text{R}'\text{OH}} \equiv\text{SiOC—}\overset{|}{\text{R}}\text{—}\overset{|}{\text{C}}\text{—OH} \xrightarrow[-\text{COOH}]{-\text{H}_2\text{O}} \equiv\text{SiOC—}\overset{|}{\text{R}}\text{—}\overset{|}{\text{C}}\text{—OOC—}$$

（5）由硅氧烷中间体与多元醇、多元酸及脂肪酸一步反应，得到醇酸改性硅树脂。

3.1.3 有机硅改性醇酸树脂的合成工艺及其性能

采用共缩聚方法合成有机硅改性醇酸树脂，共缩反应是通过有机硅（由二氯二甲基硅烷，甲基三氯硅烷、苯基三氯硅烷制成，$R/Si=1.4$，$Ph/R=0.4$）中的羟基与醇酸低聚物（由豆油、桐油、甘油、苯酐制成）中的羟基及羧基作用进行的。即含有羟基官能团的硅氧烷预聚物与含有羟基官能基团的醇酸低聚物在催化剂存在下，经加热发生缩聚反应：

$$\equiv\text{Si—OH} + \text{HO—C}\equiv \xrightarrow[\triangle]{\text{催化剂}} \equiv\text{Si—O—C}\equiv + \text{H}_2\text{O}$$

与此同时，发生的副反应主要是：

$$\equiv\text{Si—OH} + \text{HO—Si}\equiv \longrightarrow \equiv\text{Si—O—Si}\equiv + \text{H}_2\text{O}$$

这是两种不同缩聚类型的竞聚反应。增大醇酸树脂的配比，控制醇酸低聚物较高的酸值和羟值，可增加第一个反应的速度和提高羟基硅氧烷的转化率；增加反应物中惰性溶剂的用量有利于第二个反应的进行。若有机树脂的酸值大于10或提高反应温度，可以增加总的反应速率，但不能改变两个反应速率的比值。在这类共缩聚反应中，第一个反应是主反应。加入合适的催化剂有利于这种共缩聚反应的进行，并提高两个反应速率的比值，朝着有利第一个反应的得力措施。其中四异丙基钛酸酯是较好的催化剂。

3.1.3.1 有机硅中间体及其用量对改性树脂性能的影响

苯基和甲基的半衰期较长，其取代的有机硅中间体耐候性能好。有机硅中间体用量大，耐候性、保光性、抗粉化性能好，但成本高且漆膜较软，一般选择用量为30%～50%的苯基或甲基有机硅中间体，低于30%改性的醇酸树脂性能变化不明显，高于50%则漆膜太软且成本太高。其结果见表3-1。

■ 表 3-1　有机硅用量对改性树脂性能的影响

有机硅/醇酸树脂	硬度	UV人工加速老化试验 2000h	耐盐水(3%)
70/100	0.15	保色、保光 95%	2000h(不起泡、不失光)
60/100	0.15	保色、保光 95%	1500h(不起泡、不失光)
50/100	0.33	保色、保光 90%	1400h(不起泡、不失光)
40/100	0.35	保色、保光 87%	1200h(不起泡、不失光)
30/100	0.38	保色、保光 85%	1000h(不起泡、不失光)
20/100	0.37	保色、保光 10%	1000h(起泡、失光)

3.1.3.2　有机硅含量与羟基硅氧烷的转化率

不同含量时有机硅的转化率关系见图 3-1。从图 3-1 中看出，当要求改性树脂中有机硅含量越高时，共缩反应中羟基硅氧烷转化率越低。将未纯化的改性混合物放置时，有机硅含量为 60% 的试样，不到 3 个月贮存就发生了分层，这是由于未反应部分羟基硅氧烷相容性较差而产生的。而有机硅含量为 40% 或 30% 的改性混合物即使存放半年仍很稳定。

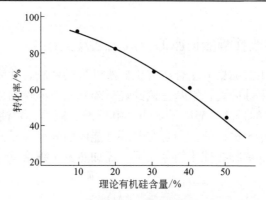

■ 图 3-1　有机硅含量与转化率的关系

3.1.3.3　机械物理性能

将共缩改性树脂与未改性的醇酸树脂和冷混树脂制成清漆，涂制试片，漆膜的部分机械物理性能测试结果见表 3-2。从表 3-2 中看到，尽管改性后的漆膜附着力（划圈法）变化不大，而耐热性、硬度及冲击强度得到了明显改善。将漆膜放置蒸馏水中浸泡 120h 后测得的吸水率与改性树脂中有机硅含量的关系见图 3-2。随着有机硅含量的增加，吸水性下降，而且改性后的漆膜耐水性明显优于冷混漆膜的耐水性。这是由于化学改性后，亲水基数目减少的缘故。

■ 表 3-2　树脂的机械物理性能

树脂名称	附着力/级	耐热性(200℃)	冲击强度/50kgf·cm	硬度(摆杆法)
醇酸树脂	2	4h 起泡，失光 15%	未通过	0.2
冷混树脂	2	62h 起泡，失光 5%	基本通过	0.3
改性树脂	2	120h 无变化，失光 2%	通过	>0.5

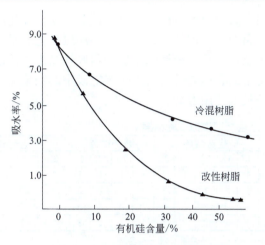

■ 图 3-2　有机硅含量与吸水率的关系

选用传统的防腐颜料填充剂红丹，对有机硅改性醇酸红丹漆（HTSA）、有机硅醇酸冷混红丹漆（HTSNA）、醇酸红丹防腐漆（HTA）及传统的聚氨酯红丹防腐漆（HTPA）进行对比，结果见表 3-3。从表中数据可以看出，改性后的醇酸树脂涂料在硬度、冲击强度方面明显优于未改性的冷混漆和醇酸树脂漆，也优于聚氨酯漆；在光泽度、干燥性等方面也有所改善。

■ 表 3-3　涂层机械物理性能

技术项目		技术指标				试验方法
		HTSA	HTSNA	HTA	HTPA	
颜色、外观		红色、平整、光亮				HG2-506
光泽度/%		>95	>80	>90	>95	HG2-667
干燥时间	表干	<4h	>8h	>6h	<4h	室温（25℃），湿度70%
	实干	>48h	>72h	<72h	<48h	室温（25℃），湿度70%
	烘干	20min	50min	15min	15min	（100±5）℃
附着力/级		2	2	2	2	HG2-462
硬度（摆杆法）		>0.7	>0.4	>0.2	0.4	HG2-507
柔韧性/mm		1	2	1	1	HG2-508
冲击强度/kgf·cm		>50	50	45	50	HG2-509

3.1.3.4　涂层加速模拟试验

为了考察涂层在各种自然环境条件下的耐候、耐蚀性能，最理想的方法是将涂层试样置于典型的自然条件下，进行实地试验观察，这样较为准确可靠。但这种条件下，试验时间极长，几月甚至数年都无法评价出涂层的优劣，这就无法满足生产和实际的需要。加速模拟试验，正是在实验室中利用湿热箱、盐水喷雾箱、老化机等设备，来模拟天然条件，强化腐蚀环境，缩短试验时间，从而达到评定涂层性能，预测涂层使用寿命的目的。

前述四种涂层加速模拟试验结果列于表 3-4，评定方法参阅文献。表中结果说明，无论何种模拟条件下的试验结果，经化学改性后的有机硅醇酸涂层，其防腐蚀性能都优于其他类型的涂层。尤其是老化试验结果在 3000h 以上仍很满意，甚至比聚氨酯涂层的耐候性高出 1 倍以上。这正是由于将耐候性十分突出的有机硅链段引入醇酸链段中的结果，这也预示着有机硅醇酸涂层具有较长的使用寿命。

■表 3-4 涂层加速模拟试验结果

时间/d	盐雾试验					湿热试验				老化试验				盐水浸泡
	5	15	20	25	30	5	15	30	45	30	60	100	150	涂层鼓泡时间/天
HTSA	1	1	1	1	1	1	1	1	1	1	1	1	1	153
HTSNA	1	1	1	2	2	1	1	2	3	1	2	2	3	110
HTA	1	2	2	3	—	1	2	3	—	1	2	3	—	34
HTPA	1	1	2	2	3	1	1	2	2	1	1	3	—	125

注：1—良好；2—合格；3—不合格。

盐雾条件：箱内温度（37±2）℃；湿度≥90%，喷雾 1.0mL/h。介质：3.5%NaCl 溶液，pH=6.5～7.2。连续喷雾 8h，停 16h 为一周期。

湿热条件：箱内温度（45±2）℃；湿度 95%±2%，工作 12h，停 12h 为一周期。

老化试验：由武汉工学院中心实验室代做。

盐水浸泡：5%NaCl 溶液。浸泡至鼓泡或锈斑出现为止。

3.1.3.5 介质浸蚀性

由表 3-5 可知 30%有机硅改性醇酸树脂磁漆的耐水性、耐盐水性、耐汽油浸渍性大大高于醇酸树脂磁漆。

■表 3-5 有机硅改性醇酸树脂磁漆与醇酸磁漆耐介质浸渍性比较

性　能	C04-2 醇酸磁漆	有机硅改性醇酸树脂
耐水性 （浸于 25℃蒸馏水中）	6h 允许轻微失光、发白、起小泡，经 2h 恢复后小泡消失	20 天无变化
耐沸水性 （浸于 100℃沸水中）	—	3h 无变化
耐盐水性 （浸于 3%NaCl 中）	—	30 天无锈
耐汽油性 （浸于 25℃75# 航空汽油中）	6h 不起泡，不起皱，允许失光，1h 内恢复	30 天无变化

3.1.3.6 耐热性

由表 3-6 可知 30%有机硅改性醇酸树脂铝粉磁漆的耐热性远远高于商品铝粉醇酸漆的技术指标。这是因为醇酸树脂的 C—C 主链受热易氧化断裂成低聚物，而在主链中引入 Si—O—Si 键后，因 Si—O 键的共价键能比 C—C 键的共价键能高，因此耐热性提高。侧链 R—O—Si 链中的烃基受热氧化后，生成的是高度交联更加稳定的 Si—O—Si 链，能防止其主链的断裂降解，减轻对树脂内部的影响，因此醇酸-有机硅嵌段共聚树脂漆比醇酸树脂漆的耐热性好。

■表 3-6　有机硅改性醇酸树脂磁漆与醇酸磁漆的耐热性比较

温度/℃	测试项目	C61-32 铝粉醇酸磁漆	有机硅改性醇酸树脂磁漆
200(2h)	颜色	银灰	银灰
	附着力/级	1	1
	柔韧性/mm	1	1
	抗冲击性/cm	50	50
250(2h)	颜色	银灰	银灰
	附着力/级	2	1
	柔韧性/mm	2	1
	抗冲击性/cm	40	50
300(2h)	颜色	银灰	银灰
	附着力/级	2	1
	柔韧性/mm	2	1
	抗冲击性/cm	30	50
350(2h)	颜色	银灰脱落	银灰
	附着力/级		2
	柔韧性/mm		2
	抗冲击性/cm		50
400(2h)	颜色	银灰脱落	银灰
	附着力/级		2
	柔韧性/mm		2
	抗冲击性/cm		50
450(2h)	颜色		银灰脱落

由表 3-7 可知，有机硅改性醇酸树脂清漆既具有醇酸清漆室温下固化、漆膜柔韧性、冲击强度和附着力好的优点，又大大提高了其抗多种介质浸渍及耐老化等性能。

30%有机硅改性醇酸树脂和 16.7%有机硅改性醇酸树脂，且有机硅中 C_6H_5—/CH_3—摩尔数比依次为 0.750/1 和 0.625/1，故表 3-7 中。

耐热与耐紫外光老化：30%有机硅改性醇酸树脂＞16.7%有机硅改性醇酸树脂＞醇酸清漆。

耐盐水、耐沸水性：16.7%有机硅改性醇酸树脂＞30%有机硅改性醇酸树脂＞醇酸清漆。

耐汽油性：30%有机硅改性醇酸树脂＞16.7%有机硅改性醇酸树脂＞醇酸清漆。

有机硅改性醇酸树脂主要物理机械性能均优于未改性的醇酸树脂，尤其是耐水性、耐候性和耐热性得到明显改善。将其配制成涂料，加速模拟试验结果表明，其防腐、耐候性优良，可用作理想的户外装饰及防护涂层。

湖南大学用醇解法制成的羟基封端醇酸预聚体与以水解法或开官能团法制成的有机硅预聚体进行缩聚反应合成 (A-B)$_n$ 型结构的有机硅-醇酸嵌段共聚物，用该嵌段共聚物为基料制成清漆，其综合性能优良，既具有醇酸树

■表3-7 有机硅改性醇酸树脂与醇酸树脂性能比较

清漆名称	醇酸树脂	30%有机硅改性醇酸树脂	16.7%有机硅改性醇酸树脂	测试依据
固体含量/%（质量分数）	52	47	45	GB 1725—79
表干时间（约30℃）/h	≤5	≤6	≤8	GB 1728—79
实干时间（约30℃）/h	≤15	≤18	≤23	GB 1728—79
柔韧性/mm	1	1	1	GB 1731—79
冲击强度/N·cm	500	500	500	GB 1732—79
附着力/级	1	1	1	GB 1720—79
耐热性（250℃，2h）	棕黑，未脱落	黄色，未脱落	褐色，未脱落	GB 1735—79
耐盐水性（22℃时3% NaCl 水溶液中浸泡）	4d后漆膜底板生锈	15d后漆膜底板生锈	20d后漆膜底板生锈	GB 1763—79
耐水性（浸于100℃沸水中）	30min后漆膜起小泡	4h后漆膜起小泡	6h漆膜无变化	GB 1733—79
耐汽油性（浸于22℃的120号汽油中）	2d后脱膜	30d无变化	30d后无变化	GB 1734—79
耐紫外光老化性	48h粉化	120h粉化	72h粉化	在6000W水冷式管状氙灯的自制人工加速耐候试验箱中测试

脂清漆的室温下固化、漆膜柔韧性好、冲击强度和附着力好的优点，又大大提高其耐热、耐大气老化和抗水介质腐蚀等性能。

有机硅改性醇酸树脂主要用作室温固化型耐候涂料的基料，由于它们的耐候寿命是未改性的醇酸树脂涂料的4倍以上，因而被大量用作永久性建筑及设备装置的保护涂料，如高压输电线路铁塔、铁路公路桥梁、运货车、动力站、开采石油设备、室外化工装置、农业机械等的涂装。有机硅改性醇酸树脂还常用作金属及塑料等的防腐保护涂料、不迁移性（可重涂性）的涂料；耐候、耐化学试剂及粘接性好的涂料；印刷油墨添加剂；高光泽性涂料等。此外，有机硅改性醇酸树脂还可作为船舶用及工厂用耐候涂料。

3.1.4 有机硅改性醇酸树脂实例

(1) 经典的有机硅改性醇酸树脂 将12.4质量份季戊四醇、13质量份邻苯二甲酸酐和36质量份大豆油脂肪酸投入反应器中，在200℃及通氮气下进行脱水反应。加入少量二甲苯作除水剂，每间隔一定时间从反应瓶中取样，用酸碱滴定法测定酸值，并作出酸值与时间关系曲线，如图3-3，直至酸值达到5~10为止。

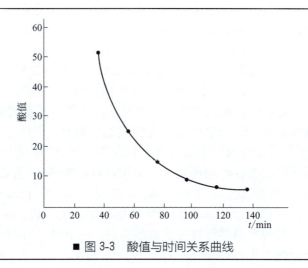

■ 图 3-3　酸值与时间关系曲线

利用该图可以控制醇酸树脂生产过程中的酸值，此部分工作具有实用价值。

然后用石油溶剂稀释得到固含量为 60% 的醇酸树脂中间体。而后，取 70 质量份醇酸树脂中间体、18 质量份由 $PhSiCl_3$ 和 $PrSiCl_3$ 水解缩合得到的含 SiOH 的硅树脂和 12 质量份石油溶剂，在 170℃ 下进行共缩合，直至试样在玻璃片上呈透明为止。再用石油溶剂稀释，配成固含量为 60% 的有机硅改性醇酸树脂溶液，产物黏度（Gardner 气泡黏度计）为 V～X，酸值为 4.5。

(2) 无需预缩合的有机硅改性醇酸树脂　此法可避免各组分间反应而过早凝胶化，产品适用作户外耐候涂料，可按下法配制：将 140g 环己烷二甲醇、53g 三羟甲基丙烷、219g 脱水蓖麻油脂肪酸及 347g 硅树脂中间体〔由摩尔比为 7∶3 的 $PhSi(OMe)_3$ 与 $PrSi(OMe)_3$ 共水解缩合而得〕，在 100℃ 进行脱 MeOH 反应，然后加入 66.7g 间苯二甲酸，并在 230℃ 下反应使酸值达到 11。再加入 66.7g 1,2,4-苯三酸酐在 170℃ 下反应直至酸值为 55，得到固态的有机硅改性醇酸树脂产物。

(3) 室温固化型有机硅改性醇酸树脂及其涂料配制　室温固化型有机硅改性醇酸树脂涂料使用的醇酸改性硅树脂可按下法制取。例如将 160 质量份邻苯二甲酸酐、30 质量份苯甲酸、20 质量份季戊四醇、130 质量份三羟甲基丙烷、200 质量份大豆脂肪酸及 30 质量份二甲苯，在 230℃ 下加热反应 6h，同时将副产的水分蒸出。而后加入 250 质量份含 SiOH 的硅树脂中间体（由 $PhSiCl_3$ 及 $PrSiCl_3$ 按摩尔比 7∶3 制得）、2 质量份钛酸异丙酯及 500 质量份二甲苯。并在 170℃ 下反应 6h，蒸除一部分甲苯，即可得到固含量 60% 的有机硅改性醇酸树脂。有机硅改性醇酸树脂配制涂料时有良好的相容性。取出 15 质量份醇酸改性硅树脂，混入 26 质量份二氧化钛、45 质量份硫酸钡、21 质量份 Superehlone507、0.5 质量份环氧树脂、3 质量份己二酸二异辛酸及 30 质量份二甲苯，得到涂料。将其涂在预先用富锌环氧及氯化橡胶打底的软钢板上（涂层厚 30～40μm）。在 25℃下 7d 后，即得到粘接牢固，且具有良好耐候性及耐化学试剂的涂层。

(4) 可重涂的室温固化有机硅改性醇酸树脂涂料　将 210 质量份间苯二甲酸酐、220 质量份季戊四醇及 650 质量份豆油脂肪酸，在 160～220℃下反应数小时，而后加入 670 质量份石油溶剂得到醇酸树脂漆溶液。取出 1420 质量份加入 150 质量份由固态硅树脂中间体 [OH 含量为 5.5%（质量分数）] 及石油溶剂配成的溶液，并在 $Ti(OBu)_4$ 催化及 160～170℃下反应。得到有机硅改性醇酸树脂。配制涂料时，先将 60 份有机硅改性醇酸树脂、35 份二氧化钛、2.5 份石油溶剂及 1 份 N-十八烷酰基-β 氨基丙酸（$C_{17}H_{35}CONC_2H_4COOH$）混匀，继而加入 1.5 份 3%（质量分数）的环烷酸钙，即得有机硅改性醇酸树脂涂料。将其喷涂在打过底的钢板上，在室温下干燥 2 天，再喷涂一次．并在室温下干燥 7d，将所得涂层泡入水中 7d，不剥落。

(5) 抗腐蚀性的有机硅改性醇酸树脂涂料　适用作塑料及金属表面涂层的有机硅改性醇酸树脂涂料，可按下法配制：将 60.2 质量份 50%的醇酸改性硅树脂溶液、29.5 份 50%（质量分数）二氧化钛分散液、9.3 份腐蚀抑制剂（5-硝基间苯二甲酸锌∶磷酸锌∶钼酸锌＝1∶10∶20）混匀而得。由其形成的涂膜具有优良抗腐蚀性。

(6) 30%有机硅改性长油度醇酸树脂的制备　将 7.5 份季戊四醇、1.4 份甘油、9.8 份苯酐、26.7 份大豆油脂肪酸加到反应瓶中在搅拌下通氮气，并且慢慢加热至 200℃，再加入少量二甲苯回流脱水。继续升温至 230℃，保温反应至酸值为 7～9，将树脂冷至 180℃．用 26.5 份溶剂汽油稀释、降温，加入 19.2 份美国 Dow Corning 公司生产的 Z-6018 含羟基的硅中间物，并加热到回流。在 165℃开始分出水，回流反应时间约 3～5h。取样在玻璃板上观察树脂完全互溶后为终点。反应终点时，反应温度大约为 170℃。最后加入 8.9 份溶剂汽油。该树脂可用来配制常温干耐候涂料。

(7) 水溶低污染常温干型有机硅改性醇酸树脂
① 醇酸树脂的配方（质量份）和制备工艺

组分	加入量
新戊二醇	81
三羟甲基丙烷	205.3
间苯二甲酸	207.3
豆油脂肪酸	413.3

操作方法：新戊二醇、三羟甲基丙烷、间苯二甲酸、豆油脂肪酸按量加入树脂反应釜内，缓慢升温至熔化，开动搅拌并通入 CO_2，在 180℃保持 1h，然后升到 240℃保持脱水，开始取样测树脂酸值，至酸值达 16～20 时停止加热，冷却到 140℃。

② 改性树脂的配方（质量份）和制备工艺

上述树脂	835.4
有机硅低聚物(100%，固体5.5%羟基含量)	450.0
四异丙基钛酸酯	0.9

操作方法：将有机硅低聚物及四异丙基钛酸酯加入保持140℃的树脂中，搅拌并通CO_2，并缓慢升温到190～200℃进行缩聚，取样测定树脂酸值，至酸值达10～12时，停止加热，然后降温到140℃。

③ 水溶性低污染常温干型有机硅醇酸树脂漆的配方（质量份）和制备工艺。

上述改性树脂	1260.1
乙二醇一乙醚	450.0
偏苯三甲酸酐	147.0
氨水（28%）	206.0
乙二醇一丁醚	55.0
蒸馏水	220.0

操作方法：在冷却到140℃的改性树脂中加入偏苯三甲酸酐147份，在搅拌下缓慢升温到180℃保持1h，然后缓慢升温到230℃保持脱水，取样测定树脂酸值，待酸值降到50～60时，停止加热，降温到120℃时，加入乙二醇一丁醚及乙二醇一乙醚溶剂，搅拌均匀，待冷到60℃时加入氨水中和，至树脂液pH值为8.0～9.0时为止，然后加入蒸馏水兑稀搅匀。

此水溶低污染常温干型有机硅醇酸树脂的固体含量约60%，加入钴、锰水溶性催干剂，可以常温干燥；加入颜料配制磁漆，其耐候性、保光性、抗粉化性、抗水性可与相同有机硅含量的溶剂型常温干燥型有机硅改性醇酸树脂磁漆相媲美。

(8) 户外耐候常温干型涂料用有机硅改性长油醇酸树脂　改性树脂中有机硅含量为20%；醇酸树脂为61%油度苯二甲酸酐季戊四醇醇酸树脂，有机硅低聚物为聚苯基甲基硅氧烷低聚物，羟基含量为5%（质量）。

① 醇酸树脂制备（质量份）

豆油（双漂）	61.00
黄丹	0.12
季戊四醇（工业品）	15.45
苯二甲酸酐（纯度99.5%）	26.77
二甲苯	6.00
溶剂汽油	61.00

操作方法：将豆油加入树脂反应釜内，搅拌升温，通入CO_2，到120℃时加入黄丹，并继续缓慢升温到240℃时加入季戊四醇，保持此温度进行醇解反应，1h后取样测定容忍度，以试样1体积加95%乙醇5体积混合摇匀，室温下呈均匀透明，即为醇解终点。然后降温到160℃加入

苯二甲酸酐，再加入二甲苯，然后升温到（220±2）℃，保持1.5h，再升温到（220±2）℃，进行回流脱水；取样测定树脂酸值，至酸值达到25～30时，停止加热，降温到140℃以下，加入溶剂汽油，兑稀为60%固体树脂液。

② 改性树脂制备（质量份）

60%醇酸树脂液(61%油度)	167.0
有机硅低聚物(100%固体，5%羟基含量)	25.5
四异丙基钛酸酯	0.05
二甲苯	14.00

操作方法：在醇酸树脂液中加入有机硅低聚物及四异丙基钛酸酯，搅拌升温，真空抽净溶剂，然后停止抽真空。继续升温至190～200℃进行缩聚，并通入CO_2，至取样测定树脂黏度达2.5～3.5s，停止加热，降温到120℃以下加入二甲苯，稀至60%固体树脂液。

黏度测定时取树脂固体6份加二甲苯4份，在25℃时以加氏管测定。

(9) 乙氧基羟基硅树脂可与醇酸树脂共缩反应 将邻苯二甲酸酐91.5份、月桂酸49.5份、甘油76份加入反应器后，在氮气保护下逐渐升温至200℃，反应体系的酸值即达到8以下，然后冷却至140℃加入乙氧基羟基硅树脂，再升温至200℃。

通过共缩改性后的醇酸树脂的附着力并不低于未改性的醇酸树脂的附着力。而且在200℃条件下，其耐热性大大地提高了。见表3-8。

■表3-8 共缩物附着力与200℃的耐热性

树脂名称	附着力/级	加热时间/h	膜变现象	膜光泽
未改性醇酸树脂	2	40	起泡	暗光
改性醇酸树脂	2	100	未见异常	光亮

随着有机硅树脂含量的增加，共缩物的吸水率下降，改性后的醇酸树脂漆膜耐水性优于未改性的漆膜的耐水性。

因此，用二甲基二氯硅烷生产过程中副产物（高沸物）合成的乙氧基羟基硅树脂可与醇酸树脂共缩反应，生成化学键。该共缩物可作涂料使用，漆膜具有耐热性和耐水性能等。

(10) W30-11有机硅漆冷混改性中油度醇酸漆 采用物理冷混法，将适量W30-11有机硅烘干绝缘清漆掺入中油度C01-1醇酸清漆，得到改性醇酸清漆。

由表3-9、表3-10可知：有机硅/醇酸树脂比为3/7时，清漆的综合性能最好，其耐热性能较醇酸系有明显提高，附着力等指标高于纯有机硅系涂料，而价格远低于有机硅系涂料，仅略高于醇酸系涂料。

■表3-9　改性清漆主要性能的测试结果

实验编号	1	2	3	4	5	6	7	8	9
有机硅/醇酸质量比	1/9	1.5/8.5	2/8	2.5/7.5	3/7	3.5/6.5	4/6	10/0	0/10
黏度(涂-4杯)/s	≥40	≥40	≥40	≥40	≥40	≥40	≥40	38~42	≥40
固体含量(质量分数)/%	≥50	≥50	≥50	≥50	≥50	≥50	≥50	53.75	54.53
室温(约30℃)干燥时间/h	表干≤6　实干26~28							200±2℃ 2h烘干	表干≤6 实干≤18
漆膜柔韧性/mm	1								
冲击强度/kgf·cm	45	45	50	50	50	50	50	50	50
附着力/级	5	4	4	3	2	3	3	—	2
耐盐水性(于3%NaCl中)	22h起泡	22h漆膜无变化	22h漆膜无变化	22h起泡	22h漆膜失光	22h漆膜失光起皱	22h漆膜失光起皱	—	22h起泡起皱
耐水性	轻微变化2h恢复	漆膜无变化		轻微变白1h恢复	轻微变白2h恢复	轻微变白2h恢复	—	轻微变白2h恢复	
耐汽油性(于120号汽油中)	5h漆膜无变化	5h只失光, 2h恢复		5h漆膜无变化			5h漆膜变软	4h漆膜有轻微变化	
耐油性	漆膜无变化(于GB 2536—81的10号变压器油中24h)								

■表3-10　改性清漆耐热性能的测试结果

	实验编号	1	2	3	4	5	6	7	8	9
(100±2)℃	冲击强度/kgf·cm	50	50	50	50	50	50	50	—	50
	附着力/级	4	3	3	3	2	2	2	—	2
	开裂	无	无	无	无	无	无	无	—	无
	剥落	无	无	无	无	无	无	无	—	无
	变色	无	无	无	无	无	无	无	—	无
(150±2)℃	冲击强度/kgf·cm	50	50	50	50	50	50	50	—	50
	附着力/级	3	3	3	3	2	2	2	—	2
	开裂	无	无	无	无	无	无	无	—	无
	剥落	无	无	无	无	无	无	无	—	无
	变色	变黄	变黄	变黄	变黄	无	无	无	—	无
(200±2)℃	冲击强度/kgf·cm	30	30	50	50	50	50	50	40	35
	附着力/级	2	2	2	2	1	1	1	3	1
	开裂	无	无	无	无	无	无	无	无	无
	剥落	无	无	无	无	无	无	无	无	无
	变色	深棕	深棕	棕色	棕色	黄色	黄色	黄色	无	褐色
(250±2)℃	冲击强度/kgf·cm	30	28	50	50	50	50	50	45	30
	附着力/级	1	1	1	1	1	1	1	3	1
	开裂	无	无	无	无	无	无	无	无	无
	剥落	无	无	无	无	无	无	无	无	无
	变色	黑褐	棕黑	棕黑	棕黑	褐色	褐色	褐色	浅红	棕黑

3.2 有机硅改性聚酯树脂

在现代工业中，聚酯树脂是制造聚酯纤维、涂料、薄膜以及工程塑料的原料，通常由二元醇（或多元醇）和二元酸（或多元酸、酸酐）酯化反应制得，根据原料酸饱和与否，产物可分为饱和聚酯（热塑性）与不饱和聚酯（热固性）两类。它们均可用于改性硅树脂，但主要使用饱和聚酯。其反应如下：

$$R-CH_2OH + R'-\overset{O}{\overset{\|}{C}}-OH \xrightarrow{\triangle} R-CH_2O\overset{O}{\overset{\|}{C}}-R' + H_2O$$

这类聚合物的一个共同特点是其大分子的各个链节间都是以酯基相连，通称为聚酯。聚酯具有光亮、丰满、硬度高、物理机械性能良好以及耐化学腐蚀性能较好等优点，但存在耐水性差、施工性能不好等缺陷，影响了其在卷材涂料中的进一步应用；而有机硅树脂具有优异的耐热性、耐候性、耐水性和较低的表面张力，但耐溶剂性不佳、固化温度高。有机硅改性聚酯树脂是一类热固性树脂，使两种聚合物材料的优势得到互补，具有优良的耐热性、耐候性、抗腐蚀性、电绝缘性及抗弯曲性，可以大大提高树脂的性能，扩展其使用范围。

目前，制备有机硅改性聚酯树脂的方法主要有物理共混法和化学共聚法两种。一般而言，化学改性树脂的性能优于物理改性树脂。

3.2.1 物理共混法

物理共混法是将聚酯树脂与硅树脂通过物理方法混合起来的方法。物理共混法又可分为简单共混法和添加第三相共混法两种。

简单共混法就是将聚酯树脂和硅树脂直接混合，可以提高聚酯树脂的耐热性和耐候性等；但由于有机硅树脂的分子结构及特性与聚酯树脂相差很大，两者的相容性很差。有机硅树脂常会富集在涂层表面，容易出现明显的相分离，这样对改性树脂的硬度、稳定性以及机械性能都有很大的影响，很难满足高品质产品对硅改性聚酯的要求，必然会影响其推广应用。

为了解决硅树脂与聚酯树脂相容性差的问题，可以添加第三相。即在硅树脂和聚酯树脂混合体系中，增加第三种化合物，如硅烷偶联剂等。由于硅烷偶联剂与硅树脂和聚酯树脂的溶度参数接近，所以可作为中间相把二者结合起来，从而增大二者的相容性，增强共混体系的稳定性。

C. A. Fustin 等人用含端乙烯基的硅氧烷预聚物与聚对苯二甲酸丁二醇酯在熔融状态下共混，发现两者在高温下具有良好的相容性，在催化剂存在下能够共聚，形成有机硅/聚酯热塑性弹性体。日本信越化学工业公司已开发出耐热性优良的有机硅-聚酯共聚物——KR-5230、5234、5235。该系列产品是在有效利用各自特性的基础上,将硅树脂与聚酯树脂混合而成的。其中 KR-5230 对各种基材(铝等)的粘接性优良;KR-5234 的低温固化性、耐热性极好;KR-5235 的主要特性是脱模性好。

因此,目前这种改性方法很少采用,在大多数情况下,采用化学改性法才能收到良好的效果。

3.2.2 化学改性法

化学改性法主要是通过缩聚反应在聚有机硅氧烷主链的末端或侧链连接上聚酯树脂,形成嵌段、接枝或互穿网络共聚物,借助化学键使这两种极性相差较大的聚合物结合在一起的方法。该法可改善两相间的相容性,抑制聚硅氧烷分子向表面迁移,使硅树脂和聚酯树脂在微观上达到均匀分散。

线型或支链型有机硅-有机树脂的共聚物可以通过活性阴离子聚合、逐步缩聚、氢硅化加成、开环聚合以及自由基共聚等方法制备。但是在典型的有机硅改性树脂中,则主要采用共缩合法,而且多半是含烷氧基(Si—OR)的有机硅中间体或含硅羟基(Si—OH)的有机硅中间体与含羟基的有机树脂中间体(低聚物)的共缩合法。

作为硅改性树脂中的主要成分-聚酯预聚物,其相对分子质量大小、分布和分子链结构等必然会对最终的改性树脂的性能造成很大的影响。一般来讲,聚酯预聚物中含直链结构多,柔软性更好;含苯环多,硬度更好些,与其他树脂的混溶性也会更好些。同样有机硅中间体的结构与组成也很重要,一般来讲,侧链为苯环的有机硅中间体改性,能改善与其他树脂的混溶性,以及与颜料的湿润分散性;侧链为乙基、丙基或其他更长烷基的有机硅中间体改性能提高改性后树脂的耐候性和耐水性。

当然聚酯树脂和有机硅树脂之间是有一定配比的,改性树脂的性能也就处于有机硅树脂和聚酯树脂的性能之间。随着有机硅含量增加,性能向有机硅树脂倾斜,但成本很高;若聚酯成分过多,就体现不出有机硅的优秀性能。因此,需要根据产品的性能要求,设计出合理的有机硅树脂与聚酯树脂的比例。一般情况下,有机硅的含量在 15%~30%之间。

根据原料类型,化学共聚法又可分为大分子共聚改性法和单体共聚改性法两种。

3.2.3 大分子共聚改性法

大分子共聚改性法就是由含 SiOH 或 SiOR 的硅氧烷中间体出发,与预先制成的含 C—OH 基的聚酯树脂进行缩合反应,制成有机硅改性聚酯树脂的方法。

3.2.3.1 含烷氧基（Si—OR′）的有机硅中间体（低聚物）

该中间体可单独由 $RSiCl_3$ 或与 R_2SiCl_2（R 为烷基及芳基）一起在有机溶剂存在下水醇解反应而得。这种硅改性聚酯的生产，一般采取先合成含羟基的聚酯预聚物，然后将含烷氧基的有机硅中间体加入到聚酯预聚物中。从工艺过程控制上看，聚酯预聚物反应到一定阶段后，才能加入有机硅中间体，从而与聚酯预聚物发生共缩合反应。由于反应比较容易控制，另外目前国内的有关资料也表明，采用该类中间体制备硅改性聚酯的比较多。一般选用含甲氧基（$CH_3H—$）或乙氧基（$CH_3CH_2O—$）的有机硅中间体，相关的中间体牌号有：日本信越公司的 KR 213、KR 217、KR 218 等；美国道康宁公司的 3037、3074 等。

典型的甲氧基型有机硅中间体性能见表 3-11。

■表 3-11 美国道康宁公司的 3037、3074 有机硅中间体性能

中间体	3037	3074
物理状态	液态	液态
反应基团	甲氧基	甲氧基
反应基团含量/%	15～18	15～18
苯基/甲基	0.5/1.0	1.0/1.0
密度/(g/mL)	1.070	1.156
固体含量/%	90	90
软化点/℃	138	138
相对分子质量	800～1300	1000～1500

其中间体结构式如下：

$$R'O-\underset{R}{\overset{R}{Si}}-O\left[\underset{OR'}{\overset{R}{Si}}-O\right]_m\underset{R}{\overset{R}{Si}}-OR'$$

缩合反应机理是：将含烷氧基（Si—OR′）的有机硅中间体加入到含羟基的聚酯预聚物中，在使用催化剂或不使用催化剂的条件下与聚酯预聚物中的羟基进行缩合反应，脱醇而得改性树脂。具体的反应式示意如下：

$$\equiv SiOR' + HOS\equiv \longrightarrow \equiv SiOC\equiv + R'HO$$

有机硅改性聚酯树脂合成工艺：

① 聚酯树脂预聚物的合成 将三羟甲基丙烷、一缩二乙二醇、新戊二醇等多元醇、邻苯二甲酸酐、对苯二甲酸、己二酸、壬二酸等二元酸、回流二甲苯按配方量投入三颈瓶中，加热至 120℃，待物料全部熔化后，开动搅拌，升温，在 180～220℃回流反应至酸值为 10～40mgKOH/g，降温至 120℃，加入醋酸丁酯、乙二醇乙醚乙酸酯稀释剂，配成 80% 固含量的树脂，冷却，出料，待用。

② 有机硅中间体的合成 将苯基氯硅烷、甲基氯硅烷、甲苯、丁醇、水按配方量投料，进行水醇解、缩合，加入二甲苯溶剂稀释成固含量为 65% 的有机硅中间体。

③ 有机硅改性聚酯树脂的制备　按配方量将上述聚酯树脂，硅醇，催化剂投入三颈瓶中，开动搅拌，升温，在140～180℃聚合至一定的酸值、黏度，降温，加入溶剂稀释至固含量为60%，冷却，出料，得有机硅改性聚酯树脂。

有机硅改性聚酯树脂的性能指标如下所示。

检测项目	性能指标	检验方法
颜色及外观	淡黄色透明液体，允许有乳光，无机械杂质	GB/T 1721—79
黏度［涂-4杯,(23±2)℃］/s	≥30	GB/T 1723—1993
固含量［(120±2)℃］/%	60±2	GB/T 1725—79(89)
酸值/(mgKOH/g)	≤14	

[例1]　经典的聚酯改性硅树脂

将14.7质量份三羟基甲基丙烷，9.02份间苯二甲酸，3.97份己二酸置入反应瓶内，在通氮及搅拌下慢慢升温至200～210℃，进行脱水缩合反应。同时加入二甲苯以利水分带出，并在220℃下回流到酸值降至8～10。降温至160℃，加入26.64份乙酰基乙二醇甲醚（$AcOCH_2CH_2OMe$），再慢慢加入27.82份黏度（25℃）为35mm^2/s、SiOMe含量为16%（质量分数）的苯基硅树脂中间体及0.05份正钛酸异丙酯，继续通氮反应使黏度升高。再加入16.76份乙酰基乙二醇甲醚，降温至90℃，再加入0.98份正丁醇，即得到含固量为50%的聚酯改性硅树脂。其黏度为225～340mPa·s（25℃），相对密度（25℃）为1.08，酸价为4～7，固化时间（300℃下）为60～90s。

[例2]　聚酯改性硅树脂涂料

将31.8质量份饱和聚酯（由34.95份邻苯二甲酸酐，32.06份三羟甲基丙烷，5.56份乙二醇及35.01份对苯二甲酸缩合而得），41.59份硅树脂中间体［由64.88份$PhSiCl_3$，7.9份Me_2SiCl_2与$MeOH$-H_2O进行醇水解缩合而得，黏度（25℃）为384mPa·s，MeO含量为14.65%（质量分数）］，24.04份$AcOCH_2CH_2OMe$及0.02份$Ti(OBu)_4$，在120℃下进行缩合反应，当馏去MeOH后，加入3.67份BuOH，得到固含量74.2%的改性树脂溶液［黏度（25℃）为3130mPa·s］。配制涂料时，取出67.3份改性树脂，加入24.5份水，2.7份25%（质量分数）的氨水，1份聚乙二醇硬脂酸酯及4.5份丁氧基乙醇，得到乳液型产品。取出100份乳液，混入38.7份二氧化钛及15.5份水，得到的涂料黏度（DIN，ϕ4mm 杯）为32s。将其涂在金属板上，在200℃下烘1h涂膜厚25μm，硬度（铅笔）为5H，60°光泽为91。

还有专利披露，由烷氧基硅树脂中间体及含羟基聚酯出发，在酸催化下，采取一步法连续化新工艺，可制得固化温度低，耐热性及机械性能好的聚酯改性硅树脂。

[例3] 可室温固化的不饱和聚酯改性硅树脂耐候涂料

可由羟基封端的不饱和聚酯，含烷氧基的硅树脂中间体，多异氰酸酯及多烯丙基醚（和/或含活泼氢的丙烯酸单体）反应而得。例如，由450g不饱和聚酯［由顺丁烯二酐和丙二醇制得］与 600g PhSi（OSiMe-PhOMe）$_2$OMe，在140℃下反应4h，得到不饱和聚酯改性硅树脂。取出产物452g，加入66.5g异佛尔酮二异氰酸酯，在60℃下反应3h。再加入23.2g CH_2=$CHCOOC_2H_4OH$ 及 26.6g $HOCH_2C(CH_2OCH_2CH=CH_2)_3$ 并在60℃下反应4h。在得到的产物中，加入有机过氧化物及辛酸钴作催化剂，并将其涂在玻片上，1000h后涂层无微细裂纹，不加硅氧烷的则开裂。

[例4] 户外耐候、烘干型金属板材有机硅改性聚酯树脂装饰涂料（卷材涂料）

① 聚酯树脂制备

操作方法：将19.63份三羟甲基丙烷、14.97份间苯二甲酸、14.97份间苯二甲酸、3.96份己二酸等多元醇、多元酸及1.20份二甲苯按量加入树脂反应釜内，回流冷凝器内通入冷水，逐渐升温至物料熔化，开动搅拌并通入CO_2。逐步升温到220℃保持此温度回流，并取样测定酸值。待酸值达8~10时，停止加热、降温至140℃时加入15.79份乙二醇乙醚醋酸酯兑稀，搅匀。

② 改性树脂制备

操作方法：51.37份聚酯树脂液（67%固体）在搅拌下加热到100℃，加入16.49份有机硅低聚物（100%固体分，甲氧基含量14.8%），逐步加热到（130±2）℃进行反应，保持此温度并取样测黏度，树脂固体：乙二醇乙醚醋酸酯=1:1（质量比），25℃用加氏管测，至黏度达4~5.5s时，停止加热，降温至140℃加入15.79份乙二醇乙醚醋酸酯，当温度降至90℃时，加入1.97份正丁醇，搅拌均匀，过滤装桶。

此有机硅改性聚酯树脂固体含量约50%，含有活性羟基官能团，一般以三聚氰胺甲醛树脂作为交联剂在250℃时固化成膜，用量为改性树脂液（50%）100份氨基树脂（50%）5份，固化时间1min。

迄今为止，聚酯改性硅树脂涂料主要为溶剂型产品。为适应环境卫生要求，正在开发无公害的水基型聚酯改性硅树脂。

3.2.3.2 含硅羟基（Si—OH）的有机硅中间体（低聚物）

该中间体可单独由$RSiCl_3$或与R_2SiCl_2（R为烷基和芳基）一起在有机溶剂存在下水解反应而得。这种硅改性聚酯的生产，一般也采取先合成含羟基的聚酯预聚物，然后将含硅羟基的有机硅中间体加入到聚酯预聚物中。从工艺过程控制上看，聚酯预聚物反应到一定阶段后才能加入有机硅中间体，由于含硅羟基的有机硅中间体容易自缩合，反应较难控制，实际上采用该类中间体制备硅改性聚酯的不多。相关的中间体牌号有：日本信越公司的KR 211、KR 212、KR 214、KR 216等，德国瓦克公司的IC 936等。

典型的硅羟基型有机硅中间体性能见表3-12。

■表3-12　IC 836有机硅中间体的性能

中间体品种	IC 836	中间体品种	IC 836
物理状态	液态	分子量	1700
外观	无色或淡黄色	密度/(kg/m³)	650
羟基含量/%	3~5	热分解温度/℃	>250
软化点/℃	65~85		

其缩合反应机理是：将含硅羟基（Si—OH）的有机硅中间体加入到含羟基的聚酯预聚物中，在使用催化剂或不使用催化剂的条件下与聚酯预聚物中的羟基进行缩合反应，脱水而得。在反应过程中，一般既会发生有机硅中间体与聚酯的羟基之间的共缩合反应，也会发生中间体间的自缩合反应。因此，聚合反应较难控制，可通过催化剂来调节这两个反应。促进聚酯和有机硅中间体共缩合的最好的催化剂是钛酸酯类，如：钛酸四异丙酯、钛酸四异丁酯等。具体的反应式示意如下：

$$\equiv SiOH + HOC\equiv \longrightarrow \equiv SiOSi\equiv + H_2O$$
$$\equiv SiOH + HOSi\equiv \longrightarrow \equiv SiOSi\equiv + H_2O$$

多元醇对聚酯改性有机硅树脂性能的影响。由三羟甲基丙烷、季戊四醇及乙二醇这几种不同的多元醇合成的聚酯，利用有机硅中间体改性成膜后，对基材的附着力、硬度、柔韧性的影响举例如下。

[例1]　不同多元醇的聚酯改性有机硅树脂

① 由三羟甲基丙烷为原料合成改性有机硅树脂的聚酯合成　将三羟甲基丙烷14.7g，间苯二甲酸9.02g，己二酸3.97g加入50ml四口烧瓶内，在氮气保护下，缓慢搅拌升温，升温速度为60℃/h；大约在180℃开始脱水，此时升温速度改为15℃/h，升温至200~210℃，维持此温度进行抽真空脱水缩合反应。也可同时加入二甲苯帮助脱水，至酸值降到10~13mgKOH/g。降温至150℃，加入乙酰基丙二醇甲醚，调整到聚酯树脂固体含量75%。

② 由三羟甲基丙烷为原料合成的改性有机硅　取制得的聚酯树脂33.01g，Z-6018有机硅中间体27.92g，乙酰基丙二醇甲醚[AcOCH(CH$_3$)CH$_2$OMe]18.3g，及0.05份钛酸酯偶联剂，加入100ml四口烧瓶内，搅拌升温，升温速度为30℃/h，继续通氮气保护反应，大约在116℃开始脱水，脱水后升温至122~126℃，维持此温度1.5h后降温至100℃，加入乙酰基丙二醇甲醚16.76g，正丁醇0.98g，充分搅拌，即得到固体含量为50%的聚酯改性硅树脂。改性树脂黏度为280×10^{-3}Pa·s(25℃)，相对密度为1.10，酸值4~7，固化时间（280℃下）为6~8min。

③ 由三羟甲基丙烷为原料合成改性有机硅时硅中间体含量调整　根据改性有机硅结果，调整对应聚酯树脂固体含量分别为30%和50%。

由季戊四醇聚酯为原料合成改性有机硅树脂的方法同上，将季戊四醇14.9g代替三羟甲基丙烷14.7g即可。

由乙二醇为原料合成改性有机硅树脂的方法同上，将乙二醇10.9g代替三羟甲基丙烷14.7g即可。

将由不同的多元醇出发得到的不同硅中间体含量的改性树脂喷涂在相同的底材（马口铁）上，在280℃×10min条件下制得干膜。用金属膜厚仪的探头在马口铁上归零，再用探头直接在喷涂了树脂的马口铁上测膜厚，选取干膜厚度在17~19μm为标准检测板。

表3-13、表3-14为由3种不同单体出发得到的改性树脂性能的对比。研究表明，在硅含量相同时，由乙二醇出发的改性树脂的附着力最好，且柔韧性也最好，但耐热性能最差；耐热性最好的是由三羟甲基丙烷出发得到的改性树脂，柔韧性最好的是由乙二醇出发得到的改性树脂。综合来看，以由三羟甲基丙烷出发的改性树脂的性能最好。

■表3-13 由3种不同单体出发的改性树脂性能对比

物质	硅含量10%			硅含量30%			硅含量50%		
	硬度	附着力	柔韧性	硬度	附着力	柔韧性	硬度	附着力	柔韧性
三羟甲基丙烷	3H 破	100/100	完好	4H 破	100/100	完好	5H 破	50/100	裂
季戊四醇	3H 破	100/100	完好	4H 破	90/100	轻微裂	5H 破	40/100	严重裂
乙二醇	2H 破	100/100	完好	4H 破	100/100	完好	5H 破	90/100	轻微裂

注：硬度—三菱铅笔；柔韧性—曲折/1T。

■表3-14 由3种不同单体出发的改性树脂耐热性能对比

物质	硅含量10%		硅含量30%		硅含量50%	
	300℃×60min的膜厚/μm	色差值	300℃×60min的膜厚/μm	色差值	300℃×60min的膜厚/μm	色差值
三羟甲基丙烷	8~11	23.3	13~15	8.4	16~18	3.5
季戊四醇	7~9	24.7	11~13	11.8	5~17	4.4
乙二醇	3~6	34.1	8~11	13.3	13~16	4.9

在硅含量相同时，乙二醇的附着力最好，且柔韧性也最好，但耐热性能最差，在综合考虑的基础上，三羟甲基丙烷的性能最好。

[例2] 耐溶剂、抗腐蚀的聚酯改性硅树脂涂料 将28质量份OH含量为8%的饱和聚酯（由对苯二甲酸二甲酯，三羟甲基丙烷，新戊二醇缩合而得），48份OH含量为7%（质量分数）的二甲基-苯基硅树脂中间体，30份醋酸纤维素及少量酯交换催化剂，在150℃下反应4h，并使其固含量为55%（用醋酸纤维素调节）。取出54份产物，加入由23份丁醇及23份聚乙二醇单丁醚配成的稀释剂，使固含量达到30%。再取出12.1kg上述溶液产物，加入15g（由5份缩水甘油醚丙基三甲氧基硅烷，10份二异丙氧基二乙酰丙酮钛螯合物及15份丁醇配成的混合物）而得涂料。将其涂在脱脂过的铝板上（流涂法），先在25℃下晾干5min，继而在180℃烘箱中固化40min，得到厚6μm的涂层，使用蘸了甲乙酮的布擦拭200次（在595g负荷下），涂层无损坏。涂层还经得住摩擦试验机（Martindale Abrasion Testor）在595g负荷下摩擦500次。抗弯曲性为ϕ6mm，耐HCl腐蚀10min以上，耐热性为250℃×2.5h或200℃×24h。

[例3] 聚酯改性有机硅绝缘浸渍漆

有机硅绝缘浸渍漆具有优越的耐热性、耐寒性和电绝缘性，但由于Si—O链的极性被与硅相连的有机基团所屏蔽，而大大减弱了主链间的相互作用，以致表现出其先天不足：粘接力差，机械强度低，防潮性不好，固化温度高，固化时间长，回黏，起泡多，工艺性不好等弱点，严重限制了有机硅漆在电气绝缘中的广泛应用，为了弥补有机硅树脂的这些不足之处，使H级绝缘材料能做到尽可能的完美。现在用于高温线圈上的硅树脂大部分是聚酯改性的共聚物，较为妥善地接入含有极性基团高分子化合物，以减弱屏蔽作用。

有机硅中加入聚酯后耐热性虽有所降低，但却使韧性和弹性得到改善，老化脆化时间延长。以往多用邻苯二甲酸型聚酯来改性硅漆。现用对苯二甲酸型聚酯改性的有机硅，耐热性可达180℃，从而可满足H级绝缘漆的要求。

① 硅醇的制备：$Ph\% = 39.92$，$R/Si = 1.505$

操作过程：先将285kg二甲苯加入到带有搅拌的混合锅内，然后再将单体95.1kg一苯基三氯硅烷、19.0kg二苯基二氯硅烷、6.7kg一甲基三氯硅烷、55.4kg二甲基二氯硅烷加入到混合锅内，料加完后开动搅拌，充分混合30min用二氧化碳气体把锅内的料压到高位槽内，准备加料，将70.5kg二甲苯和711kg水加入到水解锅内，开始搅拌15min，温度控制在15～17℃开始滴加，反应温度控制在20～30℃，滴加时间控制在4～5h，加完后继续搅拌30min，静置30min，分层放去酸水，上层硅醇用水洗6次至中性，过滤减压浓缩至固体含量至50%～65%。

② 多羟基聚酯的配方及投料量

编号	物料名称	投料量/%
1	对苯二甲酸二甲酯	53.07
2	三羟甲基丙烷	36.59
3	乙二醇	10.31
4	醋酸锌(触媒)	0.03

操作过程：将配方中的各组分加入到一个装有温度计、搅拌器、氮气导管及接有接受器冷凝器的反应锅内，用油浴开始缓缓加热到100～120℃，待对苯二甲酸二甲酯熔化后开动搅拌，通氮气（气流不要太大，以免对苯二甲酸二甲酯升华而堵塞管道），慢慢提高温度到140～150℃，开始蒸出甲醇，酯交换反应开始，保持反应温度155～165℃，甲醇用氮气带出收集于接受器中，未冷下来的甲醇经冰盐冷却管进一步冷却，收集于接受器中，待出甲醇到相当于对苯二甲酸二甲酯全部反应时出甲醇量的65%～67%为止，停止加热，在继续搅拌下，迅速冷至约100℃放料即成。

③ 缩合反应的操作过程

按硅醇∶聚酯＝85∶15 的物料投入一个装有温度计、搅拌器及接有抽空装置冷凝器的反应器内，用油浴加热减压（750mmHg 以上）蒸去溶剂，继续升温至反应温度 160～170℃减压（730mmHg 以上）进行缩合，反应物黏度越来越大直到最后有爬"杆"之势，测其胶化时间为 20～50s/250℃，迅速移去热源，加入使物料固体含量约为 55%～60%的二甲苯与丁醇的混合溶剂（混合溶剂的质量比为 7∶3）继续搅拌 0.5～1h 出料过滤，成品呈淡黄色清亮的溶液，即为聚酯改性有机硅绝缘浸渍漆。其技术指标见表 3-15。

■表 3-15 聚酯改性有机硅绝缘浸渍漆技术指标

项 目	指 标
外观	淡黄至褐红色透明液体，允许有乳白光
黏度 [涂-4 杯（25±1）℃] /s	25～80
固体含量（180℃,2h）/%	≥60
热重量损失 [（250±2）℃, 3h] /%	≤3
干燥时间 [（200±2）℃] /h	≤2
耐热性（±2℃，铜片）/h	≥150
击穿强度/Ω·cm	
常态 [（20±5）℃]	≥65
高温 [（200±2）℃]	≥25
受潮（20±5）℃，相对湿度 95%±3%,24h	≥40
体积电阻/Ω·cm	
常态（20±5）℃	≥10^{14}
高温（200±2）℃	≥10^{11}
受潮（20±5）℃，相对湿度 95%±3%,24h	≥10^{12}

L. H. Lin 等人先制备了含端羟基的聚酯树脂，再与含端羟基的聚二甲基硅氧烷在催化剂存在下脱水缩聚，也制备了一系列工业用表面活性剂，产物具有良好的亲水性。

3.2.4 单体共聚改性法

上面两类硅改性聚酯都是采用两步法的制备工艺，对聚酯预聚物的反应控制要求比较严格，否则将直接影响到有机硅改性时缩合反应的进行以及硅改性聚酯反应的成功与否，从而最终影响到产品的性能。自 1983 年美国道康宁公司发明一步法制备硅改性聚酯以来，无需预缩合的硅改性聚酯就一直是这个领域的热点，即先由有机硅中间体与多元醇反应，进而与多元酸反应，同样也可制得 Si—O—C 型的有机硅改性聚酯的方法——单体共聚改性法。这样不仅可以进一步减少或避免产物凝胶化，省时节能，提高了生产效率，而且相对分子质量分布窄，所制备的涂料耐水性、耐溶剂性、耐候性以及光泽保持率更佳。

在聚酯改性硅树脂涂料中，引入 $H_2NC_2H_4NHC_3H_6Si(OMe)_3$ 及 $Si(OCH_2CH_2OMe)_4$ 即可实现低温固化。例如，由 100 质量份聚酯〔由

40.0∶70.4 的对苯二甲酸二甲酯与三羟甲基丙烷制得的共聚物],150 份甲基苯基硅树脂中间体,167 份醋酸纤维素及 0.3 份正钛酸异丙酯,在 150℃下反应 4h,而后用 2-乙氧基乙醇及丁醇稀释,得到固含量为 30% 的聚酯改性硅树脂溶液。取出 25 份混入 4 份 $H_2NC_2H_4NHC_3H_6Si(OMe)_3$,0.5 份 $Si(OC_2H_4OMe)_4$ 及 0.75 份 50%(质量分数)的 $Bu_2Sn(OCOC_{17}H_{35})_2$ 溶液,将后者涂在铝板上,并在 80℃下固化 2h,得到厚度为 5μm,硬度(铅笔)为 B,且能抗乙丁酮(BEK)的涂层。

杨军等人以低摩尔质量的羟基硅油部分替代二元醇,采用缩聚反应制成了有机硅改性聚酯。有机硅改性聚酯的合成原理如下:

$$HO-R-OH + HOC(CH_2)_4COH + HO-\underset{CH_3}{\underset{|}{Si}}-O-\underset{CH_3}{\underset{|}{Si}}\underset{n}{}OH \longrightarrow O-R-OC(CH_2)_4COSi-(O-Si)_{\overline{n}}$$

式中,$R = (CH_2)_n$,$(n=4, 6, 10)$,$-CH_2\underset{CH_3}{\underset{|}{C}}CH_2-$

结果发现,有机硅改性聚酯中聚酯链段的摩尔质量大于未引入羟基硅油时聚酯的摩尔质量;而且,随着羟基硅油用量的增加,聚酯链段的摩尔质量相应增大。这是由于在羟基硅油的存在下,不仅发生了羧基和羟基的缩聚反应,部分羟基之间也发生了缩聚,所以聚酯链段的摩尔质量才会增大。有机硅改性聚酯中有机硅的含量随着羟基硅油用量的提高而增加,在羟基硅油摩尔分数为 6.7% 时达到极限。采用此方法制备的有机硅改性聚酯表面能低,可用作低表面能添加剂或表面活性剂。

徐震宇等人分别采用单体共聚改性和大分子共聚改性两种工艺路线合成了有机硅改性聚酯树脂。结果发现,采用单体共聚改性工艺路线更有利于硅树脂和聚酯树脂间的反应,形成较多的硅嵌段共聚物,其分子中硅组分链段含量相对较少,与体系的相容性较好,对降低聚酯的玻璃化温度、熔融黏度更有效;采用大分子共聚改性工艺路线时硅树脂容易自聚,自聚后的硅树脂再接枝到聚酯树脂上,使改性后的聚酯摩尔质量变得很大,从而影响共聚物中硅链段的含量。

H. J. Liu 等人以低摩尔质量的、含端羟基的硅树脂与聚乙二醇、马来酸酐、富马酸在一定温度下熔融共缩聚,制备了一系列有机硅改性聚酯树脂,并发现此种共聚物具有良好的表面活性,可用作工业表面活性剂。

大日本涂料株式会社用含 20%~40% 带硅羟基的环状有机硅中间体与多元醇和多元酸等反应,形成的硅改性聚酯所制备的涂膜具有很好的耐候性和耐污染性。韩国化学公司也发现利用含硅羟基的环状有机硅中间体直接进行反应所制备的硅改性聚酯涂膜具有很好的耐候性和耐污染性。

采用该制备工艺的有机硅中间体一般为一些有机硅烷类的低分子化合物,由于带羟基的低分子硅烷在高温下容易自聚,故常选用带烷基的低分子硅烷，如：甲基三甲氧基硅烷、甲基三乙氧基硅烷、二甲基二甲氧基硅烷、二甲基二乙氧基硅烷、乙基三甲氧基硅烷、乙基三乙氧基硅烷、丙基三甲氧基硅烷、丙基三乙氧基硅烷、环己基甲基二甲氧基硅烷、苯基甲基二甲氧基硅烷、苯基三甲氧基硅烷、苯基三乙氧基硅烷、四乙氧基硅烷等。

　　在采用上述低分子硅烷化合物改性聚酯时，要注意反应程度的控制。由于其相对分子质量一般较小、沸点低，故容易挥发，温度控制是个关键，另外让低分子硅烷与多元醇在一定温度下充分反应，还是不完全反应，以及多元酸的加入时机等，这些都需要通过试验来确定，以确保生产的正常进行。

　　当然也包括一些具有特殊官能团的有机硅中间体，如美国道康宁公司的Z-6018是许多专利文献上报道的一种环状有机硅中间体。它是一种两端以羟基封端，侧基为苯基及丙基的低相对分子质量的活性有机硅中间体，多用在硅改性聚酯型粉末涂料中。道康宁公司的产品说明书上推荐其用在卷材涂料中。在加热和催化剂存在的情况下，多元醇上的羟基和该类中间体的硅羟基发生脱水反应，形成 Si—O—C 结构，但是也要控制它自身的缩合反应，推荐加钛酸四丁酯催化剂。浙江大学范宏等利用有机硅中间体合成了有机硅改性聚酯树脂，通过红外光谱仪（IR）、凝胶净化系统（GPC）、扫描电子显微镜（SEM）等分析了改性聚酯的结构与形态，用电子探针分析了改性聚酯的表面组成，考察了有机硅含量对改性树脂玻璃化温度、熔融黏度、对水的接触角及表面张力的影响。研究发现，改性聚酯中的含硅聚酯在表面富集，大大降低了聚酯树脂的表面张力，提高了其粉末涂料的涂膜耐候性。当硅改性聚酯中仅添加1%（质量分数）的该中间体时合成的粉末涂料，就具有最佳的涂膜耐候性且具有良好的其他涂膜性能。但当有机硅质量分数大于5%时，改性聚酯树脂体系的相容性变差，综合性能下降。Z-6018的具体性能见表 3-16。

■表 3-16　Z-6018 有机硅中间体的性能

中间体品种	Z-6018	中间体品种	Z-6018
物理状态	片状固体	密度/(g/mL)	1.31
主要反应基团	羟基	固体含量/%	100
主要反应基团含量/%	6	软化点	138
苯基/甲基	2.3/1.0	分子量	1500~2500

　　进入 21 世纪，随着人们环保意识的加强，各国相继出台了限制挥发性有机化合物（VOC）使用的法规；再加上世界石油危机，使粉末涂料因不用溶剂、无污染、节省能源和资源、减轻劳动强度和涂膜机械强度高等优点而进入高速发展阶段。粉末涂料是一种 100% 的固体涂料，主要用于汽车、外墙、道路护栏等的涂装。由于长期暴露于户外，因此对涂料的耐候性要求较高。用有机硅改性聚酯制成的粉末涂料正好满足这一要求，因此得到了广泛应用。近年来的研究成果主要有：Glidden 公司利用含硅羟基的有机硅中间体与二元醇反应，制得羟基封端、分子链内含聚硅氧烷链段的二元醇；然

后再与二元酸等进行反应，制得有机硅改性聚酯树脂。用其制得的有机硅改性聚酯粉末涂料，以异佛尔酮二异氰酸酯固化后，具有很好的抗冲击性及良好的黏附性和柔性。Korea Chemical 公司也采用类似的方法制得了有机硅改性聚酯粉末涂料，其涂膜的耐热性亦有所提高，且表面形态很好。大日本涂料株式会社发现，用20%～40%的带硅羟基的环状有机硅中间体与二醇和二酸等反应，制成有机硅改性聚酯；再用有机胺类固化剂固化后，具有良好的耐候性和耐污染性。

从目前的发展趋势看，有机硅改性聚酯树脂将向以下几个方面发展：一是进一步提高有机硅改性聚酯树脂的制备技术和应用水平；二是开发成本更低、反应活性更高、性能更优的有机硅树脂中间体，这将大大提高有机硅改性聚酯树脂的应用价值；三是开发更多的环保型高性能有机硅改性聚酯树脂。

3.3 环氧树脂改性有机硅树脂

环氧树脂是泛指含有两个或两个以上的环氧基，以脂肪、脂环族或芳香族等有机物为骨架并能通过环氧基团反应形成的有用的热固性产物的高分子低聚体。

凡是带有环氧基（$\overset{C-C}{\underset{O}{\diagdown\diagup}}$）的有机硅结构的高分子聚合物都可称为有机硅环氧树脂。

环氧树脂是一类优秀的热固性合成树脂材料，其具有优异的黏结性、机械强度高、化学稳定性好、热膨胀系数小、优异的电绝缘性、耐热性优良、耐溶剂性以及易成型加工、成本低廉等特点，其作为胶黏剂、涂料、增强塑料、电绝缘材料、浇铸料、电子封装材料、泡沫塑料、复合材料基体树脂等在机械、塑料、电子、航空航天、涂料、粘接等许多领域得到了广泛的应用。然而，近年来其应用扩展到结构胶黏剂材料、半导体封装材料、纤维强化材料、层压板、铜箔、集成电路等领域，这就对环氧树脂材料的性能提出了更高的要求，然而固化后的环氧树脂交联密度高、由于其具有三维立体网状结构，分子链间缺少滑动，碳-碳键、碳-氧键键能较小，表面能较高，带有的一些羟基等使其内应力较大，因而存在着质脆、耐疲劳性、高温下易降解、抗冲击韧性差、易受水影响等缺点，难以满足工程技术的需求，使其应用受到了一定的限制，特别是制约了环氧树脂不能很好地用于结构材料等类型的复合材料。为此，人们对环氧树脂进行了大量的改性研究。环氧改性后的硅树脂则兼有硅树脂和环氧树脂的优点，黏结性能、耐介质、耐水、耐大气老化等性能均良好，既能降低环氧树脂内应力，又能增加环氧树脂韧性、耐高温性和耐水煮性等性能。并且可以用胺类固化剂固化，降低了固化温度。有些环氧改性硅树脂甚至可以室温固化。同时用硅树脂对环氧树脂改性，可以改进环氧树脂的断裂强度低、耐磨性差等弱点。

目前用有机硅对环氧树脂改性的途径主要包括活性端基反应、利用硅氧偶联剂生成嵌段共聚物、取代硅氧烷部分侧基、预先制备聚硅氧烷粒子等4种。所用方法主要有共混和共聚两类。由于环氧树脂的溶度参数（SP）为9.7～10.9，而有机硅树脂的溶度参数（SP）为7.4～7.5，两者的溶度参数相差较大，根据溶度参数相近的原则，有机硅与环氧树脂的相容性很差，所以相容性问题是有机硅改性环氧树脂的关键所在。若通过简单共混固化，两相界面张力过大，改性效果较差。所以，在选择有机硅改性剂与改性方法时，应予充分考虑。在—O—Si—O—引入适量苯基，提高其SP，使之与环氧树脂适度相容，有助于改性效果的增强。因此有机硅改性环氧树脂的关键就在于提高两者的相容性。

3.3.1 共混改性

共混改性是将有机硅和环氧树脂进行共混，以形成具有优异综合性能的体系，且成本较低。共混体系中各组分的相容性是影响共混物形态结构及性能的重要因素。

现代的相容性概念通常指聚合物在链段水平或分子水平上的相容。若两种聚合物在热力学上完全不相容，共混时就会发生宏观的相分离，界面张力大，粘接力低，没有实用价值；若两种聚合物完全相容，则共混物形成均相体系，其最终性能一般为原始聚合物的加和。实践中发现这种均相体系并不利于提高材料的力学性能。对于性能优异的聚合物共混物，应具有宏观均匀而微观相分离的形态结构，即形成具有较强界面作用的部分相容体系。

由于有机硅和环氧树脂的溶度参数相差较大，根据溶度参数相近的原则，有机硅与环氧树脂的相容性差。改性时如果只是简单地把二者混合在一起，由于两相界面张力大，呈多相分离结构，改性的效果就不够好。为了改善相容性，要对有机硅氧烷进行改性，或采用有机硅偶联剂、增容剂和过渡相功能的第三组分改善有机硅和环氧树脂的相容性及界面状态，都是提高高分子合金性能的有效手段，因此人们采用以下几种方法提高两者的相容性。

3.3.1.1 有机硅分子结构中引入增容基团

通过机械共混法得到的聚合物，两相间相互作用力较差，容易发生明显的微相分离，形成较大的"海岛"结构。两聚合物在链段水平或分子水平上很不相容，这就导致与环氧树脂相容性差，一般使用带有活性基团的有机硅树脂改性，如聚二甲基硅氧烷具有卓越的柔性与独特的低表面能特性，是改性环氧树脂的理想材料，但两者不能互溶，通过在聚二甲基硅氧烷分子链上引入能与环氧树脂基反应的官能团，如羟基、羧基、氨基等基团可改善其相容性。在有机硅分子中引入极性稍强的聚醚链节等基团，提高了有机硅分子的极性，使聚合物分子之间发生强烈的物理作用，增加了其与环氧树脂的相容性。Huang 等将聚醚-聚二甲基硅氧烷-聚醚的三嵌段共聚物与环氧树脂共混，发现硅氧烷链段越长，改性环氧树脂涂膜的静摩擦系数越低，即涂膜的疏水性也有所提高。

用带有烯端基的聚硅氧烷预聚物与苯乙烯或者甲基丙烯酸甲酯经自由基聚合，得到含聚硅氧烷支链的弹性体，用其改性环氧树脂得到较好的效果。除了通过对有机硅氧烷进行改性，还有采用增加过渡相的方法可以改善，如在有机硅分子结构中引入特定的相互作用的增容基团，可使不同的聚合物分子之间发生强烈的物理相互作用，如氢键、偶极-偶极、π-氢键、离子-离子、离子-偶极等。目前已报道的引入有机硅的增容基团包括极性稍强的苯基、聚醚链节等，它们提高了有机硅分子的极性，增加了其与环氧树脂的相容性。

日本 Minagawa Naoaki 用一种含芳基的聚硅氧烷与环氧树脂结合，制备了耐热性环氧树脂复合材料。由于芳基具有一定的极性，使有机硅与环氧树脂之间溶度参数的差值降低，相容性提高。

孙秀武等人通过氢硅烷化反应制备了一种聚醚接枝聚硅氧烷共聚物，它与环氧树脂的相容性良好，但不与环氧树脂发生反应。并将其与环氧树脂共混，对环氧树脂进行改性。共聚物中接枝聚醚链段的结构与聚醚含量以及环氧树脂中共聚物的加入量是影响改性环氧树脂的微观形态与表面性能的最重要因素。随着聚醚链中氧化丙烯摩尔分数增加，共聚物与环氧树脂的相容性变差，聚硅氧烷微区尺寸变大。当共聚物中聚醚质量分数提高至 75% 左右，分散相平均粒径减小至 $1.5\mu m$ 以下。

3.3.1.2 采用增容剂或有机硅偶联剂

采用增容剂或有机硅偶联剂，作为过渡相的方法来改善二者的相容性。其中硅烷偶联剂可以在两种物质界面起架桥作用。

周智峰等人用环氧树脂、端羟基聚二甲基硅氧烷（PDMS）等合成了一种增容剂，它能够使 PDMS 和环氧基体很好地相容。在相容性良好的前提下，有机硅 PDMS 可使环氧体系的热稳定性提高，并随着 PDMS 含量的增加，体系热稳定性增加。当 PDMS 含量为 10% 时，冲击强度可提高到未改性时的 1.5 倍。

郑亚萍等人采用羟基硅油对环氧树脂进行改性。利用有机硅的羟基与环氧树脂的环氧基发生开环反应，形成稳定的 Si—O—键。同时添加硅烷偶联剂 KH-550 为过渡相来改善两者的相容性，偶联剂上的氨基和烷氧基分别与环氧树脂的环氧基和端羟基、聚硅氧烷的羟基进行反应生成嵌段结构，提高相容性，并降低体系的内应力。

Kasemura 等研究了增容剂聚醚改性硅烷在有机硅改性环氧树脂中的作用。所用有机硅为硅油（PDMS）和室温固化硅橡胶。改性环氧树脂所用树脂是室温固化环氧胶黏剂和硅烷肼（SDA）。SDA 本身与环氧不相容，若用增容剂使其溶于环氧树脂中，其胺组分会与环氧树脂发生交联作用，从而获得很好的改性效果。

一般情况下表面张力（γ_{12}）与温度（T）关系是 $\gamma_{12} = E' - s'T$，其中 E' 是表面能，s' 是表面熵。实验证明聚醚改性硅烷与环氧树脂的共混体系与其相符。主要是因为增容剂降低了界面的表面能和界面张力，改善了二者相容性，从而改变体系的性能。图 3-4 表示加有 1％聚氧丙烯醚增容剂的室温固化硅橡胶改性环氧树脂冲击破坏能与硅胶含量的关系。随着硅胶含量的增加，冲击破坏能显著增加。在破坏表面观察到了粒径为 $1\sim20\mu m$ 的橡胶颗粒。改性环氧树脂的剥离强度也随硅胶含量增加而增加。硅胶含量为 10％时冲击破坏能有最大值，若使用 SDA，SDA 含量在 10％～12％时冲击破坏能有最大值。

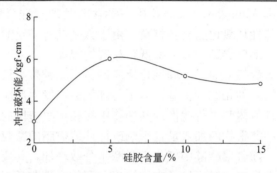

■ 图 3-4 室温固化硅橡胶改性环氧树脂冲击破坏能与硅胶含量的关系

增容剂能够降低表面张力，使聚合物达到足够的分散程度，提高界面的粘接力，使不同相界面之间能够更好地传递应力。增容剂一般选用与共混体系有相同链段的嵌段、接枝或无规共聚物，嵌段共聚物比接枝共聚物具有更好的效果。

Mitsukusu Ochi 等以一种芳香族聚酰胺和硅烷的嵌段共聚物为增容剂，改善有机硅改性环氧树脂固化物的性能。芳基及聚酰胺链段的引入均有利于有机硅与环氧树脂相容性的改善。采用硅-甲基丙烯酸甲酯接枝共聚物为增容剂，将 RTV 硅弹性体以微粒状分散在环氧树脂中。共聚物中硅烷支链上硅和甲基丙烯酸链长对增容效果有显著影响。增容效果好的体系，共聚物在硅弹性体颗粒界面富集，随增容剂界面的形成，界面张力降低，分散相尺寸降低。可见，过渡相可促进相间渗透，使硅橡胶以微粒形式分散于环氧树脂中。

程斌等用带环氧基的 KH-560 偶联剂（分子式为：$\underset{O}{CH_2\text{——}CH}\text{—}CH_2O(CH_2)_2Si(OCH_3)_3$）配合改性线性酚醛树脂固化剂，使有机硅与环氧树脂进行共混，提高了体系的相容性，形成宏观均相体系。该偶联剂的结构中既含有与硅橡胶相容的基团，又含有与环氧树脂相容的基团，加入树脂共混后，它可以在共混体系中可以利用其相似结构降低两相的界面张力，提高树脂间的相容性，起到增混剂的作用。但采用有机硅偶联剂和普通线型酚醛树脂固化剂时，硅橡胶与环氧树脂共混最大质量比为 15∶100。如果加大硅橡胶量，固化时硅橡胶会部分析出，影响材料性能。而采用聚硅氧烷改性线型酚醛树脂（含有 5%～10%聚硅氧烷）SIPF-50，与有机硅偶联剂配合，可使硅橡胶-环氧树脂共混最大质量比提高到 35∶100。改性后的试样与未改性的环氧树脂材料相比，硬度有所下降，冲击强度增大，表明其韧性提高，而且其耐热性提高，吸水率下降，其他性能变化不大。其性能比较见表 3-17。

■表 3-17　改性前后试样部分性能比较

性　　能	改性前	改性后
冲击强度/(kJ/m²)	0.85	1.20～1.35
洛氏硬度（M）	90	77
吸水率/%	0.4～0.1	0.11～0.13
马丁耐热/℃	110	130～150

3.3.1.3　采用有过渡相功能的第三组分

将硅氧烷-环氧基的嵌段共聚物加入到有机硅和环氧树脂共混物中，由于其结构的特殊性，这种嵌段共聚物可以促进树脂间的渗透，提高相容性。赵智光一等人将硅氧烷-环氧基的嵌段共聚物加入双酚 A 型环氧树脂与室温硫化聚硅氧烷（RTV）共混物中，由于嵌段共聚物的存在，导致环氧树脂与硅树脂之间的界面张力减小，此时的嵌段共聚物就像一个表面活性剂，使得 RTV 以微粒的形式分散于环氧树脂中。微粒越小，韧性越大。并且使聚硅氧烷敷于树脂表面形成一保护层，从而提高了防水防油性能。通过添加有过渡相功能的方法可以有效地改善两者的相容性。

同时正是利用聚合物不相容，Funke 提出自分层（相）涂料概念。它是由两种或多种不相容的高聚物组成，涂料一次施工在地材上之后，能自发地直接产生相分离，在成膜过程中分成两个或多个连续的不同功能的涂层，形成不同组成的复合涂层系统，每层显示出不同的特性，即可以实现一次施工得到多层涂膜，大大降低涂装时间和费用，减少涂料损失；且涂膜具有很多树脂优点，又不存在层间附着力差的问题，性能也优于相同方式施工涂料。黄志军等制备了自分层环氧-有机硅涂层，并通过扫描电镜和红外 FTIR-ATR 表征表明：涂层顶部为纯有机硅，不含环氧；涂层底部为环氧层，但含有微量有机硅。

姚海松等人合成了一系列高分子偶联剂（APCA）用作双酚 A 型环氧树脂（EP）的改性剂。结果表明，APCA 能明显提高固化体系的性能。其中，环氧树脂经 10 份 APCA-60 改性后与未改性环氧相比，抗冲强度提高了近一倍，断裂伸长率增加了 94.55%，拉伸强度也提高了 59.55%，而玻璃化温度也提高了5℃，达到了明显的增强增韧和提高耐热性等效果。

郭中宝等研究了不同硅烷偶联剂对环氧改性有机硅树脂的影响，研究结构表明：使用 KH-560 改性有机硅树脂性能较其他偶联剂好，因为 KH-560 分子上的烷氧基可以分别与环氧树脂的环氧基和端羟基、有机硅树脂的羟基进行反应，这在很大程度上提高了环氧树脂和有机硅树脂的相容性，使体系的内应力大大降低。

陈春伟使用聚甲基苯基硅氧烷（PMPS）作为改性组分，对环氧树脂进行改性实验。由机械共混法得到的样品，在 7000 倍 TEM 显微镜下即可观察到颗粒粗大的 PMPS 分散相弥散在环氧树脂基体中，形成海岛结构。而用化学法改性的树脂，只有在 23000 倍 TEM 下，才观察到很微细的两相分离结构。从两种树脂涂膜的表面形貌分析可知，机械共混的试样中 PMPS 分散相与 E-20 基体间界线清晰，两相间相互作用力较差，而经化学改性的树脂，两相边界模糊，两相间有着很好的结合力。说明 PMPS 分散相与基体之间以 Si—O—C 键相连接，在两相间形成了互穿网，增加了两相间的相容性。

陈丽等用端环氧基聚二甲基硅氧烷来改性邻甲酚醛环氧树脂。实验发现，用直接共混法制备的树脂固化物中，聚硅氧烷分散相的粒径分布很不均匀，主要以 2~5μm 粒径的浮游大粒子的形式存在，二相界面相当光滑。由聚硅氧烷先经预反应形成共聚物改性的环氧树脂固化物中，聚硅氧烷分散相的平均粒径为 0.4~1μm 左右，粒径分布均匀，有一定厚度的二相界面层，断面上既有突出的粒子也有凹坑。显然，聚硅氧烷改性环氧树脂的制备方法对环氧树脂固化物的微观形态有很大影响。用预反应形成的共聚物作改性剂时，由于聚二甲基硅氧烷（PDMS）链段以化学键与树脂基体相连，二相界面存在强相互作用，所形成的聚硅氧烷微区尺寸较小；而采用共混改性时，尽管聚硅氧烷上带有能与酚醛树脂反应的环氧基团，但由于聚硅氧烷与基体树脂互不相容，在固化过程中反应在二相间进行，聚硅氧烷分子中的环氧基参与反应的机会不大，聚硅氧烷的大部分仍以硅油形式存在。

众所周知，有机硅的化学稳定性很好，与环氧树脂的活性基团几乎不反应。110-2#硅橡胶的溶度参数 $\delta=7.8\sim8.1$，PDMS 的溶度参数 $\delta=7.4\sim7.8$，环氧树脂的溶度参数约为 10.9。两者的溶度参数相差较大，根据溶度参数相近的原则，有机硅与环氧树脂的相容性差。如果改性时只是简单地把二者混合在一起，由于两相界面张力大，呈多相分离结构，改性的效果就差，因此多采用增加过渡相的方法来改善二者的相容性。硅烷型偶联剂是常用的过渡相，如偶联剂上的氨基和烷氧基分别与环氧树脂的环氧基和端羟基、聚硅氧烷的羟基进行反应生成嵌段结构，提高相容性，并使体系的内应力大大降低。

方征平等选用 N,N'-二甲基苯胺为促进剂改性环氧树脂。N,N'-二甲基苯胺在反应中不但能诱导羟基的极化，增强反应活性，而且能提高硅橡胶与环氧树脂的相容性，制得了宏观均相的环氧树脂-硅橡胶体系。改性前后样品的冲击强度和剪切强度列于表 3-18。可以看出，无论是冲击强度还是剪切强度，用端羟基环氧树脂改性后的试样都比纯环氧树脂试样有一定提高。

■表 3-18 改性前后试样的力学性能

试样	冲击强度/(kJ/m²)	剪切强度/(kJ/m²)
改性前	0.87	12.8
改性后	1.16	16.8

此外，提高两相相容性的方法还有：①使有机硅与环氧树脂先形成嵌段共聚物，然后用该共聚物作为改性剂去改进有机硅与环氧树脂的相容性，此时共聚物的作用类似于表面活性剂，它可使有机硅以微粒的形式分散于环氧树脂中，从而提高韧性；②改进硅氧烷侧基的极性，以提高相容性；③制备聚硅氧烷粒子，将其混入环氧树脂中并交联固化以改善相容性；④将八甲基环四聚硅氧烷和丙烯酸酯类单体合成具有核结构的粒子，可改善相容性，同时由于聚硅氧烷塑化了交联网络，使分子链的柔性和可动性增大，体系中环氧基固化的阻力减小，固化反应速率增大。

陈雷等用氨丙基封端的聚氰丙基甲基硅氧烷改性环氧树脂。DMA，DSC 结果表明，氰丙基的引入增加了两相的相容性，随分子量和百分含量的增加，其相间相容性下降。拉伸结果表明，聚氰丙基甲基硅氧烷改性体系的断裂伸长率比相应的 PDMS 改性体系大大提高。

3.3.2 共聚改性

如前所述聚硅氧烷与环氧树脂相容性较差，不易共混，因此采用直接共聚反应的办法改性。共聚是利用有机硅上的活性端基如羟基、氨基、端羧基、乙烯基、烷氧基与环氧树脂中的环氧基、羟基进行反应，生成接枝或嵌段高聚物，从而解决相容性的问题，并在固化结构中引入稳定和柔性的 Si—O 链，提高环氧树脂的断裂韧性。共聚改性的树脂，在高倍（23000倍）SEM 下，能观察到很微细的两相分离结构。

制备环氧改性硅树脂有如下几种途径。

3.3.2.1 环氧丙醇与烷氧基聚硅氧烷（硅树脂中的烷氧基）起脱醇反应

$$—Si—OR + CH_2—CH—CH_2—OH \longrightarrow CH_2—CH—CH_2—O—Si— + ROH$$
$$\qquad\qquad\quad \underset{O}{\diagdown\diagup} \qquad\qquad\qquad\quad \underset{O}{\diagdown\diagup}$$

该途径是以 Si—OC 键引入环氧结构，产品的耐水性差。

3.3.2.2 含有 Si—H 键的有机硅与带有乙烯基团或其他双键的反应物进行硅氢加成反应

$$—Si—H + CH=CH_2 \longrightarrow —Si—CH_2—CH_2—CH_2—CH_2—CH—CH_2$$
$$\qquad\qquad\qquad\qquad\qquad\qquad\qquad\qquad\qquad\qquad\qquad\quad \underset{O}{\diagdown\diagup}$$

Tzong-hann Ho 等人将酚醛树脂上的环氧基团转化为烯丙基，然后使环氧树脂与含有端基 H 和侧基 H 的硅氢油进行硅氢加成。侧基 Si—H 比端基 Si—H 对应力降低效果更好，侧基 Si—H 多时，耐热、耐冲击更佳。尤其是 Si—H 在侧基上的样品 HS8（$M_w = 6000$），可使封装的元件在 -65℃和 150℃间反复冲击 4100 次只有 50% 开裂，而未改性者只耐 750 次。

Yasumasa Morita 等人以双 Si—H 封端的硅氧烷和带乙烯基环氧树脂为原料，合成了不同链长的有机硅环氧树脂，分子式为：

$$\text{结构式}$$

$n = 1, 2, 3$

并考察了硅烷主链长短对阳离子聚合、热变色的影响，催化剂浓度对热变色、UV 变色的影响。

研究结果表明，催化剂浓度越高，热变色越严重，随二甲基硅氧烷链段的增长，热稳定性相应增加，聚合物的韧性也有所改善。同时 3 种环氧硅烷产物都显示出优良的阳离子聚合活性。

S S Hou 等用含硅氢基的聚硅氧烷与烯丙基缩水甘油醚进行硅氢加成反应，得到含环氧基的聚硅氧烷。其反应如下：

$$\text{结构式}$$

然后，将该聚合物与双酚 A 型环氧树脂在室温下共混，可以制得相容性很好的改性树脂。通过扫描电镜（SEM）可以观察到，随着含环氧基的聚硅氧烷的用量增加，试样的断裂表面变粗糙，聚硅氧烷在环氧树脂基体中的分散更均匀；但失重曲线显示，在固化过程中，由于二者的反应活性不同，含环氧基的聚硅氧烷的用量太多时会出现相分离；从黏弹性谱图分析，含环氧基的聚硅氧烷与双酚 A 型环氧树脂的质量比为 1:10 时，聚硅氧烷可很好地分散在环氧树脂基体连续相中，增韧效果最好。

Ho 等将酚醛树脂上的环氧基团转化为烯丙基，然后使环氧树脂与含有端基 H 和侧基 H 的硅氢油进行硅氢加成。结果表明，侧基 Si—H 比端基 Si—H 对应力降低效果更好，并且侧基 Si—H 较多时，改性树脂的耐热性、耐冲击性更好。

张军营等以 4,4-二烯丙基双酚 A 和环氧氯丙烷为原料经两步法合成了二烯丙基双酚 A 而缩水甘油醚,然后在将它与三甲氧基硅烷经氯铂酸催化的硅氢加成反应制得有机硅化环氧树脂,实验结果表明,室温下可以流动,溶于大部分常用溶剂,具有良好的使用性能。

目前,有机硅与环氧结合大多数通过有机硅分子中的环氧基(羟基、氨基)与环氧树脂中的环氧基(羟基)反应,然而形成的 Si—O—C 键耐水解稳定性差,尤其在高温、酸、碱条件下更容易断裂生成硅醇,致使有机硅链段脱离环氧分子。含氢硅油与环氧分子结合,得到的产物相对分子质量高、黏度大、后期固化工艺要求高。

利用有机硅上活性端基与环氧树脂的反应形成嵌段或接枝共聚物可改善有机硅与环氧树脂的相容性,减小相区尺寸。必须注意的是,当有机硅上的活性基团相对较少,即二者溶解参数仍有较大差别时,有机硅与环氧树脂可能形成两相,固化过程中反应在两相间进行,有机硅中活性基团参加反应机会少,为取得较好改性效果,进行预反应往往是必要的。

3.3.2.3 以过乙酸与乙烯基硅树脂的不饱和双键起氧化反应

$$CH_2=CH-R-Si- + CH_3COOH \longrightarrow CH_2-CH-R-Si- + CH_3COOH$$
$$\quad\quad\quad\quad\quad\quad\quad\quad\quad\quad\quad\quad\quad\quad\quad\quad\quad\quad \setminus O /$$

3.3.2.4 以双酚 A 型环氧树脂与含 Si—OR 和 Si—OH 的低分子量聚硅氧烷起缩合反应

缩合反应是按照三种方式进行:

① 含烷氧基聚硅氧烷与环氧树脂中的仲羟基反应,生成 ROH,并形成稳定的硅-氧-烷键:

$$-Si-OR + HO-C- \longrightarrow -Si-O-C- + ROH$$

实践证明,当含有烷氧基的有机硅低聚物与环氧树脂的进行反应时,仅有环氧树脂中的羟基参与反应,环氧树脂中的环氧基的数量本没有变化。

② 聚硅氧烷中的羟基与环氧树脂中的仲羟基反应,生成 H_2O,并形成稳定的硅-氧-烷键:

$$-Si-OH + HO-C- \longrightarrow -Si-O-C- + H_2O$$

硅树脂上的羟基和环氧树脂上的羟基之间,环氧树脂的环氧基不受影响,但可在以后的交联固化反应中起作用。

③ 聚硅氧烷中的羟基与环氧树脂中的环氧基起开环反应形成硅-氧-烷键。形成的羟基仍可继续反应：

$$-\!\!\operatorname{Si}\!\!-\!\!\mathrm{OH} + \mathrm{CH_2}\!\!-\!\!\mathrm{CH}\!\!-\!\! \longrightarrow -\!\!\operatorname{Si}\!\!-\!\!\mathrm{O}\!\!-\!\!\mathrm{CH_2}\!\!-\!\!\mathrm{CH}\!\!-\!\!$$

反应机理是：在碱性环境中封端的羟基可形成硅氧阴离子，再通过两种途径反应，一种是与环氧树脂中羟基反应形成 Si—O—C 键：

$$-\!\!\operatorname{Si}\!\!-\!\!\mathrm{O}^- + \mathrm{HO}\!\!-\!\!\mathrm{R} \longrightarrow -\!\!\operatorname{Si}\!\!-\!\!\mathrm{O}\!\!-\!\!\mathrm{R} + \mathrm{OH}^-$$

另一种是与环氧树脂中的环氧基起开环反应形成 Si—O—C 键，形成的羟基仍可继续反应：

$$-\!\!\operatorname{Si}\!\!-\!\!\mathrm{O}^- + \mathrm{CH_2}\!\!-\!\!\mathrm{CH}\!\!- \longrightarrow -\!\!\operatorname{Si}\!\!-\!\!\mathrm{O}\!\!-\!\!\mathrm{CH_2}\!\!-\!\!\mathrm{CH}\!\!-$$

$$\xrightarrow{-\mathrm{Si}-\mathrm{OH}} -\!\!\operatorname{Si}\!\!-\!\!\mathrm{O}\!\!-\!\!\mathrm{CH_2}\!\!-\!\!\mathrm{CH}\!\!-\!\!\mathrm{O}\!\!-\!\!\operatorname{Si}\!\!- + \mathrm{OH}^-$$

在工业生产中，主要使用这种方法，即根据要求选择适宜的商品环氧树脂——含 C—OH 的线型环氧树脂出发，与含 RO（或 OH）的硅树脂中间体，通过缩合反应得到 SiOC 键连接的环氧改性硅树脂。与原料易得，方法简便。它具有良好的电绝缘性能和机械强度，吸水性低，可用作涂料和模塑料。环氧树脂对硅树脂改性，可以制得耐候、耐溶剂、耐腐蚀、耐高温等性能的新型实用树脂。用该方法制得的聚合物其 Si—O 键不稳定，在有水存在的条件下易断裂。

[例 1] 一种具有良好耐热性和力学性能的新型改性树脂。将环氧树脂（E44）与三苯基磷/钛酸丁酯催化剂放入装有搅拌器、回流冷凝管和滴液漏斗的三口烧瓶中，加热升温至一定温度后开始搅拌，按 Z6018：E44（质量）为 5：10 缓慢滴加 Z6018 有机硅的二甲苯溶液，200℃反应 5h，回流冷凝不断分离出反应产生的醇和水等小分子化合物，拉丝法测定黏度合格后即可出料，得棕红色半透明黏稠状有机硅改性环氧树脂。

由改性树脂的红外光谱分析可知：图 3-5 中曲线 A、B、C 分别是 Z6018、E44 和改性树脂的红外光谱。曲线 C 上 1708 cm^{-1} 处出现了新的吸收峰，对应于反应所生成的 Si—O—C。本来 Si—O—C 在 1100～1000cm^{-1} 处也应该出现较强的吸引峰，但被 Si—O—Si 伸缩振动峰所遮蔽。1246cm^{-1} 和 913cm^{-1} 处分别是环氧基的对称和非对称伸缩振动的特征吸收峰，与 E44 相比，改性树脂此处的吸收减弱，说明部分环氧基被打开了。此外，曲线 C 上 3414cm^{-1}、894cm^{-1} 处无 Si—OH 的特征吸收峰，进一步证明有机硅中间体与环氧树脂确实发生了共聚反应。

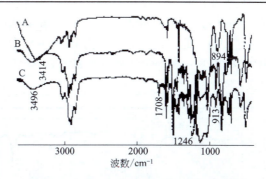

■图 3-5　E44 和改性树脂的红外光谱图

其改性后树脂色泽均匀，稳定性、相容性好，久置不分层，综合性能最佳。

［例 2］　采用含有适量苯基和活性甲氧基的聚苯基甲基硅氧烷，热熔法制备了有机硅改性环氧树脂，且环氧基保持不变，由于含有一定量苯基，不仅改善了有机硅与环氧树脂的相容性，同时所得改性树脂韧性与耐热性都明显提高，此改性树脂为淡黄色透明液体，且放置 1 年不分层，其固化物还具有良好的涂膜性能。其反应式如下：

化学改性树脂的制备：在装有机械搅拌、温度计、加料漏斗、回流冷凝管的四口圆底烧瓶中，加热熔融 E-20 后，加入 DC-3074[$n(Ph)/n(CH_3)=1$，相对分子质量为 $1000\sim1500$，$w(OCH_3)=15\%\sim18\%$，$T_g:-63℃$]和钛酸四异丙酯（TIPT，以有机硅质量的 0.5%），升温至 $110\sim130℃$ 反应 4h，得乳白色半透明黏稠物。冷却到 90℃，加入适量溶剂配成固体分质量分数为 50% 的溶液。按上述方法制备系列不同配比 PMPS 化学改性环氧树脂，m(E-20)∶m(DC-3074)=9∶1，8∶2，7∶3 和 6∶4，所得改性树脂分别命名为：ED-10、ED-20、ED-30 和 ED-40(CM)。

物理改性树脂的制备：将 E-20 在 90℃加热熔化，然后加入 DC-3074 和一定配比溶剂，得固体分质量分数为 50%稳定的淡黄色透明溶液，m(E-20)∶m(DC-3074)=7∶3，此改性树脂命名为 ED-30(PM)。

从 IR 分析可知：图 3-6 分别为 E-20、DC-3074 和产物 ED-30（CM）的红外光谱图。

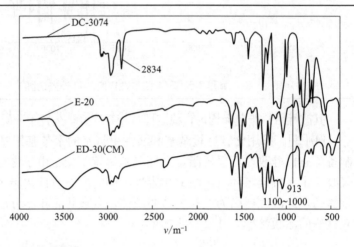

■图 3-6　E-20、DC-3074 和 ED-30(CM)的红外谱图

913cm^{-1} 和 1246cm^{-1} 分别是环氧基对称与非对称伸缩振动特征吸收峰，与 E-20 相比，ED-30（CM）此处的吸收基本不变，说明环氧基没有参与反应；ED-30（CM）图中新出现的 1100~1000cm^{-1} 吸收峰对于应反应生成的 Si—O—C，但被 Si—O—Si(1090~1020cm^{-1}) 伸缩振动峰部分遮蔽；DC-3074 谱图中 2834cm^{-1} 处有 Si—OCH$_3$ 的特征吸收峰，而在 ED-30（CM）的谱图中此吸收峰完全消失。以上说明 DC-3074 和 E-20 并非简单的物理共混，而是发生了接枝缩聚。

从 GPC 分析可知：E-20 和 DC-3074 是由多种聚合度的预聚体组成，相对分子质量具有多分散性，与反应前相比，ED-30(CM) 的相对分子质量明显增加，其分布范围也明显变宽且分布均匀，其数均、质均相对分子质量分别为 M_n=980、M_w=3693，分散系数为 3.767，相对分子质量主要集中在 3000~5000，约占总量的 60%，这进一步说明有机硅接枝改性了环氧树脂。

由 TEM 分析分析可知：物理改性（PM）和化学改性（CM）所得改性树脂固化物的透射电镜照片如图 3-7 所示。

由图可知，物理改性树脂固化物在 7000 倍下（a）黑色的环氧树脂固化物不能形成连续相，PMPS 与环氧树脂相分离明显，因而两相间相互作用力差；在相同条件下化学改性树脂固化物（b）却形成均一连续相，说明通过化学改性，PMPS 与环氧树脂基体间以 Si—O—C 键相连接，形成了互穿网络结构，使 PMPS 分散相微细化未出现相分离，因此化学改性优于物理改性。

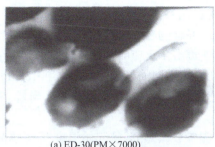

(a) ED-30(PM×7000)　　　　　　　　(b) ED-30(CM×7000)

■图 3-7　E-20 和 DC-3074 改性环氧树脂固化物的透射电镜照片

鲁照玲等采用一种具有一定混溶性及反应活性的有机硅低聚物与中等分子量的环氧树脂进行共聚，制成均一、稳定的改性物。随着有机硅比例的增高，其共聚物的耐热性得以改善，但是耐油性、耐溶剂性，特别是固化物的成膜性有所下降；环氧树脂比例增加，则相反。姚康德等回用羟基封端的聚甲基苯基硅氧烷（PMPS）与双酚 A 型环氧树脂（EP）经脱水缩合，得到 PMPS/EP 接枝共聚物，可有效改善 PMPS 与 EP 的相容性及其涂层的耐热性和耐水性。

陈慧宗等人用 4 种有机硅单体合成了一种含有甲基、苯基、乙氧基的新型聚硅醚，反应式为：

$$R_2SiCl_2 + RSiCl_3 + H_2O \xrightarrow{C_2H_5OH} -O-\underset{\underset{R}{|}}{\overset{\overset{R}{|}}{Si}}-O-\underset{\underset{R}{|}}{\overset{\overset{OH}{|}}{Si}}-O-\underset{\underset{R}{|}}{\overset{\overset{OC_2H_5}{|}}{Si}}-O-$$

R 为 CH_3-，C_6H_5-。

第一步：甲基、苯基氯硅烷混合液的酯化、水解和缩聚。按 R/Si=1.60，Ph/CH_3=0.45 计算，将二甲基二氯硅烷、一甲基三氯硅烷、二苯基二氯硅烷和一苯基三氯硅烷四种有机硅单体共 181.6g 与二甲苯制成 42% 的溶液。在反应瓶中加入 256g 工业乙醇和 452g 水。在 25℃ 和不断搅拌下，将有机硅单体的二甲苯溶液滴入反应瓶中，于 3h 滴加完，再反应 3.5h。静置，除去下层酸水，将上层溶液用温水洗至中性后过滤。第二步：浓缩聚硅醚。将过滤后的聚硅醚在温度不高于 120℃，真空度大于 0.067MPa 条件下快速蒸出有机溶剂，进行浓缩，直至无有机溶剂蒸出时为止，得到白色黏稠液体 165g，d_4^{30} 1.1513，η^{30} 474.9mPa·s。

用它米改性 DPP 环氧树脂（双戊二烯-苯酚-环氧氯丙烷的缩聚物

$$\underset{\underset{CH_2-CH-CH_2}{\overset{|}{O}}}{\overset{CH_2-CH-CH_2}{\overset{|}{O}}}N-\underset{}{\overset{}{\bigcirc}}-\underset{\underset{O}{\overset{\|}{S}}}{\overset{O}{\overset{\|}{S}}}-\underset{}{\overset{}{\bigcirc}}-N\underset{\underset{CH_2-CH-CH_2}{\overset{|}{O}}}{\overset{CH_2-CH-CH_2}{\overset{|}{O}}}$$

）。即将 DPP（常温下为琥珀色透明脆性固体，软化点 37.9℃，环氧值 1.3 当量/千克，有机氯值 0.03 当量/千克，无机氯值 0.002 当量/千克，平均分子量 M1538）环氧树脂 6g 研细溶于环己酮 5.66g 中。将上述制得的乙氧基、羟基、甲基、苯基聚硅 40g 醚溶于二甲苯 11.64g 中。然后将这两种溶液及 Zn^{2+} 催化剂加入反应瓶内，反应瓶上装有搅拌器及蒸馏装置。混合物在 180℃下不断搅拌进行反应。反应期间生成的醇和水及少量溶剂被蒸出。反应时间为 6.45h。反应结束后在 160℃下用循环水泵减压蒸出溶剂，然后用油泵于 160℃/0.0013MPa 下蒸干溶剂，得到改性树脂 A 为棕红色固体 19.59，环氧值 0.225 当量/千克，平均分子量 M 为 78130。

DPP 经改性后，玻璃化转变温度 T_g、热分解起始温度 T_i、热分解峰顶温度 T_{ox} 均提高了约 60℃，显然改性后耐热性大大提高了。改性产品不但具有黏合力强、收缩性小、稳定性好的特点，而且耐高温、抗氧化。特别适合于作绝缘材料和耐热防潮涂料。

改性树脂 A 的固化研究表明，选用不同的固化剂对固化速率和固化度有较大影响，结果见表 3-19。

■表 3-19　不同固化剂与有机硅改性环氧树脂反应的 DSC[①]

固化剂	DSC 放热峰			活化能 /(kJ/mol)
	峰始温度/℃	峰顶温度/℃	峰终温度/℃	
4,4'-二氨基二苯砜(DDS)	203	260	322	129.68
4,4'-二氨基二苯甲烷(MDA)	125	151	190	48.20
4,4'-二氨基二苯醚(DDE)	136	158	290	53.62
4,4'-二氨基苯甲酸甲酯(AAB)	181	242	260	116.21
4,4'-二氨基苯甲酰苯胺(DBA)	159	198	248	70.34

① 树脂：固化剂=9：1（质量比）

反应活性 MDA＞DDE＞DBA＞AAB＞DDDS，这是因为 MDA 的氮原子上电子密度最大，反应活性较高，研究结果与理论预测是一致的。另外，对有机硅-环氧树脂体系的研究显示其具有低温固化性能。

由于引入了—Si—O—柔软链，改性树脂的玻璃化转变温度（T_g）应该下降，事实也的确如此，但若引入刚性基团和极性基团，或形成氢键，使链上可内旋转单键比例减少，则 T_g 反而会有所上升，同时改性树脂的热分解温度（T_g）均有提高，有的还相当显著，结果见表 3-20。

■表 3-20　不同改性树脂及含量对环氧树脂物化性能的影响

	环氧树脂1	环氧树脂2	改性树脂1	改性树脂2	改性树脂3	改性树脂4	改性树脂5
改性剂含量/%	—	—	—	40	5	10	15
T_g/℃	34	91	126	75	141	137	130
ΔT_d/℃	—	—	—	29	47	—	—

注：环氧树脂1—DPP 环氧树脂；环氧树脂2—E20 环氧树脂；改性树脂1—甲基苯基乙氧基聚硅氧烷改性 DPP 环氧树脂；改性树脂2—羟基封端的聚甲基苯基硅氧烷改性 E20 环氧树脂；改性树脂3、4、5—硅橡胶改性环氧树脂。

中科院兰州化学物理研究所用环氧值 0.41～0.47、羟基值 0.06、平均摩尔质量为 370g/mol 的环氧树脂（E-6101）与平均摩尔质量为 50000g/mol

的端羟基聚二甲基硅氧烷进行缩合反应，在有机锡盐的催化下，羟基封端的有机硅与环氧树脂中的羟基直接反应形成 Si—O—C 键。改性树脂的透射电镜照片上呈现两相分离的结构，两相界面模糊；有机硅分散相与基体环氧树脂间形成互穿网络过渡层，从而改善了两者之间的相容性。随着改性树脂中的端羟基聚二甲基硅氧烷的增加，表面能降低，疏水性得到改善。热失重数据显示出，改性树脂的耐热性要高于未改性树脂。这是由于端羟基聚二甲基硅氧烷分子主链上 Si—O 键的键能较高，而且互穿网络过渡层加强了两相间的相互作用。用二苯基硅二醇对双酚 A 型环氧树脂进行化学改性，得到一种具有良好的耐热、耐水和机械性能良好的新型环氧树脂，可在 250℃下长期使用。而且大多数研究者都是采用聚二甲基硅氧烷与双酚 A 型环氧树脂共聚改性。

W J Wang 等人以两种路线合成一种新的环氧单体，三缩水甘油苯基硅烷（TGPS），其产物结构式如下：

$$\text{CH}_2\underset{\underset{O}{\diagdown\diagup}}{-}\text{CH}-\text{CH}_2\text{O}-\underset{\underset{\text{C}_6\text{H}_5}{|}}{\text{Si}}\begin{matrix}-\text{OCH}_2-\text{CH}\underset{\underset{O}{\diagdown\diagup}}{-}\text{CH}_2\\ -\text{OCH}_2-\text{CH}\underset{\underset{O}{\diagdown\diagup}}{-}\text{CH}_2\end{matrix}$$

其合成路线是分别采用苯基三羟基硅烷与环氧氯丙烷、苯基三甲氧基硅烷与环氧丙醇反应得出上述产物。

实验表明，这种产物和双酚 A 型环氧树脂（DGEBA）在所有比例中都有很好的相容性。在氮气，800℃下，TGPS 的固体残余物仍可达到 40%，大大超过一般环氧树脂（如 Epon 828）的 12%，在空气，800℃下，也同样如此。极限氧指数（LOI）为 35，表现出优异的阻燃性能。

S. T. Lin 等人用聚二甲基硅氧烷（PDMS）和聚甲基苯基硅氧烷（PMPS）改性环氧树脂，将 PDMS 和 PMPS 分子结构中的烷氧基与环氧树脂中的仲羟基反应，生成一种接枝聚合物。试验结果 TGA 分析表明，改性后的环氧树脂热稳定性明显提高，而且阻燃性也得到改善。

潘春跃等人用 PDMS 中的羟基和 E-44 环氧树脂中的仲羟基与环氧基反应，通过测定共混树脂性能恶化温度和固化后树脂弹性，得共混比对耐热性和弹性的影响。随着共混比 E-44/PDMS 增大，环氧转化率增加，耐热性变差，弹性降低。共混比超过 1 后，环氧转化率增加不大，而耐热性和弹性下降较多，说明环氧树脂过量未与 PDMS 反应，只是与 PDMS 进行了物理共混。

国产 JG-1 胶是用甲基苯基硅氧烷和双酚 A 环氧树脂反应而成。国产 665# 有机硅改性环氧树脂是羟基乙氧基聚硅氧烷和双酚 A 环氧树脂缩合反应而成。这类黏合剂能在 300℃下长期使用，是 H 级（180℃）绝缘材料，室温下铝合金接头的拉伸剪切强度为 10～14MPa，300℃时还具有 4～5MPa。

3.3.2.5 带氨基的有机硅与环氧树脂反应

基本反应：

$$\text{—Si—O—R—NH}_2 + \text{CH}_2\text{—CH—} \longrightarrow \text{—Si—O—R—NH—CH}_2\text{—CH—}$$
$$\text{O}\text{OH}$$

$$\text{—Si—O—(CH}_2)_3\text{—NH}_2 + \text{H}_2\text{C—CH—}$$
$$\text{O}$$
$$\longrightarrow \text{—Si—O—(CH}_2)_3\text{—NH—CH}_2\text{—CH—}$$
$$\text{OH}$$

如：氨基封端的聚硅氧烷与环氧树脂反应

$$\text{H}_2\text{NR'SiMe}_2[\text{O-SiMe}_2]_n\text{OSiMe}_2\text{R'NH}_2 + \text{CH}_2\text{—CHCH}_2[\text{OR OCH}_2\text{CHCH}_2]_n\text{OR OCH}_2\text{CH—CH}_2$$

α,ω 双氨基聚二甲基硅氧烷

$$\longrightarrow \text{H}_2\text{NR'SiMe}_2[\text{OSiMe}_2]_n\text{OSiMe}_2\text{R'NH—CH}_2\text{—CHCH}_2[\text{OR OCH}_2\text{CHCH}_2]_n\text{OR OCH}_2\text{CH—CH}_2$$

$R' = \text{—(CH}_2\text{)}_3\text{—}$
$R = \text{—C}_6\text{H}_4\text{—CMe}_2\text{—C}_6\text{H}_4\text{—}, \text{—(CH}_2\text{)}_4\text{—}, \text{—CH}_2\text{CH}_2\text{OOC—C}_6\text{H}_4\text{—COOCH}_2\text{CH}_2\text{—}$

值得注意的是，当 α,ω 双氨基聚二甲基硅氧烷中的氨基与硅原子直接相连时，与环氧树脂反应进行得很慢，且几乎不形成凝胶物。

Lee. S. S 等研究了不同摩尔质量的端氨基聚二甲基硅氧烷（ATPDMS）改性四甲基双酚二缩水甘油醚（TMBPDGE）体系的形态结构和断裂韧性。结果表明，ATPDMS 与环氧树脂在熔融态时的预反应程度随着 ATPDMS 摩尔质量的降低而提高；在预反应时，将低摩尔质量和高摩尔质量的 ATPDMS 混合使用，可提高 ATPDMS 与环氧树脂的相容性，生成粒径小且分布窄的聚硅氧烷微粒。经 AT900/AT3000 或 AT900/AT3880 混合物改性的 TMBPDGE，其断裂韧性比纯环氧树脂提高 15%~20%。

夏小仙以氨丙基封端的二甲基二苯基硅氧烷低聚物与双酚 A 型环氧树脂反应，制得聚硅氧烷改性环氧树脂。随着共聚物中苯基含量的增加，软段的有机硅聚合物的溶解度参数提高，增加了树脂间的相容性，达到较好的增韧效果。当苯基含量为 10%~25% 时，共聚树脂的断裂伸长率随苯基用量的增加而提高；当苯基含量大于 50% 后，共聚树脂的断裂伸长率逐渐下降。同时对聚合物进行结构体系形态的研究表明，材料表面硅氧烷富集程度不随改性剂的结构组成和含量而变化。

Ming-chun Lee 等用端氨基聚二甲基硅氧烷与一种多官能团的环氧树脂反应，改性共聚物的形态呈现海岛结构，提高了改性物的 T_g，降低其内应力。

Ji Qing 等用含氨基的聚二甲基硅氧烷对环氧树脂进行化学改性，通过调节聚二甲基硅氧烷的含量及固化条件,控制环氧树脂与聚二甲基硅氧烷的相容性。

张冰等用带有 N-(β-氨乙基)-γ-氨丙基侧基的聚二甲基硅氧烷来改性环氧树脂。结果表明,改性环氧树脂固化物的形态与性能主要依赖于氨基聚硅氧烷的氨基含量。在氨基含量小于 0.71mmol/g 时,随氨基含量的增加,改性环氧树脂的模量与强度缓慢下降;当氨基含量从 0.71mmol/g 增至 0.91mmol/g 时,模量和强度均急剧下降;然而当氨基含量继续增至 1.21mmol/g 时,改性环氧树脂的弯曲模量与强度又迅速回升。显然,改性环氧树脂力学性能的变化是它的微观形态变化的宏观反映。在氨基聚硅氧烷的氨基含量为 0.91mmol/g 时,改性环氧树脂中环氧树脂连续相的体积分数明显降低,聚硅氧烷簇状微区构成了体系的第二连续相,从而导致了改性环氧树脂的力学性能的急剧变化。当氨基含量升至 1.21mmol/g 时,相容性的改善使簇状微区能比较均匀地分散在基体连续相中,导致第二连续相解体,从而使改性环氧树脂的力学性能迅速回升。

周宁琳等人用氨基封端的聚二甲基硅氧烷为软段,以环氧树脂为硬段,制备了有机硅-环氧树脂共聚物。几种样品的玻璃化转变温度如表 3-21 所示,样品均存在两个 T_g 转变峰,表明环氧树脂与有机硅存在微相分离。随着硬段分子量和百分含量的增加,硬段的 T_{g_1} 峰向高温方向移动。随着聚硅氧烷百分含量的增加,体系的交联密度降低,微相的稳定性趋于劣化,体系中聚硅氧烷趋于生成第二相态,从而破坏了材料的力学性能,所以从试样 3 号到 1 号,如表 3-22,其拉伸强度、断裂伸长率逐渐下降。

■表 3-21 软硬段组成和 T_g 的关系

试样	聚硅氧烷		环氧树脂		DSC/℃	
	M_w	$W_t/\%$	M_w	$W_t/\%$	T_{g_1}	T_{g_2}
1	2290	71.0	470	29.0	−119	35
2	2290	56.1	900	43.9	−120	47
3	2290	45.1	1400	54.9	−121	50

■表 3-22 共聚物的力学性能

试样	拉伸强度/MPa	断裂伸长率/%	永久变形/%
1	5.21	46	7
2	12.37	73	22.5
3	14.83	106	56

试验结果表明,聚二甲基硅氧烷对环氧树脂的增韧改性,在较低的百分含量时具有比较好的结果。随着环氧树脂分子量和百分含量的增加,在一定分子量范围内,其共聚物的力学性能得到了改善。

研制兆位级 VLSI 用环氧塑封料的关键技术之一是低应力改性环氧树脂的制备。改性低应力环氧树脂的主要思路是由弹性体橡胶混入环氧树脂中以降低其模量和线膨胀系数,达到降低内应力的目的。因大多数弹性体与环氧树脂不相容，乃借助橡胶和环氧基质间的某些化学键合提高"相容度"，并控制其中橡胶分散相的宏观尺寸，依靠均匀分散的"海岛"弹性体起到增韧和降低内应力的作用。李善君等人用多功能团偶联剂，由分散聚合合成羟基硅油均匀分散的改性邻甲酚环氧树脂。硅烷偶联剂 KH-550 水解为硅醇基，接着与羟基硅油缩合形成表面带有胺端基的聚硅氧烷微粒。这种微粒能稳定分散于有机溶剂中。有机硅微粒表面的 KH-550 支链起到稳定剂的作用，故这种微粒能稳定分散于有机溶剂中。将有机硅微粒分散于环氧中剧烈搅拌，使微粒均匀分散，并通过其表面的 NH_2—或—NH—基团与环氧基团的反应使分散相粒子固定在基体中，获得稳定的相结构。反应式如下：

$$H_2N-CH_2-CH_2-CH_2-Si-(OH)_3 + HO-Si\sim\sim\sim Si-OH \xrightarrow{-H_2O}$$

$$H_2N-CH_2-CH_2-CH_2-Si-O-Si\sim\sim\sim \longrightarrow$$

合成过程由水解、缩合和分散三个步骤组成。

(1) 水解：在带有机械搅拌器的三颈瓶中投入 20g 羟基甲基硅油 PDMS、15g 纯水、3gKH-550、1g 氨水与 15g 4-甲基戊酮-2，溶液 pH 值为 8，40℃下剧烈搅拌 8h，得到澄清的两相体系。

(2) 缩合：投入余下的 15g 4-甲基戊酮-2，升温至 90℃回流 3h，在 120℃共沸蒸馏 5h，以水分分离器除去反应体系中的水，得到黏稠澄清均相溶液。

(3) 分散：投入 100g 邻甲酚环氧树脂，升温至 125～130℃，待树脂完全熔融后剧烈搅拌下回流反应 8h，冷却至 120℃，减压除尽溶剂后得到改性树脂。

以扫描电镜观察断面形态，硅油微粒均匀分散于环氧基体中。粒子尺寸随 KH-550 用量增加而下降。说明增加 KH-550 用量，与 PDMS 缩合的产物的分子量会下降，并且由于存在较多氨基，提供了更多化学键，克服因分散相粒子尺寸减小而引起的表面能上升的不利因素，有利于硅油微粒在环氧中的稳定。实验证明由分散聚合制备的有机硅改性邻甲酚环氧树脂对降低环氧塑封料的内应力有显著效果。

3.3.2.6 带乙烯基的有机硅与带乙烯基的环氧树脂反应

Tzong-hann Ho 等人用邻甲酚线性酚醛型环氧树脂与甲基丙烯酸反应，制备了一种分子结构中含有乙烯基的环氧树脂。然后用 2-乙基叔丁基过氧化己酸酯和 1,1-2-(叔丁基过氧化)-3,3,5-三甲基己酸酯作为引发剂，与带乙烯基 PDMS 进行自由基聚合，得到改性环氧树脂的样品 VS1, VS2, VS3, VS4, VS5, VS6。其中样品 VS1～VS5，乙烯基在端基位置；样品 VS6，乙烯基在侧基位置。

■表 3-23 各种改性样品的性能比较

样品	M_w	T_g/℃	弹性模量/(kgf/mm^2)	弯曲强度/(kgf/mm^2)
对比样品	—	164	1310	13.4
VS1	5970	162	1251	13.4
VS2	10810	163	1240	13.1
VS3	28000	165	1196	14.4
VS4	62700	164	1210	14.0
VS5	15286	166	1211	15.0
VS6	28000	166	1209	14.7

由表 3-23 中的数据可以看出，T_g 变化不大，弹性模量下降了，弯曲强度却有了较大的提高。

Tai 等用类似的方法合成了乙烯基硅氧烷改性的甲酚线形酚醛型环氧树脂，还合成了甲酚线形固化剂。固化后得到的硅氧烷改性体系比未用硅氧烷改性的体系具有更低的弹性模量和更高的断裂伸长率。改性树脂可解决作为电子封装材料时存在的"爆玉米花"问题。

3.3.2.7 端羧基聚二甲基硅氧烷与环氧树脂反应

越智光一使末端为癸酸的 PDMS 与双酚 A 环氧反应：

$$\text{CH}_2\text{—CHCH}_2\text{O}\!\!-\!\!\phi\!\!-\!\!\text{C(Me)}_2\!\!-\!\!\phi\!\!-\!\!\text{OCH}_2\text{CH(OH)CH}_2\text{O}\!\!-\!\!]_n\!\!-\!\!\phi\!\!-\!\!\text{C(Me)}_2\!\!-\!\!\phi\!\!-\!\!\text{OCH}_2\!\!-\!\!\text{CH}\!\!-\!\!\text{CH}_2 + $$

$$\text{HOOCC}_{12}\text{H}_{23}(\text{SiO})_{20}\text{SiC}_{12}\text{H}_{23}\text{COOH}$$

$$\xrightarrow[\text{THF/tol (1:1)}]{90℃} -\!\!\phi\!\!-\!\!\text{C(Me)}_2\!\!-\!\!\phi\!\!-\!\!\text{OCH}_2\text{CH(OH)CH}_2\text{O}\!\!-\!\!]_n\!\!-\!\!\text{C}\!\!-\!\!\text{C}_{11}\text{H}_{22}(\text{SiO})\text{SiC}_{12}\text{H}_{23}\text{COOCH}_2\text{CHOH}\!\!-\!\!$$

共聚物在 140℃、1h、18℃、2h 可固化。PDMS 两端的长碳链 C_{11} 可增加它与双酚 A 的相容性，从而增加凝聚力。加入 10% 分子量为 3000 的 PDMS 的软链段分散于环氧内，粒子最小可达 $0.23\mu m$，韧性得到提高。

3.3.2.8 分散聚合制备有机硅改性环氧树脂

分散聚合是由可溶性单体借助稳定剂的稳定作用得到不溶性的聚合物粒子的过程。这种聚合过程通常会得到一定尺寸的聚合物微球，由于表面高分子分散剂的作用，微球自动分开，稳定存在。

李春君等用多功能团偶联剂，由分散聚合合成羟基硅油均匀分散的改性邻甲酚环氧树脂。硅烷偶联剂水解产生硅醇基，与羟端基硅油缩合形成表面带端氨基的聚硅氧烷微粒，在分散剂作用下微粒可稳定分散在有机溶剂中。加入环氧树脂，剧烈搅拌下回流反应，除去溶剂制得有机硅分散相微粒尺寸可控的改性环氧树脂，内应力显著下降。

3.3.2.9 其他共聚改性

有机硅改性环氧方面，采用的有机硅一般为大分子体系，且都是通过有机硅链端所带的活性端基如羟基、氨基等与环氧基反应的方式来引进有机硅链段，但这样不但消耗了环氧基,使固化网络交联度下降,而且分子柔韧链段的引入也相应降低了体系的刚性,因此增韧的同时也伴随着耐热性(T_g)的下降。黎艳等合成了两种带端基氯的有机硅-α,ω-二氯聚二甲基硅氧烷(DPS)和α-氯聚二甲基硅氧烷(CPS),用以改性普通双酚A环氧树脂(BPAER)和四溴双酚A环氧树脂(TBBPAER)。通过端基氯与环氧链上的羟基反应生成大键能的Si—O键的方式来引进有机硅,改性过程中不仅不消耗环氧基,并且还提高了树脂固化物的交联密度,所以既能增韧树脂,又能提高其耐热、耐冲击等各项性能。

[例] 首先将α,ω-二羟基聚二甲基硅氧烷(DHS)与二氯二甲基硅烷(DMS)在甲苯中反应,制得α,ω-二氯聚二甲基硅氧烷(DPS),反应中产生的HCl气体用三乙胺吸收。

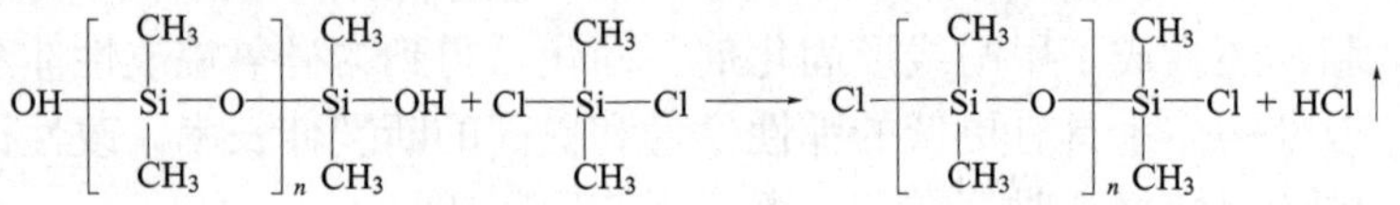

然后,将不同组成的含氯有机硅与双酚A型环氧树脂E-44在甲苯中反应,反应中产生的HCl气体用三乙胺吸收。反应完毕后,将溶液用蒸馏水洗涤若干次,洗去其中的季铵盐,再减压蒸馏,蒸去甲苯,得到产物改性树脂,其中,二氯二甲基硅烷改性树脂的结构为:

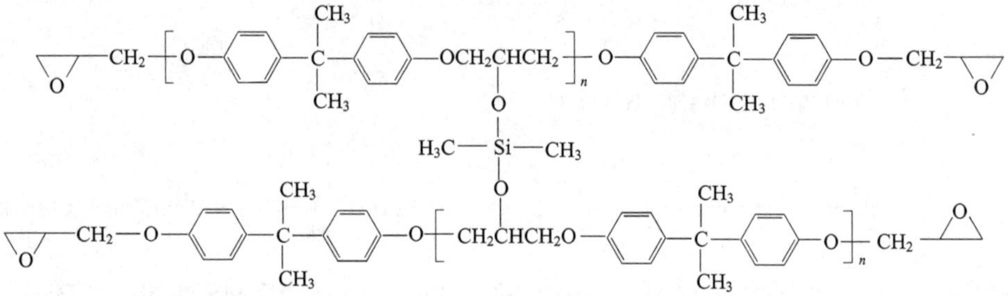

α,ω-二氯聚二甲基硅氧烷改性树脂的结构为:

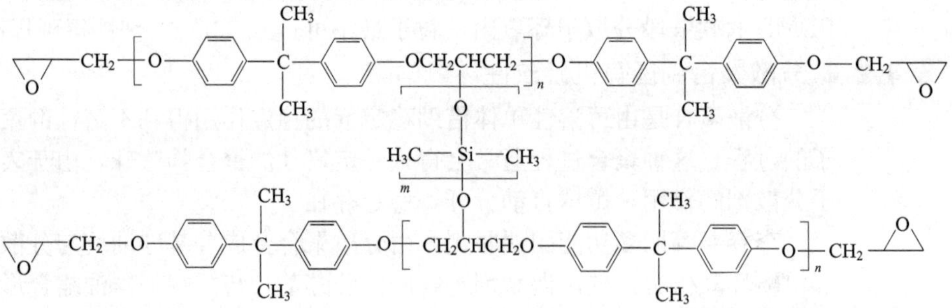

由FT-IR(美国Analect公司RFX-65傅立叶红外转换光谱仪)分析可知,图3-8中的3条曲线分别为环氧树脂改性前后的红外光谱曲线,曲线a为未改性环氧树脂的红外光谱图,曲线b为100质量份环氧树脂经10质量份的α,ω-二氯聚二甲基硅氧烷(DPS)和0.7质量份的二甲基二氯硅烷(DMS)共同改性后的红外光谱图,曲线c为100质量份环氧树脂经5.7质量份的DMS改性后的红外光谱图。比较3条曲线,可看到曲线a中3500cm^{-1}

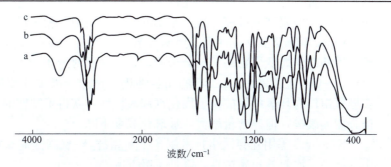

■图 3-8 改性和未改性环氧树脂的 IR 谱图
a—EP；b—EP/DMS/DPS=100/0.7/10；c—EP/DMS=100/5.7

处的游离羟基伸缩振动峰在曲线 b 中大大减弱，而在曲线 c 中则接近消失；曲线 b、c 中 1260cm^{-1} 峰（Si—CH$_3$ 中—CH$_3$ 的弯曲振动峰）被 C—O 伸缩振动峰（1300～1200cm^{-1}）掩盖，所以曲线 b，c 中 C—O 的伸缩振动峰较宽；这些表明有机硅已成功接枝在环氧树脂链上，O—H 键已被 O—Si 键取代，符合预期的结果。

结果表明，用 DMS 改性环氧树脂 E-44，随小分子用量的增大，固化物的冲击强度（I_s）、玻璃化温度（T_g）、拉伸强度（δ_t）、断裂伸长率（ε）都有很大提高，T_g 达到 167.98℃，比未改性树脂（135.42℃）提高了 32.56℃，I_s、ε 提高了近 1 倍，δ_t 提高了 46%，这是由于小分子有机硅通过化学键键合在环氧交联网络中，使交联密度上升，分子量增加，同时生成的 Si—O 键键能较大，Si—C 键又可转动等原因，TMS 因只有一端键合，所以改性效果不如 DMS，充分说明这种改性是羟基与氯端基的反应，形成了化学键。

用 DMS、DPS 分别改性酚醛型环氧 ECN，DMS 用量为 5.7g 时，T_g 达到 161.83℃，I_s 达到 14.0kJ/m^2，分别比未改性时提高了 15.43℃ 和 3.8kJ/m^2，而其与不同质量的 DPS 共同改性时，T_g 都有不同程度的下降，这是因为 ECN 极性很大，与大分子的相容性较差，此时只有小分子方能达到较佳的改性效果。

通过端基氯与环氧链上的羟基反应生成大键能的 Si—O 键，不仅没有消耗环氧基，并且还提高了树脂固化物的交联密度，既可以增韧树脂，又能提高其耐热、耐冲击等各项性能。

Ho Dong hann 等用邻甲酚线性酚醛型环氧树脂与甲基丙烯酸反应，引入乙烯基。研究结果表明，T_g 基本不受乙烯基在侧链的聚硅氧烷的影响，弹性模量下降，弯曲强度却有较大的提高。

侯庆普等以平均分子量为 1400 的聚二甲基硅氧烷与邻甲酚醛环氧树脂进行预反应，再与酚醛树脂固化剂进行混合后模塑成型，预反应提高了聚硅氧烷在环氧树脂体系中的分散性。

黄英等用端环氧基聚硅氧烷对环氧模塑料进行改性，带环氧基的聚二甲基硅氧烷首先与环氧树脂的固化剂预反应,形成嵌段共聚物,然后再与环氧树脂混合,使聚硅氧烷在环氧树脂中的分布更均匀,相区尺寸更小。

Emel 等研究了反应性聚二甲基硅氧烷低聚物改性环氧树脂,发现即使聚二甲基硅氧烷低聚物的相对分子质量较低(相对分子质量为 500 或仅有 5 个—Si—O—重复单元),二者的相容性仍不理想。以 1,3-双氨丙基多甲基二硅氧烷作为环氧树脂的模型固化剂和改性剂,获得了预期的拉伸强度和冲击强度的改善,但硅含量增大,玻璃化温度下降。

Kumar S 等用互穿网络技术制备了新型硅/环氧高性能涂料。硅氧烷的引入提高了涂料的耐腐蚀性,降低了吸湿率。

有机硅改性环氧树脂目前取得了较大的进展和应用的不断扩大,人们对有机硅改性环氧树脂的研究还会深入下去,不断开发出具有新官能团的有机硅,进一步提高两者的相容性,使其具有更优良的性能,寻找更好的有机硅微相细微化、均匀化方法以及工艺条件的不断完善等,这些将使有机硅改性环氧树脂在很多领域特别是高科技、高性能需求中极具竞争力,并不断适应新的要求,从而得到更广泛的应用。

3.3.3 实例

有机硅-环氧共聚物的合成有多种途径,但是工业上采用较多的是以商品环氧树脂为原料,根据不同的使用要求,改性用的环氧树脂一般采用中等分子量的环氧如 E-35、E-20、E-12,它们具有适中的 OH 基和环氧基。选择适当的品种环氧树脂与含烷氧基或羟基的低分子量有机硅树脂在溶剂中进行共缩合反应而制得共聚体,常用的溶剂有环己酮、异佛尔酮、甲基环己酮等。

反应生成环氧有机硅共聚物,在共聚物中保留了环氧基,因此可以采用环氧树脂的胺类固化剂在常温固化,如:二乙烯三胺、乙二胺、聚酰胺等来固化成膜。若用低分子聚酰胺树脂固化,可进一步提高涂膜的附着力和韧性。

利用上述的硅中间物可以制备三种类型的环氧改性有机硅树脂。

(1) 含乙氧基硅中间物 + 环氧 E-20 ⟶ HW_{28}、HW_{73} 环氧有机硅树脂。

(2) 含乙氧基和羧基硅中间物 + 环氧 E-20 ⟶ HW_{65} 环氧有机硅树脂。

(3) 含羟基硅中间物 + 环氧 E-20 ⟶ HW_{766} 环氧有机硅树脂。

其性能如表 3-24。

由表 3-24 可以看出环氧有机硅树脂具有良好的耐热、耐油、耐介质性及电性能。环氧有机硅涂料选用不同的固化剂可以在不同的温度固化。以二乙烯三胺、乙二胺为固化剂可以在 50℃ 下固化使用,若以聚酰胺作固化剂则得到低温干燥柔韧性好的漆膜;以三聚氰胺或脲醛树脂固化可以得到烘烤型的涂料。

■表 3-24　环氧有机硅涂料性能（以 2.5%二烯三胺为固化剂）

性　能		HW$_{28}$ 60~40	HW$_{73}$ 40~60	HW$_{65}$ 35~65	HW$_{766}$ 60~40
外观		黄色透明液	黄色透明液	黄色透明液	黄色透明液
固体分/%		50±2	50±2	50±2	50±2
黏度（涂-4 杯，25℃）/s		20~60	20~60	20~60	20~60
干燥时间/h	50℃	15	15	15	—
	150℃	1	1	1	2
冲击性/kgf·cm		50	50	50	50
柔韧性/mm		1	1	1	1
附着力（划圈法）/级		1	1	1	1
耐热性（200℃）/h	铁板	100	100	100	100
	钢板	100	100	100	100
耐潮（100h）		不起泡，不生锈	不起泡，不生锈	不起泡，不生锈	不起泡，不生锈
耐汽油（7 天）		不起泡，不生白	不起泡，不生白	不起泡，不生白	不起泡，不生白
体积电阻/Ω·cm 常态 耐热 180℃100h 后 耐潮 100h 后		$\geq 10^{13}$ $\geq 10^{14}$ $\geq 10^{13}$	$\geq 10^{15}$ $\geq 10^{14}$ $\geq 10^{10}$	— — —	$\geq 10^{13}$ $\geq 10^{14}$ $\geq 10^{13}$
击穿电压/(kV/mm) 常态 耐热 180℃100h 后 耐潮 100h 后		≥ 90 ≥ 80 ≥ 60	≥ 90 ≥ 80 ≥ 60	— — —	≥ 90 ≥ 80 ≥ 60

　　为了要达到产品具有耐热性，热弹性，一定的黏合力和电绝缘性能以及低温干燥的等性能，因此要求配方中考虑下列因素。

　　(1) R/Si 的比值　即有机基团与硅原子的比例主要决定产品的热弹性和硬度，要使树脂达到一定机械强度，就得在配方中考虑使大分子不低于某极限的，同时具有一定量的交联度。聚合物既有热弹性又有一定的机械强度，通常认为 R/Si=1.44 为好。

　　(2) 苯基含量　产品的耐热高低与苯基含量关系，苯基不易氧化，裂解，但苯基含量太高，不但缩合缓慢，而且得到的树脂很脆。一般苯基含量为 35.4%。

　　(3) 催化剂的选择与用量　带有烷氧基的聚硅氧烷和环氧树脂的缩合反应只要在 230~240℃下进行即可，不需加催化剂，但这样的热缩法反应进行得太快，3~4h 反应即完成，反应完成后如不迅速降温至 160℃以下。15min 内树脂将全部胶结，因此反应很难控制。根据报道以芳香族酸类可以打开环氧基生成羟乙基促进了它和硅醇的缩合。氯硅烷水解醇解的产物中除了一小部分分子之间羟基脱水形成环状物之外，大多数是带有羟基的小分子量的聚硅氧烷，因此需要有一催化剂活化羟基进行脱水作用，以达增长分子量的目的，萘酸锌是较好的缩聚催化剂。聚合方法以热缩方法为好，因为终点易控制。

苯甲酸对于环氧树脂的环氧基起开环作用，促使了环氧和硅醇的缩合。

$$—CH_2—CH_2 + HCOOR \longrightarrow —CH—CH_2—O—C—R$$
$$\underset{O}{\diagdown\diagup} \qquad\qquad\qquad \underset{OH}{} \qquad\qquad \underset{O}{\|}$$

$$—CH—CH_2—O—C—R + HO—Si— \longrightarrow —CH—CH_2—O—C—R + H_2O$$
$$\underset{OH}{} \qquad \underset{O}{\|} \qquad\qquad |\qquad\qquad\qquad \underset{O-Si-}{} \qquad \underset{O}{\|}$$

采用苯甲酸作为催化剂，对下降缩合温度是有利，实验结果表明硅醇和环氧树脂的反应使用了它，可以在 160～180℃ 反应。500mL 规模的缩合 10～12h 即可完成。但是实验规模扩大到 3000mL 时，缩合速度进展得很慢，最长时间可达 18h。这是由于苯甲酸不溶于投入的原料及甲苯中，本身在 100℃ 上易升华而造成的。因此苯甲酸不是理想的催化剂。

有机硅环氧树脂的生成主要是有二种缩合反应来实现的：一是硅醇中的羟基和环氧树脂的羟基脱水反应，二是硅醇中的乙氧基和环氧树脂中的羟基起反应。

根据有关资料报道聚二甲基苯基乙氧基硅烷和苯基三乙氧基硅烷与环氧树脂 170～180℃ 反应甚为容易，在规定条件下，乙醇仍为反应的挥发物。

反应物质	合 OH 基/%		含环氧基		析出乙醇占环氧树脂 C_2H_5OH/%
	原态	接收其原物	原态	接枝共聚物	
聚二甲基苯基乙氧基硅烷环氧#634	0.90	0.56	3.98	2.8	2.8
苯基三乙氧基硅烷#634 环氧	0.20	0.19	4.77	8.1	8.1

(4) 聚硅氧烷与环氧树脂的比例 决定了树脂的性能，环氧的含量高，产品的黏结力强，但耐热性受到影响。聚硅氧烷含量高产品的耐热性高、电性能好的特点呈现得明显，但树脂的附着力成型性等要下降。因此要通过如下配方实验，找出最佳有机硅环氧树脂中硅氧烷和环氧的比例。

序号	比例		树 脂 性 能		
	硅氧烷	环氧	60℃干燥时间	200℃耐热性	电气强度(原状)
1	7	3	45min	72h	70
2	8	2	2h	115h	—
3	9	1	4h	>198h	91.4

从上表中可以看出 3# 配方树脂除了干燥时间长之外，电气耐热性较好，因此确定了硅氧烷和环氧为 9∶1。

其工艺流程：

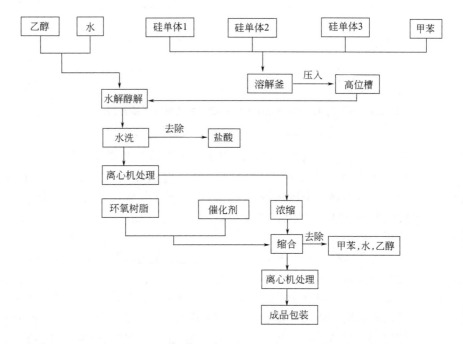

[实例1]　在丙二醇单丙醚和二甲苯的混合溶剂中加入双酚 A 型环氧树脂和 γ-氨丙基三乙氧基硅烷在 60℃反应 3h，反应的混合物中加入 PhSi(OMe)$_3$ 的部分水解缩聚物和 MeSi(OMe)$_3$，在水和异丙醇中于 60℃继续反应 3h，然后在所得的树脂中加入三聚磷酸铝、γ-环氧丙氧基丙基三甲氧基硅烷和二月桂酸二丁基锡以及颜料等，涂于钢片上，室温风干 7 天后，所得的涂层在阳光下曝晒 300h，或在室外存放一年，或在盐水试验中存放 100h，仍都显示好的色泽，保光性达 96%，显示了优秀的耐腐蚀、耐候性。另外，他们也用 γ-巯丙基三甲氧基硅烷、PhSi(OMe)$_3$ 的部分水解缩聚物、MeSi(OMe)$_3$ 在丙二醇单丙醚和二甲苯、水和异丙醇中，加入 B(OEt)$_3$，于 60℃反应 3h，然后在所得产物中配入环氧树脂、防腐剂、稳定剂、颜料、填料等所制成的涂层，同样具有优良的耐腐蚀、耐候性。

又如，将氨丙基三乙氧基硅烷和环氧树脂滴加在 MeOH 和 Si(OEt)$_4$ 中，所得产物在 110℃固化 30min 后，所形成的涂层显示好的黏结性、耐化学品、耐抓性、耐水性。用含二氧化硅的环氧改性硅树脂制作的涂料，在沸水中测试，90 天不破裂，涂层完好。

另外，环氧改性硅树脂也可通过含环氧基聚硅氧烷与环氧树脂预熟化、含氨烷基聚硅氧烷与含环氧树脂共缩合等方法制得。

[实例2]　耐热防腐蚀涂料用有机硅改性环氧树脂

改性树脂中有机硅含量为 50%。

改性树脂制备　参考配方（质量份）

E-20 环氧树脂	100
二甲苯	70
环己酮	10
丁醇	20
二甲苯（兑稀用）	33
有机硅低聚物 （聚苯基甲基乙氧基硅烷，固含量65%，固体的乙氧基含量为7%时二甲苯溶液）	161.0（固体104.7份）

操作方法　将二甲苯、环己酮、正丁醇按量加入带夹套及回流冷凝器的树脂溶化釜内，冷凝器内通水，夹套内通蒸气，开动搅拌，逐渐升温到70℃，然后将打成碎块的E-20环氧树脂分批加入釜内，使其熔化、最后将温度升至90℃，保温，待完全熔化后，停止加热，降温至30～40℃时过滤、装桶、待用。

将环氧树脂液及有机硅低聚物液加入装有搅拌、温度计、回流冷凝器及油水分离器的树脂反应釜中。在搅拌下于180～190℃进行反应。反应中有乙醇析出。取样在200℃的电热胶化板上测胶化时间，若胶化时间达3～5s时，即为反应终点，停止加热，降温到120℃以下，然后加二甲苯对稀，搅拌均匀，降至30～40℃时过滤、装桶，备用。此改性树脂液的固含量为50%。

试验证明：在有机硅低聚物（聚苯基甲基乙氧基硅氧烷）和环氧树脂改性的反应中，仅环氧树脂中的羟基参与反应，环氧树脂中环氧基的数量基本没有变动。因此这种改性树脂液可以氨基树脂作为交联剂，在高温（200℃）固化成膜，也可用多元胺或低分子聚酰胺作交联剂在常温进行固化成膜。

3.4　酚醛树脂改性有机硅树脂

酚醛树脂（PF）是世界上最早实现工业化的合成树脂，迄今已有100年的历史，至今仍很重要的高分子材料。酚醛树脂为无色或黄褐色透明、无定形块状物质，因含有游离分子而呈微红色，相对密度1.25～1.30，易溶于醇，不溶于水，对水、弱酸、弱碱溶液稳定。由苯酚和甲醛在酸触媒或碱触媒条件下缩聚、经中和、水洗而制成的树脂，其中以苯酚和甲醛树脂为最重要。因选用催化剂的不同，它可制成热固性及热塑性两类产品，热塑性酚醛树脂需用乌洛托品作固化剂，由于原料易得、成本低、生产工艺和设备简单以及树脂固化后性能能满足很多使用要求，并且酚醛树脂具有良好的耐寒性、阻燃性及烟雾性、刚性、尺寸稳定性、介电性力学性能、粘接强度、高残碳率、低烟低毒、耐水性、电绝缘性、力学性能和电气性能，成型加工性，因此广泛应用于防腐蚀工程、模塑料、绝缘材料、涂料、胶黏剂、阻燃材料、木材粘接、砂轮片制造等行业。但是，PF结构上的薄弱环节是酚羟基和亚甲基容易氧化，使其耐热性受到影响。其反应式如下：

$$n\text{C}_6\text{H}_5\text{OH} + n\text{HCHO} \longrightarrow [\text{C}_6\text{H}_3\text{OHCH}_2]_n + n\text{H}_2\text{O}$$

酚醛树脂缩合过程为线型酚醛树脂，体型酚醛树脂结构示意图为：

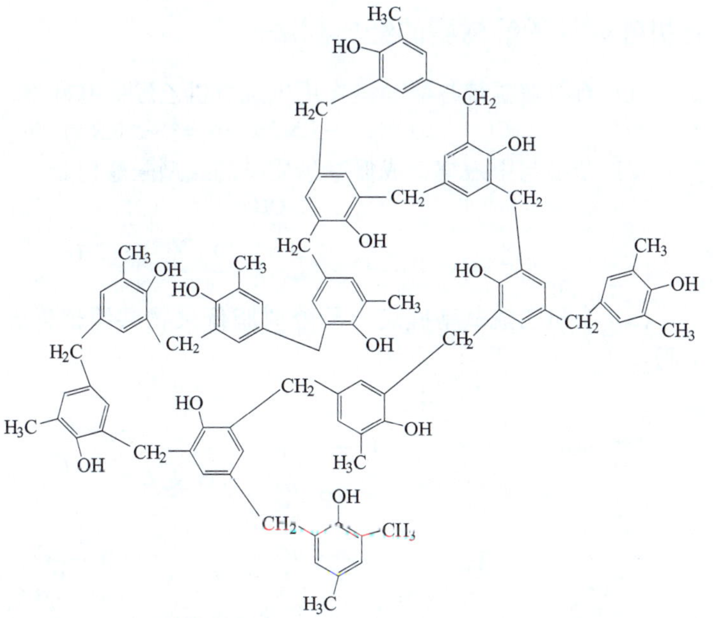

但酚醛树脂的反应活性低，固化反应放出缩合水，使得固化必须在高温高压条件下进行，颜色深，加工成型压力高，脆性较大，特别是高温下容易开裂，严重限制了其在复合材料领域的应用。为了克服酚醛树脂固有的缺陷，进一步提高酚醛树脂的性能，满足高新技术发展的需要，使用聚硅氧烷改性，不仅可改善其脆裂性及使用可靠性，而且还可制成耐热涂料、复合材料、半导体光刻胶及包封料等。

有机硅树脂具有优良的耐热性和耐潮性。其改性环氧树脂可以通过使用有机硅单体，与线性酚醛树脂中的酚羟基或羟甲基发生反应，来改进酚醛树脂的耐热性和耐水性。采用不同的有机硅单体或其混合单体与酚醛树脂改性，可得不同性能的改性酚醛树脂，具有广泛的选择性。有机硅改性酚醛树脂制备的复合材料，可在200～260℃下工作应用相当长时间，并可作为瞬时耐高温材料，用作火箭、导弹等烧蚀材料。在酚醛树脂的分子结构中引入无机的硼元素，可使硼改性酚醛树脂的耐热性、瞬时耐高温性、耐烧蚀性和力学性能比普通酚醛树脂好得多，它们同样多用于火箭、导弹和空间飞行器等空间技术领域作为优良的耐烧蚀材料。

热固性有机硅改性酚醛树脂的合成方法有两种：一种是通过氯硅烷水解低聚物与酚醛树脂制备热固性有机硅改性酚醛树脂，这种方法制备的树脂由于有机硅树脂分子量低，韧性和耐热性能相对较差，主要用于覆铜箔制造。

另一种有机硅改性酚醛树脂的制备方法是先制备线性酚醛树脂，然后加入低聚硅树脂合成有机硅改性酚醛树脂，再补加甲醛制备成热固性有机硅改性酚醛树脂。

3.4.1 有机硅改性酚醛树脂的经典制法

(1) 有机氯硅烷与醋酸钠作用生成有机乙酰氧基硅烷，例如：

$$RSiCl_3 + 3AcONa \longrightarrow RSi(OAc)_3 + 3NaCl \text{ (R 为 Me、Ph)}$$

(2) 苯酚与甲醛缩聚成低摩尔质量的线型酚醛树脂：

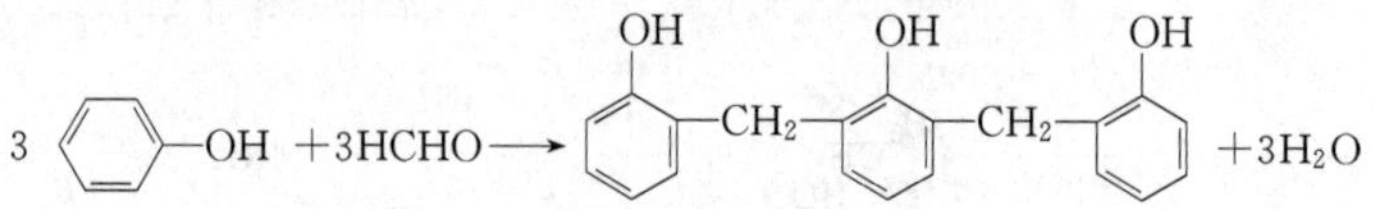

$$3\,C_6H_5OH + 3HCHO \longrightarrow HO\text{-}C_6H_4\text{-}CH_2\text{-}C_6H_3(OH)\text{-}CH_2\text{-}C_6H_4\text{-}OH + 3H_2O$$

(3) 有机乙酰氧基硅烷与酚醛树脂低聚物共缩聚得到硅氧烷改性酚醛树脂：

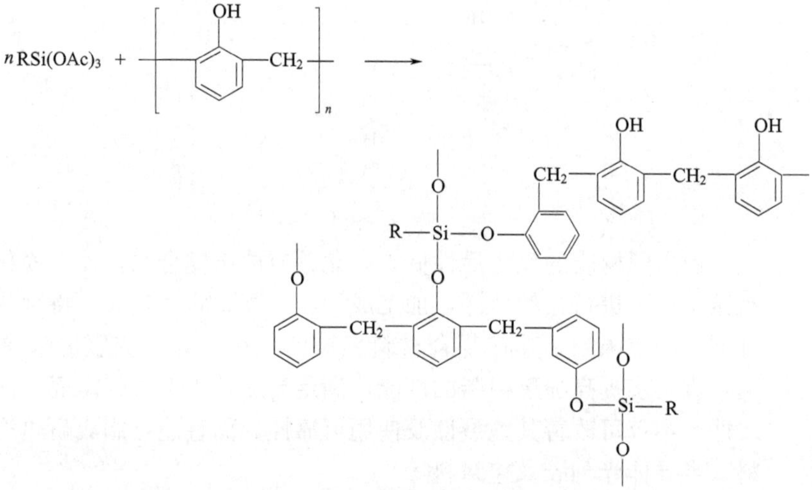

$$n\,RSi(OAc)_3 + [\text{HO-C}_6H_3\text{-CH}_2]_n \longrightarrow \text{硅氧烷改性酚醛树脂}$$

具体工艺过程如下：

制取 $RSi(OAc)_3$：先将甲苯加入反应瓶中，在搅拌下慢慢加入 AcONa，成为糊状物，而后加入摩尔比 1:1 的 $MeSiCl_3$ 及 $PhSiCl_3$，并加热回流数小时，冷冻、过滤除去过量的 AcONa 及副产物 NaCl，滤液在 80℃ 及减压下蒸除溶剂，即得到 $MeSi(OAc)_3$ 及 $PhSi(OAc)_3$。

制取酚醛树脂低聚物：将温水加热融熔好的摩尔比 1:1 的苯酚及 HCHO [37%（质量分数）的水溶液] 加入反应器中，在搅拌下慢慢加入一定量的氨水 [26%（质量分数）的氨水溶液]，加热回流 9h，静置分层。除去水层后在 80℃ 及减压下除去残留水分。当 10%（质量分数）的树脂乙醇溶液相对黏度达到 2.2～2.4 时，即可停止反应，得到的产物为含三酚核的缩合物，100℃ 下的凝胶化时为 20～30min。

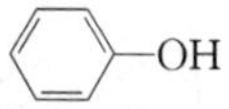

硅烷-酚醛树脂共缩合：乙酰氧基硅烷与酚醛低聚物的配比，应视改性

树脂用途而定。用作电绝缘材料时，共聚物中硅树脂的含量以 20%～40%（质量分数）为宜。具体工艺是将 MeSi(OAc)$_3$ 及 PhSi(OAc)$_3$ 慢慢加入内盛过量水的反应器中，保持温度不超过 20℃，而后加入酚醛树脂乙醇溶液。并加热回流，一结束反应后，减压下蒸除溶剂及水，当产物凝胶化时间达到 20～30min/100℃时，即可停止反应，得到硅树脂改性酚醛树脂。

3.4.2 影响有机硅改性酚醛树脂性能的因素

3.4.2.1 有机硅的含量

从表 3-25 有机硅的含量对涂膜性能的影响中可知：当有机硅含量<30%时，改性树脂中 Si—O—Si 链的含量太少，耐热性能得不到有效的改善；随有机硅含量的增加，改性树脂清漆的耐热性能逐渐得到改善，主要是树脂中 Si—O—Si 链的含量增加，提高了改性树脂的耐热性能；但随有机硅的含量的继续增加，树脂中环氧基团的含量同时也逐渐减少，当有机硅含量>70%时，高温烘烤后清漆的附着力、柔韧性和耐冲击性能迅速下降。因此，有机硅含量宜为 40%～60%。

■表 3-25　有机硅的含量对涂膜性能的影响

有机硅树脂含量/%	耐热性 200℃烘烤 12h	烘烤后的常规性能		
		附着力级	柔韧性/mm	耐冲击性/cm
20	颜色加深、边缘部分粉化	2	2	45
30	颜色稍加深、轻微失光	1	2	45
40	颜色稍加深、无失光	1	2	50
50	颜色基本无变化、无失光	1	1	50
60	颜色基本无变化、无失光	1	1	50
70	颜色基本无变化、无失光	2	2	35
80	颜色无变化、无失光	4	3	30

3.4.2.2 温度

涂膜附着力的大小表现了涂料性能的好坏，也直接影响着涂膜对基材的防护性能。然而，涂膜在使用过程中，尤其是在高温条件下将受到热应力、腐蚀性介质等因素的协同作用，使涂膜与基材之间的结合强度降低，易产生腐蚀。图 3-9 是不同温度与不同含量的有机硅改性树脂涂膜附着力的变化趋势。

从图 3-9 可以看出：随着温度的升高，不同有机硅含量的改性树脂涂膜与金属基材之间的附着力先升高后逐渐降低，附着力升高可能是涂膜在温度的作用下进行了二次固化，从而交联成更为致密的网状结构体系；当温度继续升高时，由于涂膜与基材的热膨胀系数不同产生应力收缩，从而使界面间的结合强度下降。

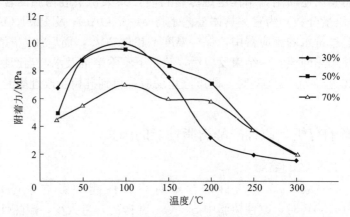

■图 3-9　温度对不同含量的有机硅树脂改性涂料的附着力的影响

另外，对比 30％、50％、70％三种不同有机硅比例的改性涂料附着力随温度的变化曲线可知，改性树脂中有机硅含量为 30％的涂膜附着力在热应力的作用下下降幅度较大，有机硅含量为 70％的改性涂料的附着力随温度的变化下降幅度相对较小，有机硅百分含量为 50％的改性涂料的附着力随温度的变化幅度小于有机硅含量为 30％的改性树脂，在 100℃左右时结合力最高，在 250℃和 300℃时结合力与有机硅含量为 70％的改性树脂的结合力大致相同；这是由于过高或过低的有机硅百分含量均对改性树脂涂料的综合性能有影响，过高，改性树脂涂料的耐热性提高了，但常规性能下降；过低，改性树脂涂料的常规性能较好，但耐热性能不佳；综合考虑，有机硅百分含量为 50％的改性树脂涂料具有相对较好的耐热性和常规性能。

3.4.2.3 耐酸碱性能

从表 3-26 不同比例的有机硅改性涂料的耐酸碱性能中可以看出，随着有机硅树脂比例的增加，涂膜的耐酸碱性能逐渐下降；在温度较高的酸碱溶液中涂膜完好性持续时间越短。可能是由于有机硅树脂比例的增加，硅羟基含量也相应增加，导致固化时硅羟基之间自交联，降低了分子固化交联密度，生成的网状结构不够致密；在 70℃的酸碱溶液中，腐蚀介质的活性增加，从而加速了腐蚀的发生。

■表 3-26　不同含量的有机硅树脂改性涂料的耐酸碱性

有机硅树脂含量/%	室温		70℃	
	$10\%H_2SO_4$	$20\%NaOH$	$10\%H_2SO_4$	$20\%NaOH$
20	24d 涂膜不变	160d 涂膜不变	196h 涂膜起较多小泡	360h 涂膜无变化
40	18d 涂膜不变	172d 涂膜不变	168h 涂膜开始起泡	288h 涂膜边缘生锈、起泡
60	14d 涂膜不变	120d 涂膜不变	144h 涂膜起泡、生锈	264h 涂膜生锈、起泡
80	5d 涂膜不变	72d 涂膜不变	72h 涂膜大面积起泡、生锈	144h 鼓泡

3.4.2.4 涂膜光泽度

由图 3-10 不同有机硅比例与对应涂膜光泽度的关系曲线可以看出,随着有机硅树脂比例的增加,对应涂层涂膜的光泽度呈缓慢上升趋势,光泽度变化幅度不大。在用有机硅改性 F-51 的过程中发现:有机硅的百分含量越高,制涂料时表干/实干时间越短;其原因是:有机硅树脂中含有活性基团羟基,成膜时容易与固化剂中的活性基团交联,缩短干燥时间。另外,引入 Si—O 链,增加了分子的柔顺性,从而使涂膜光泽度增加。

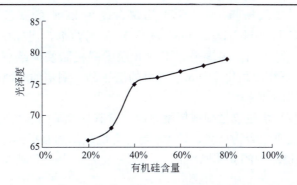

■图 3-10　不同有机硅含量与对应涂膜光泽度的关系曲线

3.4.2.5 有机硅树脂改性树脂的性能

从表 3-27 改性树脂涂料中不同含量的有机硅树脂改性涂料与涂膜性能对比可以看出,随着有机硅树脂百分含量的增加,改性涂料的耐热性能变好,而耐蚀性能在有机硅树脂百分含量为 50% 时比较好,可能是当有机硅树脂百分含量为 50% 时,有机硅树脂与酚醛环氧树脂反应充分,该改性涂料成膜时交联度高、网状结构致密,能够有效地抵御腐蚀性介质的侵蚀。综合考虑,有机硅树脂百分含量为 50% 左右时可以获得良好的综合性能(耐热性和防腐性)。

■表 3-27　不同比例有机硅树脂的改性涂料与涂膜性能比较

有机硅树脂含量	30%	50%	70%
附着力(划圈法)/级	1	1	2
柔韧性/mm	1	1	1
耐冲击性/cm	50	50	45
耐热性(300℃,15h)	边缘部分轻微起泡、粉化	不起皮、不起泡、不粉化	不起皮、不起泡、不粉化
耐盐雾性(960h)	无锈点、不起泡、不脱皮	无锈点、不起泡、不脱皮	有锈点、边缘起泡
耐盐水性(1080h)	无锈、不起泡、不脱皮	无锈、不起泡、不脱皮	有锈点、有很小的泡

3.4.3 有机硅改性酚醛树脂的制备实例

(1) 铜箔绝缘板用粘接剂　适用于粘接铜箔、酚醛树脂层压板的硅氧烷改性酚醛树脂,可由可溶性酚醛树脂、硅烷偶联剂、聚乙烯醇缩丁醛及有机溶剂配制而得;例如,将 640g C_6H_5OH、400g HCHO 及 4.4g $Zn(OAc)_2$,加热回流,脱水反应 6h。而后加入 12.2g MeOH 稀释,得到固含量 80% 的线型酚醛树脂(含游离 C_6H_5OH 5.8%,含 CH_2OCH_2 基 29%)。取出 13 份线性酚醛树脂,9.6 份平均聚合度为 2500 的聚乙烯醇缩丁醛,0.1 份 $H_2NC_2H_4NHC_3H_6Si(OMe)_3$ 及 77.8 份溶剂,混成粘接剂。将其涂布在铜箔上。晾干后,将铜箔置于由 8 层酚醛树脂浸渍纸制成的层压板上,并在 150℃ 下加压固化 60min,制得的层压品,铜箔的剥离强度为 0.22MPa,抗焊接时间 28s。

(2) 水基改性酚醛树脂涂料　含有烷氧基的有机硅化合物,容易与含羟基的有机化合物反应,即 PF 与含有烷氧基的有机硅单体进行反应,形成含硅-氧键结构的立体网络:

$$3 \sim\sim\overset{OH}{\underset{}{\bigcirc}}-CH_2OH + RSi(OR')_3 \longrightarrow R-Si(O-CH_2-\sim\sim)_3 +$$

$$3R'OH \xrightarrow{\Delta} 热固性树脂$$

反应过程中存在着酚醛自聚的竞争反应,因此两种反应之间的竞聚就成了改性成败的关键。固化后具有优良耐磨、耐酸性的可用水稀释的硅氧烷改性酚醛树脂涂料,可由酚醛树脂、胶态二氧化硅、$RSi(OR)_3$ 水解物及溶剂等配制而得。例如,由 1.5g 34% 的二氧化硅水乳液(粒径为 20nm,比表面积为 150m^2/g),5g 51%~53% 的数均摩尔质量为 200~250g/mol 的酚醛树脂,4g $MeSi(OMe)_3$,0.8g AcOH,2.7g i-PrOH 及 8g $BuOC_2H_4OH$,经混匀反应得到的涂料,将其涂布在玻璃、聚碳酸酯或铝板上,并在 110℃ 下固化后,得到透明、坚硬的涂层,厚度为 2~10μm。

(3) 抗开裂的酚醛树脂模塑料　酚醛树脂中混入硅氧烷微粉,可有效改善其抗开裂性能。所用硅氧烷微粉,系由 100 质量份黏度(25℃)为 350mPa·s、含乙烯基的 MT 硅树脂[内含 $Me_3SiO_{0.5}$ 链节 35(mol)%,$MeSiO_{1.5}$ 链节 63(mol)% 及 $ViMe_2SiO_{0.5}$ 链节 2(mol)%],3 份甲基氢硅油及少量 $PtCl_4/i$-PrOH 催化剂(按硅氧烷计,Pt 用量为 10×10^{-6})及 0.1

份 3-甲基 4-丁炔-3-醇（抑制剂），在 100℃下反应 3h，得到固体硅氧烷，将其研磨并通过 100 目筛得到微粉。而后取出 6 份，加入 30 份线型酚醛树脂（软化点为 80℃，羟基当量值为 100），70 份二氧化硅，4 份六亚甲基四胺及 1 份巴西棕榈蜡，混匀得模塑料。将其在 175℃及 7MPa 下传递模塑 3min，并在 150℃下二次固化 2h，产品的一次成型收缩率为 0.07%，二次固化收缩率为 0.12%，弯曲强度为 109MPa，热膨胀系数为 0.3×10^{-5}/℃。

具有良好憎水性及抗冲击性的改性酚醛树脂模塑料，则可通过下法制取。例如，先中 100 质量份 $HMe_2SiO(Me_2SiO)_nSiMe_2H$ 与 60 份 $CH_2=CHCH_2O$—⌬—CMe_2—⌬—$OCH_2CH=CH_2$ 在铂催化下反应得到氢硅化加成产物。取出 30 份产物，加入 100 份 PhOH，65 份 37%的 HCHO 及 1 份草酸 $(COOH)_2$，反应得到硅氧烷改性线性型酚醛树脂。取出 40 份产品，混入 8 份六亚甲基四胺，50 份玻璃纤维，1 份润滑剂，1 份颜料及 0.5 份氨基硅烷偶联剂，得到模塑料。将其传递模塑，制得试片的弯曲强度可达 190MPa，弯曲伸长率为 2.0%，简支梁冲击强度为 $4.0kJ/m^2$，在 100℃水中浸泡 500h 后，仅增重 1.1%。

(4) 电子器件封装料 制法如下：将 100 质量份线型酚醛树脂（羟基当量值为 105）与 2.5 份 $Me_3SiO(Me_2SiO)_{69}(C_3H_7PhSiO)_5[Me(C_3H_6OCH_2CH\overset{O}{\triangle}CH_2)SiO]_6SiMe_3$，在丁醇及催化剂作用下，反应得到改性率 99%的硅氧烷改性酚醛树脂。取出 35 份产物，再混入 15 份线型酚醛树脂，90 份线型酚醛环氧树脂，10 份溴代酚醛环氧树脂，430 份石英粉，25 份三氧化二锑，2.5 份三苯基膦 (PPh_3)，3 份炭黑及 3 份巴西棕榈蜡，得到具有良好成型加工性的封装料，将其用作半导体传递模塑料，在模温为 175℃及停留时间为 1min，制品并进一步在 175℃下二次固化 8h，得到的晶体管壳，能经受 $-65\sim150$℃的冷热冲击 500 次，20 只样品中无一开裂。

(5) 用八甲基四硅氧烷 D_4 对酚醛树脂进行改性 酚醛树脂的合成：首先在 $40\sim45$℃温度下熔化苯酚并加入 NaOH 水溶液，反应 10min 后加入第一次甲醛，其量为总投入量的 80%。然后保持温度在 $80\sim85$℃之间，反应 1h 后加入一次甲醛，加入量为投料量的 20%，第二次加入甲醛时的反应温度控制在 $70\sim75$℃之间。最后升温并保持在 $80\sim85$℃之间进行合成反应，最终得到产品为棕红色。

有机硅改性酚醛树脂的合成：在装有搅拌、冷凝管、温度计及滴液管的四口瓶中加入一定量的蒸馏水，升温至一定温度后加入一定量的十二烷基磺酸钠（SDS），使之完全溶解；加入 30%左右的酚醛树脂及 50%左右的 D_4 乳液，搅拌 30min 并调节 pH 值在 $6\sim7$ 之间。升高温度至 90℃，并在 $60\sim70$℃时加入 20%的引发剂过硫酸钾；在该温度反应 1h 后开始滴加剩余的酚醛树脂、八甲基四硅氧烷（D_4）乳液及引发剂，滴完之后追加 $1\sim2$mL 引发剂,继续反应冷却后出料。

(6) 一步法合成有机硅改性酚醛树脂 有机硅改性酚醛树脂胶黏剂作为胶黏剂优点是具有良好的耐热性能,但粘接强度低,为克服有机硅改性酚醛树脂粘接强度较低等问题,王超等采用一步法合成有机硅改性酚醛树脂:利用硅树脂水解物与苯酚、甲醛缩聚制备热固性有机硅改性酚醛树脂,而不同于两步法制备热固性有机硅改性酚醛树脂和由硅烷水解低聚物与酚醛树脂缩合制备热固性有机硅改性酚醛树脂。一步法主要合成原理是在强碱存在下水溶液中的甲基苯基有机硅树脂水解成端羟基硅树脂,再加入苯酚、甲醛在碱催化硅树脂水解同时,也催化酚醛树脂合成,同时端羟基硅树脂与酚醛树脂中的羟甲基缩聚成有机硅改性酚醛树脂。由于有机硅树脂含量少,因此合成的树脂仍然为热固性树脂。具体制备方法是将20份1053有机硅树脂中加入少量氢氧化钠和大量水,在100℃反应2h后再加入94份苯酚、110份甲醛,于80℃反应2h后,减压蒸馏,得黏稠液体——热固性有机硅改性酚醛树脂,由IR、DSC、TG以及剪切强度和剥离强度,对其粘接性能、老化性能、固化条件进行试验。说明由一步法制备的树脂粘接强度高,耐热性能优异,耐久性能良好,可以作为耐热结构胶黏剂在航空航天领域应用。

(7) 有机硅改性腰果酚醛涂料 腰果酚是天然腰果壳液(CNSL)的主要成分,其结构类似于生漆的主要成分漆酚。由腰果酚与甲醛制得的腰果酚醛聚合物涂料(CF)具有接近生漆的优良理化性能,且价格低廉,已得到实际应用。但由于腰果酚醛聚合物分子含有酚羟基—OH,使其涂膜易被氧化且抗碱性不佳,不宜作为防腐涂料使用。为了从天然腰果壳液制取高性能防腐涂料,并能在防腐工程方面得到应用,利用CF中的酚羟基易与有机硅小分子反应的特点,用二甲基二氯硅烷(DMS)对CF进行改性,制备了有机硅改性腰果酚醛聚合物(CF-Si)。

将12.5份CF二甲苯溶液加入附有搅拌器、滴液漏斗和导管的三口烧瓶中,在搅拌下逐滴滴入计量的3份DMS,于常温下反应25min,然后调节产物固含量约为55%,得到CF-Si。反应过程逸出的HCl气体用NaOH溶液吸收。

用DMS对腰果酚醛聚合物涂料进行改性制得的有机硅改性腰果酚醛聚合物涂料,CF分子中的酚羟基与DMS的Si原子相结合,降低了CF-Si分子中的酚羟基浓度,增大了交联密度,不仅使CF-Si的室温固化成膜时间缩短为25min,而且CF-Si涂膜的性能得到很大改善:硬度、光泽度和耐冲击性等常规物理机械性能较CF优异(见表3-28);CF-Si比CF具有更高的热稳定性(图3-11);紫外光照射1400h后,CF-Si的失光率仅为27%,而CF达到58%,CF-Si的抗紫外线性能提高(图3-12);CF-Si涂膜的耐化学介质腐蚀性能(尤其是耐碱性)得到很大改善,CF-Si的耐碱性较CF优异(表3-29)。

■表 3-28　CF 和 CF-Si 涂膜的常规物理机械性能

试样	硬度(铅笔法)	附着力/级	光泽度/%	耐冲击性/cm	柔韧性/mm
CF	<6B	1	104	40	1
CF-Si	2H	1	128	45	1

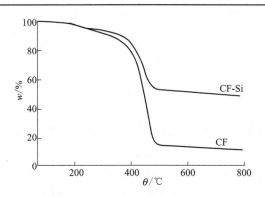

■图 3-11　CF 和 CF-Si 涂膜的 TG 图

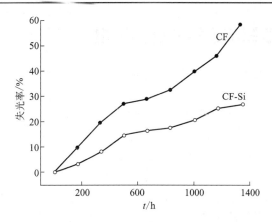

■图 3-12　CF 和 CF-Si 涂膜的抗紫外线性能

■表 3-29　CF 和 CF-Si 涂膜的耐化学介质性能

试样	化学介质				
	$10\%H_2SO_4$	$30\%H_2SO_4$	$10\%NaOH$	$40\%NaOH$	$5\%NaCl$
CF	+	+	−	−	+
CF-Si	+	+	+	+	+

注："＋"表示涂膜未出现起皱、龟裂或腐坏；"－"表示涂膜出现起皱、龟裂或腐坏。

（8）由烯丙基化的酚醛树脂与有机硅化合物反应，也可形成耐热性能优异的有机硅改性酚醛树脂。

用有机硅改性 PF 制得的摩擦材料摩擦性能稳定,磨损率低,在 100～350℃温区内摩擦系数变化很小（$\mu=0.36$～0.40）。

有机硅改性酚醛胶黏剂固化温度比纯有机硅树脂胶黏剂低,同时室温强度提高。若使用有机硅单体或可溶性的有机硅树脂等与酚醛树脂中苄羟基或酚羟基共缩聚反应,可改进酚醛树脂的耐热性、耐水性及韧性。

3.5 丙烯酸树脂改性有机硅树脂

丙烯酸酯聚合物以饱和的 C—C 键为主链,侧链上带有极性的羧酸酯基,赋予丙烯酸酯聚合物许多优良的性能,具有良好的成膜性能,形成的膜透明、柔韧并富有弹性,并且耐候性、耐光性、耐油性、对极性、非极性表面具有良好的黏结性等,因此丙烯酸酯聚合物的应用十分广泛。但由于其结构一般为链状线型结构,属于热塑型材料,对温度极为敏感,会出现"热黏冷脆"的现象,其耐水性差、透湿性差、耐沾污性差、高温容易变软、低温容易变脆等缺点。另外,丙烯酸酯所成的膜不耐有机溶剂的作用,在有机溶剂的作用下会发生溶胀现象,制约了它的进一步发展。

有机硅是分子主链中含有硅元素的有机高分子合成材料,因为其结构中含有高键能的 Si—O 键（键能高达 425kJ/mol）远远大于丙烯酸酯单体中的 C—C(375kJ/mol) 和 C—O(351kJ/mol) 的键能,使得有机硅具有高度的柔顺性、良好的耐高、低温性、稳定性和抗氧化等性能;而且由于有机硅氧烷表面张力小和分子体积大,使其具有优异的耐候性、水及其他污染物不易附着、良好的透气性和优良的疏水性。

但其也有一些缺点,由于有机硅氧烷的内聚能和密度比较低,所以强度偏低,对金属、橡胶、塑料的黏附性差、机械强度不好、固化温度较高（150～250℃）且价格较贵,限制了有机硅的广泛应用。如果通过有机硅改性丙烯酸酯聚合物,将有机硅单体引入丙烯酸酯聚合物的主链或侧链上,能够将有机硅和丙烯酸酯这两类极性相差很大的化合物结合在一起,可以弥补两者在性能上的不足,充分利用两者的优点,得到兼具二者优异性能的改性产物这在理论研究和实际应用中都具有十分重大意义。

3.5.1 改性原理

有机硅聚合物是一种新的强功能性高分子材料。其中硅氧烷以硅氧键 Si—O—Si 为骨架,并在硅原子上结合着有机基团,兼有无机和有机化合物的特点,其键能高达 425kJ/mol,远大于 C—C 键能(345kJ/mol)和 C—O 键能(351kJ/mol),Si—O—Si 键角为 143°,而且 Si—O 键间存在着 d-π 和 p-π 键,这些特殊结构使其具有抗热分解和抗氧化等性能。所用的有机硅聚合物多为有机聚硅氧烷,是以重复的 Si—O 键为主链,侧基为不同的有机基团。不同侧基基团可赋予有机硅聚合物大分子不同的性能,如引入长链烷基,可提高憎水性;引入乙烯基,可实现过氧化物引发交联聚合;引入反应活性点用于改性。但较高的成本和较低的强度又使其应用受到限制,因而将有机硅和丙烯酸酯两类极性相差很大的聚合物结合在一起,可以得到兼具二者优异性能的新型功能材料。

3.5.2 物理共混法

物理共混法又称冷拌法,利用各组分间的协同效应或互补效应改善丙烯酸酯性能的有效方法之一,聚二甲基硅氧烷的溶度参数 δ_p 为 $1.56 \times 10^4 (J/m^3)^{1/2}$,聚丙烯酸酯的 δ_p 值在 $(1.8 \sim 2.1) \times 10^4 (J/m^3)^{1/2}$ 范围,属于典型的互不相容体系。所以,将二者进行简单的物理共混易发生相分离。使用增容剂可改善二者的相容性,实现聚硅氧烷与聚丙烯酸酯体系良好的共混。有机硅与聚丙烯酸酯进行共混的形式有:本体共混、有机硅作为助剂与丙烯酸乳液共混、有机硅聚合物乳液与丙烯酸酯聚合物乳液共混。

3.5.2.1 本体共混

对于本体共混,Akito Nakamura 等用 5 份黏度(25℃)为 1100mPa·s 的高相对分子质量长链烷基硅油 $Me_3SiO(MeC_{12}H_{25}SiO)_nSiMe_3$ 作增容剂,加入到 70 份(质量份,下同)聚丙烯酸酯与 30 份平均聚合度为 5000 的 $HO(MeVi\text{-}SiO)_nH$ 配成的复合胶中,再加入 30 份白炭黑、40 份硅藻土、5 份 ZnO、1 份硬脂酸、1 份喹啉类抗氧化剂及 5.5 份 40% 的二枯氧基过氧化物,捏匀成硅胶。置于模具内,于 160℃ 及 19.6MPa 下硫化 20min,制成 2mm 厚的试片,再在 150℃ 下二次硫化 4h,其起始拉伸强度为 6.47MPa,经 180℃ 下老化 70h 后,拉伸强度增至 9.8MPa;同样条件下,无增容剂的对照橡胶试片,其拉伸强度仅为 4.7MPa(150℃,硫化 4h)、9.61MPa

(180℃，老化 70h)。可见，使用长链烷基硅油作增容剂，不仅可改善聚硅氧烷与聚丙烯酸酯的相容性，而且可有效提高硫化橡胶的物理机械性能。

3.5.2.2 有机硅作为助剂与丙烯酸乳液共混

作为溶剂型和水性涂料的附着力促进剂和偶联剂，功能性有机硅已广泛地应用于涂料工业中。将这些功能性有机硅单体直接作为助剂添加到丙烯酸酯聚合物乳液中，由此得到的硅烷基化乳胶膜有较好的耐划痕性、耐磨蚀性、耐溶剂性和耐酸碱性能，并且对不同底材有很好的附着力；另外向共混乳液体系中加入能抑制聚硅氧烷表面迁移的交联剂或偶联剂亦能改善互容性。

3.5.2.3 有机硅与丙烯酸酯的聚合物乳液共混

将有机硅聚合物乳液和丙烯酸酯聚合物乳液混拼，先将有机硅乳液与适量的稳定剂混合，调节 pH 值后再与丙烯酸酯乳液按照一定比例混合均匀，两种乳液之间不发生化学反应。采用共混的方式，可以包含并改进聚合物中各单体的优良性能，达到了用有机硅改性丙烯酸酯聚合物乳液的目的。但有机硅聚合物活性基团大部分参与反应后，与丙烯酸酯聚合物及基材之间不能产生化学键合力，并且因有机硅聚合物与丙烯酸酯聚合物的表面能相差较大，混合后乳液稳定性差，容易产生两相分离，因此乳液的稳定性不高，储存期短，其耐候性和附着力的提高并不明显。范青华等对此进行了详细的研究，对聚硅氧烷共混改性改性苯乙烯/丙烯酸丁酯乳液膜表面组成、微观形态和力学性能进行了研究，并与共聚改性方法作了对比，发现共混改性苯乙烯/丙烯酸丁酯乳液膜中聚硅氧烷向膜表面迁移程度明显高于向共聚改性膜表面迁移的程度，并且表面聚硅氧烷的含量随着改性膜中聚硅氧烷含量的增大而增大，共混改性膜拉伸强度的下降幅度也明显高于共聚改性膜，用扫描电镜观察膜断面的形态可证明。有机硅聚合物乳液与丙烯酸酯聚合物乳液物理共混物的相容性较差，容易产生两相分离、储存期短，而且有机硅聚合物与丙烯酸酯聚合物间没有化学键结合，其耐候性和附着力的提高并不明显。为此，Blahoivic 等采用 [4-(甲基丙烯酰氧)丁基] 五甲基硅氧烷（MBPD）与甲基丙烯酸甲酯（MMA）共聚，合成 PMBPD 增溶剂，成功地实现了有机硅聚合物和丙烯酸酯聚合物的理想共混；Richard 等提出采用加入增溶剂或交联剂的方法来改善共混乳液的相容性；在丙烯酸酯聚合物乳液上接枝或化学键合与聚硅氧烷有亲和力的物质（即增溶剂），再与聚硅氧烷乳液共混，使二者有机结合在一起，抑制有机硅分子向乳液膜表面迁移，可显著降低二者相界面张力，明显提高两相间的相容性和胶膜的力学强度。

3.5.3 化学改性法

化学改性法是通过有机硅氧烷单体中不饱和键和丙烯酸酯类单体中的活

性官能团反应，根据不同的聚合机理和聚合方法可形成无规、接枝和互穿网络共聚物，从而将有机硅分子引入到丙烯酸酯聚合物分子链上，使有机硅和丙烯酸酯聚合物分子间有机结合形成化学键，从结构、组成上完成对丙烯酸酯聚合物的改性，达到分子级改性的效果的一种方法。通过化学改性，可改善聚硅氧烷和聚丙烯酸酯的相容性，在一定程度上控制了有机硅分子链的表面迁移和有机硅的微观形态，使二者分散均匀，制备出耐污性和防水性能优良的有机硅改性丙烯酸酯聚合物，具有聚有机硅-聚丙烯酸酯聚合物简单物理共混所没有的种种优良性能，更具应用前景。

近年来随着人们环保意识的不断提高，以及聚合理论和技术的不断完善和发展，人们对环境友好的绿色化工产品的呼声愈来愈高，乳液聚合逐渐发展成为合成高分子化合物的一种重要的方法。乳液聚合技术的开发起始于20世纪早期，因其体系采用水作为连续相，避免了苯、醇等对环境有害的物质的引入，而且具有黏度低、易散热、反应容易控制等特点，这些特性都赋予乳液聚合以强大的生命力。因此，有机硅改性丙烯酸酯乳液聚合便受到了更为广泛的关注。共聚法制备有机硅改性丙烯酸酯乳液是将带有活性基团（碳-碳双键等）的有机硅氧烷和丙烯酸酯类单体进行共聚，生成无规、接枝、嵌段或互穿网络等乳液聚合物，从而得到稳定的有机硅改性丙烯酸酯乳液体系，并且大大提高改性聚合物的性能。根据化学键合方式、有机硅的种类、乳液聚合技术的不同，化学改性可分为：缩聚合法、硅氢加成法、自由基共聚法、常规乳液聚合、无皂乳液聚合、核壳乳液聚合、乳液互穿聚合物网络和微乳液聚合等。

3.5.3.1 缩聚法

缩聚合反应是有机硅改性聚丙烯酸酯的常用途径之一，其工艺是以含活性羟基的丙烯酸酯类聚合物（含有 β-羟乙基或羟丙基单体）或带异氰酸酯基的聚丙烯酸酯与带有活性羟基、氨基、烷氧基或环氧基的有机硅低聚物进行缩合或缩聚反应（脱水或脱醇），从而将有机硅键合到丙烯酸酯树脂分子上。

$$—Si—OH + OH— \xrightarrow{缩合} —Si—O— + H_2O$$

$$—Si—OH + OH—Si— \xrightarrow{自缩合} —Si—O—Si— + H_2O$$

宋君荣等以偶氮二异丁腈（AIBN）为引发剂合成丙烯酸酯树脂，选择一苯基三乙氧基硅烷与二甲基二乙氧基硅烷为单体进行水解缩聚，合成有机硅树脂低聚体；通过有机硅树脂低聚体与丙烯酸酯树脂的接枝反应，合成有机硅低聚体改性丙烯酸酯树脂，并对影响改性树脂性能的重要因素进行了探讨，找出了合成改性树脂的最优条件。罗英武等通过细乳液共聚合反应在丙烯酸酯聚合物主链上引入硅氧烷侧基，该基团水解后与羟基硅油缩合，引入聚硅氧烷接枝链。该乳液具有很好的稳定性，有机硅单体含量很少时胶膜有较强的疏水性。

Mazurek 等用端氨烃基取代的聚二甲基硅氧烷（PDMS）与异氰酸酯基的丙烯酸酯单体进行缩合，然后利用紫外光引发其与丙烯酸类单体共聚，合成了新型硅丙树脂。据报道该树脂在温度高于玻璃化转变温度（T_g）条件下被拉长时，表现出良好的热收缩性能。

$$H_2N-PDMS-NH_2 + \overset{O}{\underset{}{C}}-O-NCO \longrightarrow$$

$$\overset{O}{\underset{}{C}}-O-NCC-NH-PDMS-NH-CNH-O-\overset{O}{\underset{}{C}}$$

余锡宾等在酸催化剂的作用下，将正硅酸乙酯在 60～70℃缩聚反应 2～3h 获得了澄清透明的聚硅氧烷中间体，其仅含有微量的 ≡Si—OH 基，再将该中间体与丙烯酸-丙烯酸羟丙酯-丙烯酸酯的共聚物进行缩聚。据称改性后的硅丙树脂在耐酸、耐碱、耐盐、耐溶剂及耐冲击强度方面均较单纯的聚硅氧烷有明显改进，而且改性产物的光谱选择性也明显优于改性前丙烯酸树脂。

3.5.3.2 自由基共聚法

自由基共聚法是：含双键的（乙烯基或甲基丙烯酰氧基等）有机硅单体与丙烯酸酯共聚，再与 D_4 等进行自由基共聚，或者将含双键的有机硅单体先与有机硅低聚体（如 D_4）在酸性条件下开环预聚，再使之与丙烯酸酯进行自由基聚合，生成侧链含有硅氧烷的共聚物或主链含有硅氧烷的共聚物，这两种方法均可把有机硅链段引入丙烯酸主链上，实现有机硅对丙烯酸酯的改性。常用的烯基硅单体有：乙烯基三甲氧基硅烷、乙烯基三乙氧基硅烷、甲基丙烯酰氧丙基二乙氧基甲基硅烷、γ-甲基丙烯酰氧基丙基三甲氧基硅烷、γ-甲基丙烯酰氧基丙基三乙氧基硅烷和八甲基环四硅烷等。

Donescu 等对甲基丙烯酸甲酯、甲基丙烯酰氧丙基三甲氧基硅烷以及四乙氧基硅烷的微乳液共聚体系进行了研究，探讨了微乳液的形成条件及共聚物的玻璃化温度等性能。李晓洁等采用半连续乳液聚合工艺，用含不饱和双键有机硅单体与丙烯酸酯单体共聚，合成了有机硅改性丙烯酸酯共聚乳液，研究了单体配比、复合乳化剂配比及有机硅单体用量对乳液性能的影响。杨群等以八甲基环四硅氧烷（D_4）与含有乙烯基的有机硅烷偶联剂聚合，制得有机硅氧烷乳液，该乳液再与丙烯酸酯单体发生共聚反应，得到一种集柔软剂和黏合剂为一体的多功能印染助剂。

田军等在甲基丙烯酸树脂的自由基聚合过程中，导入含端羟基的聚二甲基硅氧烷预聚体来替代硅氧烷单体，制成丙烯酸有机硅系树脂，克服了有机硅单体改性时所造成的反应不完全，而残存的低分子量物质引起改性树脂耐水性、耐候性下降的缺点。红外光谱研究发现改性树脂中有机硅链段在固化中更富集于表面，而丙烯酸树脂却倾向于涂层内，使改性树脂具有良好的疏水性、耐热性和柔韧性；保持了甲基丙烯酸树脂的力学性能和固化速度。

王国建通过在有机硅的分子链上接枝丙烯酸酯支链的方法制备了有机硅-丙烯酸接枝共聚树脂。对有机硅母体的制备、接枝混合单体的配比、丙烯酸酯支链与有机硅聚合物母体的比例、接枝单体加料方式、接枝率以及对树脂性能的影响等问题进行了研究。结果表明，用丙烯酸丁酯、丙烯酸和甲基丙烯酸甲酯混合单体接枝改性二甲基硅氧烷-乙烯基硅氧烷共聚物，可得到性能良好的可交联的有机硅树脂。该树脂既保持有机硅聚合物优良性能，又有较高机械强度和黏结力。

Smith 等采用阴离子活性聚合方法合成了大分子硅单体，然后再与甲基丙烯酸甲酯进行自由基共聚，制备了具有优异透光性、抗紫外吸收、低表面能、高透氧性和良好生物相容性的硅丙树脂。用含有 γ-甲基丙烯酰氧基丙基封端的甲基硅油与乙基二甲基硅烷进行 1,4-硅氢加成反应，获得产物在与丙烯酸酯类单体自由基嵌段共聚，也可实现对丙烯酸酯的改性。

$$\begin{array}{c} \text{CH}_3 \\ \text{C}_4\text{H}_9\text{—}(\text{SiO})_n\text{—}\text{C}_3\text{H}_6\text{—O—C}=\text{CH—CH}_3 \\ \text{CH}_3 \end{array} + \text{CH}_2=\text{C}-\overset{\text{O}}{\overset{\|}{\text{C}}}-\text{R}_2 \xrightarrow[\text{2. MeOH}]{\text{1. 催化剂}}$$

$$\begin{array}{c} \text{CH}_3 \qquad \text{OSiMe}_2\text{Et} \qquad \text{R}_1 \\ \text{C}_4\text{H}_9\text{—}(\text{SiO})_n\text{—}\text{C}_3\text{H}_6\text{—O—C}=\text{C—(CH}_2\text{—C)}_m\text{—H} \\ \text{CH}_3 \qquad\qquad \text{CH}_3 \quad \text{COOR}_2 \end{array} \quad \begin{array}{l} \text{R}_1=\text{H，CH}_3 \\ \text{R}_2=\text{C(CH}_3)_3\text{，Si(CH}_3)_3 \end{array}$$

烯基硅烷偶联剂在乳液聚合时易水解生成的活性硅醇，继而自身缩聚交联形成凝聚物，使其与丙烯酸酯类单体的聚合反应难以进行。龚兴宇等提出将 γ-甲基丙烯酰氧基三甲氧基硅烷中水解速率较快的甲氧基利用醇解反应置换成水解速率较慢的乙氧基或异丙氧基，则利用空间位阻较大的烷氧基如—OCH$_2$CH$_3$ 或—CH(CH$_3$)$_2$ 取代 γ-甲基丙烯酰氧基丙基三甲氧基硅烷中的—OCH$_3$，抑制该烯基硅烷水解，降低水解速率，并且合成了高硅烷含量的高性能的新型硅丙复合乳液。研究表明，乙氧基硅单体改性产物成膜固化后表现出较好力学性能和较强耐水性能。

20 世纪 90 年代，硅烷偶联剂改性丙烯酸酯类单体成为硅丙乳液合成的新热点，在引发剂存在的条件下，用含有双键的有机硅单体（硅烷偶联剂）或者有机硅低聚体和丙烯酸酯类单体进行自由基聚合，得到结构稳定的有机硅改性丙烯酸酯乳液。其共聚乳液粒径分布均匀，成膜性好。何中为等人选用 γ-甲基丙烯酰氧基丙基三甲氧基硅烷与丙烯酸酯类单体进行种子乳液聚合，用 PCS 跟踪了聚合过程的粒径大小，结果表明：随着有机硅用量的增加，乳液的聚合稳定性变差，乳胶粒的平均粒径增加，乳液的黏度增大。Chen 等人在以过氧化二叔丁基为引发剂的条件下，将含有不饱和双键的有机硅单体 γ-甲基丙烯酰氧丙基三甲氧基硅烷或 γ-甲基丙烯酰氧丙基甲基二甲氧基硅烷与丙烯酸酯类单体进行共聚，得到了涂膜性能良好的硅丙树脂涂料。而 Dan Donescu 用甲基丙烯酰氧基丙基三甲氧基硅烷与甲基丙烯酸甲酯、四乙氧基硅烷进行自由基共聚获得改性乳液，涂层固化后制备了有机-无机纳米杂化材料。

另一种含有不饱和双键的有机硅低聚体，例如八甲基环四硅氧烷（D_4），通过开环反应制得带有双键的有机硅大单体，然后再与丙烯酸酯共聚，从而将有机硅大分子键合到丙烯酸酯中。聂王焰等人在以过硫酸铵为引发剂的条件下，利用 D_4 开环生成的有机硅单体，对甲基丙烯酸甲酯、甲基丙烯酸丁酯和丙烯酸混合单体进行改性，研究了 D_4 用量、反应温度、预乳化工艺等条件对乳液性能的影响。聚合乳液经过测试，其耐水性、拉伸强度均得到提高。夏宇正等采用 γ-甲基丙烯酰氧基丙基三甲氧基硅烷、八甲基环四硅氧烷改性丙烯酸酯，探讨了固含量、有机硅用量、聚合温度、乳化剂种类等条件对乳液流变性能的影响规律，制备出性能优异的硅丙乳液。

3.5.3.3 硅氢加成法

硅氢加成是指采用含活泼氢 Si—H 键的聚硅氧烷或聚硅氧烷低聚体与含不饱和双键的（甲基）丙烯酸酯及其共聚物进行硅氢加成，在催化剂作用下进行硅氢加成，从而将硅氧烷引入（聚）丙烯酸酯分子中。硅氢加成法的特点是反应条件温和、产率高，宜通过分子设计合成所需要的目标产物，被广泛应用于有机硅聚合物的合成中。在有机硅氧烷分子中，硅的电负性比氢小，而碳的电负性比氢大，因而与硅相连的氢原子带有负电荷，使得硅氢键具有耐热性而且相当活泼，在催化剂的存在下能与不饱和键发生加成反应。

Hisaki Tanabe 等将聚二苯基甲基氢化硅氧烷与带有 C=C 的丙烯酸类聚合物按 $n(C=C):n(Si—H)=1:1$ 混合，再加入 3-甲基-3-三甲基硅氧基-1-丁炔阻聚剂，在 $H_2PtCl_6 \cdot 6H_2O$ 作用下进行硅氢加成，可获得固含量可达 50%～70% 的改性产物。用二甲苯将其稀释到 80mPa·s（20℃）后加入到不锈钢模具中，在 140℃ 交联固化 30min，该涂膜表现出良好的耐蚀刻和耐久性。Hiroharu 等将二甲基氢封端的二甲基二苯基硅氧烷、乙烯基三甲氧基硅烷和丙烯酸缩水甘油酯在氯铂酸作用下进行硅氢加成反应，得到一种硅氧烷，以甲苯和异丁醇为混合溶剂，将此硅氧烷与苯乙烯-甲基丙烯酸甲酯-丙烯酸正丁酯-甲基丙烯酸共聚物溶液聚合，并添加固化剂，涂覆后所得涂层具有外观良好以及耐酸等特性。郭明等在乳液中通过含氢聚二甲基硅氧烷和丙烯酸酯单体的加成反应，制备性能稳定的硅丙乳液。系统研究了两种加料方式，即部分预乳化单体滴加法和部分纯单体滴加法对乳液性能的影响。黄东勤等采用自由基溶液聚合方法合成了几种不同甲基丙烯酰氧丙基三甲氧基硅烷含量的丙烯酸树脂，采用双键和硅氢加成反应合成了一种环状结构的前驱体（D_4-VTMO）。两者通过溶胶-凝胶反应制备了一种新型交联型有机-无机杂化涂料，该涂料的性能优良。

Kevin D Belfield 对丙烯酸高碳醇酯（LCAA）与聚甲基氢硅氧烷（PHMS）硅氢加成反应的研究表明，丙烯酸酯发生硅氢加成主要以 β-1,2 加成为主，其次还有 α-1,2 加成和 1,4-加成产物（顺式＋反式）。

$$Me_3SiO(Me_2SiO)_n(MeHSiO)_mSiMe_3+CH_2=CHCOOCH_2(CH_2)_xCH_3 \xrightarrow{Pt}$$
$Me_3SiO(Me_2SiO)_n\{Me[CH_2CH_2COOCH_2(CH_2)_xCH_3]SiO\}_mSiMe_3(\beta$-1,2加成产物)+
$Me_3SiO(Me_2SiO)_n\{Me[CH(CH_3)COOCH_2(CH_2)_xCH_3]SiO\}_mSiMe_3(\alpha$-1,2加成产物)+
$Me_3SiO(Me_2SiO)_n\{Me\{CH_3CH=CO[OCH_2(CH_2)_x]CH_3\}SiO\}_mSiMe_3$[1,4-加成产物(顺式+反式)]

含氢聚甲基硅氧烷（PHMS）与丙烯酸酯类单体的 Si—H 加成主要发生在本体均相溶液中，较少用于乳液。黄世强等人选用水作为分散介质，以含氢聚甲基硅氧烷、丙烯酸丁酯、羟甲基丙烯酰胺为原料，在 80℃ 条件下进行乳液聚合，得到了兼具二者优异性能的 PHMS/丙烯酸丁酯（BA）/羟甲基丙烯酰胺（NMA）有机硅复合乳液，并对其乳胶粒形态、粒径及胶膜性能进行了研究，结果表明：引发剂浓度增加，乳液粒径先变小后迅速变大，转化率则先增加后降低。Yoshikawa 等人在氯铂酸作用下，选用二甲基氢封端的二甲基二苯基硅氧烷、乙烯基三甲氧基硅烷和丙烯酸缩水甘油酯进行硅氢加成反应，得到一种硅氧烷。在与苯乙烯-甲基丙烯酸甲酯-丙烯酸正丁酯-甲基丙烯酸混合乳液聚合，并添加二月桂酸二丁基锡固化剂，涂覆后涂层外观良好，且具有耐酸性。郭明等通过含氢聚二甲基硅氧烷和聚丙烯酸酯类单体硅氢加成制备了硅质量分数为 3% 且性能稳定的硅丙乳液，研究了两种加料方式（即预乳化单体滴加法和纯单体滴加法）对乳液性能的影响。研究表明：这两种工艺均可制得单峰窄分布的硅丙乳液，通过 IR 分析发现，几乎全部的硅氢键与聚丙烯酸酯分子上的双键实现了加成反应。Yoshikawa 等人在氯铂酸作用下，选用二甲基氢封端的二甲基二苯基硅氧烷、乙烯基三甲氧基硅烷和丙烯酸缩水甘油酯进行硅氢加成反应，得到一种硅氧烷。在与苯乙烯-甲基丙烯酸甲酯-丙烯酸正丁酯-甲基丙烯酸混合乳液聚合，并添加二月桂酸二丁基锡固化剂，涂覆后涂层外观良好，且具有耐酸性。

刘长利等人在氯铂酸的异丙醇溶液催化作用下，将含氢硅油与三缩丙二醇丙烯酸酯（TPGDA）在甲苯或二甲苯溶剂中进行硅氢加成，在 90~120℃ 反应 4h 获得了光敏性有机硅丙烯酸酯，并对产物的光固化性能和反应完全程度进行了研究，结果表明：端氢硅油的反应产物完全固化需要 5min，而由侧氢硅油反应得到的有机硅丙烯酸酯，光固化时间仅为 1min；另外，由于电子效应和体积效应，位于聚硅氧烷末端的 Si—H 键比位于分子链中 Si—H 键的活性高，硅氢加成时反应较完全。

3.5.3.4 常规乳液聚合

常规乳液聚合就是将有机硅单体、丙烯酸酯单体、水溶性乳化剂和水溶性引发剂等直接加入到水中进行反应。Chengyou Kan 等利用八甲基环四硅烷和甲基丙烯酰氧基丙基三甲氧基硅烷与丙烯酸酯直接进行共聚，得到了稳定的有机硅改性丙烯酸酯乳液，并考察了不同加料方式对乳液稳定性的影响，结果表明只有半连续加料才能得到稳定性好、粒径均匀的乳液。李玮等运用常规乳液聚合采用反应型乳化剂烷基乙烯基磺酸钠（DNS-86）与有机硅单体反应，合成了有机硅改性丙烯酸共聚乳液，并考察了乳液的表面张力、稳定性及流变性能。结果表明硅-丙乳液的表面张力随有机硅单体用量的增加而减小，乳液的表观黏度随有机硅含量的增加而降低，并且具有较好的冻融稳定性和储存稳定性。

3.5.3.5 无皂乳液聚合

无皂乳液聚合是在传统乳液聚合的基础上发展起来的一项新技术。所谓无皂乳液聚合就是指在聚合反应的过程中完全不加乳化剂或仅加入微量的乳化剂（小于临界胶束浓度CMC）的乳液聚合。由于避免了乳化剂的引入，无皂乳液聚合克服了传统的乳液聚合由于乳化剂无法除去而导致的泡沫多、易渗析和吸湿的弊病，使得无皂乳液聚合能得到表面洁净的乳胶粒子，改善了涂膜的透明度，能够提高乳液成膜的致密性、黏附性、耐水性、光学性能、电学性能。国内外做关于有机硅改性丙烯酸无皂乳液聚合的报道不多。

有机硅-丙烯酸酯乳液聚合中存在小分子乳化剂，会降低聚合物膜的致密性、耐水性及物理机械性能，并造成环境污染。针对以上问题，采用无皂乳液聚合，即聚合反应过程中采用带有反应性官能团或能够参与聚合反应的乳化剂，以达到完全不使用或仅使用微量通常意义上的乳化剂（其浓度小于临界胶束浓度CMC），从而消除常规乳化剂带来的负面影响。用无皂乳液聚合法制备的乳液具有许多传统乳液聚合无可比拟的优点，如优异的耐水、耐溶剂性能和化学惰性，因此近年来颇受人们关注。

范昕等以丙烯酸酯单体、苯乙烯、苯乙烯磺酸钠、有机硅单体为原料，采用无皂乳液聚合，使有机硅与丙烯酸酯通过化学键结合，合成了性能优良、稳定性好的无皂硅丙乳液。并讨论了苯乙烯磺酸钠的用量、滴加速度、水性功能单体种类以及有机硅单体种类和用量对乳液性能的影响，得出了功能性单体、反应性乳化剂的最佳配比。方荣利等利用丙烯酸丁酯与甲基丙烯酸制备的低聚物代替乳化剂，合成了高性能无皂硅丙乳液，并研究了低聚物用量、软硬单体的配比、有机硅单体种类与用量对乳液性能的影响，确定了合成无皂种子乳液与无皂硅丙乳液的最佳工艺参数，而且所制得的无皂硅丙乳液的耐候性、耐水性优良。

韩朝阳等用乙烯基三乙氧基硅烷与丙烯酸丁酯（BA）、甲基丙烯酸甲酯（MMA）进行无皂乳液聚合，合成了有机硅含量不同的有机硅改性丙烯酸酯共聚乳液，发现反应性有机硅单体的加入可以提高硅-丙无皂共聚反应速率，减小乳胶粒粒径，而且聚合物膜的力学性能和耐水性随有机硅含量的增加而明显提高。张雪峰等也发现用无皂乳液制备的乳液耐水性和耐候性优良。王国建采用反应型表面活性剂烯丙基-2-羟丙基醚磺酸钠（NaAPS）和丙烯酸聚羟基丙烯酸酯（PHPA）为乳化体系，进行了硅氧烷/丙烯酸酯无皂乳液共聚，所获得的乳液粒径降低，涂膜附着力和耐水性大幅度提高。用烯基单体NaAPS和十二烷基磺酸钠也可获得类似的复合乳化剂，使无皂硅丙共聚乳胶粒的粒径小、分布变窄、乳液的稳定性提高，用以制得的胶膜的耐水性也得到明显改善。

Fitch提出水溶性较大的单体〔如：甲基丙烯酸甲酯（MMA）〕无皂乳液聚合时符合"均相沉淀成核"机理，即由引发剂生成的自由基与单体分子进行链增长反应，当自由基链达到临界链长后发生自身缠结，从水相中析出形成初级粒子。Goodall通过以过硫酸钾为引发剂的苯乙烯无皂乳液聚合反应的研究，提出了"低聚胶束成核"机理，即反应初期生成大量的带有亲水性引发剂碎片的低聚物，其本身具有表面活性剂性质，当低聚物浓度达到相应的临界胶束浓度时，自身胶束化形成初级粒子。许涌深等对苯乙烯-MMA的无皂乳液共聚体系进行研究，讨论了共聚单体组成对无皂乳液聚合动力学和成核机理的影响，证实了共聚合体系中同时存在着"均相成核"和"胶束成核"两种机理。认为当甲基丙烯酸甲酯摩尔分率增大时，成核机理逐渐以均相成核机理为主，反之则以低聚胶束成核为主，而且引发剂的浓度和极性单体在共聚物中的组成分率对无皂乳液的稳定性有很大影响。

3.5.3.6 核壳乳液聚合

核壳乳液聚合是20世纪70年代初产生的一种以"粒子设计"概念为基础发展起来的全新乳液聚合技术，实际上是种子乳液的发展，种子乳液聚合中种子胶乳的制备和后继的正式聚合采用了同一种单体，结果仅使粒子长大。而核壳乳液聚合则是在后继正式聚合时用另一种单体，在核和壳间形成某种接枝层，从而增加了两者的相溶性。用核壳乳液聚合得到的乳液和常规乳液聚合得到的乳液的最大差异在于核壳乳液的成膜温度低、抗回黏性好。另外，由于核、壳层之间可能存在接枝、互穿或离子键合，可以显著提高聚合物的耐磨、耐水及拉伸度、粘接强度等。因此近年来核壳乳液聚合在有机硅-丙烯酸酯改性方面得到了广泛的应用。

核壳乳液聚合是指有机硅单体和丙烯酸酯单体在一定条件下分阶段复合。根据种子乳液成分不同，可以分别制得聚硅氧烷为壳和聚丙烯酸酯为壳的复合乳液。不同的核壳成分赋予乳液不同的性能。由于硅氧烷与水之间的界面张力比聚硅氧烷与水之间的界面张力大，所以有机硅丙烯酸酯壳/核乳液大多是以丙烯酸酯为壳，聚硅氧烷为核。有机硅丙烯酸酯核壳乳液的制备采用种子乳液法，多步种子乳液法，按照一定的程序补加单体和乳化剂，可以有效地控制乳胶粒径的分布和软硬单体的配比，可以制备具有多层结构的粒子、性能各异的硅丙树脂。具有核/壳结构的有机硅复合乳液具有更好的抗回黏性、成膜性、稳定性、附着力以及力学性能。

研究发现有机硅改性丙烯酸核-壳乳液的成膜性好，膜的吸水率小，改善了涂膜低温变脆、高温易返黏的缺陷，提高耐水性和力学性能同时降低乳液中残余单体的含量。张霞等用有机硅改性丙烯酸核-壳乳液做印花黏合剂，织物手感好，改善了成膜性和印花织物的色牢度。

Kong 等在制得 PD4-P（St-MMA-AA）核/壳结构粒子后，进行酸碱处理，合成了有机硅改性苯丙乳液的核/壳结构纳米级多孔乳胶粒。初步推测了成孔机理，提出孔的形成、孔的大小与粒子表面羧基的含量有密切关系。Kan 等对硅-丙种子乳液聚合的聚合机理，产物形态做了详细考察。刘祥等以甲基丙烯酸甲酯、丙烯酸丁酯、丙烯酸-2-乙基己酯等为单体，过硫酸铵为引发剂，通过种子乳液聚合法合成了具有"硬核""软壳"结构的微相复合高分子乳液。透射电镜观察证实了此乳胶粒子的形态特征，表征了共聚物的玻璃化转变温度为 13.6℃，薄膜的拉伸强度和耐水性比常规乳液聚合物有明显的提高。王海虹等采用乳液聚合的方法，制备了有机硅改性丙烯酸聚氨酯乳液，利用透射电镜对乳液粒子的形态进行分析，证明乳液粒子具有核壳型结构。并讨论了有机硅单体种类和用量对乳液成膜后的机械性能、光泽和耐热性的影响。金鲜英等以丙烯酸-2-乙基己酯、丁酯等软单体为壳层，用甲基丙烯酸甲酯、丙烯酸、苯乙烯等硬单体为核，在较低表面活性剂含量条件下，经核/壳乳化法合成半透明有机硅改性聚丙烯酸酯微乳液。实验表明，该产品成膜性好，渗透性及亲和性较好，可作为印花胶黏剂，用于整理涤纶织物，手感柔软，透湿性提高，耐洗且有增色效果。

Mingtao Lin 等利用核壳乳液聚合采用单体滴加的方法，合成出以聚二甲基硅烷为核-聚甲基丙烯酸甲酯/丙烯酸丁酯为壳的稳定乳液，并探讨了不同核组分对乳液粒子形态的影响。结果表明：当采用乙烯基硅氧烷作为核时，由于交联和锚定作用使得胶粒表面产生了不均一的现象。E. Bourgeat-Lami 等以甲基丙烯酰氧基丙基三甲氧基硅烷为功能性单体，通过乳液聚合在聚苯乙烯乳液粒子表面接枝了有机硅基团，结果表明：pH 值的大小和乳化剂性质对乳液的稳定性有着较大的影响，并且还运用此方法制得了聚甲基丙烯甲酸酯/丙烯酸丁酯为核-甲基丙烯酰氧基丙基三甲氧基硅烷为壳的有机硅改性丙烯酸酯乳液。He W D 等用一步法合成了聚有机硅氧烷-甲基丙烯酸缩水甘油酯（GMA）的核壳乳液，从反应竞聚率和单体间的溶胀度分析，得出了各种单体与聚有机硅氧烷反应形成核壳结构概率的大小。Baotan Zhang 等以甲基丙烯酰氧基丙基三甲氧基硅烷作为偶联剂，采用半连续法合成了聚丙烯酸酯为核，聚二甲基硅氧烷为壳的核壳乳，结果表明，通过 X 射线光电子能谱及接触角测定，验证了有机硅功能性单体已经接在了丙烯酸酯核的表面，而且壳层的厚度与有机硅功能性单体的加入量密切相关，并且通过对比实验验证了由于偶联剂的引入使得核壳结构更为牢固。

范晓东等人以甲基丙烯酸酯、丙烯酸丁酯、丙烯酸-2-乙基己酯等为单体，过硫酸铵为引发剂，合成了具有"硬核""软壳"结构的微相复合高分子乳液，试验发现，采用直接向核乳液中滴加壳组分单体或滴加壳组分单体预乳化液两种不同的加料方法，在适当控制加料速度的情况下均能得到核/壳结构的乳胶粒子，但直接向核组分乳液滴加壳组分单体需要的加料时间较长，易发生聚凝。作者对乳液粒子形态进行了研究进一步表明，合成乳液的乳胶粒子具有预期的壳/核结构，其壳/核间存在化学键合。成膜物耐老化性、耐水性及力学性能都显著提高。

翁志学等人也合成了高硅含量 [m(有机硅)：m(丙烯酸酯)=76] 核/壳结构的复合粒子，并研究了聚合工艺对乳液粒径分布和形态的影响，结果表明，采用 m(十二烷基硫酸钠)：m(聚乙二醇辛基苯基醚)=1:1 的复合乳化剂可以获得粒径小（100nm）、分布窄的硅丙乳液，随着乳化剂浓度的增加，乳液粒子粒径变小，单体转化率增加；并对复合乳液的成核机理进行了探讨，MMA 单体滴加速度慢，种子处于"饥饿"状态，MMA 被大量的种子乳胶粒吸附到其表面，并与聚硅氧烷中的烯基发生共聚，反应被限制在乳胶粒表面"过渡层"上，由于 PMMA 与聚硅氧烷相容性差，后续加入的 MMA 单体会在"过渡层"表面富集，继而形成壳层丙烯酸酯，产生复合粒子的微相分离，最终形成核/壳结构。

采用常规乳液聚合得到的乳胶粒子是均相的，壳/核乳液聚合得到的乳胶粒子是非均相的，夏宇正，等用缩聚和自由基共聚同步进行的方法，制备了乳胶粒形态为聚丙烯酸酯（核）/聚硅氧烷（壳）的共聚乳液。由于聚硅氧烷亲水性和表面自由能比聚丙烯酸酯低，这一结构使水/聚合物间界面张力增大，Gibbs 自由能升高，所以这种胶粒结构在热力学上是不稳定的；乳液（硅氧烷质量分数为 20%）放置 54d 后，乳胶粒形态发生相反转，最终变成聚硅氧烷（核）/聚丙烯酸酯（壳）热力学相对稳定的结构，且聚合物中硅氧烷质量分数增加，而转相时间缩短。

Han 等也制备了具有壳/核结构的乳液粒子，利用两步溶胀法合成了以聚硅氧烷、聚丙烯酸酯和苯乙烯聚合物组成的核，采用在核外接枝的方法合成了以苯乙烯和丙烯酸酯聚合物为壳的有机硅丙烯酸酯聚合物，该聚合物具有优异的着色、抗碰撞等性能，被广泛应用于电子产品涂层。

3.5.3.7 乳液互穿聚合物网络（LIPN）法

乳液互穿聚合物网络（LIPN）是两种或两种以上聚合物以物理或化学键合方式形成的交织网络结构，其中至少一种聚合物是网状的，其余可以是线型的。在合成 LIPN 时，通常是采用多步种子乳液聚合进行的，首先合成作为种子的交联聚合物乳液，然后在种子乳液中加入另一种单体（或混合单体）、交联剂、引发剂，在未补加新乳化剂的情况下引发反应，使另一单体或混合单体在种子乳胶粒的表面进行聚合和交联，从而生成 LIPN，因此，LIPN 一般都具有核壳结构。这种材料在几十到几百纳米尺度空间上的相分离结构是其优异性能的基础。互穿聚合物网络的分子链各自交联、相互贯穿、相互缠结，存在强迫相容、界面互穿和协同效应，增强了乳液的稳定性，改善聚合物耐磨、耐水、耐候、耐污、防辐射及物理机械性能，可用作表面涂层、耐沾污剂、密封黏合剂、药物释放材料、石刻防风化材料等。

有机硅单体和丙烯酸酯单体在一定条件下可以制备成互穿聚合物网络结构。范青华等先制得交联的聚二甲基硅氧烷乳液，然后将丙烯酸丁酯及交联剂等加入上述乳液中溶胀并聚合，得到核壳乳液聚合物，最后采用连续滴加法，将剩余的丙烯酸酯类单体、引发剂和乳化剂等同时加到核乳液中聚合。在核乳液制备阶段，单体先溶入聚硅氧烷乳液粒子内部聚合，在乳液粒子内部形成互穿聚合物网络。Turner 等采用单体浸渍法、空气互穿网络界面法以及玻璃互穿网络界面法制备了聚二甲基硅氧烷-聚甲基丙烯酸的互穿网络，并对其结构与性能进行了表征。结果表明，互穿网络制备时的界面对聚合物形态影响很大。Mazurek 等将具有不同端基（如甲基丙烯酰氧基、邻苯烯基苯、丙烯酰胺基或甲基丙烯酰胺基）的遥爪型聚二甲基硅氧烷（PDMS）溶于丙烯酸酯单体中，用紫外光引发聚合了硅丙共聚物的一系列 IPN。结果表明，单体的用量、组成及相对分子质量不同可得到不同状态的最终产物，如白色脆性塑料、半透明的弹性塑料或完全透明的弹性体，且产物的性能也呈现出不同的变化。Wu 等首次提出将 IPN 结构的聚有机硅/聚（苯乙烯-丙烯酸正丁酯）用作纸张涂层剂中的黏合剂，大大提高了涂层纸张的印刷性能、光泽度、耐水性、耐甲苯性能。

王镛先等人研究了具有 IPN 结构的聚有机硅氧烷/聚丙烯酸酯涂料，采用甲基三乙氧基硅烷、正硅酸乙酯制备出互穿聚合物网络涂料。该涂料无色透明、硬度高、附着力强、耐老化、透气性优良等特点，是优良的石刻防风化材料，能避免单一使用有机硅或丙烯酸酯涂料造成的"保护性"破坏。范浩军等人在 80℃微酸（pH=4）的乳液体系中，有机硅单体 D4 开环聚合与丙烯酸酯自由基聚合同步进行，形成了同步互穿网络聚合物，该复合物膜具有良好的疏水性、抗溶剂性能和耐高、低温性能，该聚合物乳液可用于皮革的涂饰，改善涂层的触感，增进涂层的亮度。Kan 等人对半互穿网络型（S-IPN）有机硅/丙烯酸酯乳液进行了研究，认为预乳化法是合成硅丙树脂类互穿网络聚合物的最佳方法，并对有机硅含量对聚合反应及胶膜性能作了研究。Turner J S 等用单体浸渍法和空气互穿网络界面法获得了聚二甲基硅氧烷（PDMS）和聚甲基丙烯酸（PMAA）的互穿聚合物网络，并对其结构和网络结构进行了表征。

3.5.3.8 微乳液聚合

与传统的乳液聚合相比，微乳液是由油、水、乳化剂和助乳化剂组成的各向同性、热力学稳定的、体系自发形成、产物粒径小、稳定性好、黏度低、易加工、透明或半透明的胶体分散体系。研究发现合成的有机硅改性丙烯酸酯微乳液粒径小、乳液稳定性好、乳胶膜的力学性能、热学性能和耐水性均有提高。

由于微乳液聚合机理的特殊性、聚合手段的多样性，使其成为乳液聚合研究的热点领域之一。张臣等采用连续乳液聚合法合成了有机硅改性丙烯酸酯微乳液，讨论了聚合条件、有机硅和聚合物浓度对硅丙微乳液合成的影响，结果表明：乳化剂配比 SDS/TMS 为 4∶1，反应温度 65~75℃，电解质用量 0.3g 时有利于合成平均粒径 40~80nm 且分布均匀的有机硅丙烯酸酯微乳液。Zhang-Qing Yu 等以乙烯基有机硅氧烷橡胶作为稳定剂、过硫酸铵为引发剂合成了甲基丙烯酸甲酯和丙烯酸丁酯的微乳液，探讨了乙烯基有机硅氧烷橡胶的分子量、乙烯基的数量等对于反应动力学和胶粒形态的影响。结果表明：聚合速率随有机硅氧烷橡胶的分子量和乙烯基含量的增加而降低，并得出当有机硅氧烷树脂的量为 1.0g（占单体质量的 10%）时，聚合反应速度最快。

3.6 有机硅改性聚酰亚胺的合成

聚酰亚胺（PI）是分子主链中含有酰亚胺基团的芳杂环高分子化合物。它首先由 Bogert 等人于 1908 公开其合成路线，但直到 20 世纪 60 年代初，随着聚酰亚胺薄膜（Kapton）及清漆（Pyre ML）的商品化，聚酰亚胺才进入了一个大发展的时代。这类聚合物是一种耐热性、电气特性、化学稳定性能、机械特性优异的树脂，它具有突出的强度、耐磨性以及优良的高温性能，所以现已广泛应用于航空航天、电子工业、光波通讯、防弹材料以及气体分离等诸多高性能的应用领域。

由于聚酰亚胺分子主链上一般含有苯环和酰亚胺环结构以及电子极化和结晶性。致使 PI 存在较强的分子链间作用。引起 PI 分子链紧密堆积。使得完全亚胺化的这类聚合物通常具有颜色较深、不溶不熔、难以加工成型以及介电性能差等缺点。使其应用在许多方面受到很大的限制。为了改善加工性或赋予粘接性，国外近几年来在 PI 改性方面进行了大量的研究，通过改变 PI 的合成路线，与其他组分共聚或共混等方法，基本上解决了 PI 的加工性问题，其中许多成果已投入工业化生产。在聚酰亚胺的众多改性产品中，含硅聚酰亚胺是较成功改性产品之一。这一技术能同时改善 PI 的许多性能，如溶解性、耐氧化降解性、耐冲击性、粘接性、电性能、表面性能、耐高低温性和加工性，更低的吸湿率及更低的介电常数等，使改性产物具有优异的综合性能。

1966 年 Kuckertz 首先合成了聚酰亚胺硅氧烷。之后，St. Clair 等以同样的方法合成出热塑性聚酰亚胺硅氧烷，并成功地将它用作高强粘接剂和模塑料。含硅聚酰亚胺的研究表明，向聚酰亚胺骨架引入柔性硅氧烷嵌段可以得到具有较好加工性、耐热性、耐候性和机械性能的可溶性共聚型聚酰亚胺。由于硅氧烷链段优先向共聚物表面迁移，使共聚物具有更低吸水性和更高抗原子氧性能。用其他方法合成的含硅聚酰亚胺也具有这样一些类似的性能。正是由于含硅聚酰亚胺具有这些优异性能,对其研究一直在发展。

3.6.1 改性原料和方法

共聚反应所用的单体为制备常规 PI 所通用的芳族二酐和芳族二胺,如:二苯甲酮四羧酸二酐 (BTDA)、均苯四酸二酐 (PMDA)、六氟二酐 (6F)、氯甲酰苯酐 (TMAC)、双苯胺 A、$4,4'$-二氨基二苯醚 ($4,4'$-ODA)、$3,3'$-二氨基二苯砜 ($3,3'$-DDS)、$3,3'$-二氨基二苯甲酮 ($3,3'$-DABP)、二苯胺基甲烷 ($3,3'$-MDA) 等。再分别加上以下三种有机硅组分:①含有氨基官能团的硅烷偶联剂为代表的硅烷化合物;②一末端为氨基封端的有机硅低聚物;③两末端为氨基的有机硅低聚物。

可用于 PI(包括双马来酰亚胺)改性的硅烷化合物有氯硅烷,烷氧基硅烷,氨基硅烷和含氨基的硅烷偶联剂。而常用的是下列几种硅烷偶联剂(括号内是产品牌号,其中 a 为美国 Petrarch Systems 公司牌号,b 为美国联合碳化物公司牌号,c 为日本信越化学公司牌号):$H_2N-\langle\rangle-Si(OMe)_3$($A0725^a$)、$H_2NC_2H_4NHCH_2-\langle\rangle-C_2H_4Si(OMe)_3$($A0698^a$)、$H_2NC_2H_4NHC_3H_6Si(OMe)_3$($A0700^a$、$A1120^b$、$KBM603^c$)和 $H_2NC_3H_6Si(OEt)_3$($A0750^a$、$A1100^b$、$KBM903^c$、国内牌号 KH550)等。有机硅低聚物有一末端为二氨苯基,及两末端为氨苯基和氨丙基等类,如日本东芝公司的 TSL9306,XC96-703,XC96-704。

通常含硅聚酰亚胺合成方法有共聚、共混以及溶胶-凝胶法等。

共聚反应:在溶剂存在的条件下,将芳族二酸酐与有机硅组分反应,再加入二胺使链增长即得到一定分子量的含硅聚酰胺酸。其中,需加入定量的单酸酐以控制分子量和端基结构。由于有机硅组分和芳族单体具有不同的溶解度,故常用混合溶剂系统。可用的溶剂有 N-甲基吡咯烷酮(NMP),N,N-二甲基甲酰胺(DMF)、二甲基乙酰胺(DMAC)、四氢呋喃(THF)等。得到的有机硅聚酰胺酸再加热脱水环化,即得有机硅改性聚酰亚胺。亚胺化可用两种方法:一种是通常的本体加热脱水亚胺化法。一般是把聚硅氧烷酰胺酸溶液流延到基材上,然后于 100℃下抽真空数小时把溶剂脱去成膜,再把薄膜放在鼓风对流炉中心于 100℃、200℃和 300℃分别热循环 1h;另一种是溶液亚胺化方法。此法一般是在 150~170℃的较低温度下完成亚胺化反应。采用这二种亚胺化方法都能获得韧性、透明、柔软和可溶的薄膜。采用不同的亚胺化方法所得产品的性能有所不同。聚硅氧烷酸亚胺嵌段共聚物合成过程如下:

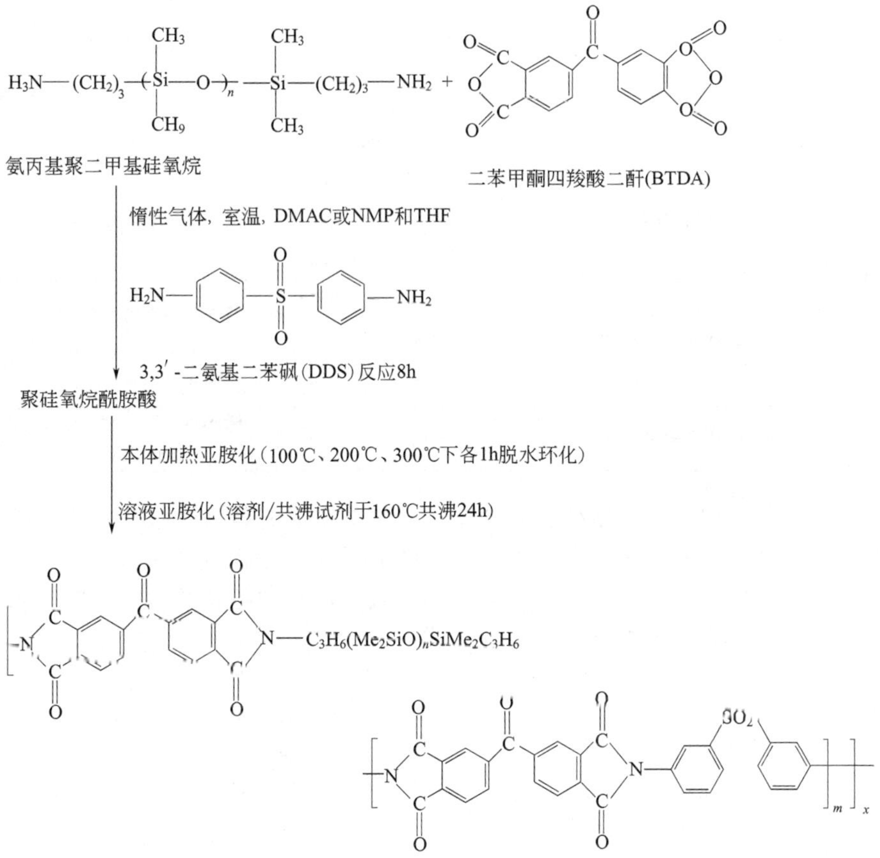

反应流程（图示）：

氨丙基聚二甲基硅氧烷 + 二苯甲酮四羧酸二酐(BTDA)

↓ 惰性气体，室温，DMAC或NMP和THF

3,3'-二氨基二苯砜(DDS)反应8h

↓

聚硅氧烷酰胺酸

↓ 本体加热亚胺化（100℃、200℃、300℃下各1h脱水环化）
↓ 溶液亚胺化（溶剂/共沸试剂于160℃共沸24h）

最终产物结构式（含 $-C_3H_6(Me_2SiO)_nSiMe_2C_3H_6-$ 及 SO_2 基团的聚酰亚胺共聚物）

物理共混：在有机硅改性 PI 领域，共聚改性的研究多于物理共混。共混改性所用的有机硅组分通常是经过改性的。用于 PI 共混领域的有：有机硅酰亚胺共聚物，有机硅碳酸酯共聚物，有机硅醚亚胺共聚物等。将这些共聚物以一定的比例与聚酰亚胺混合，可提高聚酰亚胺的表面特性和机械性能，如耐氧等离子性、抗湿性、粘接性、耐热性、抗冲击性及加工性等均有提高。共混方法可用溶液共混，机械共混，同时也正在进行 IPN 化、层压化等方法的研究。

溶胶-凝胶法：溶胶-凝胶法是一种在温和条件下合成纳米杂化材料的重要方法，无机相通过金属烷氧化合物的水解和缩聚形成，有机相通过聚合形成。

3.6.2 共聚改性法制备有机硅改性聚酰亚胺

3.6.2.1 主链型含硅聚酰亚胺

主链型含硅聚酰亚胺是指在聚酰亚胺的主链骨架结构中引入含硅基团。如二甲基硅基团、二硅氧烷、聚硅氧烷以及硅酸酯等。在聚酰亚胺的主链骨架中引入这些基团将导致其性能发生显著地变化。其具体特性见表 3-30 所示。

■表 3-30　主链型含硅聚酰亚胺的分类与特性

含硅元素的形态与分类		预期具有的特性
含二烷基硅聚酰亚胺	$-\underset{\underset{CH_3}{\vert}}{\overset{\overset{CH_3}{\vert}}{Si}}-$	粘接性、耐热性、选择透气性、透过性、耐湿性
含二硅氧烷聚酰亚胺	$-\underset{\underset{CH_3}{\vert}}{\overset{\overset{CH_3}{\vert}}{Si}}-O-\underset{\underset{CH_3}{\vert}}{\overset{\overset{CH_3}{\vert}}{Si}}-$	粘接性、耐热性、耐湿性、低介电常数
含聚硅氧烷聚酰亚胺	$-\underset{\underset{CH_3}{\vert}}{\overset{\overset{CH_3}{\vert}}{Si}}-O-(\underset{\underset{CH_3}{\vert}}{\overset{\overset{CH_3}{\vert}}{Si}})_n-$	粘接性、耐热性、选择透气性、抗氧性、耐湿性、低介电常数、低吸湿率、低弹性模量
含硅酸酯聚酰亚胺	$-SiR_n(OR)_{3-n}$	粘接性、耐热性、耐氧性、高硬度、耐湿性、高弹性模量

(1) 主链结构引入含硅二胺单体合成的聚酰亚胺　主要是通过合成含硅氧烷组分二胺和含硅烷组分二胺的单体。然后由这些单体与相应的二酐反应来制备的。因此，合成含硅的二胺单体是制备此类型含硅聚酰亚胺的关键。

含硅氧烷组分二胺的通式为（Ⅰ）：

$$H_2N-R^4-\underset{\underset{R^1}{\vert}}{\overset{\overset{R}{\vert}}{Si}}-(O-\underset{\underset{R^1}{\vert}}{\overset{\overset{R^1}{\vert}}{Si}})_m-R^4-NH_2 \qquad Ⅰ$$

其中 R^1 为 $-CH_3$，R^4 可以是亚烷基、亚苯基、取代亚苯基和 $-\underset{}{\bigcirc}-OCO-\underset{}{\bigcirc}-$ 等；m 为大于等于 1 的整数。

1,3-双(γ-氨丙基)-1,1,3,3-四甲基二硅氧烷（BAPTDS）是文献报道较早，也是研究较为广泛的一种含硅活性二胺单体。其合成途径如下：

$$CH_2=CH-CH_2-CN + Cl-\underset{\underset{CH_3}{\vert}}{\overset{\overset{CH_3}{\vert}}{Si}}-H \xrightarrow[异丙醇]{H_2PtCl_6} Cl-\underset{\underset{CH_3}{\vert}}{\overset{\overset{CH_3}{\vert}}{Si}}-(CH_2)_3CN \xrightarrow[H_2O]{NaHCO_3}$$

$$NC-(CH_2)_3-\underset{\underset{CH_3}{\vert}}{\overset{\overset{CH_3}{\vert}}{Si}}-O-\underset{\underset{CH_3}{\vert}}{\overset{\overset{CH_3}{\vert}}{Si}}-(CH_2)_3CN \xrightarrow[H_2]{Ni} H_2N(CH_2)_4-\underset{\underset{CH_3}{\vert}}{\overset{\overset{CH_3}{\vert}}{Si}}-O-\underset{\underset{CH_3}{\vert}}{\overset{\overset{CH_3}{\vert}}{Si}}-(CH_2)_4NH_2$$

$$Ⅱ$$

后有一些文献改进这一合成方法。例如胡轶喆等避免了使用氢气和贵金属还原。简化了操作。降低了成本。并使产率有所提高。

$$H_2C=CH-CH_2NH_2 + H-\underset{\underset{CH_3}{\vert}}{\overset{\overset{CH_3}{\vert}}{Si}}-O-\underset{\underset{CH_3}{\vert}}{\overset{\overset{CH_3}{\vert}}{Si}}-H$$

$$\xrightarrow{H_2PtCl_6} H_2N(H_3C)_3-\underset{\underset{CH_3}{\vert}}{\overset{\overset{CH_3}{\vert}}{Si}}-O-\underset{\underset{CH_3}{\vert}}{\overset{\overset{CH_3}{\vert}}{Si}}-(CH_3)_3NH_2$$

BAPTDS 可以与八甲基环四硅氧烷（D_4）在酸或碱的催化下或加热使其扩链得到 PSX。在使用时可以将 PSX 作为软段。与其他二酐或二胺进行共聚反应。可以制备出具有较高温度和机械性能的聚合物。日本的古川信之和中国的虞鑫海等人在这方面作了大量的研究。得出了不同的聚硅氧烷（PSX）链的长度和改变 PSX 在共聚物中的含量对其共聚树脂的机械性能、热性能和溶解性等影响。

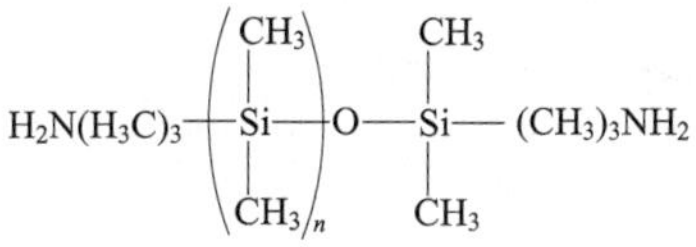

$$H_2N(H_3C)_3-\left[\begin{array}{c}CH_3\\|\\Si-O\\|\\CH_3\end{array}\right]_n-\begin{array}{c}CH_3\\|\\Si-(CH_3)_3NH_2\\|\\CH_3\end{array}$$

另外，法国的 J. C. Milano 等人利用三甲基硅基保护氨基法和硝基还原法合成了（Ⅲ）和（Ⅳ）：

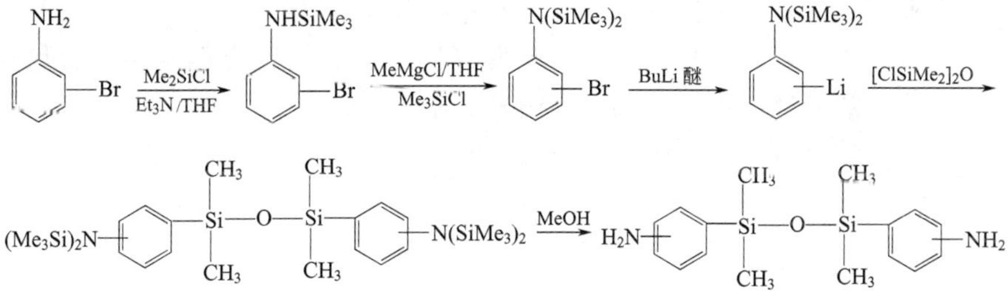

（Ⅲ）

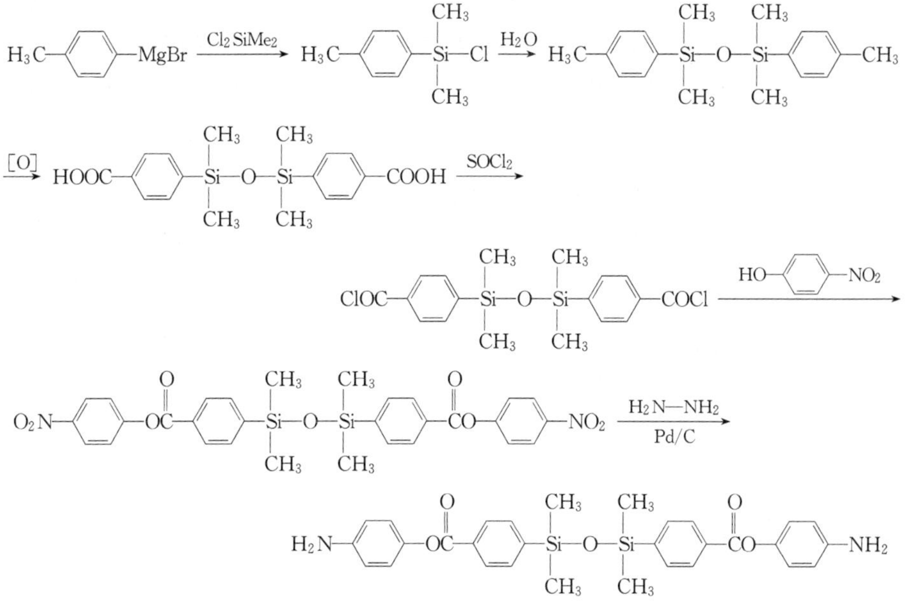

（Ⅳ）

对上述硅氧烷二胺（Ⅱ）、（Ⅲ）和（Ⅳ），仍然可以利用平衡反应进行扩链，生成二端含氨基官能基的硅氧烷低聚物。

以二甲基二氯硅烷为起始原料合成了含二烷基硅氧烷二胺（Ⅴ），其路线如下：

$$Me_2SiCl_2 + 4C_2H_5NHC_2H_5 \longrightarrow (C_2H_5)_2N-\underset{\underset{CH_3}{|}}{\overset{\overset{CH_3}{|}}{Si}}-N(C_2H_5)_2 + 2(C_2H_5)_2NH \cdot HCl$$

$$(C_2H_5)_2N-\underset{\underset{CH_3}{|}}{\overset{\overset{CH_3}{|}}{Si}}-N(C_2H_5)_2 + 2HO-\langle\!\!\!\!\!\!\bigcirc\!\!\!\!\!\!\rangle-NH_2 \longrightarrow$$

$$H_2N-\langle\!\!\!\!\!\!\bigcirc\!\!\!\!\!\!\rangle-O-\underset{\underset{CH_3}{|}}{\overset{\overset{CH_3}{|}}{Si}}-O-\langle\!\!\!\!\!\!\bigcirc\!\!\!\!\!\!\rangle-NH_2 + 2C_2H_5NHC_2H_5$$

（Ⅴ）

虽然嵌入这些活性含硅氧烷二胺单体（Ⅲ）、（Ⅳ）和（Ⅴ）的含硅聚酰亚胺大多获得了优异的性能，但并没有成为研究的热点。然而它们大多数都合成条件复杂、步骤繁多、产率较低。且多数反应都需要贵金属作为催化剂，成本居高不下，难以应用去工业生产。

含硅烷组分二胺的通式可写成：

$$H_2N-R^4-\underset{\underset{R^1}{|}}{\overset{\overset{R^1}{|}}{Si}}-R^4-NH_2 \quad Ⅵ$$

J. Richard Pratt 等人以溴代苯胺为起始原料合成了含二烷基硅烷二胺（ⅩⅢ）。首先用一氯三甲基硅烷将氨基保护起来。再在正丁基锂/醚存在下与二氯二烷基硅烷反应。反应结束后脱去保护基团制得含二烷基硅烷基团的二胺单体。与二酐单体的制备相比较，二胺单体的合成路线较长，且反应过程较难控制，其路线如下：

Ⅶ

合成出这些含硅活性单体后。再与相应的二酐进行酰胺化反应。便可制备出主链含有二烷基硅基团的聚酰亚胺。研究结果表明。主链引入二烷基硅基团的聚酰亚胺与传统聚酰亚胺相比前者具有较低的抗张强度、玻璃化转变温度和热稳定性。有一些还具有高的光学透过率。

用两端为氨基的有机硅单体合成的聚酰亚胺。这类有机硅单体中最常用的是双(3-氨基丙基)四甲基二硅氧烷和 α,ω-双(氨基丙基)聚二甲基硅氧烷。Summers 等采用两种不同的方法,在 N,N-二甲基乙酰胺(DMAc)与四氢呋喃(THF)或 N-甲基吡咯烷酮(NMP)与 THF 的混合溶剂中,用二苯酮二酐(BTDA)与不同相对分子质量(950~10000)的氨丙基封端的聚二甲基硅氧烷齐聚物以及间位取代的二胺二氨基二苯砜(DDS)或联苯二胺(DABP)扩链剂反应,制得硅氧烷改性的聚酰胺酸。其中,方法一是传统合成聚酰亚胺的方法,即将固体二酐加入到选定的二胺溶液中;方法二是将过量 BTDA 封端的硅氧烷齐聚物滴加到扩链剂 DDS 或 DABP 溶液中。反应混合物薄膜加热脱水环化制成聚酰亚胺-硅氧烷共聚物。通过调整硅氧烷齐聚物的用量和相对分子质量,可以得到结构可控的一系列强度高、透明、柔软、可溶的聚合物。其较高温区的玻璃化转变温度接近未改性的聚酰亚胺的玻璃化转变温度,表明产生了明显的微相分离。Summers 还就两种方法进行了分析,认为第一种方法只适用于硅氧烷齐聚物相对分子质量小于2000 的情况,第二种方法适用的硅氧烷齐聚物的相对分子质量范围可扩至10000。采用第一种方法时,如果齐聚物的相对分子质量超过 2000,则不能保证在聚合过程中所有相对分子质量级分的聚合物都能溶解,从而得不到相对分子质量控制得当的聚合物。

Mandgel 等用二苯酮二酐、双(3-氨基丙基)四甲基二硅氧烷和顺丁烯二酸酐共聚,用 DSC 等研究了得到的共聚物的热聚合和热性能,结果表明,该共聚物具有良好的热稳定性,浸渍的玻璃布与金属间的层间剪切强度为 17.24kPa。有文献报道,用双(3-氨基丙基)四甲基二硅氧烷作二胺组分合成了聚酰亚胺,将它与 Epikote828 及 Xylok 树脂共混,制得柔性印制电路板,阻燃性达到 UL94V-0 级;在 160℃下与铜箔热压粘合后玻璃强度为 1.3kg/cm,且在 260℃下耐焊性好。Lee 等研究了用氨基丙基聚硅氧烷合成的聚酰亚胺硅氧烷(PIS)在氮气中裂解所得硅-碳分子筛(Si-CMS)的透气性,表明硅氧烷链段有助于形成微孔,使 He/N_2 的分离系数达到 1033 且随着裂解温度升高,产品的透气性降低而选择性升高。有关氨基丙基(聚)硅氧烷应用的报道在日本专利中较多见,该产品均能赋予材料较好的性能。

Zhu Pukun 等用二苯醚二胺、双(对-氨基苯氧基)二甲基硅烷与均苯二酰氯二酯反应制得含硅聚酰亚胺。硅氧烷单元的引入增强了产品对基材(如 SiO_2)的粘接力;同时,随着硅氧烷含量的增加,产品的介电常数逐渐减小,且在高压汞灯照射下进行光交联时,凝胶分数达到 88%~90%。Iwamoto 等用二(氨基苯基)四甲基二硅氧烷合成了一种可作为正性膜的感光性有机聚酰亚胺 LB（Lomgmuir-Blodgett）膜，气分辨率达 $0.25\mu m$。陈蓓等研究了用位置异构的二(氨基苯基)二硅氧烷和二(氨基苯基)六甲基三硅氧烷合成的聚酰亚胺在玻璃化转变区的松弛行为，表明对位异构体共聚物的分子链的构象熵大，运动较容易。报道有关两端反应活性基团为胺基的含硅单体的文献也较多。

(2) 主链结构引入含硅二酐单体合成的聚酰亚胺 同含硅二胺单体一样，主链引入含硅二酐单体合成的聚酰亚胺。主要是通过合成含硅氧烷组分二酐和含硅烷组分二酐的单体。然后由这些单体与相应的二胺反应来制备的。因此，合成含硅的二酐单体是制备此类型含硅聚酰亚胺的关键。含硅氧烷组分二酐，可以用（Ⅰ）式表示：

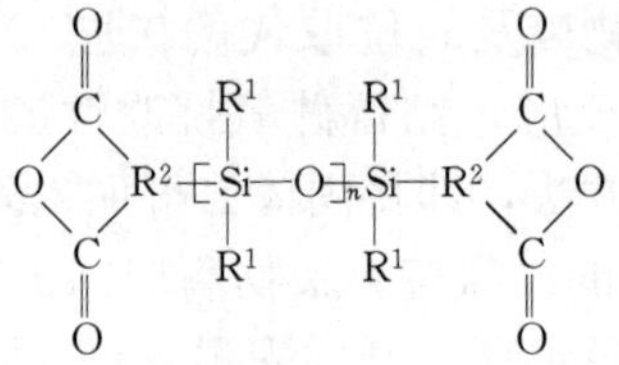

（Ⅰ）

式中，R^1 为含有 $C_1 \sim C_{14}$ 的单价烃基或取代烃基，如甲基、乙基、苯基、甲苯基等；R^2 为含有 $C_6 \sim C_{14}$ 的三价有机基，n 为 $1 \sim 30$ 的某一整数。现以 $R^1 = -CH_3$，$R^2 = $ ⌬，$n = 1$ 的单体：

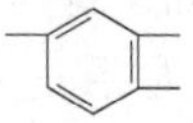

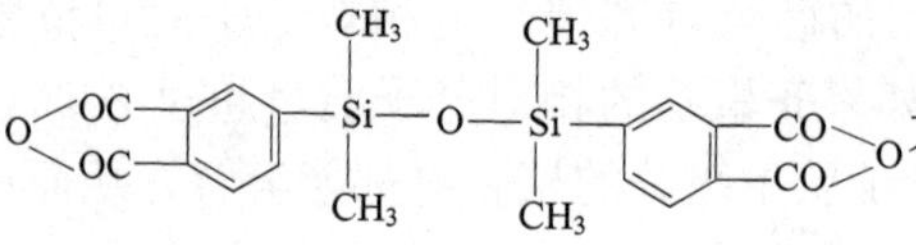

为例，其合成工艺路线如下。

方法 1：

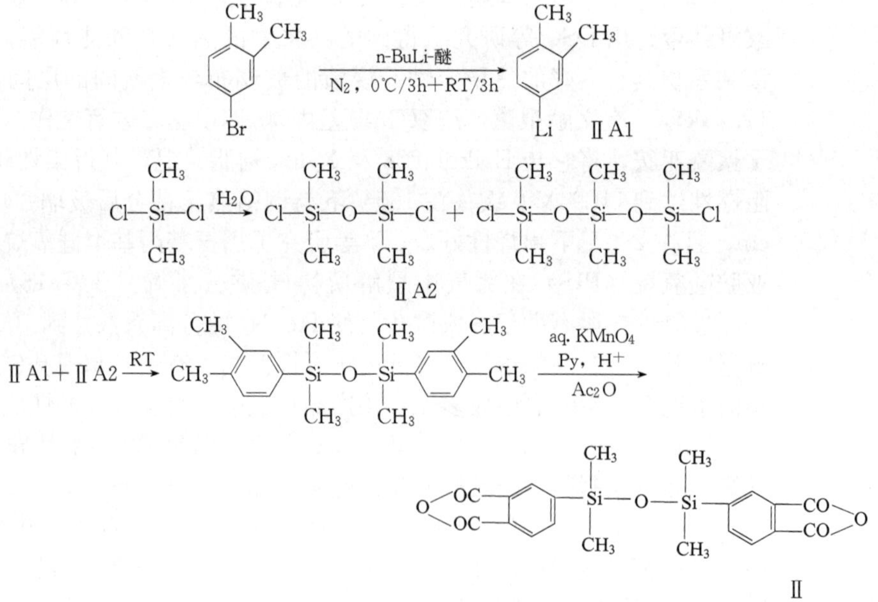

$$\xrightarrow{\text{n-BuLi-醚}}_{N_2,\ 0℃/3h + RT/3h}$$

ⅡA1

$$\xrightarrow{H_2O}$$

ⅡA2

$$\text{ⅡA1} + \text{ⅡA2} \xrightarrow{RT} \xrightarrow[Ac_2O]{\text{aq. } KMnO_4,\ Py,\ H^+}$$

Ⅱ

方法 2：Pratt 等以 4-溴-1,2-二甲基苯和二氯二烷基硅烷为原料。通过 Wurtz 偶合反应。氧化及环化反应制备

$$\text{II A1} + \text{Cl-Si(CH}_3)_2\text{-Cl} \longrightarrow \text{II A3}$$

$$\text{II A3} + \underset{S}{\triangle} \xrightarrow{\text{BuLi-醚}} \xrightarrow{\text{BuLi-醚}}_{\text{II A3}}$$

$$\xrightarrow{\text{aq.KMnO}_4\text{-Py}}_{\substack{\text{H}^+ \\ \text{Ac}_2\text{O}}}$$

美国通用电气公司利用过渡金属催化剂 TMC（Transition Metal Catalyst），由偏苯三酸酐酰氯和二氯四甲基二硅烷合成了单体（II）：

$$+ \text{Cl-Si-Si-Cl} \xrightarrow[\text{TMC}]{\text{dry N}_2} \quad \text{II A4} \quad + \text{CO} + \text{ClSiCl}$$

$$\text{II A4} + \text{H}_2\text{O} \xrightarrow[\text{RT/3h}]{\text{THF}} \quad + 2\text{HCl}$$

可利用平衡反应对（X）进行扩链反应，生成含硅氧烷多个重复单元（即 $n>1$）的二酐低聚物：

$$\text{II} + \text{D}_4 \xrightarrow{\text{(CH}_3)_4\text{NOH}}_{\text{or KOH}} \quad (n>1)$$

其中 D_4 为八甲基环四硅氧烷。

含有硅氧烷的活性二酐单体比较少见。只有寥寥几种。也许是合成条件要比二胺还要困难。在这些活性二酐单体中。1,1,3,3-四甲基-1,3-双(3,4-二甲酸酐苯基)二硅氧烷（PADS）研究较多。这种活性二酐单体由 pratt 首

先于1973年首先合成。由于在该反应中使用n-BuLi反应条件较为苛刻。山东大学的吕洪舫对此合成做了改进。而且还研究发现PADS也可以在酸性条件下与环状硅氧烷反应进行扩链。合成出含有聚硅氧烷的活性二酐单体(PPDS)。以PPDS为原料可以和其他二酐、二胺共聚合成的含硅聚酰亚胺。经研究表明硅氧烷链以在二酐中的方式嵌入聚酰亚胺中所产生效果与在二胺中的方式是一致的。

含硅烷组分二酐有Ⅲ和Ⅳ：

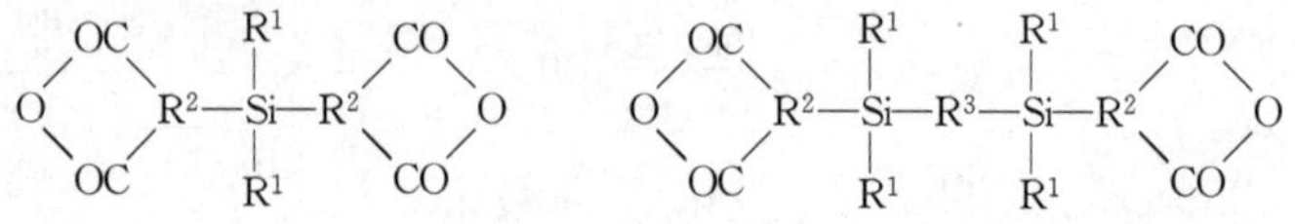

式中 R^1 为含有 $C_{1\sim14}$ 的单价烃基或取代烃基，如甲基、乙基、苯基、甲苯基等；R^2 为含有 $C_{6\sim14}$ 的三价有机基，R^3 为亚烷基、亚苯基或取代亚苯基等。Pratt 等人还利用 4-溴-1,2-二甲基苯、二氯二烷基硅烷及 1,4-二溴苯为原料。在正丁基锂/醚溶液的作用下。经二次 Wurtz 偶合反应、氧化及环化反应制备了含二甲基硅烷芳香二酐单体（Ⅴ）和（Ⅵ），其合成工艺路线如下：

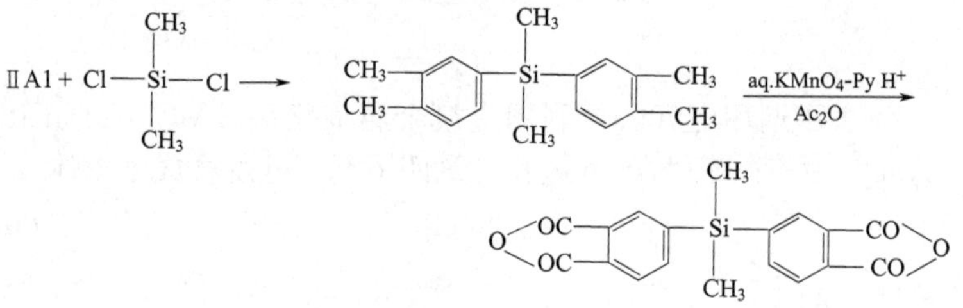

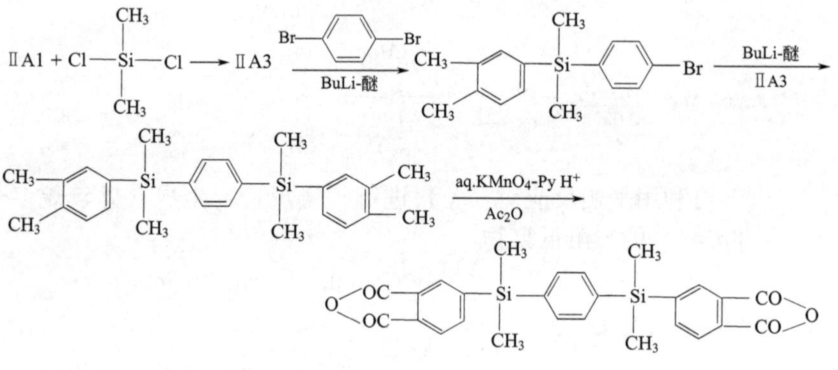

后来黄文华用金属锂作为催化剂。使操作简单、产率得到了提高。Sasaki 采用了格氏反应。避免了使用正丁基锂和金属锂。利用金属镁与 4-溴-1,2-二甲基苯反应制备双(3,4-二甲基苯基)二甲基硅烷。具体合成路线如下：

$R=CH_3, Ph, R'=CH_3, Ph$

张超等以联苯四酸二酐（BPDA）、二（3,4-二羧苯基）二甲基硅二酐（SiDA）和二苯醚二胺（ODA）为原料合成了一系列均聚和共聚型聚酰亚胺，并研究了它们的透气性能。SiDA-ODA 的透气系数比 BPDA-ODA 约高一个数量级，但透气选择性稍低。为了兼顾透气性和选择性，他们合成了一系列（BPDA-SiDA）-ODA 无规共聚物。随着 SiDA 含量的增加，透氢系数和透氧系数均有较大的提高，而 H_2/N_2 和 O_2/N_2 分离系数则降低。

Nye 等用硅氧烷平衡的 1,3-双(3,4-二羧基苯基)-1,1,3,3-四甲基二硅氧烷二酐（PADS）作为软段，[(1-甲基亚乙基)双(1,4-亚苯基氧基)]双-1,3-异苯并呋喃二酮（BPADA）为硬段，在对或间苯二胺作用下制得共聚型聚酰亚胺，这些共聚型聚酰亚胺含有不同的硅氧烷链长和不同的总硅含量。研究表明，其弹性模量、断裂伸长率及磨穿温度（cut-through temperature）与硅氧烷链长和总硅含量之间存在线性关系，且这些材料在氯仿中的溶解性较好。

含硅二酐单体合成的聚酰亚胺。可能是由于含杂原子的二胺比含杂原子的二酐可赋予合成的聚酰亚胺更好的柔性，因此，用含硅二酐合成聚酰亚胺的研究报道较少。

(3) 主链结构引入其他含两反应活性端基含硅单体改性聚亚酰胺　其他含两反应活性端基含硅单体改性聚亚酰胺。Ghatge 等用均苯四酸二酐（PMDA）和二苯酮二酐（BTDA）与有机硅二异氰酸酯反应制得共聚型聚酰亚胺。反应式如下：

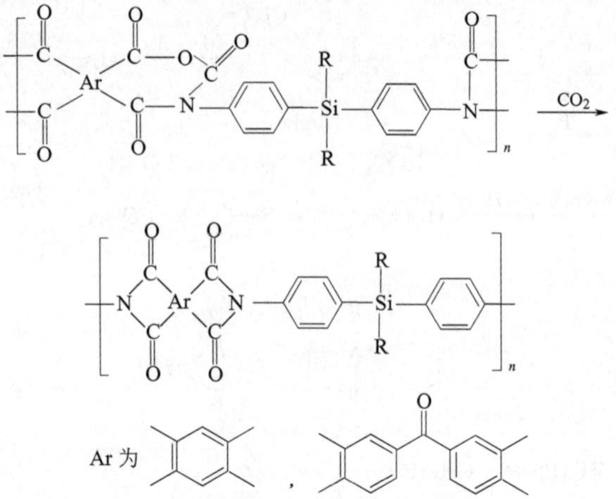

[结构式: 含邻羧酸酰胺中间体的聚合物链段] $\xrightarrow{CO_2}$

[结构式: 聚酰亚胺链段]

Ar 为 [四取代苯基], [二苯甲酮基]

研究表明，R 为—C_6H_5，所得聚酰亚胺的热稳定性更好，但不溶于有机溶剂 DMAc。也有研究表明，R 为—CH_3 的聚酰亚胺比 R 为—C_6H_5 的聚酰亚胺在空气中的热稳定性好；在氮气中，前者的起始失重温度较高，但最大失重温度稍低。

还有文献报道了通过加成反应合成含硅聚酰亚胺。虽然随着硅氧烷链段的引入在一定程度上降低了热稳定性，但 Nidre 用比聚有机硅氧烷的耐溶剂性和热稳定性更好的聚杂硅氧烷（PHSX）合成出热稳定性更好的聚酰亚胺-聚杂硅氧烷（PI-PHSX），并且这种材料还具有较低的表面张力。合成反应式如下：

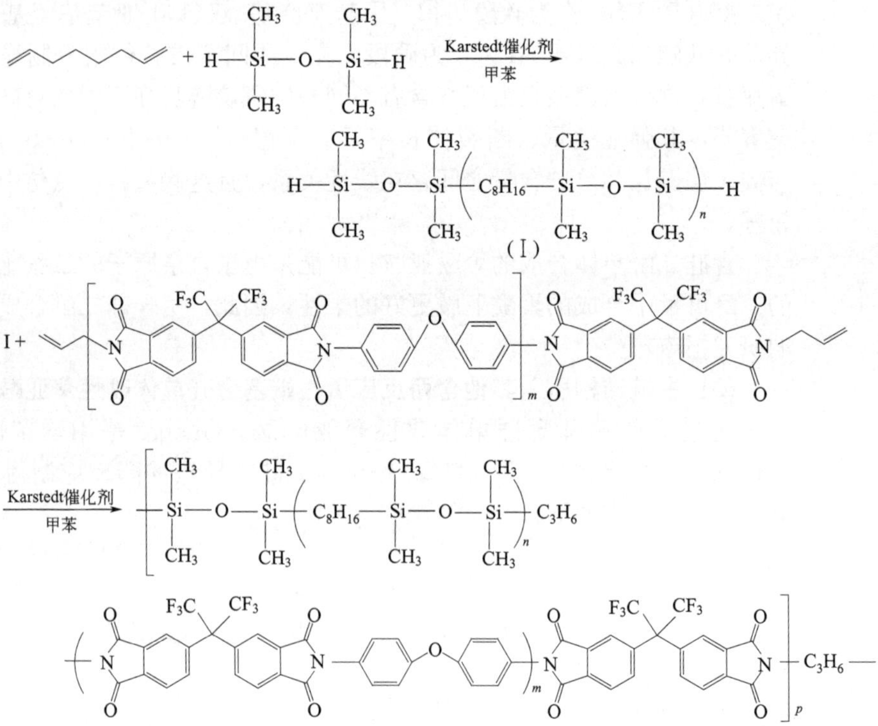

[合成反应式: 1,7-辛二烯 + H-Si(CH3)2-O-Si(CH3)2-H → 硅氢加成产物 (I)] Karstedt 催化剂 / 甲苯

I + [含烯丙基端基的含氟聚酰亚胺预聚物 (m)] $\xrightarrow[\text{甲苯}]{\text{Karstedt催化剂}}$

[最终产物结构: PI-PHSX 嵌段共聚物]$_p$

(4) 有机硅烷改性聚酰亚胺的末端修饰法 硅烷偶联剂封端聚酰亚胺。此方法是用硅烷化合物（主要是含氨基官能团的硅烷偶联剂）对聚酰亚胺封端，其结构式为：

$$X_3Si-R_3-[N(R_1)N-R_2]_n-N(R_1)N-R_3-SiX_3$$

式中 R_1 为四价有机基团；R_2，R_3 为二价有机基团；X 为一价基团，如—OR，卤素等。

由于—SiX_3 基团易于水解成—SiOH 基团。—SiOH 中的—OH 与无机物（如玻璃、陶瓷、金属等）表面形成的氢键具有一定的亲和性和反应活性。从而提高了有机硅末端修饰的聚酰亚胺对金属、陶瓷、玻璃等无机材料基板的粘接性，特别适用于电子和微电子工业。此外，-SiOH在一定条件下还可自缩合而形成交联结构，使此类聚酰亚胺具有低热膨胀性，如图3-13所示。从室温到450℃的温度范围内都显示出低的热膨胀系数，而无玻璃化转变点出现。通过控制硅氧烷键的密度，即交联度，就可以控制聚合物的热膨胀系数。这一特征，在半导体及其他电子材料工业上非常有用。因此。可以用氨基硅烷作为粘接促进剂处理 SiO_2 等无机物表面。

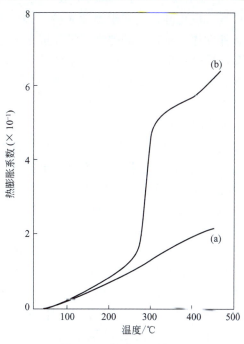

■ 图 3-13　热膨胀系数比较
(a)硅氧烷改性聚酰亚胺薄膜，(b)未改性聚酰亚胺薄膜
膜厚：75μm 幅：5000μm 长：15000μm 加热：5℃/min

使聚酰亚胺同无机材料（特别是 SiO_2 基材）能以共价键相连接，形成一种结构复合材料，从而增加粘接可靠性和稳定性。这一系统中的相互作用可以看作是一个逐步过程：附着在表面上的胺与聚酰胺酸之间形成羧酸盐；加热形成附着在表面上的二酰胺；热环化形成附着于表面上的酰亚胺。这种界面复合材料在氮气下直到 (370 ± 10)℃还相对稳定，但超过 400℃会导致结构改变，材料间的粘接性受损。

由于硅烷封端聚酰亚胺末端有可水解基团，水解形成的羟基在适当条件下可脱水，使材料形成交联结构。根据此原理，Tsai Mei-Hui 等用对氨基苯基三甲氧基硅烷（APTS）、二苯醚二胺（ODA）与二苯醚二酐（ODPA）共聚制得末端含硅基的聚酰胺酸（PAA），然后脱水环化形成聚酰亚胺/似聚倍半硅氧烷膜（PI/PSSQ-Like）。研究发现，降低聚酰亚胺嵌段链长使交联网络的刚性增加，从而可增加其储能模量、弯曲模量及玻璃化转变温度（T_g），降低伸长率和 α 松弛阻尼峰的强度。但由于引入了更多的自由体积，使聚亚酰胺链段间的作用力下降，同时也使膜的介电性和憎水性提高。

二氧化硅/聚酰亚胺杂化物可以由这种硅酸酯封端的聚酰亚胺加水分解，并进行缩聚、交联而得。Okamoto 等采用以氨基封端的聚四氢呋喃作为二胺。在 N-甲基吡咯烷酮中与均苯四甲酸酐反应，然后再与硅烷偶联剂和硅烷醇反应得到二氧化硅杂化的聚酰亚胺弹性体二氧化硅/聚酰亚胺杂化弹性的聚酰亚胺弹性体具有较高的弹性模量和抗张强度，耐热性显著提高，但具体结构未知。Kioul 等采用 PyreML 和 Skybond 703 两种聚酰胺酸前体与正硅酸四乙酯、偶联剂混合制备出聚酰亚胺/二氧化硅杂化膜，探讨了结构与性能之间的关系。

3.6.2.2 侧链型含硅聚酰亚胺

侧链型含硅聚酰亚胺相对于主链型含硅聚酰亚胺研究较少。侧链上含硅的聚酰亚胺主要是由带有羟基的二酐或二胺先聚合获得带羟基的聚酰亚胺，然后在与氢羟基反应得到带硅氧烷侧链的聚酰亚胺。或者是首先合成出一端不含活性基团，而另一端含有二个氨基官能的活性二胺单体。

接枝共聚型聚酰亚胺：用一末端为二胺基的硅氧烷低聚物与芳香二酐和二胺共聚，得到的硅氧烷接枝聚酰胺酸，在 100~400℃下加热脱水，制成改性聚酰亚胺，即得到以聚酰亚胺为主链、聚硅氧烷为支链的梳型接枝共聚物，可制成机械强度好，耐热性、耐溶剂性优良，气体及液体透过性、分离性高的膜。Nagase 等合成出此共聚物用作气体分离膜材料。这种膜是两相分离结构，具有良好的力学性能。但由于它们采用的是透气性很低的聚酰亚胺组分，因此所得膜的气体分离性能较差；若采用透气性较好的聚酰亚胺组分可能会得到气体分离性能较好的气体分离膜。

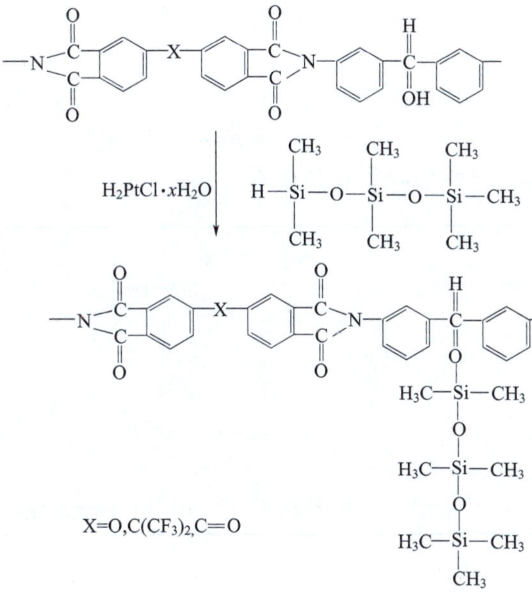

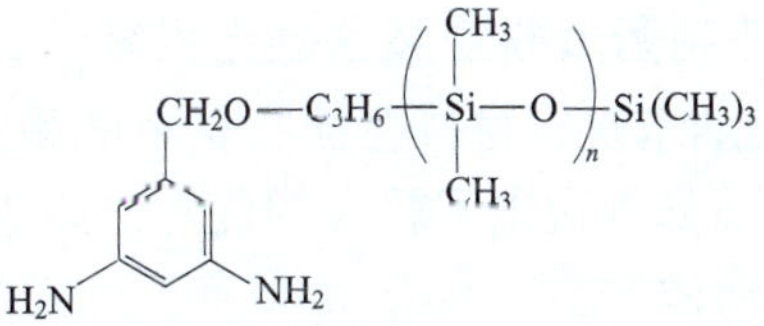

3.6 有机硅改性聚酰亚胺的合成

X=O, C(CF$_3$)$_2$, C=O

有研究表明带有硅氧烷侧链的聚酰亚胺都可以得到柔性的薄膜。随着侧链的增长,玻璃化温度、强度和模量降低,伸长率有所增加。硅氧烷的引入可以降低聚酰亚胺的相对介电常数和耐氧等离子的侵蚀,但是 C—O—Si 键对水不稳定。其结果见表 3-31。

■表 3-31 在二酐链节带硅氧烷侧基的聚酰亚胺

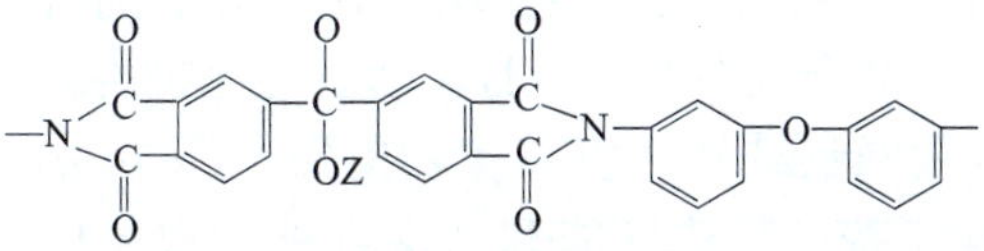

Z	T_g/℃	薄膜	拉伸强度/MPa	拉伸模量/GPa	伸长率/%	相对介电常数
H	250	韧,透明	127.5	3.1	10.4	3.4
H$_3$C—Si(CH$_3$)$_2$—	210	韧,透明	119	2.8	28.8	3.0
H$_3$C—Si(CH$_3$)$_2$—O—Si(CH$_3$)$_2$—O—Si(CH$_3$)$_2$—	167	韧,半透明	76.7	1.8	34.3	2.8

还有一种侧链型聚酰亚胺是在其侧链上引入 POSS（poly-hedral oligo-meric silsesquioxanes）笼状硅氧烷结构。如图 3-14 所示。八面体 $(RSiO_{1.5})_8$ 可以形成纳米孔直径 $0.3\sim0.4nm$ 的刚性立方氧化硅核。具有很低的密度。这种分子设计的目的是为了得到低介电常数的材料，克服因引入氟使材料力学性能降低和高成本。

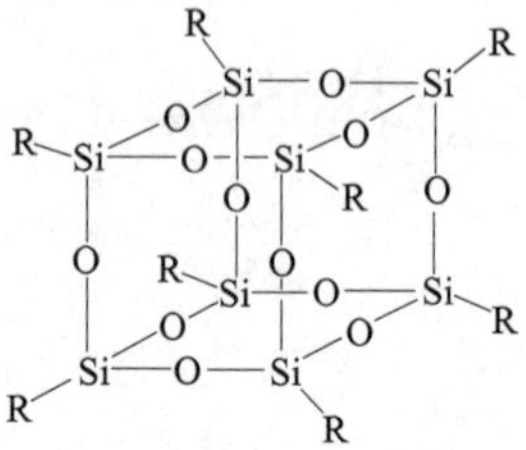

■ 图 3-14　POSS 笼状硅氧烷结构

3.6.2.3　溶胶-凝胶法制备聚酰亚胺含硅无机复合材料

有机-无机纳米复合材料在提高材料的耐热性能、力学性能以及有机尺寸稳定性等方面都表现出了较大的优势。是进一步提高 PI 耐热性能和高温尺寸稳定性的有效手段。SiO_2 是目前所知热膨胀系数最低的材料之一。采用不同的方法将聚酰亚胺与无机材料在纳米尺度上进行复合以及设法使纳米粒子均匀分散在杂化膜中正成为人们的研究热点。

对聚酰亚胺/二氧化硅（PI-SiO_2）杂化膜材料的研究始于 20 世纪 90 年代初期。在制备过程、热性能和机械性能等方面进行了广泛的研究，取得了一定的成果。

目前制备这一杂化材料大多采用溶胶-凝胶法。这一方法通常是指无机硅源前驱体在一定条件下水解缩合成溶胶（Sol），然后经溶剂挥发或加热等处理使溶液或溶胶转化为空间网状结构无机氧化物凝胶（Gel）的过程。利用这一方法制备的含硅聚酰亚胺，其热性能和力学性能均有不同程度的提高，其电学性能也有一定的改变。最重要的是 PI-SiO_2 杂化膜在常温下对气体的渗透性能远高于本体聚酰亚胺膜，其对气体的分离作用存在巨大潜力，尤其在原料或产品的除水除湿过程中有着巨大的应用价值。

这种 SiO_2 含量不高（不大于 10%）的杂化材料具有较聚酰亚胺更高的热稳定性，更好的力学性能及更低的线膨胀系数，同时还能保持聚酰亚胺的光敏性；在酸性条件下制备的系列杂化膜比在碱性条件下制备的系列杂化膜对玻璃化转变温度的影响更大，但均具有较好的气体渗透性能和亲水性能，其 H_2O/N_2 和 H_2O/CH_4 的分离系数均大于努森扩散的理论值。但高 SiO_2 含量的杂化材料的合成未能获得满意的结果。

人们正在不断改进溶胶-凝胶法，以期提高 SiO_2 含量的同时缩小相分离尺寸。Morikawa 等将聚酰胺酸与三乙胺作用得到三乙胺的盐，以甲醇为溶剂进行溶胶-凝胶化反应，使杂化膜的形态结构和相分离尺寸都有很大改善，可得到含 20% SiO_2 的透明薄膜；采用含乙氧硅烷的二胺制得的功能化聚酰胺酸，与 SiO_2 产生化学键联，SiO_2 含量即使达到 70% 仍可得到透明薄膜。

Hsine 等用苯基二乙基硅烷（PTEOS）代替二乙氧基硅烷（TEOS），得到 SiO_2 含量为 45% 且相容性良好的透明薄膜；另外，在溶胶-凝胶化过程中加入少量偶联剂也可有效增加两相的相容性。

3.6.2.4 共混改性法制备有机硅改性聚酰亚胺

共混改性所用的有机硅组分通常是经过改性的。把聚酰亚胺（如 Ultem100）溶解在惰性溶剂（如 $CHCl_3$）中，与改性硅油（用量不大于 30%）一起加热，得到一种网状结构的聚酰亚胺-有机硅产物，其透明性、耐热性、冲击强度及耐湿性等均得到改善。美国 GE 公司将醚亚胺-硅氧烷共聚物与聚醚酰亚胺共混，得到玻璃化转变温度大于 190℃、可注射成型的树脂；与聚醚酰亚胺比较，该产物改善了耐氧等离子体性能和粘接性能，介电常数和吸湿性降低。该公司还用碳酸酯-硅氧烷嵌段共聚物与聚酰亚胺共混，混合物具有优异机械性能和抗分层性能的材料。

Rhone-Poulence 公司的 Kerimide FE7003 就是一种含有硅改性剂的双马来酰亚胺（BMI）产品，硅改性剂的加入使树脂的强度增大，而且使 BMI 基体树脂的微观形态发生了改变。

3.7 有机硅改性聚氨酯树脂

聚氨酯是以二异氰酸酯和多元醇为基本原料加聚而成的，已有 60 多年的发展历史，它可以制成聚氨酯泡沫塑料、橡胶、涂料、黏合剂、合成纤维、合成皮革等产品，被广泛应用于工业及日常生活中，并几乎渗透到国民经济的各个部门。聚氨酯具有力学性能好、耐磨耗、耐油、耐寒性、耐撕裂、耐化学腐蚀、耐射线辐射、粘接性好、弹性、高光泽以及软硬段随温度变化不大、耐有机溶剂等优异性能。但因分子结构中含有—NH—CO—，聚氨酯具有不耐温度变化、防水性差、耐磨性差等缺点，使得聚氨酯材料的使用受到很大的限制。聚硅氧烷是一类以重复的 Si—O 键为主链，其键能高达 422.2kJ/mol，硅氧烷的分子体积大，内聚能密度低，硅原子上直接连接有机基的聚合物。通常将硅烷单体及聚硅氧烷统称为有机硅，它具有低温柔顺性好、表面张力低、生物相容性好、热稳定性好、疏水、耐磨等优点。将有机硅引入聚氨酯材料中能提高材料的耐热、耐寒、疏水、耐磨、良好的弹性等性能，硬段的聚氨酯、聚脲链段使材料保持原有的强度，使聚氨酯材料的使用范围大大提高。但由于聚硅氧烷与聚氨酯溶度参数相差很大，简单共混、原位聚合制互穿网络聚合物的结果都不令人满意，因此，共聚改性是有机硅对聚氨酯改性的有效途径之一。

3.7.1 物理改性

聚氨酯具有良好的耐油和耐非极性溶剂等特性，而有机硅具有良好的耐水耐溶剂性。聚氨酯可以改进有机硅化合物的耐油、耐非极性溶剂的性能，而有机硅可以改善聚氨酯的耐水和耐溶剂性能，两者共混可以取长补短。例如有机硅改性水性聚氨酯的主要途径之一是用氨基硅氧烷类与聚氨酯共混改性，余海斌等发现聚二甲基硅氧烷-b-聚乙二醇的嵌段共聚物对聚二甲基硅氧烷/聚四氢呋喃聚氨酯（PDMS/PU）共混体系有良好的增容作用，力学性能明显提高。Shibata 等也报道，聚硅氧烷与聚醚聚氨酯混合时，有相分离现象。共混改性是简单的物理混合，无化学键形成。因有机硅化合物和聚氨酯化合物的溶解参数相差较大（分别是 7.5 和 10.0），树脂之间具有极强的不相溶性，改性后的混合物相分离严重，力学性能低，所以目前对物理改性聚氨酯的研究比较少。Mengshung 等对聚二甲基硅氧烷水性聚氨酯和不同类型软段水性聚氨酯的混合液的性质和膜性质进行了研究，分别采用 PCC 聚己内酯、聚乙二醇、聚丙二醇、聚丁二醇合成水性聚氨酯，采用羟基聚硅氧烷为软段合成了 PDMS-PU，对 PDMS-PU 和另外 4 种不同软段类型以及不同含量的水性聚氨酯（WBPU）混合物的颗粒大小、表面张力、接触角进行了研究，发现 PDMS-PU 与醚型或酯型软段的 WBPU 混合，溶液颗粒随 PDMS-PU 含量的增加而增大，且随 PU-PDMS 含量的增加，混合物颗粒也随之增大，比纯 WBPU 的颗粒更大，随着 PDMS-PU 含量的增加，各种混合后的 WBPU 对纤维的接触角减小，而对水的接触角则增大。研究还发现，经过 PU-PDMS 混合后的 WBPU 的表面硅含量接近单一的 PDMS-PU 的硅值。

也可以通过水性聚氨酯分散体和有机硅乳液进行物理共混改性，聚氨酯可以改善聚硅氧烷乳液的耐油、耐非极性溶剂的性能，而聚硅氧烷乳液可改善水性聚氨酯的耐水和耐溶剂的性能，两者共混可以获得取长补短的效果。在水性聚氨酯乳液中添加有机功能硅烷时，硅烷可与环境中的湿气发生水解反应，形成的硅醇一方面可继续发生缩聚反应，从而形成共价键形成交联，另一方面也与多种基材如玻璃、混凝土和金属等表面的水解基团形成共价键形成偶联。由于本身的水解敏感度关系，传统硅烷在水性体系中易发生预交联反应，因而限制了其进一步应用。

环氧硅氧烷改性水性聚氨酯是通过水性聚氨酯中的羧基或羧基季铵盐基团与交联剂中的环氧基反应及硅氧烷基之间的水解缩合反应。羧基在交联反应体系中起到了关键作用，水在缩合反应体系中起到了重要作用，不含水的溶剂型不能发生交联反应。所得涂层的耐水、耐有机溶剂性能好。同时具有固化温度低、无毒、使用安全等特点。

聚氨酯和环氧硅烷两相间存在化学键间的交联，在共混体系中两相间存在的化学键的交联有利于两相间相容性的提高，对共混体系起到稳定作用。此体系中聚氨酯上的氨基甲酸酯基等基团与环氧基开环形成的羟基还可能形成一定程度的氢键，氢键的存在也是有效地改善相容性的手段。

田军等研究了端羟基聚二甲基硅氧烷与醇解蓖麻油改性聚氨酯预聚体的共混改性。发现共聚物成膜后，分子结构中的有机硅链段更倾向于表面富集取向，而聚氨酯链段朝向内层，这使得有机硅链段的低表面能性质得以保持，提高了共聚产物的憎水性，同时共聚物膜的附着力、硬度及固化速度等力学性能得到改善。此外还研究了有机硅改性聚氨酯涂层的性质，发现随着共混物中聚有机硅氧烷含量的增加，涂层表面能色散分量和极性分量减少，同时低表面能的聚有机硅氧烷使涂层与水、海藻酸钠的接触角增大。

近年来，美国康普顿有限公司的有机功能硅烷部开发了一系列具有空间阻碍结构的硅烷，利用控制其水解敏感度而得以应用于水性体系，从而避免了以上各种不利情况。这些新型硅烷被设计成具有较大烷氧基团的结构，降低了水解倾向。在水性体系中表现出极佳的长期贮存稳定性，室温贮存 1 年以上，仍保持良好的附着力和物理性能，因此可实现单组分水性配方。而避免了以上各种不利情况。这些混合物可随乳液的结合而固化，同时也可作为低能量的交联剂，通过使用催化剂来加速固化。

由于分子结构自身的特点，聚氨酯与有机硅的相容性不好，聚有机硅氧烷与聚氨酯链段的溶解度参数相差大，两种树脂具有极强的不相容性，在共混体系中处于严重的相分离状态，共混物的力学性能较低，需要在共混体系中加入增容剂以提高共混物各组分的相容性。

共混改性仅是简单物理混合，无化学键形成，硅油的迁移性使得硅烷时效短。而且，硅油中的乳化剂对成膜物性有不良影响，最佳用量较难把握。因此有机硅共混改性聚氨酯的方法尽管操作方便，但具有局限性，因而采用物理的混合方法难以达到预想的改性效果，在性能要求较高时只能用化学方法获得有机硅改性聚氨酯。

3.7.2 化学改性

化学改性是利用聚氨酯上的活性官能团—NCO 和有机硅化合物上的活性基团反应形成共价键而将有机硅引入聚氨酯分子中，使聚氨酯材料的耐热性、耐寒性、憎水性及生物相容性等性质得到改善。其改性效果比物理共混好得多，是目前研究最多的改性方法。其中羟烃基硅烷主要用途之一是制取羟烃基硅油，羟烃基硅油是利用羟烃基的反应活性在合成聚氨酯过程中与原料中所带的官能团（—NCO）反应，从而将聚硅氧烷链段引入相应的树脂结构中。另外带有活性端基的聚硅氧烷与端异氰酸酯的化合物或预聚体通过加成聚合和扩链反应，可制成有机硅改性聚氨酯。

其主要反应：

(1) 预聚反应

$$2OCN-R-NCO + HO-R_1-OH \longrightarrow OCN-R-NHC(O)-O-R_1-O-C(O)NH-R-NCO$$

(2) 扩链反应

$$2OCN-R'-NCO + HN-R_1-NH \longrightarrow OCN-R'-NHC(O)-NH-R_2-NH-C(O)NH-RNCO$$

式中，$R' = R-NHC(O)-O-R_1-O-C(O)NH-R$

(3) 氨基封端 PDMS 与 4,4′-二苯基甲烷二异氰酸酯（MDI）的反应

$$xH_2N-(CH_2)_3-Si(CH_3)_2-O-[Si(CH_3)_2-O]_n-Si(CH_3)_2-(CH_2)_3-NH_2 + xOCN-C_6H_4-CH_2-C_6H_4-NCO \longrightarrow$$

$$[-HN-(CH_2)_3-Si(CH_3)_2-O-[Si(CH_3)_2-O]_n-Si(CH_3)_2-(CH_2)_3-NHC(O)NH-C_6H_4-CH_2-C_6H_4-NHC(O)-]_x$$

(4) 羟基封端 PDMS 与 MDI 的反应

$$xHO-(CH_2)_3-Si(CH_3)_2-O-[Si(CH_3)_2-O]_n-Si(CH_3)_2-(CH_2)_3-OH + xOCN-C_6H_4-CH_2-C_6H_4-NCO \longrightarrow$$

$$[-O-(CH_2)_3-Si(CH_3)_2-O-[Si(CH_3)_2-O]_n-Si(CH_3)_2-(CH_2)_3-OC(O)NH-C_6H_4-CH_2-C_6H_4-NHC(O)-]_x$$

合成方法如下。

(1) 预聚法 将端异氰酸酯基化合物加入到溶剂中，然后在 N_2 气保护下加入聚硅氧烷低聚物升温一段时间，调整温度后再加入溶于极性溶剂中的扩链剂，保温一段时间，使反应完全。

(2) 半凝胶法 将 MDI 中搅拌下加入预处理的聚酯二醇与双端碳烃基硅油，一定温度下制得预聚物，将预聚物与交联剂混合，室温下浆料呈半凝胶状态后，合模、加热、加压、固化。

(3) 直接法 将预先制取的聚醚（聚酯）聚氨酯预聚体在一定温度下逐步滴加到有机硅低聚物中，控温使反应完全。

有机硅改性水性聚氨酯分散体（ADPSUR）的合成，大多数 ADPUR 的制备通常包含两个主要步骤：①由低聚物二醇参与，形成高分子质量聚氨酯或中高分子质量聚氨酯预聚体；②在剪切力作用下在水中分散。ADPUR 的制备通常采用两类方法：外乳化法和自乳化法。外乳化法是在乳化剂、高

剪切力存在下，将聚氨酯预聚体或聚氨酯有机溶液强制性乳化于水中，形成乳液。该法制备的聚氨酯乳液的贮存稳定性不好，所成膜的物理性能不好。自乳化法就是将亲水基团直接引入到分子链中，使分子部分有亲水性而使整个分子分散于水中。根据扩链反应的不同，自乳化法可分为：丙酮法、预聚体分散法、熔融分散法、酮亚胺/酮连氮法、封端乳化法等。其中丙酮法和预聚体分散法较为成熟。

  ADPSUR 的制备大多采用预聚体分散法，即：使含端—NCO 基的含亲水基团的有机硅-聚氨酯预聚体，在分子质量较小、黏度不大时，在高剪切力作用下，不用或很少用溶剂，将其分散于水中，水可作为扩链剂，还可用反应活性较高的二胺类（或肼）扩链剂，在水中扩链生成高分子质量的聚脲聚氨酯。

  按官能团的类型分为羟基改性法、氨基改性法和硅烷偶联剂改性法等。目前有机硅对聚氨酯的共聚改性方法按照有机硅的结构分为 4 种：①硅醇改性法；②氨烷基聚硅氧烷改性法；③羟烷基封端的聚硅氧烷改性法；④烷氧基硅烷交联改性法。改性后的共聚物中，软段的聚硅氧烷/或聚醚链段使材料具有良好的弹性，硬段的聚氨酯、聚脲链段使材料强度增加。

3.7.2.1 羟基封端硅氧烷改性法

  有机硅中含有能和聚氨酯中的异氰酸酯—NCO 发生反应的活泼羟基，是有机硅化合物能改性聚氨酯的主要原因，从而实现两者的共聚，根据羟基和硅原子的连接方式不同，分为羟基直接和硅原子相连的硅醇型的有机硅氧烷改性法及羟基间接和硅原子相接的烷羟基型的有机硅氧烷改性法。

  (1) 硅醇羟基封端硅氧烷改性法 硅醇是指羟基直接连接在硅原子上的硅氧烷化合物，羟基具有一定的活性，可以和—NCO 发生反应得到改性，由于两者相容性不好，通常要在反应过程中使用溶剂。最终形成的是 Si—O—C 键，其耐水解性差，不稳定。FrederiC 等以聚甲基-二苯基异氰酸酯、聚乙二醇（PMDI，PEG）、含硅醇羟基的 PDMS 聚二甲基硅烷（DEG 二乙二醇）为原料合成了新型的聚氨酯，对合成材料进行了热氧化、热失重和导热等性能分析，发现改性后的聚氨酯材料的热氧化性能没有改变，且随着硅氧烷嵌入数量的增加，由于改性材料表面燃烧形成了阻燃的二氧化硅，阻止了材料内部的进一步氧化燃烧，材料的热失重率小，且表面二氧化硅的形成使材料的导热性能比改性前有明显的下降。吴小峰等用聚碳酸酯多元醇（PCD）、聚己二酸丁二醇酯多元醇羟基硅油（DHPDMS）、异佛尔酮二异氰酸酯（IPDI）、二羟甲基丙酸（DM 以）为原料合成了高固含量的有机硅改性的聚氨酯，考察了 DHPDMS 的分子量对树脂性能的影响，研究发现 DHPDMS 的分子量越大，疏水性越强，吸水率越小，抗断裂力随之变小。考察有机硅含量对树脂的影响，发现耐水耐热性能都有改善，但树脂有微相分离的粗糙表面。黄勤等以直接羟基封端的有机硅为原料，采用两步法得到高有机硅含量（48%）的改性水性聚氨酯，确定最佳的反应温度，研究发现，随着硅含量的增加，迁移到表面包裹聚氨酯起到疏水效果，机械性能、耐老化性能都有提高，但过高的含量由于相分离严重导致黏度剧增和硬度下降。对该类硅醇羟基改性的聚硅氧烷的研究发现，虽然可以获得含硅量较高的聚氨酯材料，但因端羟基聚二甲基硅氧烷的—OH与—NCO反应，形成的Si—O—C键极易水解，得到的化合物在水溶液中不稳定，所以此改性方法在应用时受到一定限制。

刘俊峰等以蓖麻油聚氨酯（PU）改性有机硅树脂，合成方法是先用甲苯二异氰酸酯（TDI）和蓖麻油制备蓖麻油聚氨酯预聚体，然后将其滴加到有机硅的乙酸乙酯溶液中。研究PU含量及制备工艺对改性体系热性能及抗冲击性能的影响，并用热失重研究改性体系的热分解行为，推断出其热分解反应机理为受相界面控制的收缩圆柱体。田军和薛群基研究了端羟基的聚二甲基硅氧烷（PDMS-OH）与醇解蓖麻油改性聚氨酯预聚体共混改性树脂，探讨了其相结构，发现其具有较高的微相分离程度；还研究了其与低表面能填料的复合及复合涂层的机械性能。他们认为，成膜后有机硅链段倾向于表面聚集取向，而聚氨酯链段则趋向聚集于膜内层。膜的力学性能和耐热性得到了改善，其表面能也较低。

朱春凤等用羟基硅油对水基阳离子型聚氨酯（RK-915）进行耐溶剂性能改性后，可制得粒径分布在$0.261\sim1.390\mu m$，中位粒径$0.724\mu m$，w(固体分)$=20\%$的浅黄色不透明的稳定乳液（GRK）。经FTIR、1HNMR确认，GRK分子结构中含有聚二甲基硅氧烷甲苯氨基甲酸酯结构单元。乳液最低成膜温度$3.8℃$，所得胶膜呈米黄色不透明，耐水、耐甲苯性能明显优于RK-915，乳液表面张力降低，更适宜于鞋面革的封底涂饰。

Stanciu等用聚己二酸乙二醇酯二醇（PE-GA）、PDMS-OH、$4,4'$-二苯基甲烷二异氰酸酯（MDI）和顺丁烯二酸双甘油酯多醇制备了交联的聚酯-聚硅氧烷-聚氨酯树脂。PDMS-OH对最终材料的力学性质影响不大，但它使改性树脂在低温下的稳定性和弹性提高，而且热稳定性更好。他们还用PEGA、丁二醇（BD）与MDI、TDI或$1,6$-己二异氰酸酯（HDI）制得了聚硅氧烷-聚氨酯（PDMS-PU）嵌段共聚物。透射电子显微镜（TEM）研究表明含聚硅氧烷（PDMS）的球粒均匀地分散在连续的聚酯型聚氨酯基体中，是两相体系。Ioan等合成两种预聚物，一种是由八甲基环四硅氧烷（D_4）在苄基三甲胺硅氧烷的四氢呋喃（THF）溶液中开环聚合后，与PE-GA、MDI在催化剂存在下反应；另一种是PDMS和MDI在同样条件下反应。两种预聚物混合后，再加入MDI和BD，然后浇注成膜。用差热分析仪（DSC）和动态力学性能分析仪（DMA）测定了膜的性能，发现热形变曲线受软段和硬段的结构及组成的影响很大。

沈一丁等用聚醚210、220与$2,4$-甲苯二异氰酸酯（TDI）预聚，加入丙酮稀释的羟基硅油、N-甲基二乙醇胺、氯化苄及醋酸反应，然后再加水，可得蓝光乳白色微透明乳液。这种自乳化型阳离子有机硅聚氨酯乳液,可提高涂膜的光亮性、柔软性、抗水性和手感,产品可用作皮革涂饰剂、手感剂、防水剂等。

张留成等用八甲基环四硅氧烷（D₄）以膨润土为催化剂,醋酐为分子质量调节剂,合成分子质量为 200～600 的聚硅氧烷低聚物二醇（PDMS-OH）,再与 TDI 及聚乙二醇（PEG）于丙酮中反应,制得端异氰酸酯基的有机硅-聚氨酯预聚体,再用 3-(N-甲基二乙醇氯化铵)-1,2-环氧丙烷扩链,加水乳化制得阳离子型的有机硅-聚氨酯嵌段共聚物水乳液。用于织物整理剂,可改善织物的表面性能、吸湿性和抗静电性,同时可提高织物的力学性能和耐磨性能,并探讨了水性。

李莉等用溶液共聚和成盐乳化的方法,合成了皮革涂饰剂用有机硅改性聚氨酯水乳液,可明显提高胶膜的力学性能和耐溶剂性能,用改性液处理过的皮革具有更高的耐湿擦级数,手感滑爽舒适,但有机硅与聚氨酯反应很不完全,反应程度小,形成的 Si—O—C 结构耐水解性差。

另外,Griswold R 等用聚硅氧烷二醇乳液作为扩链剂,与水性聚氨酯乳液混合后加入催化剂和水,涂到纸上表现出可打印性,且脱离强度为 29.6gf/cm,即可脱离的涂层。

Uyanik 等合成了含 PDMS 和酮树脂的 ABA 型嵌段共聚物,先用双羟基封端的 PDMS 与异佛尔酮二异氰酸酯（IPDI）反应后得到双 NCO 基封端的聚硅氧烷聚氨酯,然后再进一步与含活泼羟基的环己酮-甲醛树脂、苯乙酮-甲醛树脂和原位三聚氰胺改性的环己酮-甲醛树脂反应。得到的树脂由于结合有高表面活性的硅氧烷链段而表现出独特的性能,而且与酮树脂相容性很好,这种 ABA 型树脂可被用作添加剂。

王炜等采用聚丙二醇醚（PPG）、TDI、3,3-二氯-4,4-二苯基甲烷二胺（MOCA）和羟基硅油,通过预聚复合法制备了聚酯型聚氨酯和聚酯-聚硅氧烷嵌段聚氨酯弹性体。结果表明：在聚合物主链中引入硅氧烷后,弹性体力学性能略有升高。引入的聚硅氧烷链段主要分布于弹性体分子中的软段,使弹性体的相分离更加明显。Sakurai 等研究了含聚氧乙烯-聚二甲基硅氧烷-聚氧乙烯链段（PES）的嵌段聚氨酯因力学疲劳而导致的结构和性能的变化。小角 X 射线衍射（SAXS）研究发现,加入质量分数为 13% PES 且当聚四氢呋喃（PTMO）的分子量为 2000 时,得到的聚氨酯由于 PES 的存在限制了 PTMO 软段的结晶,从而有好的耐力学疲劳的性能。

Rochery 等采用两步法合成了聚(硅氧烷-氨酯),第 1 步用 IPDI 与 PTMO 反应,第 2 步用 BD 作为扩链剂。研究发现 PDMS 比 PTMO 有更高的反应性。PDMS 加入的时间不同,得到的膜的性能有很大的差别。Pegoraro 等用 PDMS 和聚氧乙烯形成的 ABA 型的嵌段聚合物二醇与 TDI 反应时,使用了两种方法,一是两步法,即 TDI 与嵌段聚合物先在甲苯溶液中预聚,再用三异丙醇胺（TIPA）作交联剂进行交联反应；二是一步法,即将 TDI、嵌段聚合物、TIPA 或羟基己酸甘油酯同时加入进行反应。两步法得到的聚合物交联度较小，但扩散系数和对气体的渗透性较高。

(2) 烷羟基封端硅烷改性法 烷羟基由于羟基不直接和硅原子相连而是通过烷基间接相连，所以比硅醇羟基的反应活性高，得到的改性聚氨酯的性能也有所不同。Majumdar P 等用二羟基甲基硅氧烷（PDMS）、三官能团的聚己内酯及多官能的己内酯和多官能的异氰酸酯在催化剂二月桂酸二丁基锡的作用下合成了能自动分成两相的硅氧烷-聚氨酯涂料。原子力显微镜测试表明，当 PDMS 含量为 10%时，两相微结构分离明显，能谱测试表明，表面富集了硅元素，同时还考察了混合共溶剂对形成微结构的影响，结果表明，在低挥发、高极性体系中交联反应比较稳定。Chen R S 等合成了一系列 PDMS 改性的聚氨酯分散体（PUD），其中疏水 PDMS 分别通过随机分散和嵌段排列引入聚氨酯链上，考察了 PDMS 种类相对和相对分子质量对涂料接触角和力学性能的影响。随着 PDMS 含量增大，PDMS-PUD 涂膜的接触角也增大，拉伸强度降低。扫描电镜发现，嵌段中的 PDMS 更容易迁移到材料表面。羟基不直接连接在硅原子上，而是以烷羟基的形式间接连接到硅原子上，这种改性法形成的是 Si—C—O 键，其耐水解性、稳定性都得到提高。戴家兵等合成出以二端羟丁基聚二甲基硅氧烷为部分软链段的新型水分散有机硅-聚氨酯共聚物，分析讨论了硅氧烷链段含量对共聚物氢键化和表面性能的影响。研究发现，由于含羟丁基硅氧烷的嵌入，在分子链中起到稀释羧基或醚氧的作用，使分子中形成氢键的几率降低，氢键化的 N—H 含量减小，材料的力学性能比未改性前有提高。冯林林以 2,4-甲苯二异氰酸酯、二端羟丁基聚二甲基硅氧烷（DHPDMS）、聚四氢呋喃醚二醇、1,4-丁二醇为主要原料合成了系列的有机硅改性聚氨酯（Si-PU）。对不同硅含量的改性聚氨酯的接触角、表面张力以及温度对改性聚氨酯的性能进行了研究，发现 DHPDMS 含量越高，Si-PU 的接触角趋于恒定时的温度越低，随着温度的升高，含硅链段向表面迁移运动加快，导致接触角迅速增大。达到一定温度时接近膜表面以下薄层中的含硅链段都迁移到表面后，由于深层部分的硅氧烷链段运动受到牵制很难再向表层迁移，表面含硅链段的含量不再发生明显变化，因此接触角渐趋恒定，含量越高，表面形成的疏水层越密，由下面迁移到表面的疏水影响越小，而含量低时则刚好相反。宋海香以水性聚氨酯的基本配方不变，分别采用聚醚硅氧烷二元醇（WACKER IM 22）和聚丙烯二醇（N220）对聚氨酯乳液进行改性。考察了 WACKER IM 22 和聚丙烯二醇的质量比对聚氨酯各项性质的影响，当 WACKER IM 22 质量比为 20%时改性聚氨酯的性能比用聚丙烯二醇时的性能有明显改善。因 IM22 乙烯比 N220 丙烯中的—OH 反应活性大，改性后的平均分子链短，分子变小，有机硅的端羟基具有封端效应，阻碍了分子链的增长，所以改性后的乳液更细更加稳定。利用这种混合改性的方法产生的聚氨酯，因有机硅的柔软性和 2 种软段同时使用的协同效应增加了它们之间的相溶性，2 个玻璃化温度都降低,软硬玻璃化温差变小。Li 等用 IPDI、PTMO、硅氧烷二醇为原料,采用两步合成法,先 IPDI 和硅氧烷生成预聚,然后和 PTMO 共聚改性聚氨酯。研究了硅氧烷结构对反应速度和机械性能的影响,硅氧烷官能团主链系列 KF3200、KF5600 和侧链系列 X2500、X4900 对硅氧烷结构的影响以及分子链大小在本体反应和溶剂中对反应速率的影响,对聚合材料的性质进行了考察,发现在本体反应中 X 系列的反应速度比 K 系列大,而且对于同种系列的反应活性分子大的比分子小的要慢,主链硅氧烷的疏水遮蔽效应、支链硅氧烷的立体效应是产生这种现象的原因,溶剂反应中由于遮蔽效应大于立体效应,支链改性的聚合物分子量大于主链改性的分子量。在机械性能方面,主链改性的断裂伸长率大,而支链改性的拉伸强度更高。Qi Zheng 采用 PDMS70-(OH)$_2$、PDMS60-OH 和 PDMS20-(OH)$_2$ 为原料合成了改性聚氨酯,分别对 3 种原料改性材料的液体在固体表面上的前进角 θ_A、液体表面的后退角 θ_R、接触角滞后 CAH 的影响进行了研究,结果发现,原料含有的亲水疏水链段不同以及链的长短对改性后的 θ_A、θ_R、CAH 都有影响。PDMS20-(OH)$_2$ 由于含有亲水的 PEO 部分,且改性链段较短,不能阻止表面重新形成,导致 CAH、θ_A 下降,而 PDMS70-(OH)$_2$ 和 PDMS60-OH 的改性效果相同,由于长链阻止了极性官能团进入水中,θ_A 对低表面能敏感,而 θ_R 更依靠高表面能,所以处理温度越高,θ_R 越低,θ_A 提升速度比 θ_R 快。刘鸿志采用两端含羟乙基的直链硅油对合成的两端含活泼—NCO 基的聚氨酯预聚体进行改性,发现当含量较少时,由于硅氧链的表面迁移能力强,少量成分全部迁移到表面,使材料的本体性能改变较少,而表面性质改变比较明显。由于羟基硅油相对分子质量大,加入量少,形成的聚氨酯的分子小,易乳化产生蓝色稳定的乳液,当含量加大则相反。羟基间接封端,利用有机硅低聚物二元醇中—OH 基团通过烷基或醚键与硅原子相连,与—NCO 反应后无 Si—O—C 键形成,稳定性好。宋建华等以聚四氢呋喃醚二醇、甲苯-2,4-二异氰酸酯(TDI)、2,2-二羟甲基丙酸为原料,以双羟基四配位硅单体为扩链剂,采用两步合成法制备了硅改性水性聚氨酯,与乙二胺作扩链剂时相比较,用双羟基四配位硅作扩链剂合成的水性聚氨酯在耐水耐热方面的性能均有所提高。Piere 等以 TDI、EG、羟基封端的 PDMS 为原料合成了核-壳型聚氨酯,研究了颗粒形成的机理。发现—OH 比—NCO 疏水性强,使聚合反应相对快得多,由于 EG 和 TDI、PDMS 同时加入,首先形成了包含块状共聚物(PDME-PUR)和聚氨酯的核,在加入 TDI 反应的早期阶段,由于 EG 核的溶胀,加入的 TDI 通过穿透和醇官能团反应而形成核-壳型的聚合物,且核-壳颗粒的大小没有变化。Liu 分别采用羟基聚乙醚封端的 EPDMS 和羟烷基封端的 APDMS 为软段合成水性聚氨酯,对晶型结构和性质进行了研究,结果发现,两种改性的水性聚氨酯由于软段的嵌入使常规的结构被破坏,不能形成稳定的晶型,形成氢键的能力降低,材料的抗拉强度都降低,伸长率增加。由于 EPDMS 链比

APDMS 链的移动能力更强更柔软，使得 EPDMS 改性后的材料中形成的氢键比 APDMS 的机会多，相分离比 APDMS 好，EPDMS 改性的水性聚氨酯比 APDMS 改性的抗拉强度高，断裂伸长率高。

3.7.2.2 氨烷基封端的聚硅氧烷改性法

氨基连接在硅氧烷上，利用活泼 NH_2 与异氰酸酯反应，将硅氧烷连接到聚氨酯上而改性聚氨酯，实现两者的共聚，但形成的是脲键。一般软段中还要有其他的聚合物多元醇。根据氨基连接的位置不同可分为侧链氨基和直链氨基两种硅氧烷改性法。

(1) 氨基侧链改性法 氨基侧链改性是通过氨基反应将硅氧烷接到聚氨酯主链上，因侧链含氨基改性后硅氧烷没有直接嵌入主链上而是悬挂在主链上，使得改性后的材料具有较好的性能。张建安等采用自制的侧氨乙基氨丙基聚二甲基硅氧烷（AEAPS）乳液中分散，在乳化的同时进行扩链反应，制得阴离子型改性水性聚氨酯分散液，研究发现，AEAPS 由于分子链上的侧氨基分布不均匀，有的分子链上的侧氨基数大于 1，在反应中会部分发生复杂的支化和交联反应，使得拉伸强度提高。宋海香等利用氨乙基氨丙基聚二甲基硅氧烷（AE-PS）、2,4-甲苯二异氰酸酯（TDI）、聚丙二醇（N200）和二羟甲基丙酸（DMPA）合成了水性聚氨酯，研究发现，改性后的软硬玻璃转化温度都有提高，硬段比软段提高更加明显。有机硅悬浮于聚氨酯硬段的侧链上，对软段的分子结构影响不大，使得软段玻璃温度提高不大，而有机硅改性后的材料中—NH—是质子给予体，增加了氢键的形成，从而提高了微观相分离的推动力，使得软段与硬段的相分离更加完善，硬段相的玻璃化转变温度提高明显。

Yu 等以 MDI、PTMO、氨乙基氨丙基聚二甲基硅氧烷（AEAPS）和 BD 为主要原料合成了一系列硅氧烷含量不同的聚氨酯。研究发现，由于硅氧烷的表面富集作用导致硅氧烷单元在弹性体表面区域的浓度高于其在本体的浓度，而且用 AEAPS 改性后的聚氨酯弹性体的拉伸强度并没有明显的变化。陈精华等以 TDI、PPG、AEAPS 为原料在无溶剂条件下合成了有机硅改性聚氨酯预聚体，以 MOCA 为固化剂，制得氨基硅油改性聚氨酯材料。研究结果表明，改性聚氨酯在硅油质量含量为 10% 时具有最佳效果。李永清等以 TDI、PPG 为主要原料制得—NCO 封端预聚体，并按一定比例和环氧树脂 E-51 混匀；另外合成氨基聚硅氧烷，并利用多元胺类作固化剂，合成一系列氨基聚硅氧烷改性的聚氨酯/环氧互穿网络聚合物。这种材料是一种具有良好疏水性能的新型低表面能材料，其力学性能的变化与氨基聚硅氧烷的含量及分子量的大小密切相关。

(2) 氨基直链改性 氨基直链改性是氨烷基连在硅氧烷的两端，通过氨基的反应把硅氧烷嵌入聚氨酯主链中而改性的一种方法，王金伟等以氨基硅油与异氰酸基封端的齐聚物共聚合成了氨基硅油改性的聚氨酯的涂料，对其防腐性能进行了盐雾实验，发现改性后的聚氨酯涂料对铜的防腐性能有较大提高。Jonqulores 等综述了嵌段共聚物对气体和液体的渗透性，其中提到了用氨丙基封端 PDMS/MDUBD 制得的交联共聚物作为乙醇/水混合物的分离膜，它只允许乙醇透过，且分离系数与 PDMS 的量有关，因硅氧烷被嵌入主链中，其迁移运动能力都受到影响，所以有机硅的含量和链段长短对改性后的性能有较大影响。氨烷基封端改性法中，由于 N 上连有一个以上的反应性基团，与异氰酸酯反应后会形成交联结构，很难再分散到水中。

谭正德等用聚醚 210、TDI 和叔胺反应得预聚物，此预聚物再与双氨丙基聚二甲基硅氧烷及少量二羟甲基丙酸（DMPA），在催化剂和甲苯中反应制得阳离子型改性聚氨酯乳液，向软链段中引入活性基团，如—CN、—NCO，有利于软、硬链段相互作用的增加，产物可用作防水光亮剂（即顶层涂饰剂）。

陈红等用 TDI、聚四氢呋喃［PTMO］和 DMPA 反应制得的聚氨酯预聚体，在低浓度氨乙基氨丙基聚二甲基硅氧烷（扩链剂）水乳液中乳化扩链，合成了含硅氧烷链段的聚氨酯阴离子型水乳液。用 FT-IR、表面能谱等手段测试表明：极少量 PDMS 的引入能有效改善聚氨酯膜的表面性质，增强膜的耐水性，而材料本身的力学性能变化不大。

陈精华等以聚氧化丙烯二醇或聚氧化丙烯三醇、氨乙基氨丙基聚二甲基硅氧烷、甲苯二异氰酸酯为原料在无溶剂条件下制备预聚体，利用二甲基硫甲苯二胺为固化剂合成一系列氨基硅油改性聚氨酯弹性体材料，并对材料的力学性能、耐热性、表面水接触角等性能进行了测试。结果表明，改性后的有机硅聚氨酯弹性体具有更优良的力学性能、耐热性及表面疏水性。

秦玉军等以端羟基液体聚丁二烯（HTPB）、氨乙基氨丙基聚二甲基硅氧烷（AEAPS）、异佛尔酮二异氰酸酯（IPDI）为原料制备预聚体，用多元胺（MOCA）为固化剂，合成一系列氨基硅油改性的聚氨酯。测试了材料的力学性能、动态力学性能、表面水接触角，同时对材料进行了 ESCA 表面分析。结果表明：HTPB-IPDI 型聚氨酯具有优良的力学性能；改性后的聚氨酯硅氧烷在表面富集，具有较低的表面张力，而其力学性能变化不大。

Chen L 等用 4,4-二苯基甲烷二异氰酸酯（MDI）、1,2-二羟甲基磺酸钠和氨丙基封端的聚二甲基硅氧烷，制得了磺酸化的聚二甲基硅氧烷-聚脲-聚氨酯离聚物，软段长度增加，相分离严重。若 Na_2SO_3 用 SO_3H_3 代替或磺酸基用不同电荷的阳离子中和，对聚物的形态和力学性能的影响很大。

Yilgor 等用氨丙基封端的聚硅氧烷与 4,4'-二环己基甲烷二异氰酸酯（H-MDI）、HDI、MDI 反应，用均相溶液聚合技术制备了线型的硅氧烷-脲嵌段共聚物。研究了反应溶剂对产量、分子量和产物性能的影响。结果表明用二乙氧基乙基醚作为溶剂可合成 MDI 为主的改性树脂，但对 H MDI 须加入少量的 N-甲基吡咯烷酮（NMP）。H-MDI 若在 THF 中反应，可得透明的均相的溶液，当加入扩链剂时需加入少量 NMP，以降低溶液黏度。NMP 作为共溶剂可提高体系极性，产物分子量较高且物理性质较好。对 H-MDI 来说，THF 是较好的溶剂。

$$H_2N-(CH_2)_3-\left[\begin{array}{c}CH_3\\Si-O\\CH_3\end{array}\right]_n\begin{array}{c}CH_3\\Si\\CH_3\end{array}-(CH_2)_3-NH_2 + OCN-R-NCO + H_2N-R'-NH_2 \longrightarrow$$
（扩链剂）

$$\left\{-NH-\overset{O}{\overset{\|}{C}}-NH-R-NH-\overset{O}{\overset{\|}{C}}-NH-\overset{O}{\overset{\|}{C}}-NH-R-NH-\overset{O}{\overset{\|}{C}}-NH-R^1-NH-\overset{O}{\overset{\|}{C}}-NH\right\}_x$$

$$-(CH_2)_3-\left[\begin{array}{c}CH_3\\Si-O\\CH_3\end{array}\right]_n\begin{array}{c}CH_3\\Si\\CH_3\end{array}-(CH_2)_3-\Big]_n$$

Wang 等用仲胺封端的聚硅氧烷和/或 PT-MO 与 MDI 反应，BD 作扩链剂，二甲基乙酰胺和甲苯作溶剂，合成了聚氨酯脲共聚物和硅氧烷-聚氨酯脲共聚物。可观察到软段 PDMS 的玻璃化转变温度（T_g），且随组分改变，结果表明 PDMS 相与 PTMO 和硬段有相分离。Jonquières 等综述了嵌段共聚物对气体和液体的渗透性。其中提到了用氨丙基封端的 PDMS/MDI/BD 制得的交联共聚物用作乙醇/水混合物的分离膜，它只允许乙醇透过，且分离系数与 PDMS 的量有关。

Lin 等合成了 α,ω-双(γ-氨丙基)二甲基二苯基聚硅氧烷，考察了其折射率、T_g、溶度参数及热稳定性，它再与 PTMO 和异氰酸酯反应，探讨了产物的热稳定性、动态力学性能、力学性质及体外抗凝血性，可用于血溶性的生物材料。Zhuang 等用时间飞行次级离子质谱研究了氨丙基封端的聚二甲基硅氧烷和聚(二甲基硅氧烷-氨基甲酸酯) 多嵌段共聚物（PU-DMS）的膜。结果表明，在 PU-DMS 表面上孤立的 PDMS 链段的分布与本体中的分布是一样的，PDMS 的重均分子量约为 1000。

3.7.2.3 硅烷偶联剂改性法

硅烷偶联剂早期是作为玻璃纤维增强塑料用玻璃纤维处理剂而开发的。随着一系列新型硅烷偶联剂的问世，特别是它们独特的性能与显著的改性效果，使其应用领域不断扩大，逐渐成为有机硅工业一个重要分支。烷氧基硅烷是指一些功能性的有机硅烷单体，同时具有碳官能基和可水解基团的硅烷，通式为 $YRSiX_3$，Y 为氨基、环氧烷、烯基等官能基，X 为烷氧基，R 代表 C—C 桥。因为烷氧基水解后生成硅醇 SiOH，硅醇之间进一步缩合得到硅氧链，使得材料的表面结构紧密，机械力学等性能得到改变，可以和玻璃、二氧化硅、金属及其氧化物等无机物表面产生化学的以及物理的结合，而碳官能团可以和有机树脂橡胶等有机材料生成化学键，因此可以用来增加无机物和有机物的界面黏结，提高复合物的性能。其交联改性的聚氨酯通常分为聚氨酯预聚体的合成和硅烷封端的聚氨酯的合成两个步骤：(1) 聚醚与一定量的 MDI 或 IPDI 等二异氰酸酯反应，得到聚氨酯，通过选择 $m(NCO)/m(OH)>1$ 或 <1 分别制成端基为 NCO 或 OH 的聚氨酯预聚体。(2) 加入功能性的有机硅烷进行反应，端基为 NCO 的预聚体，可加入氢活

性的有机功能硅烷［如 N-苯基-(-氨丙基三甲氧基硅烷)］；端基为 OH 的预聚体，则加入异氰酸活性的有机功能硅烷（如 γ-异氰酸基-丙基三甲氧基硅烷）进行反应，使聚氨酯预聚体端基接上可水解性硅烷。其固化机理与硅酮类密封剂十分相似，但成本降低了，其应用前景十分广阔。

(1) 含氨基的硅氧烷偶联剂改性法　硅烷偶联剂在聚氨酯胶黏剂中的应用是在端 NCO 基的聚氨酯预聚体中加入含活性端基—OH 或—NH$_2$ 的硅烷偶联剂，或在端 OH 基的聚氨酯预聚体中加入含 NCO 基的有机硅烷偶联剂。这样将端 NCO 或端 OH 的聚氨酯预聚体改性为端硅烷基的预聚体。典型的氨基硅氧烷改性预聚反应如下：

$$HO-OH + OCN-NCO + HO{-}OH \longrightarrow OCN{-}NCO$$
$$\quad\quad\quad\quad\quad\quad\quad\quad\quad\quad COOH \quad\quad\quad\quad\quad COOH$$

$$OCN{-}NCO + 2H_2NCH_2CH_2CH_2Si(OC_2H_5)_3 \longrightarrow (C_2H_5O)_3Si{-}Si(OC_2H_5)_3$$
$$\quad\;\, COOH \quad\quad\quad\quad\quad\quad\quad\quad\quad\quad\quad\quad\quad\quad\quad\quad\quad\quad\quad\quad\quad COOH$$

$$(C_2H_5O)_3Si{-}Si(OC_2H_5)_3 + N(C_2H_5)_3 \longrightarrow (C_2H_5O)_3Si{-}Si(OC_2H_5)_3$$
$$\quad\quad\quad\quad COOH \quad\quad\quad\quad\quad\quad\quad\quad\quad\quad\quad\quad\quad\quad COO^{\ominus}\;HN^{\oplus}(C_2H_5)_3$$

因此，要使聚硅氧烷能与二异氰酸酯反应，硅氧烷分子链上必须含有与—NCO 基反应的活性基体，如羟基和氨基等。但由于直接与硅原子相连的活性基体难以和异氰酸酯进行反应，两者之间可通过烷基链相连，以提高基体的反应活性。在聚硅氧烷改性聚氨酯的共聚物中软段中的聚硅氧烷与硬段氨基甲酸酯或脲键的溶解度参数相差较大，因此在合成此类共聚物中，溶剂的选择是十分关键的。一般在加成聚合过程中使用极性和非极性混合溶剂，使用的混合溶剂：二氧六环/四氢呋喃（DOX/THF）、N,N'-甲基甲酰胺/二甲亚砜（DMF/DMSO）等。在有机硅低聚物链段中引入氰乙基、氯丙基等极性基团，可以提高其在极性溶剂中的溶解性。因而合成反应中可以使用单一溶剂如 N,N'-二甲基乙酰胺。Yilgor 的研究表明，在合成有机硅改性聚氨酯时，溶剂对产物的平均分子量有较大影响。使用单一溶剂可以合成出软段和硬段分子量都高的产品，但极性基团的引入破坏了软段结构的规整性，对改性聚氨酯的力学性能将产生不利影响。

Subramani 等以 APTMS（聚四氢呋喃二醇）、IPDI（3-氨基丙基三甲基硅烷）合成了有机硅改性的水性聚氨酯，对以 TE 以（四乙烯五胺）为扩链剂改性聚氨酯的性质进行研究，发现颗粒大小和黏性没有改变，但和 TEPA 相比力学性能有好的改变，硅烷化聚氨酯（SPUD）抗拉强度降低，胶膜的硬度比聚氨酯更高，随含量的增加而增加，对水和溶剂的溶胀减少，对乙烯溶剂的溶胀增大，改性后的溶液稳定时间达 6 个月。王文忠等利用带有活性端基（—OH、—NH$_2$）的聚二甲基硅氧烷（PDMS）与端异氰酸基化合物或预聚体通过加成聚合和扩链反应，合成有机硅改性聚氨酯。Ward 用单端羟基或氨基的 PDMS（$M_n = 2000$g/mol）与聚氨酯预聚体反应，制成的有机硅改性聚氨酯耐水解性能提高了。此外还对 PDMS 改性聚碳酸酯型聚氨酯作了18个月的肌肉包埋对比实验,发现未用PDMS改性的PU其扫描电镜(×100)显示网状长裂纹,而用PDMS改性的PU只有一些圆孔。易运红等以氨基乙基三乙氧硅烷合成了能室温自交联稳定的水性阳离子的聚氨酯乳液,改性后由于硅氧烷的水解交联作用耐热性提高,有机硅参与了聚合和交联,形成比较均一的一相,相分离不明显,使得有机硅改性的阳离子水性聚氨酯有一个玻璃化转变温度。陈儒宽等合成了有机硅改性水性光敏聚氨酯,考察了甲基丙烯酸羟乙酯(HEMA)和环氧丙烯酸酯(EA)这两种光交联单体对固化膜的耐水性能和硬度等方面的影响,由于同时加入了有机硅偶联剂和光聚合材料,使改性聚氨酯表面疏水能力和硬度都得到提高。Hong-mei-Jiang等以MDI(4,4′-二苯基甲烷二异氰酸酯)、PBA(聚-1,4-丁烯乙二酸乙二醇)、PDMS(BY-853)为原料合成了常温和常湿度下进行交联缩合的聚氨酯材料,考察了γ-AMS(3-胺基丙基-甲基三乙氧基硅烷)、APS(苯胺-甲基三乙氧基硅烷)的不同比例对材料机械性能的影响,发现材料的接触角变大,玻璃化温度升高,材料的强度升高,伸长率降低,由于硅氧烷链的存在使本来统一的氨酯氢键遭到破坏,材料的晶体结构比改性前变小。Jianwen Xu等用KH550(3-氨基丙基乙氧基硅烷)、HEA(2-羟乙基丙烯酸酯)、IPDI(异佛尔酮二异氰酸酯)、PEO400(聚环氧乙烷400)为原料合成了侧链含硅的高分子聚合物,水解缩合后产生含Si—O—Si的材料,首次发现材料具有良好的形状保持性,研究了PU/PE比例对形状保持性和玻璃化温度、储存模量和损失模量的影响,结果发现,随着PU/PE增大而增强,玻璃化温度升高,储存模量与损失模量比例增大。研究认为,由于嵌入的PU限制了聚氨酯链的运动,使它需要更高的温度来激活,PU含量越多,Si—O—Si连接的结构越多,PU的高模量性是材料高原形保持力和高玻璃转化温度的原因。李永德等用烷氧基硅烷(KH550)改性单组分湿固化聚氨酯密封胶,随着烷氧基硅烷封端比例的提高,NCO含量降低,可减小密封胶的发泡,但表干时间延长,拉伸强度提高,同时断裂伸长率降低。他们还介绍了有机硅在聚氨酯材料中的应用。聚硅氧烷可与聚氨酯形成共聚物,用于医学材料等;有机硅化合物还用作聚氨酯的改性剂,用于涂料、胶黏剂、密封剂、涂饰剂和织物整理剂等领域。侯孟华分别以氨乙基氨丙基聚二甲基硅氧烷、α,ω-2-二氨丙基封端的聚二甲基硅氧烷和γ-2氨丙基三乙氧基硅烷扩链制得了水性聚合物,对这3种具有代表性的不同结构类型的有机硅对水性聚氨酯改性效果的差异及相关的作用机理进行了系统的研究,发现3类含氨基的有机硅化合物中,硅烷偶联剂氨基端与异氰基反应,使硅氧烷连接到主链上,然后水解缩合互穿网络交联,抗拉强度最高,伸长率最低,比另外两种具有更优的表面憎水性,且改性后的材料呈现海岛状,比未改性的生物相溶性增加。王海虹等以β-(3,4-环氧环己基)乙基三乙氧基硅烷、γ-氨丙基三乙氧基硅烷(A1100)、氨乙基氨丙基三甲氧基(A1120)硅烷为原料,采用乳液聚合的方法制备了有机硅改性丙烯酸聚氨酯乳液,具有明显的核-壳型结构，发现有机硅氧烷 A1100 含量为 2%～4% 时，获得的乳液具备聚丙烯酸酯的高光泽、高硬度及聚氨酯的良好低温性能和优异的机械性能，且有有机硅的耐热性、耐水性好以及附着力优异等特点。

有机硅改性超支化聚氨酯 由于超支化聚合物具有类似于树枝状聚合物的结构和性能，具有大量的空腔、支化点和近似球形的结构，且其制备步骤简单，无需纯化。但超支化聚合物与树枝形聚合物由于缺乏分子链缠绕，一般无法直接作为材料使用。因此将线性聚氨酯接枝到超支化聚合物，既可以赋予超支化聚合物一定的力学性能，又利用超支化聚合物的支化结构和大量的氢键提高了聚氨酯的性能。

首先以甲苯-2,4-二异氰酸酯（TDI）和二乙醇胺（DEOA）为原料，DMAC 为溶剂，制备了端基为羟基的超支化聚氨酯-脲（HPU）。然后以聚碳酸酯二醇（PCDL）和 TDI 为原料，得到异氰酸根封端的线性低聚物（A2）。以二者为原料反应制备了异氰酸根封端的超支化聚氨酯，并用适量的硅烷偶联剂（KH550）与异氰酸根反应进行改性，制备了杂化聚氨酯。最后未反应的异氰酸根在大气环境下湿固化成膜得到了杂化聚氨酯。具体合成路线见图 3-15。得到的产物用 HPU-KH550-n 表示，其中 HPU 为超支化聚氨酯-脲，KH550 为硅烷偶联剂，n 为 KH550 与异氰酸根的物质的量比值。

通过红外分析的官能团分析、氢键分析和聚合物的热重分析、力学性能等研究结果表明，由于超支化聚氨酯-脲分子内部具有大量的羟基、氨酯基、脲基等官能团，分子内可以形成大量的氢键。硅烷偶联剂的含量对聚合物的热性能和机械性能有重要的影响。聚合物的耐热性能随着 KH550 含量的增加而增加，开始分解时的温度达到 200℃，最大失重速率时对应的温度为 362.9℃。但聚合物的拉伸强度随着 KH550 含量的增加而逐渐下降。n(KH550)∶n(NCO)＝0.30 时，聚合物的拉伸强度降低到 4.4MPa。

有机硅改性水性聚氨酯：先合成聚硅氧烷聚氨酯嵌段共聚物然后将共聚物分散于水中，利用硅氧烷的水解缩合交联来改善水性聚氨酯的性能，获得交联水性聚氨酯分散体。根据加料方式和硅氧烷单体或者聚硅氧烷低聚物加入次序的不同而分为一步加料法和分步加料法。一步加料法是指在预聚体合成过程中主要原料和有机硅单体或者聚硅氧烷低聚物一次性加入反应器中进行反应，预聚反应进行 5～6h，加入适量的丙酮降低黏度，当体系中的—NCO 基含量接近理论值时。降温，加溶剂降低黏度，充分混合后加中和成盐试剂，再加蒸馏水分散，EDA（乙二胺）扩链得到氨基硅氧烷改性水性聚氨酯复合乳液。这种加料次序得不到稳定的乳液，乳液外观呈石灰水状，粒径大，涂刷成膜性能较差。

分步加料法又分为两种：一种是异氰酸酯单体与聚醚反应接近完全后，先加有机硅氧烷扩链，再加二羟甲基丙酸（DMPA）引入—COOH 基；另一种是异氰酸酯单体与聚醚反应接近完全后，先加二羟甲基丙酸（DMPA）引入—COOH 基，再加有机硅氧烷扩链。

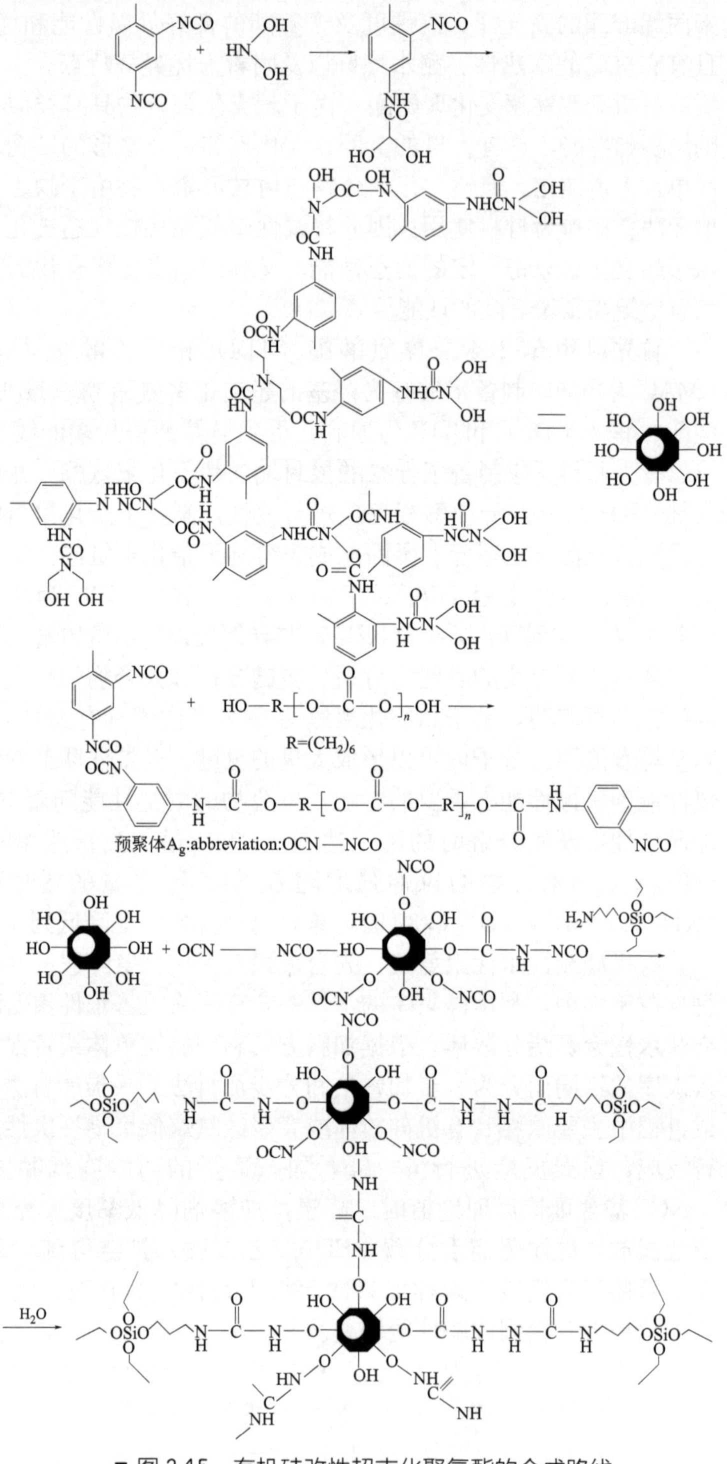

■ 图 3-15 有机硅改性超支化聚氨酯的合成路线

第一种次序得到的乳液比第二种次序得到的乳液性能差。这是因为初聚物在小分子二元醇扩链之后再加 DMPA，易于使—COOH 基均匀地连接到预聚物分子上，一方面使得各聚合物分子链分散于水中的难易程度相当，使形成的每个胶粒上都可能具有几乎相同的亲水基，减少因亲水性不均而产生凝聚物的现象，易于得到胶粒粒径分布窄的乳液，从而具有更好的外观；另一方面因为有机硅单体添加量比较低，当预聚物分子达到一定程度后添加有机硅单体可以使得其在预聚体分子链上分布更为均匀，从而使得更多的胶粒具有含硅单体，从而在水解扩链之后得到的乳液分子量更大，而在成膜过程中因为水解缩合使得到的胶膜更为致密。若是先加有机硅单体再加 DMPA，会因为有机硅单体量很少，而且反应速度较快，致使有机硅单体在分子链上分布不均，从而使得—COOH 基分子链上不匀，得到的胶膜稳定性相对来说差一些，耐水性较第二种加料次序的得到的乳液差一些。

王武生等用 γ-氨丙基三乙氧基硅烷、TDI、聚己内酯二醇、IP-DI、DMPA 等，合成了硅氧烷封端的线性水性聚氨酯分散体。由于硅氧烷基团水解缩合，在分散体粒子内产生扩链交联反应，生成了交联水基聚氨酯分散体。用透射电镜（TEM）、扫描电镜（SEM）研究了其性能及成膜性能，还发现此分散体膜在干燥过程中可进一步交联。将此聚氨酯微凝胶成膜后，用水溶性环氧硅氧烷（γ-缩水甘油基丙基三甲氧基硅烷）进一步交联，可获得高性能有机涂层，用 SEM 研究了涂层的结构，并论述了交联成膜机理。

除了上述方法外，陈红等采用聚氨酯预聚体在浓度为 1% 的氨乙基氨丙基聚二甲基硅氧烷水乳液中乳化扩链，合成一种固含量为 20% 的含氨基硅油的水性聚氨酯乳液，稳定性能好。

氨基或者羟基硅氧烷的种类和加入量对聚合稳定性和乳液贮存稳定性有明显的影响，同时也会影响到乳液的改性效果。加入量少，没有明显的改性效果；加入量大，在聚合过程中会引起凝胶。因此，要找到合适种类的硅氧烷，适宜的加入量和工艺至关重要。

(2) 含乙烯基偶联剂改性法 乙烯基在引发剂作用下发生自由基聚合，将硅氧烷接枝到聚氨酯链上而改性，吴晓青等以丙烯酸环氧树脂（AE）、乙烯基三甲氧基硅烷（VTMS）为单体，通过溶液聚合的方式合成了一种内聚能较大的新型有机硅聚醚多元醇，用氨类有机硅烷与聚氨酯预聚体进行反应，对改性的聚氨酯的耐热性能进行了研究，结果发现，通过软段和硬段同时加入有机硅改性的材料相对只在软段引入有机硅的耐热性有明显提高；研究了丙烯酸环氧树脂单体和乙烯基三甲氧基硅烷单体配比对共聚反应的影响，发现随着单体比的增加，反应的转化率有明显提高；温度和引发剂增加，提高了自由基的数量，共聚反应速度得到提高；随着自制硅醚含量的增加，合成的聚氨酯的质量损失率降低。

引入有机硅氧烷对丙烯酸聚氨酯杂合水分散体进行改性，针对性地提高杂合水分散体胶膜的耐热性、耐溶剂性和硬度等，可以使改性杂合水分散体获得更为广阔的应用前景。采用硅烷偶联剂改性聚氨酯丙烯酸乳液,是利用有机硅氧烷上的 Y 有机官能团(如羟基、氨基、环氧基、乙烯基等)与聚氨酯中的异氰酸酯基反应,或与丙烯酸单体混合共聚,将有机硅氧烷引入到聚氨酯丙烯酸共聚乳液中。含硅氧烷基团的丙烯酸聚氨酯共聚物的表面张力低于不含硅氧烷基团的丙烯酸聚氨酯共聚物,为达到体系表面能最低,低表面能组分就会逐渐迁移至高表面能组分外部,从而形成硅氧烷链段在乳液胶膜表面富集。富集于乳液表面的活性硅氧烷基团,在一定条件下水解形成硅醇,硅醇与聚合物内部或表面的活性基团缩合形成立体网络(Si—O—Si)交联结构,导致乳液内部化学交联点增加,交联密度增大,对涂膜表层的致密度有一增强作用,并最终提高涂膜的耐热性能和机械性能,改善聚合物胶膜的耐水、耐溶剂性。

乙烯基硅氧烷改性水性聚氨酯是在丙烯酸聚氨酯分散体杂化物中采用带乙烯基的硅氧烷单体和丙烯酸单体共聚,将有机硅氧烷引入到丙烯酸聚氨酯分散体中,从而改善水性聚氨酯分散体的耐水性和力学性能。

制备工艺过程可分为种子乳液聚合法、原位乳液聚合法和溶液聚合转相法。

种子乳液聚合法通常是先得到 PU 分散体种子,加入丙烯酸单体、乙烯基硅氧烷和引发剂,必要时加入少量乳化剂,自由基乳液聚合制得有机硅改性 PUA 分散体产品。

原位乳液聚合法以丙烯酸单体和乙烯基硅氧烷部分或全部替代种子乳液聚合法中的有机溶剂,先溶液聚合制备亲水 PU 预聚物/乙烯基单体混合物,然后将混合物在水中分散,再进行乙烯基单体的自由基乳液聚合,制得有机硅改性 PUA 分散体。

溶液聚合转相法是先在有机溶剂中溶液聚合,制备 PU 预聚物,然后加入丙烯酸单体、乙烯基硅氧烷和引发剂进行单体的自由基溶液聚合,制得水可分散的改性 PUA 复合树脂,再经过水分散、脱溶剂处理后制得有机硅改性 PUA 分散体。

目前采用乙烯基硅氧烷改性水性聚氨酯这种方法进行研究的不是很多,主要难度是在硅氧烷分散到水中后由于硅氧烷的水解而影响到水性聚氨酯的稳定性。

(3) 环氧硅烷偶联改性法 硅氧烷的环氧基与水性聚氨酯中的羧基或羧基季铵盐反应,将环氧硅氧烷接枝到聚氨酯链上,刘芳等以聚氧化丙烯二醇(PPG)、甲苯二异氰酸酯(TDI)为主要原料,γ-环氧丙氧基丙基三甲氧基硅烷(KH-560)为有机硅改性剂,MOCA 为扩链剂,制备了有机硅改性聚氨酯弹性体。实验结果表明,KH-560 中的环氧基在预聚物合成过程中参与了化学反应,将有机硅氧烷结构单元以化学键合的方式引入了聚氨酯主链。由于 KH-560 反应后生成—OH,提高了软链段含量,支链结构破坏了聚氨酯主链的规整性,使弹性体的力学性能随着 KH-560 用量的增加而显著降低。KH-560 的添加量直接影响聚氨酯乳液的稳定性,且 KH-560 的添加量和添加顺序对聚氨酯乳液的力学性能和表面性能影响显著。Kazuyuki 把功能性的可水解的烷氧基硅烷与异氰酸酯的反应产物作为蜡基热转换介质的背面涂层，提高热稳定性和润滑性。

3.7.2.4 羟烷基聚硅氧烷改性法

羟烷基聚硅氧烷是指在聚硅氧烷的端基或侧链上连有羟烷基，通过羟基与异氰酸酯反应，实现两者的共聚。形成的是 Si—C—O 键，其水解稳定性好。

Pascault 等合成了以 MDI-BD 为硬段、PDMS 为软段的聚氨酯，并测定了其相分离度为 95%。Yilgor 等由双羟己基封端的聚硅氧烷（PDMS-ROH）与 H-MDI 在 THF/二甲基甲酰胺混合溶剂中反应制得聚氨酯树脂，并用双氨丙基封端的聚硅氧烷（PDMS-NH$_2$）及双（N-甲基氨丙基）封端的聚硅氧烷与 H-MDI 反应，比较了产物的力学性能和热性质，探讨了氢键在设计共聚物中的重要作用。他们还比较了 PDMS-ROH、PDMS-NH$_2$ 与聚氨酯反应产物和聚乙二醇（PEG）、丙基胺封端的 PEG 与聚氨酯反应产物中的氢键的作用。在嵌段共聚物（硬段为聚氨酯或聚脲）中，热性能和力学性能很大程度上依赖于软硬段之间相分离的程度，相分离程度大，可在硬段内产生更强的氢键，从而有更好的物理性质。结果表明以 PDMS 及聚醚制得的聚氨酯和聚脲共聚物中形成了强烈的分子间氢键，脲和硅氧烷间的氢键作用可忽略，然而脲和醚间形成的氢键比氨酯键间的还强。

Furukawa 等用羟烃基封端的聚硅氧烷、聚甲基二醇碳酸酯-2-甲基八甲基二醇碳酸酯二醇混合，BD 和三羟甲基丙烷为硫化剂，与 MDI 反应浇注成膜，得到不透明的、有弹性的膜，聚硅氧烷聚酯型聚氨酯中有相分离区域。室外暴露实验证明新的带有烷基侧链的聚酯多醇可用于改善聚酯型聚氨酯的耐候性。

Kozakiewicz 用双羟乙基氧丙基封端的聚硅氧烷（SOD-1）或者双羟己基封端的聚硅氧烷（SOD-2）与异佛尔酮二异氰酸酯（IPDI）及 DMPA 反应，制得了水性聚硅氧烷聚氨酯（ADPSUR）。成膜后膜的抗张强度不错，但弹性较差，只有当 Si(Me)$_2$O 链段含量很少时，断裂伸长率才超过 100%，对钢的粘接性好，低温黏弹性好，耐水性和耐溶剂性也不错，耐候性未做进一步研究。在部分实验中 PPG 替代 DMPA 以降低材料的成本，制得了湿固化的聚硅氧烷聚氨酯（MCPSUR），在作涂料方面应用潜力很大。MCP-SUR 的微相结构很复杂。TEM 研究的结果表明，若无 PPG 共聚，硅氧烷链的长度和 $m(NCO)/m(OH)$ 比值决定着试样的形态；用 SAXS 表明这些共聚物具有层状结构。若有 PPG 共聚，形态会随 $m(SOD)/m(PPG)$ 比值不同而更复杂，$m(SOD)/m(PPG)=1/1$ 时，样品是不透明的，用 TEM 可看到大的球状的聚硅氧烷相的分离，但当 $m(SOD)/m(PPG)=3/1$ 时，样品呈现很特殊的形态，粒径更小且均匀，样品透明，力学性能也很好。

Kazuyuki H 用羟乙基氧丙基封端的聚二甲基硅氧烷与聚乙二醇、1,3-丁二醇、MDI，在 N-甲基二乙醇胺或二甲基甲酰胺（DMF）（或甲苯）和丁酮（MEK）中反应，再与（EtO）$_3$Si(CH$_2$)$_3$NCO 反应，得亲水的聚氨酯溶液，用于涂层及人工皮革上。

卿宁等以聚醚（聚酯）多元醇、有机硅低聚物、多异氰酸酯、扩链剂和亲水扩链剂为主要原料，制备了阴离子有机硅共聚改性聚氨酯乳液 PU-SI。用 FT-IR、NMR、凝胶渗透色谱（GPC）、电子能谱（ESCA）、接触角仪、电子拉力试验机等对合成产物的化学结构与性能进行表征和分析研究。结果表明：有机硅改性聚氨酯乳液稳定性好，硅氧烷链段可在乳液胶膜表面富集，对聚氨酯材料有明显的表面改性作用，使其耐水性提高，而本体力学性能变化不大，作为顶层涂料有很好的综合性能。

王胜等将水溶性有机硅（$ROCH_2CH_2OH$）进行封端聚氨酯改性，先将 TDI 用苯酚封端，再与水溶性有机硅反应，然后加水乳化，制得反应性织物整理剂，弹性和耐洗性较好。水溶性有机硅是通过在聚硅氧烷链上，接枝聚氧乙烯醚链等亲水性基团，改性而制成的有机硅乳液。

Anderso C C 等在专利中指出：用含羟烷基或氨烷基封端和在侧链上的 PDMS，来改性聚氨酯并做成水乳液，可以是阳离子、阴离子或非离子的乳液，作为成相元素的表面保护层的水性涂料组成。

Yu 等用双羟丁基封端的聚二甲基硅氧烷作为软段合成了聚氨酯嵌段聚合物，硬段是 BD 或 N-甲基二乙醇胺扩链的 MDI 链段。这些共聚物都表现出了几乎完全的相分离。共聚物材料在硬段微区内表现出离子的聚集。硬段的结晶或离子的聚集并不影响形态。在决定这些弹性体的拉伸和黏弹性方面，硬段微区的内聚力比硬段的体积分数影响更大。

Lai 等制得了聚硅氧烷二醇，然后与 IPDI、甲基丙烯酸羟乙酯和新戊二醇或乙二醇反应制得了聚氨酯预聚体，经紫外光固化后得到的胶膜有较好的力学性能和高的氧气渗透性。陶永红等以含氢硅油和烯丙醇为原料，合成出羟丙基硅油，进而合成出有机硅/丙烯酸酯/聚氨酯树脂，并配成紫外光固化涂料。Adhikari 等以 H-MDI 与 α,ω-双(6-羟乙氧基甲基)聚二甲基硅氧烷和聚(六亚甲基氧) 混合二醇为主要原料制得了脂肪族聚氨酯弹性体。BD 是初级扩链剂，选用了几种二次扩链剂，制得的聚氨酯弹性体有低的挠曲模量和好的抗张强度。朱杰等综述了有机硅改性聚氨酯的合成方法、结构特点和性能，探讨了相分离及其对材料性能的影响和增加相容性的途径，并简要介绍了其应用，还提到了加成聚合过程中要选用合适的溶剂。

3.7.2.5 其他改性方法

除了上面介绍的一些方法，为了进一步提高聚氨酯的性能和使用范围，还进行了很多改性方法的研究。侯孟华制得聚醚插层有机蒙脱土 γ-2-氨丙基三乙氧基硅烷，反应制得力学性能和耐水性都有较大提高的 WPU 预聚体。Jinag Weifeng 采用含 H 硅油，不饱和聚醚首先发生硅氢加成，获得有机硅改性的在室温条件下稳定、颗粒大小直径在 50～100nm 左右的乳液。Jung Eun Lee 采用硅氧烷二氨改性的蒙脱土（MMT）和二苯基甲烷二异氰酸酯（MDI）等为原料制得 PU/MMT 改性的复合材料。研究发现经过有机硅改性的 MMT 在 PU 中由于形成了具有不完全脱落的插层结构，改性后的 PU 的 PU/organo-MMT 的强度和模量与 PU/Na$^+$-MMT 相比有明显升高。

聚硅氧烷/聚氨酯 IPN 改性，互穿聚合物网络（Interpenetrating Polymer Network，简称 IPN）既不是简单的聚合物之间的机械共混，也不是通过化学键形成键合、嵌段或接枝，更不是由分子间引力生成的缔合物，它是依靠不同高分子分子链之间相互穿透、交织、纠缠而形成的一种互锁网络，不切断聚合物分子链是无法将它们分开的。聚氨酯材料由于其前体的预聚物具有很高的活性，容易实现链增长与交联。

综上所述，有机硅对聚氨酯的改性确实能够把两者的优异性能结合起来，既保持了聚氨酯材料耐磨、弹性好、耐溶剂性强的特点，又综合了有机硅树脂低温柔顺性好、低表面张力、疏水性强的优点，化学改性法的优点在于合理地进行分子结构设计，开发复合改性技术，也就是将嵌段、接枝、互穿网络和核壳聚合等改性方法有机结合起来，通过其中两种改性方法或多种改性方法制得性能更为优异的材料，以扩大其应用领域，其研究前景十分广阔，有待进一步的开发和应用。

但目前仍有两个问题制约其应用：一是两者相容性差，有相分离现象出现，要选择合适的相分离程度使材料性能更好；二是有机硅原料价格昂贵。相比之下，羟烷基聚硅氧烷改性的聚氨酯性能优异。但目前这类聚硅氧烷的制备还比较困难，没有规模化生产，这也是今后有机硅改性聚氨酯研究的两个重点。

3.8 有机硅改性氟树脂

有机氟碳聚合物因氟元素的特性而具有优异的耐溶剂性、耐油性、耐候性、耐高温、耐酸性、耐碱性、耐盐雾性、耐化学腐蚀性和表面自洁等性能，在高分子材料中占有十分重要的地位。广泛地应用在涂料、表面活性剂、防火剂、机械、电子、医学、光学等众多领域，尤其在涂料行业中得到迅速的发展。

然而，有机氟碳聚合物也存在不少缺陷，例如：在涂料中使用时，表现出与底材的附着性差，对颜料、填料的润湿性差，耐低温性欠佳等优缺点，若含氟量高时，此类涂料价格偏高，限制了氟树脂涂料的推广应用领域。所以，近年来，常用其他有机树脂（如有机硅）对氟碳树脂进行改性，制备性能更好、价格更合理的改性有机氟碳树脂。

用有机硅对氟碳树脂进行改性，其氟硅涂料比普通的涂料具有卓越的耐候性、憎水、憎油、憎污、耐腐蚀性、低表面能、化学稳定性和耐高低温性能，抗紫外线和抗静电吸尘性优良，以期增强了涂层的耐冲击性、硬度和与基材的附着力，同时降低了树脂的结晶度，透明度和光泽均有所提高。将其用于飞机的防风挡板和窗玻璃等，在雨天可改善驾驶员的能见度。还可用于金属、陶瓷、塑料、皮革上作表面涂料。国外在 20 世纪 50、60 年代就开始推广应用氟硅涂料,目前主要是在特种涂料领域得到大量应用,如高级车辆装饰、火箭、飞机表面涂饰、海军舰船防腐防污、大型桥梁建筑防腐等重要领域。我国氟硅涂料也开始在重防腐领域里推广应用。氟硅涂料表面能极低,耐溶剂性显著,在涂料新品种中获得重要应用。用于海洋舰船的防污涂料,性能优于有机硅的自抛光涂料,为开发无毒剂的船底防污涂料提供了新途径。在沙漠地带的太阳能装置的防护涂料,发挥其表面能低、有自洁作用的优势。由于低摩擦性,用作磁记录介质的润滑和防护涂料及一些光学设备,如摄像机和照相机的透镜的保护涂层。氟硅涂料伸长率比以往任何树脂涂料都好,不易开裂剥落,是理想的引擎涂料。另外,氟硅涂料可用于建筑的粉饰、室外雕塑、广告、路标憎水、憎油、憎污等场合。

有机硅改性氟碳树脂的方法有物理共混法和化学聚合法。物理共混是将有机硅树脂直接加入氟碳树脂中进行物理混合改性;化学聚合主要是通过含硅、含氟单体共聚或通过其他方法在有机氟碳聚合物主链上引入含硅基团,形成嵌段、接枝或互穿网络共聚物,达到对其改性的目的。一般来说,物理共混改性比较容易,但化学聚合改性效果更好。

3.8.1 物理共混法

有机硅通过物理共混改性氟树脂。取一定量的氟碳树脂(ZB-200,固含量≥53%,氟含量≥19%)、有机硅树脂(瓦克化学公司的290、28N)和醋酸丁酯、醋酸乙酯及环己酮混合溶液,在高速分散机下以200r/min的速度均匀混合,同时加入助剂。按比例加入催干剂二月桂酸二丁基锡、固化剂六亚甲基二异氰酸酯二聚体,在室温下熟化30min,即制得的氟硅涂层。

有机硅改性氟碳防护涂层可以降低基材的吸水性,如图3-16、图3-17所示。

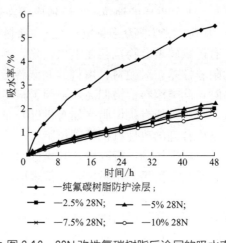

■ 图 3-16　28N 改性氟碳树脂后涂层的吸水率

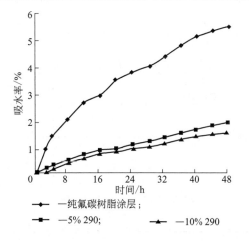

■ 图3-17 290改性氟碳树脂后涂层的吸水率

从图3-16、图3-17可以看到，纯氟碳树脂防护涂层在48h后的吸水率达到了5.6%，经过有机硅改性后的涂层的吸水率有明显的下降。48h浸泡后，含10% 28N有机硅改性氟碳涂层的吸水率为1.82%，含10% 290有机硅改性氟碳涂层可以使涂层的吸水率下降到1.62%，涂层具有更好的防水效果。而有机硅的添加量对改性涂层的影响不大。有机硅290的作用比有机硅28N好。

有机硅改性氟碳树脂涂层的疏水性能见图3-18。

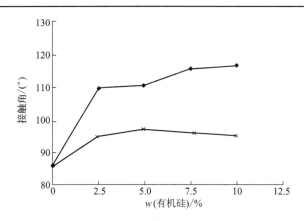

■ 图3-18 不同有机硅改性氟碳树脂的水接触角

从图3-18可知，氟碳树脂涂层对水的接触角平均值为85.7°，含28N有机硅改性氟碳涂层对水的接触角能达到117.1°，含290有机硅改性氟碳涂层对水的接触角可以达到97.0°，有机硅改性氟碳树脂涂层对水的接触角有很大改善。在相同有机硅量下，28N比290有较好的疏水性。纯有机硅的接触角能达到122.0°，而有机硅28N的加入能使涂层的接近有机硅的疏水角,提高涂层的接触角达31.4°。涂层已经达到了有机硅的疏水性能,具有更好的疏水性。

不同比例有机硅树脂的抗粘性能见表3-32。

■表3-32 有机硅改性氟碳树脂防护涂层的抗粘性

样品	w(有机硅)/%	粘贴率/%
纯氟碳树脂	0	75
有机硅290改性氟碳树脂	2.5	50
	5.0	30
	7.5	0
	10.0	0
有机硅28N改性氟碳树脂	2.5	0
	5.0	0
	7.5	0
	10.0	0

从表3-30可知,氟碳树脂具有很好的抗粘性,贴纸在纯氟碳树脂防护涂层的残留量到达了75%,而添加2.5%有机硅28N就完全去掉贴纸。有机硅290的改性对涂层抗粘性较弱,当添加量达到7.5%时才能在防护涂层表面不残留贴纸。因此,有机硅改性氟碳树脂后,涂层具有更好的抗粘性,有机硅28N比290有更好的抗粘效果。

有机硅改性氟碳涂料常规性能见表3-33。

■表3-33 有机硅改性氟碳涂料性能测试结果

项目		指标	氟碳涂料	有机硅改性氟碳涂料
容器中的状态		搅拌后均匀无硬块	通过	通过
干燥时间/h	表干	≤2	≤2	≤2
	实干	≤24	≤24	≤24
漆膜外观		正常	通过	通过
重涂性		重涂无障碍	通过	通过
铅笔硬度		2H	2H	
附着力/级 ≤		1	1	1
耐酸性(168h)		无变化	通过	通过
耐碱性(168h)		无异常	无异常	
耐水性(168h)		无异常	通过	通过
耐洗刷性/次		≥10000	通过	通过
耐湿冷热循环性(10次)		无异常	通过	通过
耐溶剂擦拭性(二甲苯)/次		≥100	通过	通过
耐人工气候老化性		≥2500h	通过	通过

有机硅改性氟碳涂层通过HG/T 3792—2005相关性能的测试,与氟碳涂料同样具有优异性能。

两种不同的有机硅树脂通过物理方法改性氟碳树脂,其改性后涂料具有有机硅树脂和氟碳树脂的双重官能团,具有有机硅和氟碳树脂的双重性能。但不同的有机硅改性效果存在差异。

另一种氟硅树脂的物理改性方法:将四氟乙烯单体、醋酸乙烯酯、烯丙醇和十一烯酸共聚制得氟树脂，氟树脂固含量≥50%，氟含量≥35%。将制得的氟树脂与分子量为 5.0×10^5 的端羟基有机硅树脂共混，再加入气相二氧化硅、聚四氟乙烯微粉和其他助剂，高速搅拌分散，磨细出料，加入溶剂得氟硅涂料。将涂料与一定比例固化剂缩二脲、HDI 三聚体和有机锡的至少一种和溶剂混合，固化成膜。涂膜干燥后，氟硅材料的低表面特性，从而宏观表现为疏水、疏油的超双疏性能，对水性和油性物质均不粘，即胶水、浆糊、不干胶粘等贴的小广告易于剥落且不留污迹。配合固化剂，涂膜即可中温强制固化，也可常温干燥，耐户外老化性可达 20 年。适用于水泥、金属基、塑料、木材、陶瓷等多种基材。

3.8.2 化学改性

氟硅改性树脂既可以是以 C—F 为主链，硅氧烷基团为侧基的含硅氟碳树脂；也可以是 Si—O—Si 为主链，氟烷基为侧链的含氟聚硅氧烷。化学聚合改性一般是如下 3 种方式：一是通过具有反应活性官能团的氟碳树脂与具有活性官能团的有机硅化合物反应，生成同时含氟和硅的新大分子；第二种是通过含氟单体与含硅单体直接共聚，生成改性共聚物；第三种是先用含氟化合物和含硅化合物合成同时含氟和硅的单体，该单体通过自身均聚或与其他单体如丙烯酸酯类共聚生成改性的聚合物。

3.8.2.1 具有反应活性官能团的氟碳树脂与具有活性官能团的有机硅化合物反应

Suzuki H 等用质子酸或 Lewis 酸作催化剂将含有环氧端基的聚二甲基硅氧烷成功地接枝到支链上含羟基的氟碳聚合物中。制备的接枝聚合物涂层具有良好的不沾水性能，可望在不沾水涂料中应用。

3.8.2.2 含氟单体与含硅单体聚合

常用含氟单体主要有三氟氯乙烯（CTEF）、四氟乙烯（TEF）、氟乙烯（VF）、偏氟乙烯（VDF）、六氟丙烯等烯类含氟单体，也可用氟烯烃酯如（甲基）丙烯酸氟烷基酯类，或氟烷基乙烯基醚类等单体。硅单体主要用硅烷和硅氧烷，硅烷如含硅烷基丙烯酸酯类、乙烯基硅烷类、甲基三氯硅烷、二甲基二氯硅烷、苯基三氯硅烷、二苯基二氯硅烷及甲基苯基二氯硅烷等。硅氧烷如环硅氧烷类、聚烷基氢硅氧烷、甲基硅氧烷、二甲基硅氧烷等。

含氟单体与含硅单体等进行共聚同时生成含氟和有机硅的大分子，达到很好的改性效果。常通过以下方式实现。

采用氟烯烃与烯烃基硅烷单体等共聚　用三氟氯乙烯、乙烯基三氯甲基硅烷、4-乙烯基丁氧基三甲基硅烷、乙基乙烯基醚等共聚，制备出硅改性的氟碳聚合物乳液。该聚合物经固化成膜后，涂膜具有良好的耐候性、耐药品性、耐溶剂性、疏水性、低摩擦性、透明性、附着力低等性能。

将八甲基环四硅氧烷、乙烯基双封头剂、三氟丙基环硅烷按比例投入反应器，在50℃减压通氮脱除水分，放空后加入季胺碱催化剂，升温至60℃，保温反应1h后，继续升温至110℃，保温并减压聚合反应2h，再升温至140℃，并放空纯化，保温1h后降温而制得。氟硅预聚体产品的基本结构式如下：

$$CH_3-\underset{\underset{CH_3}{|}}{\overset{\overset{CH=CH_2}{|}}{Si}}O-(CF_2CH_2CH_2\underset{\underset{CH_3}{|}}{\overset{\overset{CH_3}{|}}{Si}}O)_m-(\underset{\underset{CH_3}{|}}{\overset{\overset{CH_3}{|}}{Si}}O)_n-\underset{\underset{CH_3}{|}}{\overset{\overset{CH=CH_2}{|}}{Si}}-CH_3$$

将复合乳化剂、保护胶和少量水投入乳化器，充分搅拌至完全溶解，再滴加甲基丙烯酸甲酯、丙烯酸丁酯、丙烯酸、氟硅预聚体混合物，高速搅拌乳化0.5h后，逐渐补充水充分乳化成稳定乳液。取出其中30%乳液加入反应器，并加入催化剂，升温至70～75℃，搅拌回流聚合反应1h后，滴加剩余的70%乳液，2h内滴加完毕，保温1h后降温，再中和至pH=8，出料，得氟硅改性丙烯酸乳液。封端的乙烯基可与丙烯酸单体进行自由基聚合，形成高聚物，三氟丙基具有较好的稳定性和低表面能，硅链节可根据树脂性能需要进行调整。氟硅改性丙烯酸乳液的基本结构：

$$-(CH_2CH_2COONH_4)_x-(CH_2\overset{\overset{CH_3}{|}}{C}HCOOCH_2)_y-(CH_2CH_2COOC_3H_7)_z-R_w$$

式中F为：

$$-CH_2-CH-\underset{\underset{CH_3}{|}}{\overset{\overset{CH_3}{|}}{Si}}O-(CF_2CH_2CH_2\underset{\underset{CH_3}{|}}{\overset{\overset{CH_3}{|}}{Si}}O)_m-(\underset{\underset{CH_3}{|}}{\overset{\overset{CH_3}{|}}{Si}}O)_n-\underset{\underset{CH_3}{|}}{\overset{\overset{CH=CH_2}{|}}{Si}}-CH_3$$

或

$$-CH_2-CH-\underset{\underset{CH_3}{|}}{\overset{\overset{CH_3}{|}}{Si}}O-(CF_2CH_2CH_2\underset{\underset{CH_3}{|}}{\overset{\overset{CH_3}{|}}{Si}}O)_m-(\underset{\underset{CH_3}{|}}{\overset{\overset{CH_3}{|}}{Si}}O)_n-\underset{\underset{CH_3}{|}}{\overset{\overset{CH-CH_2}{|}}{Si}}-CH_3$$

可通过原料配比、封头剂的调整等控制氟硅含量比例、分子量、支链结构等，设计高聚物的分子结构，研制出所需要的乳液。

合成的氟硅改性丙烯酸乳液的性能测试结果如下：

项　　目	测试结果	测试方法
乳液外观	乳白色，带有蓝光	目测
固体含量/%	46	GB/T 1725
黏度(涂-4杯)/s	15	GB/T 1723—1993
最低成膜温度/℃	8	GB/T 9267—1988
低温稳定性	不变质	GB/T 9755—2001
钙离子稳定性	48h 不絮凝、无分层、沉淀、无破乳	①
机械稳定性	无分层、无破乳	②
稀释稳定性	无分层、无破乳	③
耐水性/h	>48	GB/T 9274—1988
涂膜外观	透明、光滑	目测

① 将乳液和5%氯化钙溶液按 V(乳液)：(CaCl$_2$)=1：4 混合，密封后静置48h，观察乳液是否分层或破乳；②将一定量的乳液装入容器中，在1400r/min的转速下搅拌30min后，观察乳液是否分层或破乳；③将10mL乳液加入到40mL去离子水中，用玻璃棒搅匀，密封后静置48h，观察乳液是否分层或破乳。

氟硅丙烯酸乳液中，有机氟硅主要以两种方式存在，一是作为侧链连接在丙烯酸聚合物主链上；二是直接聚合于主链上与丙烯酸聚合物形成嵌段共聚物。由于氟硅单体的分子链较长，一旦键合到丙烯酸聚合物分子上，不易被丙烯酸树脂分子包埋。在成膜过程中，氟硅基团会富集在涂层的表面，极大地改善涂膜性能，使形成的涂层具有较低的表面能和抗污自清洁性，随着氟硅含量的提高，耐候性、耐热性、耐紫外、耐摩擦性、耐沾污性等大大提高。但由于氟硅单体体积大，表面能低，随着氟硅含量提高，更难于乳化进入胶束，和丙烯酸单体难以形成共聚均匀的乳液，造成乳液体系不稳定，涂层附着力、耐挠曲降低，同时成本有所提高，特别是含氟量的提高，将大大增加成本。试验表明，硅含量在10%～25%，氟含量在0.8%～1.2%；有机硅改性聚乙烯醇类乳化剂与聚氧乙烯基醚类非离子乳化剂和烷基苯基磺酸盐类阴离子型乳化剂配制成复合乳化剂，用量控制在2%～8%；催化剂为过硫酸铵或过硫酸钾，用量控制在0.4%～0.8%；选择预乳化聚合法可制得一种高技术含量、各方面性能较为满意的氟硅改性乳液。它将氟树脂和有机硅树脂的优点有效地相结合，赋予涂膜优异的综合性能。

在溶剂甲基异丁基甲酮存在的条件下，将含全氟基团的氟碳单体（以全氟辛酸为原料，经酰氯化、酰胺化及缩合反应而制得）与（甲基）丙烯酸酯类单体［甲基丙烯酸甲酯（MMA）：丙烯酸乙酯（EA）：丙烯酸丁酯（BA）=22.7：22.3：15.0(质量比)］在引发剂AIBN引发下进行自由基共聚制得氟碳树脂。在此基础上加入甲基丙烯酰氧基丙基三甲氧基硅烷（KH-570），制得有机硅改性氟碳树脂共聚物。

由表3-34可知，加入氟碳单体后，氟碳树脂共聚物涂膜的耐水性、耐碱性和耐溶剂性都提高。加入少量KH-570（质量分数为2%～8%）后，涂膜的性能得到较大改观，说明氟碳单体与KH-570有良好的协同作用。

■表3-34 共聚物涂膜的性能测试

配方		耐水性 (96h)	耐乙醇 (24h)	耐丙酮 (24h)	耐5% NaOH (24h)	硬度	光洁度	接触角/(°)
氟碳单体质量分数/%	KH-570质量分数/%							
0		剥离	完好	剥离	破裂	HB	一般	30.5
5		起皱	完好	起泡	完好	HB	较好	62.5
10		完好	完好	完好	完好	HB	好	62.1
15		完好	完好	完好	完好	HB	很好	62.9
20		完好	完好	完好	完好	HB	很好	68.4
5	2	完好	完好	完好	完好	H	很好	65.4
5	5	完好	完好	完好	完好	H	很好	66.3
5	8	完好	完好	完好	完好	H	很好	68.8

氟碳的单体质量分数为5%～20%时，氟碳树脂共聚物涂膜的耐水性、耐碱性、耐溶剂、硬度以及表面耐沾污性能均优于不含氟的丙烯酸酯共聚物溶液。当氟碳单体质量分数较低（5%）时，加入质量分数为2%～8%的KH-570，其共聚物的涂膜在80℃固化2h，有机硅改性氟碳树脂集中了氟、硅化合物具有硬度高、耐水、耐碱、耐溶剂、表面自洁及耐沾污等优良性能，既提高了各项性能又降低了生产成本，为工业化生产性能优良的有机硅改性全氟碳涂料创造了有利条件。

Kobayashi等用氟烯烃、烯烃基烷氧基硅烷、烯酸等单体通过乳液聚合，合成了含有机硅的氟碳共聚物。由该聚合物乳液制备的涂料具有优异的储存稳定性和机械稳定性。这种聚合物乳液在其成膜初期就体现了极强的耐水性、耐污性和耐候性，预期可以作为高性能的外墙涂料。

以氟醇和乙烯基硅氧烷为原料合成氟硅单体，然后将其与丙烯酸酯类单体通过乳液聚合法制备氟硅丙烯酸酯共聚物乳液。首先合成氟硅单体的：在装有磁力搅拌器、冷凝管、N_2导入管及温度计的250ml四颈瓶中，加入三乙氧基乙烯基硅烷（VTES）、THF和对甲苯磺酸（PTSA），搅拌均匀后，升温至回流温度65℃，开始滴加氟醇（$R_fCH_2CH_2OH$）（98%）的THF溶液，控制滴加时间为3～4h，之后保温1h。待冷却后，过滤，经减压蒸馏得到微黄色氟硅单体；然后制备含氟硅丙烯酸酯共聚物乳液：在装有电动搅拌器、冷凝管、N_2导入管的250mL四口瓶中，加入去离子水、混合乳化剂十二烷基硫酸钠（SDS）/辛烷基酚聚氧乙烯基醚（OP-10）（1∶2）、单体丙烯酸丁酯（BA）、pH缓冲剂$NaHCO_3$，在室温下高速乳化0.5h，然后加入过硫酸钾（KPS），升温到80℃反应1h，制得丙烯酸丁酯种子乳液。另于250mL烧瓶中加入氟硅单体、BA、甲基丙烯酸甲酯（MMA）、混合乳化剂SDS/OP-10(1∶2)、KPS和去离子水，高速乳化0.5h；而后在3h内将其滴入种子乳液中，滴加完毕后保温2h，降温至40℃以后，出料，得到稀释稳定性、耐寒耐热稳定性均较好且乳胶粒分布较为均一的氟硅丙烯酸酯共聚乳液。研究表明，氟硅单体用量对乳液的性能影响很大，其结果如下：

氟硅单体用量/%	0	5	10	15	20
沉降率/%	0.114	0.210	0.605	1.229	1.637
吸水率	29.03	15.12	11.53	8.84	8.32
接触角/(°)	67.5	97.8	105.8	110.2	109.4

随着含氟硅单体含量的增加，乳液的离心稳定性降低。

加入少量的氟硅单体，胶膜的吸水率就会大大降低，而且随着氟硅单体含量的增加，胶膜的吸水率进一步下降。这是因为一方面有机硅、有机氟单元表面能低，疏水性强；另一方面，电负性强的氟原子会稍呈螺旋状包围着碳链，由于全氟烃具有极强的憎水特性，使吸水率降低。

未加入氟硅单体时乳胶膜对水的接触角小于90°，加入氟硅单体后乳胶膜对水的接触角明显增大并超过90°，乳胶膜的抗水性有明显提高。这是因为一方面有机硅、有机氟单元表面能低，疏水性强，另一方面，全氟烷基 C_nF_{2n+1} 在成膜时优先向表面迁移，占据膜的表面，使膜表面能降低，抗润湿能力增强，所以接触角增大。尽管聚合物中氟硅单体的浓度进一步增加，由于膜表面全氟侧链的取向、堆积密度已达到最大值，所以对水的前进接触角不再增加。

采用（甲基）丙烯酸氟烷基酯类与乙烯基硅烷等共聚　房俊卓等报道了用乙烯三乙氧基硅烷和甲基丙烯酸氟烷基酯、丙烯酸甲酯、丙烯酸丁酯、丙烯酸等单体在引发剂 $(NH_4)_2S_2O_8$ 引发下，通过乳液聚合制得氟硅聚合物乳液。试验结果表明，氟硅改性乳液既具有优异的憎水性，又保持了很好的附着力，可作防污性好的外墙涂料。

Yamaguchi 及 Robert 等人将含氟烷基丙烯酸酯 $[CH_2\!=\!CHCO_2CH_2CH_2\text{-}(CF_2)_8F]$、含硅烷甲基丙烯酸酯 $[CH_2\!=\!CMeCO_2CH_2CH_2CH_2Si(Et)_3]$、甲基丙烯酸酯（甲基丙烯酸十二烷基酯，甲基丙烯酸羟乙酯）等，通过乳液共聚合制得了防水、防油性能优异的含氟、硅共聚物乳液。

Kim 等在有链转移剂 $CH_3(CH_2)_{11}SH$（DT）的条件下，于甲基乙基酮 (MEK) 溶剂中，将全氟烷基丙烯酸酯 (FA) 分别与含硅单体 $CH_2\!=\!CHSi(OCH_3)_3$ (VTMS)、$CH_2\!=\!CHSi(OCH_3)_3$ (VTES)、$CH_2\!=\!C(CH_3)CO_2(CH_2)_3Si[OSi(CH_3)_3]_3$ (SiMA) 共聚制得无规共聚物，并比较了它们的分子量和表面自由能（表3-35）。可能由于 PFA-γ-PSiMA 的含硅侧链比 PFA-γ-PVTMS 和 PFA-γ-PVTES 的要长，因而 PFA-γ-PSi-MA 的表面自由能最低，疏水性最好。这说明单体的选择很重要。

■表3-35　氟硅聚合物的表面自由能

氟硅共聚物	分子量		接触角/(°)		表面自由能/(N/m^2)
	Mn	Mw	H_2O	CH_2I_2	
PFA-γ-PSiMA	5320	10179	117.9	99.6	0.895
PFA-γ-PVTMS	8699	18470	117.2	96.7	0.998
PFA-γ-PVTES	6728	9497	117.0	87.7	1.379

3.8.2.3　氟单体与硅氧烷单体等的共聚

氟烯烃与含烯烃基的聚甲基硅氧烷或聚二甲基硅氧烷共聚，可以制备硅在氟碳树脂侧链的改性聚合物，该聚合物也具有良好的性能。

Donald L 等用单烯烃基硅氧烷和三氟氯乙烯为反应单体，乙酰基过氧化物为引发剂，苯为溶剂，氩气环境下，60℃反应6h，共聚合成了多种含硅氧烷改性的氟碳聚合物。因性能良好，在涂料领域具有潜在的应用价值。

SuzukiH 等用质子酸或 Lewis 酸作催化剂，将含有环氧端基的聚二甲基硅氧烷成功地接枝到支链上含有羟基的氟碳聚合物中。制备的接枝聚合物具有良好的不沾水性能，可望在不沾水涂料中应用。

Baradie B 等以四氟乙烯、乙酸乙烯酯和甲基丙烯酸酯封端的聚二甲基硅氧烷为原料，偶氮二异丁腈为引发剂，CFC-113 为溶剂，在超临界 CO_2 介质条件下，合成了具有良好热稳定性、弹性和疏水性的三元共聚物，该三元共聚物预期可以在耐候性涂料中得以应用。

由共氟硅单体的聚合来制备有机硅改性的氟碳树脂，须先合成共氟硅单体，然后再进一步合成有机硅改性的氟碳聚合物。合成共氟硅单体主要有两种方法：一是金属有机化合物法，它通过氟烃基格氏试剂或氟烃基锂试剂与卤硅烷或烷氧基硅烷反应来制得共氟硅单体；另一种是加成法，加成法是利用硅氢化反应，一般以氯铂酸或铂为催化剂，使 Si—H 键与 C=C 键加成，制得一系列氟烃基硅烷化合物。

通过这两种方法合成含氟烯烃基的共氟硅单体，可以聚合得到硅改性的氟碳聚合物。下面是制备端基是三氟乙烯基的硅烷或硅氧烷的反应：

$$CF_2=CFCl+ClSiR_3 \xrightarrow{n\text{-BuLi}} CF_2=CFSiR_3$$

$$Me_3SiCH_2Li+CF_2=CF_2 \longrightarrow Me_3SiCH_2CF=CF_2$$

$$HSiMeSiCl+CF_2=CFMgBr \longrightarrow HSiMe_2-CF=CF_2$$

$$Me_2SiCl_2+H_2O \longrightarrow ClSiMe_2OSiMe_2Cl \xrightarrow{CF_2=CFLi} CF_2=CF-SiMe_2OSiMe_2CF=CF_2$$

$$CF_2Br-CFClBr+CH_2=CHSiMe_3 \longrightarrow CF_2BrCFClCH_2CHBrSiMe_3 \xrightarrow{Zn\text{-}HCl} CF_2=CFCH_2CH_2CH_2SiMe_3$$

$$HMe_2SiCl+CH_2=CHCH_2CF=CF_2 \longrightarrow ClSiMe_2(CH_2)_3CF=CF_2 \xrightarrow{MeMgBr} Me_3Si(CH_2)_3CF=CF_2$$

$$BrCH_2CH_2CF=CF_2+Mg \xrightarrow{Et_2O} CF_2=CFCH_2CH_2MgBr \xrightarrow{(MeO)_4Si} (MeO)_3Si(CH_2)_2CF=CF_2$$

$$CF_2=CF(CH_2)_2SiMe_2Cl+6\ [-(SiMe_2O_3)-] \xrightarrow{BuLi} CF_2=CF(CH_2)_2SiMe_2-(OSiMe_2)_{17}-OSiMe_2Bu$$

$$CF_3CH=CH_2+Me_3SiMe_2Ph \xrightarrow[HMPA]{n\text{-}Bu_2NF} CF_2=CHCH_2SiMe_2Ph$$

Furukawa 等用 $C_8F_{17}CH_2CH=CH_2$ 与聚甲基氢硅氧烷以硅氢化反应，制得侧链为 $C_8F_{17}(CH_2)_3$—的氟硅聚合物。Fujiwara 等用 $CF_2=C(CF_3)OCOC_6H_4COOC(CF_3)=CF_2$（BFP）与球状结构的 T8 系列聚硅氧烷产物反应，制得主链具有烷基甲硅烷基的氟硅聚合物。该聚合物分子量达 $2.5×10^5$，且能溶解在甲醇、四氢呋喃、氯仿等常见有机溶剂中。

改性有机硅涂料和氟碳涂料作为一类低表面能的防污涂料，但防污效果不理想，这是由于漆膜中有机硅和有机氟主链上存在大量非低表面能基团，而且改性有机硅树脂和氟碳树脂与底材的附着力也明显不足。鉴于有机硅和有机氟材料单独作为防污涂层方面各有不足的问题，宋秘钊等采用 H_2PtCl_6 作催化剂，聚甲基氢硅氧烷与含氟不饱和单体（全氟烷烃甲基丙烯酸酯）通过硅氢加成反应，将所需的特定有机氟官能团引入到聚硅氧烷主链上，制得氟代聚硅氧烷共聚丙烯酸酯树脂（PDMHS-g-C$_F$）。

其反应较佳条件是：反应温度120℃，催化剂的用量为反应物质量的$50×10^{-6}$，反应时间30h，物料比为1.5。PDMHS-g-C$_F$不同于以往嵌段共聚的有机硅或有机氟改性产物，属于一种新型结构的氟代有机硅材料，可以很好地解决以往有机硅和有机氟树脂类防污涂层因在有机氟、有机硅主链中引入大量非低表面能成分造成防污效果不佳的问题；而且聚硅氧烷侧链上联接的含氟基团，其极大的表面活性使其严格取向于涂层表面，使得该材料可以获得极佳的低表面能效果，同时聚硅氧烷侧链上接枝的丙烯酸或丙烯酸酯类聚合物可以加强涂层与底材的附着力。PDMHS-g-C$_F$既保持了线型聚硅氧烷的高弹性及高流动性，又吸收了含氟基团的绝佳低表面能特性、强机械性，以及丙烯酸酯类聚合物与底材的强附着力。

Arora等先用全氟醚酸 KRYTOX（CF$_3$CF$_2$CF$_2$O[CFCF$_3$CF$_2$O]$_n$CFCF$_2$CF$_2$COOH）与PCl$_5$和甲醇反应，得到相应的甲酯，然后将甲酯产物与硼氢化钠在异丙醇中反应，得到羟基封端的含氟单体。加入氢化钠，在氩气环境下于四氢呋喃中反应，再滴加烯丙基溴继续反应，加水水解，加入全氟己烷使体系分层。水洗干燥，得到含双键的含氟烯烃单体。再与三氯硅烷在氯铂酸催化下硅氢化反应，得到共氟硅单体树脂。用所得树脂成膜，涂层对水接触角112°，抗溶剂、耐摩擦，性能优异，可望做玻璃涂料。

含氟烯烃基的共氟硅单体可通过均聚或共聚得到有机硅改性的氟碳聚合物。

通过共氟硅单体的聚合反应，可以使硅引入到氟碳聚合物的主链对其改性，得到性能更加稳定的合物。AmeduriB等从H$_2$C=CH—C$_6$F$_{12}$—CH=CH$_2$和H$_2$C=CHCH$_2$—C$_6$F$_{12}$—CH$_2$CH=CH$_2$非共轭烯烃出发，以H$_2$PtCl$_6$为催化剂，分别与过量的HSiMe$_2$Cl进行硅氢化反应，水解缩聚，合成主链含硅氧烷的氟碳聚合物。该聚合物与商业化的氟硅氧烷聚合物比较，有较好的耐高温低温性能。Smith D等报道用4-溴苯酚为主要初始原料，先合成双{1,3-{[4-(三氟乙烯基)醚基]苯基}}-1,1,3,3-四甲基二硅氧烷单体，然后用该单体通过本体聚合方法，合成了含硅氧烷的全氟环丁烷芳基聚醚。该聚合物具有良好的光滑性、柔韧性、热稳定性。

通过共氟硅单体的共聚反应 Boutevin B等用二氯氟硅单体与二羟基氟硅单体反应，以二甲基苯基氯硅烷作为封端剂，通过缩聚反应合成了硅在主链上的改性氟碳聚合物。Rizzo J等合成了2-双[4-(二甲基羟基甲硅烷基)苯氧基]-1,2,3,3,4,4-六氟环丁烷和1,2-双[3-(二甲基羟基甲硅烷基)苯氧基]-1,2,3,3,4,4-六氟环丁烷两种单体，用碱处理，两者均可自聚；也可与α,ω-硅醇封端的3,3,3-三氟丙基甲基硅氧烷低聚物共聚，制备出了涂膜性能突出的有机硅改性的氟碳树脂。

3.9 有机硅改性其他树脂

随着物理及化学改性方法的进步,使用有机硅(包括线型及体型硅氧烷)改性有机树脂的应用日益广泛,改性效果也不断提高,下面举例简介硅氧烷改性其他有机树脂,包括聚烯烃、聚碳酸酯、SBS、聚氯乙烯、聚异丁烯聚苯乙烯、腰果酚醛、聚酰胺、菜油、聚苯醚、三聚氰胺、醋酸乙烯酯、萜烯树脂、聚苯硫醚及蜜胺等的制法。

3.9.1 有机硅改性聚烯烃

有机硅改性聚烯烃可使其机械性能和电性能得到较大改善。如传统聚烯烃泡沫太硬,无法进入泡沫弹性体市场,而由硅烷交联的100%金属茂聚烯烃制得的泡沫比传统的橡胶泡沫具有更高的拉伸强度、更大的伸长率和柔韧性。

西安交通大学以过氧化物为引发剂,在熔融状态下活性硅油分子可接枝到聚乙烯分子链上,从而提高耐环境应力开裂能力,树脂介电强度和工频击穿电压也有明显提高。江苏石油化工学院开发的硅烷交联聚乙烯电缆料,具有优良的抗热变形性能和介电性能,是用于低压电缆绝缘层的理想材料。吉化公司研究院报道以含氢硅油与不饱和聚醚的硅氢加成反应合成有机硅聚醚共聚物。该共聚物稳定性良好,耐温性适宜,应用在聚乙烯的加工中,能有效地解决熔体破裂问题、降低设备能耗、赋予聚乙烯易加工性,且用量少、活性高。美国Dow Coning公司已成功地用有机硅树脂(固体聚合物粒料)作为PP改性剂,代替液体有机硅,解决了难于处理和加工等问题。试验表明,低浓度(0.2%~1.0%)的有机硅MB50提高掺混效率,改进树脂流动性和充模过程,缩短成型周期,降低挤出机加工扭矩,脱模容易。添加量为1%~5%时,可改进制品表面性能,如润滑性、光泽、滑动性和耐磨性,而且不影响产品的强度性能。该公司还报道有机硅改性母料载体除PP外,也可作为PS、POM、PE、PA6、ABS和热塑性PET弹性体改性剂,价格为(6~16)英镑/kg,取决于所用载体。

下面以硅烷交联聚乙烯(PE)电线电缆料为例介绍硅氧烷改性聚烯烃的制法,其主要制法有3种。①二步法:先由PE、ViSi(OR)$_3$(R=Me、Et等)及引发剂(有机过氧化物)等制成接枝母料,再由PE、催化剂(有机锡)及抗氧剂等制成催化剂母料、而后将两种母料按一定比例混合挤出成型,并经热水交联,得到交联聚乙烯;②一步法:直接将PE、ViSi(OR)$_3$、引发剂、抑制剂、催化剂等混合，挤出成型（被覆电线），水解交联而得；③共聚法：先将乙烯及 ViSi(OR)$_3$，在高压釜中制成共聚物，使用时经挤出成型及水解交联而得。下面各举实例说明。

(1) 二步法　其过程为：在挤出机中，先将高密度聚乙烯（HDPE）与 ViSi(OR)$_3$；在二枯基过氧化物（DCP）作用及 180~184℃下，混合反应得到接枝共聚物，并挤出造粒。而后在挤出机中再与 Bu$_2$Sn(OCOC$_{11}$H$_{23}$)$_2$ 熔融混合，挤成薄片，曝露在 200℃ 蒸汽中进行交联反应 48h，得到交联的 HDPE。产品经 5000h 后，无应力开裂问题。

碳烷交联聚丙烯亦可采用相似的方法制取。

最近有资料报道了使用自动计量连续混炼挤出机制取硅烷交联聚乙烯的中间试验研究结果。即以低密度聚乙烯［LDPE，MI=(2.0+0.3)g/10min］为主要原料，再加入以 PE 投量计 2%~3% 的 ViSi(OR)$_3$（R 为 Me、Et）为接枝剂，0.1%（质量分数）的 DCP 作引发剂，25%（质量分数）以内的 Bu$_2$Sn(OCOC$_{11}$H$_{23}$)$_2$ 作 Si—OH 缩合催化剂，0.1%（质量分数）的酚类作抗氧剂（1010），具体工艺流程如下。

第一步：

① LDPE + ViSi(OR)$_3$ + DCP → 熔融，混炼，接枝，造粒（135~165℃）→ 接枝母料

② LDPE + Bu$_2$Sn(OCOC$_{11}$H$_{23}$)$_2$ + 抗氧剂 → 熔融，混炼，接枝，造粒（90~120℃）→ 催化剂母料

第二步：

接枝母料 + 催化剂母料 → 混合 → 挤出成型 → 水解交联（80~85℃）（8~12h）→ 硅烷交联 PE

(2) 一步法　将 PE、ViSi(OR)$_3$、Bu$_2$Sn(OCOC$_{11}$H$_{23}$)$_2$ 以及有机过氧化物引发剂等，通过混炼挤出机，保持一定温度下［以 ViSi(OR)$_3$ 能与 PE 接枝，但不发生明显的游离基交联反应为准］，完成接枝反应后，通过模口挤入热水中，接枝 PE 中的 Si—OR 在 Bu$_2$Sn(OCOC$_{11}$H$_{23}$)$_2$ 催化下水解缩合成目标产物。如，由 100 质量份 PE、2.5 份炭黑、0.1 份 DCP、1.5 份 ViSi(OR)$_3$、035 份抗氧剂以及 0.05 份 Bu$_2$Sn(OCOC$_{11}$H$_{23}$)$_2$，在 130℃ 的挤出机中完成混炼，并经模口挤出（温度 230℃）到 90℃ 热水中，交联固化 16h，产物交联密度 77%，拉伸强度 13MPa，断裂伸长率 270%，150℃ 及 0.2MPa 的永久变形在张力下为 35%，在压缩下为 5%。

(3) 共聚法　适用作动力电线被覆料及软管的硅烷交联聚乙烯，可按下法制取。例如，将 43 质量份 H$_2$C=CH$_2$、0.39 份 Vi(OMe)$_3$ 及 0.65 份 CH$_3$CH=CH$_2$（链转移剂）混匀后，与 0.0021kg/h 的叔丁基过氧化异丁酸酯（引发剂）一起，连续通入维持 65~241℃、200MPa 及搅拌下的反应釜内聚合，得到 58kg/h 的共聚物，产物中相应于 ViSi(OR)$_3$ 的含量为 1.5%。取出 100 份共聚物，加入 5 份催化剂母料［含 1%（质量分数）

$Bu_2Sn(OCOC_{11}H_{23})_2$ 的 PE 粒料]及 0.02 份 $ViSi(OR)_3$，并在 200℃下的挤出机中混炼、挤出，得到表面光滑的电缆，随即浸入 80℃热水中，交联 7h，其交联度为 72%。

此外，硅树脂特别是它与有机树脂的共聚物，在提高聚烯烃等的熔体流动指数、阻燃性、柔韧性及抗冲强度等方面也有良好效果。

3.9.2 有机硅改性 SBS

SBS 为性能优异的热塑性弹性体，它既具有聚苯乙烯（PS）的溶解性和热塑性，又有聚丁二烯（PB）的柔韧性和回弹性，能与多种聚合物相容，也无需塑炼和混炼，不用高温高压硫化。以它为原料制备的胶黏剂具有强度高，韧性好，固化快和耐低温等特点，在多种场合被用于胶黏剂的制备。SBS 对极性物质的混溶性和黏附性不太好，并且对光、热、氧的作用很敏感，耐老化性较差。有机硅改性可提高 SBS 的极性、黏合力、耐老化性和耐高温性。

有机硅改性 SBS 制备：以环己烷为溶剂，在引发剂 AIBN 作用下 SBS 树脂与改性剂乙烯基三乙氧基硅烷进行反应而制得有机硅-SBS 接枝共聚物。从 SBS 和 SBS 接枝共聚物的红外光谱图的发现，在接枝共聚物的红外光谱图中 $1640cm^{-1}$，$910cm^{-1}$ 处的 SBS 双键特征峰明显减弱，在 $1598cm^{-1}$ 处无 Si—CH=CH_2 的特征峰，而且 $1300cm^{-1}$ 处有一明显的 Si—C—C 键吸收峰，进一步表明生成了 SBS 硅烷的接枝共聚物。

改性剂/SBS 对热稳定性的影响 通常聚合物降解的方式有解聚、无规断链、侧基脱除三种。由于 SBS 分子链中含有双键，因此易发生无规断链。它的热分解温度在 400℃左右，在 SBS 分子链中引入 Si—C 键可以提高耐热性。

由图 3-19（固定 SBS 用量，改变改性剂用量）可以看出，随着改性剂用量的增多，改性产物的外延分解温度越来越高，即产物的热稳定性越来越好。根据红外光谱图看，在配比为 1.2 时双键含量最少，此时的热稳定性也应该最好，但事实上配比为 1.4 时的热稳定性最好，分解温度在 450℃左右，可能是因为改性剂过量很多时，发生水解交联，分子间形成交联网状结构，使产物热稳定性提高。而配比大于 1.4 后，由于均聚物过多，形成的共混物也能提高热稳定性，因此产物的热稳定性提高而幅度不大。

改性剂/SBS 对粘接性能的影响 在 SBS 主链上接枝部分对粘接界面湿润能力较好的硅偶联剂，有利于提高粘接性能。为此，在其他条件不变的情况下，研究了乙烯基三乙氧基硅烷与 SBS 的配比对粘接强度影响，结果见图 3-20 所示。

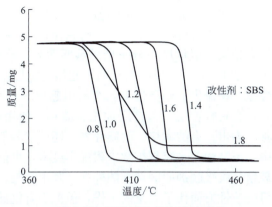

■ 图3-19　配比对热稳定性的影响

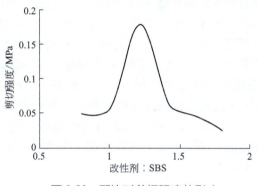

■ 图3-20　配比对剪切强度的影响

由图3-20可知，随着改性剂用量增多，改性产物的剪切强度也逐渐增强。当配比大于1.2时，又开始减小。这主要是因为随着配比的增大，产物的接枝率也会随之增高，SBS上的侧基增多，则分子链的极性增强，因此，粘接强度也增强。但是，配比大于1.2后，由于改性剂浓度过高，本身又易水解发生自聚合，使得SBS的接枝率下降，从而导致剪切强度下降。另外，当配比为0.8时，剪切强度反而较未改性SBS小，这是因为改性剂用量太小，接枝共聚反应很少，而在自由基作用下会使高分子链发生降解断链，小分子产物增多，故而剪切强度反而下降。所以，配比应控制在1.2左右。

3.9.3　反应性有机硅改性肉桂酸酯类紫外线吸收剂

紫外线具有杀菌消毒、理疗保健、促进维生素D合成等对人体有益的功能。同时，紫外线也给人类带来了许多危害。为了避免负面影响，近年来，关于紫外线吸收剂合成及应用的研究工作十分活跃。通常使用的紫外线吸收剂主要包括：水杨酸酯类、对胺基苯甲酸酯类、二苯甲酮类、甲氧基肉桂酸酯类、苯并三唑类、取代丙烯氰类、二苯甲酰甲烷等。这些紫外线吸收剂已经广泛应用于各种高分子材料、防晒化妆品、抗紫外线织物、抗紫外线涂料等许多领域。但均属小分子紫外线吸收剂，在应用过程中存在如下缺点：①多属于 UVB 区紫外线吸收剂，光热稳定性差。②用于化妆品中：抗水耐汗性差，易流失；刺激性大，容易引起皮肤过敏。③应用于聚合物中：相容性差，在聚合物模压和挤压加工、储存、使用过程中可能从塑料中挥发、迁移、渗出；有的耐热、耐候性差；还可能降低聚合物强度。④应用于纺织品中：不易固着，容易扩散，耐洗牢度差，可能引起皮肤过敏。为克服上述常规紫外线吸收剂的缺点。国外在二苯甲酮类、苯并三唑类紫外线吸收剂的有机硅改性方面作了大量的工作，但关于有机硅改性的肉桂酸酯类紫外线吸收剂的研究工作相对较少。尤其缺乏 UVA 区的反应性紫外线吸收剂研究工作。

河南省科学院同位素研究所的研究人员，以肉桂酸衍生物和 γ-氯丙基三甲氧基硅烷为主要原料合成了七个含有反应性基团的有机硅基紫外线吸收剂。通过氢谱、碳谱、红外光谱对其结构进行了鉴定，通过紫外光谱对其紫外吸收性能分析。发现对甲氧基肉桂酸三甲氧基硅丙基酯是一种理想的 UVB 区反应性紫外线吸收剂；4-二甲胺基肉桂酸三甲氧基硅丙基酯是一种理想的 UVA 区反应性紫外线吸收剂；二者复配，可以组成一种性能优良的全波段（280～400nm）反应型紫外线吸收剂。还进一步将其制备成具有抗紫外线功能的硅树脂和聚有机硅氧烷，并进行了抗紫外线玻璃和防晒化妆品的应用研究，显示了良好的效果。

其应用形式主要包括下列几种：

① 通过喷涂或浸渍的方式对受体进行表面处理，然后通过加热、辐照等方式使其与受体表面分子发生化学反应，进而永久牢固地结合在受体的表面。通过这种方式可方便地制备抗紫外线玻璃、抗紫外线眼镜、抗紫外线织物以及抗紫外线老化的橡塑制品。由于制作工艺简单，且仅限表面处理，因此可大幅度降低成本。

② 利用该产品与 D_4 共聚制备含紫外线吸收剂侧基的聚有机硅氧烷，可方便地应用于制备防晒类化妆品，并因此降低甚至消除化学类防晒剂的刺激性，提高产品的抗汗抗水性能。

③ 利用该产品对无机类防晒剂，如：纳米 TiO_2 进行涂覆制备化学复合型防晒剂（区别于物理混合）。这类产品可方便地用于制备各种高 SPF 值的防晒化妆品。也可通过共混方式用于制备抗紫外线老化的橡塑制品和抗紫外线涂料等，由于有机硅偶联剂的存在，产品的相容性和最终制品的强度、抗水性会大幅度提高。

反应性有机硅改性肉桂酸酯类紫外线吸收剂，可以广泛地应用于抗紫外线玻璃涂层、抗紫外线眼镜、防晒化妆品、抗紫外线织物、文物保护等多种工业领域。以抗紫外线玻璃为例，抗紫外线玻璃的最大应用市场是汽车玻璃。目前，汽车用抗紫外线玻璃每平方米的市场售价约为2000元，每平方米普通汽车玻璃约为200元，本产品利用抗紫外线玻璃涂层可使普通汽车玻璃具备抗紫外线功能，其增加的制作成本仅为10～20元/m²。由此可见直接经济效益和间接经济效益的潜力是十分巨大的。

3.9.4 硅氧烷改性聚碳酸酯

聚碳酸酯（PC）热变形温度高及冲击强度好，但在低温或薄型制品时的冲击强度较差，使用硅氧烷改性可以获得良好的效果。

① 硅氧烷-聚碳酸酯嵌段共聚物　低温韧性好，数均摩尔质量为10000～3000g/mol 的硅氧烷改性PC 嵌段共聚物，可由双酚A封端的聚二甲基硅氧烷、双酚A、烷基苯酚（终止剂）出发，与光气缩聚反应而得。例如，将2216g COCl₂ 在室温下慢慢（1h 以上）加入到在搅拌下的由 3035 质量份 HO—⬡—CH₂—⬡—OH、190 份 HO—⬡—CH₂—⬡—OMe₂SiO(Me₂SiO)₈₄SiMe₂O—⬡—CH₂—⬡—OH、164.7 份 t-C₈₇H₁₇—⬡—OH，3024 份 NaOH、34700 份水、17800 份 CH₂Cl₂ 及 13100 份 PhCl 配成的混合物中反应。结束反应后，加入45%的NaOH溶液，使pH值为12～13，再加入11份 Et₃N 继续反应45min。取出共聚物，固化后其缺口抗冲强度为391J/m，维卡软化点为141℃，成型压力（模具温度为136℃，聚合物温度为300℃下）为0.5MPa。

② 光盘用硅氧烷-聚碳酸酯嵌段共聚物　适用作记录材料（光盘）的透明型硅氧烷改性PC，可按下法制取。将44.51g HO—⬡—CH₂—⬡—OH、13.5g NaOH 及 766.5g 水，在通入惰性气体及搅拌下溶解，而后混入内含 1.1g HO—⬡—CH₂—⬡—OMe₂SiO(Me₂SiO)SiMe₂O—⬡—CH₂—⬡—OH 及 0.73g PhOH 的 350mL CH₂Cl₂ 中，并在pH=12～13及21～25℃下通入31.8g COCl₂，而后加入0.28ml乙基吡啶，并继续搅5min，静置分层。取出油相，加入 H₃PO₄ 酸化后，水洗至中性，减压下蒸除溶剂，得到硅氧烷-聚碳酸酯嵌段共聚物，其相对黏度为116（0.25g 共聚物在 50mL CH₂Cl₂ 中），浊度（D1N5056）值0.83，熔融黏度41Pa·s，正常色值Y8943。

3.9.5 有机硅改性聚异丁烯

有机硅改性聚异丁烯的分子链不含极性基团和极性键，这赋予它耐化学性和耐水性；同时它的分子链中不含碳碳不饱和键及叔氢原子，这赋予它高的耐久性、热/氧化稳定性和光稳定性。此外，聚异丁烯具有较低的玻璃化温度（T_g），特别是分子链中对称排列的—$C(CH_3)_2$—基，其具有极高的阻气性和防水渗透性。

于剑昆介绍了以日本钟渊化学公司的 EPIONTM 为代表的硅烷改性聚异丁烯树脂的制备及固化特性，它具有较低的 T_g、良好的耐久稳定性和极强的阻气性。同时还介绍了以该类树脂作主组分的密封剂及其专用底涂剂的配方及使用性能。与其他密封剂相比，该类密封剂具有良好的涂布粘接性、涂装性和抗污染性。

目前国外制备硅烷改性聚异丁烯树脂主要采用两种方法：一种是传统的 Inifer 法，另一种是道康宁公司开发的嵌段共聚法。Inifer 法是在有机溶剂中用化学式为 $Cl(CH_3)_2C—C_6H_4—C(CH_3)_2Cl$ 的化合物作引发剂，用 $TiCl_4$ 作催化剂引发异丁烯单体进行阳离子聚合，得到端氯原子聚异丁烯；然后使其与乙烯基硅烷反应，制成端烯基聚异丁烯；最后在铂族金属催化剂存在下，用氢硅烷［如 $(CH_3O)_2CH_3SiH$］进行封端制成硅烷改性聚异丁烯树脂。嵌段共聚法是在有机溶剂中，用 Lewis 酸作催化剂，用某种 Lewis 碱作相对分子质量调节剂，使异丁烯单体在一种卤硅烷基苯引发剂上聚合，得到一个阳离子聚合体系；然后再与一种卤硅烷基苯乙烯单体进行嵌段聚合，制成硅烷改性聚异丁烯树脂。

目前，有机硅改性聚异丁烯树脂在国外已有商品销售，它具有优异的综合性能，特别表现在低的玻璃化温度、良好的耐水性、储存稳定性和阻气性等方面。这些优异的性能使该类树脂特别适用于现场涂布且有高阻气和阻水性要求的场合，如建筑密封剂、密封垫、密封圈等。

3.9.6 硅氧烷改性聚氯乙烯

聚氯乙烯（PVC）大量用作农用薄膜，随着增塑剂的析出，薄膜很快变硬发脆。若引入硅烷或硅氧烷改性，则可有效改善 PVC 的压延性、脱模性、耐磨性，减少或防止增塑剂析出，延长使用寿命，还可防止水雾覆盖表面而降低透光率。

① 耐磨抗粘的 PVC 制品　具有耐磨性且抗粘性的 PVC 制品，可采取共聚方法制取。例如，将 15kg 氯乙烯、15kg $ViMe_2SiO(Me_2SiO)_4OSiMe_2Vi$、0.02kgPVC 及 0.075kg 二（邻乙基己基）过氧化碳酸由加入到 30kg 水中，维持 58℃反应 20h，得到平均聚合度为 1060 的聚合物，厚 1mm 试片的剥离强度仅为 0.1％N/cm，摩擦系数为 0.23～0.24（当与镀铬表面接触时）。

② 耐久的防雾性农用 PVC 薄膜　具有高频粘接性及抗粘性的农用 PVC 薄膜，可按下法制取。将 100 质量份 PVC、50 份苯甲酸二辛酯（DOP）、5 份环氧化豆油、2 份 Ba-Zn 复合稳定剂、2 份脱水山梨醇硬脂酸能及 0.05 份甲基苯基硅氧烷混炼均匀后，将其加工成薄膜，在户外曝露 18 个月后，仍

③ 改善 PVC 的加工性　容易混炼加工的 PVC，可按下法制取。将 400g ViCl 在 1010g 内含 6g $Cl_2H_{25}C_6H_4SO_3Na$ 及 12g 数均摩尔质量为 84000g/mol 的含偶氮键硅氧烷引发剂微粉——[$HNC_3H_6Me_2SiO(Me_2SiO)_nSiMe_2\ C_3H_6NHCOC_2H_4CMeCNN=NCMeCNC_2H_4CO$]—的水中，于 65℃ 及 0.74MPa 下反应 2h，得到平均粒径为 $10\mu m$ 的硅氧烷-氯乙烯嵌段共聚物。取出 10 份与 100 份 PVC 混炼时，显示了良好的加工性。

④ 交联的 PVC　PVC 经交联后，可改善耐热性而可用作热水管、化工管道及电缆料等，可按下法制取。由 350g ViCl、150g $CH_2=CMeCOOC_3H_6Si(OMe)_3$，在 1000g 内含 0.78 水分的 PVC 及 0.25g 双（2-乙基己基）过氧化碳酸酯的水中，于 52℃ 下反应 15h，得到硅氧烷改性 PVC 共聚物［其中不溶于 THF 的占 59%（质量分数），溶于 THF 中的其平均聚合度为 1200］。取出 100 份，混入 3 份 $Bu_2Sn(OCOC_{11}H_{23})_2$、1 份硬脂酸钙、20 份气相法白炭黑（Aerosil300），而后在 200% 下加压成型为厚 1mm 的试片，其软化点为 80.5℃，不溶于 THF 的含量占 85%，对比 PVC（聚合度 1300），则软化点为 72.81℃，而且全部溶于 THF 中。

此外，由 $HSC_3H_6Si(OMe)_3$ 或 $H_2NC_3H_6Si(OEt)_3$ 改性制得的 PVC，具有遇水交联的特性，从而可显著提高其拉伸强度、尺寸稳定性、耐热性及耐候性等，由 ViCl 与 $CH_2=CMeCOOC_8H_6(Me_2)_nSiMe_3$ 共聚得到的产品，具有很低的摩擦系数，可用作录像磁盘基板等。

3.9.7　有机硅改性腰果酚醛聚合物

腰果酚是天然腰果壳液（CNSL）的主要成分，其结构类似于生漆的主要成分漆酚。由腰果酚与甲醛制得的腰果酚醛聚合物涂料（CF）具有接近生漆的优良理化性能，且价格低廉，已得到实际应用。但由于腰果酚醛聚合物分子含有酚羟基—OH，使其涂膜易被氧化且抗碱性不佳，不宜作为防腐涂料使用。为了从天然腰果壳液制取高性能防腐涂料，并能在防腐工程方面得到应用，利用 CF 中的酚羟基易与有机硅小分子反应的特点，用二甲基二氯硅烷（DMS）对腰果酚醛聚合物（CF）进行改性，制备了有机硅改性腰果酚醛聚合物（CF-Si），并用 IR、UV、DMTA、TG 等物理化学手段对 CF-Si 进行了结构表征和理化性能测试。

总之，有机硅改性腰果酚醛聚合物分子中的酚羟基与 DMS 的 Si 原子相结合，降低了 CF-Si 分子中的酚羟基浓度，CF-Si 的固化成膜时间只需 25min 便可自然干燥，而且常规物理机械性能、热稳定性、抗紫外线性能和耐碱性都得到很大改善。当 CF 与 DMS 的物质的量比为 12.5：3，反应时间 25min 时，制得的 CF-Si 涂膜的硬度 2H、附着力 2 级、光泽度 128%、耐冲击性 45cm、柔韧性 1mm；具有很好的热稳定性，400～500℃ 时，CF

的热失重速率是 CF-Si 的两倍；紫外光照射 1400h 后，CF-Si 的失光率仅为 27%，而 CF 达到 58%；CF-Si 的耐碱性较 CF 优异。

3.9.8 硅氧烷改性聚苯乙烯

聚苯乙烯（PS）价格低廉，但抗冲及阻燃性较差。使用橡胶改性后，可获得抗冲级聚苯乙烯（HIPS），并已大量用于家电产品中。倘若 HIPS 中再掺入少许硅氧烷或硅橡胶微粉，则还可提高阻燃性，并进一步改善抗冲强度及光泽性。当 HIPS 与 $CH_2\overset{O}{-\!\!\!-\!\!\!-}CHCH_2OC_3H_6Si(OMe)_3$、$C_6Br_5OC_6Br_5\text{-}Sb_2O_3$ 共成型时，制品的阻燃性可达 UL-94 的 V-0 级水平。如果 PS 中掺入硅氧烷改性聚烯烃橡胶、磷酸酯及 Al(OH)$_3$ 等，则可获得无卤阻燃级产品，具体可按下法制取：先将 70 质量份二元乙丙橡胶、30 份 HO(MeViSiO)$_n$H、5 份 HO(Me$_2$SiO)$_n$H、2 份 (Me)$_3$SiC$_3$H$_6$(OMe)$_3$、60 份白炭黑、10 份 ZnO、5 份抗氧剂及 3 份 DCP，捏合均匀后，硫化得到硅氧烷改性乙丙橡胶。取出 10 份，混入 100 份 PS、30 份磷酸三甲苯酯 [(MeC$_6$H$_5$)$_3$P=O] 及 100 份 Al(OH)$_3$，而后注射成型，所得样品阻燃性达到 UL-94 的 V-0 级。

3.9.9 有机硅改性菜油皮革加脂剂

曾用聚乙烯醇作为乳化剂，乳化硅氧烷和锭子油的混合物，用于皮革防水；也曾用溶剂型的有机硅防水剂。这类溶剂型或拼混型有机硅防水材料使用不便，且与皮纤维的结合较弱，其防水与加脂的效果较难持久，使其应用受到限制。为此，开发含硅加脂剂，如：用八甲基环四硅氧烷（D$_4$）得到相对分子质量低的硅乳液作为加脂剂，用于毛皮防水处理；利用醇解的花生油与分子量为 500～600 的端羟基聚硅氧烷接枝共聚，制得的加脂剂性能稳定，加脂后的皮革柔软、滑爽、有丝光感；用改性的玉米油与有机硅预聚物接枝制得的加脂剂，加脂效果优异，并且能减少油脂用量；以天然植物豆油改性产物与含有活性基团的有机硅接枝共聚得到，该加脂剂特别适应于绒面革和正面服装革的加脂；以葵花籽油为原料，经酯交换反应后与 D$_4$ 接枝得到一种阴离子加脂剂，该加脂剂可使皮革获得丰满柔软性的同时，有明显的油润感。虽然含硅加脂剂研究较多，但形成规模的品种还很少，特别是价廉、多功能性的含硅加脂剂比较少。

用廉价的菜油和甲醇或丁醇进行部分酯交换改性，适当降低其碳链长度，同时引进—OH，然后用 D$_4$ 进行接枝反应，进一步硫酸化改性得到有机硅改性菜油皮革加脂剂，其乳液性能稳定，含有多种活性基，和皮革结合性好，同时具有防水功能。

合成路线：

$$R-COOCH_2$$
$$R-COOCH \quad + \quad R'OH \quad \xrightarrow{cat} \quad \begin{matrix} HOCH_2 \\ R-COOCH \\ R-COOCH_2 \end{matrix} \quad H+O-\underset{CH_3}{\underset{|}{Si}}\underset{CH_3}{\overset{|}{}}\!\!{}_n OH \xrightarrow{cat} \quad H+O-\underset{CH_3}{\underset{|}{Si}}\underset{CH_3}{\overset{|}{}}\!\!{}_n OCH_2$$
$$R-COOCH_2 \qquad\qquad\qquad\qquad\qquad a \qquad\qquad\qquad\qquad\qquad\qquad\qquad b$$

$$\begin{matrix} a\ (C=C) \\ b\ (C=C) \end{matrix} \xrightarrow{H_2SO_4} -C-C-OSO_3Na$$
$$c$$

合成工艺：

酯交换 先将菜油用稀碱水进行脱酸预处理，降低菜油的酸性；用无水氯化钙吸水，同时减压抽真空进行脱水干燥，同时减压脱水处理，尽可能除酸、除水，以避免碱性催化剂中毒。再将醇/油按3∶1摩尔比的配比，放入反应装置，然后加入油质量2%~4%的固体碱催化剂，可适当降低碳链长度和引进端羟基；反应温度控制在醇的沸点温度下进行，搅拌回流3h；反应结束后，进行蒸馏，回收未反应的醇；过滤回收催化剂，滤液放入梨形分液漏斗中静置分层，得酯交换改性产物A。

接枝反应 有机硅单体（D_4）中加入催化剂，加热搅拌1h，预聚到一定程度。将改性产物A加入预聚体中，再加入适量催化剂，加热搅拌进行接枝反应，引入疏水性基团，得接枝产物B。

硫酸化反应 在接枝产物B中，滴加浓硫酸，提高乳化性能，控温30℃，反应2~4h，静置4h，用饱和食盐水进行洗涤，用NaOH、$NH_3 \cdot H_2O$调油层pH值7~8，即得棕红色透明油状改性加脂剂，其主要成分为C，即有机硅改性菜油皮革加脂剂，其乳液稳定性能良好，静止24h不分层，无浮油。

产品的各项理化性能和稳定性测试结果见表3-36。

■表3-36 产品的理化性能

参　　数	测试结果
外观	棕色透明油状液体
pH值	6.9~7.3
水及挥发物/%	4.5
碘值/($gI_2/100g$)	72.28
皂化值/(mgKOH/g)	154.10
相对密度/(g/cm^3)	0.9801
折射率	1.4385
稳定性	1∶9(乳液24h不分层，无浮油)

加脂剂加脂性能：

对该有机硅加脂剂进行防水性能试验，同时对比现有的几种加脂剂，见表3-37。

■表 3-37　加脂剂加脂性能评价

加脂剂	丰满度	柔软度	动态透水时间 /h	2h 静态吸水率 /%	24h 静态吸水率 /%
有机硅加脂剂	+++	+++	>40	29.7	33.2
硫酸化蓖麻油	++	+++	2	63.2	76.4
SCF	+++	+++	24	60.1	65.4
亚硫酸化羊毛脂	+++	+++	>40	32.9	39.2

从表 3-37 可以看出，由于引入了疏水性硅氧烷基团，有机硅改性加脂剂具有较好的防水效果，经其加脂的皮革，动态透水时间大于 40h，静态吸水率（24h）为 33.2%。

3.9.10 硅氧烷改性聚酰胺

聚酰胺（PA）具有强度高、熔点高、耐化学试剂及机械性能好等优点，但易吸水，尺寸稳定性差。使用硅氧烷改性，可有效克服其缺点，提高制品的润滑性能及低温抗冲击强度等。

① 兼具良好抗溶剂、耐高温及机械性能的聚酰胺　可由带活性端基的 PA 与硅氧烷通过缩合反应而得。例如，将 5.5g OCN(CH$_2$)$_{12}$NCO 于室温下慢慢（>5min）加入到内盛 100mL PhCL-PhOH(1:1) 及 25g 数均摩尔质量为 230g/mol 的氨基封端十二烷基内酰低聚物的反应瓶中，搅拌 30min 后，慢慢（>30min）加入 18.5g HO(Me$_2$SiO)$_n$H 及 20mL 4%（质量分数）的二氯杂双环十一碳烯的氯化苯溶液，并在 130℃下继续搅拌 1h，即可得到硅氧烷-聚酰胺嵌段共聚物，其玻璃化温度为 163℃，重结晶温度为 98℃，拉伸强度为 42.9MPa，断裂伸长率为 183%。

② 可熔融加工的硅氧烷-聚酰胺共聚物　可由热塑性 PA 与可硫化的硅氧烷（由乙烯基硅油与含氢硅油加成而得），进行半互穿网络而得。例如，将 900g 模塑级尼龙 66、400g 黏度（25℃）为 104mm^2/s 的 ViMe$_2$SiO(Me$_2$SiO)$_n$SiMe$_2$Vi、600g 运动黏度（25℃）为 104mm^2/s 的 HMe$_2$SiO(Me$_2$SiO)$_n$SiMe$_2$H 及 1g Pt 配合物 [含 Pt 3.5%（质量分数）]，混匀后置入混炼挤出机中，在 340～355℃下挤成样片，其抗弯强度为 109.7MPa，抗弯模量为 2690MPa，缺口抗冲强度为 42.7J/m，浸水 24h 后，吸水 1.2%，拉伸强度为 66.2MPa。

由尼龙 12 出发，通过相似相似方法，也可制得半互穿网络聚合物。

③ 可湿气交联的聚酰胺　由尼龙 11 或尼龙 12 出发，与 Vi(OR)（R 为 Me、Et、C$_2$H$_4$OMe）反应，得到含 Si—OR 键、可湿气交联固化的共聚物，适用作模塑料及涂料等，且具有良好的耐热性及机械性能。

④ 硅氧烷改性聚酰胺纤维　利用聚酰胺中的端官能团与硅氧烷中的活性基团反应得到的接枝共聚物，可改善尼龙的加工性及对金属的摩擦性。例

如，在尼龙 6 中混入 3% 的 $Me_3SiO(Me_2SiO)_{670}[Me(C_3H_6OCH_2\underset{O}{CH-CH_2})SiSiO]_6SiMe_3$，经造粒、熔融纺丝得到的共聚纤维，对金属的摩擦性较小。

3.9.11 有机硅改性三聚氰胺甲醛树脂

三聚氰胺甲醛树脂是用三聚氰胺经甲基化反应再缩聚制得的一种用途广泛的热固性氨基树脂。三聚氰胺树脂的固化是通过亚甲基或二亚甲基醚键相互交联实现的，因亚甲基两端连有位阻很大的三嗪环，并且多个亚甲基与三嗪环间相互交错，所以固化后树脂硬度大，不易弯曲，几乎没有韧性。在湿度变化的大气中，固化的树脂从空气中吸收和解吸水分，造成体积变化，产生内应力，最终造成树脂龟裂。过去曾用聚乙二醇对树脂进行改性或硫脲对树脂进行增韧改性等。现用有机硅对树脂进行改性，为提高其韧性。

有机硅改性三聚氰胺甲醛树脂的合成方法 按计量将三聚氰胺、多聚甲醛和 α,ω-二羟基低聚二甲基硅氧烷加入装有搅拌器、温度计和冷凝器的 500mL 容量的三口瓶中，加入催化剂氢氧化钠的水溶液，调节体系 pH=8.5，搅拌下在水浴温度 90℃反应 1.5h 后，加入已溶解好的聚乙烯醇水溶液，继续反应 1～2h，用盐酸固化，注膜。其反应为：

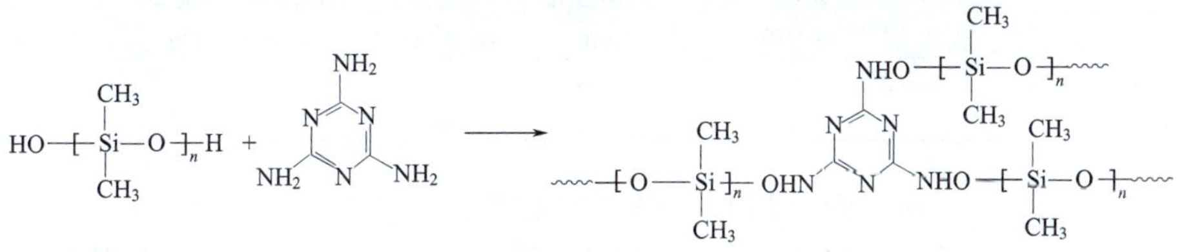

故采用化学共聚的方法对三聚氰胺甲醛树脂可进行改性，因为有机硅的羟基与三聚氰胺上的亚胺基进行反应生成嵌段结构，使有机硅进入体系大分子，增加三嗪环之间的距离，使体系变得柔顺。此外，由于体系引入了硅氧键，Si—O—Si 的键长较长、键角较大，而且 Si—O 之间容易旋转，其链一般为螺旋结构，非常柔软，这就相当于体系中加入了柔性链段，增加三聚氰胺甲醛树脂的拉伸强度，同样起到增韧作用。

但是，有机硅的加入对体系的耐热性能有一定不良影响，材料的最终成碳率也由原来的 21.15% 减少到了 18.60%。

3.9.12 硅氧烷改性聚苯醚

聚苯醚（PPO）具有良好的机械强度、电气及耐化学试剂性能，在高温能保持较高的硬度，但其熔融流动性欠佳，不易加工，而且制品易开裂，使用苯乙烯改性,虽可克服其缺点,可是导致耐热性下降。业已证明,使用硅氧烷,特别是使用硅氧烷-有机聚合物共聚物改性,可获得良好的综合效果,包括提高其阻燃性及减少冒烟性。

① 使用硅氧烷-苯乙烯共聚物改性 所用共聚物系由乙烯基硅氧烷与苯乙烯共聚而得。例如,先由 919g ViPh 及 81.5g 线型乙烯基硅氧烷[内含 13.5 (mol)％MeViSiO 链节及 86.5％Me$_2$SiO 链节]共聚得到硅氧烷-苯乙烯共聚物。而后取出 50 份共聚物,加入 50 份聚 2,6-二甲基-1,4-亚苯基氧化物、0.1 份亚磷酸三癸酯 $(C_{10}H_{21}O)_3P$、3 份 $(PhO)_3PO$、1.5 份聚乙烯、0.15 份 ZnS 及 0.15 份 ZnO,混匀后在挤出机中加热挤成试样,其缺口冲击强度为 133.5J/m,拉伸强度为 60.7MPa,热变形温度为 125℃。使用硅氧烷-苯乙烯共聚物改性,还可制得尺寸稳定的抗冲 PPO。

② 使用硅氧烷聚醚酰亚胺共聚物改性 所用硅氧烷聚醚酰亚胺系由 2,2-双[4-(3,4-二羧基苯氧基)苯基]丙烷、间苯二胺与氨丙基封端聚二甲基硅氧烷共缩聚制得共聚物。取出 7.5 份,混入 92.5 份聚苯醚

并注射成型制试片,其延展性、注射成型工艺性、阻燃性及冲击强度等均有明显提高,与对照组比较的结果示于表 3-38。

■表 3-38 硅氧烷聚醚酰亚胺改性 PPO 的效果

PPO /份	硅氧烷共聚物 /份	拉伸强度 /MPa	断裂伸长率/%	弯曲模量 /MPa	缺口冲击强度/(J/m)	阻燃性 (UL-94)级
100	—	72.5	—	112.9	58.7	V-1
92.5	7.5	72.8	32	2438	106.8	V-0

③ 可交联的 PPO PPO 在有机过氧化物引发下用 ViSi(OR)$_3$(R 为 Me、Et、C$_2$H$_4$OMe 等)接枝,而后在硅醇缩合催化剂作用下水解交联,即可得到交联的 PPO。例如,将 PPO 在含有过氧化物的甲苯溶液中,与 ViSi(OR)$_3$ 在搅拌及 150℃下进行接枝反应 4h,而后再加入 Bu$_2$Sn(OCOC$_{11}$H$_{22}$)$_2$,将其浇在聚酯薄膜上,干燥成片再浸入开水 8h,其交联度达 78％,能耐热焊 25s。

若使用 15 份 ViSi(OC$_2$H$_2$OMe)$_3$ 作接枝剂,制成改性 PPO,后者在 0.1 份 Bu$_2$Sn(OCOC$_{11}$H$_{22}$)$_2$ 催化下,水解交联固化成 1.2mm 厚试片。对 2.1mm 金属球,在 200℃下的锥入度(升温 50℃/min)为 260μm,在 240℃下的锥入度则为 6μm。对比未加硅氧烷的 PPO,其锥入度相应为大于 1200μm 及 170μm。此料适用作电缆料。

3.9.13 有机硅改性萜烯树脂

硼氢化-氧化反应对萜烯树脂环内双键进行羟基化,获得带羟基单元产

物，然后与丙烯酰氯反应，得到带有丙烯酸酯的萜烯树脂，继而在引发剂引发下与甲基丙烯酸甲酯进行聚合，得到新聚合物。将有机硅引入到有机聚合物中，显著提高其耐热性、耐候性、耐冲击性、电气特性和憎水性。由三氯氢硅（$SiHCl_3$），二氯甲基硅烷（CH_3SiHCl_2）与萜烯树脂中反应性环内双键进行硅-氢加成反应，将有机硅结构引入到萜烯树脂中，得到有机硅改性萜烯树脂，反应式如下：

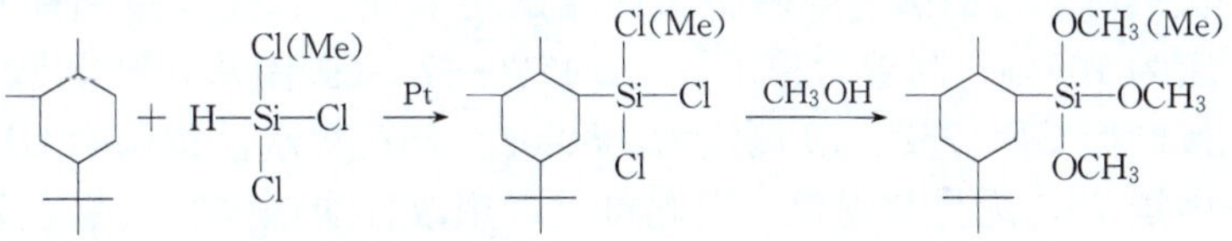

合成方法 在四口瓶中加入 40g T-115 萜烯树脂，40ml 无水甲苯，搅拌成均匀溶液，加入数滴氯铂酸催化剂溶液。在 40~45℃滴入 30ml 二氯甲基硅烷与 30ml 甲苯的混合溶液。反应 1h，升温至 65~70℃，反应 5h。溶液由淡黄色转变为墨绿色。常压蒸除未反应的甲基氢二氯硅烷。搅拌下，滴加 40ml 无水甲醇，回流 1h，颜色逐渐转变为黄褐色。蒸除未反应的甲醇、甲苯，得黄褐色产品，即为有机硅改性萜烯树脂。用三氯氢硅代替二氯甲基硅烷也得到有机硅改性萜烯树脂。

硅灰石表面存在许多硅羟基，具有亲水性。有机硅改性萜烯树脂用于硅灰石的表面改性，改性树脂的甲氧基水解得到硅羟基，与硅灰石表面的硅羟基进行缩合，可形成 Si—O—Si 键而连接起来，萜烯树脂端作为碳官能基与其他树脂如松香改性树脂相容性好。即将 10g 上述有机硅改性萜烯树脂用 200ml 甲苯溶解配成 5%的溶液，室温下将 50g 干燥的硅灰石粉末在搅拌下加入上述溶液，搅拌 15min，升温至 100~110℃，反应 0.5h，冷却，过滤，即得表面改性的硅灰石。用作松香改性路标涂料的填料，所得涂料性能与同类产品性能进行了比较，其结果是主要性能与美国、日本产品性能一致，见表 3-39。

■表 3-39 涂料性能比较

性能	美国 E-1102	日本 Jisk	本例
密度/(g/cm³)	1.8~2.3	1.8~2.3	2.3
软化点/℃	103	>80	91
自干时间/min	<3	3	<3
耐碱性①	不变		不变
残余热/%	>99	>99	>99

① 在标准 $Ca(OH)_2$ 溶液中浸渍 18h 后样品变化。

改性后的硅灰石由于表面的羟基已被萜烯树脂改性，也即由原来的亲水性变为憎水性。即取 1g 0.037nm 硅灰石放入试管中加 15ml 水摇动，放置 10min，全部硅灰石沉降于试管底部；改性硅灰石进行上述实验，放置 1d，改性硅灰石仍悬浮在水面上。说明硅灰石改性后变为憎水性。因而在路标涂料制备中不需另外驱水剂。

炭黑表面也有羟基，用硅烷偶联剂对它进行表面改性，能提高其分散性，有效促进有机聚合物与它的相互作用。有机硅改性萜烯树脂用于炭黑的表面改性，其改性炭黑易分散，粒径在 12 个月内经扫描电子显微镜测定基本保持在 $15\mu m$；而未改性炭黑分散较难，粒径易于在 1 个月后由 $20\mu m$ 变为 $35\mu m$，6 个月后大于 $50\mu m$。由于萜烯树脂与氨基树脂相容性好，用改性炭黑所制备的黑色氨基磁漆性测试结果如下：光泽按国标 GB 1743—79 测定为 105%；附着力按国标 GB 1720—79（画圈法）测定为 1 级；冲击强度按国标 GB 1732—79 测定为 $\geqslant 50 kg \cdot cm$；耐水性按国标 GB 1733—79 在水中浸 7d，无异常现象。由此可见，用改性炭黑制得的黑色氨基磁漆具有优良性能。

3.9.14 硅氧烷改性聚苯硫醚

聚苯硫醚（PPS）具有良好的机械性能、电性能、耐化学性能、耐热性及熔融流动性，缺点是冲击强度较差，易脆裂。业已证明，引入硅氧烷对克服脆裂性有良好的效果。例如，在合成 PPS 过程中，加入可反应的聚硅氧烷作改性剂，即可得到力学性能（耐冲击）优良的 PPS。具体方法是，由 0.6mol Na_2S、0.6mol Cl—⟨⟩—Cl 及 0.08mol $ClCH_2(Me_2SiO)_n SiMe_2 CH_2 Cl$ 缩聚而成。另一方法是将 833mol Na_2S、816mol Cl—⟨⟩—Cl 及 43mol 二氯苯胺在 NMP 中，加热至 240℃，使其缩聚得到含—NH_2 活性基团的 PPS，而后再与活性硅氧烷在 NMP 中及 260℃下反应得到硅氧烷改性 PPS，其拉伸强度为 67MPa。

已知，PPS 在高于其熔融温度 5～100℃ 条件下，可与含 Vi、SH、NH_2、$\overset{O}{\underset{CH-CH_2}{\triangle}}$ 等的硅烷或硅氧烷反应，形成交联网络，提高其熔融黏度。例如，拉伸强度为 79MPa 的 PPS，在 310℃下与 1 份 $H_2NC_3H_6Si(OEt)_3$ 反应 5min，所得产物的拉伸强度可达 92MPa。倘若与补强填料并用，则其机械性能、电气性能及抗湿性能还可进一步提高。

3.9.15 有机硅改性 VAc/BA/AA 共聚乳液

聚醋酸乙烯酯乳液胶黏剂是乳液胶黏剂中最主要的品种之一，对多孔基材有很强的粘接力；价格低廉；使用方便；安全无毒；无环境污染，广泛应用于木材、皮革、纺织、包装、建筑等领域，20 世纪 70 年代以来发展极为迅速。但由于 PVAc 在聚合时以聚乙烯醇（PVA）作为保护胶体，使乳液体系中含有大量的羟基；另外在醋酸乙烯乳液聚合过程中，PVAc 大分子侧链因发生一定程度的水解而出现一定数量的羟基。所有这些亲水性的羟基，均造成PVAc低温成膜性较差，胶膜耐水性较差，耐寒性不好等，限制了其应用。

因此，采用有机硅、丙烯酸酯与醋酸乙烯共聚的方法对PVAc乳液进行化学改性，其由醋酸乙烯酯（VAc）、聚乙烯醇（PVA-1788、PVA-1799）、丙烯酸丁酯（BA）、丙烯酸异辛酯（2-EHA）、丙烯酸（AA）、γ-甲基丙烯酰氧丙基三甲氧基硅烷（A-174）、乙烯基三乙氧基硅烷（A-151）、乙烯基三甲氧基硅烷（A-171）及其他助剂（OP-10，MS-1，KPS，DBP等）所组成。合成工艺：在装有搅拌器、温度计、回流冷凝器、滴液漏斗的四口瓶中加入计量的去离子水、PVA，搅拌升温至70～75℃，保温60min；滴加预乳化液（含部分单体和助剂），30～60min内匀速滴加，控制反应温度70～80℃；保温30～60min；滴加单体，3～5h滴完，控制温度73～78℃，并定期补加计量的引发剂；升温至90～92℃；保温30min；降温至60℃加入增塑剂；降温至45～50℃，出料。

有机硅聚合物具有良好的耐候性、耐水性、透气性和耐高低温性，用乙烯基硅氧烷共聚改性醋-丙类聚合物，可提高乳液的耐水性和粘接强度。制备此类乳液的关键是通过使用抗水解能力较强的长链（碳原子数大于2）烷氧基硅烷化合物和对乳胶粒内部进行防水处理，保持乳胶粒内部 ≡Si—OR 基团的稳定性；否则，若有水分进入乳胶粒内部，≡Si—OR 将水解并缩合交联，使乳胶粒的 T_g 上升，涂膜固化时粒子不能很好地融合和交联，从而使胶膜性能下降。图3-21显示在VAc/BA/AA共聚体系中添加1%的乙烯基三乙氧基硅烷，胶膜的耐水性（湿压缩剪切强度）和粘接强度（干压缩剪切强度）便有很大程度的提高。

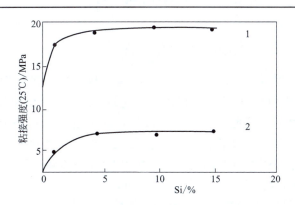

■ 图3-21　有机硅用量对粘接强度的影响
1、2分别为干、湿粘接强度

有机硅氧烷参与共聚，提高乳液耐水性（湿强度）和粘接强度的原因在于，该复合乳液的乳胶粒内部含有 ≡Si—OR 活性基团。涂膜固化时，该活性基团遇水分解（产生硅醇基）并相互缩合交联，产生 ≡Si—O—Si≡ 键，形成螺旋形结构的聚硅氧烷化合物，阻止液态水通过，使其湿强度提高。同时 ≡Si—OR 活性基团与被粘材料的极性表面的活性有机基团（—OH）反应，形成有机硅与基料相互渗透的网状结构，表现出很强的内聚力和干强度。

有机硅改性 VAc/BA/AA 共聚乳液的综合性能与 PVAc 均聚型乳液对比结果如下：

性　　质	Si/VAc/BA/AA 乳液	PVA 乳液
外观	乳白色	乳白色
硅含量/%	48~50	44~46
黏度(25℃)/Pa·s	10~20	8~10
pH 值	3~7	4~6
湿粘接强度(25℃)/MPa	>4	>2
干粘接强度(25℃)/MPa	>14	>9.2
适用温度范围/℃	-5~50	5~40
耐寒性	好	差

上表显示，有机硅改性的共聚乳液在固含量、黏度、耐水性（湿强度）、耐寒性和粘接强度方面都有提高。

采用预乳化工艺，合适的 PVA 用量与复合乳化剂体系，提高了乳液共聚合稳定性、贮存稳定性、抗寒性。得到了一种高固含量、中低黏度的不含甲醛的有机硅改性 VAc/BA/AA 多元共聚乳液胶黏剂，具有较好的耐水性、耐寒性、初黏性、贮存稳定性和粘接强度。

3.9.16 硅氧烷改性聚甲醛或共聚甲醛

聚甲醛（POM）及共聚甲醛具有优良的机械强度、耐疲劳性、电气性能及润滑性，广泛用作机械及电气零部件，但其模塑收缩率较大。引入硅氧烷改性或与其他聚合物共同改性，除可进一步提高 POM 的润滑性、耐磨性、抗冲击性及耐水性外，还可拓展 POM 的用途。

① 适用作涂料的硅氧烷改性聚甲醛　可由异氰酸基封端的硅氧烷与乙烯基缩醛聚合物反应而得。例如，先由 $HO(Me_2SiO)_2H$ 与异佛尔酮二异氰酸酯反应，得到异氰酸基封端的聚二甲基硅氧烷。取出 30g，加入 100g 乙烯缩醛聚合物，在 280g 醋酸乙酯及 280g 甲苯中，60℃下反应，得到接枝共聚物涂料。将其涂在铝板上，固化后对水的接触角为 100°，静摩擦系数为 0.20，粘接性好。对比纯缩醛聚合物，则相应为接触角 70°，静摩擦系数 0.52 及粘接性差。

② 改善聚甲醛的滑动性　耐磨的聚甲醛可由均聚甲醛、共聚甲醛及线型

硅氧烷按一定比例共熔融而得。例如,由 94.5%(质量分数)的聚甲醛二乙酸酯、2.5%的聚亚甲基-氧乙烯共聚物、3%的 $Me_3SiO(Me_2SiO)_{4000}SiMe_3$ 及 0.25 份 2,2-亚甲基双(4-甲基-5-异丁基苯酚),加热共熔化后,置于 23℃及 50%相对湿度下固化 48h,得到的试片,对聚甲醛的起始摩擦系数为 0.10,24h 后为 0.12,对不锈钢的起始摩擦系数为 0.13,24h 后为 0.14。

硅氧烷改性聚甲醛,还可由三聚甲醛及八甲基环四硅氧烷出发,在 CF_3SO_3H 引发下,通过阳离子开环共聚而得。当共聚物中—OCH_2—链节含量较多时,产物呈结晶态;当 Me_2SiO 链节增加时,则可得到橡胶态产品。

3.9.17 有机硅改性醋丙乳液

采用种子乳液聚合方法合成一种有机硅改性醋酸乙烯酯-丙烯酸酯共聚乳液,该有机硅改性醋丙乳液稳定性好,并具有很好的耐水性、附着力及冻融稳定性。

有机硅改性醋丙乳液聚合的原料配方如下:

原料	规格	作用	质量/份
醋酸乙烯酯(VAc)	一般工业品	硬单体	180~200
丙烯酸丁酯(BA)	一般工业品	软单体	50~63
甲基丙烯酸(MAA)	化学纯	功能单体	4~7
乙烯基三甲氧基硅烷(A-171)	工业级	改性单体	1.25~2.5
过硫酸钾(KPS)	分析纯	引发剂	0.8~1.2
十二烷基苯磺酸(DBSA)	工业级	阴离子乳化剂	4.2~5.0
烷基酚聚氧乙烯醚(OP-10)	工业级	非离子乳化剂	1.8~2.5
碳酸氢钠(NaHCO₃)	化学纯	缓冲剂	0.8~1.2
去离子水(H_2O)	自制	分散介质	250

乳液聚合 将乳化剂、部分去离子水和缓冲剂 $NaHCO_3$ 加入反应釜,升温至反应温度并充分搅拌乳化。加入部分引发剂溶液和混合单体制备种子乳液,种子乳液出现蓝光,体系回流减少后,滴加剩余的引发剂、缓冲剂溶液和混合单体,在 4h 左右滴加完毕,滴加过程中控制引发剂溶液和混合单体的滴加速度,使引发剂比单体稍晚加完。滴加完毕后保温约 1h,使单体反应完全,降温出料,制得有机硅改性醋酸乙烯酯-丙烯酸酯共聚乳液,其乳液性能如下:

性能	测试结果	性能	测试结果
外观	乳白色,带蓝光	机械稳定性	通过,无絮凝、沉淀
固含量/%	49±1	稀释稳定性	通过
吸水性/%	15~18	热稳定性	通过
黏度/mPa·s	23~34	钙离子稳定性	通过
pH 值	5~7	冻融稳定性 5 次	通过

有机硅氧烷单体加入量对乳液性能的影响，实验结果如表 3-40 所示。

■表 3-40　有机硅加入量对聚合反应及乳液性能的影响

检验项目	有机硅占单体质量分数/%					
	0	0.1	0.5	1.0	1.5	2.0
实验现象	聚合稳定，无凝胶	聚合稳定，无凝胶	聚合稳定，无凝胶	聚合稳定，无凝胶，少量黏釜	有凝胶，黏釜	大量凝胶，黏釜厉害，实验失败
乳液外观	乳白色，带蓝光	乳白色，带蓝光	乳白色，微带蓝光	乳白色	乳白色	—
乳液黏度/mPa·s	47.5	39.9	34.5	23.5	—	—
吸水性/%	20.4	19.2	18.4	15.6	—	—
附着力/级	1～3	1～3	1～2	1	—	—

加入有机硅，醋丙乳液吸水性降低，耐水性提高，附着力改善。乳液黏度随有机硅量的增加有少量降低，这是因为随有机硅氧烷的引入，在聚合物链上引入了疏水性的侧链，使乳液中自由水分子增多，乳液黏度降低。乳液的冻融稳定性相比纯醋丙乳液也有所提高。有机硅加入量有一个适当值，量少改性效果较差，量大则成本增大，且聚合过程不稳定，有机硅加入量以 0.5%～1.0% 较为合适。

加入 1.0% 有机硅改性的醋丙乳液性能测试如表 3-41 所示。

■表 3-41　有机硅改性醋丙乳液性能测试结果

性能	测试结果	性能	测试结果
外观	乳白色，带蓝光	机械稳定性	通过，无絮凝，沉淀
固含量/%	49±1	稀释稳定性	通过
吸水性/%	15.6	热稳定性	通过
黏度/mPa·s	23.5	钙离子稳定性	通过
pH 值	6	冻融稳定性 7 次	通过

有机硅改性醋丙乳液，在增加少量成本的基础上可以使乳液性能得到改善，尤其是乳液耐水性和附着力得到提高，乳液的冻融稳定性改善，拓宽了乳液使用范围，有机硅的加入量以 0.5%～1.0% 为合适。

3.9.18　硅氧烷改性饱和聚酯

由多元醇与多元酸缩聚得到的饱和聚酯如 PET 及 PBT，具有良好的抗磨损性、低吸湿性及耐化学试剂性。经硅氧烷改性后，可进一步提高其机械性能、抗磨性及耐热水性能。例如，在 2100 质量份的聚对苯二甲酸乙二醇酯（PET）中，加入 1 份环氧改性硅氧烷（环氧当量为 350），经熔融造粒，注射成型得到的试片，其起始拉伸强度为 50MPa，在 90℃水中浸泡 7 天后，拉伸强度仍有 49MPa；对比不加环氧改性硅氧烷的 PET，其起始拉伸强度为 46MPa，在 90℃水中浸泡 7 天后，拉伸强度仅有 24.5MPa。再如，由

194质量份对苯二甲酸二甲酯、198份1,4-丁二醇及200份$HO(Me_2SiO)_nH$，在$200×10^{-6} Ti(OBu)_4$催化及270℃/0.133kPa下反应，得到75:25的嵌段聚酯-硅氧烷产物，其拉伸强度为53MPa，断裂伸长率为40%，缺口冲击强度为$3.82kJ/m^2$，抗水解80%。对比使用纯PBT样品时，则相应为拉伸强度49MPa，断裂伸长率20%，缺口冲击强度$2.65kJ/m^2$及抗水解60%。如果使用硅氧烷-苯乙烯嵌段共聚物作PBT的改性剂，对提高PBT的耐热、耐老化及介电性能等也大有好处。

参 考 文 献

[1] 王超，黄玉东. 一步法合成有机硅改性酚醛树脂及其粘接性能. 复合材料学报，2004，21(2)：50-54.

[2] Ananda K S. Thermal properties of siliconized epoxy interpenetrating coatings. Prog Org Coat, 2002, 45 (4): 322~323.

[3] Gao Jungang, Liu Yanfang, Yang Liting. Polymer Degradation and Stability, 1999, 63 (1): 19-22.

[4] 路遥，段跃新，梁志勇，张佐光. 钡酚醛树脂体系化学流变学特性研究. 复合材料学报，2003，19(5)：33-37.

[5] 周重光，李桂芝，巩爱军. 有机硅改性酚醛树脂热稳定性的研究. 高分子材料科学与工程，2000，16(1)：164-165.

[6] 杨增吉，邱化玉. 有机硅酚醛树脂共聚物的合成与应用研究. 上海造纸，2007.38(3) 47-52.

[7] 黎艳，刘伟区，宣宜宁. 硅烷/聚硅氧烷化学改性双酚A型环氧树脂研究. 中国塑料，2004，18(8)：40-43.

[8] 波波，冀志江，张维连，等. 有机硅改性氟碳树脂的性能研究. 涂料工业，2008，38(6)：10-12.

[9] Suzuki H, Takeishi M, Narisawa I. Synthesis of polysiloxane-grafted fluoropolymers and their hydrophobic properties [J]. Appl. Polym. Sci. 2000, 78 (11): 1955-1963.

[10] 孙争光，朱杰，黄世强. 有机硅涂料研究进展. 有机硅材料，2000，14(4)：21-24.

[11] Furukawa Y, Yoneda T. Synthesis and properties of fluorosilicone with perfluorooctylundecyl side chains [J]. PolymSci, Part A: Polym Chem, 2003, 41 (6): 2704-2714.

[12] 宋秘钊，张慧君，张景斌，等. 有机氟改性聚硅氧烷的研究. 涂料工业，2008，38(1)：12-15.

[13] Rizzo J, Harris F W. Synthesis and thermal properties of fluorosilicones containing perfluorocyclobutane rings. Polymer, 2000, 41 (6): 5125-5136.

[14] 袁利兵，刘海樑. 浅谈氟硅系列材料的性能及应用. 机氟工业，2002，2(2)：31-33.

[15] BONGIOVANNI R. Surface properties of acrylic coatings contain in perfluoropolyether chains. Fluorine in Coatings IV Conference Papers [C]. Brussels: InternationalCentre forCoatingsTechnology, 2001. 14.

[16] 李同信，刘非，滕刚，等. 氟硅自交联树脂的研制. 涂料工业，2005，35(10)：6-9.

[17] Fustin C A, Sclavons M, Pantoustier N, et al.Reactivity of Si-H and Si-Vinyl end functionalized siloxanes toward PBT: A model system study. Polym Eng Sci, 2005, 45 (8): 1067.

[18] Liu H J, Lin L H, Chen K M. Synthesis and surface activity of polyethylene glycol-maleic anhydride-polydimethylsiloxane polyester surfactants. Colloids Surf A: Physicochem Eng Aspects, 2003, 215: 213.

[19] 周晓东. 现代涂料与涂装，2004，(4)：38~41.

[20] 马启元. 防水材料与施工，2002，(4)：46~48.

[21] 张慎靖,黎白钰,金元,王斌,徐庆.有机硅改性丙烯酸酯乳液聚合的研究进展[J].辽宁化工,2007,36(10):684-686.

[22] 付永山,安秋凤,杨刚.有机硅改性丙烯酸酯聚合物研究进展.涂料工业,2007,137(8):67-72.

[23] 牛永盛,张万喜.有机硅改性丙烯酸酯乳液的最新进展.上海涂料,2006,44(3):16-19.

[24] 张心亚,黎永津,黄洪,陈焕钦.有机硅氧烷改性丙烯酸酯乳液技术研究进展.化工新型材料,2006,34(4):30-33.

[25] 张伟,杨慕杰.有机硅改性丙烯酸酯的制备.科技通报,2004,20(4):320-323.

[26] 王智和,丁鹤雁,任静.涂料用含硅丙烯酸树脂的研究进展.有机硅材料,2001,15(4):29-33.

[27] 范昕,张晓东.无皂硅丙乳液的制备.有机硅材料.2003,17(4):6.

[28] 罗英武,许华君,李宝芳.细乳液聚合制备有机硅/丙烯酸酯乳液及其性能.化工学报,2006,57(12):2981-2985.

[29] 李晓洁,赵如松.有机硅-丙烯酸酯复合乳液性能.石油化工高等学校化学学报,2006,19(2):47-50.

[30] 龚兴宇,范晓东,徐亮.高性能高硅烷含量硅丙复合乳液的研究.高分子材料科学与工程,2003(19):217-220.

[31] 何中为,范德勤,李盛彪,黄世强.有机硅-丙烯酸酯共聚乳液的制备和性能研究.华中师范大学学报(自然科学版),2004,38(2):201-204.

[32] 夏宇正,石淑先,洪斌等.反应性丙烯酸酯/硅氧烷共聚物乳液流变性能的研究.北京化工大学学报,2002,29(4):14-16.

[33] 黄东勤,张子勇.含有机硅和丙烯酸树脂的有机-无机杂化涂料.涂料工业,2006,36(2):25-28.

[34] Tani Yoshio, Tamagawa Shigehisa, Kato Shinji. P2004191678A2 20040708.

[35] 方荣利,王林,张雪峰.高性能硅丙乳液无皂制备技术的研究.新型建筑材料.2006,7:34.

[36] 王国建.有机硅氧烷/丙烯酸酯乳液的无皂共聚合研究.建筑材料学报,2002,5(3):269-273.

[37] KAN C Y, KONG X Z, YUAN Q, et al. Morphological prediction and its application to the synthesis of polyacrylate/polysiloxane core/shell latex particles. Journal of Applied Polymer Science, 2001, 80(12): 2251-2258.

[38] 王海虹,涂伟萍,胡剑青,等.核壳型有机硅改性丙烯酸聚氨酯乳液的合成研究.中国皮革,2005,34(9):6-8.

[39] Mingtao Lin, Fuxiang Chu, Alain Guyot. Silicone-polyacrylate composite latex particles. Particles formation and film properties, Polymer, 2005, 46, 1331.

[40] He W D, Pan C Y. Influence of reaction between second monomer and vinyl group of seed polysiloxane on seeded emulsion polymerization. J Application Polymer Science. 2001, 80: 2752.

[41] 孟勇,翁志学,单国荣,等.聚硅氧烷/丙烯酸酯核/壳复合胶乳的粒径分布与成核机理.高分子学报,2004,(3):367-371.

[42] HAN SU LEE, BYEONG DO LEE, SUNG SIGMIN, et a.l Impact modifier for a polymer composition and method for preparing the same:US, 0148946A1[P].2006-07-06.

[43] 陈学琴,程时远.有机硅改性丙烯酸胶乳型互穿聚合物网络-乳化剂对乳胶粒形态和尺寸的影响.有机硅材料,2002,16(1):5-7.

[44] WU Y, DUAN H, YU Y, et al. Preparation and performance in paper coating of silicone-modified styrene-butyl acrylate copolymer latex. Journal of Applied Polymer Science, 2001, 79(2):333-336.

[45] 杨宏伟,许立新.有机硅改性丙烯酸酯微乳液研究进展及其应用.北京联合大学学报,2006,20(3):80.

[46] Beuche Marc, Fabra Gine Francisco, Pi WO 2002043674A1 20020606.

[47] Hou Youjun, Pan Huiming. Lizi Jiaohuan Yu Xifu, 2004, 20 (3): 248.

[48] 张臣, 张力, 李国明. 有机硅聚丙烯酸酯微乳液的合成与性能. 应用化学, 2002, 20 (6): 574-578.

[49] He W X, Shi W K, Cai P, Ye A L, PTICALMaterials, 2002 (21), 507~510.

[50] LANDFESTER, PAWELZIK, ANTONIETTI. Polydimethylsiloxane latexes and copolymers by polymerization and polyaddition in miniemulsion. Polymer, 2005, 46 (23): 9892-9898.

[51] 肖潇, 李丰富, 张荣军, 张利. 有机硅改性环氧树脂. 材料科学, 2007, (7): 42-43.

[52] 洪晓斌, 谢凯, 盘毅, 等. 有机硅改性环氧树脂研究进展. 材料导报, 2005, 19 (10): 44-48.

[53] Minagawa Naoaki. JP Pat, 2001329172. 2001-11-27.

[54] Li Zhihua, Li Bo, Zhang Ziqiao. Special epoxy silicone adhesive for inertial confinement fusion experiment. Cent. South Univ. Technol, 2007, 14 (2): 153-156.

[55] 黎艳, 刘伟区, 宣宜宁. 电子封装用环氧树脂的增韧和提高耐热性研究. 精细化工, 2004, 21: 82-85.

[56] 张冰等. 氨基聚硅氧烷对改性环氧树脂的形态与性能的影响. 功能高分子学报, 2000, 13 (1): 69.

[57] S. Ananda Kumar, T. S. N. Sankara Narayanan. Thermal properties of siliconized epoxy interpenetratingcoatings. Progress in Organic Coatings, 2002, 45: 323-330.

[58] 吴宏博, 丁新静, 于敬晖, 刘在阳. 纤维复合材料, 2006, (2): 55.

[59] 朱柳生, 陈慧宗, 等. 一种新的有机硅改性环氧树脂的研制. 中国胶粘剂, 1993, 2 (6): 81-13.

[60] Yasumasa Morita, Seitarou Tajima, Hiroshi Suzuki. Thermally initiated cationic polymerization and properties of epoxy siloxane. J of Appl Polym Sci, 2006, 100 (3): 2010-2019.

[61] W J Wang, L H Peng, Hsiu G H, et al. Charactrization and properties of new silicone-containing epoxy resin. Polymer, 2000, 41 (16): 6113-6122.

[62] 李因文, 沈敏敏, 马一静, 黄活阳, 哈成勇. 有机硅改性环氧树脂的合成与性能. 精细化工, 2008, 25 (11): 1041-1045.

[63] 张军营, 张孝阿. 新型有机硅化环氧树脂的合成与表征. 北京化工大学学报, 2008, 35 (2): 38-41.

[64] Mitsuhiro Shibata, Takayuki Kobayashi, Ryutoku Yosomiya, et al. Polymer Electrolytes Based on Blends of Poly (etherurethane) and Polysiloxanes. European Polymer Journal, 2000, 36: 485-490.

[65] Yen Mengshung. The Solution Properties and Membrane Propes of Polydimethylsiloxane Waterdbome Polyurethanes of Various Kinds of Soft Segments. Colloids and Surfaces A: Physicochem Eng Aspects, 2006, 279: 1-9.

[66] 吴小峰, 朱传方, 张丽等. 二羟基硅油改性水性聚氨酯树脂的合成及性能. 应用化学, 2007, 24 (9): 2023-1026.

[67] Majumdar P, Webster D C. Preparation of Siloxaneurethane Coatings Having Spontaneously Formed Stable Biphasic Microtopograpieal Surfaces. Macromoleule, 2005, 38 (14): 5857-5859.

[68] 戴家兵, 张兴元, 李维虎等. 新型水分散有机硅-聚氨酯共聚物的结构与性能. 高分子材料科学与工程, 2007, 23 (3): 122-125.

[69] Dou Qizheng, Wang Changchun, Cheng Chong. PDMS-modified Polyurethane Films with Low Water Contaet Angle Hysteresis Macromol. Chem Phys, 2006, 207: 2170-2179.

[70] Pire Chambon, rice Cloutet, Henri Cramail. Sythesis of Coreshell Polyurethane Polydiethylsiloxane Particles by Polyaddition in Organic Dispersant Media: Mechanism of particle Formation. Maromol Symp, 2005, 226: 227-238.

[71] 张建安, 吴明元, 吴庆云等. 有机硅改性水性聚氨酯乳液的研究. 安徽大学学报 (自然科学版), 2005, 29 (6): 75-78.

[72] Jonquieres A, Clement R, Lochon P. Permeability of Block Copoly2mers to Vapors and Liquids. Prog Polym Sci, 2002, 27: 1803-1877.

[73] 易运红, 张力, 吕广墉等. 有机硅改性水性阳离子聚氨酯的合成与性能研究. 中国涂料, 2006, 2 (8): 29-33.

[74] Jiang Hongmei, Zheng Zhen, Song Wenhui, et al. Alkoxysilane Funetionalized Polyurethane/Polysiloxane Copolymers: Synthesis and the Effect of End-capping Agent. Polymer Bulletin, 2007, 59: 53-63.

[75] 侯孟华, 刘伟区, 黎燕. 有机硅改性水性聚氨酯乳液的研制. 聚氨酯工业, 2005, 20 (1): 30-33.

[76] 刘芳, 冯东, 吴小华, 等. γ-环氧丙氧基丙基三甲氧基硅烷改性聚氨酯弹性体的合成、结构与性能. 合成橡胶工业, 2005, 28 (1): 26-30.

[77] Jiang Weifeng. Synthesis of a New Polysiloxane Modified Polyurethane. Chinese Chemical Letters, 2006, 17 (50): 581-583.

[78] 王文忠, 张晨, 陈剑华. 有机硅改性聚氨酯的研究进展. 有机硅材料, 2001, 15 (5): 33-37.

[79] Ioan S, GrigorescuG, StanciuA. Effectofsegmented poly (ester-siloxane) urethanes compositionalparameterson differential scanning calorimetry and dynamic-mechanical measurements. EurPolym J, 2002, 38: 2295-2303.

[80] RocheryM, Vroman I, Lam T. Incorporation of poly (dimethyl siloxane) into poly (tetramethylene oxide) based polyurethanes: the effect of synthesis conditions on polymer properties. Jmacromol Sci PartA, 2003, 40 (3): 321-333.

[81] Yilgor E, Unal S, MakalU, et a. l Influence of hydrogen bonding on the properties of silicone copolymers. Polym Prepr, 2001, 42 (1): 120-121.

[82] Yilgor E, Tulpar A, Kara S, et al High strength silicone-urethane copolymers: synthesis and properties. ACS Symp Ser, 2000, 729: 395-407.

[83] 朱杰, 暴峰, 黄世强. 有机硅改性聚氨酯的研究进展. 江苏化工, 2002, 30 (3): 20-23.

[84] 曾少敏, 刘丹, 李启成, 姚畅, 陈爱芳, 徐祖顺. 有机硅改性超支化聚氨酯的研究. 化学与黏合, 2008, 30 (5): 38-41.

[85] JENA K, RAJU K. Synthesis and characterization of hyperbranched polyurethane-urea/silica based hybrid coatings. Ind Eng Chem Res, 2007, 46 (20): 6408~6416.

[86] GAO C, YAN D Y. Hyperbranched polymers: from synthesis to applications. Prog Polym Sc, i 2004, 29: 183~275.

[87] CHATTOPADHYAY1 D, RAJUK. Structural engineering ofpolyurethane coatings for high performance applications. Prog Polym Sc, i 2007, 32: 352~418.

[88] 卿宁, 张晓镭, 俞从正. 有机硅共聚改性水性聚氨酯PU-SI的制备及性能研究. 中国皮革, 2001, 9 (17): 10-14.

[89] 李法华. 聚硅氧烷聚氨酯的IPN初步研究世界橡胶工业, 2001, 28 (1): 40-43.

[90] 杨清峰, 瞿金清, 陈焕钦. 有机硅改性水性聚氨酯的研究进展. 涂料技术与文摘. 2004. 25 (6): 1-6.

[91] 周善康, 林健青, 许一婷, 等. 水性聚氨酯研究. 粘接, 2001, 22 (1): 21-24, 35.

[92] EP, 905210. 1999-03-31.

[93] Kazuyuki H. Manufacture of hydrophilic polyurethanes for coatings and artificial leather: JP, 200063 471. 2000-02-29.

[94] 陈精华, 刘伟区, 宣宜宁, 等. 广州化学, 2003, (4), 6~11.

[95] 朱春凤, 陈钢进. 精细化工, 2004, (8), 608~611.

[96] 张志国, 姜绪宝, 朱晓丽, 孔祥正. 聚氨酯改性用有机硅的种类及其改性机理. 济南大学学报（自然科学版）. 2007, 21 (3): 200-204.

[97] 汪小华, 李立, 刘润山, 范和平. 含硅聚酰亚胺的合成与性能. 精细石油化工进展. 2003. 4 (12): 46-50.

[98] Lee Y M, Park H B, Suh I Y. Gas Separation Properties of Membranes Derive from Polyimide-siloxanes. Polymeric Materiales:Science & Engineering, 2001, 84:293~294.

[99] Hsiue G H, Chen J K, Kiu Y L. Synthesis and Characterization of Nanocomposite of Polyimide-silica Hybrid Film Nonaqueous Solgel Processs. JAppl Polym Sci, 2000, 76 (11):1609.

[100] Tsai Mei-Hui, Whang Wha-tzong. Low-dielectric Polyimide/Poly (silsisquioxane)-like Nano-composites Material. Polymer, 2001, 42:4197~4207.

[101] 张玮, 田明, 耿海萍, 等. 笼状硅氧烷低聚物/聚合物复合材料的研究. 合成橡胶工业, 2005-11-15, 28 (6):476-481.

[102] 吕洪舫, 吴波, 杨瑞青, 等. 含硅芳香二酐的合成. 山东大学学报, 1999, 34 (1):74-77.

[103] 杨玉玮, 张爱波, 李明. 有机硅改性有机合成树脂的研究状况. 高分子通报, 2007, (7):50-54.

[104] 邓丰, 白卫斌, 林金火. 有机硅改性腰果酚醛聚合物涂料的制备与性能研究. 福建师范大学学报 (自然科学版). 2008, 24 (6):56-60, 94.

[105] 丁海燕, 孙烈刚, 冯咏梅. 有机硅在皮革化工材料中的应用. 日用化学工业, 2003, 33 (5):317-320.

[106] 张忠楷, 范浩军, 宋威, 等. 耐水洗加脂剂 WRF-1 的合成和应用. 皮革科学与工程, 2004, 14 (1):33-36.

[107] 琚晓晖. 有机硅改性三聚氰胺甲醛树脂的性能. 纤维复合材料. 2006, 1 (1):12-14.

[108] 张招贵, 曹文丽, 晏文红. 有机硅改性萜烯树脂及其应用. 应用化学, 2001, 18 (12):1017-1018.

第 4 章 有机硅树脂的性能

有机硅树脂的基本结构单元（即主链）是由硅-氧链节构成的，侧链则通过硅原子与其他各种有机基团相连，并高度交联的网状结构的聚有机硅氧。因此，有机硅树脂的结构中既含有"有机基团"，又含有"无机结构"，这种特殊的组成和分子结构使它集有机物的特性与无机物的功能于一身，与一般有机树脂相比，具有优良的耐高低温、耐气候老化、电气绝缘、耐臭氧、难燃、无毒无腐蚀、生理惰性、憎水及抗化学试剂等许多独特的性能，有的品种还具有耐油、耐溶剂、耐辐照的性能。有机树脂改性硅树脂由聚硅氧烷和有机聚合物两部分组成，除具有纯硅树脂的特性外，又具有有机树脂所赋予的特性。虽然上述性能与纯硅树脂相比有所减弱，但在固化性、粘接性、抗溶剂性及配伍性等方面却优于硅树脂。而且改性硅树脂的性能还可根据所用硅氯烷、有机聚合物的种类、含量以及改性方法的不同进行调整。与其他高分子材料相比，有机硅产品的最突出性能是优良的耐温特性、介电性、耐候性、生理惰性和低表面张力。

4.1 硅树脂组成与性能的关系

典型的缩合型硅树脂，多由 $MeSiX_3$、Me_2SiX_2、$MePhSiX_2$、$PhSiX_3$、Ph_2SiX_2 及 SiX_4（X 为 Cl、OMe、OEt）水解缩合及稠化而得。其中三官能单体或四官能单体是不可缺少的组分。但是，适当的 R/Si 及苯基含量却要树脂的用途决定，亦即需要依性能及用途确定单体及其搭配。不同单体（即链节）对硅树脂最终产品性能的影响示于表 4-1。

从表 4-1 可以看出，$MeSiO_{1.5}$ 链节赋予硅树脂硬、脆、快速固化等特性；Me_2SiO 链节赋予硅树脂柔软、可弯曲等特性；$PhSiO_{1.5}$ 赋予硅树脂硬、固化速率适中等特性；Ph_2SiO 赋予硅树脂韧性、固化慢等特性。为不同性能的甲基苯基硅树脂的分子设计提供了依据。

甲基苯基硅树脂的性能主要取决于硅原子上所连的有机基数与硅原子个数的比（R/Si，R=Me 和 Ph）以及甲基与苯基的比（Me/Ph），是控制硅树

■表 4-1　不同单体对硅树脂最终产品性能的影响

性能	SiCl₄	CH₃SiCl₃	C₆H₅SiCl₃	(CH₃)₂SiCl₂	(C₆H₅)₂SiCl₂	CH₃(C₆H₅)SiCl₂
硬度	增加	增加	增加	下降	下降	下降
脆性	增加	增加	显著增加	下降	下降	下降
刚性	增加	增加	增加	下降	下降	下降
韧性	增加	增加	增加	下降	下降	下降
固化速率	更快	更快	略快	较慢	更慢	较慢
黏性	增加	下降	略下降	增加	增加	增加

脂质量的主要指标之一，有机硅树脂的干燥性、漆膜硬度、柔软性、热失重及耐热开裂性等均与 R/Si 有关。一般考虑甲基苯基硅树脂选择性地由 MeSiO₁.₅、Me₂SiO、MePhSiO、PhSiO₁.₅、Ph₂SiO 等链节构成，当 R/Si=1 时，则代表平均每个硅原子上只连接着一个有机基团，它是由三官能的有机硅单体水解缩合反应而成（即由 MeSiO₁.₅ 链节构成）；R/Si=2 则表示平均每个硅原子连接着两个有机基团，它是由二官能团的有机硅单体水解缩合反应而成（即由 R₂SiO 链节构成），为线型聚硅氧烷；R/Si 介于 1~2 之间者，则由三官能与二官能有机硅单体共水解缩合反应而成的两种混合链节构成。线型硅油的 R/Si 略大于 2；硅橡胶的 R/Si 接近于 2；而硅树脂的 R/Si 小于 2，并多在 1.0~1.7 之间。R/Si 值愈小，硅树脂的干燥性就愈好（能在较低温度下固化），热失重愈小，漆膜坚硬，但柔软性降低，漆膜变脆；R/Si 值愈大，硅树脂的固化就需要在 200~250℃的高温下长时间烘烤，漆膜硬度差，但热弹性要比前者好很多。R/Si 比对硅树脂性能的影响及各类硅树脂产品适宜的 R/Si 比值范围见表 4-2。

■表 4-2　R/Si 比对硅树脂性能的影响及各类硅树脂产品适宜的 R/Si 比值范围

性能和产品	R/Si 比值								
	1.0	1.1	1.2	1.3	1.4	1.5	1.6	1.7	1.8
性能									
干燥性	快 ←								→ 慢
硬度	硬 ←								→ 软
柔软性	差 ←								→ 良
热失重	少 ←								→ 多
热开裂性	差 ←				良				→ 稍差
产品									
层压板用		———	———	———					
云母粘接用		———	———	———	———				
线圈浸渍用						———	———	———	
漆布用					———	———	———	———	

此外，硅树脂中硅原子上的有机基 R 的种类、有机基团中甲基与苯基基团的比例对硅树脂性能也有很大的影响，不同的有机基将赋予硅树脂不同的性能：

当有机基为甲基时，可赋予硅树脂热稳定性、脱模性、憎水性、耐电弧性；

当有机基为苯基时，赋予硅树脂氧化稳定性，它在一定范围内可破坏高聚物的结晶性；有机基团中苯基含量越低，生成的漆膜越软，缩合越快；苯基含量越高，生成的漆膜越硬，越具有热塑性。苯基含量在 20%～60% 之间，漆膜的抗弯曲性和耐热性最好。此外，引入苯基可以改进硅树脂与颜料的配伍性，也可改进硅树脂与其他有机硅树脂的配伍性以及硅树脂对各种基材的黏附力。可以根据对产品性能的需要，制备硅树脂时引入不同的有机基和不同数量的有机基。

当有机基为乙烯基时，可改善硅树脂的固化特性，并赋予偶联性；

当有机基为四氧苯基时，可改善聚合物的润滑性；

有机基为苯乙基时，可改善硅树脂与有机物的共混性；

当有机基为氨丙基时，可改进聚合物的水溶性，同时赋予偶联性；

当有机基为戊基时，可提高硅树脂的憎水性。

典型的硅树脂所带的有机基团主要为甲基及苯基，有机基团中甲基与苯基基团的比例对硅树脂性能也有较大的影响。有机基团中苯基含量［即 Ph/(Me+Ph)］越低，缩合反应越快，生成的漆膜越软；苯基含量越高，生成的漆膜越硬，热塑性也越大；苯基含量在 20%～60% 之间，漆膜的抗弯曲性和耐热性最好。苯基含量（树脂中苯基个数占甲基和苯基个数之和的百分数）对硅树脂性能的影响见表 4-3。此外，引入苯基可以改进硅树脂与颜料的配伍性，也可改进硅树脂与其他有机硅树脂的配伍性以及硅树脂对各种基材的粘接性。

■表 4-3　苯基含量对硅树脂性能的影响

性能	苯基含量/%					
	0	20	40	60	80	100
缩合速度	快 ←――――――――――――――――→ 慢					
薄膜硬度	硬 ←―――――――――――――→ 软					
固化性能	热固性 ←―――――――――――→ 热塑性					
耐热性			←― 优良 ―→			

因此，在制造各种不同用途和性能的硅树脂时，首先必须考虑选择何种单体、在硅原子上引入不同的有机基以及如何决定它们的配合比。

用 $MeSiCl_3$、Me_2SiCl_2、$PhSiCl_3$、Ph_2SiCl_2 等四种基本单体为原料，即以二官能与三官能有机硅单体经共水解缩聚反应，是制备热固性甲基苯基硅树脂的最常用的方法。在缩合反应过程中存在着两种方式：即分子间缩合和分子内缩合。只有分子间的缩合才能增长摩尔质量。在硅树脂制造工艺中，控制摩尔质量的关键是分子间与分子内缩合反应的比例，抑制分子内环化反应是重要因素。

影响硅树脂摩尔质量的因素主要有四个：

① 反应温度升高，树脂中羟基含量降低，对环化反应无影响。

② 酸浓度增加，羟基浓度降低，环化趋势增大。

③ 溶剂量增大，对羟基含量无影响，但环化趋势增大，可制得低摩尔质量的硅树脂。

④ 醇是一种水溶性溶剂，对羟基含量影响小，但对环化作用明显增加两相混合，有利于非水相中的环化反应。因此，可通过醇的加入量，作为控制摩尔质量大小的手段。

4.2 耐热性、耐寒性

4.2.1 分子结构特点决定硅树脂高耐热性

硅树脂是热固性树脂，在高温下热氧化作用时，仅仅发生侧链有机基的断裂，分解而逸出其氧化物，而主链的硅氧键很少破坏，则最终生成$\mathrm{\vdash O-Si-O\dashv}$形式之聚合物，所以有较高的热稳定性，其主要原因是：

① 由于硅树脂的大分子链由—Si—O—Si—键构成，而Si—O硅氧键有较高键能（373kJ/mol），故具有优异的热氧化稳定性和耐热性很好，耐热性远优于一般有机树脂，即Si—O键的共价键能比普通有机高聚物中C—C键的共价键能大。

② 但有机硅由于硅原子上连接着有机基团，其热稳定性比石英等无机物要差。在Si—O键中硅原子和氧原子的相对电负性的差数大（见表4-4），因之Si—O键极性大，有50%离子化倾向，对Si原子上连接的烃基有偶极感应影响，提高了所连烃基对氧化作用的稳定性，比普通有机高聚物上这种相同基团的稳定性要高得多；也就是说：Si—O—Si链对所连烃基基团的氧化，能起到屏蔽作用。

■表4-4　几种元素的电负性和离子特征及Si—X（X代表C、H、…、I）离子键能

元素	电负性	Si—X 键	离子化特征/%	离子键能量/(kJ/mol)
Si	1.8			
C	2.5	Si—C	12	935.5
H	2.1	Si—H	2	1048.4
N	3.0	Si—N	30	
O	3.5	Si—O	50	1017.3
S	2.5	Si—S	12	808.7
P	4.0	Si—P	70	993.9
Cl	3.0	Si—Cl	30	796.7
Br	2.8	Si—Br	22	749.4
I	2.4	Si—I	8	700.9

③ 在有机硅高聚物中硅原子和氧原子形成d-pπ键，增加了高聚物的稳定性及其键能，也增加了其热稳定性。

④ 普通有机高聚物的C—C主链受热氧化，很易断裂成低分子结构；而有机硅高聚物中硅原子上连接的烃基受热氧化后，生成的是高度交联的更

加稳定的 Si—O—Si 键，能防止其主链的断裂降解。

⑤ 在受热氧化时，有机硅高聚物表面生成了富含 Si—O—Si 链的稳定保护层，减轻了对高聚物内部的影响。因此，硅树脂具有高的热分解温度，在 200～250℃下长期使用，不分解、不变色，而其中 Si—O—Si 链在 350℃ 时才开始断裂；常温放置稳定，交联固化后，短时间能耐 350～500℃高温。而一般有机高聚物早已全部裂解，失掉使用性能。因此有机硅高聚物具有特殊的热稳定性。

配合耐热填料后，则能耐更高温度，如硅漆中混入铝粉或玻璃粉后，可耐 500～600℃高温，这时硅树脂分解出来的 SiO_2 与铝粉或玻璃粉烧结为一体，一部分则与金属基体结合成无机质的坚固连续涂层。

4.2.2 有机硅树脂分子中不同侧基对耐热性的影响

在（≡Si—O—Si≡）$_n$ 主链的 Si 原子上连接的侧基不同，键能大小不一样（表 4-5）。不同的取代基、250℃下的半衰期差别较大（表 4-6）。键能高和半衰期长者，抗热性高，在设计有机硅树脂分子结构时要充分考虑这一点。

■表 4-5 烃基-硅键 (R—Si) 的键能

R—Si 键	C—Si 键的共价键能($\times 4.8$kJ/mol)
H_2C—Si	75
H_5C_2—Si	62
n-H_9C_4—Si	53
CH_2=CH—Si	71

此外，由于有机硅高聚物中 Si—O 键极性大，在亲电子试剂或亲核试剂的攻击下，Si—O—Si 键易于断裂：

$$—Si—O—Si— + H^+ \longrightarrow —Si—\overset{\overset{H}{|}}{\underset{}{O^{\oplus}}}—Si— \longrightarrow —Si—OH + {}^{\oplus}Si—$$

$$—Si—O—Si— + OH^- \longrightarrow —Si—\overset{\delta-}{O}—Si— \longrightarrow —Si—OH + O^{\ominus}—Si—$$

故其对化学药品的稳定性相对来说并不太好（不及有机氟高聚物）。其程度受硅原子上所连基团的种类、性质和数量的影响很大，如所连基团为斥电子基团（如甲基、乙基等），则 Si—O—Si 链减弱，Si—C 键增强，在极性试剂攻击下，Si—O—Si 链易于断裂；反之所连基团为吸电子基团（如苯基等），则 Si—O—Si 链增强，Si—C 键减弱，在极性试剂攻击下，Si—C 键易于断裂。

大部分聚硅氧烷上既有甲基也有苯基取代基，两者的比例高低对性能影响很大，如高甲基含量的有机硅树脂交联速度快，储存稳定性差，耐光老化性和低温柔顺性好；而高苯基含量的有机硅树脂高温稳定性好，储存稳定性好，但固化速率慢，高温固化时失重多，光稳定性比较差。如果用较长的烷苯代替甲基，耐热性能下降。根据失重研究（表 4-6），在 250℃苯基有机硅树脂膜的半衰期为 10000h、甲基有机硅树脂膜为 1000h，而丙基有机硅树脂膜仅为 2h。

■表 4-6　主链中 Si 原子上不同取代基对半衰期影响

硅原子上连接的基团	250℃基团被氧取代的半衰期限/h
苯基	>10000
甲基	>1000
乙基	6
丙基	2
丁基	2
戊基	4
癸基	12
十八烷基	26
乙烯基	101

有机硅中与硅直接相连的有机基团，随硅原子上取代基的链长增加，树脂的韧性增大，但热稳定性及硬度降低。由热分解试验，而得各种硅树脂的热稳定性按下列顺序递降：

$C_6H_5 > C_6H_2Cl_3 > C_6H_3Cl_2 > C_6H_4Cl > CH=CH_2 > CH_3 > C_2H_5 > C_3H_7 > C_5H_7 > C_4H_9 > C_6H_{11}$

一般认为，有机硅聚合物热稳定性随与硅原子上连接的有机基团的种类而异，含脂肪族有机基的有机硅聚合物的热稳定性随有机基碳原子数的增加而降低，而含有芳基的比含脂肪族基团的耐热性更好，芳基由于它环状结构，能表现出较高的热稳定性。但有机取代基种类不同其耐热温度也不同，各种有机硅的耐热温度大致为：苯基系有机硅大于 200℃、甲基系有机硅达 200℃、乙基系有机硅 140℃、丙基系有机硅 120℃。

硅树脂的热分解产物取决于硅树脂的原始组成，表 4-7 列出两种不同 R/Si 及 Ph 含量的硅树脂热裂解产物。

■表 4-7　硅树脂的热裂解产物

热解产物	硅树脂 A
	R/Si=1.7, Me/Ph=1.5
气体	H_2, CO, CO_2, CH_4, C_2H_6, $CH_2=CH_2$, Me_2SiH_2
液体	C_6H_6, MePh, $(Me_2SiO)_2$, $(Me_2SiO)_3$ (Ph_2SiO)
固体	C, Ph—Ph, $(Me_2SiO)_3$, $(Me_2SiO)_2$ (Ph_2SiO)
热解产物	硅树脂 B
	R/Si=1.2, Me/Ph=1.0
气体	H_2, CO, CO_2, CH_4, C_2H_6, $CH_2=CH_2$
液体	C_2H_6, MePh, $(Me_2SiO)_4$
固体	C, Ph—Ph, $(Me_2SiO)_3$

硅树脂绝缘漆的热老化寿命还常使用弯曲考核法来评价，即在薄铜片上涂上一层厚度为 0.08～0.10mm 的绝缘漆，在既定温度下老化一定时间后，在直径为 3mm 的圆棒上进行弯曲考核，直至漆层龟裂为止，图 4-1 为几种绝缘漆的热老化性能对比。

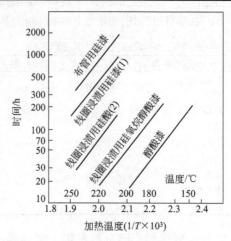

■ 图 4-1　加热温度及抗弯曲性（通过 ϕ3mm 圆棒）

线圈浸渍用硅漆的性能，在 250℃×1008h 条件下变化不大，适用作 H 级（耐 180℃ 高温）电机电器的绝缘材料。表 4-8 列出了线圈浸渍用硅漆的耐热老化电性能。

■表 4-8　线圈浸渍用硅树脂的耐热老化电性能

电性能		250℃ 下加热时间/h					
		1	72	168	336	504	1005
介电强度（kV/0.1mm）	常态	8.94	8.25	8.39	7.85	8.16	7.25
	浸水 2h	8.25	8.21	8.16	7.45	7.71	8.23
体积电阻率/Ω·cm	常态	4.4×10^{16}	4.4×10^{16}	4.4×10^{16}	4.3×10^{16}	4.3×10^{16}	3.9×10^{16}
	浸水 24h 后	4.0×10^{16}	4.0×10^{16}	4.0×10^{16}	4.0×10^{16}	4.0×10^{16}	4.8×10^{16}

4.2.3　与其他有机树脂耐热性比较

有机硅树脂的耐热性大大优于一般的有机聚合物，可采用热重法，测定其耐热性能比较见表 4-9。

■表 4-9　各种聚合物热氧化破坏性能

聚合物	在不同温度下 24h 的失重/%				
	250℃	300℃	350℃	400℃	450℃
聚二甲基苯基硅氧烷	7.2	12	32.8	36	44.7
聚二乙基苯基硅氧烷	8.3		30.2	38	
聚酰胺	55.5		94.3		
环氧树脂	22.7		93.1		
聚苯乙烯	65				
醇酸树脂	93.4				

改性硅树脂的耐热性要比纯硅树脂差,但比有机树脂好,一般介于硅树脂与相应的有机树脂之间。如:有机硅树脂和有机硅改性醇酸树脂、醇酸树脂的耐热性比较如图 4-2。

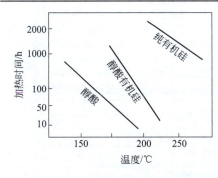
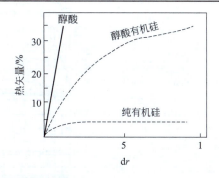

图 4-2 有机硅树脂和醇酸树脂的耐热性比较

有机硅涂料高温使用后仍有好的保光性,如白色有机硅涂料在 200℃,100h 失重率为 10%,而氨基醇酸失重则为 65% 左右。

硅树脂耐热性也可用测定硅树脂漆膜的热弹性、抗泛黄性及光泽保持率等方法来说明。例如:

1—纯甲基苯基硅树脂;2—硅氧烷(75%)聚酯共聚物;3—硅氧烷(50%)聚酯共聚物;4—醇酸树脂;5—环氧树脂(颜料为 TiO_2,颜基比为 1:2)。

对比上述 5 种树脂的热弹性、抗泛黄性及光泽保持率,结果分别示于图 4-3～图 4-5。

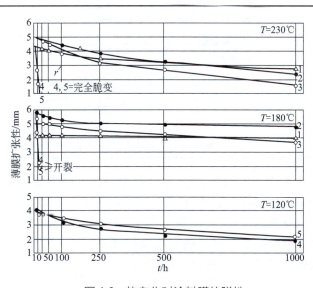

图 4-3 热老化时涂料膜的弹性

4.2 耐热性、耐寒性

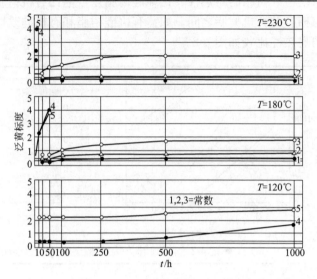

■ 图 4-4 热老化时涂料膜的泛黄性

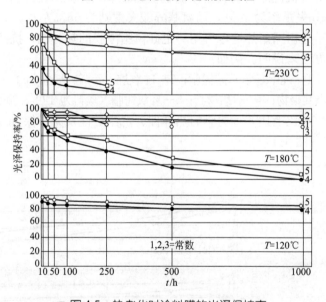

■ 图 4-5 热老化时涂料膜的光泽保持率

从图 4-3 中可以可见，醇酸树脂及环氧树脂在 120℃下能保持弹性，不开裂。但在 180℃及 230℃条件下，仅数小时漆膜便开裂变脆，表明这类树脂的耐热性差。在 180℃热老化 1000h，硅氧烷（75%）聚酯共聚物的弹性变化比纯甲基苯基硅树脂和硅氧烷（50%）聚酯共聚物小。但在 230℃时，则以纯甲基苯基硅树脂的弹性变化最小。

由图 4-3 至图 4-5 可见，上述 5 种树脂的热弹性、抗泛黄性及光泽度保持率按下列序递降：纯甲基苯基硅树脂＞硅氧烷聚酯共聚物＞有机树脂。

上述5种树脂在不同温度下考核其使用寿命，则得到如图4-6所示结果。

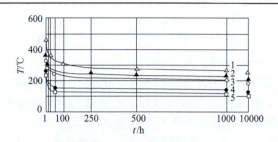

■ 图4-6　各种涂料膜的耐热性

所有树脂漆膜在高温下长时间加热时，都会导致残余活性基团（如—OH等）的进一步结合及有机基的裂解，使涂膜变硬、龟裂，并从基材表面上剥离下来而丧失应有的保护性能。

改性硅树脂的耐热性介于硅树脂与有机树脂之间，并随改性树脂中硅氧烷含量增加而提高，也随有机树脂种类不同而变化。一般改性树脂清漆可在150℃左右较长时间使用。在此温度下，漆膜保持完好，且水分解变色。其中某些聚酯及环氧改性硅树脂，具有更高的耐热性，甚至可在200～250℃下长时间使用，也很少变色及龟裂。再以醇酸改性硅树脂为例，在不同温度下的热失重变化，若和硅树脂及醇酸树脂相比，则如图4-7所示（漆膜厚度均为0.1mm）。

醇酸改性硅树脂漆膜的光泽保持率（参见图4-5），同样介于硅树脂与醇酸树脂之间，且随硅氧烷含量增加而提高。

醇酸改性硅树脂的耐热性与所用醇酸树脂的种类有关。图4-8为不同醇酸树脂对改性硅树脂耐热性的影响。

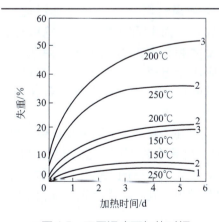

■图4-7　不同温度下加热时间
与漆膜失重的关系
1—硅树脂；2—醇酸改性树脂；3—醇酸树脂

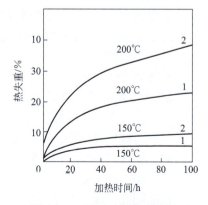

■图4-8　不同醇酸树脂对改性硅
树脂耐热性的影响
1—对苯二甲酸型醇酸树脂改性硅树脂；
2—邻苯二甲酸型醇酸树脂改性硅树脂

改性硅树脂中混入耐热填料（颜料）后，可进一步提高其使用温度。例如，混入铝粉的醇酸改性硅树脂，使用温度可由150℃提高至450℃。

另外，硅树脂涂层的抗霉菌侵蚀性能也是不错的。硅树脂如同硅油（凝固点-50～-80℃）、硅橡胶（在-60℃还有弹性）一样具有优良的耐寒性，当然也与其组成及结构等因素有关。由于有机硅分子间的吸引力较弱，就使它们有良好的低温性能，而与主链相连之有机基团的种类也影响其耐寒性，如在聚甲基硅氧烷中引入苯基或乙烯基则耐寒性更可提高。

一般说，在-50℃下使用问题不大，硅树脂兼具耐高、低温特性，并可经受-50～150℃的冷热反复冲击，这是其他有机树脂所难于比拟的。

在工业中，户外高温下用的钢铁制件需用耐热涂料，这类涂料除了耐热外还要经受高温大气作用。采用加入锌粉的如有机硅清漆（KO-829）作底漆和面漆，试板耐热500℃下耐热达1000h，而耐热16h后耐潮6个月仍基本完好，而没有锌粉底漆的试板则全部表面产生锈蚀，说明了有机硅锌粉底漆具有防腐作用。

4.3 电性能（电绝缘性）

硅树脂另一突出的性能是其优异的电绝缘性能。在常态下硅树脂漆膜的电气性能与电气性能优良的有机树脂相近，但在高温及潮湿状态下，前者的电气性能则远优于后者。由于硅树脂大分子主链的外面具有一层非极性的有机基团，以及大分子链具有分子对称性，所以具有优良的电绝缘性能，其介电常数及介质损耗角正切值在宽广的温度范围及频率范围内变化很小，其电击穿强度达 $90\sim98kV/mm^2$，它完全可以满足H级缘材料要求，是优秀电子电绝缘材料之一。其介电损耗、耐电压、耐电弧、耐电晕、体积电阻系数和表面电阻系数等均在绝缘材料中名列前茅，而且它们的电气性能受温度和频率的影响很小。因此，它们是一种稳定的电绝缘材料，被广泛应用于电子、电气工业上。有机硅除了具有优良的耐热性外，还具有优异的拒水性，这是电气设备在湿态条件下使用具有高可靠性的保障。

硅树脂不仅绝缘电阻高，而且在在击穿强度与耐高压电弧、电火花方面表现出极优异的性能，与通常的有机聚合物不同，在受电弧及电火花作用时，树脂即使裂解除去有机基因，但表面剩下的二氧化硅同样具有良好的介电性能。而一般有机聚合物在电弧及电火花作用下常发生碳化，致使电绝缘性能剧烈下降，甚至完全丧失。

为研究有机硅树脂的介质损耗角正切、介电常数和电阻率等，W. Noll等人曾将甲基苯基硅树脂涂在2mm直径的钢丝上加热固化后，用银覆盖作为第二个电极，然后从室温到近300℃下，测量了它的电气性能。

从介电常数与温度的函数关系图 4-9 中也可看出，纯有机硅绝缘漆与有机漆相比，有机漆的介电常数随温度的增高而迅速上升，而有机硅的介电常数不仅比有机树脂小，而且随温度上升而下降，特别是当温度高于 100℃ 时更明显。由于电介质中的损耗是与介电常数成比例的，硅树脂的这一特性无疑将其用作高压绝缘时就具有特别重要的意义。

图 4-10 及图 4-11 分别为几种绝缘漆在不同温度下体积电阻率及介电强度的变化情况。

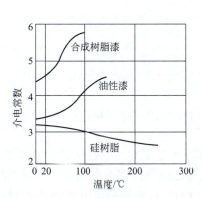

■图 4-9 在 800r/s/50V 下甲基苯基硅树脂及某些有机树脂的介电常数与温度的关系

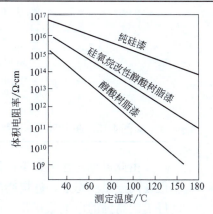

■图 4-10 体积电阻率与测定温度的关系

从图 4-12 中可以看出，硅树脂在室温下的介质损耗角正切约为 2×10^{-3}，比一般有机树脂要小得多。不仅如此，它在 200℃ 下仍维持恒定，接近 300℃ 时才缓慢地升高到约 3×10^{-3}。

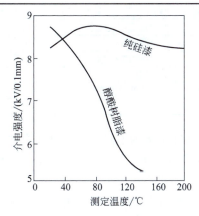

■图 4-11 介电强度与测定温度的关系

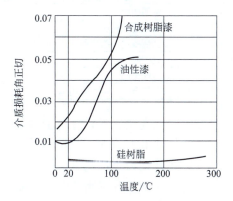

■图 4-12 甲基苯基硅树脂及其他有机漆的介质损耗角正切与温度的关系

图 4-13 是硅树脂的体积电阻率与测定温度的关系，虽然硅树脂的电阻率也因温度升高而降低，但比有机树脂降得慢得多。即使在 200～300℃ 的范围内使用时，硅树脂的电阻率还是相当令人满意的。

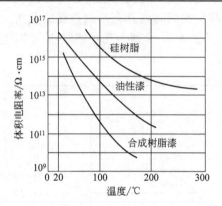

■ 图 4-13 在 1000V 下甲基苯基硅树脂及某些有机树脂的电阻率与温度的关系

由此可见，在常态下硅树脂的电气性能与电性能优良的有机树脂相近，但在高温及潮态下，硅树脂的电气性能则远优于有机树脂。硅树脂是一种较好的耐高温的电绝缘材料。虽在 300℃ 硅树脂的电气性能也不错，但考虑长期使用，实际上一般硅树脂应用温度限度为 200℃。

硅树脂的可炭化成分也较少，其耐电弧及耐电晕性能十分突出。硅树脂的耐电弧性能（180s）是环氧树脂（90s）的两倍，与聚酰亚胺树脂（180s）相当。与纯硅树脂相比，改性硅树脂的电性能略有下降，见表 4-10 列出各种涂料的耐电弧性能。

■表 4-10 涂料的耐电弧性能

涂料名称	耐电弧/s	涂料名称	耐电弧/s
乙烯基树脂	45	对苯二甲酸树脂	120
油溶性酚醛树脂	70	聚酯树脂	120
苯乙烯改性醇酸树脂	90	三聚氰胺树脂	150
环氧树脂	90	硅树脂	180
聚氨酯树脂	100	聚酰亚胺树脂	180
邻苯二甲酸二烯丙基树脂	120		

在室温下，硅树脂和聚酯改性硅树脂的不同涂层厚度的介电强度值（见图 4-14）表明：涂层越薄，介电强度越大，这对于评价电机中有机硅漆的绝缘能力是特别重要的。

改性硅树脂的电气性能取决于有机组分的比例及类型。一般来说，其主要电气性能，如介电强度、体积电阻率及介电损耗角正切等逊于硅树脂，而优于有机树脂。以醇酸改性硅树脂为例，其体积电阻率低于硅树脂，而高于醇酸树脂，其体积电阻率与温度的关系如同硅树脂及醇酸树脂一样，均随温度上升而下降。再如，在同等漆膜厚度条件下，聚酯改性硅树脂的介电强度低于硅树脂，而其涂层厚度与介电强度的关系如图 4-14。

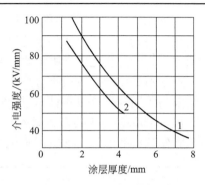

■ 图 4-14　硅树脂涂层厚度与介电常数的关系
1—纯硅树脂；2—聚酯改性硅树脂

从以上各个方面的对比结果可知，硅树脂的电气绝缘性能在 20～300℃ 范围内的变化比有机树脂的小，而各项指标都要好得多，是一种较好的耐高温电绝缘材料。但也需指出，在近 300℃ 下测得的电气特性，并不能断定硅树脂一定能在这样的温度下长期使用，不能忽视长期应力的作用，实际上，一般硅树脂的应用限度为 200℃。

4.4 耐候性

硅树脂具有突出的耐候性，是任何一种有机树脂所望尘莫及的，也是硅树脂主要特点之一。这是由于硅树脂的主链为—Si—O—，无双键存在，因此不易被紫外光和臭氧所分解，并且 Si—O 键的链长大约为 C—C 键的链长的一倍半。链长较长使硅树脂具有比其他高分子材料更好的热稳定性以及耐辐照和耐候能力。硅树脂中自然环境下的使用寿命可达几十年。

甲基硅树脂对紫外光几乎不吸收，苯基硅树脂也仅吸收 280nm 以下的光线，故太阳光（波长多在 300nm 以上）照射对硅树脂影响较小。即使在紫外光强烈照射下，硅树脂也不泛黄，不引起自由基反应，也不易产生氧化反应。如果用耐光颜料和以硅树脂为基料制成的漆，其色彩可保持几年不变。以钛白粉为颜料的硅树脂漆膜，在大气中曝晒两年也不发生粉化现象。当然，为得到良好光泽和清洁表面的硅树脂漆膜，必须使漆膜充分交联。

有机树脂改性硅树脂的耐候性虽不及纯硅树脂，但在有机树脂中适当添加某些类型的硅树脂，便可显著提高其耐候性。改性硅树脂的耐候性随硅氧烷含量的增加而提高。如含有 50% 有机树脂的硅树脂，仍然具有突出的耐候性，醇酸树脂中只要添 10% 的某些硅树脂，就显著增高产品的耐候性。硅树脂涂层的抗霉菌慢蚀性能也不错。

工业上评价树脂的耐候性，主要通过漆膜光泽变化及色变化（色差，ΔE）来说明。漆膜耐候性试验最简单的方法是，将涂布了硅树脂的试片曝露于室外，并观察涂层光泽度或色泽的变化以及龟裂情况等。由于试片在室外接受的日光照射量、气温变化、雨雪风霜的袭击、空气中游离尘埃以及各种化学物质的污染等不尽相同，故很难有严格的标准、使评比及分析比较困难，加之取得结果的周期较长（以年计），因而使用此法者已渐少，现在多用加速老化试验机，求取耐候性数据。图 4-15 为纯硅氧烷涂料与不同硅氧烷含量的醇酸树脂作基料的漆膜在加速试验机中得到耐候性试验结果。

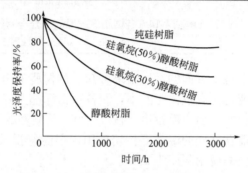

图 4-15　硅氧烷涂料耐候性（加速试验法）

在加速试验条件下，涂层光泽度保持 60%，醇酸树脂涂料为 250h，含 30%（质量分数）硅氧烷的醇酸树脂涂料为 750h，含 50%（质量分数）硅氧烷的醇酸树脂涂料为 2000h，而纯硅氧烷涂料经过 3000h 后，光泽度保持率仍高于 80%。

在众多可引起涂层老化的因素中，太阳光特别是紫外线的照射是引起涂层光泽度降低及表面粉化的主要原因。已知，地球表面太阳光光谱分布的波长域多在 300nm 以上，而绝大多数有机树脂对此波长域的光十分敏感，这是有机树脂耐候性不佳的根源。已知，甲基硅氧烷对紫外光几乎不吸收，含 $PhSiO_{1.5}$ 或 Ph_2SiO 链节的硅氧烷也仅吸收 280nm 以下的光线（包括少量紫外光），故太阳光照射对硅树脂的影响较小，这正是硅树脂涂料耐候性优良的主因。

改性硅树脂的耐候性随硅氧烷含量增加而提高，同时与所用硅氧烷和有机树脂的种类以及改性的方法等有关，如醇酸树脂引入 30% 的有机硅树脂所制备的改性树脂涂料可以常温干燥，户外曝晒性能比醇酸涂料高 2～3 倍。例如，将 Si—C 键连接的丙烯酸改性硅树脂①、Si—OC 键连接的醇酸改性硅树脂②及聚酯改性硅树脂③、醇酸树脂④和环氧树脂⑤进行老化试验（使用 ATLASUVCON 照射）对比，涂膜光泽及色差的变化分别示于图 4-16 及图 4-17。

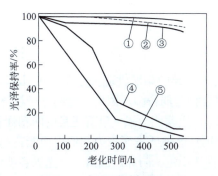

图 4-16 涂膜光泽与老化时间的关系

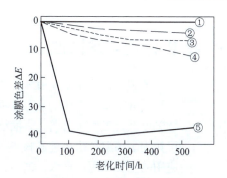

图 4-17 涂膜色差（ΔE）与老化时间的关系

通过对比可见，改性后树脂的光泽保持率及色差明显优于改性前或其他有机树脂，而①的耐候性又优于②、③。改性树脂中，硅氧烷含量对耐候性的影响．以常温固化醇酸改性硅树脂为例，如表 4-11 所示。

■表 4-11 常温固化型醇酸改性硅树脂的耐候性

硅氧烷含量 /%	触干时间 /h	固化时间 /h	硬度（洛氏）7d 后	耐候性	
				起始光泽	光泽降至 30% 的时间 /min
0	1.5	6	23	90	6
5	1.5	6	26	90	7
10	1.5	7	28	89	8
30	1.5	7	30	90	24
50	1.5	24	18	90	24

不同硅氧烷含量的改性聚酯树脂，在加速老化试验条件下的光泽保持率变化示于图 4-18。

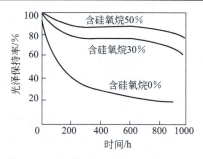

■ 图 4-18 聚酯改性硅树脂的光泽保持率

4.5 相容性与防粘性

有机硅的主链十分柔顺，这种优异的柔顺性起因于基本的几何分子构形。由于其分子间的作用力比烃类化合物要弱得多，因此，比同分子量的烃类化合物黏度低，表面张力弱，表面能小，成膜能力强，具有优良的防粘性和脱模性，可作为耐高温、耐久性脱模剂使用。这种低表面张力和低表面能它获得多方面应用的主要原因：疏水、消泡、泡沫稳定、防黏、润滑、上光等各项优异性能。硅树脂与其他有机材料的相容性差，难以与其他有机树脂相混合。

4.6 机械强度——力学性能

由于有机硅聚合物的分子结构及分子间作用力小，有效交联密度低，因此硅树脂一般的机械强度（弯曲、拉伸、抗冲击、耐擦伤性等）较弱。但作为电绝缘漆、涂料及黏合剂使用的硅树脂，对其力学性能的要求，着重在硬度、柔韧性、热塑性及粘接性等方面。硅树脂薄膜的硬度和柔韧性可以通过改变树脂结构而在很大范围内调整以适应使用的要求。提高硅树脂的交联度（增加三或四官能链节含量），可以得到高硬度和低弹性的漆膜，即交联密度愈大时，可以得到高硬度和低弹性的漆膜；反之，减少交联度，则能获得富于柔韧性的薄膜。在硅原子上引进占有较大空间的取代基也能产生较软和较大弹性的漆膜。因此，在结构相似的情况下，甲基苯基硅树脂的柔性及热塑性优于甲基硅树脂。

苯基引入硅树脂链节中改进其耐热性、弹性以及颜料的配伍性，也能改进它们与有机树脂的相溶性和它们对各种基材的黏附性。含苯基的硅树脂有较大热塑性，因而硅树脂无需使用特殊增塑剂，只需通过调节树脂中苯基与甲基适当的比例，就能得到所需的硬度及其他性能。

在有机硅树脂大分子主链上引进氯代苯基，可以提高力学强度，因为卤素引入后提高了大分子链的极性，增加了分子间的引力。由一般有机硅树脂制成的玻璃钢的主要缺点是层间剪切强度低，若以氯代苯基取代有机硅树脂分子链中的苯基，则由此制成的层压制品的静弯曲强度明显提高。

由一般有机硅树脂制成的玻璃纤维层压板的主要缺点是各层间的粘接强度较差，以及在受热时弯曲强度有较大幅度的下降。若在硅氧主链中引入亚苯基，可以提高刚性与强度，从而提高使用温度。由这种树脂制成的玻璃纤维层压板可长期耐温 350℃，短期耐温可达 480℃。在室温下拉伸强度达 300MPa 左右，在高温下有优良的电性能，可作为长期在 350℃下使用的超高频绝缘材料。

纯硅树脂用作某些涂料时表面硬度太低，热塑性过高，而粘接性不足。表 4-12 就一些有机树脂和有机硅树脂的表面硬度和弹性进行比较。有机改性硅树脂在改进力学性能方面有很好的效果，其力学性能优于纯硅树脂，就能克服这些缺点。表 4-13 为聚酯改性硅树脂与硅树脂漆膜在 18℃ 及 180℃ 下的表面硬度及粘接强度的比较。

■表 4-12　一些有机树脂和有机硅树脂的表面硬度和弹性

树　脂	固化条件	表面硬度①	弹性②
硬甲基硅树脂	没有催化剂，1h/180℃	2B	3.0
软甲基苯基硅树脂	添加 0.2%环烷酸铅和 2%环烷酸锌，1h/230℃	B	6.0
含 75%有机硅改性聚酯	添加 1%环烷酸铅和 1%钛酸丁酯，1h/230℃	2H	5.0
含 50%有机硅改性聚酯	添加 1%环烷酸铅和 1%钛酸丁酯，1h/230℃	2H~3H	3.7
亚麻油/熟油与硬树脂熟炼	在室温干燥 14 天，然后在 60℃干燥 3 天	HB	7.1
含 50%亚麻油的醇酸树脂	在室温干燥 14 天，然后在 60℃干燥 3 天	H	7.0
含约 67%亚麻油的醇酸树脂	在室温干燥 14 天，然后在 60℃干燥 3 天	H	7.0
含 50%增塑剂的氯化橡胶	在室温干燥 14 天，然后在 60℃干燥 3 天	H	7.1
40%椰子油和脲醛树脂的醇酸树脂	30min/140℃	H	6.7
含弹性聚酯组分的聚氨酯	在室温干燥 14 天，然后在 60℃干燥 3 天	H~2H	6.1

①为铅笔硬度；　②为埃里克森的扩张性。

■表 4-13　聚酯改性硅树脂的表面硬度及粘接强度

涂　料	表面硬度(铅笔)		粘接强度/MPa	
	18℃	180℃	18℃	180℃
甲基苯基硅树脂	B	6B	4.0	0.1
含 75%硅氧烷改性聚酯	2H	B	10.0	0.25
含 50%硅氧烷改性聚酯	3H	H~2H	25.0	1.5

表 4-14 列出醇酸改性硅树脂（包括邻苯二甲酸①及对苯二甲酸②）、丙烯酸改性硅树脂、环氧改性硅树脂及聚酯改性硅树脂等漆膜的力学性能的对比。

■表 4-14　改性硅树脂涂料的力学性能

性　能	醇酸改性①	醇酸改性②	丙烯酸改性	环氧改性	聚酯改性
硬度(铅笔)	—	—	H~2H	H~2H	H
洛氏硬度(Sward rocker)	23	64	65	/U	40
弹性(薄板变形)/mm	7	5	—	4.5	>8
粘接性	100/100	100/100	100/100	100/100	100/100
冲击性(Du Pont, 500g, 1.27cm)	30	<30	10~20	30	>30

颜料和催化剂也可影响硅树脂的硬度及弹性。颜料有加速硅树脂漆膜氧化的作用，并使其转化成更硬的硅玻璃。使用低活性催化剂，由于组合反应不完全，只能得到软涂层；反之，使用高活性催化剂（如 Pb、Al 等的化合物），则可获得硬脆的涂层，但是有的催化剂（如钛酸酯）却能在不严重降低弹性的前提下，有效地提高涂层的硬度。表 4-15 为 $Ti(OBu)_4$ 对硅树脂热塑性（硬度）的影响。

■表 4-15 $Ti(OBu)_4$ 对硅树脂热塑性（硬度）的影响

硅树脂类型	$Ti(OBu)_4$ 用量/%	表面硬度(铅笔)	
		20℃下	180℃下
纯甲基苯基硅树脂	0	B	6B
	15	B	3B
	10	HB	2B
硅氧烷 75% 聚酯共聚树脂	0	H~2H	2B
	5	2H	B
	10	2H	HB
硅氧烷 50% 聚酯共聚树脂	0	2H	HB
	5	3H	H
	10	3H~4H	H~2H

粘接性是衡量有机硅树脂机械性能的另一重要指标。硅树脂对铁、铝、银和锡之类金属的粘接性较好，对玻璃和陶瓷也容易粘接。一般说来，不需对这些材料进行预处理，但是基材表面若用机械清洗方法如喷砂处理，则能改进硅树脂对金属特别是对铁的黏附力。硅树脂对铜的黏附力是不能令人满意的，特别是在高温及长时间热老化时，铜表面存在的氧化膜对硅树脂有明显的催化降解作用。

硅树脂对有机材料如塑料、橡胶等的粘接性，主要取决于后者的表面能及与硅树脂的相容性。表面能愈低及相容性愈差的材料越难粘接。通过对基材表面的处理，特别是在硅树脂中引入增黏成分，可在一定程度上提高硅树脂对难粘基材的粘接性。

4.7 耐化学试剂性

含有活性基团（如 OH、OMe、OEt、Vi 及 H 等）的硅树脂预聚物，在加热或催化剂作用下，可与含有活性基团的有机物发生缩合、加成或聚合反应。完全固化的硅树脂，对化学药品具有一定的抵抗能力，但耐某些溶剂欠佳（如四氯化碳、丙酮和甲苯）。由于硅树脂漆膜不含极性取代基，且成为立体网状结构，比之硅油及硅橡胶，具有更少的 Si—C 键（即更多的 Si—O 键），因而硅树脂的耐化学药品性能优于硅油及硅橡胶，但并不比其他有机树脂好。硅树脂漆膜在 25℃ 下，可耐 50% H_2SO、HNO_3 以及浓 HCl 达

100h以上，在一定程度上对氯及稀碱液等有良好抵抗力，但强碱能断裂硅-氧键，使硅树脂漆膜遭到破坏，对一些氧化剂（如O_2、O_3）及某些盐类等也比较稳定。但是，如前所述，由于硅树脂分子间作用力较弱，而且有效交联密度不如有机树脂，固化不十分完全，因而漆膜的耐溶剂性能，特别是抵抗芳烃溶剂的能力较差。如：芳香烃、酯和酮类以及卤代烃等溶剂，几分钟内就可导致漆膜完全破坏。硅树脂漆膜对于石油烃和低级醇具有良好的抵抗力，汽油可引起漆膜软化，但通常是可逆的软化。表4-16定性列出了硅漆漆膜的耐化学试剂性能。

■表4-16 硅漆膜的耐化学试剂性能

化学试剂	抵抗能力	化学试剂	抵抗能力	化学试剂	抵抗能力
醋酸(5%)	良	氨水	差	双氧水(3%)	良
醋酸(浓)	差	氢氧化钠(10%)	良	丙酮	差
盐酸(36%)	尚可	氢氧化钠(50%)	良	氟里昂	尚可
硝酸(10%)	良	碳酸钠(2%)	良	汽油	差
硝酸(浓)	差	食盐水(26%)	良	氯甲烷	差
硫酸(30%)	良	硫酸铜水溶液(50%)	良	四氯化碳	差
硫酸(浓)	差	三氧化铁	良	乙醇	良
磷酸(浓)	良	氯化氢	良	甲苯	差
柠檬酸(浓)	良	二氧化硫	良	矿油	良
硬脂酸	良	硫黄	良	水	良

据报道，有机硅树脂的玻璃纤维层压板可耐浓度（质量）10%～30%的硫酸、10%盐酸、10%～15%的氢氧化钠、2%碳酸钠以及36%的过氧化氢。醇类、脂肪烃和润滑油对它的影响较小，但耐浓硫酸及某些溶剂（如四氯化碳、丙酮和甲苯）的能力较差，醇类、脂肪烃和润滑油对它影响较小。

用有机树脂改性有机硅可以提高耐化学药品性，其耐化学试剂性优于硅树脂，而且取决于有机聚合物的比例及类型。如以丙烯酸、环氧、聚氨酯改性硅树脂加入钛白粉配成的白色涂料具有较好的耐化学药品性。表4-17列出以二氧化铁为颜料的醇酸改性硅树脂、丙烯酸改性硅树脂、环氧改性硅树脂及聚氨酯改性硅树脂涂层的耐化学试剂性能。

■表4-17 改性硅树脂的耐化学试剂性能

化学试剂	耐久性	醇酸改性(邻苯二甲酸型)	醇酸改性(对苯二甲酸型)	丙烯酸改性	环氧改性	聚氨酯改性
10% H_2SO_4 浸渍	h	20	100	>500	>500	>500
10% NaOH 浸渍	h	1	5	170	150	<15
石油醚 浸渍	h	65	>500	>500	>500	>500
5% 食盐水 浸渍	h	48	48	>500	>500	>500
5% 食盐水 喷雾	h	—	—	340	>800	—

4.8 憎水性

硅树脂本身对水的溶解度极小，又难吸收水分，当它和水滴接触时，水珠在其表面只能滚落而不能润湿，故有优异的憎水性，它对水的接触角与石蜡相近（>90°），是很好的防水材料。因此，在潮湿的环境条件下，有机硅树脂玻璃纤维增强复合材料仍能保持其优良的性能。当硅油或硅树脂等涂在其他材料（金属、玻璃、陶瓷、织物）表面上时，由于硅与氧原子的负电性相差较大，硅氧键就具有极性，所以聚有机硅氧烷分子主链上的氧原子即定向于被涂物质的表面，它与被涂物质表面上的某些原子形成配价键或以偶极相互吸引，而牢固地和接触表面连接起来，并使非极性的有机基团朝外排列，形成了一层碳氢基团的表面层，这就阻碍了水分子与 Si—O 极性键接触，具有了强的憎水性：

$$\begin{array}{c}R\quad RR\quad RR\quad RR\quad R\\|\quad\;\;\backslash/\;\;\;\;\backslash/\;\;\;\;\backslash/\;\;\;\;|\\ Si\quad Si\quad Si\quad Si\\ /\;\backslash\;/\;\backslash\;/\;\backslash\;/\;\backslash\\ O\quad O\quad O\quad O\quad O\end{array}$$

当加热时，分子链伸长使它与物体表面的接触点增加，就更牢固而均匀地形成了一层碳氢基团的表面层。后者阻碍了水分子与 Si—O 极性键接触，具有强的憎水性。因此，用有机硅树脂制成的玻璃纤维层压板有很低的吸水性，在潮湿的环境条件下其性能仍能保持。

但是，硅氧烷分子间作用力较弱，间隔也较大，因而透湿性较大，湿气的透过率比有机树脂大，这虽有不利的一面，为了提高其耐潮性有必要与吸湿性小的材料相配合，但反过来赶出吸入的水分也比较容易，从而使电性能等容易恢复。而一般的有机树脂，浸水后电气特性大大降低，吸收的水分也难以除掉，电气特性恢复较慢。几种电绝缘漆的透湿率示于表 4-18。

■表 4-18　几种绝缘漆膜的透湿率

漆的种类	硅树脂漆（布管用）	硅树脂漆（线圈用）	硅氧烷-醇酸漆	油改性酚醛漆	黑色油性漆
透湿率/[g/(cm·h·Pa)]	0.06×10^{-8}	0.07×10^{-8}	0.04×10^{-8}	0.02×10^{-8}	0.008×10^{-8}

基于上述理由，硅树脂漆膜的憎水性应视具体条件而定，一般，硅树脂对冷水的抵抗力较强。例如，固化后的硅树脂漆膜浸入蒸馏水中，可以几年不变；对沸水的抵抗力较弱，并与其组成及结构有关，如硬的、低热塑性和添加颜料的硅树脂漆膜，对沸水的抵抗力较强，反之，软的、热塑性及未加颜料的漆膜在沸水中浸泡 10~20h 后，即有气泡形成；对水蒸气，尤其是高压蒸汽的抵抗力很差，高压蒸汽不仅可以大大降低漆膜对基材的粘接力，而且可以导致硅树脂主链裂解。

4.9 透湿性

改性硅树脂的憎水性及透湿性介于硅树脂与有机树脂之间,即改性硅树脂的憎水性及透湿性小于硅树脂而大于有机树脂。表 4-19 为硅树脂浸渍漆、醇酸改性硅树脂及油改性酚醛漆在 21℃下的透湿性比较。

■表 4-19 几种树脂漆的透湿率比较

漆的种类	硅树脂浸渍漆	醇酸改性硅树脂	油改性酚醛漆
透湿率/[g/(cm·h·Pa)]	70.5×10^{-5}	37.5×10^{-5}	21.0×10^{-5}

4.10 耐辐射性

有机硅涂料有较好的耐辐射性,因此,常用于核工业中。它的耐辐射性能随硅原子上的取代基而异,如含苯基的有机硅比含甲基、乙基的有机硅有更大的耐辐射性能。一般含甲基的有机硅耐 $10^7 \sim 10^8$ rad,含苯基的有机硅耐 10^9 rad。

有机硅树脂无填料时所能承受的照射剂量为 $(2.58 \sim 25.8) \times 10^5$ C/kg;有填料时增加 3 个数量级。带石棉填料的有机硅树脂达到 1MGy 时的破断强度增加 10%,剪切强度减少 5%,硬度和密度均升高 5%。γ 辐照有机硅树脂达到 10MGy 时主要介电参数很少变化。玻璃布浸渍有机硅树脂在吸收剂量达到 8.7MGy 时,其电物理性能和其机械性能无显著变化。有机硅树脂具有优良的耐热性,有的带填料的有机硅树脂在 500~600℃下稳定。有机硅树脂有较好的辐射稳定性,可用作高温下的 β、γ 和中子屏蔽材料,以弥补屏蔽用聚乙烯材料热稳定性不高的缺点;但其含氢量少于聚乙烯,其中子屏蔽效果比后者要差,可用添加硼元素化合物加以改进。

有机硅树脂玻璃钢有较好的耐热性能和中等辐射稳定性,室温(25℃)下辐照(0.83MGy)延续 200h 的强度无显著变化;在 260℃辐照(0.21MGy)延续 50h 其强度比 260℃不辐照的样品的提高 10%;辐照(0.83MGy)延续 200h 强度下降近 30%,主要用作高温绝缘材料、屏蔽材料或复合屏蔽材料粘接剂。

有机硅树脂涂层硬度、耐密性不高,在宰温下辐照(50MGy)硬度和耐磨性有较大提高。

参 考 文 献

[1] 冯圣玉,张洁,李美江,朱庆增. 有机硅高分子及其应用. 北京:化学工业出版社,2004.
[2] 洪啸吟,冯汉保. 涂料化学. 北京:科学出版社,1997.

[3] 童身毅，吴瞽耀．涂料树脂合成与配方原理．武汉：华中理工大学出版社．1990.
[4] 战凤昌，李悦良．专用涂料．北京：化学工业出版社，1988.
[5] 赵玉庭，姚希曾．复合材料基体与界面．上海：华东化工学院出版社，1991.
[6] 上海化工学院玻璃钢教研室．合成树脂．北京：中国建筑工业出版社，1979.
[7] 钱知勉．塑料性能应用（修订版）．上海：上海科学技术文献出版社，1987.
[8] 沙仁礼编著．非金属核工程材料．北京：原子能出版社，1996.
[9] 张云兰，杜万程．非金属材料．北京：中国农业机械出版社，1983.
[10] 邝生鲁．现代精细化工高新技术与产品合成工艺．北京：科学技术文献出版社，1997.
[11] 刘国杰，耿耀宗．涂料应用科学与工艺学．北京：中国轻工业出版社，1994.
[12] 李国莱等．合成树脂及玻璃钢．北京：化学工业出版社．1995.
[13] 日本信越公司．信越硅酮清漆．1987.
[14] 吴森纪编著．有机硅及其应用．北京：科学技术文献出版社，1990.
[15] 黛哲也．日本信越公司专家来华技术报告（成都有机砖研究中心记录整理）．1984.
[16] 石坂三雄．日本ゴム协会志，1973，46 (5)．
[17] W.诺尔．硅珄化学与工艺学．中国科学院兰州化学物理所三室译．北京：科学出版社，1978.

第 5 章　有机硅树脂的应用

硅树脂这一类化合物是属于半无机、半有机结构的高分子化合物，兼具无机材料与有机材料的性能，其介电性能在较大的温度、湿度、频率范围内保持稳定，还具有优异的热氧化稳定性、耐化学品、耐寒性、耐辐射、阻燃性、耐盐雾、防霉菌、耐候性、电绝缘性、憎水性及防粘脱模性等。据此，硅树脂被广泛用作耐高低温绝缘漆（包括清漆、色漆、瓷漆等），如用于浸渍 H 级电机电器线圈，浸渍玻璃布、玻璃丝及石棉布，制成电机绝缘套管及电器绝缘绕丝等；粘接云母粉或碎片，制成高压电机主绝缘用云母板以及云母管及云母异型材料等；粘接玻璃布制成层压板以及电子电器，零部件及整机的防潮、防腐、防盐雾等所用的保护材料；作为特种涂料的基料，用于制取耐热涂料，耐候涂料，耐磨增硬涂料，脱模防粘涂料，耐烧蚀涂料及防水涂料等；作为基料或主要原料用于制耐湿粘接剂及压敏胶黏剂等；作为基础聚合物用于制备耐高、低温、电绝缘的模塑料、电子元器件外壳包封料及海绵状制品等电子电气、轻工纺织、建筑、医疗等行业。下面分类介绍硅树脂的主要用途。

5.1 有机硅绝缘漆

电机电器的体积、质量及使用寿命，很大程度上决定于所用电绝缘材料的性能。一般说，绝缘材料的耐热性愈高及电绝缘性愈强，在同等功率条件下，电机电器的体积可以做得越小，质量越轻（主要节省金属材料）和使用寿命越长。绝缘材料通常由绝缘漆和有机材料（如纸、布、芳族聚酰胺无纺布、聚酰亚胺薄膜及聚酯薄膜等）或无机材料（如玻璃布、石棉布、云母等）配合而成。

绝缘漆应具有良好的介电性能，有较高的绝缘电阻和电气强度；与电机电器使用环境相匹配的耐热性能；良好的机械性能和耐磨性能；良好的导热性和防潮性能；经济、可靠，来源广泛等。绝缘漆是以高分子聚合物为基础，能在一定的条件下固化成绝缘膜或绝缘整体的重要绝缘材料，一般由漆基、溶剂或稀释剂以及辅助材料三部分组成。在直流电机转子、高温马达、干式变压器等电机电器上需要各种各样的电绝缘材料，如绝缘漆、漆布、漆带、漆片、漆管、漆线、层压板等。按使用范围及形态分为：浸渍漆、覆盖漆、黏合漆、硅钢片漆、防电晕漆等。

电绝缘材料分为七个级别，不同的级别有不同的最高允许使用温度，详见表 5-1。

■表 5-1　电绝缘材料的级别及其相应的最高允许使用温度

级　别	Y	A	E	B	F	H	C
最高使用温度/℃	90	105	120	130	155	180	>180

由有机树脂与有机材料配合的电绝缘材料，其最高使用温度为 110℃；由有机树脂与无机材料配合的电绝缘材料，最高使用温度为 130℃；由纯硅树脂（包括硅橡胶及氟材料）与无机材料配合的电绝缘材料，则可在 180℃下长时间使用。若由硅氧烷改性有机树脂（如硅氧烷改性醇酸树脂）出发，则可得到 F 级（155℃）绝缘材料。不同级别的绝缘材料，在不同温度下的使用寿命示于图 5-1。

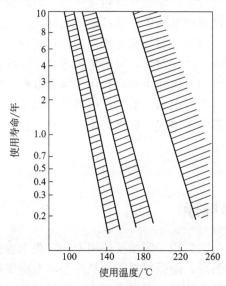

■图 5-1　A、B、H 级绝缘材料的使用寿命

有机硅绝缘材料在电机和电器设备的制造中占有极重要地位。最初的电机及电器设备，由于技术水平的限制，使用的绝缘材料是布、绸、纸以及干性油和松香脂或沥青制成的绝缘涂料。制成的设备庞大、笨重、容量小、功率低；随着科学技术的发展，各行各业对于各种电气设备提出新的要求，要耐高压、高频、高温、并能在各种恶劣环境下（如高湿度、各种化学腐蚀介质、辐射等条件下）使用；又要求体积小、质量轻、容量大，功率高、使用

寿命长，能保证安全运转等，这就向绝缘材料的新功能提出挑战。高性能有机硅绝缘材料和漆的研制和生产，可以满足电气工业对耐高温、高绝缘等特殊性能的需求。如用有机硅绝缘材料制成的电机与同样功率的电机相比，质量减轻35%～40%，并且降低了铜、硅钢片等材料的消耗量。

硅树脂绝缘材料具有很好的高温绝缘性，使用温度为180～200℃，可在180℃下长期使用，耐热等级是180℃，属于H级绝缘材料，在某些情况可提高到250～300℃。并且有机硅绝缘漆具有优良的电绝缘性能，介电强度为50kV/mm，体积电阻率为10^{11}～10^{15}Ω·cm，介电常数为3，介电损耗角正切在10^{-3}左右，这些性能在很宽的温度范围内变动不大（-50～250℃），在高、低频率范围内均能使用，同时并具有优异的耐潮湿、防水、耐酸碱、耐辐射、耐臭氧、耐电晕、阻燃、无毒等特性。其电学性能不仅在高温下，而且在低温下都比其他有机涂料好。它的另一个特点是，在高温受到破坏时，一般不会燃烧，残余物为SiO_2，不会形成焦炭而发生导电现象。有机硅可和云母、玻璃丝、玻璃布等耐热绝缘材料配合使用，能满足宇宙飞行器、飞机、电子电器等工业部门对电子元器件使用温度不断提高的要求。

硅树脂绝缘材料通常是有机硅清漆，即是指未加入颜料、填料等其他组分的硅树脂液体，也可以是磁漆，既有高温固化型的，也有低温固化型的。它有二种：一种是仅仅以硅氧烷链为骨架的纯硅漆，另一种是同热固性有机树脂相结合，有机硅改性环氧树脂和有机硅改性聚酯，在骨架上还具有碳链的改性硅漆。虽然纯树脂在高温时不易分解、变色或炭化，但是，与一般的有机树脂相比较，它同金属、塑料、橡胶等基材的粘接性差，通过与有机树脂共聚或部分掺合可改进上述缺点。表5-2示出了改性硅漆的种类及其主要特点。

■表5-2　改性硅树脂清漆主要类型

种　　类	特　　点	信越公司	用　　途
醇酸树脂改性	柔软性好	KR-206	涂料、电绝缘漆
丙烯酸树脂改性	耐候性好	KR-5208	涂料
环氧改性	耐药品性好	ES 1001N	涂料、电绝缘漆
聚酯改性	强度大、耐热	KR-5203	涂料
聚氨酯改性	粘接性好	KR-305	涂料

有机硅绝缘漆的种类很多，包括浸渍漆、黏结云母用的有机硅绝缘漆和用于玻璃布、玻布丝、玻璃布层压板及石棉等浸渍的有机绝缘漆、电子电器保护用硅漆等。浸渍漆中还分为低温干燥漆、无溶剂浸渍漆和有机树脂改性漆等。如在直流电机转子上常用的绝缘材料有：硅漆玻璃布带或硅漆玻璃云母带、硅漆玻璃布云母片、柔性硅漆云母、软质硅漆云母板、玻璃布层压板、硅漆粘接的云母环等；在高温马达上使用的绝缘材料有：硅漆玻璃卷线、硅漆玻璃软线、槽绝缘用硅漆玻璃云母板、相间绝缘用硅漆玻璃布套管、导线用硅漆玻璃布管等；在干式变压器上使用的绝缘材料有：柔性卷线用硅漆云

母、硅漆玻璃云母、铁心绝缘筒用硅漆玻璃布层压板及隔离用层压板、低压层间绝缘用硅漆玻璃布套管、高压线圈用硅漆柔性云母、硅漆玻璃云母及高压-低压卷线间绝缘筒用硅漆玻璃层压板等。

按其在绝缘材料中的用途，有机硅绝缘漆可分为以下几类。

5.1.1 线圈浸渍漆

线圈浸渍漆主要用作 H 级以上电机电气设备、电器、变压器内的线圈、绕组及玻璃丝包线、玻璃布及套管和绝缘零部件浸渍用，以填充其间隙和微孔，浸渍漆加热固化后能在浸漆物表面形成连续平整的漆膜，并使线圈粘结成一个结实的整体，以提高绝缘结构的耐热、绝缘、防潮、导热、介电强度和机械强度等性能，在有机硅绝缘漆中占有很大比例。线圈浸渍漆要求黏度低、渗透力强、固含量高、粘接力强、厚层干燥不易起泡、有适当的弹性与力学强度等。线圈浸渍漆主要是甲基苯基硅树脂，其产品形态有两类。

5.1.1.1 溶剂型浸渍漆

有机硅绝缘漆的主要应用形式之一是 H 级电机及变压器的线圈浸渍漆，为 50％硅树脂溶液（溶剂型），线圈浸渍漆的化学名称为聚甲基苯基硅氧烷，如国产 W30-1（1053）线圈浸渍漆的组成中，R∶Si＝1.5，苯基在有机基中的比例约占 4％。

使用方法：使用硅漆玻璃布，硅漆云母玻璃带及耐热有机薄膜等作绝缘材料的电机电器线圈，组合件或整机，最后还须经硅漆浸渍，并加热固化成坚固密封的 H 级耐热、绝缘、防潮漆膜，方能满足应用要求。准备处理的线圈或浸渍结构复杂的电机电器设备时，为避免起泡，待浸件在浸漆前先于 100～110℃进行干燥以除去所含水分及挥发性物质，并适当控制温升速度。必要时，浸渍漆中还可加入消泡剂。然后在冷却到 50℃左右进行浸漆，此外，由于漆膜的耐溶剂性欠佳，故不宜长时间接触溶剂，二次浸渍时间也不能过长，一般为 2min 左右，充分浸渍到不发生气泡为止取出。处理后悬挂在空气中进行数小时晾干，进而在 100～140℃下加热使溶剂蒸发除去并进行初期聚合，最后在 200～250℃下加热数小时以完成最后聚合，前后共需加热 10～15h。若预缩合不足，则转入高温固化时会导致起泡。在催化剂催化下，于 100～150℃迅速干燥。催化剂可用 Pb、Fe、Co、Zr、Sn、Ti 和 Mn 的可溶性盐以及胺类或季铵碱类。

W30-1 及 GZD-1-53 还可用作整流器、半导体元器件及晶体管芯等的内保护涂料以及仪表电器等的外保护涂料。W30-11 有机硅烘干绝缘漆适用于浸渍在 25～300℃下短期工作的电机、电器线圈，也可用于浸渍长期在 180～300℃运转的电机、电器绕组；W30-13 有机硅烘干绝缘漆用于制造单或双玻璃包的磁线，浸渍长期使用温度在 180℃H 级绝缘的电机、电器绕圈。国内外使用的有机线圈浸渍漆的重要技术性能示于表 5-3。

■表 5-3 线圈浸渍用硅漆主要技术性

产品性能	中国		日本（信越公司）		美国 Dow Coming 公司	
	W30-1(1053)	GZD-1-530	KR285	KB295	DC996	DC997
特点	耐热	低温干燥	耐热	耐热低泡，速干	耐热	低泡
外观	淡黄		淡黄色液体	淡黄色液体	深褐色液体	深褐色液体
溶剂	二甲苯	二甲苯	二甲苯	二甲苯	二甲苯	二甲苯
固含量/%	≥50	≥50	50	52	49	49
黏度(25℃)/mPa·s	30~65 (涂-4杯)	15~35.5 (涂-4杯)	150	180	100~200	110
相对密度(25℃)	1.00~1.02	1.00~1.02	1.01	1.01	1.00~1.02	1.01
干燥条件/h	≤2/200℃	≤2/100℃	1/250℃	1/200℃	3/150℃	2.5/200℃
热失重/(℃·h)/%	≤5 (250×3)	≤4 (250×3)	4(250×72)	4/(250×72)	4(250×3)	4.4 (250×3)
耐热性/℃(h)	≥150[200(CU)]	≥150[200(CU)]	>100(250)	>24(250)	4000(250)	5000(250)
体积电阻率/Ω·cm						
常态	≥10^4	≥10^{14}	10^{16}	10^{16}	$1×10^{14}$	$2×10^{14}$
180℃	≥10^{11}	≥10^{11}	10^{13}	10^{13}	—	—
湿态	≥10^{12}	≥10^{12}	10^{16}	10^{16}	$1×10^{14}$	$1×10^{14}$
介电强度/(kV/0.1mm)						
常态	≥6.5	≥6	8	8	6.4	8.0
180℃	≥3.0	≥3	7	7	—	—
湿态	≥4.0	≥4	7.5~8	7.5~8	4.0	6.0

　　为了克服有机硅浸渍漆的黏附力差、耐溶剂性能差和成本高等缺点，可用有机树脂加以改性。改性硅树脂的制造有两种方法，一种是直接混合法，即将有机硅树脂与一般有机树脂按一定比例加以混合；另一种是用初缩聚的聚有机硅树脂与其他有机树脂互相作用进行共缩聚，以达到化学结合成为新型硅树脂。

　　用于混合用的有机树脂有三聚氰胺、环氧树脂、尿素、醇酸树脂、酚醛树脂、聚酯树脂、聚甲基丙烯酸酯等。在大多数情况下，由于硅树脂与有机树脂的不相溶性，因此，把硅树脂与有机树脂用物理的方法掺合在一起不能达到良好的效果。在绝大多数情况下，是采用两种组分进行化学反应（包括共聚合、共缩合和共加成反应）的方法。通过化学改性，使这些共聚产物兼具硅树脂和有机树脂的良好性质，改善了硅树脂的烘干条件，缩短干燥时间，提高漆膜的表面硬度、黏合力、耐溶剂性以及与颜料和有机树脂的配伍性，使之胜过纯有机硅树脂。用有机树脂改性的硅漆，与纯有机硅漆比较，其热稳定性、耐候性、防水性以及与其他有机材料的不相溶性（表现为脱模作用）都得到改进，而且也降低了成本。

　　目前，用于改性的有机树脂主要有：聚酯树脂、环氧树脂、酚醛树脂、醇酸树脂和聚氨酯树脂、聚碳酸酯、聚醋酸乙烯、丙烯酸等，而采用最多的是聚酯和环氧树脂等改性硅树脂作有机硅线圈浸渍漆，可以改善纯有机硅线圈绝缘漆对基材的黏附力和力学强度，但耐热性降低（约150℃），一般只能作为F级绝缘材料。特种聚酯、环氧改性硅树脂具有优良的电绝缘性，体积电阻率 10^{16} Ω·cm，介电强度 90kV/mm。耐热性好。固化温度低（150℃/3h）。浸渍干燥性好，漆膜均匀致密，防潮性好。可由含羟基或烷氧基的硅烷或硅氧烷与含羟基的低分子量聚酯树脂在醋酸铅催化剂存在下，进行缩合反应来制取。用作H级电机电气设备及变压器线圈浸渍漆。现在国外用于高温线圈上的硅树脂大部分是聚酯改性的共聚物。

聚酯改性有机硅漆是先将二甲基二氯硅烷、苯基三氯硅烷在二甲苯、正丁醇溶剂存在下水解制得硅醇，再用对苯二甲酸二甲酯、三羟基甲基丙烷、乙二醇在醋酸锌催化剂作用下进行酯交换和缩聚反应制得多羟基聚酯，然后将硅醇与聚酯进行共缩聚制得。硅树脂中，R∶Si＝1.44～1.5之间，苯基含量 Ph/(Ph＋Me) 在 33%～40%之间。

聚酯改性有机硅漆除了具有较高的耐热性（180～190℃）和良好的绝缘防潮性能外，还具有固化温度低、干性好、浸渍时气泡少等特点。它适用于浸渍H级电机、电器及变压器线圈。

环氧树脂改性有机硅漆是以 CH_3SiCl_3、$(CH_3)_2SiCl_2$ 和 $C_6H_5SiCl_3$ 在乙醇存在下进行共水解，水解产物保留一部分乙氧基；然后用低分子量的二酚基丙烷型环氧树脂与含有羟基、乙氧基的聚硅氧烷进行缩合制得。以665有机硅环氧树脂为例，其性能如下：

外观：淡黄至黄色均匀液体，允许乳白光，无可见的微粒

固体含量：＞50%

黏度［涂-4杯，(25±1)℃］：≤30s

环氧值（当量/100g）：0.01～0.03

干燥时间：≤4h/140℃

耐热性（200℃，ϕ3mm）：168h 不开裂

热失重（%）：4.15/250℃，10h

击穿强度（常态）：103kV/mm

体积电阻（常态）：$2.95×10^{16}$ Ω·cm

黏结力：21.7kgf/mm²

（注：上面性能指标均系用 KH-550 作固化剂）

环氧树脂改性的有机硅漆固化时必须加入固化剂（主要是胺类化合物），常用固化剂种类、用量及其特性可以大致归纳如下：

固化剂种类	用量	特　性
二乙烯三胺	1%～2%	气干性好，使用寿命室温下2天，耐热性不如KH550和594硼胺
四乙烯五胺	1.1%～2%	
KH-550（γ-氨丙基三乙氧基硅烷）	2%～3%	耐热
594 硼胺	0.7%～1%	耐热和电气性好，使用寿命大于3个月
H-2 固化剂	3%～4%	能提高粘接强度，耐热性较好

665环氧改性有机硅漆主要通过下列三种反应来达到固化的。

① 胺类化合物中氮原子上的活泼氢和树脂上的环氧基产生加成聚合反应，生成三维网状结构的高聚物。这是最重要的反应。

② 胺类化合物具有碱性，它在100℃以上可以引起树脂内聚硅氧烷上残留羟基之间的脱水反应而形成交联。

③ 树脂内含有萘酸锌，它在高温下起着活化聚硅氧烷上残留羟基的作用，引起羟基之间的脱水反应，起着提高交联密度的作用。

环氧树脂改性有机硅漆可用于H级电机、电器及变压器线圈的浸渍漆，耐高温、耐海水的防潮涂料，还可用于层压。

加入有机树脂的硅漆，与纯硅漆相比，虽然会产生加热时变色及失去光泽等缺点，但如果仅着眼于对基材的粘接性则改性硅树脂漆粘接性明显提高。

改性硅树脂的主要用途绝大部分是作为耐热涂料。但是在美国和欧洲，聚酯改性及醇酸树脂改性硅漆具作为耐候室外产的主体材料而大量用于建筑物上，特别是丙烯酸改性有机硅树脂已大量作为建筑外墙的耐候涂料的主体材料。

5.1.1.2 无溶剂浸渍漆

为了减少污染，改善操作条件，国外在20世纪60年代末先后研制成无溶剂H级绝缘有机硅浸渍漆。无溶剂浸渍漆是100%硅树脂液，主要为加成型或过氧化物型硅树脂。含有机过氧化物或铂催化剂在170～200℃加热固化。研究表明，含有乙烯基的硅树脂比不带烯基的硅树脂固化快些，这是因为乙烯基比较容易受过氧化物催化剂的作用。因此，它们能够在较低温度（例如80℃）下固化，并且固化时没有挥发性反应物生成，含乙烯基的硅树脂特别适宜做浸渍漆；而且由于含乙烯基的硅树脂往往具有较低的黏度，因此在许多场合下，它们能无溶剂的使用。故目前所有的无溶剂浸渍漆都含有一定比例的乙烯基团，在过氧化物引发剂的存在下，聚合交联成不熔不溶的漆膜。

无溶剂的加成型硅树脂合成工艺比较复杂，成本也高得多，通常需要合成四个组分即基础树脂、带交链的乙烯基硅氧烷、活性稀释剂（线型乙烯基硅氧烷）、交联剂（含氢硅氧烷）及铂配合物催化剂。基础树脂主要由 $(C_6H_5)_2SiCl_2$，$(C_6H_5)SiCl_3$，$(CH_3)_2SiCl_2$，$(CH_3)(CH_2{=}CH)SiCl_2$，$(CH_3)_3SiCl$ 以及 $(CH_3)SiCl_3$ 或 $(CH_3)Si(OR)_3$ 等单体，按一定配比在甲苯、醋酸丁酯、异丙醇存在下共水解缩合而得到水解物。进而在少量碱催化剂作用，加热缩聚平衡，即得到目的物。活性稀释剂是含乙烯基的低黏度硅氧烷，交联剂为低聚合度的线型或环状甲基硅氧烷。为了提高甲基氢硅氧烷与基础树脂的相容性，常需引入其他链节，如将含氢硅油先与 α-甲基苯乙烯加成制成部分取代的甲基含氢硅油。

美国道康宁公司于1975年研制成改进型无溶剂有机硅浸渍漆，商品牌号为 QR-4-3157，使用时在双组分的体系内按 1∶10（催化剂与树脂比）的比例混入铂催化剂，并于 200℃下加热 6h（或在 175℃下加热 16h）即可固化成不熔不溶的漆膜。不添加铂催化剂的浸渍漆可储存 18 个月，混入铂催化剂后可储存 9 个月。QR-4-3157 的性能如下：

挠曲强度：$386kgf/cm^2$

硬度（邵尔 A）：75～85

抗弯模量：$7000kgf/cm^2$

与铜片的搭接抗剪强度：$35kgf/cm^2$

介电强度（常态）：59kV/mm

体积电阻（常态）：$1.6×10^{15}Ω·cm$

介电常数（常态，60Hz）：2.6（浸水 24h 后不变）

介电损耗角正切（常态，60Hz）：0.003

不饱和聚酯树脂具有一定的耐热性，良好的电绝缘性和物理性能，应用工艺较为成熟，但一般适合于 155℃下使用、且易燃烧等不足。经有机硅树脂改性不饱和聚酯，可弥补不饱和聚酯树脂在性能上的某些不足，从而提高性能、拓展应用。有机硅改性不饱和聚酯可作无溶剂绝缘浸渍漆，如用苯乙烯将有机硅改性不饱和聚酯稀释至 120s（涂-4 杯，23℃测试），加入适量对苯二酚、叔丁基邻苯二酚的高低温阻聚剂和过氧化二异丙苯过氧化物引发剂，胶凝时间为 178s，即得到有机硅改性不饱和聚酯树脂。按照固化工艺（160℃×3h＋180℃×3h＋190℃×2h）进行固化，即得测试样品。

有机硅改性不饱和聚酯浸渍漆与耐热不饱和聚酯型浸渍漆的 TG 曲线可以看出，有机硅改性不饱和聚酯浸渍漆的耐热性能更为稳定，表观分解温度更高，将其作为浸渍漆使用，能使变压器浸漆后具有更高的极限使用温度。

有机硅改性不饱和聚酯无溶剂浸渍漆的电气性能如表 5-4 所示。

■表 5-4　有机硅改性不饱和聚酯无溶剂浸渍漆电气绝缘性能

样品序号	体积电阻率/Ω·m	介电损耗角正切			电气强度/(MV/m)
		常温	155	180	
1	$1.56×10^{12}$	0.23	2.6	3.0	22.1
2	$1.61×10^{12}$	0.22	2.8	3.1	22.4
3	$1.52×10^{12}$	0.22	2.7	3.1	23.0
4	$1.70×10^{12}$	0.24	2.8	3.2	22.2

由表 5-4 检测数据可以看出，有机硅改性不饱和聚酯热交联固化后，电气性能优良。表明有机硅预聚体与不饱和聚酯链段发生了缩合反应，完全不相溶的两相经过缩合反应形成了均相溶液，克服了两者难以相溶的弊端。有机硅改性不饱和聚酯浸渍漆与耐热不饱和聚酯型浸渍漆电气绝缘性能比较如表 5-5 所示。

■表 5-5　有机硅改性不饱和聚酯浸渍漆与耐热不饱和聚酯型浸渍漆的电气绝缘性能比较

项　目		有机硅改性不饱和聚酯浸渍漆	耐热不饱和聚酯型浸渍漆
介电损耗角正切	常温	0.23	0.26
	155℃	2.80	3.30
	180	3.10	4.50
常态电气强度/(MV/m)		22.4	23.2
体积电阻率/Ω·m		1.60×10^{12}	1.12×10^{12}

表 5-5 比较结果可以看出，有机硅改性不饱和聚酯浸渍漆的高低温介质损耗小，体积电阻率高，电气性能优良。由于有机硅本身具有优良的介电性能，此外有机硅预聚体是通过不饱和聚酯链段上的羟基与之反应的，这就使得聚酯中的极性基团的总量相对减少，这也是有机硅改性不饱和聚酯浸渍漆高低温介质损耗小，电性能高的又一因素。

其结果表明，有机硅改性不饱和聚酯浸渍漆固化物具有热性能稳定，表观分解温度为 320℃，高低温电气性能优良。

虽然有机硅浸渍漆都以有机硅树脂为漆基，但有溶剂与无溶剂有机硅浸渍漆体系却存在很大的差异，表 5-6 列出了两者之间的区别。

■表 5-6　有溶剂与无溶剂有机硅浸渍漆的比较

有溶剂体系	无溶剂体系
硅树脂分子量较大，流动性差	硅树脂分子量较小，流动性好
分子结构中一般含有 Si—OH 或 Si—OR 等基团	分子结构中不含有 Si—OH 或 Si—OR 等基团，而是含有 Si—Vi 或 Si—H 基团
以甲苯或二甲苯为溶剂，污染环境	不以任何有机溶剂为介质，绿色环保
缩合反应，固化时有低分子物如水脱出，影响电气性能	加成反应，固化时无低分子物脱出，不影响电气性能
不适合于真空压力浸渍绝缘处理，得不到无气隙整体好的体系	适合于真空压力浸渍绝缘处理，可得到无气隙整体性良好的体系
适用于低端领域线圈浸渍漆，套管浸渍漆	适用于高端领域电机的绝缘浸渍漆，层压板

由于有溶剂有机硅浸渍在固化过程中有溶剂挥发，并且因缩合反应而放出低分子物，有小气隙产生，因此只能多次浸漆，即便是经过这样的特殊处理，得到的漆膜的整体性会受到影响，漆膜的绝缘性能也同样受到影响。因此缩合型有溶剂有机硅浸渍漆只能适用于低端领域的电机，如电压低、工艺要求较低的线圈进行浸渍绝缘处理。而无溶剂有机硅浸渍漆则因其固化机理不同，不含任何有机溶剂，固化过程中无低分子物析出，所以适用于电机的真空压力浸渍绝缘处理，浸渍工艺简化，效率高，一次成型，并得到整体性和绝缘性能优良的绝缘结构。目前这种无溶剂有机硅浸渍漆广泛用作高端领域的电机浸渍绝缘处理，如航空电机和高速铁路牵引电机等的线圈浸渍处理。

5.1.2　云母粘接用绝缘漆

有机硅黏合绝缘漆主要用来黏合各种耐热绝缘材料，如云母片、云母粉、玻璃丝、玻璃布、石棉纤维等层压制品。这类漆要求固化快、粘接力强、机械强度高，不易剥离及耐油、耐潮湿。

粘接云母用的有机硅绝缘漆也是一种聚甲基苯基硅氧烷，其分子式为：

$$(R_1SiO_{1.5})_x(R_2SiO)_y$$

一般以 $(R_1SiO_{1.5})$ 为主，允许有少量的 (R_2SiO)，R 为甲基及苯基。以一定配比的 R_xSiCl_{4-x} 按一般制硅漆的方法水解缩聚制得。

作为粘接用的漆要求比之浸渍漆干燥速度更快，而形成的皮膜就富有可挠性与粘接力。以 MR-30 耐高温有机硅云母粘接剂为例，产品为无色透明，树脂含量为 50%±3%，黏度（20℃）为 15～30mPa·s，凝胶化时间（150℃）为 3～20min，以无水乙醇作溶剂。粘接云母后耐高温达 500℃以上（有机基团分解仍保持粘接性），绝缘性能良好。34-2 有机硅树脂（KMK-218 压塑料）用作耐电弧石棉黏合剂。SAR-8 有机硅树脂 $[(RSiO_{1.5})_x(RSiO)_y]$ 用于阻燃型粉云母黏合剂。

云母是一种非常好的天然电绝缘介质，它在 500～600℃高温下仍能保持其电绝缘性能，耐高温电绝缘的天然云母片[包括硬（白）云母及软（金）云母]在工业上有多种用途。使用硅树脂粘接的云母制品，同样可以制成不受尺寸限制的硬质或软质云母板、带、片或管材，用于高压电机的主绝缘或电热器件的电绝缘材料。硬云母制品有造形用云母板，整流片用云母板，电热器支撑用云母板及柔性云母板等；软制品主要有可缠绕的玻璃云母带及耐火带，带状或软片状制品等。因而必须提供不同组成及 R/Si 的云母粘接剂以满足实用需要。为了保持云母的耐高温与电绝缘特性，需要用耐高温的硅树脂作为绝缘漆。通常用的是低 R/Si 值比的甲基苯基硅树脂，专用制电热云母板。由于它们优异的耐热性（可在 500～700℃下长期使用），由此制得的云母绝缘材料已广泛用作头发吹干机、加热锅、电熨斗、烤面包器中的镍铬电热丝支撑板、高温机器的绝缘防热板及电子灶隔板等。

云母板的制法与玻璃布层压板制法相近。先将催化剂加入云母粘接剂溶液中，并将其喷涂或辊涂到云母纸上，晾干得预浸料，而后依需将几张预浸料叠合至一定厚度，加热加压固化成云母板。催化剂加入量以凝胶化时间符合要求为准。板材中硅树脂用量一般约为云母质量的 7%～10%。表 5-7 列出市售云母粘接绝缘漆的主要技术性能。

■表 5-7 云母粘接绝缘漆的技术性能

条件及性能	中国		日本(信越)	
	MR-3	SER-8	KB220	KR230B
外观	无色透明液体	黄褐色液体	结晶状固体	无色透明液体
溶剂	乙醇	甲苯	—	甲苯，丙醇
固含量/%	50	50	98	50
相对密度(25℃)	—	—	—	1.04
黏度(25℃)/mPa·s	15～30	10～50s(涂-4 杯)	300(150℃)	12
固化剂	使用	使用	使用	使用

W$_{30-4}$有机硅绝缘漆用于浸渍硅橡胶电缆引出用玻璃丝套管及浸渍电机、电器线圈,并可用作粉云母粘接剂。W$_{31-11}$有机硅烘干绝缘漆专供生产耐热器械表面覆盖层,用作 H 级云母粘接剂。国内外生产的粘接云母有机硅绝缘漆的主要牌号见表 5-8。

■表 5-8 粘接云母的有机硅绝缘漆的主要生产牌号

国 别	厂 商	牌 号
美国	道康宁公司	DC-100
	通用电气公司	SR-80
	联碳公司	R-63
日本	信越化学公司	KR220、KR230B、KR-260、KR-261
英国	ICI 公司	R-230
法国	罗纳•普朗克公司	4210、6217、6405
苏联		K-40
中国		940(W33-1)、MR-3、MR-30、SER-8、SAR-9

5.1.3 玻璃布及套管浸渍漆

耐温 H 级电机电气设备需要多种配套的电绝缘材料。玻璃(石棉)布及套管用浸渍漆是硅漆漆膜中最软的一种甲基苯基硅树脂。其中玻璃纤维丝包线、玻璃纤维布、玻璃纤维套管,用有机硅浸渍漆浸渍,制成的玻璃漆布及玻璃布套管,能赋予足够的黏结性、热弹性、耐磨性和耐刮性,广泛用作汽车发动机周围的配线与加热器具的配线绝缘、防潮保护、马达、干式变压器及家用电器中线圈的包扎材料及高温部位,特别是电气配线的绝缘防潮保护罩,它们在高温长时间受热后,会慢慢失去弹性。这类硅漆要求兼有橡胶的柔软性和树脂的难燃性。普通的电机及家用电器所用浸渍漆一般为有溶剂浸渍漆,采用多次浸渍法;而对于干式变压器则采用无溶剂型有机硅浸渍漆。

玻璃布(石棉布等)用浸渍漆由二甲基二氯硅烷、苯基三氯硅烷、二苯基二氯硅烷进行共水解、共缩聚制得。

作为漆布用漆,主要用于浸刷或涂刷玻璃纤维布制成漆布,要求其干燥和温度与处理时的时间大体上与浸渍情况相同,皮膜要耐热并且要有较高的热弹性。

玻璃布(或石棉布)用有机硅绝缘漆制成的玻璃(石棉)漆布具有良好的电性能:介电损耗角正切为 0.001,体积电阻为 $10^{12} \sim 10^{15}$ Ω•cm,绝缘强度为 40~60 kV/mm,适用于高压电机的壳体绝缘以及各种绑扎绝缘材料。

这类硅漆要求兼有橡胶的柔软性和树脂的难燃性,因此使用的玻璃布应先经脱胶及除碱处理,因为碱可促进高温下漆膜老化,使玻璃漆布变硬,而残留的浆料则会引起漆布电性能下降及变色。浸渍时一般使用 20%~25%

（质量分数）浓度的树脂溶液，最好采用多次浸渍法。表 5-9 列出国内外常用玻璃布套管漆的技术性能。

■表 5-9　玻璃布套管漆的主要技术性能

产品性能	中国		日本信越公司		美国道康宁公司	
	W30-2（1152）	W33-5（1153）	KB166	KB2706	DC936	DC994
特征	—	—	自熄	高度柔软		柔软性好
外观	黄棕色液体	黄棕色液体	半透明液体	无色透明液体	淡草黄色液体	浅黄色液体
溶剂	二甲苯，甲苯	二甲苯，甲苯	二甲苯	甲苯	二甲苯，丁醇	二甲苯
固含量/%	≥50	≥50	30	20～30	50	49
黏度(25℃)/mPa·s	27～75（涂-4 杯）	20～55（涂-4 杯）	7000	9000	70～150	80～150
相对密度(25℃)	1.00～1.02	1.00～1.02	0.95	0.90	0.99～1.01	1.00～1.02
干燥条件(h/℃)	≤1.5/200	≤1/200	<3/200	—	<1/150～180	<0.5/210～300
热失重(℃×h)/%	≤3/250×3	≤5/250×3	≤10/250×72	—	—	—
耐热性/h(℃)	≥200(200)	≥300(200)	—	—	3450(250)	9000(250)
体积电阻率/Ω·cm 常态 180℃ 湿态	≥10^{13} ≥10^{11} ≥10^{12}	≥10^{13} ≥10^{11} ≥10^{12}	10^{15}	10^{15}		
介电强度/(kV/0.1mm) 常态 180℃ 湿态	≥7.0 ≥3.5 ≥4.5	≥5.5 ≥3.0 ≥3.5	4.0	4		

玻璃布浸渍漆，过去主要使用硅树脂产品。新近，有的已改用硅橡胶产品，例如 KB-2076 系单组分室温硫化硅橡胶，KB-166 实际上也是硅橡胶产品。

5.1.4 玻璃布层压板用浸渍漆

有机硅玻璃布层压板广泛用作 H 级电机的槽楔绝缘、接线板、仪表板、绝缘板、雷达天线罩、变压器套管、高频及波导工程以及微波炊具的微波挡板，还可作为其他耐热绝缘材料使用。

制取玻璃布层压板主要使用低 R/Si 值（1.0～1.2）的甲基苯基硅树脂作粘接剂。若要制造玻璃布层压板，其制造过程如下：首先将经过脱浆除碱的玻璃布浸渍上一层内含固化剂的硅漆溶液，提出后在循环空气流中自行干燥 30min，在 100℃左右的温度下蒸除溶剂并预固化 5min，冷却得预浸漆的坯布。然后按要求厚度，将数张层叠在一起，置入压机中从170℃逐渐升温到200℃的温度下，以0.5～10MPa压力下（取决于硅漆种类），加压成型1～2h，取出放在加热炉中由100℃逐渐升温至250℃，使完全熟化聚合，得到玻璃布层压板。

由于硅漆浓度、固化剂用量、硅漆涂布量、预干燥程度、预浸布中硅漆的流动性及粘接性等对层压板成品的性能及外观有很大的影响，故生产中需精心调节控制。制取玻璃布层压板使用的硅漆主要有缩合型及加成型两类。使用加成型硅漆，可在较低压力下固化成型，使用缩合型硅漆时，因有水等低分子物产生，固化不易完全，故更适于高压成型，而且得到的制品还需进一步热处理，以提高其机械性能及耐溶剂性能。为了防止后固化过程中发生层间剥离，需先在90～120℃下保持一段时间，而后慢慢升温至250℃处理12～24h或更长时间。表5-10列出国内外常用的玻璃布层压板用硅漆的主要技术性能。

■表5-10 玻璃布层压板用硅漆的技术性能

条件及性能		中国	日本信越公司		美国 Dow Corning 公司	
		W33-2(941)	KRF266	KR621-1	DC2105	DC2106
固化前	外观	黄棕色液体	浅黄色液体	淡黄色液体	浅黄色液体	Garder<1
	固含量/%	≥56	60±2	60±2	60	
	溶剂和稀释剂	甲苯，二甲苯	甲苯，二甲苯	甲苯	甲苯	甲苯酮乙醇氯烃
	黏度(25℃)/mPa·s	—	3～7	75	100mm²/s	23
	相对密度(25℃)	—	1.06	1.06	1.06	1.00
固化	温度/℃		180		175	175
	压力/MPa		9.8		6.9	0.2
	时间/min		60		30	30
层压板	吸水率（浸水24h）/%		—		0.06	0.09
	弯曲强度/MPa		140～310		162.8	248.3
	压缩强度/MPa		140		64.1	79.9
	粘接强度/MPa		—		5.1	6.9
	耐电弧/s		220～350		188	244
	介电强度/(kV/0.1mm)		0.10～0.16		1.55	0.4
	介电常数		—		3.67	4.0
	介电损耗角正切（10^6Hz）		0.001		0.001	0.002
	体积电阻率/Ω·cm				1×10^{16}	4.4×10^{15}

5.1.5 低温或室温固化有机硅漆

通常的纯有机硅浸渍漆一般要求加热至150～250℃、必须长时间（10～15h）才能完全固化，由于固化温度高常常限制了它的使用范围，长时间的烧烤引起有机基团的氧化和 Si—C 键的断裂,这就给浸渍漆的使用带来困难。为了降低有机硅浸渍漆的固化温度,各国相继研制成功低温干燥漆。

低温干燥漆的生产方法是:①在制备树脂时采用 R/Si 小及甲基含量高的有机硅树脂,才能发挥低温干燥的性能,但这样不可避免地降低了涂料的耐热性及弹性;②选择一种固化剂,在 100~150℃ 低温下使 Si—OH 键发生缩聚作用,或使内环发生开环聚合作用,从而达到在 100~150℃ 下较短时间内彻底干燥,而这种催化剂不影响电性能及耐热性。

最重要的催化剂有铅、铁、钴、锆、锡、钛和锰的可溶性盐以及胺类和季胺碱类。钴、锰、铅、锌等金属的环烷酸盐或辛酸盐是常用的催干剂,加入量为 0.1%~0.5%(按金属浓度计)就可达到降低固化温度、缩短固化时间之目的。在这些催干剂中以辛酸锌为好,因为它色浅,对漆膜的耐热性和机械性能影响也较小。

采用二丁基二月桂酸锡或二丁基二乙酸锡,其用量为 0.5%~2%,硅漆漆膜可在室温催化干燥,用带有酰氧基团有机金属化合物作催化剂可以使有机硅涂料在 80℃ 催化干燥,但使用期短,漆膜耐热性和机械性能较差、三乙酰基丙酮铝是比较好的固化剂,其用量为有机硅树脂的 0.5%~0.75%,漆膜可在 80℃ 固化,使用期为 1 个月。干燥后的漆膜热弹性良好、防潮绝缘性能优异。

胺类也能较好地固化有机硅,如四甲基氢氧化胺、苄基二甲胺,用量为 0.1% 时可以使有机硅的固化温度降低到 130~150℃。

以 W31-4 低温干燥漆为例,其性能如下:

不挥发物:50%

干燥时间(110~120℃,加固化剂 A-1):3~4h

耐热性(155℃,ϕ3mm):30~50h

冲击强度:50kgf·cm

漆膜硬度(摆式硬度计):≥0.45

附着力(打圈法):2 级

温度循环试验(-40℃~室温~155℃)≥5 次

介电强度[(20±5)℃]:35~40kV/mm

体积电阻[(20±5)℃]:10^{13}Ω·cm

体积电阻(浸水 72h):10^{12}Ω·cm

介电损耗角正切:0.003

国内研制的金属胺络合物[Ni(en)$_2$(H$_2$O)$_2$]Ac$_2$ 和[Cu(en)$_2$]Ac$_2$ 是有机硅涂料较好的固化剂,用量为固体树脂的 0.5%,可以在 50~100℃ 低温固化,而且不影响漆膜的耐热性和电性能,同时长期贮存不胶化。其性能已赶上国外同类品种。金属胺络合物固化有机硅涂料的性能见表 5-11。

■表 5-11　金属胺络合物固化有机硅涂料的性能

	低温固化有机硅涂料		日本 TSR-104
漆基	W30-1		不详
固化剂	$[Ni(en)_2(H_2O)_2]Ac_2$	$[Cu(en)_2]Ac_2$	不详
固化剂用量（占漆基）/%	0.5	0.5	不详
漆膜干燥条件/h	100℃,5	100℃,5 或 50℃,24	100~105℃,1
冲击性/kgf·cm	50	50	
柔韧性/mm	1	1~3	
耐潮（7 天）	不起泡,不发白	不起泡,不发白	
耐热性(250℃,通过 3mm 弯曲的时间)/h	>800	>1000	>400
击穿电压/（kV/mm）			
常态	84.5	98.4	78
200℃高温	48	68.4	58(180℃)
体积电阻（常态）/Ω·cm	$10^{15~16}$	$10^{15~16}$	
配漆后贮存稳定性	5 个月不胶化	5 个月不胶化	

目前，室温固化有机硅的发展趋向是采用硅氮树脂或硅氮化合物来固化有机硅树脂。国内已采用硅氮化合物配合含羟基的有机硅树脂研制了常温干燥的高温防腐涂料，并获得满意的效果。

国内外低温干燥有机硅浸渍漆的主要商品牌号见表 5-12。

■表 5-12　低温干燥有机硅浸渍漆的商品牌号

国　别	厂　商	牌　号
美国	道康宁公司	DC-901, DC-902, DC-903, DC-904, DC-930
	通用电气公司	SR-220
	联碳公司	XR-322
日本	东芝有机硅公司	TSR-103, 104, 108
	信越化学公司	KR-203, 253, 282
中国		955，低温干燥树脂

5.1.6　绝缘覆盖磁漆-有机硅硅钢片绝缘漆

用于各类电机、电器的线圈、绕组外表面及密封的外壳用为保护层，以提高抗潮湿性、绝缘性、耐化学品腐蚀性、耐电弧性及三防（防霉、防潮、防盐雾）等。硅钢片漆覆盖漆具有耐热、耐油、绝缘、能防止硅钢片叠合体间隙产生涡流等优点，可分为清漆及表面磁漆，有烘干型及常温干型两种。烘干型的性能比较优越，常温干型一般作为电气设备绝缘涂层修补漆。

如配方（质量份）如下：

有机硅树脂甲苯液（65%）	100	铁红	6.5
钛白粉（锐钛型）	13.0	甲苯（无水、无硫）	1.0
催干剂（环烷酸锰、铅液）	4.0		

部分树脂液与铁红、钛白粉颜料研磨至 30μm 以下，兑入全部树脂液，用甲苯调整漆的黏度。催干剂在临用前按量加入，调匀后使用。

可用于工作温度为 180℃或热带潮湿的气候条件下工作的绕组元件的端部、线圈、电枢及电机、电气设备的涂覆或修理。

涂覆于硅钢片表面，具有耐热、耐油、绝缘、能防止硅钢片叠合体间隙中产生涡流等优点。如 W55-11 有机硅烘干硅钢片漆。

用途：适用于电器、电机、变压器等的表面浸渍涂装。

5.1.7 有机硅电器元件用涂料

(1) 电阻、电容器用涂料 用于电阻、电容器等表面，具有耐潮湿、耐热、绝缘、耐温度交变、漆膜机械强度高、附着力好、耐摩擦、绝缘电阻稳定等优点。

有机硅绝缘漆的耐热性及电绝缘性能优良，但耐溶剂性、机械强度及粘接性能较差，一般可以加入少量环氧树脂或耐热聚酯加以改善。若配方工艺条件适当不会影响其耐热性能。

有机硅改性聚酯或环氧树脂漆可作为 F 级绝缘漆使用，长期耐热 155℃。具有高的抗电晕性、耐潮性，对底层附着力好、耐化学药品性好、机械强度也好。耐热性能比未改性的聚酯或环氧树脂有所提高。

如配方（质量份）：

有机硅改性间苯二甲酸醇酸树脂液（50%±1%）	100
镉红	5.0
钛白粉（锐钛型）	10.0

用于 F 级绝缘电器元件表面作耐热、耐潮的绝缘保护涂层。涂膜的机械强度高、耐磨、耐油、附着力好。能经受高低温（-50～150℃）多次温变，漆膜不开裂。如 W_{37-11} 红有机硅烘干电阻漆适用于非绕线电阻及金属零件表面涂覆。

(2) 半导体元件用有机硅高温绝缘保护漆料 本漆具有高的介电性能、纯度高，有害金属含量有一定限制，附着力强、热稳定性好、耐潮湿、保护半导体，适用于高温、高压场所。

(3) 印刷线路板、集成电路、太阳能电池用有机硅绝缘保护涂料 漆膜坚韧、介电性能好、耐候、耐紫外线、防灰尘污染、耐潮、能常温干、光线透过力强，适用于印刷线路板、集成电路及太阳能电池绝缘保护。

(4) 半导体接点涂料 在半导体元器件中，芯片及接点对不纯物、灰尘及水分等极为敏感。需及时使用半导体接点涂料（JCR）钝化及保护，否则将产生偏差及不稳定性。常用接点涂料有两类：即硬性涂料（缩合型硅树脂）和软性涂料（包括缩合型及加成型的单组分与双组分硅橡胶）。由于接点涂料直接涂在半导体芯片表面，故对有害杂质有严格限制。10 年前要求

Na、K 离子含量少于 2×10^{-6}，如今要求 Na、K、Fe、Cu、Pb、Cl 等离子的含量分别少于 1×10^{-6}，而 U、Th 离子含量应小于 0.001×10^{-6}。表5-13 列出美国道康宁公司缩合型硅树脂硬性接点涂料的技术性能。

■表 5-13 硅树脂接点涂料的技术性能

条件及性能		DC-643	DC-648	DC-649
固化前	外观	浅稻草色液体	无色透明	无色透明
	黏度(25℃)/mPa·s	100~150	80~140	100~150
	相对密度(25℃)	0.99~1.02	0.99~1.02	0.99~1.02
	固含量/%	49	49	49
	溶剂(电子级)	甲苯、二甲苯	甲苯、二甲苯	甲苯、二甲苯
	Na含量/$\times10^{-6}$	2	2	2
	K含量/$\times10^{-6}$	2	2	2
	贮存期/月	4	4	4
	固化条件	室温→150℃~200℃→225℃→250℃ 0.5h→2h→15h→4h→8h	室温→150℃~200℃→225℃→250℃ 0.5h→2h→15h→4h→8h	加入催化剂室温→110℃→125℃ 0.5h→0.5h→2h
固化后	介电常数(10^2Hz)	3.30	3.22	3.29
	介电损耗角正切(10^2Hz)	0.014	0.008	0.013
	介电强度/(kV/0.1mm)	9.84	7.09	7.87
	体积电阻率/Ω·cm	3×10^{16}	2.6×10^{16}	2.1×10^{16}

5.1.8 专用有机硅电绝缘涂料

（1）**有机硅防潮绝缘涂料** 有机硅树脂清漆的耐热性、电绝缘性、憎水性及耐潮湿性均好，漆膜的力学性能好、耐磨、耐刮伤，低温干燥型的有机硅树脂清漆，常被用来作为一些有机或无机电气绝缘材料零件表面处理的防潮绝缘涂料。用于塑料、合成纤维、纸及陶瓷、硅酸盐等制品，可以提高这些制品在潮湿环境下的防潮绝缘能力。

例如 W30-1 有机硅绝缘清漆（不挥发分为 50%~55%），按每 100 份（质量）树脂加入 0.3 份锌金属催化剂折算，加入适量的环烷酸锌溶液。搅匀后，加入甲苯，调整清漆不挥发分至 20% 左右。涂刷于陶瓷电容器表面，在室温下自然干燥 0.5~1h，然后在 100℃下烘干 2h。如此处理的陶瓷电容器，在 90% 相对湿度的环境中，其表面电阻降低甚微。

（2）**阻燃型绝缘涂料** 随着电子工业和家用电器的迅速发展，绝缘涂料除具有一般绝缘涂料的特性外，还要求阻燃（或难燃）特性，避免在使用时电器元件起火，发生火灾事故等。阻燃型绝缘涂料对提高产品质量，保证安全可靠和稳定起着相当重要作用。

阻燃型绝缘涂料由基料、阻燃剂、固化剂、颜填料、助剂和溶剂等组成。

有机硅树脂是阻燃型绝缘涂料的重要基料之一，采用改性以克服有机硅树脂的缺点，发挥有机硅树脂的优点。如采用聚氨酯树脂和醇酸树脂改进其物理机械性；用丙烯酸类和乙基纤维降低固化温度；用环氧树脂改进其耐溶剂性、黏结性和耐化学药品性；有时采用铁、钴、锰和锌的辛酸盐或环烷酸盐，降低固化温度。这些改性不影响其阻燃性。

(3) 有机聚硅醚改性 DPP 环氧树脂绝缘漆　由 4 种有机硅单体合成了一种含有甲基、苯基、乙氧基的新型有机聚硅醚改性的 DPP 环氧树脂（双戊二烯苯酚-环氧氯丙烷的缩聚物）是一种棕红色固体，环氧值：0.188～0.256mol/kg，平均分子量：7813。该产品不但黏合力强，收缩性小，稳定性好，而且耐高温，抗氧化等。它适用于作涂料、胶黏剂、层压材料等。特别是在绝缘涂料和耐温防潮涂料中有广泛的用途。

有机聚硅醚改性 DPP 环氧树脂的 T_g、T_i 和 T_{ox} 均提高了约 60℃，耐热性增强了，见表 5-14。

■表 5-14　改性前后的 DPP 环氧树脂 T_g、T_i 和 T_{ox} 对比

树脂	T_g/℃	T_i/℃	T_{ox}/℃
改性前的 DPP 环氧树脂	37.9	241.3	330.3
改性后的 DPP 环氧树脂	100	314.8	389.1

注：T_g 为玻璃化转变温度，T_i 为热分解起始温度，T_{ox} 为热分解峰顶温度。

有机聚硅醚改性 DPP 环氧树脂配制的涂料的性能指标见表 5-15。

■表 5-15　有机聚硅醚改性 DPP 环氧树脂配成的绝缘漆的技术指标

项目	性能
外观	透明
干燥时间 [（100±2）℃]/h	1.5
附着力（划圈法）/级	2
柔韧性/mm	1
冲击强度/kgf·cm	50
击穿强度/(kV/mm)	
常态	90
浸水	55
体积电阻/(Ω/cm)	
常态	3.5×10^{14}
浸水	4.5×10^{12}
耐热性（200℃）/h	≥160

从表 5-15 可知 DPP 环氧树脂经改性后，有机硅改性 DPP 环氧树脂具有较优异的性能，在涂料中，特别在绝缘涂料和耐温防潮涂料中具有广泛的用途。W_{33-15} 有机硅烘干绝缘漆用作柔软 H 级涂布绝缘漆。

5.2 有机硅涂料

硅树脂具有优良的耐热、耐寒、防潮、憎水、耐候等特性，可作为特种涂料（即有机硅涂料）使用，并且在特种涂料工业中占有相当重要的地位。有机硅涂料的品种很多，主要有耐高温涂料、耐候涂料、耐磨增硬涂料、防粘脱模涂料、防潮憎水涂料、耐辐照涂料等。

5.2.1 有机硅耐热涂料

5.2.1.1 有机硅耐热涂料的特性

涂料的耐热性定义尚无定论，说法不一。一般是指在温度200℃以上，涂膜颜色变化小，光泽变化小，涂膜完整，没有碎裂现象，仍能保持适当的物理机械性能和起防护作用的涂料，称为耐热涂料。耐热涂料广泛地应用于高温场所，诸如钢铁烟囱、高温蒸汽管道、热交换器、高温炉、石油裂解设备、高温反应设备、发动机部位及排气管以及军工设备等外表装饰，以防止钢铁等金属在高温下的热氧化腐蚀，确保设备长期使用。随着航空、宇航事业的发展，国民经济的快速发展和人们防腐意识的不断增强，人们对该种涂料的需求也越来越强烈，用量也越来越大。目前耐热涂料种类较多，一般可分为有机耐热涂料和无机耐热涂料两大类。

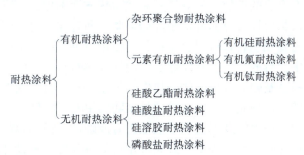

耐热涂料的种类繁多，但是以有机硅耐热涂料和无机耐热涂料最为常用。其中，纯有机硅清漆可耐200～250℃，以有机硅树脂为基料，加入耐热颜料（包括着色颜料及增量颜料、金属粉、耐热填料、玻璃粉、黑色氧化铁粉及氧化铬等）、溶剂、固化剂及添加剂等配制的耐高温涂料，可耐300～700℃，在250～400℃长时间使用，并保持其色彩及光泽。有机硅耐热涂料具有较好的耐热性（一般可使用温度范围为250～400℃）、耐水性、电绝缘性和良好的机械性能，但硬度低，耐燃性较差，价格较高。交联的有机硅树脂在300℃左右开始分解，温度愈高分解愈快（分解快慢和苯基/甲基比有关）。分解的最终产物为二氧化硅，二氧化硅虽然很脆，但仍可以作为耐高

温颜料的黏合剂（成膜物）。无机型耐热涂料耐热温度可达400～1000℃，甚至更高。无机型耐热涂料耐燃性好，硬度高，但漆膜较脆，在未完全固化之前耐水性不好，对底材的处理要求也严格。这几类涂料的特点比较如表5-16。

■表5-16 常用的几种耐热涂料特性

项目	有机硅耐热涂料	硅酸乙酯耐热涂料	硅酸盐耐热涂料	二氧化硅耐热涂料	磷酸盐耐热涂料
干燥条件	常温或烘干	常温	烘干	常温+或烘干	烘干
耐热性/℃	200～1000	400～600	400～1000	400～1000	400～800
耐燃性	有限	不燃	不燃	不燃	不燃
柔韧性	好	不好	不好	不好	不好
硬度	差	好	好	好	好
耐水性	好	好	未完全固化时不好	好	未完全固化时不好
耐溶剂性	差	好	好	好	好
耐磨性	差	好	好	好	好
耐酸性	中等	好	好	好	好
耐碱性	中等	好	差	好	好
污染性	有污染	无毒少污染	无毒少污染	无毒少污染	无毒少污染

扬长避短，相互补充性能，往往采用有机树脂与无机涂料进行匹配或化学改性的无机有机型耐热涂料。用作耐热涂料基料的硅树脂，除纯硅树脂外，有机树脂（如酚醛、环氧、醇酸、聚酯及丙烯酸树脂等）改性的硅树脂也已被广泛应用。有机硅改性的有机树脂的组分中有机硅含量达到50%以上，耐热性也显著提高。因此两者均能广泛用于耐热涂料中，并在耐热涂料中占有重要的地位。一般说后者在耐热方面不如硅树脂，但耐溶剂、耐化学试剂及粘接性等方面都优于纯硅树脂，而且在特定条件下，使用含有机树脂的硅树脂作基料，可以获得更佳的使用效果。应注意改性树脂用的有机硅低聚物中含有的（甲基基团数目/苯基基团数目）甲基/苯基比值。由于苯基基团比甲基基团具有较好的耐热性和较差的物理机械性能，因此在相同有机硅含量的改性树脂中，若有机硅低聚物的甲基/苯基比值增大，则涂膜热塑性、保光性、保色性及耐热润滑油性将有所降低，但涂膜的物理机械性能、耐热至微裂时间将有所提高。故应按用途的特殊要求来设计改性树脂及所用有机硅低聚物组成的配方。

以下是各种有机树脂涂料耐热性能（耐热温度）比较（单位：℃）：

醇酸树脂涂料	105	有机硅改性有机树脂涂料	150～180
环氧树脂涂料	130	有机硅树脂涂料	150～250
对苯二甲酸聚酯涂料	155	有机硅锌粉涂料	400
聚氨酯涂料	130	有机硅铝粉涂料	500
聚丙烯酸酯涂料	130～150	有机硅陶瓷涂料	≥700

有机硅耐高温涂料主要使用在导弹及宇航器等的绝热保护、飞机和汽车的排气管及发动机外壳、加热器具和暖炉的放热部位、石油化工厂、冶金钢

铁厂、发电厂等的高温部位及设备、加热锅炉、反应器、蒸汽阀门、公用及家用锅炉、食品用锅、马达、变压器等以及其他产生高温而有防腐、防氧化要求的部位及场合。

5.2.1.2 耐热涂料用颜料和填料

在配制有机硅耐高温涂料时，要在硅树脂中添加填料（如：云母粉、滑石粉、碳酸钙等）、颜料（如铝粉、锌粉、炭黑等）和催化剂（如锌、钴、镁、铁等的辛酸盐或环烷酸盐）等。颜料和填料的种类对所配制的涂料的耐热性有很大影响。用于耐热涂料配方的颜料和填料，除了一般的性能外还应具有高温稳定性，即在高温长时间作用下不分解，不变色，为此常采用无机颜料和填料。

(1) 白色颜料 主要有钛白、氧化锌、锌钡白、氧化锑。钛白是常用的白色颜料，其热稳定性优良，锐钛型钛白粉耐热性及高温时对底层的附着力优于金红石钛白粉，适于250℃下长期耐热，与有机硅配合可耐350～400℃不变色，600℃变为黄-褐色，到1200～1300℃才变为不可逆的黑褐色。氧化锌耐热性良好，耐热性达250～300℃，与有机硅配合可在370℃长期使用，但遮盖力低于钛白。氧化锑耐光、耐热、粉化性小，主要用于防火涂料。立德粉适于250℃时长期耐热。硫化锌适于200℃时长期耐热。

(2) 黄色颜料 主要有锶黄和镉黄。锶黄（$SrCrO_4$）是有机硅耐热涂料常用的黄色颜料，耐热性好，适用于200℃时长期耐热，对金属有钝化防锈能力，但遮盖力较低，适于作轻金属（镁、铝金属）的耐热底漆颜料。镉黄（CdS）色泽鲜艳，遮盖力好，耐光、耐热，适用于200℃时耐热，加热到700℃稳定。在更高的温度下变为褐色，在980℃变成胭脂红。

(3) 红色颜料 主要有镉红、氧化铁红。镉红（$3CdS \cdot 2CdSe$）色泽鲜红，遮盖力、耐光、耐热均好，适用于250℃时长期耐热。氧化铁红（Fe_2O_3）遮盖力、耐光、耐热性均好，适用于250℃时长期耐热，但颜色不够鲜艳。

(4) 蓝色颜料 主要有钴蓝、群青、酞菁蓝。钴蓝（$CoAl_2O_4$）耐热，适用于500℃时长期耐热，耐光均好，但遮盖力小。群青是含有多硫化钠而且具有特殊结构的硅酸铝蓝色颜料，耐光、耐热，适用于200℃时长期耐热，在250℃以上颜色有所减褪，但遮盖力差。酞菁蓝适用于200℃以下耐热。

(5) 绿色颜料 主要有氧化铬绿、酞菁绿，它耐光、耐热、耐酸碱性好，在有机硅树脂中可耐热至260℃，但质硬难研磨，遮盖力稍差。三氧化二铬适用于250℃时长期耐热。

(6) 黑色颜料 主要有炭黑、石墨、二氧化锰、铬铁黑。炭黑遮盖力强，耐化学药品，故有一定的耐热性。适用于250℃时长期耐热，若高于300℃时颜色减褪，在漆料中较难分散，适用于350℃以下的耐热涂料。石墨系由鳞片状结晶的碳元素组成，黑色并带灰色光泽，质软而滑，耐热性好，适用于300℃以上长期耐热，与其他颜料配合能耐650℃，耐酸性好，常用来配制耐酸耐热涂料。二氧化锰为棕黑色颜料，耐热性好，适用于300℃时长期耐热。铬铁黑是一种由氧化铁、氧化铬、二氧化锰混烧而拼合的颜料，耐热性高，在800℃无变化。它是耐高温涂料中较好的黑色颜料。陶瓷黑遮盖力小，适用于300℃以上长期耐热。低温下亦用氧化铁黑。

(7) **金属颜料** 主要有铝粉、锌粉、不锈钢粉。铝粉是具有银色光泽的粒状或片状金属铝颜料，一般在松香水中成为铝粉浆使用。铝粉耐热性好，遮盖力强，它的熔点约600℃，与有机硅树脂配合的涂料可在540℃长期使用，铝粉渗透到高热的钢铁面生成合金，可保持很久的时间不坏。但它易受碱或无机酸侵蚀、耐化学性差，而且铝粉漆易沉淀，配制过久色变深失去光泽，最好现配现用。锌粉熔点约420℃，在900℃汽化，故耐热性不如铝粉，与有机硅配成的涂料可以在400℃长期使用。锌粉对钢铁表面有电化学保护作用，它常用于钢铁表面的耐热防锈底漆。不锈钢粉一般含铬18%、镍8%，具有高的耐热性，适于300~400℃耐热，对化学腐蚀也较稳定，以它为颜料的有机硅涂料具有较好的耐热防腐性，常与铝粉及其他颜料一起使用。锌粉、铜粉、氧化锌亦可配用，它们能增强有机硅树脂的耐热性，在370~480℃下使用。

(8) **体质填料** 主要有滑石粉、云母粉、石棉粉、重晶石粉、二氧化硅粉、玻璃粉，均适用于300℃以上长期耐热。滑石粉化学成分主要是$3MgO \cdot 4SiO_2 \cdot H_2O$。滑石粉及石棉粉均系纤维状体质颜料，在耐热涂料中可加强涂膜结构间彼此联接，在高温受热时，可以提高涂膜热弹性和抗龟裂性，但量多时高温下易产生失光甚至粉化。据报道：若以滑石粉或石棉粉代替10%颜料量加入磁漆配方中，可以使漆膜耐热至微裂时间提高50%。重晶石粉适用于300℃以下耐热，并能提高涂膜硬度。云母粉化学成分主要是$K_2O \cdot 3Al_2O_3 \cdot 6Si_2 \cdot 2H_2O$，片状，在耐热涂料中能提高漆膜强度，抗粉化性和绝缘性均好。石棉粉化学成分主要是硅酸钙镁的混合盐，一般把石棉在400℃烧灼后经研磨成粉状使用。它热稳定性高，能很高漆膜高温下的抗龟裂性。二氧化硅粉，天然的为石英粉钢，质地坚硬不易研磨。人造二氧化硅粉又称白炭黑，根据生产方法又分沉淀法二氧化硅和气相法二氧化硅二种，前者多用于耐热填料，后者质轻在涂料中作增稠剂和防沉淀剂。玻璃粉以熔点400~700℃的范围较好，它与有机硅涂料配合，当有机硅在高温下分解时，玻璃粉熔化与有机硅及其他颜填料形成搪瓷状涂层，能经受更高的温度。

(9) **防锈颜料** 锶黄、磷酸锌。在配方中避免使用含铅、钙及铬的颜料，必须试验其胶化性，防止引起有机硅的胶化，铅颜料也会降低涂膜耐热寿命，一般，颜料使用量以能满足涂层的遮盖力为原则，体质颜料用量宜少。

(10) **其他** 烘烤用有机硅树脂耐稀的盐酸、硫酸、乙酸及烧碱液的作用，耐候性亦很好。催干剂可使用锌、钴的有机酸盐，不宜用铅。铅焊铁罐亦不宜用来包装有机硅漆。

5.2.1.3 有机硅耐热涂料的组成及配方设计原则

有机硅耐热涂料一般由有机硅树脂和耐热颜料、填料配制而成。所用的颜料大多为金属氧化物，填料大多是硅酸盐型的填料，这些颜填料的加入除对有机硅涂层起到补强的作用外，它们之间在研磨过程中及高温下也会产生一定的化学反应。如云母、石棉、滑石粉、高岭土这样的硅酸填料，它们表面带有少量羟基，能与聚有机硅氧烷的官能基反应，示意如下：

$$\text{硅酸盐表面}-CH+HO-Si-O-Si- \longrightarrow \text{硅酸盐表面}-O-Si-O-Si- +H_2O$$

金属氧化物的存在可以对上述反应起催化接触作用以及在主链中形成金属硅氧烷结构。硅酸盐填料的细度愈高其表面活性愈大。有机硅耐热涂料一般在 400～600℃发生较激烈的热分解，聚有机硅氧烷的侧链有机基及主链被破坏，在有机基及硅氧键断裂的地方形成活性中心进一步与硅酸盐和氧化物相互作用。这种作用不会导致有机硅耐热涂料的破坏，相反还加强了它。从图 5-2 有机硅-硅酸盐-氧化物体系的耐热涂料在加热过程中强度变化可以看出。

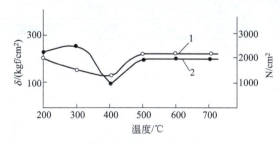

■ 图 5-2 静力弯曲强度 δ 随温度的变化
1—K44-2C（K44 有机硅清漆、云母粉、氧化铬组成）；2—K442A（K44 有机硅清漆、滑石粉、氧化铬组成）

这些热物理-化学反应的结果使聚有机硅氧烷和硅酸盐等无机组分联结了起来，保证了有机硅耐热涂料有优秀的性能。

有机硅耐热涂料的配方主要是根据不同的使用条件来选择有机硅树脂和颜填料。只受高温作用的耐热涂料，一般采用纯有机硅树脂来配制使之具有较高的耐热性。要求耐油、耐磨的高温涂料如航空用耐热涂料多采用环氧改性有机硅树脂。要求电绝缘、防潮的耐热涂料多采用聚酯改性有机硅树脂。在户外的钢铁使用的高温防腐涂料多采用有机硅锌粉底漆，它对钢铁表面有电化学保护作用。铝合金用的耐热涂料多采用锶黄配制的有机硅底漆，因为它对铝合金有钝化防腐作用。采用铅粉为填料的有机硅漆一般可耐热到 500℃。在 500℃以上的耐高温涂料中常加入低熔点玻璃料，耐热性可达 500~800℃。

有机硅树脂和颜填料之间的配比，是根据要求的耐热温度和使用条件不同而不同。要求装饰性的耐热涂料，可采用颜基比为 0.2~0.8。这样的耐热涂料具有光泽，并且在 300℃以下可保持光泽，高于 300℃则易失光和破坏。对于耐热温度较高的耐热涂料（高于 300℃），一般要采用较高的颜基比。如有机硅酸盐耐热涂料采用颜基比≥2，这样的耐热涂料是无光的，但具有优秀的耐热性。含玻璃料的耐热涂料经高温下熔融烧结可以获得像陶瓷一样的涂料。据报道认为含玻璃料的有机硅高温涂料配方中各组分的比例如下：

$$\frac{着色颜料＋填料＋玻璃料}{树脂固体分}=2~4$$

$$\frac{填料＋玻璃料}{着色颜料}=1~4$$

$$\frac{着色颜料＋填料}{玻璃料}=1.2~2$$

5.2.1.4 有机硅耐热涂料品种及应用

(1) 纯有机硅耐热涂料 纯有机硅树脂的清漆只能耐 250~600℃的高温，在此温度下保持相当时间不坏。在 550℃上的温度下，有机硅树脂就逐渐挥发。目前国内生产的一些有机硅树脂及清漆基本组成及用途如表 5-17。

■表 5-17 一些有机硅树脂及清漆的组成及用途

型号	曾用型号	R/Si	Ph/Me	有机树脂改性	主要用途
W30-1	1053	1.50	0.66		H级浸渍漆,耐热漆
W30-2	1052	1.6	0.85		H级浸渍漆
W30-3		1.36	0.61	315聚酯	绝缘漆,耐热漆
W30-4		1.44	0.625		浸渍漆,耐热漆
W31-1		1.5	0.5	315聚酯	配制耐热磁漆
W31-2		1.4	0.59	315聚酯	配制耐热磁漆
W33-5	1153	1.47	0.48		H级浸渍漆
W33-1		1.0	0.885		层压板,层压塑料
W33-2		1.0	0.7		层压板,层压塑料

由表 5-17 可见，W30-1 清漆 R/Si＝1.5，Ph/Me＝0.66，具有较好的耐热性，常用作耐热绝缘漆；W30-2 清漆 R/Si＝1.6 具有较好的弹性及耐热性，常用于耐热绝缘的玻璃布漆；聚酯改性有机硅漆 W30-2、W31-1、W31-2 提高有机硅的强度，常用于耐热绝缘漆和配制耐热油漆；R/Si 小的清漆如 W33-1、W33-2 是硬树脂涂料，具有较强的粘接力，宜作层压材料的粘接剂。

有机硅树脂耐热色漆需在 200~250℃高温固化，适宜在 200~300℃下长期使用，参考配方见表 5-18（质量份）。

■表 5-18 有机硅耐热色漆配方

颜色	白	黑	红	黄	蓝	绿	铁红	锌铬黄底漆
有机硅树有脂液（W30-2，50%）	100	100	100	100	100	100	100	100
锐钛型钛白粉	20	—	—	—	1	—	—	—
炭黑	—	2.5	—	—	—	—	—	—
镉红	—	—	15	—	—	—	—	—
镉黄	—	—	—	15	—	—	—	—
群青	—	—	—	—	15	—	—	—
三氧化二铬	—	—	—	—	—	15	—	—
铁红	—	—	—	—	—	—	15	—
锌铬黄	—	—	—	—	—	—	—	15
滑石粉	—	—	—	—	—	—	—	10
固化条件	200℃ 3h 或 250℃1h							150℃，1～2h
用途	耐热性装饰面漆							增加有机硅面漆附着力用底漆

有机硅锌粉漆及铝粉漆

有机硅锌粉漆能长期耐 400℃，用作底漆对钢铁具有防腐蚀作用。参考配方如下（质量份）：

有机硅树脂液（W30-1，50%）	40	金属锌粉	40
氧化锌	10	石墨粉	5
滑石粉	5		

为防止贮存中产生氢气，颜料部分和漆料部分应分罐包装，临用时调匀使用。漆膜在 200℃×2h 固化。用活性硅藻土作为填料配制的有机硅涂料可耐 700～950℃高温。

灰色耐高温有机硅树脂漆 在 205℃下烘 1～4h 可干，膜硬，耐高热达 550℃。参考配方如下（质量份）：

氧化锌	48	石英粉	14
锌粉	100	801 型 60%有机硅树脂液	40.5
石墨	16.6	溶剂	27.4

有机硅铝粉烘干耐热漆

本品漆膜在 150℃固化，能长期耐 400～500℃高温，在防止钢铁热氧化过程中具有良好的保护作用。若改用 W30-2 有机硅树脂，则漆膜在 200℃固化 3h，能长期耐 500℃，短期耐 600℃。适用于涂覆高温设备的钢铁零件，如发动机外壳、烟囱、排气管、烘箱、火炉等。

配方

50%有机硅树脂（W30-2）　　　　　100kg

65%浮型铝粉浆　　　　　　　　　　32kg

原料介绍

65%浮型铝粉浆：以 50%的 200 号油漆溶剂油将铝粉调成浆状，再加入少量硬脂酸或石蜡而制得。它的遮盖力好，稳定性大，但易于结块，最好是现用现配，或在使用前充分搅拌均匀即用。

50%有机硅树脂 W30-2：指固体含量为 50%、R/Si＝1.6 的有机硅树脂。具有较好的弹性和耐热性，常用于耐热绝缘漆。

制法介绍

把甲组分和乙组分分别包装。

使用前，按配方比例把甲及乙两组分混匀，即可使用。漆膜在 200℃ 3h 固化。能长期耐 500℃，短期可达 600℃。

(2) 改性有机硅耐热涂料 前已叙述，纯有机硅树脂虽然具有好的耐热、耐候、电绝缘性能，但也有不足之处，如机械强度、附着力、耐化学药品性较差，需要高温烘烤固化，价格较高等。为了克服这些缺点，常用醇酸、聚酯、环氧等树脂改性。当然，用适宜的改性硅树脂作为基料。但耐热性会比纯硅树脂低一些。

在醇酸树脂中引入 30% 的有机硅树脂制备的改性聚合物，可以常温干燥。它具有优秀的耐候性，比未改性的醇酸漆使用期高 2～3 倍。可用于建筑、桥梁、船舶等方面。聚酯改性有机硅树脂不仅能提高机械强度、耐水防潮性，而且聚酯含量在 25% 以下时对耐热性影响也较小，因此适宜作耐热绝缘漆。环氧改性有机硅树脂的耐油性、机械强度和附着力都较高，常用作航空耐热涂料和高温涂料。丙烯酸改性有机硅涂料具有较好的耐光、耐候性。聚氨酯改性有机硅涂料可以常温干燥、具有好的耐油性和附着力。因此广泛用作耐油耐热涂料。这些改性有机硅涂料虽然比纯有机硅涂料耐热性差，但作为耐溶剂、耐化学药品性、机械强度优秀的耐热涂料用于高温化工设备、加热器、飞机和汽车发动机外表还是备受欢迎的。

目前常用的有机硅耐热涂料品种见表 5-19。

■表5-19 国内常用的有机硅耐热涂料

牌号	主要组成	颜色	干燥条件	耐热范围	主要用途
W30-4	有机硅树脂	—	低温干	H级绝缘	浸渍电机、电器、线圈之用
W30-11	有机硅树脂、颜料	—	烘干	H级绝缘	电机电器线圈
W30-12	有机硅树脂、颜料	—	烘干	H级绝缘	玻璃丝包线及玻璃布半导体保护层
W30-13	改性有机硅树脂	—	烘干	H级绝缘	电机电器线圈
W30-53	有机硅树脂、颜料	粉红	烘干或常温干 H级绝缘	H级绝缘	电机线圈端部、绕阻分段电阻及其他零件涂覆
W31-11	聚酯改性有机硅树脂		烘干	H级绝缘	绝缘电机
W31-12	聚酯改性有机硅树脂		烘干	H级绝缘	电器零件
W32-1	有机硅树脂、颜料	粉红	烘干 H级绝缘	H级绝缘	电机、电器零件绝缘
W32-51	有机硅树脂、颜料		烘干	H级绝缘	绝缘电机

续表

牌号	主要组成	颜色	干燥条件	耐热范围	主要用途
W33-15	有机硅树脂	—	烘干	H级绝缘	云母及云母粉制品的黏结材料
W36-52	改性有机硅树脂、颜料	—	烘干	H级绝缘	涂于瓷介质电容器表面
W37-1	有机硅醇酸树脂、氨基树脂、颜料	红	烘干	—	非线性绕电阻及电器零件
W37-51	有机硅醇酸树脂、氨基树脂、颜料	红	烘干	—	非线性绕电阻及其他金属零件表面
W61-1	有机硅树脂、丙烯酸树脂、铝粉	银灰	常温干	300~400℃	高温设备表面
W61-16	有机硅树脂	—	烘干	250℃	航空工业特殊部件
W61-22	有机硅树脂、乙基纤维素、颜料	各色	常温干	350℃以下	高温设备表面
W61-23	聚酯改性有机硅树脂、炭黑、氧化铁黑、填料	黑	烘干	300℃	高温设备表面及金属零件
W61-24	有机硅树脂、乙基纤维素、氧化铬	草绿	常温干	400℃	高温设备表面及金属零件
W61-25	聚酯改性有机硅树脂、铝粉	银灰	150℃,2h	500℃	高温设备
W61-27	有机硅树脂、聚甲基丙烯酸树脂、颜料、填料	各色	常温干	340~400℃	高温设备及金属零件
W61-31	有机硅树脂和含羟基丙烯酸树脂	银灰	烘干	300~400℃	高温设备表面
W61-37	有机硅树脂、甲基丙烯酸树脂、填料	银灰	烘干	300~400℃	钢铁零件防腐蚀、耐热涂层
W61-59	有机硅树脂、甲基丙烯酸树脂、颜料	—	烘干	200℃	钢铁零件表面
W62-22	有机硅树脂、乙基纤维素、颜料	各色	常温干	350℃以下	高温设备表面
H61-1	环氧改性有机硅树脂、铝粉、填料	银灰	常温干、烘干	500~600℃	高温设备表面
H61-2	环氧改性有机硅树脂	各色	烘干	200℃	各种耐高温的轻重金属表面
H61-3	环氧改性有机硅、防锈颜料、聚酰胺树脂	铁红锶黄	烘干	200℃	作为H61-2底漆

改性有机硅树脂的制法通常采用冷混合和化学反应两种。

冷混合的方法是机械的混合,要求有机硅的苯基含量更高一些,在烘烤加热或使用时能产生一定的缩聚反应而形成较均匀的漆膜。如苯基单体含有较多的有机硅单体,它可以与酚醛、氨基、醇酸、环氧、聚酯等树脂冷混,这样得到的改性有机硅树脂提高了附着力和机械强度,价格也降低了。如W61-22,W61-24,W61-27等均属此类。

与醇酸树脂(用量1∶1~1∶3)配合,可减低脆性,提高附着力和耐溶剂性,但耐高温性能相应降低。适用于150~260℃的表面。与酚醛树脂、聚丙烯酸树脂、硝酸纤维、乙基纤维亦可拼用，制成自干性漆。例如 W61-27 有机硅耐热漆就是采用 70% 有机硅树脂和 30% 聚甲基丙烯酸树脂冷混合并加入颜填料配制而成。冷混合法虽然比较简便，但是漆膜结构不够均匀，不能充分发挥两种树脂的优良性能。此法制成的有机硅耐热漆可在常温下干燥，便于大面积施工。但此干燥方式实际上属于"假干"性质，在温度较高时，漆膜会变软发黏，所以应在使用中借助于被涂件处于高温状态下而固化。参考配方见表 5-20（质量份）。

■表 5-20 冷拼法有机硅耐热漆配方

组　　分	白	黑	红	黄	蓝	绿	浅棕	银色
聚甲基丙烯酸酯树脂液(30%)	67	67	67	67	67	67	67	67
有机硅树脂液(60%)	135	135	135	135	135	135	135	135
锐钛型钛白粉	24	—	—	—	1.8	—	3	—
滑石粉(325 目)	—	—	2.4	2.0	—	2.0	—	—
石墨粉	—	10	—	—	1.0	—	2	—
炭黑	—	1.0	—	—	—	—	—	—
铁红	—	—	24	—	—	—	5	—
群青	0.06	—	—	—	32	—	—	—
镉黄	—	—	—	24	—	—	10	—
三氧化二铬	—	—	—	—	—	20	—	—
铝粉浆(65%)	—	—	—	—	—	—	—	30

此漆以醋酸丁酯、乙二醇乙醚醋酸酯及二甲苯混合溶剂稀释，喷涂于经喷砂打磨除锈后的钢铁表面上，于 18～25℃（常温下），在 2h 内表面干燥。漆膜在使用过程中充分固化后，其耐热性能为：在 300℃下，耐热 500h，漆膜完整、无裂纹、失光；在 400℃下，耐热 100h，漆膜完整、无裂纹、失光。但白色漆在 400℃下耐热仅 50h 而已。

在以上配方中不能使用氧化锌等碱性颜料，因聚甲基丙烯酸酯树脂液酸值较高，加入碱性颜料易导致磁漆变稠成胶。

由于纯有机硅涂料附着力略差，机械强度欠佳，一般需经改性后使用。化学改性方法是通过含烷氧基（一般是甲氧基或乙氧基）或羟基的有机硅低聚物（硅中间物）与含活性官能基例如—OH，—OC_2H_5，—OCH_3 等的有机树脂通过化学反应共聚而成。该法制备的共聚物除耐热性有所降低外，其固化性、耐溶剂性、机械强度都比纯有机硅有了较大改善；其结构较规整、均匀而透明、不分层、保色性、附着力、柔韧性均比冷混型的好，能发挥出较好的漆用性能。如 W30-3，W30-6，W30-1 等属于此类。

进行共缩聚反应要加催化剂，催化剂使硅醇间羟基脱水缩聚，使低分子环开裂，高分子重排引起链的增长。催化剂一般是碱金属，在复杂结构中可使链得到增长和重排。

① 有机硅改性环氧树脂耐热防腐蚀漆（常温干型）　此耐热防腐蚀漆兼有耐热及防腐蚀性能。在常温固化，可长期在 150℃使用；短期可达 180～200℃。耐潮湿、耐水、耐油及盐雾侵蚀。参考配方（质量份）举例见表 5-21。

■表 5-21 有机硅改性环氧树脂耐热防腐蚀漆配方及技术特性

组　　分	底漆	红	黑	棕
有机硅改性环氧树脂液（固体分中有机硅含量50%），50%	100	100	100	100
锌铬黄	20	—	—	—
镉红	—	18	—	—
炭黑	—	—	1.6	1.0
深镉黄	—	—	—	12
铁红	10	—	—	3.5
石墨粉	—	—	9	—
滑石粉（325目）	12.5	2.2	4.0	2.3
115# 低分子聚酰胺树脂液（50%）	35	35	35	35
技术特性				
干燥时间（25℃）/h				
表干	8	8	8	8
实干	24	24	24	24
耐汽油性（浸3h，干后96h）	微变色	微变色	微变色	微变色
耐水性（浸24h，干后48h）	无变化	无变化	无变化	无变化
耐润滑油性（浸24h，干后48h）	无变化	无变化	无变化	无变化
耐3%盐水（浸10昼夜，干后48h）	无变化	无变化	无变化	无变化
冲击强度（干后96h）/N·cm	490.3	490.3	490.3	490.3
硬度（干后48h）	0.364	0.518	0.577	0.436
柔韧性（干后48h，ϕ1mm）	通过	通过	通过	通过
热弹性（180℃，ϕ3mm通过）/h	103	99	79	91
耐高低温（180～ －50℃）/次	10	10	10	10

此漆为双组分包装，甲组分为改性环氧树脂及分散后的颜料，乙组分为低分子聚酰胺树脂液。在临用前按比例混合均匀，熟化半小时后使用。漆的技术特性见表 5-22。

② 有机硅陶瓷漆（烘干型）　此漆为以有机硅改性环氧树脂为基料，以氨基树脂为交联剂、由耐热颜料及低熔点陶瓷粉组成的耐热防腐蚀磁漆，有银色、绿色、白色、铁红等色，其耐热温度高达 900℃，其技术特性见表 5-22。

■表 5-22 有机硅陶瓷漆（烘干型）技术性能

技术特性		性能指标
干燥时间（200℃）/h		2
柔韧性（ϕ1mm）	≤	3
附着力（划圈法）	≤	2 级
冲击强度/N·cm		490.3
耐水性（蒸馏水常温浸24h）		无变化
耐汽油性（70号汽油常温浸24h）		不起泡、不脱落
耐润滑油性（在100℃ 8 号润滑油中浸24h）		不起泡、不脱落
耐热性（700℃级 200h，900℃级 100h）		漆膜完整，允许变色
冷热冲击性（均能在规定温度下耐热半小时，再骤冷于常温水中）		循环10个周期，漆膜完好
高温及盐雾交变试验（规定温度2h→室温0.5h→盐雾5.5h 为一周期）		可通过5个周期

此漆之所以能耐如此高温并具有较好防护性能，其原理亦和有机硅铝粉涂料一样，在高温时涂膜组分中的有机基团全部受热氧化裂解，余下的 SiO_2 组分、颜料及低熔点陶瓷粉熔合，转化成更耐热的具有保护作用的陶瓷涂层。

③ 有机硅铝粉漆是由有机硅树脂为成膜物，铝粉（银粉）为颜料组成的，能在500℃以上使用数年，其原因可能是在高温下有机物被燃烧后，留下了以二氧化硅和铝片的无机保护层，其中有玻璃状的硅酸铝形成，对防止钢铁热氧化具有良好保护作用。耐高温有机硅涂料中除用铝粉外，还可以用陶瓷粉、玻璃粉、高岭土及锌粉等，也可以做成清漆。有机硅树脂涂料的耐高温性仅次于有机氟涂料。

参考配方1（质量份）：

有机硅改性聚酯树脂液(50%，固体份中有机硅含量为55%)	100
铝粉浆（浮型，65%）	23

漆料与铝粉浆应分罐包装，临用时调匀。漆膜在150℃固化2h，能长期耐400℃温度；在500℃时100h漆膜完整，仍具保护作用。用作发动机外壳、锅炉、烘箱、烟囱等的表面保护涂料。

参考配方2（质量份）：

银色耐高温有机硅树脂漆由铝粉20份、有机硅树脂-醇酸树脂（40：60）共聚体（50%固体分）84份组成。打底漆可用热固型纯酚醛树脂漆料的锌粉、铝粉、镉粉（5：1：2）耐热打底漆。打底后，先在93℃下烘烤，使锌粉与铁面融合。然后再涂此面漆，在150℃下烘2h，可耐高温430℃。

参考配方3（质量份）：

有机硅改性环氧树脂液(50%，固体分中有机硅含量为50%)	100
丁醇醚化三聚氰胺甲醛树脂液(50%)	33
锶黄	4
铝粉浆（浮型，65%）	36

漆料（有机硅改性环氧树脂锶黄浆＋氨基树脂液）和铝粉浆应分罐包装，临用时调匀。此漆的技术特性如下：

颜色及漆膜外观		银灰色，平整光滑
黏度(25℃，涂-4杯)/s		25～35
干燥时间	表面干(25℃)/min	10～30
	实干［(190±5)℃］/h	2
冲击强度/N·cm		490.3
耐热性(550℃，100h)		漆膜不破裂，不起泡
耐潮性［(45±2)℃，盐雾箱中100h］		漆膜完整，不起泡，不变软
耐盐雾［(40±2)℃，盐雾箱中100h］		漆膜完整，不起泡，不变软

此漆除长期耐高温外，还耐各种介质（如汽油、煤油、润滑油、盐水等）腐蚀，有独特的耐冷热冲击性以及良好的物理机械性能。

参考配方 4　常温干燥的有机硅铝粉漆（质量份）

有机硅改性环氧树脂液（50%，固体分中有机硅含量50%）	100
115#低分子聚酰胺树脂液（50%）	35
锶黄	4
铝粉浆（浮型，65%）	33

将有机硅改性环氧树脂浆逐步加入铝粉浆中调匀作为甲组分，以115#低分子聚酰胺树脂液作为乙组分，分罐包装，用时按配方要求质量比，将两者混合调匀，静置熟化半小时后使用。此漆的技术特性如下：

颜色及漆膜外观	银灰色，干整光滑
干燥时间 [（25±1）℃] /h　　　　　　　　　≤	
表干	8
实干	24
黏度 [（25±1）℃，涂-4杯] /s	25～70
耐汽油性（干燥96h后，浸70号汽油中，3h取出观察）	漆膜不起泡、不脱落、允许轻微变色
耐润滑油性（干燥48h后，浸HH-20润滑油中24h，取出观察）	漆膜无变化，不起泡，不脱落
耐盐水性（干燥48h后，浸于3%的NaCl水溶液中10昼夜）	涂膜无变化
冲击强度（干96h后）/N·cm	490.3
柔韧性（干4sh后，φ1mm）	通过
耐热性 [干48h后，在（500±10）℃经10h后取出冷却后，冲击] /N·cm	147.09
耐寒性（干48h后，在-50℃中1h后，测定漆膜柔韧性，φ1mm）	通过

参考配方 5　HW-1和HW-2银粉涂料以环氧改性有机硅树脂为漆基，加入铅粉、填料和防锈颜料配制而成，具有较高的耐热、耐油和防腐性能。HW-1铝粉漆由HW-28环氧有机硅树脂、铝粉浆、偏硼酸钡、玻璃粉配制而成，耐热性可达550℃/200h。HW-3铝粉漆由HW-28环氧有机硅树脂、铝粉浆、锶黄、滑石粉等组成，耐热性500℃/200h，500℃/3h后冲击性≥15kgf·cm，耐热后耐盐雾100h无锈蚀。二种涂料均具有优秀的耐汽油、4106润滑油性能，适用于航空发动机等高温部位使用。

④ 耐300℃高温电阻涂料　由对苯二甲酸聚酯改性有机硅树脂、滑石粉、氧化铬绿等组成。耐热性在铁板上可达300℃1000h，耐-55～300℃高低温循环三次，耐潮400h，均无变化。该涂料主要用于金属膜电阻，在200℃加1.5倍额定功率热老化100h后漆膜不开裂、不脱落，$\Delta R/R<\pm 2\%$，具有优秀的耐热、防潮、电绝缘性能。

涂料用有机树脂中耐热性最好的是对苯二甲酸聚酯，其有效使用寿命在223℃时为1000h，而常规有机硅树脂在350℃下可以有效使用1000h。可见有机硅树脂的耐热性能是优良的。但一般树脂在受热情况下（有空气存在），环境温度每上升10℃，都有使其有效使用寿命降低一半的趋势，因此一般涂料无论是以有机树脂、有机硅改性树脂或有机硅树脂为漆料的，都难以在500℃，甚至600℃的环境中使用的。因为到了这个温度这些树脂黏结剂早已受热氧化裂解，挥发殆尽，漆膜也丧失物理机械性能和防护性能了。以上列举的耐热铝粉涂料之所以能较长期耐500℃的温度，主要是由于漆膜组成中有机硅组分，虽然受热也氧化，但残余的 SiO_2 和部分 Al 及 Fe 熔合生成 Si—O—Al（Fe）硅酸盐无机化合物涂层，对底层铁基附着力强，坚韧耐磨、能耐高温，仍然具有优良的防护作用。

⑤ 耐热耐油防腐涂料　由 HW28 或 HW766 环氧改性有机硅树脂为漆基，加入颜料、填料，以二乙烯三胺或氨基树脂作固化剂配制而成。颜色有白色、灰色、黑色3种。涂于铝合金板上190℃2h干燥，涂层耐热250℃100h，耐潮100h，耐盐雾100h，耐汽油24h，耐4611液压油70℃7天，耐4505润滑油7天，均无变化。白色涂料用于电机发动机压气机叫片保护，其性能已达到英国同类涂料 PL 205 的技术指标。灰色和黑色涂料可以用于电机、电器外壳耐热保护。

⑥ 常温干有机硅耐热防腐涂料　为了解决户外高温钢铁设备在使用中受大气作用腐蚀的问题，采用含羟基的有机硅树脂、耐热颜填料和 N-5 固化剂研制了常温干有机硅耐热涂料 GT-1 锌粉底漆、GT-3 铁红色漆、GT-52 黑漆、GT-98 灰漆及红、白、黄、蓝、银灰各色涂料。涂料具有优秀的常温干燥性和耐热性。以 GT-1 锌粉漆为底漆，GT-52 或 GT-98 为面漆配套的涂层具有优秀的耐热防腐性。

复合涂料常温干燥性能好，耐热性达450℃200h，热湿交变10循环不生锈，而同样条件下 W61-23 黑漆耐热性和耐热湿交变性均差。研制的涂料已在工业中获得应用，GT-3 铁红色漆用于石油化工厂丙烯腈车间400～450℃熔盐加热的反应炉外壁，使用2年漆膜基本完好，防止了反应炉的腐蚀。以 GT-1 锌粉漆为底漆，GT-52 或 G-98 为面漆，用于化肥厂400～450℃的烟囱外壁及300～380℃的管道，使用一年涂层基本完好，而使用 W 61-23 或 W 61-25 涂料不到3个月就出现严重锈蚀。

⑦ 600～900℃耐热涂料　由环氧有机硅树脂、耐高温颜填料和低熔点玻璃粉配合而成。玻璃料的熔点在400～600℃范围较好，可以用不同熔点的玻璃粉配合使用，在填料中也可以加入对玻璃料有助熔作用的物质如偏硼酸钡、五氧化二钒等。在使用中当涂层达到玻璃粉熔融温度时能形成一种无机质的膜，因而具有较高的耐热性。这类涂料可用于合金钢设备和部件的高温保护，如喷气发动机尾喷口的防护。

⑧ 白色水性氨基有机硅树脂涂料的制备

a. 颜料浆的制备：将225.6份金红石型钛白、32.2份丙二醇、4.8份二甲基乙醇胺、32.2份甲氧基甲基三聚氰胺、59.6份水等组分在砂磨机里研磨15min，制得白色颜料浆。

b. 水性有机硅树脂的制备：将7.2份 Methocel A 25 和7.2份 Methocel

F 50（粉状甲基纤维素和纤维素乙醚、Dow 化学公司）缓缓地加入已预热到 80~90℃盛有 180 份水的容器里，开动搅拌，分散纤维素粉末，当追加 180 份水时，混合物溶液迅速冷却到 20℃，接着加入已乳化的有机硅树脂甲苯溶液 2160 份［有机硅树脂是水解产物中的主体树脂，大约有 30%（mol）甲基三氯硅烷，30%（mol）苯基三氯硅烷，20%（mol）二苯基二氯硅烷和 20%（mol）二甲基二氯硅烷，用甲苯溶解主体树脂，使有机硅树脂固体份达到 60%］，再加 1055 份水，待上述混合料搅拌均匀后，用 203.2μm 间隙的胶体磨，在常压下加工成所需乳液，搅拌乳液一直持续到室温。所制水性有机硅树脂乳液固体分为 30.7%，黏度为 650mPa·s/20℃。

c. 配漆：将上述过滤好的白色颜料浆与 32.2 份乙二醇单丁醚、6.3 份 8%的辛酸锌、1023 份水性有机硅树脂乳液的混合物用砂磨机以 60~90r/min 缓慢研磨，最后制得水白色水性有机硅乳胶涂料。用水调节涂料的黏度。

所得白色水性氨基有机硅树脂涂料：颜基比 0.7，固体分 38.2%，pH（25℃）7.5~8.5，黏度（福特 4# 杯）30~50s，表干 1h。涂膜具有耐极冷、极热能力，耐候、耐变温。适用于木炭炉、消音器、汽车排气管、空间加热器的耐高温保护涂料。

⑨ **水性硅树脂乳液涂料**　在装有空气搅拌的不锈钢反应器中，加入可乳化硅树脂（甲基三氯甲硅烷 35.1%、二甲基二氯甲硅烷 15.2%、苯基三氯甲硅烷 49.7%）150 份、85%非离子表面活性剂［50∶50 烷基苯氧基聚（环氧乙烷乙醇）-三甲基壬基聚乙二醇醚］水溶液 50 份、水 300 份、松香水 100 份、二甲苯 100 份和 10%聚乙烯醇水溶液 100 份之后混合均匀，然后加入胶体磨、研磨得到黏度 1420mPa·s，固体分为 24.7%，外观均匀良好的乳白色乳液。把此乳白色乳液取 40mL，于 3000RPM 离心机中分离 30min，不分层，50℃、1 个月也不分层，贮存稳定性好。制得硅树脂水乳液在铝板上涂刷之后于 105℃/1h 烘干即得干燥漆膜。涂布后可耐高温，涂膜致密性好。在该水性硅树脂乳液中加入钛白等颜料之后制成色漆，涂刷于需耐高温的器件上。

⑩ **自干型有机硅耐热（760℃）涂料**　将 376.0 份陶瓷玻璃料、96.0 份三氧化二铬、62.5 份瓷土、4.0 份铁红、1.0 份二氧化锰、3.0 份硬脂酸铝、75.0 份云母粉、332.0 份有机硅树脂、15.0 份丁醇、25.0 份甲苯、25.0 份二甲苯的混合物用油漆混合分散研磨设备，充分混合分散后，制得涂料。可采用喷涂、刷涂、浸涂，气干后耐温 760℃，具有优良的防腐性能。用于涂装金属（钢铁）表面作耐热漆。

■ **有机硅耐热涂料**　在 25℃把 10.0 份 10%柠檬酸乙醇溶液（pK_a=3.13）加到预先混合好的 50.0 份乙二醇单乙醚（无水）和 100.0 份正硅酸四乙酯中，加入 10.0 份水，充分混合 5min，然后把容器封闭并放置 24h。此时，放热且稍提高压力。打开容器，加入 2.5 份 37%盐酸溶液（pK_a=6.1）。混合物搅拌 5min 后再把容器封闭，第二次放热反应后，制得树脂。

将 100 份树脂、300 份特殊锌粉（4~5μm、无钙）、15 份云母氧化铁等混合组分，制得涂料（1）作为第一道涂料，将 100 份树脂、1.5 份片状玻璃、0.5 份氧化锌等混合组分，制得涂料（2）作为第二道涂料。采用喷涂施工，底材经喷砂处理，先涂一道涂料（1）。然后再涂涂料（2）。该涂料形成坚硬漆膜，涂层耐强酸、耐温为 871℃。单用树脂和锌粉组成的涂料不能耐强酸，而且大于 750℃ 时就氧化。用作耐热性和耐腐蚀性要求高的表面保护涂料，适于钢质底材。

■ 有机硅高温防锈涂料

a. 基料合成：基料 A 为四烷氧基硅烷预缩合物，基料 B 为烷基三烷氧基硅烷预缩合物，基料 C 为四烷氧基硅烷和烷基二烷氧基的预缩合物，其配方分别如下：

基　　料	A	B	C
四乙氧基硅烷	100		208.3
甲基三乙氧基硅烷		100	106.4
异丁醇	50	60	130
异丙醇	24.7	75.6	169.9
水	16.6	14.4	49.9
0.1mol/L 盐酸	0.7	0.7	2.2
合计	192.0	250.7	666.7

以上 A、B、C 三个配方中除水和酸之外，其余组分装入反应器中，保持 40℃，搅拌下在 1h 内滴加水和盐酸，滴完后继续搅拌 1h，分别得到基料 A、B、C。

b. 涂料配制

组　　分		质量份		
		1	2	3
基料	A	58	58	
	B	37	12	
	C			65
颜料分	锌粉		15	
	磷酸锌	5	8	10
	磷酸铁			20
	陶土		7	5

在使用前，在颜料混合物中加基料混合，充分搅拌分散，必要时加异丙醇调整黏度。该防锈涂料具有 600℃ 的耐热性。以上配方涂膜物性：

项　　目	1	2	3
干燥性试验 (按 JIS-K-5400)	4 分	2 分	3 分
附着性			
室温干燥	良	良	良
600℃ 加热	良	良	良
800℃ 加热	稍差	良	良

防锈试验：(J15-K-5400)，盐水喷雾 240 h 后，以 ASTMD610) 判断：

室温干燥	8	10	8
600℃加热	8	9	6
800℃加热	5	5	4

可用空气喷涂、无空气喷涂、辊涂、刷涂等施工，涂膜自然干燥或热风干燥。可作钢铁或大型钢铁结构物一次防锈涂料。

■ **耐热性聚碳酸硅烷涂料** 聚二甲基硅烷的合成：在装有搅拌器、温度计、滴入口、通氮管和回流器的 5L 反应烧瓶中，先加 2.5L 无水二甲苯和 400g 金属钠，在通氮气下边搅拌边加热至沸腾，然后在 1h 内滴加 1L 二甲基二氯硅烷，保温回流反应 10h，生成沉淀，过滤，先用甲醇洗，然后用水洗，即得白色粉末聚二甲基硅烷 420g。

聚硼二苯基硅氧烷的合成：在上述反应器中，按配方加入 759 份二苯基一氯硅烷和 124 份硼酸及适量正丁醇乙醚，在氮气气氛下升温至 100～120℃，反应生成白色树脂，接着在抽真空下升温至 400℃，保温反应 1h，制得聚硼二苯基硅氧烷 530 份。

聚碳酸硅烷的合成：先在混合器中，加入 250 份聚二甲基硅烷和 0.125 份聚硼二苯基硅氧烷充分混合，然后于回流管的 2L 石英管中，在通氯气下加热至 350℃，聚合反应 3h，即得共聚物碳酸硅烷，冷却至室温后加入适量二甲苯，制得溶液，其分子量为 1500。

在涂料混合器中，加入 30 份聚碳酸硅烷的 50％二甲苯溶液、30 份甲基苯基硅油的 50％二甲苯溶液和 40 份钛白混合分散均匀，即得涂料。

以刷涂、辊涂、喷涂或浸涂法施工于底材上，涂成 $50\mu m$，于 200℃烘烤 1h 固化。涂膜具有：附着力（划格法）92/100，热循环数据（耐热，1000℃烘烤炉中 1h，然后冷却至室温，热循环 10 次）涂膜无剥离、外观无变化。广泛用于金属、非金属等底材在高温条件下耐腐蚀涂料。

■ **草绿色有机硅耐热涂料** 以聚甲基丙烯酸酯改性有机硅树脂为成膜剂，具有较好的耐光、耐候性，以及耐溶剂、耐化学药品性，机械性能优良。适用于耐高温又要求常温干燥的化工设备，以及加热器、飞机和汽车发动机等外表的涂装。

配方

氧化铬绿	11.0％	镉黄	1.4％
325 目滑石粉	1.0％	W61-27 有机硅清漆	24.0％
乙基纤维素	61.3％	氧化铁红	1.2％
炭黑	0.1％	丁醇	适量
甲苯	适量		

原料介绍

W61-27 有机硅清漆：由 70％高苯基含量的有机硅树脂和 30％聚甲基丙

烯酸树脂的共聚物,以甲苯、丁醇混合溶剂调整到固体含量为50%。

制法介绍

将颜料、填料和分步加入的有机硅清漆混合,搅拌均匀,经三辊研磨机研磨2~3次,然后加入乙基纤维、丁醇甲苯溶液,充分调匀,过滤,包装,即为产品。

■ **梯形聚甲基硅树脂耐高温涂料** 以梯形聚甲基硅氧烷为主链的有机硅高分子,因其具有特殊的性能,尤其是耐热性能优良,用它为主要原料制成的梯形聚甲基硅树脂耐高温涂料,不但具有较好的耐热性,而且还具有良好的耐水性、电绝缘性和机械性能。梯形聚甲基硅树脂制备:在装有搅拌器、冷凝器、温度计及滴液漏斗的反应器中,先投入丙酮100mL,反应器用冰盐水冷却至0℃时,在搅拌下先滴入27g甲基三氯硅烷,再滴加剩余50mL丙酮及12mL乙二胺,并保持反应物在0~5℃下滴完。滴加完毕后再在0℃下添加1.1mL盐酸(36.5%)和49mL水的混合液,于5℃下滴完。反应体系pH值保持在3~5。接着加入75mL二甲苯,保持反应物在室温情况下搅拌30min后,加热至70~80℃,保温6h。冷却后,静置分层,分掉下层丙酮后,再升温至80~90℃,蒸掉残余丙酮及水分,使反应物在pH值为3~5的条件下缩合24h,就可制得分子量大、不交联且梯形规整性好的聚甲基硅树脂。然后将此树脂用水洗至中性,再用真空烘箱于50℃下抽干溶剂,得到微黄色固体产物——梯形聚甲基硅树脂。

耐高温涂料配制:将100份梯形聚甲基硅树脂先溶于160份二甲苯中,再加入30份室温硫化硅橡胶、60份铝粉浆、5份硅烷偶联剂及0.03份三乙醇胺后,充分搅匀,就制成耐高温涂料。

本涂料适用于既要求有较高耐热性,又需要有柔韧性的涂层,既可刷涂,也可喷涂,使用方便。

■ **耐热环氧/有机硅/酚醛树脂涂料** 耐高温涂料广泛应用于高温场所,诸如钢铁烟囱、高温管道、高温炉、石油裂解装置,以及军工设备等外表装饰,防止钢铁等金属在高温下热氧化腐蚀。常用耐高温涂料以有机硅树脂涂料为主,其耐温性可达300℃以上,但一般均需高温固化,且附着力和耐有机溶剂性能差,温度较高时涂膜的机械强度不高,还有成本较高,所以应用受到了一定限制。现由环氧共聚改性有机硅树脂,用酚醛树脂作为固化剂,使其集环氧、有机硅和酚醛树脂的性能为一体,具有优良的耐高温、防腐性、电绝缘性、对底材的附着力及机械性能等。用该树脂再加入耐热颜、填料及助剂,即可制得一种兼有有机硅、环氧和酚醛树脂优点的可耐500℃以上的高温涂料。

有机硅低聚体是以乙氧基封端的甲基苯基硅树脂。其中$R/Si \approx 1.45$,$Ph/R \approx 0.4$(Ph、R分别为与硅原子直接相连的苯基、烷基的数目)。该树脂适当提高了苯基的比例,使之与环氧树脂适度相容,更易改性。改性用环氧树脂采用中等分子量的E-20环氧树脂。这是由于环氧树脂的分子量太高,仲羟基的数目太少，反应的活性不够；反之，分子量太小，共聚物的耐温性较差。

环氧改性有机硅树脂反应机理及用酚醛树脂低聚体作为固化剂的反应机理如下：

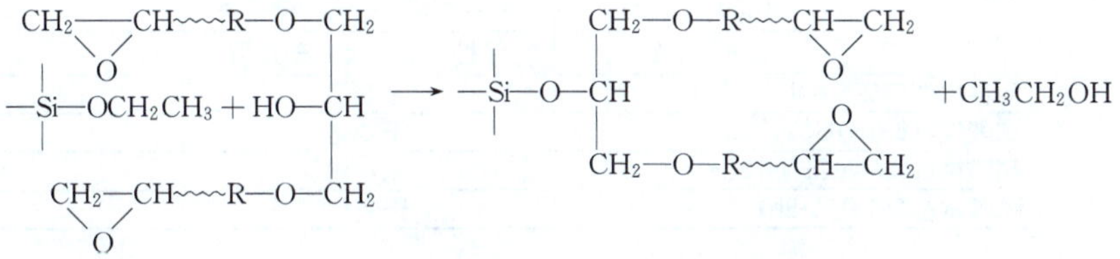

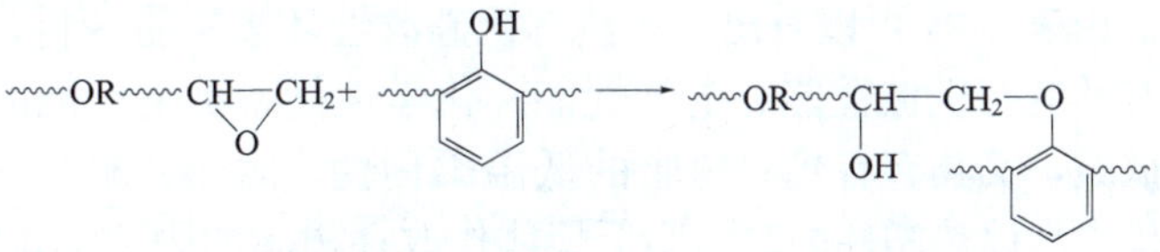

有机硅加入量对改性树脂漆性能的影响。改变有机硅与环氧树脂的比例，得到一系列有机硅改性环氧树脂，分别测试其漆膜硬度、耐热性，结果见表5-23。

■表5-23 有机硅加入量对改性树脂漆膜性能的影响

m(有机硅)：m(环氧树脂)	铅笔硬度	涂膜外观		
		200℃烘1h	300℃ 1h	400℃ 1h
1：2	5H	无开裂，银白色	无开裂，棕色	开裂，深棕色
2：3	5H	无开裂，银白色	无开裂，浅棕色	无开裂，深棕色
1：1	4H	无开裂，银白色	无开裂，浅黄色	无开裂，浅棕色

由表5-23可见，随有机硅比例的增大，漆膜硬度有所下降，改性树脂的耐热性能得以改善。这是因为环氧树脂与有机硅经接枝共聚后，在环氧树脂分子链（硬段）上引入了聚硅氧烷链（软段），而且接入量愈多，漆膜柔韧，硬度越低，并且硅氧键取代了部分碳键，而Si—O键的键能（422.5 kJ/mol）比C—O键的键能（344.4 kJ/mol）大得多，从而使改性后所得环氧树脂的耐热性提高。因此，选择环氧树脂和有机硅低聚物的配比为1：1，其涂膜性能见表5-24。

■表5-24 涂膜各项物理化学测试结果

项目		测试结果	试验方法
涂膜外观		光亮平整	目测
干燥时间（马口铁片，150℃）/h		≤2	GB/T 1728—1979(1989)
铅笔硬度		4H	GB/T 6739—1996
耐冲击性/cm		50	GB/T 1732—1993
附着力/级		1	GB/T 1720—1979(1988)
柔韧性/mm		1	GB/T 1731—1993
耐溶剂性	（甲苯，120d）	无变化	
	（石油醚，120d）	无变化	

续表

项　　目		测试结果	试验方法
耐热性	(200℃, 12h)	无色透明,光滑,无开裂	
	(300℃, 6h)	淡黄透明,光滑,无裂	
	(400℃, 2h)	浅棕透明,光滑,无开裂	
	(500℃, 2h)	浅棕色,光滑,无开裂	
耐盐水性(3%NaCl,130d)		无变化	
耐酸性(10%H_2SO_4,10d)		无变化	
耐碱性(10%NaOH,10d)		无变化	
耐沸水性(100℃, 8h)		无变化	

由表 5-24 可以看出,耐热有机硅改性环氧树脂涂料,既具有环氧树脂所具有的良好机械性能、电气性能、化学性能、黏结性能以及易成型加工,成本低廉,又具有有机硅树脂的低温柔韧性、耐热、耐候、憎水、介电强度高等优点。以热塑性酚醛树脂低聚体作改性树脂的固化剂,制得了兼具有机硅、环氧和酚醛树脂优点的耐高温涂料,可广泛应用于耐热 500℃以上的场所。

■ 长期耐 600~650℃耐热涂料　有机硅硼聚对苯二酚高温涂料,在甲基硅聚合物分子主链上引入 Si—O—B 和 Si—O—C_6H_5 结构,合成一种新型耐高温树脂,并与聚碳硅烷树脂复合应用,研制出不同类型的耐高温涂料。树脂玻璃化后所得涂层耐热性又有大幅度提高,可达到 1000℃,作为近代涂层研究的新领域——转化型涂层,通过适当地选择固化和玻璃化条件,将成为可靠性能大为改善的陶瓷涂层。

■ 有机硅改性环氧树脂耐高温涂料

[例1]　配方:E-20 环氧树脂 10~20、SY409 甲基苯基有机硅树脂 10~20、铝银浆 20~30、溶剂 40~50、触变剂 2~3、其他助剂 1~2、聚酰胺树脂 5~10,配制环氧改性有机硅耐高温涂料。

该环氧改性有机硅耐高温防腐涂料,能在常温下固化,可在 400℃下长期使用,同时也具有良好的耐酸、碱、盐,耐潮湿、耐水、耐油和耐化工大气腐蚀等性能。其涂膜性能见表 5-25。

■表 5-25　主要技术指标及结果

项　　目		指　　标	结　　果
外观		平整光滑,银灰色	平整光滑,银灰色
干燥时间[(25±1)℃]/h	表干	≤2	0.5
	实干	≤24	20
固体含量/%		≥34	45
柔韧性/mm		≤3	1
冲击强度/cm		≥35	50
附着力/级		≤2	1
耐热性(400℃,3h后冲击)/cm		≥15	20
黏度/s		12~20	18
耐水性(浸于蒸馏水中 24h,取出放置 2h 后观察)		漆膜外观不变	漆膜外观无变化
耐汽油性(浸于 GB 1787—79RH-75 汽油中 24h,取出放置 1h 后观察)		漆膜不起泡,不变软	不起泡,无变软现象

[例2] 将一定质量的 E-44 环氧树脂,用其 2 倍质量的二甲苯在一定温度下完全溶解,然后向其中加入一定质量的自干型有机硅树脂和偶联剂,充分混匀,制得环氧改性有机硅树脂。然后将环氧改性有机硅树脂、颜填料、助剂按一定比例混合,用锥形磨进行充分研磨。最后添加低分子量聚酰胺固化剂,并进行搅拌,使涂料尽可能分散均匀,制成环氧改性有机硅高温涂料。

该涂料颜基比为 1:1,颜填料中六方氮化硼与硅酸钠的配比为 1:1,偶联剂南大-42 的用量为颜填料质量的 1%,固化剂聚酰胺的用量为环氧改性有机硅树脂中环氧树脂用量的 100%,可室温固化。由此所得的涂料综合性能见表 5-26。

■表 5-26　耐 650℃高温的涂料的性能指标

检验项目	表干时间/min	实干时间/min	附着力/级	柔韧性/mm	耐冲击强度/cm	耐高温/℃
性能指标	≤30	≤120	1	1	≥50	650

[例3] 将 304# 有机硅树脂与环氧树脂 E-44 以 7:3 的配比置于装配有搅拌器、温度计、回流冷凝装置的反应釜内。在 160~240℃下共聚合。然后用二甲苯稀释,配制成耐温涂料的基料。最后在常温下,在基料中加入锐钛型钛白粉与 200 目铝粉为 7:3 的颜填料,而颜填料:环氧有机硅树脂=7:3。涂料使用时加入环氧树脂量的 50% 质量的低分子量聚酰胺 650# 固化剂。

由 304# 有机硅树脂和环氧树脂共缩聚合,可以制得一种有广泛用途的、常温固化的双组分环氧有机硅耐高温涂料,最高可使涂料涂层承受 800℃高温。

[例4] 由含有适量苯基和活性甲氧基的聚苯基甲基硅氧烷,如:

$$R_1 \!\!-\!\! \left(\!\! O \!-\!\! \underset{\underset{CH_3}{|}}{\overset{\overset{Ph}{|}}{Si}} \!\!-\!\! O \!\right)_{\!m} \!\!\!\left(\!\! \underset{\underset{CH_3}{|}}{\overset{\overset{R_2}{|}}{Si}} \!\!\right)_{\!m_1} \!\!\!\!\! O \!-\!\! R_1$$

式中 R_1 = H、CH_3,R_2 = CH_3、Ph,$n(Ph)/n(CH_3)=1$,相对分子质量为 1000~1500,$w(OCH_3)=15\%~18\%$,T_g:-63℃,采用物理改性法(PM)和化学改性法(CM)法制备有机硅改性环氧树脂。

将改性树脂 ED-30(CM)和 ED-30(PM)分别与固化剂按一定配比混合均匀,熟化 30 min 后涂膜,室温固化 7 d 后进行性能测试。改性树脂固化涂膜具有优良的涂膜性能,耐碱性尤为突出,具体测试项目与结果见表 5-27。

■表 5-27　涂膜性能

检测项目	ED-30(CM)	ED-30(PM)
硬度/级	H	HB
附着力(划圈法)/级	1	2
柔韧性/mm	≤1	1
冲击强度/cm	60	50
耐热性能(150℃,10h)	漆膜完好,微显黄色	漆膜完好,显黄色
耐碱性[w(NaOH)=25%,25℃]	30d 无变化	72h 无变化
耐酸性[w(H_2SO_4)=25%,25℃]	72h 无变化	72h 漆膜部分生锈

5.2 有机硅涂料

实验表明，与物理改性相比，化学改性环氧树脂不仅解决了相容性差的问题，还明显改善了体系的耐热性、韧性、附着力，并且在较高温下不会很快分解。同时此改性树脂固化物还具有优良的涂膜性能，因此可应用于耐高温防腐涂料领域。

[例5] 以二甲苯和环己酮为溶剂加热熔融 2 份环氧树脂 E-20 后，加入 8 份含乙氧基有机硅低聚物

$$H_3C-\underset{\underset{C_6H_5}{|}}{\overset{\overset{OH}{|}}{Si}}-O-\underset{\underset{CH_3}{|}}{\overset{\overset{CH_3}{|}}{Si}}-O-\underset{}{\overset{\overset{OC_2H_5}{|}}{Si}}-OC_2H_5$$

，在环烷酸锌的催化作用下，于 140～150℃反应 3～5h，得到淡黄色透明液体；加入适量溶剂制得固含量为 50% 环氧改性有机硅树脂的溶液，具有良好的耐热防腐综合性能，其结构式如下：

$$H_3C-\underset{\underset{C_6H_5}{|}}{\overset{\overset{OH}{|}}{Si}}-O-\underset{\underset{CH_3}{|}}{\overset{\overset{CH_3}{|}}{Si}}-O-\underset{\underset{OH}{|}}{\overset{\overset{OC_2H_5}{|}}{Si}}-O-R$$

以该环氧改性有机硅树脂为基料的涂料为双组分，配方见表 5-28。

■表 5-28 涂料参考配方

成　　分	质量配比	成　　分	质量配比
A 组分		A 组分	
环氧改性有机硅树脂（50%）	33	磷酸锌	12
滑石粉	5	混合溶剂	20
云母粉	8	助剂	2
钛白粉	8	B 组分	
玻璃粉	10	固化剂	2.5

所配方制备的涂料具有较好的耐热防腐性能和力学性能，其性能指标见表 5-29。

■表 5-29 涂膜性能测试

检验项目	技术指标	检验结果	检验方法
表干/h	≤5	2～3	GB/T1728
实干/h	≤24	≤24	GB/T1728
附着力/级	1	1	GB/T1720
柔韧性/mm	≤1	≤1	GB/T1731
耐冲击性/cm	≥50	50	GB/T1732
耐热性能(500℃，20h)		合格	GB/T1735
耐酸性(30%H_2SO_4，30℃)	300h 无变化	合格	GB/T1763
耐碱性(10%NaOH)	300h 无变化	合格	GB/T1763

本涂料采用改性芳香胺固化剂可以常温固化，并使涂膜具有优良的综合性能；添加硅烷偶联剂 KH550 不仅可以提高漆膜的附着力，同时也可以提高耐热温度。若环氧改性有机硅树脂配以适当的颜填料制得的涂料在高温下

可以稳定贮存,可在 500℃环境下长期使用。

■ **有机消融防热涂料** 有机消融涂料是以有机高聚物为基料添加无机材料等组成的,亦称为有机烧蚀涂料。根据其在高温下的物理(熔融、蒸发、升华、辐射等)和化学(分解、解聚、裂解、高温反应等)吸热使被涂物体降温原理而设计的。有机消融防热涂料就是伴随航天技术的发展而出现的不可缺少的配套材料。

航天飞行器(导弹、火箭、飞船等)以高超音速冲出大气和返回地面(即"再入")时,在气动加热下其表面温度可达 1000~5000℃;固体火箭发动机工作时其燃烧室处于 5~20MPa、2000~3000℃高温的热环境中。所以相应部位必须采取妥善的防热措施,以保证飞行器正常的飞行,达到预期的目的。有机消融防热涂料是一种施工方便、性能优良、适应性强的防热材料。

用于有机消融涂料的基料中有机树脂和硅橡胶是重要的品种,其特点是高聚物裂解后残留物要为硅质物质。它具有很高的耐温性、耐候性和电绝缘性。配合适当的填料和增强剂可制成优良的消融材料。研究证实,具有支线型结构的有机硅树脂比环线型结构的热稳定性明显提高。

随着宇航工业的发展,需要消融隔热涂料作为高速飞行器表面、火箭发动机内壁、导弹发射系统、飞机发动机排气管等高温条件下的绝热保护,其涂层的防热保护环境是十分苛刻的,它不但要求涂料具有良好的消融隔热性能,而且必须具有较好的耐高温高速气流冲刷的性能。此外,涂料还应是无溶剂的可厚涂、可室温固化等。

由于有机硅涂料具有卓越的热氧化稳定性和耐紫外线降解性能,因此能满足航天器消融隔热和防腐的需要。美国 Tempil 公司生产一种能耐 1370℃高温的有机硅消融隔热涂料,商品牌号为 Pyromark2500。这种涂料是用道康宁公司的 DC-805 和 DC-806 两种硅树脂配制而成的,通常采用喷涂法施工,涂层在空气中缓慢干燥后在 249℃固化 1h,然后将固化了的涂料在 538℃下玻璃化。它能经受航天飞机火箭尾喷管所产生的热量和再入大气层的高温,从而达到保护航天蒙皮的作用。

我国已研制成功多种有机硅消融隔热涂料,如就用于国防工程的 YJ-66A 型和 751 型涂料。这两种涂料具有优良的高强度、耐烧蚀、耐高温高速火焰气流冲刷和隔热性能。YJ-66 型涂层在氧煤油火箭发动机下的消隔速率为 0.12~0.2mm/s;751 型涂层(0.5mm 厚)经 1600℃×30s 氧乙炔焰烧蚀后的背面温度低于 200℃,失重小于 2.0%。

在有机硅消融隔热涂料中加入硅烷偶联剂,可以改善涂料的黏度和分散性,提高涂层的防腐和耐水性,增加底材的附着力和层间附着力,降低涂料的固化温度,提高涂层的物理机械性能。以 YJ-66A 有机硅涂料为例,它是以环氧有机硅树脂为漆基,以硅酸盐、磷酸盐、硼酸盐及某些无机氧化物为填料,并加入增韧剂、增强剂和催化剂等所组成。当添加"南大-42"(苯胺甲基三乙氧基硅烷）有机硅偶联剂后，由于"南大-42"偶联剂分子具有四个反应性基团，它既可同树脂分子中的环氧基、羟基反应，同时又可与无机填料、增强剂表面的羟基反应；此外，"南大-42"分子中的两个端基对底材、树脂、填料、增强剂还产生物理的亲合作用、物理的缠联作用。这些化学与物理的作用，使涂层中树脂分子之间、填料之间、树脂与填料之间、树脂与增强剂之间、涂层与底材之间都偶联起来，使整个涂层成为一个牢固的整体，从而大大提高了涂层的性能。

■ **耐热耐候的防腐涂料** 人们通常使用油漆涂覆在金属制件及其他材料表面以防止其腐蚀，但有机清漆和瓷漆不耐热，当温度大于150℃时大部分有机树脂碳化，而当温度低于－50～－70℃时又变脆，致使涂层从材料表面脱落。有机硅树脂具有优良的耐高温和耐天候性能，使成为高温涂料的理想材料。有机硅涂料除了耐热外，还具有耐候、耐水、耐各种气体和蒸汽、耐臭氧和紫外线降解等特性。因此，目前已广泛用作烟道气、锅炉、电炉、各种加热器、水泥焙烧炉、石油裂解炉等的耐热防腐涂料，以及用作飞机、导弹、宇航器等的绝热保护涂料，可在250～300℃下长期工作，并保持其色彩和光泽。

耐热有机硅防腐涂料通常分为两大类：260℃以下使用的和260～650℃范围内使用的涂料。前者通常以改性有机硅树脂（有机硅含量约25%～30%）为基料，后者有机硅含量较高。使用温度越高，需要的有机硅含量也越高。

在配制有机硅耐热涂料时，除了能成膜的硅树脂溶液外，还需要添加填料（如云母粉、滑石粉、玻璃粉等）和颜料（通常使用热稳定的无机颜料，如铝粉、锌粉、炭黑等）。为加速漆膜的固化速度，可使用各种不同的催化剂。催化剂一般为锌、钴、镁和铁的辛酸盐或环烷酸盐，其中辛酸锌的效果最好。

国内涂料行业采用环氧改性的硅树脂W30-5冷拼4%～10%的氨基树脂，然后配入玻璃料以及高温颜料，生产出一种耐热性可900℃的防腐涂料。这种涂料具有良好的耐大气、盐雾、防潮等性能，并可承受高温速气流的冲刷、热震、高速旋转和温度骤变。在耐高温涂料中，玻璃料或陶瓷烧结料的主要作用是：当有机成膜物质在一定温度下，因分解而失去黏附作用后，玻璃料或陶瓷烧结料接替有机成膜物质发挥对颜料和基本金属的黏附和成膜性能，组成一种新的致密层，以承受高温下的热、氧化、腐蚀及气流冲刷等作用。

在实际应用中，有时很需要不加任何填料、颜料、包括不加铝粉、锌粉玻璃陶瓷材料的耐温清漆。国产采用四苯基苯基三乙氧基硅烷与硼酸或硅酸共缩合（摩尔比为1∶1或1∶2），研制成一种耐热的有机硅树脂漆，其清漆涂于铜片上，光泽明亮，经500℃10h老化后，铜片不被氧化，涂层保持光泽，快烘后铜片测试附着力仍为一级，耐冲击强度为50kgf·cm。与没有涂层的铜片比较，在同样情况下铜片氧化变色。如与铝粉共混，可耐 700℃ 高温。

5.2.2 耐候涂料

在户外使用的涂料（即耐候涂料）需要经受住风吹日晒、雨水冲刷、冷热交变、紫外线照射等。由于有机硅树脂分子中无不饱和键，对抗大气腐蚀有卓越的抵抗力，紫外线不容易使其裂解或交联，在室外长期曝晒，无失光、粉化、变色、漆膜完整等现象，其耐候性非常优良。例如纯硅树脂涂膜置于户外曝晒 12 年，无失光、变色及脱粉现象，涂膜完整，证明其耐候性非常突出，可以用大量粉化的颜料制成不粉化涂料。但由于硅树脂生产成本较高，加之固化性及对基材的粘接性尚不满意，因而很少直接用作耐候涂料基料。涂料工业中利用有机硅树脂的这种特性，来改良其他有机树脂，主要用作耐候涂料基料，主要品种有有机硅改性醇酸树脂、聚酯树脂、丙烯酸树脂、聚氨酯树脂等，制造长效耐候性和装饰性能优越的涂料，很有成效。近年来改性工作进展很大，是现在研制涂料用有机硅树脂的主要方向之一。这类有机硅改性树脂漆比有机硅树脂漆价格便宜，能够常温干燥，施工简便，在耐候性、装饰性以及耐热、绝缘、耐水等性能方面较原来未改性的有机树脂漆有很大的提高。

改性树脂的耐候性和配方中有机硅含量成正比，一般常温干燥型的改性树脂中有机硅的含量为 20%～30%；烘干型改性树脂中有机硅含量可达 40%。改性树脂的耐候性还与用作改性剂的有机硅低聚物组成有关。有机硅低聚物中 Si—O—Si 键数量越多，耐候性越好。Si—O—Si 键的数量是树脂耐候性的决定因素。因此在配方设计时，具有相同含量的有机硅耐候树脂中以选取比值（甲基基团数目/苯基基团数目）大的有机硅低聚物为好。

用有机硅改性的醇酸、聚酯、聚丙烯酸酯等涂料耐候性明显提高，可用于室外的长效、高装饰性保护涂料，特别是有机硅改性的醇酸树脂涂料，不仅保持了原有气干的特点，而且耐候性可大大提高。有机硅改性的聚氨酯涂料广泛用于飞机蒙皮，大型储罐表面，建筑屋面和文物的保护。有机硅改性常温干型醇酸树脂漆的耐候性比一般未改性醇酸树脂漆性能要提高 50% 以上，保光性、保色性增加两倍。由于耐候性能的提高，可以减少设备维修费用的 75%，所以比使用未改性的醇酸树脂漆经济。常温干型有机硅改性醇酸树脂漆多用作重防腐蚀漆，它使用金属皂作催化剂常温固化，是价格比较便宜的通用品种，适用于永久性钢铁构筑物及设备，如高压输电线路铁塔、铁路桥梁、货车、石油钻探设备、动力站、农业机械等涂饰保护，并适用于严酷气候条件下，使用于海洋船舶的水上部分的涂装。使用 10 年后其漆膜仍然完据，外观良好。聚氨酯改性硅树脂耐候涂料作为室外涂料比醇酸改性硅树脂有更好的化学稳定性。丙烯酸及聚酯改性硅树脂耐候涂料，一般用三聚氰胺树脂作固化剂，用于土木建筑、屋顶或壁面的防水涂料。

对常温干型有机硅改性醇酸树脂、氨基醇酸树脂、未改性醇酸树脂、环氧树脂四种树脂磁漆，作过户外曝晒对比试验，情况如图5-3所示。

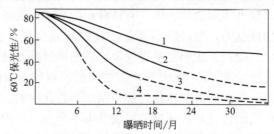

■ 图5-3　几种涂料的户外曝晒对比试验
1—自干型有机硅改性醇酸树脂涂料；2—氨基醇酸树脂涂料；
3—未改性醇酸树脂涂料；4—环氧树脂涂料
——表示涂层粉化；曝晒地点：美国佛罗里达

对有机硅改性长油度豆油醇酸树脂漆中有机硅含量对耐候性的影响，作过户外曝晒对比试验，其情况如图5-4所示。

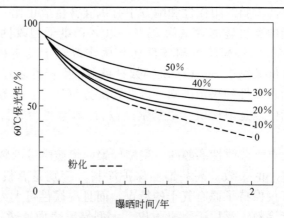

■ 图5-4　改性树脂中有机硅含量对耐候性的影响
曝晒地点：美国佛罗里达

由此可见，将具有耐紫外线、强憎水性的有机硅树脂引入醇酸树脂的结构中，使醇酸树脂漆膜的保光性、抗粉化性、保色性、耐候性有很大的改进，提高了醇酸树脂的户外使用价值。可用作户外钢结构件和器具的耐久性涂料。如自干型改性醇酸树脂多作维护性涂料，适用于永久性建筑及设备，例如高压输电线路的铁塔、铁路桥梁、货车、石油钻探设备、动力站、农业机械等涂饰保护，并适于严酷气候条件下，使用于海洋船舶的水上部分涂装。一些有机硅改性醇酸磁漆的参考配方举例见表5-30（质量份）。

■表5-30 有机硅改性醇酸磁漆的配方

组　　分	红	黄	蓝	白	黑	绿	天蓝
有机硅改性豆油醇酸漆料（油度61%，有机硅含量20%，固体分50%）	100	100	100	100	100	100	100
甲苯胺红	12	—	—	—	—	—	—
深铬黄	—	32	—	—	—	—	—
华蓝	—	—	8.6	—	—	—	1
钛白粉（金红石型）	—	—	3.1	33	—	—	24
群黄	—	—	—	0.001	—	—	—
氧化锌	0.6	—	—	—	—	—	0.4
涂料炭黑	—	—	—	—	4	—	—
中络绿	—	—	—	—	—	16.4	—
硅油溶液（1%）	—	—	—	—	—	0.7	0.7
环烷酸铅液（Pb 10%）	2.5	3.0	2.9	3.7	4.1	2.7	2.5
环烷酸锰液（Mn 3%）	0.54	0.55	0.54	0.33	1.0	0.55	0.5
环烷酸钴液（Co 4%）	0.27	0.27	0.27	0.45	0.27	0.27	0.27
环烷酸锌液（Zn 3%）	1.08	1.08	1.09	1.60	0.92	1.09	1.09
环烷酸钙液（Ca 2%）	1.16	1.14	1.15	1.14	1.20	1.14	1.14
黏度［涂-4杯，(25 ± 1)℃］/s	40~80	65~75	65~75	50~60	40~80	65~75	40~80
细度/μm ≤	20	20	20	20	20	20	20

将漆料和颜料在研磨设备中研磨至细粉为 $22\mu m$。黏度（涂-4杯，25℃）：红色漆为 40~80s，白色漆为 50~60s，黑色漆为 40~80s。

该漆为常温干型，多用做重防腐蚀漆，适用于永久性钢铁构筑物及设备，如高压输电路铁塔、石油钻探设备、铁路桥梁、货车、动力站、农业机械等作涂饰保护，并适用于严酷气候条件下，如航海船舶水上建筑的涂料，其耐候性、保光性、保色性、均比未改性醇酸树脂漆要好，可以减少设备维修费用。

有机硅改性聚酯树脂漆是一种烘干型漆。主要用于金属板材、建筑预涂装金属板及铝质屋面板等的装饰保护（卷材涂料）。它具有优越的耐候性、保光性、保色性、不易褪色、粉化、涂膜坚韧、耐磨损、耐候性优良。经户外使用7年，漆膜完好，不需重涂。国外报道曾对烘干型有机硅改性聚酯漆和其他类型漆进行了户外曝晒对比试验，情况如图5-5所示。

烘干型有机硅改性聚酯树脂漆价格要比一般未改性醇酸树脂高，但比氟树脂漆价格要低得多，因此无论从经济上或性能上来讲，有机硅改性聚酯漆均为一种优良的耐候漆。

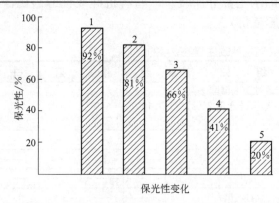

■ 图5-5　几种涂料经户外曝晒一年后保光性的比较
1—热固型有机硅改性聚酯树脂涂料；2—氟树脂涂料；3—乙烯树脂涂料；4—丙烯酸酯类涂料；5—醇酸树脂涂料曝晒地点：美国佛里达，正南方向，倾45°角

有硅树脂的特殊结构决定了其具有良好的保光性、耐候性、耐污性、耐化学介质和柔韧性等，将其引入丙烯酸主链或侧链上，制得兼有两者优点的有机硅改性丙烯酸酯树脂，进而得到理想的有机硅改性丙烯酸酯树脂漆，具有优良的耐候性，保光、保色性能良好，不易粉化，光泽好。大量用于金属板材预涂装（卷材涂料）、建筑预制金属板及机器设备等的涂装，其户外耐候使作期限可达15年。有机硅丙烯酸外墙涂料，可常温固化且快干，光泽好、施工方便。有机硅改性丙烯酸酯漆分常温干（自干）型及烘干型两种，就耐候性能来讲，烘干型优于自干型。有机硅改性脂肪族聚氨酯树脂，大大提高耐温性、耐候性、用作飞机蒙皮涂料。

使用有机硅改性树脂耐候漆时，必须注意只有在涂膜完全固化以后，才能获得优良的耐候性能。若涂膜固化程度差，干燥不好，则耐候性能也不好。

以纯有机硅树脂为主要成膜物的外墙涂料可有效防止潮湿破坏，它们在建筑材料表面形成稳定、高耐久、三维空间的网络结构，抗拒来自外界液态水的吸收，但允许水蒸气自由通过。这即意味着外界的水可以被阻挡在墙体外面，而墙体里的潮汽可以很容易地逸出。

5.2.2.1　有机硅树脂耐候涂料

在混合器中加入甲基三甲氧基硅烷20份、异丙醇17份、固体粉末状硅树脂（520g硅酸四乙酯40、600g异丙醇、180g水和10g冰醋酸混合均匀，在常温下水解48h，用2h加热到80℃）30份、硅溶胶（pH：2.5～3，SiO_2含量为20%～21%，平均粒径10～20μm）25份、阳离子型表面活性剂（サンスタット2012A）1.5份和丁基溶纤剂6.5份混合均匀。由放热自动升温至50℃，放置2h自然冷却至常温，却成涂料，其pH值为4.5。

施工及配套要求：脱脂铜板、脱脂铝板、添加石棉的水泥板和无机材料上，以一般的涂布方法涂布后，于120℃烘烤20min。若涂三道时，一道厚度为4~8μm，于120℃烘烤40min，二道为120℃烘烤10min，第三道为120℃下烘烤40min，三道漆膜总厚为14~23μm。

性能：干燥漆膜厚40μm（在钢板上）的针孔测定结果稍微有显示（用PRD 2000V放电探针），耐酸性（30%硫酸浸渍60天）稍差，附着力、耐热性、耐水性、硬度、耐沸水、耐盐水性均优。耐热性：600℃。可形成透明涂膜，室外使用耐久性可达20年以上，耐候性极优。可用于金属（钢板、铝板）、玻璃、陶瓷、水泥板、纤维板、纸、塑料等基材上。

随着航天工业的发展，高速飞行器要在十分恶劣的空间环境中飞行，其表面的保护涂料要求耐高低温、耐冲刷、耐辐照、耐老化等，对耐候涂料不断提出高性能要求。新型有机硅耐候涂料将会发挥重要作用。

5.2.2.2 有机硅改性聚酯粉末涂料

有机硅改性聚酯的合成：在装有温度计、搅拌桨和分馏冷凝管的玻璃釜中，在通氮气保护的情况下，加入过量的新戊二醇和有机硅活性树脂Z-6018，并加入有机锡催化剂，在175℃下反应1h，然后加入对苯二甲酸、己二酸，180~250℃反应脱水，达到理论出水量后，加入间苯二甲酸封端。

涂膜的制备：将有机硅改性聚酯、固化剂、助剂混合均匀后，再熔融挤出，粉碎后用静电喷枪喷到经过除油除污处理的钢板上，然后加热固化，得到涂膜。

改性聚酯粉末涂料的涂膜性能：有机硅改性聚酯中的含硅聚酯在表面富集，形成一层含硅保护层，大大降低了聚酯树脂的表面张力，由此带来了有机硅树脂的一些优异特性，提高了其粉末涂料的涂膜耐候性和耐水性。相对于纯聚酯树脂，有机硅质量分数为1%可使树脂的表面张力从49.5降到28.4 mN/m；经216 h中波紫外线照射后，涂膜的光泽保留率从81%上升到91.3%。含有机硅质量分数超过5%后，涂膜的抗冲性能下降。从图5-6可以看出，有机硅树脂的含量对改性聚酯的光泽保留率有较大的影响。引入抗紫外线照射性能较好的有机硅组分，提高了聚酯树脂最后的光泽保留率。实验表明1%的有机硅含量对耐候性能提高最好，并且涂膜其他的基本性能也较好，见表5-31。改性聚酯中有机硅含量达到一定程度后，含硅聚酯在表面的富集趋于平缓，进一步增加有机硅树脂含量对改性聚酯树脂的相态及固化性能造成影响，表现为涂膜抗冲等性能下降。

■表5-31 涂膜基本性能

有机硅质量分数/%	0	0.5	1	3	5	10	注
丙酮擦拭	通过	通过	通过	通过	通过	通过	
抗冲强度	通过	通过	通过	通过	不过	不过	GB/T1732，>50kgf·cm
附着力/级	0	0	1	1	2	2	基于GB/T9286

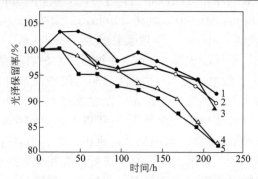

■ 图 5-6　有机硅含量对改性聚酯涂膜耐候性的影响

60°光泽是在涂膜经受中波紫外线(波长 313 nm)照射后测定有机硅质量分数：
1—1％；2—0.5％；3—3％；4—5％；5—0

总之，聚酯经少量有机硅改性后，树脂的玻璃化温度、熔融黏度略有下降，聚酯树脂的表面与水的接触角变大，表面张力下降。有机硅改性聚酯用于粉末涂料时，涂膜的耐候性能提高。当改性聚酯含有质量分数 1％的有机硅时，涂膜的耐候性改善效果最佳且具有良好的其他涂膜性能。

5.2.2.3　有机硅改性聚酯型耐久卷材面漆

聚酯树脂涂料具有光亮、丰满、硬度高等良好的物理机械性能、加工性能及耐化学腐蚀性，使之成为卷材涂料中应用最广泛的树脂品种，但其存在耐水性差、耐沾污性、保光保色性不好等缺陷。硅改性聚酯卷材涂料兼具聚酯树脂和有机硅树脂的特性，因而用途非常广泛。硅改性聚酯非常适合于高耐候性涂料，符合目前作为预涂卷材新增长点的家电板用卷材涂料的高性能要求。用其制备的卷材涂料的特点如下：①耐久性优良；②有良好的硬度、耐磨性、耐热性等涂膜性能；③在卷材涂装线上有良好的流变性；④成本偏高；⑤配方正确时有良好的耐化学药品性；⑥以缩合反应机理固化成膜。

预涂卷材涂料经济环保，符合当今社会经济发展的需要，因而应用越来越广泛。随着技术的不断进步，其应用领域已扩展到家电、装饰、家具等，但其最主要的用途还是建筑业，大量的是外用卷材，要求具有持久的美观装饰和保护性能。有机硅改性聚酯具有优异的耐污染、耐候性（保光、保色、不粉化性），其粘接性好、固化快，且坚韧耐磨，适应预涂卷材涂装要求，非常适用于制备耐久型卷材面漆。

上海振华造漆厂开发的有机硅改性聚酯卷材涂料除具有聚酯卷材涂料的优良性能外，在户外耐候性、保光性、保色性等方面也有很大提高，人工老化试验从 1000 h 提高到 2000 h，T 型弯曲性能也进一步提高，已用于我国最大彩板厂的彩涂机组。

5.2.2.4　双组分高功能性有机硅改性聚酯树脂涂料

以聚酯树脂（由三羟甲基丙烷、一缩二乙二醇、新戊二醇等多元醇、邻苯二甲酸酐、对苯二甲酸、己二酸、壬二酸等二元酸制得 80% 固含量的树脂）和硅醇 [Ph/(Me+Ph) 为 43.38%、R/Si=1.39] 加入催化剂缩合所得的有机硅改性聚酯树脂兼具两者的优异性能，是一种高固体分树脂，以其为主要成膜物质，加入颜料、填料、助剂制成漆，与 HDI 缩二脲和 HDI 三聚体固化剂配和后，再与环氧底漆配套，涂装在经过适当处理的金属表面，漆膜性能如表 5-32 所示。

■表 5-32 漆膜性能检测结果

检测项目	性能指标	检测方法
漆膜颜色和外观	符合标准色板及色差范围，漆膜平整光滑	GB/T9761
干燥时间/h		
表干 [(23±2)℃]	2	GB/T1728（乙法）
实干 [(23±2)℃]	24	GB/T1728（甲法）
烘干 [(50±2)℃]	6	GB/T1728（甲法）
柔韧性/mm	≤1	GB/T1731
附着力/级	≤1	GB/T1720
摆杆硬度	≥0.5	GB/T6739
60°光泽	≤10	GB/T9754
耐冲击性 [(23±2)℃]/cm	≥50	GB/T1732
配套后性能		
耐热性 [(176±2)℃×76h+(210±2)℃×4h]		
外观	漆膜轻微变色	GB/T9761
划格附着力/级	1	GB/T1720
耐冲击性/cm	50	GB/T1732
耐低温性能 [(-55±2)℃，4h]	漆膜不开裂，不剥落	GB9278
耐合成航空润滑油（4109）[(121±2)℃，24h]	漆膜不起皱，不脱落，允许轻微失光，变色	GB/T9274
耐喷气燃料（RP-3）[(23±2)℃，7d]	漆膜不起皱，不起泡，不失光，不变色	GB/T9274
耐航空洗涤汽油（180号）[(23±2)℃，24h]	漆膜不起皱，不起泡，不失光，不变色	GB/T9274
耐航空液压油（YH-10或YH-12）[(23±2)℃，7d]	漆膜不起皱，不起泡，不失光，不变色	GB/T9274
耐水性 [(38±1)℃，4d]	漆膜不起泡，不失光，不变色	GB/T1733
耐湿热性 [(47±1)℃，相对湿度94%~98%，1000h]/级	1	GB/T1740
耐盐雾性 [(35±2)℃，5% NaCl 溶液连续喷 3000h]/级	1	GB/T1771
人工加速老化（1000h）/级	1	OD/T1005
冷热交变性（-50℃×15min+175℃×15min，反复40次）	漆膜不龟裂，不变色	GB9278

该常温自干型涂料具有耐冷热循环、耐候性好、耐腐蚀性好等性能，适用于飞机和海洋设施的涂装。

5.2.2.5 聚酯-二氧化硅杂化卷材涂料

由于硅改性聚酯面漆仍采用氨基树脂作为固化剂，在结构上就存在不耐酸雨腐蚀的问题。日本钟渊化学工业株式会社在乙二醇-间苯二甲酸-新戊二醇-对苯二甲酸形成的聚酯体系中添加 $HSi(OEt)_3$ 制备的粉末涂料，经 1500h 人工老化试验后，涂膜光泽仍不小于 85%，这种方法为开发新型卷材涂料体系提供了一个很好的思路。

目前，采用溶胶-凝胶法制备了有机树脂-无机二氧化硅的杂化涂料体系，是有机硅树脂在卷材涂料应用上一个很热的前沿课题。S. Flings 等用正硅酸乙酯（TEOS）改性聚酯制备的聚酯-二氧化硅杂化型卷材涂料在柔韧性和硬度上均有大幅度的提高。通过溶胶-凝胶法将二氧化硅引进涂膜中，提高了涂层的交联密度，结合了有机-无机材料的优点。但是在涂料的包装形式、贮存稳定性、物理机械性能、耐化学药品性以及成膜与施工性等方面还有很多工作要做。

反应机理：正硅酸乙酯（TEOS）作为溶胶-凝胶的先驱体，将其加入到含羟基的聚酯低聚物中，在酸催化剂存在下，TEOS 中的乙氧基先水解形成硅羟基，然后硅羟基之间、硅羟基和 TEOS 之间以及硅羟基和聚酯树脂中的羟基之间进行缩聚反应，形成有机-无机杂化涂料。具体的反应式示意如下：

$$\equiv SiOCH_2CH_3 + H_2O \longrightarrow \equiv SiOH + CH_3CH_2OH$$
$$\equiv SiOH + HOC\equiv \longrightarrow \equiv SiOC\equiv + H_2O$$
$$\equiv SiOH + HOSi\equiv \longrightarrow \equiv SiOSi\equiv + H_2O$$
$$\equiv SiOH + CH_3CH_2OSi\equiv \longrightarrow \equiv SiOSi\equiv + CH_3CH_2OH$$

硅改性聚酯作为卷材涂料的基料组分，对提高涂膜的表面性能、耐热性、耐候性等有很大好处。虽然硅改性聚酯的生产成本稍高于聚酯树脂，但是要比氟碳树脂便宜得多，而且还廉于纯硅树脂，故有较强的竞争力。特别是用于目前作为预涂卷材新增长点的家电板用卷材涂料中是一个很好的品种，受到广泛的追捧。

目前，国内在硅改性聚酯方面存在的主要问题是有机硅改性技术的开发和应用水平有待进一步的提高；另一方面，改性用有机硅中间体的品种和来源少，主要来自美国道康宁、通用电气、德国瓦克、日本信越和法国罗地亚等国外大型有机硅生产企业，价格较高，不利于硅改性聚酯的推广使用。因此，研究成本低、活性大、具有合适结构和性能的有机硅中间体将会大大促进硅改性聚酯在卷材涂料中的应用。

5.2.3 耐磨涂料

在柔性金属、玻璃、塑料、橡胶等表面，为了保护其表面本色，耐磨并易于清洗，需要涂一层耐磨涂料。用作耐磨表面涂层的优良材料通常是以三官能单元（如用甲基三乙氧基硅烷或苯基三乙氧基硅烷水解）或四官能和三官能单元为主要原料，经水解、缩合而制得的低 R/Si 比甲基硅树脂预聚体（制成二甲苯或丁醇溶液），涂覆于基材、再进一步熟化交联而成的树脂。该涂层对基材具有良好的粘接性，固化后，外观像玻璃，故又称玻璃树脂，是美国 Owens ILLinois 公司于 20 世纪 60 年代末研制成功的高度交联的有机硅树脂。

由于玻璃树脂中 R∶Si 的值较小（等于 1 或稍大于 1），官能度很大，甲基的空间位阻又小，使 C_2H_5O—基容易水解，HO—基极易缩合成体型结构，因此该树脂具有低温快速固化的特点，成膜性好。如果加入少量的催干剂，在 50～60℃几分钟内树脂就可固化成膜；即使不加催干剂，在 100℃左右烘数小时，或在室温下放置数日亦也可固化膜。

通常将玻璃树脂采用浸渍涂覆方法，涂于有机玻璃或透明聚碳酸酯板，一磅玻璃树脂可涂 0.126mm 厚的涂层 300 平方英尺（1 英尺＝0.3048m），在飞机的风挡和窗户、汽车后窗、火车车厢玻璃、安全门窗等上使用，涂上这种玻璃树脂后既可提高这些基材的耐磨性、耐化学侵蚀，又可提高其透光性。

对被涂基材的唯一要求是在玻璃树脂熟化的温度下有足够的尺才稳定性。对不同的基材采用不同的熟化温度和时间，如对聚乙烯、有机玻璃，为 90℃/48h；对三聚氰胺为 220℃/18h；聚氯乙烯为 185℃/18h。以涂覆聚碳酸酯为例，介绍其方法如下：由 2mol 甲基三乙氧基硅烷、1mol 苯基三乙氧基硅烷制得的水解而配成 60％的酒精溶液，往 10mL 这样的溶液中加入 5g 2-羟基-4-甲氧基二苯甲酮紫外线吸收剂，80min 内升温到 140℃除去溶剂，并进行预热化得预聚物，将预聚物 100g 慢慢地溶于 100g 酒精中，浸涂 5mm 厚的聚碳酸酯板，135℃熟化 28h 即获 0.01mm 厚的涂层。用 400W 紫外灯照射此板时，板距灯 26.24cm，经 1000h 后，涂有玻璃树脂的仍清明透亮，而未涂处则变黄发暗，板上的这玻璃树脂涂层可经受 15 英尺·磅的冲击，约比聚碳酸酯的抗冲能力大 60％。若要在玻璃上涂覆这种玻璃树脂，需先涂一层钛酸丁酯或四氯化锡，于高温下裂解成氧化物再涂玻璃树脂。普通玻璃经涂覆后可耐碱液，涂覆于铜板则能耐沸腾的 5％NaCl，1％ NaOH 或 1％HCl。欲涂覆于铜或黄铜时需加 1％柠檬酸（或酒石酸、葡萄糖酸）起稳定作用，以免涂层熟化时金属变色。

以国产 CTS-01、ASB-R-2 和日本 KR-240 玻璃树脂为例，各项性能如下：

CTS-01：

外观：无色透明液体

固体含量：40％±3％

黏度［涂-4 杯，(25±1)℃］：10～15s

pH 值：6～7

硬度（摆杆硬度）：0.7～0.9

透光率：90％～92％

干燥性能［(90±2)℃］：12～14h

附着力：1～2级

柔韧性：1～3mm

冲击强度：40～50kgf·cm

击穿电压：30～50kV/mm

介电常数：3～6

介电损耗角正切：10^{-2}～10^{-3}

体积电阻率：10^{12}～10^{14} Ω·cm

表面电阻：10^{11}～10^{13} Ω

项目	ABS-R-2	KR-240 甲基硅树脂（日本信越）
外观	无色至淡黄色透明液体	
固体含量	27.5%～32.5%	25%
黏度（25℃）	6～15mPa·s	6mPa·s
涂膜指干时间	70℃≤20min	180℃ 1.5h
贮存期：6个月		
涂膜硬度（H）	犁起≥3	
负荷200g	擦伤≥2	

有机硅玻璃树脂的主要特点是坚硬透明，在可见光区透光率达90%以上，成膜后的薄膜绝缘性能好，并且有耐摩擦、耐热、耐老化、耐辐射、低温不脆化、耐溶剂、疏水、防潮、无毒、透光率强等优点，使用过程中无气体释出，即使在450℃、高真空及电子辐射条件下也不产生气体。它还可提高基材的防潮、耐老化、耐辐射及抗冲击性能。耐磨增硬涂料可广泛用在各种塑料及橡胶制品上，主要用作为玻璃、有机玻璃、聚碳酸酯、丙烯酸系塑料、聚氨酯、聚酰胺、聚酯、聚甲醛、聚苯乙烯、聚烯烃、聚四氟乙烯、硅树脂、硅橡胶、氯丁橡胶、镜头、飞机和汽车上的挡风玻璃板、仿金工艺品、金属化塑料、扑克牌、高级画报等的透明耐磨保护涂层。此外，由于玻璃树脂涂层的折射率比任何透明塑料都低，因此可通过降低透明塑料的背景反差来提高透光率，改善光学性能。

耐磨增硬玻璃树脂涂料还可用作电子电器元件如电阻、电容、晶体管等的绝缘和防潮防护涂层，将树脂涂于铜、铝、铁、钢等表面，有防止氧化而保持原来金属光泽，甚至浸入沸腾的5%（质量分数）氯化钠、1%（质量分数）的氢氧化钠和1%（质量分数）的盐酸中均能完好无损；将其涂在玻璃板上，无损透明度而可提高玻璃的抗冲强度；将其涂于纸张、陶器及建筑物上，可起到防水及提高光泽度的作用。经玻璃树脂处理过的非标电阻、碳膜电阻、陶瓷骨架电阻、酚醛树脂骨架电感线圈和聚苯乙烯骨架电感线圈等均有防潮、绝缘效果，电性能参数稳定、高频性能尤其突出，符合技术要求；而且外观光亮平滑、清洁美观。此外，用玻璃树脂代替环氧清漆和有机硅绝缘漆浸渍小型变压器线圈，可避免因使用上述两种绝缘漆时，苯类溶剂的中毒和空气污染问题。

特别是用作聚碳酸酯（阳光板）、有机玻璃板材及制品的耐磨增硬涂层，取得了突出的效果。例如，航空用拉伸有机玻璃板易磨毛，严重影响可见度。刮水器试验证明，涂敷玻璃树脂前的有机玻璃数分钟后即模糊不清，而涂敷玻璃树脂后的有机玻璃，连续试验 8h 仍清晰可见。因此玻璃树脂出现不久，即将其用于波音 747 等飞机风挡玻璃及窗玻璃上。现在采用浸涂或流动法涂敷耐磨增硬涂层的聚碳酸酯及有机玻璃板材，已大量用作汽车后窗、火车门窗、旅馆、学校及公共建筑的门窗及阳光板玻璃上。

由于玻璃树脂具有这些优点，因此世界各国都相继有各种牌号的耐搔抓透明有机硅涂料出售。例如，美国通用电器公司研制成 SHC-1000 有机硅透明耐磨涂料，固化后生成的涂层十分坚硬，适用于涂装透明塑料和镀金属的塑料，以增加其表面的抗划痕性能。表面涂有 SHC-1000 的聚碳酸酯或有机玻璃的透明材料，在 Taber 腐蚀机上磨 1000 次后，其混浊度只有 2%～4%，而未涂复 SHC-1000 的材料，混浊度为 30%。SHC-1000 涂层在紫外光下暴露 1000h 不变黄，且不损失粘接强度。涂有 SHC-1000 的透明塑料浸泡在氯化物溶液、汽油、酮类、酯类、芳香烃类以及洗涤剂中，可降低应力开裂现象。将 SHC-1000 涂装到喷涂金属的塑料制品上可取代镀铬的金属。此外，该涂料可涂于金属表面或镀金属的塑料表面代替镀铬的金属；还可用作眼镜片、宇航罩、仪表盖、手表表面、安全面罩、电子元件、抛光铝和其他柔质金属表面的耐磨涂层。

美国道康宁公司同样生产一种保护透明塑料表面的硬质透明有机硅涂料，商品牌号为 ARC。这种耐磨涂料具有卓越的光学透明特性，并能在较低温度下（60～80℃）固化。涂有 $8\mu m$ 厚的 ARC 有机硅透明涂层的聚碳酸酯在 Taber 磨蚀机上磨 1000 次后，其混浊度只有 1.2%，完全能满足汽车上窗玻璃的要求。涂有 ARC 有机硅涂料的丙烯酸板材在进行 500 次磨蚀试验后，混浊度为 0.8%，而未涂复的板材混浊度为 15%。目前这种涂料已用于宇航罩、仪表盖、手表表面、安全面罩、娱乐用面罩等。

美国道康宁公司有以环氧氨烷基硅烷和钛螯合物为交联催化剂，将对苯二甲酸二甲酯-三羟甲基丙烷-新戊二醇共聚物、低摩尔质量聚甲基苯基硅氧烷（硅羟基质量分数 7%）、醋酸溶纤剂和酯交换催化剂的混合物在 150℃加热 4h，得到聚酯/有机硅的共聚物。该共聚物涂层的耐磨性能良好，在酮介质中、595g 负荷下的往复摩擦实验值为 200，轴弯曲值为 6mm。以聚酯/硅氧烷共聚物为基料的涂料已成功用于机械零件表面的保护或涂装，该涂料在 150℃下固化后可形成坚硬的耐磨涂层。

我国已研制成多种牌号和用途的有机硅玻璃树脂，如：ASB-R-2，ASB-K-1，ASB-K-2，GTS-101，GTS-103，MS-1-50，MS-1-60，MS-1-65，XH-SZ-01，02，03，JGB-50，W14-T 等。

玻璃树脂可溶全乙醇、丁醇、醋酸乙酯、苯、二甲苯以及酮类等，最常用的溶剂为乙醇。玻璃树脂的使用方法有喷涂、浸涂、辊涂、刷涂、真空喷涂等，涂层的厚度最好为 0.1~0.3mil（1mil=25.4×10^{-6}m），通常一磅玻璃树脂可涂复 125~135 平方英尺的基材。在使用前，涂覆的基材表面要进行清洗，以除去杂质和油污，清洗的方法有酸洗、碱洗、水洗、丙酮洗等。对于某些高分子材料，如有机玻璃、聚碳酸酯等，需进行特定的表面处理。

涂上玻璃树脂后，须根据玻璃树脂的特性进行加热烘焙固化（或在空气中干燥固化），否则不能充分交联，达到它应有的性能。固化的程度以不粘手指为止。为了使玻璃树脂在低温下数分钟内固化，要加入催干剂（固化剂），如三乙烯四胺或四乙烯五胺等。如加入 0.8%~1.2% 的三乙烯四胺，涂层在（60±5）℃×3min 即可固化。加入催干剂后，玻璃树脂极易胶结，使用期短，如 50% 浓度的树脂，加入 0.8%~1.2% 三乙烯四胺后，树脂使用期为 2~4h，催干剂加入量越多，室温越高时，使用期愈短。故以催干剂用量适当，现配现用，少量多次为好。

对于加入催干剂后未用完的玻璃树脂，为了避免浪费，可加入为三乙烯四胺质量 1.6 倍的冰醋酸作为阻聚剂，这样可使玻璃树脂的胶结时间延长 24~48h。重新使用时，再补加催干剂即可。此外，以两倍体积的乙醇稀释未用完的余料，胶结时间会更长（3~5 天）。

玻璃树脂在使用过程中，根据需要还可加入其他助剂，如为了改善树脂的韧性，可加入 1%~3% 的邻苯二甲酸二丁酯或邻苯二甲酸二辛酯等作为增韧剂，但加入增韧剂后，树脂耐溶剂性能会下降。玻璃树脂本身不具备滑爽性，在扑克上光时，可加入量为树脂液的 0.15%~0.3% 的 SG-1 滑爽剂，以提高扑克的滑度。再加，在商标上光时，可加入量为树脂溶液的 0.5%~1.5% 的 SG-2 渗透剂，以克服进口铜版纸因不经聚乙烯醇或干酪素打底直接上光时所发生的反拨现象（即玻璃树脂对油墨不太亲和）。

以 ASB-R-2 玻璃树脂为例，玻璃硅树脂的应用参考配方如下：

玻璃树脂	100 份
固化剂	0.1~1 份
添加剂	6~20 份
丁 醇	30~50 份

固化剂可选择胺类、酸类及过氧化物。添加剂可用配套使用 DS-1 偶联剂和塑料增塑剂或有机树脂，必要时可选用酸溶性染料作着色剂。

玻璃硅树脂以异丙醇作为溶剂，它可以与乙酸、醚、酮、苯类等溶剂相混，也可与一定比例的有机树脂相混，以改善硅树脂的韧性和附着力。根据不同用途可分别采用刷涂、喷涂、离心涂等涂布方法。ASB-R-2 玻璃硅树脂必须烘焙加热固化成膜，虽然室温下，ASB-R-2 甲基硅树脂也能成膜，但不能达到它应有的性能，因而对不同的塑料、金属均采用不同烘干温度和烘焙时间，温度和时间选择恰当，那么经它处理的塑料表面和金属表面性才能达到所需的性能。

由于 ASB-R-2 甲基硅树脂有少量二官能基存在，CH_3∶Si 之比稍大于

1；SAR-2甲基硅树脂官能多，甲基的空间位阻小，由于在固化剂的作用下，ASB-R-2甲基硅树脂中的乙氧基易水解，羟基极易缩合而形成体型结构，涂在各种塑料、金属表面得到不易剥离的薄膜，一般只需加入0.1%～0.2%的胺类固化剂，在室温或60～80℃从一小时到几分钟即能成膜，所以ASB-R-2甲基硅树脂具有一般有机硅树脂所没有的低温快速固化的特点。

[例1] 遮盖玻璃擦伤痕迹的有机硅涂料

有机硅乳液A的制备：将85份α,ω-二羟基二甲基硅氧烷与15份γ-氨基丙基三乙氧基硅烷和γ-缩水甘油氧丙基三甲氧基硅烷的反应产物混合后，在80℃下加热30h。将10份上述物料与25份环状二甲基硅氧烷混合物（包含六甲基环三硅氧烷8%，八甲基环四硅氧烷79%和十甲基环五硅氧烷13%）、3份二己基癸基二甲基氯化铵和61.5份水混合，再与0.5份KOH混合后，进行研磨。在75℃下搅拌3h，冷却至40℃，用醋酸水溶液中和后制得乳液A。有机硅乳液B的制备：将30份二甲基硅氧烷、2份山梨糖醇单月桂酸酯、2份聚氧化乙烯山梨糖醇单月桂酸酯、66份水进行研磨，制得乳液B。将制得的A乳液和B乳液，以20∶80的比例进行混合，用水稀释至10倍，制得遮盖玻璃擦伤痕迹的有机硅涂料。该涂料用来浸涂擦伤的玻璃底材，浸渍3min后，将其在室温下干燥12h，涂膜固化。浸漆瓶与新瓶子外观相似、明亮、新颖。若用2%苛性苏打溶液在50℃下洗涤，可除去所涂漆膜。

[例2] 硅树脂在摩擦复合材料中的应用

用小于200目的石墨（F-1）和MoS_2（MF-0），以W33-1、W30-2和W30-3三种硅树脂为黏结剂配制固体干膜润滑剂。

试验方法：喷膜底材为4Cr13不锈钢，固化条件为20～30℃放置12h，80℃保温半小时，150℃保温2h，350℃保温20h。在铁姆肯试验机上评价干膜抗摩性条件：总负荷32kg，线速度0.51m/s。其他与硅酸钠基干膜同。

从表5-33可知：W33-1硅树脂抗摩性不好，而W30-2与W30-3抗摩性较好，尤其是这两种干膜先在常压固化，又在10^{-5}mmHg下700℃灼烧20min后，抗摩性更好，且这两种膜的摩擦行程也较近似。

■表5-33 不同型号的硅树脂对干膜抗摩性的影响

（干膜配方：硅树脂∶MoS_2∶苯=1∶1∶4）

硅树脂型号	摩擦系数(μ)	行程/(m/μm)	注
W33-1	0.09～0.13	6.13	
W30-2	0.09～0.15	25.92	
W30-3	0.08～0.11	27.52	
W30-2	0.07～0.15	47.97	常压硬化后，又在10^{-5}mm-Hg压力下700℃灼烧20min
W30-3	0.10～0.13	49.10	

含此硅树脂干膜可作为电真空滑动部件上的润滑剂使用。

[例3] 聚苯硅氧烷纤维状摩擦材料

美国专利4020226叙述一种工艺关于纤维状摩擦材料，它含有碳纤维织物，一种聚合热固性树脂，即聚酚氧甲烷酚氧硅氧烷，其分子式为：

$$-\{Si[OC_6H_4(CH_2C_6H_3OH)_nCH_2C_6H_4OH]_2\}_m-$$

式中，$n=0\sim2$；$m=10\sim100$。材料中也含有六亚甲基四胺和硫酸钡。各种成分质量百分比如下：黏合剂20～40；六亚甲基四胺1～2.5；硫酸钡15～30；其余为碳纤维织物。

生产此种纤维状摩擦材料，推荐的工艺包括用聚合物黏合剂在有机溶剂中的溶液浸渍碳织物，溶液也含有六亚甲基四胺和硫酸钡。浸渍溶液含各种成分百分比质量为：黏合剂29.7～30.7，六亚甲基四胺2.08～2.15，硫酸钡15.4～17.8；余下为有机溶剂。

经浸渍的碳织物在20～70℃温度下干燥。这样获得的压制材料连续置于以下条件模压，温度70～80℃、规定压力150～200kgf/cm² 2～3h；温度110～115℃、规定压力150～200kgf/cm² 0.3～0.5h；对于上阶段的温度和规定压力300～400kgf/cm² 需要1～2h；130～140℃温度，规定压力300～400kgf/cm²，时间为1～2h。对于170～180℃温度，规定压力为300～400kgf/cm²，时为1～2h。这样制得的摩擦材料呈现出的摩擦性能有所提高，耐热性和耐磨损性也有提高。

[例4] 有机硅/酚醛树脂共混黏结剂在摩擦复合材料中的应用

有机硅树脂与酚醛树脂的溶液共混物作为黏结剂，它由2～8份含45%苯基的甲基苯基硅树脂、10～18份低酚热塑性酚、30～40份增强纤维、5～10份摩擦性能调节剂、35～60份填料所组成，制成模塑料，再经下述工艺热压成型待测试样。制备工艺：①压制温度160～180℃，压力20MPa，保压时间60s/mm；②后热处理温度180℃，时间10h。

有机硅树脂与酚醛树脂的溶液共混物和纯酚醛树脂的两种试样热重分析结果见图5-7和表5-34。

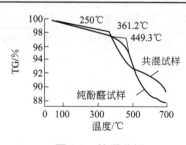

■图5-7 热重分析

■表 5-34 两种试样失重量与温度的关系表   单位：%

温度/℃	200	250	300	350	400	450	500	600	700
共混试样	98.9	98.7	98.2	97.9	97.3	96.1	93.9	91.6	89.4
纯酚醛试样	99.0	98.8	98.6	98.4	96.5	94.3	93.0	88.9	87.7

由此看出，共混物黏结剂较纯酚醛树脂黏结剂耐热性有较大幅度的提高。

由图 5-8 可看出：共混黏结剂由于良好的耐热性抑制了材料的热衰退，有利于摩擦制动的平稳，并延长了材料的使用寿命。酚醛树脂在高温下分解的热激活能为 16.7～41.8kJ/mol，而氧化的激活能大约 125.4～209kJ/mol，即摩擦材料的高温磨损机理主要由于树脂的热分解所控制，树脂黏结剂耐热等级越高，摩擦磨损性能越好，即磨损率越低。结合前面对两种试样的 TG 及 DSC 分析可看到，两者摩擦磨损性能差别集中在高温阶段（300℃以上），失重量较小的共混物黏结剂固化后，在高温时段对材料其他组元的黏结作用就越显著，增强组分在高速剪切力作用下不易被拔出形成磨屑，有助于转移膜的形成，因而磨耗小。

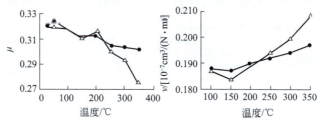

■图 5-8 两种试样摩擦磨损性能与温度的关系
—△— 纯酚醛黏结剂；—●— 共混物黏结剂

纯酚醛树脂试样及共混试样在 MM-1000 型摩擦试验机上进行缩比试验的结果见图 5-9。可以看到，纯酚醛树脂试样的制动曲线不如共混试样的平稳，且前者曲线波动剧烈；这一点也同样反映在表 5-35 中的稳定系数项中（稳定系数是指平均摩擦系数 μ_{av} 与最大瞬时摩擦系数 μ_{max} 的比值）。纯酚醛树脂试样由于较低的耐热性，超过 350℃ 热失重明显，纯酚醛黏结剂热分解产生的小分子液态或气态物质在摩擦贴合面上形成很薄的介质层，使原本以干摩擦为主的工矿条件变为混合摩擦的情况，材料出现明显的热衰退，摩擦系数下降；同时，纯酚醛黏结剂由于热分解出现碳化而失去黏结作用，摩擦表面逐渐形成龟裂，甚至剥落形成硬质颗粒，在摩擦表面上形成磨粒磨损，极大地影响了摩擦系数的稳定性。相比之下，共混试样的失重起始温度高，高温残留量大，抗热衰退强，相同实验条件下制动越平稳。

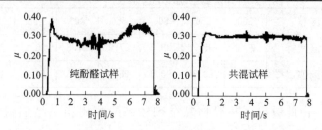

■图 5-9 纯酚醛样（左）及共混样（右）模拟制动曲线

■表 5-35 两种试样刹车试验系统数据报表

试样类型	最高转速 /(r/min)	压强 /(N/cm²)	最大瞬时系数 μ_{max}	平均系数 μ_{av}	稳定系数	能量 /(J/cm²)	刹车时间 /s
纯酚醛	7493	50	0.39	0.305	0.79	1203.5	7.7
共混	7506	50	0.34	0.307	0.90	1215.4	7.9

两种不同黏结剂制备的摩擦材料的力学性能测试结果及相应的铁路技术标准，见表 5-36。可见共混物黏结剂摩擦材料中由于硅树脂的混入，与纯酚醛树脂黏结剂摩擦材料相比，其韧性有了提高，材料的硬度降低。

■表 5-36 两种试样的力学性能

类别	压缩强度 /MPa	压缩模量 /GPa	冲击强度 /(kJ/m²)	密度 /(g/cm³)	硬度(HB)
纯酚醛试样	23.5	2.76	3.936	2.48	23.9
共混试样	33.6	1.09	5.573	2.57	19.8
技术标准	≥25	≤3	≥2.0	—	HRL 60~100

固化后的硅树脂硬度 HBs 小于纯酚醛树脂的 HBp，而硅树脂的缺口冲击强度 Is 大于酚醛树脂 Ip。在其他组元不变的情况下，引入具有大分子基团的硅树脂，有利于分子的柔软性，宏观上表现为材料的缺口冲击强度增大，硬度下降。由表 5-36 还可看出，两种试样的力学性能均达到了技术标准的要求。

采用有机硅树脂与酚醛树脂通过溶液共混法改性后，用作摩擦材料的黏结剂，比用单一的酚醛树脂时，所得摩擦材料的高温热稳定性有较明显的提高；两者的平均摩擦系数随温度的升高而下降，但使用共混物作为黏结剂时，摩擦系数下降幅度不大；两者的磨损率随温度的升高呈增大趋势，而使用共混物作为黏结剂时，其增大的幅度较小；使用共混物作为黏结剂时，所获摩擦材料的冲击强度增大，而硬度降低。表明有机硅与酚醛树脂共混物，比酚醛树脂更适于作摩擦材料的黏结剂。

5.2.4 防黏脱模涂料

有机硅高聚物问世以来，人们发现它具有很多特殊性能，尤其是作为脱模剂，像硅树脂、硅油、硅橡胶均可作脱模剂使用。在使用时空间选择何种材料作为脱膜剂，主要取决于经济性、使用寿命和应用的难易性。硅树脂的防黏和脱模性能与硅油及硅油乳液类似，具有脱模防黏作用，可用作防黏脱模涂料，其主要差别是：硅树脂利用反应性、交联性及成膜性，固化后可在被处理基材上或成型模具上形成一层半永久性薄膜，因而用作防黏脱模剂的效果优于硅油及硅油乳液、硅橡胶脱模剂，它可连续多次乃至数百次使用而无需更换或重涂。用喷漆、涂刷、浸涂等方法，将涂料溶液涂在所需处理的材料表面，溶剂挥发后，加热固化，得到坚韧的树脂膜。用作脱模的硅树脂涂料，通常是低 R/Si 比的硅树脂溶于芳烃或脂肪烃与芳烃混合溶剂的稀溶液，一般硅树脂清漆的不挥发分含量为 15%～30%。通常还含有少量的硅油，以防止硅树脂薄膜发生热开裂。为了达到最佳的脱模效果和确保涂膜附着牢固，必须对金属模具表面用喷砂进行清洁和去脂处理。

硅树脂脱模涂料的主要优点是：

① 耐热性好，受热时在模具上不易挥发或分解，抗热氧化性和化学稳定性好，对模具无腐蚀性，省去脱模润滑剂和人工费；

② 分子间作用力小，表面张力低，与大多数有机高分子材料不互溶、不黏结，对制品无副作用，使产品表面光洁，提高质量和产量，减少废次品率。

③ 可减少上润滑脂所需的材料和人力费，安全、方便。

④ 无毒、无味，适用于食品和医药工业。

⑤ 使模具和型腔较易保持清洁并减少有害的烟雾；

⑥ 延长金属、模具和型腔的使用寿命。

经加有固化剂的有机硅树脂溶液热处理的纸张具有不黏性，可作为压敏胶带或自黏性商标的中间隔离层，或包装黏性物品用纸；家庭烹调用不锈钢烤盘也可涂上有机硅树脂涂层，防止食品黏附。

有机硅丙烯酸聚合物涂料

将 760g 黏度 0.090Pa·s 的二甲基氢封端的线型聚二甲硅氧烷-甲基氢硅氧烷共聚物，分散在含有 200g 氢化萜烯和 1g 铂催化剂的 760g 己烷中，此混合物在 70℃回流 15h，得到的溶液经红外分析结果，有 1.22mol 氧化萜烯参加聚合反应（在最终产物中有 19.6% 质量的氧化萜烯）。未反应物用己烷简单回流除去，然后抽出产物的溶剂和过剩单体，得到 0.340Pa·s 的环氧有机硅液 594g，750g 该环氧有机硅液（0.96mol 环氧乙烷）分散在 700g 甲苯中，并向其中加入 7.5g 四甲基胍，此溶液加热到 100℃，在此温度下，把 69.6g 丙烯酸（0.967mol）在 100g 甲苯中的溶液，缓慢地滴加进去，加入丙烯酸以后，反应混合物在 105℃保持 18h，抽出溶剂，得到 792g 黏度

7.0Pa·s（25℃）的透明液体。将所制得的透明液体与4%二乙氧基乙酮光敏剂混合，制得涂料。

该涂料涂布在聚乙烯底材上，25.4μm厚度，将其暴露在中压汞蒸气紫外灯下，在氮气气氛中，以2m/s速度固化，得到涂层固化优良、透明、有光、无沾污、附着力好的表面涂层。适用于纸张防粘涂料和光导纤维涂料，也适合于其他底材，如木材、金属、玻璃、塑料等涂装。

甲基硅树脂在建筑大模板施工中作脱模剂使用：在大模板施工中，脱模剂的选用甚为重要，直接影响到施工进度和混凝土质量。过去采用海藻酸钠和机油乳比液作脱模剂，效果虽不错，但每浇灌一次混凝土需涂刷一次，费工费时，雨天还不能使用。使用甲基硅树脂，脱模效果好，墙面光滑，涂刷一次可重复使用4～5次，直至重复使用12次，而是操作简便，全年均可使用，也很便宜。

甲基硅树脂以乙醇胺作固化剂。重量配比为甲基硅树脂：乙醇胺＝1000：(3～5)。气温低，乙醇胺用量过少，则成膜速度慢，成膜后发软；气温高，乙醇胺用量过多，则成膜速度快，影响操作，成膜后发脆。因此，乙醇胺的用量可适当调节。

甲基硅树脂成膜固化后，形成一种高度交联的含硅聚合物。其薄膜透明坚硬、耐磨、耐热、耐水性能都很好。涂在钢模表面上，不仅能起隔离作用，并能提高被涂物的防锈、抗冲击性能。甲基硅树脂为无毒有机材料，不易老化，适宜人工操作。

配制时，为了避免局部胶化，应先将乙醇胺倒在瓷杯里，加入少量的酒精调稀，然后边搅拌边倒入甲基硅树脂中，搅拌均匀即可使用。

配制时工具要干燥、无锈蚀，不得混入杂质，以防引起干性减退或胶化。工具用毕后，应用酒精洗刷干净，晾干。要用多少、配多少，不宜多配，因而加入乙醇胺后很快即胶化。当出现变稠或结胶现象时，应停止使用。甲基硅树脂与光、热、空气等物质接触，都会加速聚合，以致结胶不能使用，故应贮存在避光、阴凉的地方，每次用过后，必须将盖盖严，防止潮气进入。一般贮存不宜超过三个月。

操作方法：在首次涂刷甲基硅树脂前，应将钢模板面彻底擦洗干净，用砂纸打磨出金属本色，擦去锈污，然后用棉丝沾酒精擦洗。板面处理得越干净，周转使用次数越多。当钢模重复使用多次后重刷脱模剂时，只须用扁铲、棕刷、棉丝将混凝土浮渣清理干净即可。这时拆模后板面潮湿时抓紧清理，否则，干固后再清理就比较费劲。涂脱模剂采用喷涂、刷涂两种方法均可。操作要迅速，膜表面结后不要回刷，以免胶起。涂刷层要薄而均匀，太厚反而容易剥落。

用量：在涂刷甲基硅树脂脱模剂时，每次涂刷面积$500m^2$，需用甲基硅树脂22kg，每平方米合0.044kg，如按周转使用平均6次计算，每平方米只合0.0073kg。

5.2.5 防水、防潮涂料

有机硅涂料具有非常低的表面张力，有极好的防水性能，加上它的优越耐寒性、耐热性、弹性和耐候性，使其得以广泛用作防水、防潮涂料，特别是用作建筑及材料的防水，效果十分满意。水分侵入是导致混凝土及砖石类建筑物损坏的主因，为了延长建筑物使用寿命，建筑物表面最好使用一种既可防止水分入侵，而又不阻碍内部潮气外逸的防水剂。而硅树脂是能够满足上述要求的首选防水涂料，用有机硅防水、防潮涂料处理过的建筑物可以防止雨水渗透，并延长使用寿命，其有效寿命为 10~15 年。烷基硅醇钠是一种比较便宜的水溶性防水、防潮涂料。它具有反应活性的硅醇基团，能与材料表面形成牢固地结合。硅醇钠基团能与空气中的二氧化碳作用形成新的硅醇基，又能形成新的结合键。它施工方便，不受基材干湿的限制。调节好苯基和甲基的比例，可得到既有很好透水气性又有很好的防水性的涂料。因此被广泛用于建筑上的防水、防潮涂料，对修复古建筑及砖石艺术品也有重要价值。

有机硅建筑防水涂料又称建筑防水剂，它具有卓越的防水、防风化、防剥落和耐化学腐蚀等性能。

有机硅建筑防水剂的防水原理与通用的防水材料如有机涂料、沥青等不同的是：有机涂料、沥青是通过堵塞砖石和混凝土结构材料的孔眼来达到防水效果的；而有机硅建筑防水剂则是通过与结构材料起化学反应，在基材表面上生成几个分子厚的不溶性防水树脂薄膜。由于有机建筑防水剂不堵塞建筑材料的孔隙，因此不但具有拒水性，而且还能保持建筑物的正常透气作用，这是它的最大优点。经过有机硅建筑防水剂处理过的建筑物，可保持清洁、不粘尘埃，提高建筑物的隔热、隔音性能，并防止由于遭冻-融而造成的建筑物表面开裂，使建筑物不受风化或减少风化作用，从而延长建筑物的使用寿命。

各国生产的有机硅建筑防水剂的主要牌号见表 5-37。

■表 5-37　有机硅建筑防水剂的主要生产牌号

国别	厂商	牌号	
		水溶液型	溶剂型
美国	道康宁公司	SC-50，DC-772	Dri-Sil 48HF，Dri-Sil 78
	通用电气公司	SC-60	
	Dresser Industries, Inc		Chem-Trete
日本	信越化学公司	Polon c	PolonA，T，KC-88
	东涟有机硅公司	SH-772，SR-2499	SH-773
	东芝有机硅公司	TSW-870	TSW-810　TSW-811
中国		ASB-W-O，ASB-S-O（乳液型），防水剂 851（甲基硅酸钠），1401（乙基硅酸钠），GF-1，GF-2	3#防水剂

有机硅建筑防水剂可分为三种类型，（1）水溶液型，烷基硅醇盐［如 RSi(OH)$_2$OM，R 为 Me、长链烷基；M 为 Na、K］；（2）溶剂型，硅烷［如 R^{1}Si(OR)$_3$，R^1 为 Me，长链烷基，R 为 Me，Et］和硅树脂溶液；（3）乳液型，硅树脂乳液（或微粉）。

有机硅建筑防水剂对建筑物保护的效果取决于其干燥程度、渗透深度、耐紫外线及抗碱性能，几种防水涂料层浸入饱和石灰乳溶液，并测其浸渍时间与吸水量（耐碱性）的关系对比结果示于图 5-10。

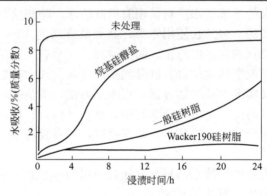

■图 5-10　不同防水涂料的耐碱性

由图 5-9 可见，烷基硅醇盐的耐碱性较差，故不宜用在碱性较强的建筑材料上，当其用作砖石憎水处理剂时，则效果很好。

硅树脂防水剂的施工，既可采用喷涂、刷涂及浸渍等方法，也可掺入水泥及砂浆中使用。它们的应用领域包括屋顶瓦、面瓦及瓷地板砖、预制混凝土部件、加气混凝土及石棉水泥、内外墙、翻修混凝土表面、天然石建筑加固及防水，在其他涂料及建筑材料中掺入硅树脂，外部灰浆及灰缝，底涂料等。

此外，石膏制品、玻璃棉及矿渣棉等防水方面，也有许多应用。

（1）水溶性的有机硅建筑防水剂　水溶性有机硅建筑防水剂的主要成分是甲基硅酸钠溶液（也可以是乙基硅酸钠溶液），它是用 95％的甲基三氯硅烷（含 5％的二甲基二氯硅烷）或甲基单体高沸点馏分在大量的水中水解，然后将所得白色粉末固体物过滤并用大量水洗涤，得到湿的甲基硅酸；甲基硅酸再与等摩尔的氢氧化钠的水溶液混合，混合物在 90～95℃下加热溶化 2h，然后加水、过滤即制得甲基硅酸钠的碱性水溶液。其组分为：

$$\begin{array}{c}\text{CH}_3\\|\\ \text{CH}_3\text{—Si—ONa}\\|\\ \text{CH}_3\end{array} \qquad \begin{array}{c}\text{CH}_3\quad\text{CH}_3\\|\quad\quad|\\ \text{HO—Si—O—Si—OH}\\|\quad\quad|\\ \text{ONa}\quad\text{ONa}\end{array} \qquad \begin{array}{c}\text{CH}_3\quad\text{CH}_3\quad\text{CH}_3\\|\quad\quad|\quad\quad|\\ \text{HO—Si—O—Si—O—Si—OH}\\|\quad\quad|\quad\quad|\\ \text{ONa}\quad\text{ONa}\quad\text{ONa}\end{array}$$

实际上是具有 3～5 个硅原子的水溶性聚合物。

稀释后的甲基硅酸钠溶液（不挥发分 3％～5％）可浸涂或浇涂于砖、石、水泥等建筑材料表面，甲基硅酸钠易被弱酸分解，当遇到空气中的水和二氧化碳时，便分解成多羟基甲基硅酸，并很快地聚合生成具有防水性能的聚甲基硅醚，因而可在砖、石、水泥等基材表面缩聚生成一层极薄的聚硅氧烷膜层而具有拒水、透气性，生成的碳酸钠则被水冲掉。其反应示意式如下：

$$2CH_3Si(OH)_2Na + CO_2 + H_2O \longrightarrow 2[CH_3Si(OH)_3] + Na_2CO_3$$

$$n[CH_3Si(OH)_3] \longrightarrow [CH_3SiO_{3/2}]_n + 3/2H_2O$$

适用于一般建筑物的防水、防潮，并防止建筑材料风化及因冷热循环引起的开裂、减少污染、保持美观、提高建筑物使用寿命。以 851 建筑防水剂为例，甲基硅酸钠的性能指标如下：

外观：黄至淡红色液体

固体含量：29%～33%

聚甲基硅醚含量：20%±1%

黏度（25℃）：5～25mPa·s

相对密度（25℃）：1.2～1.3

pH 值：12～14

表 5-38 为部分建材用有机硅防水剂处理后的防水性能。

■表 5-38　某些建材经有机硅防水剂处理后的防水性能

材料名称	防水剂	吸水比重（样品在水压 74.48Pa 结果）					未处理 72h 吸水率
		1h	3h	5h	24h	48h	72h	
普通砖	2% 851 水溶液	0	0	0	0.6	—	1.25	
低密度混凝土	2% 851 水溶液	2.75	4.75	5.25	8.75	—	1.25	100
高密度混凝土	2% 851 水溶液	2.99	5.41	6.18	14.32	—	10.13	100

有机硅建筑防水剂可用喷涂、刷涂或浸渍方法施用，使用浓度一般为含有机硅（以 $CH_3SiO_{1.5}$ 计）2%～3%比较适宜。每升甲基硅酸钠防水剂的涂刷面积 6～10m^2。有机硅建筑防水剂的另外一个特点是透气性。这对于混凝土拌合料过剩水的逸出提供了保证，避免了其他防水涂料由于堵塞孔道而造成的基体龟裂和破坏。

甲基硅酸钠建筑防水剂一般是以 30%的浓度出售，使用时可用水稀释成 3%的溶液，最终的溶液浓度视应用情况而定。甲基硅酸钠有机硅建筑防水剂可用于下述各方面：

① 砖头：增加拒水能力，减少吸水率；

② 混凝土人行道和车道：通过提高其抗冻-融能力而增加耐久性；

③ 天然和人造石头如石灰石、砂石、预铸石头和陶瓷：减少风化，改善抗气候性能；

④ 屋顶砂粒层：提高抗脏污能力并增加沥青与砂料层的黏结力；

⑤ 高吸水能力的矿物集料如珍珠岩：减少吸水率；

⑥ 各种石棉制品包括绝缘瓦：减少吸水性，使其在湿态环境中能保持更高的强度；

⑦ 用作黏土或陶瓷的添加剂：减少需水量，因而提高其湿态强度；

⑧ 用作硅酸钠（水玻璃）涂料、糊浆、管道绝缘材料和壁板的添加剂，提高拒水性能；

⑨ 乳胶漆和瓷砖：提高强度和抗水粘接力，初始使用浓度为 0.1%～1%；

⑩ 用作土壤稳定剂和保水剂的疏水剂，初始使用浓度为 3%。

除上述各方面应用外，还可用作木材、纤维板、纸及加工制品的防水剂，但必须用硫酸铝或硝酸铝中和后才能使用。

甲基硅酸钠建筑防水剂的优点是价格便宜，使用方便。缺点是与二氧化碳反应速度较慢，需 24h 才能固化。由于施用的防水剂在一定时间内仍然是水溶性的，因此易被雨水冲刷掉。此外，甲基硅酸钠对于含有铁盐的石灰石、大理石会产生黄色的铁锈斑点，因此不能用于处理含有铁盐的大理石，也不能用来使已具有拒水性的材料作进一步处理。在这些情况下，只能使用溶剂型的有机硅建筑防水剂。

(2) 溶剂型的有机硅建筑防水剂 溶液型有机硅防水防潮涂料，是一种未完全缩聚的硅树脂溶液，它的疏水膜是通过溶剂蒸发而得到的，因而其活性受外界影响比较小。溶剂型的有机硅建筑防水剂目前有两种类型产品。

① 聚甲基三乙氧基硅烷溶剂型建筑防水剂　聚甲基三乙氧基硅烷树脂呈中性，使用时必须加入醇类作溶剂。当施涂于基材表面时，溶剂很快挥发，于是在砖石的毛细孔上沉积上一层极薄的薄膜，这层薄膜无色、无光，也没有黏性，看上去就像没有涂过东西一样。其反应示意式表示如下：

在水分存在的情况下，酯基发生水解，释放出醇类分子并生成硅醇：

$$R-Si(OR')_3 + 3HOH \longrightarrow R-Si(OH)_3 + 3HOR'$$

硅醇基的化学性质十分活泼，它与天然存在于混凝土和砖石表面的游离羟基（混凝土和砖石实质上也是硅酸盐材料，因此这些游离的羟基也可以看成是硅醇基）发生化学反应，两个分子间通过缩水作用而使化学键连接起来，使砖石的表面接上一个具有拒水效能的烃基：

溶剂型有机硅建筑防水剂受外界的影响比甲基硅酸钠小得多,因而适用的范围较广,防水效果也较好。

美国 Dresser 工业公司生产的 Chem-Trete 溶剂型建筑防水剂的性能如下:

外观:无色、中性流动液体
活性组分:烷基三乙氧基硅烷
活性组分含量:40%
溶剂:乙醇(含 2.15%质量的甲苯作变性剂)
相对密度(D_4^{20}):0.8
黏度(20℃):0.95mPa·s
凝固点:-30℃(-22℉)
闪点:12℃左右
化学性质:非碱性,不腐蚀金属

② 丙烯酸改性的有机硅建筑防水剂 它是以丙烯酸类的大分子为主链,侧链带烷氧基(OR)或羟基(OH)的硅烷,这种涂料集丙烯酸涂料和有机硅涂料之优点,具有超耐候性、涂层附着力好、耐水性优异、漆膜饱满等特性,而且常温能固化等优点。

有机硅-丙烯酸树脂防冻涂料:

树脂配方(质量份):	Me(SiMeO)$_{\sim 100}$Si(OMe)$_3$	90
	PrSi(OMe)$_2$	10
	0.1NHCl	4
	二甲苯	50
	异丁基甲基酮	50

将树脂配方中组分,在85℃搅拌3h,在120℃搅拌2h,制得分子量38000的67%聚硅氧烷溶液。

涂料配方(质量份):	上述树脂溶液	20
	20:50:30 的丙烯酸丁酯-甲基丙烯酸甲酯-甲基丙烯酸 3-(三甲氧基甲硅烷基)丙酯共聚物的50%溶液	2
	(MeO)$_3$SiCH$_2$CH$_2$(SiMe$_2$O)$_{\sim 5}$SiMe$_2$CH$_2$CH$_2$Si(OMe)$_3$	2
	Me(SiMe$_2$O)$_{\sim 8}$SiMe$_3$(Ⅳ)	2.5
	异辛烷	40
	乙醇	33.5

将涂料配方中组分均匀混合,制得涂料。将其涂料喷涂在铝板上至干膜厚约 5μm,于室温下干燥,所得涂料在重复试验 20 次后,冰雪附着力为 0.08kgf/cm² 和 0.24kgf/cm²。该涂膜具有优良的除水、防结冰性能。

(3) 乳液型有机硅建筑防水剂 乳液型建筑防水剂有两种类型,一类是纯有机硅——有机硅乳胶,由有机硅氧烷四环体进行乳液聚合制得;另一类是丙烯酸改性有机硅——有机硅乳胶与丙烯酸酯胶乳的混合物制成的乳胶漆。

① 带有活性基团的网状有机硅乳液　国产 ASB-S-O 是带有活性基团的网状有机硅乳液型建筑防水剂，其有效成分是有机硅多元组分的共聚体。

该产品已成功应用于苏州古建筑并在全国广泛推广使用，经苏州古庙（孔庙、北塔）长达四年的对比试验，其防水等综合性能优于国外水溶性有机硅建筑防水剂。

② 丙烯酸有机硅乳液型建筑防水剂　通过乳液聚合，在丙烯酸的大分子侧链导入一定量的有机硅官能团，利用 Si—O—Si 的键能大（443kJ/mol），对热、对光稳定，不接受紫外线的作用而老化的特性，提高丙烯酸树脂涂层的耐候性，同时提高耐水性，耐盐水性，在技术上有较大的先进性，丙烯酸改性有机硅建筑防水涂料具有优异的耐水、耐候性，特别耐水、耐盐水性方面已超过纯的丙烯酸，甚至苯丙涂料，成为建筑防水涂料的新型具有广泛使用的重要品种，国产丙烯酸-有机硅乳液型建筑防水剂（未加入其他组分）。

有机硅防水乳胶涂料：

配方：八甲基环四硅氧烷	35
十二烷基磺酸钠	1
水	64
碳酸钠	中和用

将八甲基环四硅氧烷 35 份，十二烷基碳酸钠 1 份和水 64 份组成的混合物进行乳化、聚化后，用碳酸钠中和，制得分子链两端用羟基封端的二甲基聚硅氧烷（1%的甲苯溶液的相对黏度为 1.70/25℃）备用乳胶，pH=7.5，然后用 pH=5.6 的水稀释至 5 倍，取这种稀释的备用乳胶 90 份放在搅拌器中，一边缓慢地搅拌，一边分别加下表所示的各种有机硅化合物 10 份，制得四种不同的水性乳胶。静置并观察它的稳定性，其结果也列于表中。

有机硅化合物的种类	水性乳液的稳定性
甲基三甲氧基硅烷	5 天以上
正丙基三甲氧基硅烷	20 天以上
乙烯基三乙氧基硅烷	10 天以上
甲基二乙氧基硅烷	10 天以上

有机硅防水乳胶涂料具有防止公害、稳定性优良、价格低及现场施工性能优良等特性。可用刷涂、喷涂和滚涂法涂布。被涂物在室温下风干一天左右，也可用热风干燥 1h 左右。可用于混凝土、砖、灰浆、玻璃纤维和瓦片等防水剂。

5.2.6　耐核辐照涂料

在核技术领域中，核反应堆和核电站中的装备和设施易受铀和其他放射性元素的污染，需要耐高辐照剂量的涂料来保护和装饰。但是这些场合所用的涂料与一般涂料相比，除了基本要求相同之外，还有一些特殊的和更高的要求。首先要能够耐核辐射，并且要容易去污，对核燃料的贮槽和输送管道所用的涂料，还必须具有优异的耐化学腐蚀性和吸收辐射线的能力，以防止放射源周围的环境受到污染。在一级防事故区所用的涂料，要求涂料能够在 21~32℃温度和 50%相对湿度的环境中经受长期的暴露，并须通过高温高压蒸汽环境试验，涂层还应经得住高温下的累积辐射剂量。

在高能辐射线的作用下，分子各化学键产生断裂、高聚物降解，不是所有的涂料都能用作耐辐射涂料。一般有机硅涂料在辐照剂量达到 1×10^7 Gy 时已经变脆，若侧链上增加苯基含量或在主链上引入亚芳基，则可提高耐辐照性能。采用云母粉或玻璃粉作填料的有机硅涂层对辐射高度稳定，能经受辐照剂量高达 1×10^8 Gy。有机硅耐辐照涂料已广泛应用于核原料再生与处理工厂、核反应堆。

耐辐射性能一般用拉德（rad）来计量。拉德也叫做吸收辐射计量单位。

1 拉德（rad）＝1g 物质吸收 10^{-5}J 辐射能。

1 拉德（rad）＝10^3 毫拉德（mrad）

1 兆拉德（Mrad）＝10^6 拉德（rad）

有机硅醇酸树脂涂料白色涂层，在 10^8 rad γ 射线照射下没有变化。而有机硅涂料是目前耐辐射剂量最高的涂料，可达 10^{11} rad 左右。前苏联核反应堆测温用的热电偶就是涂的有机硅树脂涂料。环氧涂料和有机硅以及两者相结合的有机硅-环氧树脂的耐辐射性能较好，实际应用亦最多，其次是聚氨酯涂料。

5.2.7 有机硅示温涂料

随着石油、化工、化肥、冶金、航空航天等工业的迅速发展，高温设备因超温引起的失火、爆炸事故常有发生。通常的测温设备只能测局部的超温点，不能全部反映设备内的真实异常情况。采用有机硅示温涂料可以较好地解决该类问题。

有机硅示温涂料是以纯硅树脂作为基料，加入报警示温变色颜料（该类颜料在一定的温度下会发生颜色的明显变化）、耐热填料（如钛白粉、白炭黑、云母粉等）、防腐剂（如锌粉，防电化学原电池腐蚀）、阻燃剂（如十溴联苯醚、三氧化二锑、氢氧化铝等）和固化剂配制而成。根据变色颜料的变色范围不同，可以制得不同报警温度的示温涂料。有机硅示温涂料具有较好的超温报警、阻燃性能，已在石油、化工、化肥、冶金、航空航天等工业的气化炉、变换炉、石油裂解炉外壁及平台、支撑架和贯穿件、发动机等易燃、易爆设备的阻燃、防火中得到应用。

一些航天器要经历-200～100℃以上轨道飞行环境，工作时间长达几天甚至几年之久，而卫星飞船的结构及设备往往无法承受如此恶劣的温度环境变化。利用涂料涂复航天器表面，改变航天器热物理性质，以便在辐射热交换中有效地控制物体的温度。这种涂层就叫温控涂层，亦叫热控涂层，这种涂层与导热和隔热材料经过合理的搭配，协调地控制航天器内外的热交换过程，使内部仪器、设备在工作时温度都不超过或不低于允许范围，这就是温控涂层的作用。

有机硅树脂或硅橡胶是有机温控涂料目前主要采用的漆基。有机硅树脂制成漆不仅有较好的热光学性质，而且在高真空下放气率也低，质量损失要小于1%。挥发性可燃物要小于0.1%。苯基取代基会引起变色，所以常采用烷基封端的甲基硅树脂，以及室温硫化的甲基橡胶。

5.2.8 塑料保护用有机硅涂料

有机硅涂料具有优良的耐候性、耐水性、耐紫外线性、电绝缘性，抗潮湿、抗高低温变化性能好，涂装于塑料表面可以改善外观，增加装饰性、耐久性，延长其使用寿命。

其中高度交联的甲基有机硅树脂液，具有透明和坚硬的特点，可作为透明材料的防护层，涂层透光性强，耐磨损及擦伤性好，在紫外线灯下曝晒1000h不变黄，耐各种有机溶剂浸蚀，已广泛用于汽车、飞机等有机玻璃风挡表面涂层及陶瓷、金属表面的上光涂料。

通过在有机硅聚合物分子主链端基和侧链上引入环氧基、烃基等基团，制成环氧改性有机硅，提高了树脂的力学性能，具有优良的防腐蚀性、耐高温性和电绝缘性，特别是对底材的附着力、耐介质性能有很大提高。

有机硅改性聚合物的优良性能主要是有机硅分子表面能低，硅氧烷水解生成的硅醇与底材羟基缩合反应，提高了涂膜的湿附着力，发生硅醇的自交联反应，生成 Si—O—Si 分子链，并迁移到涂膜表面。采用有机硅氧烷与羟基丙烯酸酯类、丙烯酸酯类等共聚，制备水溶性有机硅改性聚丙烯酸多元醇树脂，并与聚叔异氰酸酯树脂复配制备性能优异的双组分水性木器涂料。

如塑料制品表面用涂料：将甲基三甲氧基硅烷 100 份、α,ω-二羟基甲基硅氧烷（$n\approx20$）0.1 份、异丙醇 80 份混合成均一溶液，然后边搅拌边慢慢加入 0.01mol/L 盐酸水溶液 35mL 进行水解。在室温下放置 24h 后，加入胍乙酸盐 0.4 份和醋酸 10 份制得涂料。被涂物（如聚甲基丙烯酸甲酯注塑板）浸入该涂料，以 30cm/min 速度拉起进行涂布，涂膜在 80℃1h 热风干燥。得到涂膜外观良好，硬度 6H，附着性 100/100，耐擦伤性 A，且耐药品性及耐热水性优良。涂装塑料制品表面，用作保护涂料。

5.2.9 其他有机硅涂料

(1) 有机硅-丙烯酸酯树脂涂料
① 配方与工艺

组 分	质量份
γ-环氧丙氧基丙基三甲氧基硅烷	80
甲基三甲氧基硅烷	144
胶体二氧化硅（固体分 20%）	71
0.1mol/L 盐酸水溶液	170
甲基丙烯酸羟乙酯/甲基丙烯酸缩水甘油酯共聚体的乙基溶纤剂溶液（单体质量比 1:1，固体分 30%）	16.7
乙基溶纤剂	58.2
过氯酸铵	1.0
流动控制剂	0.5

在一个反应器中加入上述配方的环氧丙氧基丙基三甲氧基硅烷、甲基三甲氧基硅烷、胶体二氧化硅和 0.1mol/L 盐酸溶液，之后搅拌混合并升温至 80~85℃，在此温度下回流 2h 进行水解。所得溶液为

$$CH_2\!-\!CH\!-\!CH_2\!-\!O\!-\!C_2H_4\!-\!\underset{O}{Si}\!-\!O_{1.5}$$

，以 $CH_3SiO_{1.5}$ 计算 γ-环氧丙氧基三甲氧基硅烷水解物为 12.2%，以 $CH_3SiO_{1.5}$ 计算甲基三甲氧硅烷水解物为 15.3%，以 SiO_2 计算时胶体二氧化硅含量为 3.1%。

对上述所得总水解物溶液 327 质量份（以固体含量 100 质量份）中，按配方加入乙基溶纤剂溶液、甲基丙烯酸羟乙酯/甲基丙烯酸缩水甘油酯共聚体的乙基溶纤剂溶液、过氯酸铵和流动控制剂之后，制成涂料。

② 性能　干燥漆膜具有外观良好、耐磨耗性为 A、附着力为 100/100，耐热水试验及日光灯老化机试验 1000h 之后外观良好，没有微裂碎、耐磨耗性及附着力仍各为 A 和 100/100（A：没有变化）。

③ 施工及配套要求　在预先洗好的二乙二醇双烯丙基碳酸酯（商品名 CR-39）平板上涂布上述涂料，之后预热风干燥炉中 130℃下烘烤 60min 固化。

④ 应用范围　此种涂料适用于聚碳酸酯、聚甲基丙烯酸甲酯、聚苯乙烯和聚氯乙烯等塑料制品上涂装。还可用于要求表面硬度、耐候性、耐药品性等高的木材制品、金属制品表面的装饰。

(2) 弹性涂料　用线性有机硅树脂，通过室温交联可得到弹性非常好的

漆膜,且有非常好的耐候性、耐热性、防水性。弹性涂料可以有溶剂型的,也可水性的,可应用于建筑、汽车和电器等。

(3) 原硅酸四乙酯富锌潮气固化涂料 原硅酸乙酯 $Si(OC_2H_5)_4$,它也可作为成膜物,特别是用于金属防锈涂料-富锌底漆的成膜物。$Si(OC_2H_5)_4$ 是一种无色透明液体,它在空气中可为水气水解为聚硅酸的网状结构而成膜。聚硅酸结构非常复杂,完全水解时得到 SiO_2,和水的基本反应可以表示如下:

$$Si(OC_2H_5)_4 + H_2O \longrightarrow (C_2H_5)_3Si-O-(C_2H_5)_3 + 2C_2H_5OH$$

为了制备涂料,先在 $Si(OC_2H_5)_4$ 的乙醇溶液中加少量水,使分子量增加至一定程度(用黏度控制),然后加入锌粉。涂布后,醇挥发掉,湿膜从空气中吸水,交联反应继续进行至完全。由于锌粉中含有氢氧化锌和碳酸锌组分,生成的聚硅酸可和它们反应生成硅酸锌,因此富锌漆也可称为硅酸锌漆。这种防腐蚀漆同样可将钢铁表面的铁离子和亚铁离子以硅酸盐形式结合在漆膜里。

(4) 有机硅树脂建筑涂料 目前有三种形式可以实现有机硅对丙烯酸酯树脂建筑涂料的改性。

第一种是将可共混用的有机硅树脂预聚体直接与丙烯酸酯树脂拼混使用进行改性。这是最简单的方法,但改性效果较差,而且由于存在有机硅与丙烯酸酯的相容性问题,因而所能达到的改性效果有限。其改性方法用的甲基苯基有机硅树脂的技术要求见表 5-39。

■表 5-39 甲基苯基有机硅树脂的性能参数

项 目	指 标
外观	微黄至淡黄液体
固体含量/%	50±1
黏度[涂-4 杯;(25±1)℃]/s	20~40
干燥时间(铜片,200℃)/h	≤3
耐热性(铜片,200℃,弹性通过ϕ3)/h	≥200
SiO_2 含量/%	43.1
苯基含量/%	45.0
甲基含量/%	11.9

第二种方法是用有机硅树脂的中间体例如正硅酸乙酯(或由其合成的聚硅氧烷)和羟基丙烯酸酯聚合,合成出有机硅烯酸酯复合树脂。这种方法从合成树脂入手改性,所得到的产品贮存稳定,能够有效地结合两种树脂的优点,即丙烯酸酯树脂的黏结性、底材湿润性、经济性和有机硅树脂的耐热性和耐沾污性。

第三种方法是更为先进的方法,即根据涂料自动分层原理,用有机硅和丙烯酸酯两种树脂制成自动分层涂料,其涂膜具有很低的表面能和优异的耐沾污性能。这种方法的优点在于其一次涂装即可形成满足人们实际使用的两层涂膜，且两层涂膜之间具有良好的附着力，克服了由于涂膜层间附着力不良造成的缺陷以及经济性能好等。但是，这种方法技术要求较高，目前还只见于试验室，而没有实际工程应用。

(5) 有机硅树脂涂料

配方：

组　　　分	A	B	C	D
甲基三甲氧基硅烷	240.6	242.0	240.6	242.0
冰醋酸	0.72	0.72	0.72	0.72
30%硅溶胶（粒径为5~150μm）	200	200	200	200
羟基封端的聚二甲基硅氧烷（$n=4\sim14$）	2.0	1.0		
甲氧基封端的聚二甲基硅烷（$n=7.8\sim14.1$）			2.0	1.0
异丁醇	549	457	459	457

将配方中除硅溶胶和异丁醇其他组分进行混合，然后将硅溶胶加入上述混合液中。硅溶胶加入后，24h加入异丁醇，使反应料稀释到20%固体分。该树脂涂料可添加其他改性剂、颜料、染料、增调剂、紫外线吸收剂等。可用常规方法施工。涂膜先在室温下干燥，再在120℃固化1h成膜。该漆膜具有耐磨、耐龟裂、耐水、耐湿、耐紫外线等优良性能。可作为金属和金属化表面的保护涂料。

(6) 室温固化有机硅树脂涂料　按下表配比制备室温固化有机硅树脂涂料。该树脂室温下固化后，具有优异的耐溶剂性、脱模性、防水性、耐候性、耐热性和长期贮存稳定性。

组　　　分	1#/份	2#/份
羟基有机聚硅氧烷树脂①	54	54
烷氧基有机聚硅氧烷树脂②	13	32
甲基三甲氧基硅烷	7.6	7.6
$H_2N(CH_2)NH(CH_2)Si(OCH_3)_3$	2.6	2.6
二醋酸二丁基锡	0.4	0.4

① 羟基有机聚硅氧烷树脂的制备：将40%（摩尔分数）的二甲基二氯硅烷和60%（摩尔分数）的甲基三氯硅烷在甲苯中一起水解，得到含羟基0.9%的羟基有机聚硅氧烷的50%甲苯溶液。

② 烷氧基有机聚硅氧烷树脂制备：用甲基三乙氧基硅烷以含水的酸作催化剂进行缩聚得到含甲氧基为35%、黏度为70mm^2/s（25℃）的烷氧基有机聚硅氧烷树脂。

该树脂涂料可用各种方法施工，室温下48h固化成膜。适用各种底材。可用于防油、雪、冰、污物等各种涂料，也可作黏合剂、汽车车身表面涂装、绝缘和防蚀涂料。

(7) 常温固化含硅树脂涂料

① 配方与工艺

组　分		组　分	
（1）含水解性甲硅烷基聚合物			
二甲苯	400	丙烯酸丁酯	170
正丁醇	294	γ-甲基丙烯氧基丙基三甲氧基硅烷	130
氯甲酸甲酯	5	偶氮二异丁腈	10
四乙基硅酸酯	1	叔丁基过氧化苯甲酸酯	5
苯乙烯	300	二甲苯	300
甲基丙烯酸甲酯	400		
（2）醇酸改性丙烯酸树脂			
二甲苯	378.6	甲基丙烯酸甲酯（2）	300.0
醋酸丁酯（1）	200.0	丙烯酸丁酯（2）	246.0
苯乙烯（1）	50.0	甲基丙烯酸（2）	4.0
甲基丙烯酸甲酯（MMA）（1）	50.0	醋酸丁酯（2）	200.0
丙烯酸丁酯（1）	49.0	叔丁基锌酸酯（2）	3.0
甲基丙烯酸（1）	1.0	偶氮二异丁腈（AIBN）	5.0
ベッコゾールP-470	71.4	叔丁基过氧化苯甲酸酯（TBPOB）	3.0
叔丁基锌酸酯（TBPO）	2.0	二甲苯	200.0
苯乙烯（2）	250.0		
（3）颜料浆			
醇酸改性丙烯酸树脂	40.0	甲基原甲酸	13.3
金红石型 TiO$_2$	80.0		
（4）涂料			
聚合物	200.0	二丁基锡二乙酸酯	0.2
颜料浆	133.3		

a. 含水解性甲硅烷基聚合物制备　在装有搅拌器，温度计，通氮气管及回流冷凝器的反应器中，按配方量加入二甲苯、正丁醇、甲基原甲酸和四乙基硅酸酯之后通氮。边搅拌边升温至105℃，在3h内均匀滴加苯乙烯、甲基丙烯酸甲酯、γ-甲基丙烯酸丙三甲氧基硅烷、偶氮二异丁腈、叔丁基过氧化苯甲酸酯和二甲苯混合物，之后保温15h，制得固体分50%，加德钠色为1以下的聚合物，其平均分子量为15000，且散比为3.2。

b. 醇酸改性丙烯酸树脂的合成　在以上反应器中，按配方量加入二甲苯、醋酸丁酯（1）、苯乙烯（1）、甲基丙烯酸甲酯（1）、丙烯酸丁酯（1）、甲基丙烯酸（1）、豆油改性醇酸树脂和叔丁基辛酸酯（1）之后搅拌升温至90℃，保温2h，然后在3h内滴加苯乙烯（2）、甲基丙烯酸甲酯（2）、丙烯酸丁酯（2）、甲基丙烯酸（2）、醋酸丁酯（2）、叔丁基辛酸酯（2）和偶氮二异丁腈混合物。滴加完毕后直接把温度升至110℃，加入叔丁基过氧化苯甲酸酯和二甲苯之后保温反应15h，即得醇酸改性丙烯酸树脂，其固体分为50%，加氏色为1以下，加氏黏度为 Z_4 的溶液。

c. 色浆的制备　先在混合器中按配方加入醇酸改性丙烯酸树脂，金红石型钛白和甲基原甲酸混合，然后在三辊磨上分散，即得固体分为75%的颜料浆。

d. 涂料的制备　在涂料混合器中，按配方量加入含水解性甲硅烷基聚合物、色浆、二丁基锡二乙酸酯之后混合均匀，然后用稀释剂（二甲苯∶正丁醇∶甲基原甲酸∶四乙基硅酸酯＝60∶29∶10∶1）稀释成喷涂施工黏度。

② 性能　该涂料漆膜具有：60°光泽反射率为95%、鲜艳性良好、催化稳定性（该涂料于玻璃制密闭容器中50℃保存2个月后黏度与初期黏度相比较之值）为1.8。

③ 施工及配套要求　以喷涂法施工，室温固化1周得 $40\mu m$ 厚的漆膜或60~150℃/10~30min固化。

④ 应用范围　广泛使用于磷酸锌处理过的钢板或底材上进行装饰性涂装。广泛应用于木材制品、建材、建材、塑料制品的装饰和汽修补、建筑外装饰。

除用于涂料之外还可用于黏结剂和密封剂。

(8) 常温交联的有机硅-乙烯基聚合物涂料

① 有机硅-乙烯基聚合物分散液的制备　带羟基硅氧烷按普通方法制备。将1000g带羟基聚硅氧烷［带羟基聚二甲基硅氧烷，黏度5000mPa·s（20℃）］加入一容积为3L的锅内，在通氮气的情况下加热到110℃，然后滴加由350g苯乙烯、350g丙烯酸正丁酯、300g乙烯-乙烯基共聚物［醋酸乙烯含量为65%（质量分数）］，η 为0.25dL/g和3.2g过氧化苯甲酰所组成的溶液，于3h内滴加完毕，接着在100℃下搅拌3h，除去未反应的单体。得到均匀的白色分散液，25℃时的黏度为43000mPa·s。

② 涂料配制

组　　分	
接枝聚合物分散液（上述制）	200g
钛络合物 $\left[H-\underset{\underset{CH_3}{\mid}}{\overset{\overset{CH_3}{\mid}}{C}}-CH_2O\right]_2 T_i \begin{pmatrix} O=C-CH_3 \\ \vdots \\ CH \\ \vdots \\ O=C-OC_2H_5 \end{pmatrix}_2$	10.4g
二-(N-甲基苯酰胺)-乙氧基甲基硅烷	11.4g
二丁基二醋酸锡	2.2g

该涂料流动性好，弹性模量 0.260MPa，断裂强度 0.572MPa，扯断伸长率 457%，常温在湿气作用下固化。可配制有机硅涂料。

(9) 热固化含氟硅的树脂涂料

① 配方与工艺

混合物Ⅰ的制备：

组　　分	质量份
① 氟硅胶 [一种带端羟基的聚二有机硅氧烷，含 99.4%（摩尔分数）的甲基-3,3,3-三氟丙基硅氧烷链节和 0.6%（摩尔分数）甲基乙烯基硅氧烷链节]	70.4
② 液态二甲基乙烯基甲硅烷氧基封端的聚二有机硅氧烷 [含 78%（摩尔分数）的二甲基甲硅烷氧基链节，22%（摩尔分数）甲基乙烯基甲硅烷氧基链节]	1.4
③ 羟基封端的聚（甲基-3,3,3-三氟丙基）硅氧烷	7
④ 气相 SiO_2	21
⑤ 碳酸铵	1

将上述原料在一调浆式混合器中，于 170℃、减压下混合约 2h，以除去挥发物，制得混合物。

组分 A 的制法：

组　　分	质量份
① 混合物Ⅰ	100
② 催化剂	1
③ 六氯铂酸	5
④ 二甲基乙烯基甲硅烷氧基封端的聚（甲基-3,3,3-三氟丙基硅氧烷）	50

由组分③和组分④反应而制得催化剂，然后在室温于调浆式混合器中将组分①和 5 份催化剂混合均匀。

组分 B 的制备：在室温于调浆式混合器中，将 100 份混合物Ⅰ和 20 份含氢硅油混合均匀。

涂料的制备：将各 17.6 份的组分 A 和组分 B 分别与 100 份甲乙酮放入圆筒型容器中，然后于室温使之旋转 8h 进行混合。所得两种混合物均没有附聚粒子，而且基本上都是处理过的 SiO_2 填料在其拼料溶液中的均匀分散体。各自都含 15%（质量分数）的非挥发物，其黏度分别为 0.13Pa·s 和 0.12Pa·s。

将等量的 A 和 B 一起混合形成均匀可固化的涂料。

② 性能　涂膜抗拉强度 6.7MPa，最大延伸率 634%，延伸率为 100% 时的模数为 215。

③ 施工及配套要求　将涂料注入一平底容器中，形成的涂层厚度约 0.2mm，将此涂层在环境条件下暴露 16h，涂层没有完全固化，然后将容器

放入烘箱中于 150℃ 加热 30min，得到一固化的 0.13mm 厚的弹性涂层。

④ 应用范围　该涂料特别适用于各种有机和无机底材，如玻璃、金属、陶瓷等涂装，由于能固化成弹性涂层，故特别适合作涂装材料或粘封材料，包括涂装或粘封暴露于非极性有机液体如汽油和喷气式发动机燃料中的有机弹性体。

(10) 有机硅底漆　将 50%（质量分数）的 $(CH_3O)_3Si(CH_2)_3NHCH_2CH_2NH_2$ 异丙醇溶液与水（水与硅烷的摩尔比为 5∶1）的混合，将混合体在室温放置过夜，形成部分水解物的醇溶液。在该部分水解物的醇溶液中加入叔丁醇 68 份、二乙醇二丁基锡 2 份充分混合，即成底漆。可采用刷涂或喷涂方法施工，常温干燥 24h 形成固化涂膜。该底漆对底材具有耐久黏附性，该漆固化后涂膜对乳胶或油性漆具有良好的可涂性。用于木材、铝、铜、铁、塑料、玻璃和水泥等表面涂装。也可用于建筑构件、部件或管道装置、密封的或封闭的电器和电子元件，如电路板、微型电路、开关、军用或航空用"黑匣子"、工艺制品或手工艺品等涂装。

(11) 有机硅增光剂　聚甲基硅氧烷复合物的制备　用黏度为 100mPa·s/25℃ 二甲基硅油 70 份、含羟基的聚甲基硅氧烷树脂 $(CH_3)_3SiO$ 与 SiO_2 摩尔比为 0.75∶1 的 60% 二甲苯溶液 50 份，投入装有搅拌机、温度计和回流冷却器的容器中，让二甲苯回流下于 140℃ 加热 1h，在缓慢减压的同时除去二甲苯，最后于 3999Pa 和 140℃ 保持 1h，完全除去二甲苯后，将其慢慢冷却，得到 97 份无色透明、黏稠状聚甲基硅氧烷复合物 S-1。

增光剂的制备　将 3.5 份 S-1 和 7.0 份石油溶剂油投入装配有回流冷凝器的容器中，均匀地溶解后加入 0.8 份巴西棕榈蜡、0.5 份蜂蜡、2.0 份固态石蜡和 1.8 份缩水山梨糖醇单硬脂酸酯，于 80℃ 下热搅拌 1h。另将 2.3 份 POE 缩水山梨糖醇单硬脂酸酯（POE20mol）加入 83.0 份水中，于 60℃ 下加热搅拌得到水溶液。将上述含 S-1 的溶液加入该水溶液中，用乳化剂进行乳化，制得增光剂。

先用三聚氰胺树脂涂装铁板表面，然后用增光剂罩面。该增光剂可在涂装过的金属表面形成保光性坚牢的涂膜，且洗涤性优良，光泽度高。

(12) 有机硅涂饰剂　有机硅改性聚氨酯可作为皮革涂饰剂和织物整理剂用于皮革和纺织品的表面改性。聚硅氧烷树脂具有极好的耐热、耐寒、耐磨、耐水等性能，用于皮革涂饰可赋予完全不透水性，同时又不影响其透气性能，而且抗张强度还能提高 11%～14%，但聚硅氧烷树脂与皮革的黏合性差，成膜性也差；聚氨酯类涂饰材料具有分子结构可调性强、手感好、黏附力强、耐磨、不热黏冷脆等优点，所以近年来，聚氨酯树脂已部分取代丙烯酸树脂乳液，用作皮革涂饰材料。为此可用聚氨酯乳液与聚硅氧烷乳液共混改性，共混乳浓具有良好的耐热稳定性和耐冻结论，本体系中二组分的性能获得相互弥补，促使皮革涂层具有消光、防水、透气、耐寒、耐磨的多种特点，且能保持天然皮革柔韧滑爽的手感和外观。聚氨酯亦可以与聚硅氧烷，用乳液共聚改性方式组成新的涂饰剂体系，性能将比共混体系更加优良。

有机硅是一类疏水性、透气性和耐候性都较好的材料，将它用到水性聚氨酯的合成改性中，涂饰后得到的皮革将具有较好的耐湿擦性，手感也更加滑爽舒适。在聚硅氧烷链上通过接枝聚氧乙烯醚链或亲水性基团改性而成的水溶性有机硅织物整理剂，改善了织物的穿着舒适性。但多数有机硅整理织物的持久性、耐水洗性都不理想，不能适应更高档次织物整理的需要。常州印染科学研究所和常州化工研究所通过对水溶性有机硅进行封端聚氨酯改性，制成了反应型织物整理剂 USF。在加热整理中，异氰酸酯基解封，可与棉纤维上的羟基发生反应，形成结构疏松的交联网络。与水溶性有机硅等相比，其应用性能有明显改善，特别是整理织物的弹性和耐洗性比较优异。有机硅改性聚氨酯织物整理剂具有改善织物表面性能、吸湿性能和永久性抗静电效果，同时可提高织物的力学性能、耐洗性能和耐磨性能。

有机硅改性聚氨酯作为皮革涂饰剂已经受到越来越多的关注。卿宁等以聚醚聚酯多元醇、有机硅低聚物（PDMS）、多异氰酸酯、扩链剂为主要原料，制备有机硅共聚改性聚氨酯乳液 PU-SI，分析验证了有机硅改性 PU 乳液稳定性好，硅氧烷链段可在乳液胶膜表面富集，对 PU 材料有明显的表面改性作用，使其耐水性提高，而本体力学性能变化不大，作为顶层涂料，有很好的综合性能。

（13）有机硅滑爽剂　有机硅滑爽剂是近期开发的皮革化工新材料，它能赋予皮革滑爽细腻，富有弹性，手感清爽舒适的特点，它能在皮革表面形成不连续的微孔薄膜，故不会影响皮革天然的透气性和卫生性，也能提高耐磨性，并提高防水功能，若本类滑爽剂与各种涂饰剂配合使用，将可获得滑爽、光泽自然的皮革制品。

有机硅滑爽剂也有溶剂型和乳液型之分，但其主体均以聚硅氧烷为主要成分，聚合的分子链中含有 C—Si 键，它对水的溶解度很小，并且难以吸收水分，当与水滴接触时，接触角很大而具有憎水性，另外 O—Si 键已临饱和状态，在空气中极稳定而使聚合物具有弹性，因此聚硅氧烷具有耐热和耐寒的稳定性，这正好弥补了目前许多涂饰剂的缺点。有机硅的涂饰薄层，已被证实是不会封闭革的毛孔，不会降低革的透气性，组分能在皮革纤维周围形成一层憎水薄膜，故其耐水性要比通常皮革提高到 40～60 倍。

（14）硅树脂渔网防污涂料　日本国立弓削商船高等专科学校的小川量也教授经多年研究证实使用无公害的硅树脂可有效防止贝藻类附着渔网。渔网一旦被生物附着，往往会导致水流不畅，缺氧、网箱环境恶化等后果，以往是通过有机锡化合物达到防污效果。但是有机锡化合物对海洋污染严重，日本水产厅已严格控制使用。

小川教授的研究着眼于硅树脂不沾水、生物不易附着的特点，将硅树脂涂在喷有氯化橡胶的渔网上，在海上进行十个月的浸渍实验结果表明，非硅树脂处形的渔网在半月后附着密密麻麻的贝类等生物，而经硅树脂处理的渔网，其附着面积仅占总面积的 1/1。大约是有机锡化合物处理过的渔网的附着量的一半。

(15) 有机硅改性环氧树脂涂料 采用二官能的有机硅氧烷与三官能的有机硅氧烷经过水解缩合而制得含有苯基、甲基和氨基的有机硅树脂，用此化合物作改性剂来改性环氧树脂，有机硅树脂中的氨基与环氧树脂中的环氧基团发生开环聚合反应，反应式如下所示：

经热重分析，图 5-11 所示，曲线 a、b 分别为纯环氧树脂、含 15% 有机硅改性环氧树脂的热重曲线，从图中可以看出，环氧树脂和有机硅改性环氧树脂在失重 10% 时的温度分别为 262.15℃ 和 327.64℃，在失重 20% 时的温度分别为 291.47℃ 和 373.89℃，有机硅改性环氧树脂与纯环氧树脂相比，相同热失重下的温度有明显提高。因此，有机硅改性环氧树脂比单一的环氧树脂有更好的耐热性能。

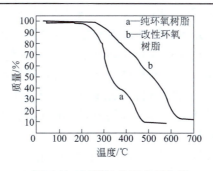

■图 5-11 试样的热重分析曲线

经扫描电镜分析，分别对未改性环氧树脂、含 10% 及 20% 有机硅树脂的改性环氧树脂固化物的机械断裂面进行 SEM 分析，分析结果如图 5-12 所示。从图中可以看出，图（a）为未改性环氧树脂涂层的断面，其机械断裂面的

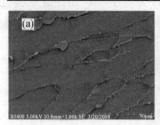  

图 5-12　环氧树脂及有机硅改性环氧树脂体系的断面扫描电镜图片（×1000）
（a），（b），（c）分别为未改性环氧树脂，含10%及20%
有机硅树脂的改性环氧树脂涂层的断面

界限相当清晰，裂纹的扩展方向相对集中；而改性后的图（b）和图（c）的机械断裂面的断面界限模糊，裂纹扩展方向分散，出现典型的韧性断裂特征，由此可以看出，有机硅改性环氧树脂有较显著的增韧效果。

因此，有机硅改性环氧树脂综合了有机硅树脂和环氧树脂的优异性能，明显提高耐热性能，用其制得的涂层非常致密，具有良好的附着力（1级）、较高的硬度（可达6H）和优良的柔韧性。

(16) 有机硅改性聚氨酯涂料　有机硅改性聚氨酯用于涂料时，由于有机硅本身具有优异的性能，从而可赋予聚氨酯涂料优异的性能，同时由于相分离使得硅氧烷链段富集再涂膜的表面从而改变了涂膜的性质，提高了涂膜的耐水性和力学性能，是一类高级涂料，现在已越来越受到人们的广泛关注。Janusz道了含聚硅氧烷和聚氨酯的共聚物所作涂料具有潮态硫化的功能。一种新型涂料由聚氨酯预聚体、氨基硅烷或硅氧烷、聚有机硅氧烷增粘剂、含氢硅氧烷、有机溶剂等组成；该涂料在氯铂酸催化下150～200℃固化成膜，固化后的涂膜光滑、耐热、耐磨，对未经任何表面处理的硅橡胶有良好的粘接性。王武生等用环氧硅氧烷进一步交联水基聚氨酯为凝胶，提高了膜的力学性能。卿宁、张晓镭等以聚醚（聚酯）多元醇、有机硅低聚物（PDMS）、多异氰酸酯、扩链剂为主要原料，制备有机硅共聚改性聚氨酯乳液 PU-SI，利用现代分析手段对合成产物的化学结构及性能进行表征和分析，研究结果表明：有机硅改性 PU 乳液稳定性好，硅氧烷链段可在乳液胶膜表面富集，对 PU 材料有明显的表面改性作用，使其耐水性提高，而本体力学性能变化不大，作为顶层涂料，有很好的综合性能。

(17) 其他

白色耐酸碱有机硅树脂漆　能耐稀盐酸、硝酸、硫酸及稀碱液。用钛白粉100份、DC-804有机硅树脂96份、DC-802有机硅树脂64份、二甲苯160份。

膨胀型有机硅防火漆　滑石粉9份、淀粉9份、磷酸二氢铵35.5份、硼酸35.5份、纯酚醛树脂11份、有机硅树脂（上树801型，固体分70%）22份。涂层厚3mm以上，能耐800℃温度30min而不燃。烧灼起泡沫时，遭受震动亦不脱落，适于飞机、舟车驾驶室使用。

光固化涂料　　随着现代自动流水线的生产需要和省能源、无污染的要求，美国、德国、日本等已推出光固化有机硅系列产品，并在纸张的防粘隔离、织物涂层和聚碳酸酯塑料的表面保护涂层等方面投入实际使用，效果显著，是一类很有发展潜力适应潮流的新型涂料。

5.3 有机硅胶黏剂

近年来，合成胶黏剂在各个部门都得到广泛的应用，随着宇宙空间的开发、导弹、火箭、超音速飞机和宇航等新技术发展迅速，对胶黏剂的耐热性也提出了更高的要求。有机硅胶黏剂就是目前主要的耐热性胶黏剂。

有机硅胶黏剂是以线型或支链型有机硅高分子化合物为基料的胶黏剂。它可分为以硅树脂为基料的胶黏剂（包括涂料）和以硅橡胶（有机硅弹性体）为基料的胶黏剂（包括密封材料）两大类，两者在结构及交联密度上有差别，故最终性能不一样。这二者的化学结构有所不同：有机硅树脂的主链结构是由硅-氧键所组成，这是一种三维结构，在高温下可进一步缩合，成为高度交联的硬而脆的树脂。有机硅弹性体，也称为硅橡胶，是一种主链结构以线型的硅-氧键所组成的高分子量弹性物质，分子量从几万到几十万。它必须在硫化剂或催化剂的作用下，才能缩合成为交联的弹性体。由于二者的交联密度不同，因此表现在最终的物理形态及性能上的差异。

目前，在合成胶黏剂中，有机硅胶黏剂的产量和用量占较少比例，虽属于结构胶，但常作为非结构胶来应用，却有广泛而重要的应用，这一点是其他胶黏剂所不能代替的。有机硅胶黏剂因含有具有无机结构的 Si—O 键，因而兼具有机和无机材料的某些特性，可以在很宽的温度范围（-60～+1200℃）保持理化性能不变，尤其在高温下具有优异的热稳定性，因此常被用于高温保护层。同时具有优良的耐水、耐候、耐辐射、耐腐蚀、电绝缘性、防水性和耐气候性。纯有机硅树脂胶黏剂可在-60～400℃长期使用，短期可至 450～500℃。有机硅树脂胶黏剂具有耐水、耐介质和耐候性好的特征，但其性脆，结合强度不高的缺点影响了其应用。目前，为了获得更好的高温理化性能，通常利用酚醛、环氧、聚酯、聚氨酯等树脂对其进行改性。可胶接金属、塑料、橡胶、玻璃、陶瓷等。已广泛地应用于宇宙航行、飞机制造、电子电气行业、机械加工、汽车制造以及建筑和医疗等方面。

5.3.1 硅树脂型胶黏剂

有机硅树脂是聚有机硅氧烷高分子化合物。固化前是多官能团的支链状结构，固化后成体型结构。用硅树脂配制的胶黏剂的一个最突出的性能是具有优良的耐热性，可以长期用于200℃高温和用于250℃左右较短的时间，加之，随着侧链中苯基含量的提高，其耐热性更为突出，还具有耐寒、电绝缘性和耐候性。因此是用作高温黏合剂主要成分。根据用途分三类：

① 粘接金属和耐热非金属材料的含有填料和固化剂的热固性硅树脂溶液，粘接件可在-60~120℃范围内使用；

② 有机硅压敏胶黏剂，主要成分是以含羟基的MQ硅树脂作为粘接成分，以末端含羟基的聚二甲基硅氧烷为成膜成分，这类胶黏剂虽粘接强度不高，但能与多种难粘接的材料（如未经表面处理的聚烯烃塑料、氟塑料、聚酰亚胺、聚碳酸酯等）粘接，并可在-55~260℃下长期使用，有机硅压敏胶黏剂还适用于制造玻璃布粘接带、H级电绝缘压敏胶带；

③ 适用于电子工业开发的高可靠性电子级有机硅胶黏剂，用于大功率管、集成电路封装的内涂用树脂，防止元件受污染、表面泄漏电流、防潮防蚀等。

硅树脂作为黏合剂，由于聚硅氧烷分子的螺旋状结构抵消了Si—O键的极性，又因侧基R对Si—O键的屏蔽作用使整个分子成为非极性，内聚力小，因此决定了硅树脂粘接性较差，胶黏强度较低。若要提高其粘接性可通过下列途径：

① 将金属氧化物（如氧化钛、氧化锌等）、玻璃纤维等填料加入到硅树脂中，来提高内聚力；

② 引入极性取代基，如—OH、—COOH、—CN、—NHCO、—Cl等或用有机聚合物改性聚硅氧烷，来改进其黏附性和弹性。如以含硅氧烷的二元胺代替一部分二元胺与芳族四酸二酐反应即可得含硅氧烷的聚酰亚胺胶黏剂，它的加工性能好，热稳定性有所提高；

③ 将各种处理剂涂于被粘接物表面以增加其与聚硅氧烷的粘接力。

也可用其他树脂进行改性，如环氧树脂、酚醛树脂、聚酯树脂等，虽然耐热性稍有降低，但胶黏强度大大提高，而且可在较低温度下固化，所以更有实际应用价值。

有机硅胶黏剂多数用于粘接氟树脂、聚酰亚胺和聚烯烃，近年来高模量的有机硅胶黏剂有所发展，如有一种能使铝-铝剪切强度达到8.27MPa，260℃时抗剪强度仍达3.48MPa的有机硅胶黏剂在热稳定性要求高的电子工业上得到了应用。

5.3.1.1 组成与分类

配制胶黏剂用的有机硅树脂一般是由甲基氯硅烷、苯基氯硅烷等以R/Si=1.3~1.5的比例在醇、水等介质作用下经过水解缩聚而成的。为了改善有机硅树脂某些性能，可加入一些其他树脂如环氧树脂、聚酯树脂和酚醛树脂等进行改性，其改性的方法一种是共混改性，即一般是由有机硅树脂和其他树脂混合而成。另一种是共缩聚改性，它是由低分子树脂中的羟基官能团与有机硅树脂中的羟基、烷氧基官能团发生缩合反应或由有机硅树脂的单体与其他树脂的单体进行共聚而成的。有机硅树脂胶黏剂分类见表5-40。

■表5-40 有机硅树脂胶黏剂类型、特性与用途

类型		纯有机硅树脂胶黏剂	聚酯改性有机硅树脂胶黏剂	环氧树脂改性有机硅树脂胶黏剂	呋喃氧基硅烷环氧树脂胶黏剂	酚醛树脂改性有机硅树脂胶黏剂
主要成分		甲基苯基硅树脂、氧化锌、氧化铁、甲苯等	聚酯改性有机硅树脂、正硅酸乙酯、有机锡等	有机硅树脂与环氧树脂反应物、环氧树脂固化剂等	呋喃氧基硅烷与环氧树脂反应物、环氧树脂固化剂等	聚硼有机硅树脂、酚醛树脂
固化条件	固化压力	大于0.5MPa	0.1~0.2MPa	0.1~0.2MPa	0.1~0.2MPa	固化压力大于0.3MPa
	固化温度	200℃以上	200℃以上	200℃以上	200℃以上	200℃以上
特性		具有优异的耐高温性,最高使用温度可达400℃,也具有良好的耐水、耐大气老化性,但性脆,粘接强度低	胶接工艺纯有机硅树脂简便,粘接强度也较纯有机硅树脂高,但耐热性差一些			具有优异耐高温性,且胶接工艺较纯有机硅树脂简便
用途		用于耐热400~500℃温度下使用的金属、玻璃、陶瓷、云母件的胶接;可适用于宇宙、火箭及原子能工业	用于200℃下的金属、陶瓷、塑料的胶接;电器工业	可用于200℃下金属、陶瓷、有机硅橡胶、塑料的胶接及电子器件的封装	用于200℃下的金属件、玻璃钢等的粘接,用于电机、电器工业	适用于400℃左右金属件的胶接;用于宇宙、火箭工业、深水潜水泵石墨密封环的粘接
国产牌号		KH-505胶等	JG-2胶、JG-3胶	JG-1胶等	呋喃氧基硅烷环氧胶	J-09胶等

5.3.1.2 用途及施工特点

(1) 用途 有机硅树脂胶黏剂具有耐高低温、耐腐蚀、耐辐射的特性，同时具有优良的电绝缘性、防水性和耐气候性。可以用作火箭、导弹中的耐高低温器件的粘接；原子能工业和高能物理的仪器设备，以及电子工业、电机、电器某些器件的粘接。

(2) 粘接工艺特点 由于有机硅树脂胶液中成分很多，有些容易沉淀，因此使用时应搅拌均匀，否则影响性能。涂胶后应充分晾干，有些则需要在 50~80℃下晾干。在固化反应中有低分子物放出，因而在固化中需要加 $3kgf/cm^2$ 以上压力。

根据有机硅树脂胶黏剂结构及组成不同，有机硅树脂胶黏剂可分为纯有机硅树脂胶黏剂、改性有机硅树脂胶黏剂二大类型。

5.3.1.3 纯有机硅树脂胶黏剂

纯有机硅树脂胶黏剂是以硅树脂为基料，加入模压无机填料、固化剂和有机溶剂混合而成的胶黏剂，具有很高的耐热性，主要用于胶接金属、合金玻璃钢、陶瓷、云母及复合材料等。前述用于制取云母板、管材、玻璃布层压板等使用的绝缘硅漆，实际上也是耐高温硅树脂胶黏剂的一种，以纯硅树脂为主体的胶黏剂，固化时，因进一步缩合有小分子放出，故一般需要加压、加热（>200℃）固化，方能获得较佳性能，而且由于韧性较小，还不宜用作结构胶黏剂。

基料有机硅树脂的制备要选择有机基团（R）与硅的比值（R/Si）为 1.3，甲基与苯基的比值为 1.0。典型的产品如 KH-505 高温胶黏剂，它是以聚甲基苯基硅树脂为基料（甲基/苯基值为 1.0），加入氧化钛、氧化锌、石棉及云母粉等无机填料配制而成的，能长期在 400℃工作而未被破坏，瞬时可承受 1000℃，填料以改进胶在高温下的强度。其中石棉可以防止胶层因收缩而产生的龟裂；云母增加胶层对被粘物的浸润性；二氧化钛可增加强度和改善抗氧化性；氧化锌可中和微量的酸性，以防止对被粘物的腐蚀作用。

(1) KH-505 胶黏剂

质量份

配　　方	1#	2#
8308-18 有机硅树脂	100	100
二氧化钛	70	65
氧化锌	10	10
云母粉（200目）	5	5
石棉绒（长 0.5mm）	15	
石棉（长 0.2mm）		20
甲苯或丙酮	0~200	0~200

工艺：配方中的8308-18有机硅树脂是由甲基苯基二乙氧基硅烷、甲基三氯硅烷、苯基三氯硅烷共水解缩聚而得。并以甲苯为溶剂配制胶液。配方中云母粉以钾云母磨碎，过200目筛，425℃热处理3h而制得。石棉用芒崖块绒经松散、风选后，以造纸打浆机粉碎至纤维平均长度为0.5mm左右。按配方比例混合制成KH-505胶黏剂。

使用时室温下涂胶，于80～120℃烘干，溶剂挥发后搭接，加压0.5MPa，270℃×3h固化，去除压力后再固化425℃×3h，粘接强度有较大提高。以硅树脂为主体的胶黏剂，由于固化温度太高，使用受到限制，如果在胶黏剂的组分加入少量正硅酸乙酯、醋酸钾以及硅酸盐玻璃等，可以使固化温度降低到220℃或200℃，而高温强度仍有40～50kgf/cm^2。

性能：硅树脂胶黏剂尽管胶接强度较低，胶接不锈钢时室温下测得剪切强度为8.8～10.8MPa，但有很高的耐热性，该胶在425℃测得的剪切强度为2.7～3.3MPa，并且经425℃老化260h，或经-60～+425℃循环交变10次后，在425℃下测得的剪刀强度还有2.9MPa左右。加载1.5MPa时在425℃下持久强度大于30h。KH-505胶也能短时间在超高温下工作，如其胶接件在加载0.3MPa条件下能经受1000℃的火焰喷烧4h，而未破坏。该胶的另一个特点是有良好的耐湿热老化性能，在温度为45～50℃，相对湿度为98%条件下，经6个月的湿热老化后，室温强度下降50%，425℃时强度下降27%。KH-505胶黏剂的电性能见表5-41。

■表5-41　KH-505胶黏剂的电性能

项　目	室温～286℃	309℃	310℃	368℃	392℃	446℃
绝缘电阻/MΩ	>2000	2000	1700	300	150	50
电阻率/(Ω·cm)	>2×10^5	2×10^5	1.7×10^5	-3×10^4	1.5×10^4	3×10^3

用途：KH-505硅树脂胶黏剂的最突出性能是耐高温，KH-505胶为单组分，耐高温性能和电性能良好。它能长期在400℃工作面不被破坏，短期使用温度最高可达425℃。可用于高温下非结构部件如金属、陶瓷的粘接及密封、螺钉的固定以及云母层压片的粘接，也能短时间在起高温下工作，用于航天、航空和原子能工业。缺点是固化温度高、强度低、韧性小，不能做结构胶黏剂。

此外，在KH-505胶黏剂配方中添加银粉后可配制耐高温、耐离子辐射的高温导电胶，在200～250℃下长期工作，可用于电真空射频溅射技术中靶与阴极的胶接。

(2) PM-14G，PM-8G胶

① 组成与配方

甲组分：50%硅树脂的苯溶液

乙组分：A-1催化剂的甲苯溶液

PM-14G胶　甲∶乙=50g∶14mL

PM-8G 胶　　甲∶乙＝50g∶8mL

② 工艺　胶液混合均匀，涂胶，晾置，叠合，在 80℃时固化。

③ 用途与特点　用于光学玻璃的粘接。胶层耐水、耐溶剂、耐紫外光老化。使用方便，价格便宜。

PM-14G 胶可在 100～200℃时使用。胶层无色透明，折射率 1.523。

PM-8G 胶可耐 200℃高温。胶层无色透明，折射率 1.476。

以硅树脂为主体的胶黏剂，对各种材料的黏附性一般都较差，强度较低，固化温度太高，并且有机硅树脂性脆，往往不单独使用，故使用受到限制。常在有机硅树脂中加入正硅酸酯、醋酸钾以及硅酸盐玻璃等活性填料或其他高聚物进行改性，固化温度降低到 220℃或 200℃，而高温强度仍有 40～50kgf/cm²。

5.3.1.4　改性有机硅树脂胶黏剂

为了保持有机硅树脂胶黏剂的优良性能，并降低其固化温度，这类胶黏剂通常是以聚酯、环氧、酚醛树脂等有机树脂来改性硅树脂的。所用的硅树脂为含有羟基的缩合型硅树脂，其基本结构为：

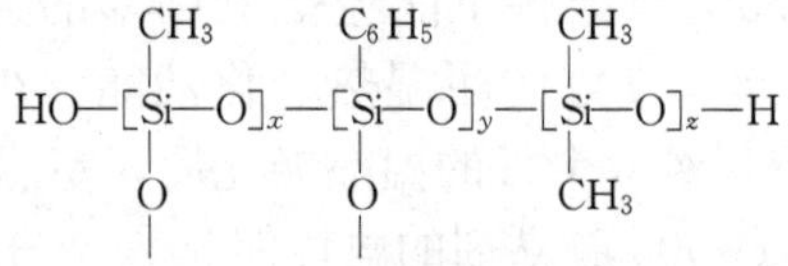

$$HO-[\underset{O}{\underset{|}{Si}}-O]_x-[\underset{C_6H_5}{\underset{|}{Si}}-O]_y-[\underset{O}{\underset{|}{Si}}-O]_z-H$$
（上述各 Si 上另含 CH₃, C₆H₅, CH₃ 基团）

低分子量的硅树脂可进一步与酚醛树脂或环氧树脂等共缩聚，以得到改性有机硅树脂。此时，有机硅树脂中含有未缩合的羟基，可与带有—OH、—OC₂H₅、—SH、—NCO 基团的有机树脂共缩聚制得粘接性较佳的缩聚产物，共聚后得到的改性硅树脂可用合适的溶剂稀释成液体树脂使用。当硅树脂与这些树脂反应后，由于共缩聚后所得的共聚体上保留了相当数量的活性基团，不仅可以利用这些活性基团使共聚体继续交联从而提高了分子量，具有较好的耐热性能；又能利用这些树脂的固化剂进行固化，从而降低了固化温度，保持较高的粘接强度。目前改性硅树脂胶的品种很多，列举几种分别简介如下：

(1) 环氧树脂改性有机硅树脂胶黏剂

环氧树脂是已知有机树脂中粘接性较好的一种高分子材料。以环氧树脂改性的有机硅树脂为主要成分制得的高温胶黏剂，兼具环氧树脂与有机硅树脂的双重优点，黏附性能、耐介质、耐水及耐大气老化性能良好。通过改性降低了固化温度，但改性后耐热性有所降低，一般可在－60～200℃长期使用。粘接性能的测定数据最高，经 200℃耐热 10h 后，测得常温抗剪强度为 93kgf/cm²（均采用铝-铝材粘接，搭接面积 2cm² 左右）。最近报道的用聚酰胺或顺丁烯二酸酐为固化剂的环氧改性有机硅树脂也有很高的胶接强度，它们胶接铝的剪切和拉伸强度在 200℃老化 40h 分别为 8.14MPa 和 10.3MPa，试验发现随着环氧树脂含量增加，剪切强度也提高，但耐热性却下降。其典型配方为：

74#环氧改性硅树脂（含固量50%）：20质量份
顺丁烯二酸酐（固体）：4.9质量份
207环氧树脂（固体）：5质量份

环氧改性的硅树脂是将有机硅中间体与含有羟基的环氧树脂进行共缩聚而制得的。其生产工艺中，环氧树脂与有机硅中间体将发生如下反应：

$$CH_2-CH-CH_2-CH-OH + HO-Si- \xrightarrow{180\sim200℃}$$
$$\quad\diagdown\!\!\diagup\quad\quad\quad\quad |$$
$$\quad O \quad\quad\quad\quad CH_2$$
$$\quad\quad\quad\quad\quad\quad |$$

$$CH_2-CH-CH_2-CH-OH-O-Si- + H_2O$$
$$\diagdown\!\!\diagup\quad\quad\quad\quad\quad |$$
$$O \quad\quad\quad\quad CH_2$$
$$\quad\quad\quad\quad\quad |$$

两者之间的共缩聚反应，主要是羟基之间的脱水缩聚。由于共缩聚后所得的共聚体上保留了相当数量的环氧基团，不仅可以利用这些活性基团，使共聚体继续交联从而提高分子量，使之充分固化，具有较好的耐热性能；而且也是提高共聚体粘接强度不可缺少的组成因素。

在环氧改性的有机硅共聚体中，如果加入较多的环氧树脂，其环氧基团多了，对粘接能力是有好处的，但其耐热性能将显著下降；如果环氧树脂太少则胶黏剂的室温强度低。环氧树脂与硅树脂的比例为1:9为宜。此外，环氧树脂中羟基的数量不宜过多也不宜过少。过少则不利共缩聚反应的进行；反之，环氧树脂过多则反应产物性能不佳、质脆，而且反应本身亦较难控制。羟基含量的多少，对酚基环氧树脂来说，一般由其分子量所决定。若分子量适中，与有机硅中间体反应平稳，很少有自聚现象，其反应产物性能较好。

环氧改性的硅树脂胶黏剂在使用时，由于有较大数目的环氧基团存在，因此在使用时必须加入适量的固化剂，如顺丁烯二酸酐、液体酸酐等，以提高交联程度，增加耐热性和降低固化温度，保持较高粘接强度。如不使用固化剂，环氧树脂的粘接强度并不高，尤其在常温下或较低温度下更为明显。试验表明，采用酸酐类潜伏性固化剂，有利于提高胶黏剂的耐热性能。当胶黏剂于200℃经20h，再于250℃经8h，其抗剪强度可达80～90kgf/cm²；当胶黏剂于200℃经20h，再于300℃经8h，其抗剪强度仍达40～50kgf/cm²。

在硅树脂中引入环氧基团也是提高硅树脂型胶黏剂粘接强度的一条途径。但由于工艺复杂，价格昂贵，故改性硅树脂胶黏剂难以推广。

国产JG-1胶黏剂是甲基苯基硅树脂与双酚A环氧树脂以1:9比例在催化剂苯甲酸等进行反应而制得。这种胶在使用时，以适量的癸二酸或草酸为固化剂，可用于胶接金属和非金属。其配方组成如下：

K-56 有机硅树脂　　　　　　　　90 质量份
E-44 环氧树脂　　　　　　　　　10 质量份
癸二酸（或草酸）　　　　　　　20 质量份

固化条件：在 0.2MPa 压力下，200℃/2h。

性能：室温铝合金胶接剪切强度为 11.1MPa，剥离强度为 21.7kgf/cm²。

用途：同类的还有牌号 665 有机硅环氧树脂胶黏剂。能在 200℃时长期使用。对金属、陶瓷、玻璃等有较好的粘接强度。

将环氧基引入有机硅分子可将环氧基化合物与含氢有机硅进行加成反应，或将含乙烯基硅树脂用过氧化物如过醋酸进行环氧化。采用上述两种方法可制得两种类型的环氧有机硅化合物（E 型和 E-Si 型）。其中 E 型环氧有机硅化合物的制法是将丙烯基环氧丙基醚（可由甲基氢二氯硅烷在溶剂存在下水解制得）在 H_2PtCl_6 催化下进行加成，加成反应产物是环状和直链状分子的混合物：

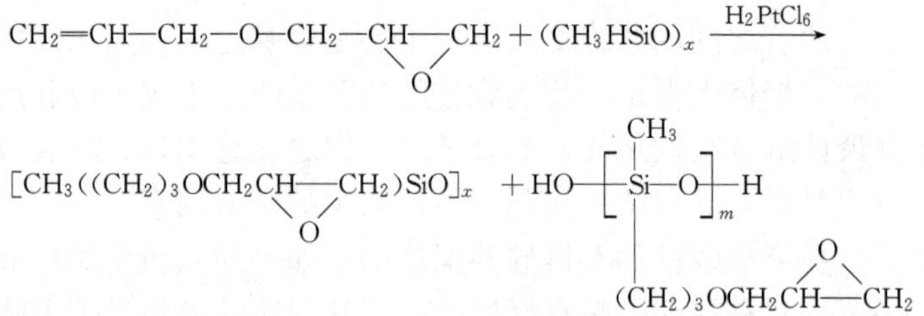

$$CH_2=CH-CH_2-O-CH_2-CH-CH_2 + (CH_3HSiO)_x \xrightarrow{H_2PtCl_6}$$

$$[CH_3((CH_2)_3OCH_2CH-CH_2)SiO]_x + HO-[Si(CH_3)(O(CH_2)_3OCH_2CH-CH_2)O]_m-H$$

将这两种类型环氧有机硅化合物以不同的比例加入到加成型硅树脂（基础胶）中，其粘接强度都有提高。混料的基本配方：

（A）加成型硅树脂：10g

SiO_2：3g

TiO_2：1g

云母：0.5g

二枯基过氧化物：0.2g

（将上述混合物调匀待用）

（B）环氧有机硅化合物：1g

647 酸酐：0.7g

三乙醇胺：2 滴

环氧改性有机硅树脂胶黏剂：国产 665 有机硅环氧树脂，通过双酚 A 型环氧树脂与含羟基和乙氧基的聚硅氧烷缩合而成，其基本结构为：

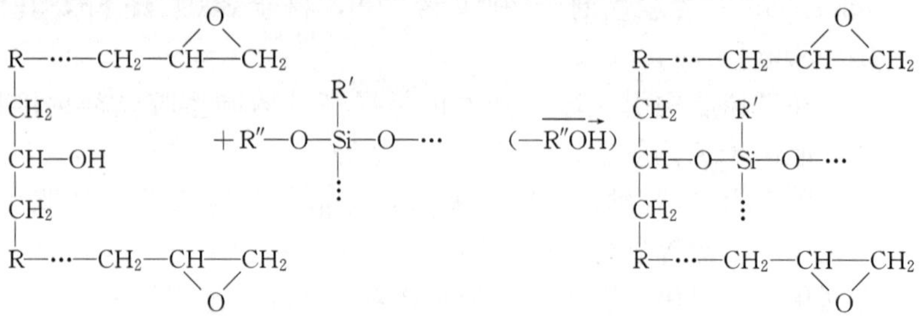

式中：$R=-O-\underset{CH_3}{\underset{|}{\overset{CH_3}{\overset{|}{C}}}}-O-_1R$，$R'$、$R''$ = 烃基

脂肪胺或 KH-550 能使 665 有机硅环氧树脂在室温或加热时完成固化，有较强的胶接能力。这类胶黏剂能在 300℃ 长期使用，在 300℃ 以上短期使用，其剪切强度如表 5-42 所示。

■表 5-42　环氧改性硅树脂的剪切强度（铝-铝）　　　　　　　　单位：kgf/cm²

项　目	室温	200℃	300℃	350℃	400℃
老化前	140	75	40		
200℃/300h 老化后	120	90			
300℃/5h 老化后	100		50		
350℃/5h 老化后				50	
400℃/5h 老化后					35

侯其德、杨福廷等将环氧树脂 E20 用有机硅树脂改性后作胶黏剂，使胶黏剂既具备环氧树脂良好的机械性能，又具备有机硅树脂的耐高温性能；若在胶黏剂体系中加入聚乙烯醇缩丁醛，可提高胶黏剂的韧性。采用最佳配方，制备的胶黏剂室温剪切强度达 22.5MPa，300℃ 时的剪切强度为 8.8MPa，并能在 400℃ 条件下长期使用。

一种具有良好耐热性和机械性能的有机硅改性环氧树脂胶黏剂：

用有机硅活性中间体 Z6018 与环氧树脂 E44 质量比为 5:10、以三苯基磷/钛酸丁酯作催化剂，在 200℃ 反应 5h 进行接枝共聚改性，反应基本完全，得到一种相容性好、色泽均匀、久置不分层、具有良好耐热性和机械性能的新型改性树脂。

有机硅改性环氧树脂中按比例加入纳米 TiO_2 和 KH550，少量丙酮稀释，超声 40min，高速搅拌（7000r/min）20min，使纳米 TiO_2 充分分散，然后置于 130℃ 烘箱中 1h，使偶联剂充分与环氧树脂和纳米 TiO_2 反应。冷却后，加入丁腈-40 和芳香胺为固化剂［由 100 份聚酰胺 650 与 60 份芳香胺固化剂混合物中加入环氧树脂质量 2% 的促进剂（DMP-30 和月桂酸二丁基锡），混合均匀，即得复合耐热固化剂］，搅拌均匀，粘接试片。试片为 LY12CZ 铝合金，100mm×25mm×2mm，砂纸打磨，甲苯擦拭，搭接面积为 25mm×12.5mm，30℃、7 天固化。制得的胶黏剂在 30℃、7 天基本固化完全，250℃ 热老化 100h 后，仍有 15.3MPa 的剪切强度，可满足室温固化高温使用的要求。用有机硅改性环氧树脂可显著提高树脂固化物的热降解温度，提高了柔韧性，降低了玻璃化温度。

(2) 聚酯改性有机硅树脂粘接剂　聚酯改性有机硅胶黏剂具有优异的黏附性能、介电性能及良好的热稳定性，但在常温时强度不高，可在 200℃ 长期使用。这类改性硅树脂除用作胶接金属结构部件和非金属材料外；也成功

地用作 H 级绝缘漆，其特点是机械强度高、胶接力好、防潮和电绝缘性能好。

① JG-2 胶黏剂　聚酯和硅树脂之间的共缩聚与环氧和硅树脂的反应相似。国产 JG-2 胶黏剂是一种含有固化剂的 315 聚酯（由甘油、乙二醇、对苯二甲酸制备的）来改性 947 聚甲基苯基硅树脂。固化剂为原硅酸乙酯、硼酸正丁酯、二丁基二月桂酸锡等。JG-2 胶黏剂配方组成如下（质量份）：

甲组分	947 硅树脂（固体含量大于 60%）	100
乙组分	正硅酸乙酯	10
	硼酸正丁酯	1
	二丁基二月桂酸锡	2
配比	甲：乙 = 100：13	

工艺：第一次涂胶后晾置 2h，第二次涂胶后晾置 0.5h，叠合，在 1～2kgf/cm² 压力下，室温升至 120℃/1.5h，或 200℃/4h，压力为 0.2MPa 固化。

性能：铝-硅橡胶抗拉强度 17（kgf/cm²）。

用途：这类胶黏剂在室温下强度虽然不太高，但可在 200℃下长期使用，有良好的热稳定性。这类胶黏剂除用作胶接金属和非金属材料，如 200℃以内硅橡胶与金属的粘接。还用作 H 级绝缘漆使用，其机械强度、黏附力、防潮和电绝缘性能均好。

② GFS-4 胶

组分与配方

甲组分

| 107 号硅橡胶 | 100 | D$_4$ 处理的气相二氧化硅 | 20 |
| 947 有机硅树脂 | 20 | 硼酸 | 0.4 |

乙组分

正硅酸乙酯	5	硼酸正丁酯	3
钛酸正丁酯	2	二丁基二月桂酸锡	1.8
KH-560	3		

甲：乙 = 9：1

工艺：粘接面用处理液（正硅酸乙酯 50 份、甲基三乙氧基硅烷 30 份、KH-560 20 份、硼酸 0.4 份、乙酰乙酸乙酯 2 份、三氟醋酸铬 3 份、无水乙醇 115 份、pH 调节剂-甲酸适量）处理。

涂胶后，晾置几分钟叠合。

硫化条件：室温/3～7 天或室温/24h+80～90℃/4～6h 硫化。

用途：-60～200℃使用。用于聚乙烯和镀锡铜、镀银铜及纯铜间的粘接。各种硫化硅橡胶与经表面处理的金属（如铝、铜、钢、不锈钢、银等）与非金属材料（如玻璃、陶瓷、玻璃钢）的粘接。

性能指标：粘接交联聚乙烯与镀锡铜的抗拉强度（kgf/cm²）

−55℃	25～28
25℃	20～24
80℃	16～18

③ JG-3 胶

有机硅树脂 947（75%）	100	8-羟基喹啉	10
钛白粉	7.0	铝粉（银粉）	3.0
硼酐	1.0		

制法介绍：将配方中前四种物料混合，搅拌均匀，装瓶备用。

使用时将上述混合浆料挤出，再添加硼酐 1 份，搅拌混合均匀，即成胶黏剂。

产品固化条件：压力 2.94×10^5 Pa，温度 380℃，时间 1min。

性能：固化后 380℃焊接时不脱落。

用途：本品的主要组分是有机硅树脂。它的特点是能耐 400℃的高温，又能耐低温和辐照，耐水性、耐潮性和电性能都好。因而可用于火箭、导弹等高科技产品耐高温、耐低温器件的黏合，也可用于原子能工业和高能物理仪器设备，以及电子工业、电机、电器器件的黏合。它的缺点是脆性大，常加入其他树脂增韧改性，但这样又会降低其耐热性。

(3) 酚醛树脂改性有机硅树脂胶黏剂　酚醛树脂改性的有机硅树脂可作为一类胶黏剂，固化温度比纯硅树脂胶黏剂低，一般在 200℃/3h 即可完全固化，同时室温强度提高 3.92～4.90MPa，能在 350℃长期使用。国产 J-08、J-09、J-12 等都属于这类胶黏剂。

国产的 J-08 硅树脂胶黏剂由甲基酚醛树脂、聚乙烯醇缩丁醛以及有机硅树脂等三者组成。固化条件：100℃/1h＋200℃/3h，压力 5kgf/cm²，比纯有机硅树脂胶固化温度要低。能在 300～350℃下使用。它的固化温度在 200℃下 3h 即可。对铝胶接剪切强度在常温下为 12MPa，200℃下为 8～9MPa，350℃下为 4～5MPa。

含硼的硅树脂是将 $B(OH)_3$ 与 $CH_3C_6H_5Si(OC_2H_5)_2$ 预先反应，再与含羟基的硅树脂共缩聚制得。国产 J-09 耐高温胶黏剂是以聚硼有机硅氧烷为主体，再用酚醛树脂、丁腈橡胶-40、酸洗石棉、氧化锌配制而成的耐高温胶黏剂，是一种瞬间高温胶黏剂。聚硼有机硅氧烷是在主链上有

$$\left[-\underset{|}{\overset{|}{Si}}-O-\underset{|}{\overset{|}{B}}- \right]$$

结构的高分子化合物，耐热性更高，与酚醛混合后，又保证具有足够的黏附力。因此可用于导弹、火箭的雷达罩与主体的胶接、高温密封以及高温环境下工作的不锈钢、铝合金、层压塑料和机电零部件的胶接，以及用于高温玻璃钢和石棉制品的制造和粘接。特别是两种热膨胀系数相差较大的材料间的胶接有较好的性能，可在 −60～450℃使用，其瞬间在 520℃对铜的胶接强度仍有 4.90MPa。与纯有机硅树脂比较，固化温度低

一些，一般在 200℃/3h 即可固化完全。同时室温下和高温下强度也有提高。

J-09 胶黏剂的基本配方：

聚硼有机硅氧烷	1	酚醛树脂	3
酸洗石棉	1	氧化锌	0.3
丁腈-40 橡胶	0.45	丁酮	适量

固化条件：压力为 0.3~0.4MPa，温度 200℃下 3h。

性能：其粘接表面经喷砂处理的不锈钢，粘接强度见表 5-43。

■表 5-43 J-09 胶黏剂在不同温度下粘接不锈钢的剪切强度

测试温度/℃	剪切强度/MPa	测试温度/℃	剪切强度/MPa
-60	19.2	450	4.9~6.9
20	12.8~14.7	500	4.9~5.9

用途：适用于 450℃下金属件的胶接，也可用为应变胶使用。

为了改善未改性酚醛树脂胶黏剂的脆性和粘接强度较低的缺点，常采用改性酚醛树脂胶黏剂。它可用于胶接金属受力结构，也可胶接各种热塑性塑料和橡胶。主要改性方法是在酚醛树脂中加入合成橡胶、聚乙烯醇缩醛树脂等柔韧性好的线型高分子化合物。下面列举若干配方。

配方 1．

氨酚醛树脂	100	聚乙烯醇缩丁糠醛	15
聚有机硅氧烷	20	没食子酸丙酯	3
六亚甲基四胺	5	苯乙醇恒沸物	330

固化条件：涂胶 2 次，每次晾置 1h，经 80℃，70~80min 后胶接，再在 200℃下 3h。

用途：相当于牌号 J-08 胶黏剂。金属胶接剪切强度 17~19MPa（室温）和 7~10MPa（200℃）。可在 200℃下长期使用。用于金属、非金属的胶接。

配方 2．

酚醛树脂	175	聚乙烯醇缩甲乙醛	100
正硅酸乙酯	33	防老剂 4010	4.62
没食子酸丙酯	3.08	三乙醇胺	3.08
乙酸乙酯	619	无水乙醇	69

固化条件：0.1~0.2MPa 压力，180℃下 2h。

用途：相当于牌号 204 胶或 JF-l 胶黏剂。金属胶接剪切强度大于 15MPa（室温）和大于 6MPa（300℃），可在 200℃下长期使用，性较脆。胶接各种金属、刹车片、非金属及蜂窝结构。

酚醛环氧树脂是 20 世纪 50 年代中期发展起来的一种通用型树脂，以它为主体的胶黏剂对金属底材有良好的黏附力，并且具有优异的机械性能，曾长期作为结构胶黏剂应用于航空航天领域。但是，随着经济的发展与科学的进步，对这种胶黏剂的耐高温性能提出了更高的要求。聚硅氧烷树脂是一类以 Si—O 键为主链，有机基团为侧链的高聚物，它兼备有机和无机材料的双重特点，可以在很宽的温度范围内保持物理性能不变，尤其是在高温条件下，具有优异的热稳定性，因此，用有机硅树脂来改性酚醛环氧树脂越来越得到人们的重视。有机硅树脂改性酚醛环氧树脂的方法主要有物理改性和化学改性两种，前者主要是将两者按一定比例机械地混合在一起；后者是利用两者的活性基团发生化学反应聚合成新的化合物，从而获得较好的综合性能。由于有机硅聚合物的溶解度参数 SP 与酚醛环氧树脂的 SP 相差较大，导致有机硅树脂与酚醛环氧树脂的相容性较差，因此，采用化学改性的方法，使用—O—Si—O—上具有苯基的甲基苯基硅树脂，通过提高有机硅树脂的 SP 值，使两种物质的相容性增加，再辅以偶联剂的作用，让酚醛环氧树脂上的仲羟基与有机硅树脂中的烷氧键发生反应，生成 R—OH，并形成稳定的硅-氧烷键。

(4) 呋喃氧基硅烷环氧树脂胶黏剂

呋喃氧基硅烷环氧树脂*	100 质量份
顺丁烯二酸酐	30 质量份
二氧化钛	60 质量份

＊由正硅酸乙酯与糠醇反应而得的呋喃硅烷 25～30 份与环氧树脂 70～75 份在 150℃下经酯交换反应而得。

固化条件：经清洁处理的粘接面涂胶，在 70～80℃干燥 10min，叠合，在 0.5kgf/cm² 压力下，230℃/4h 固化。

性能：

① 剪切强度

温度/℃	20	100	200	300
剪切强度/MPa	13～15	12～18	6.7～8.0	2.3～2.6

② 耐溶剂性能：铝试片在下列溶剂中浸泡 1 个月后剪切强度

溶剂	汽油	丙酮	水	30%硫酸
剪切强度/MPa	10.9	10.5	10.4	9.8

用途：用于 200℃以下金属件、玻璃钢件、陶瓷件的胶接。用于电镀槽的粘接。具有良好的耐腐蚀性能。

(5) 氟改性有机硅树脂胶黏剂

① F-2 胶

组成与配方

| 氟 2，4，6 三元共聚物 | 100 | 增黏硅树脂 | 15 |
| 高补强二氧化硅 | 30 | 溶剂（乙酸丁酯∶丙酮＝1∶1） | 6～7 |

固化条件：能在 200℃时长期使用。

室温固化。在要求有较高粘接强度时，可按下述条件固化：60℃/4h＋120℃/2h＋120℃/6h。

用途与特点：适用于不需特殊表面处理的氟塑料的粘接，使用方便，耐介质性能好。

性能指标：聚四氟乙烯之间，聚四氟乙烯与金属的粘接，剪切强度约为 $12kgf/cm^2$。

胶层电性能

体积电阻率　　　　　　$1.29×10^{-8}Ω·cm$。

介电损耗角正切　　　　$5×10^{-3}$。

介电强度　　　　　　　$43.1kV/mm$。

耐介质性能

对水、饱和食盐水、20%过氧化氢、煤油、甲苯、65%硝酸、98%硫酸及36%盐酸的稳定性好。但不耐浓碱及冰醋酸。

耐辐射性能

照射剂量为 $5×10^6$ 伦琴，试样外观及粘接强度变化不明显。但经 $10^7R(1R=2.58×10^{-4}C/kg)$ 照射后，胶层发黏，但强度无变化。

耐低温性能

-40℃时胶层变硬，但仍保持对氟塑料的粘接性能。在-50℃时产生脆性断裂。

应用实例：用于匹配元件中，聚四氟乙烯和聚苯乙烯的粘接。

此外，F-2胶也用于机载雷达天线中聚四氟乙烯轴衬与金属轴瓦的密封粘接，声管与聚四氨乙烯管接头的密封粘接。

② F-3（B）胶

配方

甲组分

| 氟2,4,6三元共聚物 | 100 | 增黏硅树脂 | 15 |
| 氧化镁 | 15 | 溶剂（乙酸乙酯及丙酮） | 适量 |

乙组分

| KH-550 | 3 | 甲苯 | 27 |

固化条件：室温/6天固化。

用途：用于氟塑料零件的粘接，如金属模具粘衬氟塑料板及氟塑料加工的粘接定位。粘接表面不需特殊处理。

性能指标

室温剪切强度见表5-44。

■表5-44　粘接不同材料的剪切强度

材料（聚四氟乙烯未经特殊处理）	室温剪切强度/(kgf/cm²)
聚四氟乙烯	6~8
聚四氟乙烯-钢	6~8
F_{2341}氟树脂-钢	4~5

耐介质性能：耐水、耐饱和食盐水、耐过氧化氢、耐煤油、耐汽油、耐甲苯和耐强酸等性能好。但不耐冰醋酸。

耐辐射性能：照射剂量为 $5×10^6R$ 时，外观及粘接强度变化不明显。

照射剂量为 10^7 R 时，胶层发黏，但强度无变化。

耐低温性能：-40℃时，胶层变硬，但仍保持粘接性能；-50℃产生脆性断裂。

(6) **聚酰亚胺改性有机硅树脂胶黏剂** 聚酰亚胺（PI）是 20 世纪 60 年代初由美国杜邦公司首先开发的芳杂环高分子材料，其耐水解和盐雾性良好，极佳的耐有机溶剂、燃油及油脂性，并耐强酸，耐高低温，使用温度在 $-196\sim260$℃（350℃耐 200h，377℃耐 10min）。PI 为性能优良的耐热电绝缘材料，具有特别优异的耐原子辐射（电子和中子）性，可用于配制结构胶黏剂，胶接金属如铝、不锈钢和钛合金等，符合航空、航天工业、微电子工业如柔性印刷电路板的胶接要求。多数未经改性作胶黏剂的 PI 的玻璃化转变温度 T_g 都不很高，一般在 $180\sim260$℃。所以如不进行改性，其实际使用温度都远远地低于热分解温度。另一个不足之处是它们的固化温度和固化压力都比较高。

将酰亚胺的耐高温性和高强度等特点与硅氧烷的低温性能有机地结合起来制备硅氧烷/酰亚胺共聚物，硅氧烷的引入使共聚物比一般 PI 的固化温度低，胶接初黏力高，具有优良的热性能、力学性能、可溶性和易加工等特点，其中 1,3-双（氨丙基）四甲基硅氧烷是最常用的改性单体。引入硅氧烷后，PI 的抗冲击性、耐湿性、耐候性、表面性能和溶解性等得到明显改善，但耐温性和热氧化稳定性下降。Tsai 等用 2,2'-双（3-氨基苯氧基）二苯砜、3,3'-二苯醚四酸二酐和氨丙基三甲氧基硅氧烷（APrTS）通过原位溶胶/凝胶法合成了 PI/硅氧烷复合材料。研究结果表明，在硅氧烷结构中随着 APrTS 含量的增加，其特性黏度、热膨胀系数和熔融黏度降低，而交联密度、热稳定性增加；动态力学分析表明其在高温条件下具有较高的交联密度和机械性能。1972 年，通用电气公司又制备了具有良好耐热性和抗电晕性的含硅聚酰胺/酰亚胺。该产品经 200℃老化 2500h 后，其 200℃的剪切强度有所提高。Chen 等通过引入含硅的侧链，增强了 PI/SiO_2 复合材料中 PI 与 SiO_2 的附着力，显著提高了材料的相关性能。

PI 硅氧烷嵌段共聚物胶黏剂由芳香族四酸二酐、芳香族二胺和二氨基聚有机硅氧烷低聚物在溶剂中加热共聚而成。常用的芳香族四酸二酐有：BTDA、3,3',4,4'-二苯醚四酸二酐（ODPA）、3,3',4,4'-联苯四酸二酐（BPDA）。芳香族二胺有：1,3-双（3-氨基苯氧基）苯、2,2-双[4-(4-氨基苯氧基)苯基]丙烷（BAPP）、2,2-双[4-(4-氨基苯氧基)苯基]苯基六氟丙烷（BAPPF）、2,2-双(4-氨基苯氧基)六氟丙烷（BAPF）等。二氨基有机硅氧烷低聚物为 α,ω-双（3-氨丙基）聚二甲基硅氧烷（APPS），分子量 $750\sim950$，用量 $10\%\sim20\%$。PI 有机硅氧烷嵌段共聚物可溶于 N-甲基吡咯烷酮、四氢呋喃、二噁烷、二甘醇二甲醚，耐甲醇和丙酮。200℃有较好的胶接强度，电性能也佳。PI 的硅含量以 $9\%\sim15\%$ 为宜，引入硅氧烷后吸水率仅为 $0.1\%\sim0.3\%$，有显著改善。随硅氧烷量的增加，T_g 逐渐降低，LSS 也相应下降，由于引入了硅氧烷，提高了加热时的流动性和柔韧性，降低了加工温度，热氧稳定性稍下降。硅氧烷使 PI 在多种溶剂中溶解，利用这些溶剂，可允许溶剂辅助粘接，对微电子工业应用具有特别吸引力。也可用于 PI 的复合，印刷电路板的铜箔复合和钛合金的胶接等。例如由 BTDA 同 APPS 低聚物（分子量 950）溶液混合后，加入链增长剂 3,3'-二氨基二苯砜，反应生成聚酰胺酸硅氧烷，再进行脱水闭环，制成胶黏剂，含有 10% 聚有机硅氧烷的胶黏剂用于钛合金的胶接，室温剪切强度 19.9MPa。

LARC-TPI 中引入硅氧烷，例如用 BTDA，双-(γ-氨丙基) 四甲基二硅氧烷和 3,3'-二氨基苯酮室温下，在二甲基乙酰胺中聚合而得，特性黏数为 $0.65\sim0.70$dl/g。

另一改性方法是以硅氧烷为端基，以酐封端的聚酰胺酸（由 BTDA 同各种二胺反应而得）同 γ-氨丙基乙氧硅烷在二甲基乙酰胺中反应制得。粘接过程中加热到 285℃，使低分子量产物通过乙氧基端基进行交联。由于硅烷的封端，提高了流动性和柔韧性，T_g 下降了，粘接强度也未达到预期的愿望，但是该研究提供了一种结构与性能的有趣关系，即骨架的柔韧对粘接强度的影响。

(7) 有机硅改性丙烯酸酯胶黏剂　涂料印花是将高分子化合物胶黏剂在织物上形成薄膜，把没有亲和力及反应性的颜料固着在织物上的印花方法。由于其具有工艺简单、节约能源、色泽鲜艳、应用面广和环境污染小等优点，被广大印染企业广泛应用。因此，胶黏剂的优劣直接关系到印花产品的质量。目前市场上大量使用的胶黏剂为丙烯酸酯乳液，它具有透明度高、耐热、耐光、耐老化等特点，但手感差，牢度不佳是该类胶黏剂的通病，因此，各类改性产品应运而生，以求在性能上有所提高。有机硅改性丙烯酸酯树脂是一种柔软性和牢度俱佳的涂料印花胶黏剂。

有机硅改性丙烯酸酯树脂是由丙烯酸丁酯、丙烯酸乙酯、丙烯酸、丙烯腈、苯乙烯、有机硅单体、N-羟甲基丙烯酰胺、十二烷基硫酸钠、平平加 OS-15、过硫酸铵等所组成。其合成方法：将单体和部分乳化剂、引发剂、水一起进行高速乳化 0.5h，制成预乳化液。将装有搅拌器、回流冷凝管和温度计的四颈瓶放置于恒温水浴中，加入剩余部分的乳化剂、引发剂和水，并加入 1/10 的预乳化液，开动搅拌，升温至 82℃，待瓶内乳液出现荧光后，逐渐匀速滴加其余预乳化液，控制滴加时间为 $1.5\sim2.0$h，滴加完毕后，升温至 86℃ 保温 1h，然后降温至 40℃ 以下，过滤，即得产品。

有机硅单体与丙烯酸酯共聚的目的是通过加入含有不饱和双键的有机硅氧烷在主体聚合物上引入更容易旋转的 Si—O 键，从而使聚合物皮膜柔软性增加，可选择的有机硅氧烷单体有 γ-缩水甘油醚氧基丙基三甲氧基硅烷，γ-甲基丙烯酰氧基丙基三甲氧基硅烷，八甲基环四硅氧烷等，结果见表 5-45。

■表 5-45 有机硅用量对聚合物的影响

用量/%	外观	柔软性(布样)	凝胶	稳定性
0	荧光乳白液	柔软、发黏	无	优
5	荧光乳白液	柔软	无	优
10	荧光透明乳白液	柔软、光滑	无	优
15	荧光乳白液	柔软、光滑	少量	良

由表 5-44 可以看出，加入适量的有机硅单体可使布样柔软光滑，但随着有机硅单体的增加，乳液的凝聚物增多，稳定性变差，这是由于有机硅单体在用量适当时参与了共聚交联，随着用量的增加，活性硅氧烷水解形成硅醇，互相缩聚或与聚合物活性基进行反应的结果。采用 5%～10% 的有机硅单体对丙烯酸酯进行改性，可以使合成的涂料印花胶黏剂手感柔软、光滑。

总之，采用有机硅氧烷与丙烯酸单体混合的预乳化工艺，合成出的涂料印花胶黏剂性能优良，聚合物产品体系稳定，无凝胶及泛油现象。

5.3.2 有机硅压敏胶黏剂

压敏胶黏剂（PSA）是一种能长期处于黏弹状态的"半干性"特殊的胶黏剂，只需施加轻度指压即能与被粘物黏合牢固的胶黏剂。压敏胶黏剂发展至今，已形成很多配方体系。按主体材料的成分，可将压敏胶黏剂分成：天然橡胶压敏胶、合成橡胶和再生橡胶压敏胶、热塑弹性体压敏胶、丙烯酸酯压敏胶和有机硅压敏胶等 5 大类。前 4 种压敏胶黏剂虽然各具不同的优点，但它们只能在温度不高的条件下使用（一般使用温度范围−5～75℃）。广泛用于生产压敏型标签、胶黏带、胶黏膜、卫生巾以及其他同类型产品，使用方便可靠，并且可赋予它各种各样的功能，在许多应用领域的发展日新月异，增长速度非常引人注目。

有机硅压敏胶黏剂（简称为有机硅 PSA）从 20 世纪 70 年代开始国外就有人研究，至今已有许多公司和研究单位申请了专利。国外已有专业公司（例如道康宁公司、信越化学公司、东丽有机硅公司、3M 公司等）生产经营各种性能、规格的 PSA 产品，而国内在有机硅 PSA 的基础研究与产品开发方面均十分薄弱，与国外差距很大，在品种、质量和数量方面远远不能适应高科技工业发展的需要，有机硅 PSA 还需进口。而汽车行业、电子行业和航天工业等部门对这种高性能的压敏胶需求量很大，所以高性能、耐高温压敏胶的研究开发一定会有很好的市场前景和经济效益。

有机硅 PSA 是压敏胶家族中一类优质高档的特种压敏胶，有机硅压敏胶具有化学惰性，对机体刺激性小，在高、低温下具有优良的使用性能（可在−73～260℃的温度范围内使用），还具有优良的耐候、耐水、电绝缘性、耐酸碱腐蚀和耐老化的性能，不仅具有压敏胶必需的良好的粘接强度和初黏性,还有出色的耐高温剪切强度、可以接受的探针初黏力和室温折叠剪切性能,广泛用于粘接金属,非金属乃至多种低表面能的难粘材料如未经表面处理的聚四氟乙烯、聚烯烃、聚碳酸酯、聚酯及聚酰亚胺等有较好的粘接性能。有机硅压敏胶在航天、航空、电子、电器、仪表、船舶、汽车、发电机和电动机的电气绝缘、化学刻蚀加工的掩蔽、气体屏蔽和化学屏蔽及医疗等行业中有众多的用途,特别适用于高温及苛刻条件下电器元件的捆扎、固定、粘接、密封、隔离及绝缘等。例如,在电子电气行业中用作绝缘带、表面保护板及光盘表面保护、阻燃带、焊锡或电镀屏蔽带、铜层压板黏合、电灶门薄膜贴合等;在汽车行业上用作涂装用屏蔽带及标记屏蔽膜;在医疗行业中用作经皮吸收剂及医疗用具,它还具有一定的液体可渗透性和生物惰性,可用于治疗药物与人体皮肤的粘接。其他如防隔离纸粘连、耐热(铝箔,聚酰亚胺)标签、硅橡胶之间的粘接,硅橡胶与金属之间的粘接等。

5.3.2.1 有机硅压敏胶黏剂的基本组分及制备机理

有机硅压敏胶黏剂主要是由硅橡胶生胶、与之不完全互溶的 MQ 型硅树脂(含有 M 单元 $R_2SiO_{1/2}$ 和 Q 链节 $SiO_{4/2}$)、再加上综合催化剂和交联剂、填料和其他添加剂以及有机溶剂等相混合制成的。硅橡胶是有机硅压敏胶黏剂的基本组分,为连续相,它能成膜、赋予压敏胶必要的内聚力;硅树脂为分散相,作为增黏剂起调节压敏胶黏剂的物理性质和增加黏性的作用。硅树脂与硅橡胶生胶的比例为 45~75 份重的硅树脂与 25~55 份重的硅橡胶生胶。有机硅压敏胶黏剂的性能随两者的比例变化而改变:硅树脂含量高的压敏胶黏剂,在室温下是干涸的(没有黏性),使用时通过升温、加压即变黏;而硅橡胶生胶含量高的压敏胶黏剂,在室温下黏性特别好。硅橡胶与硅树脂之间通过物理共混或化学交联而结合。其合成工艺流程如下:

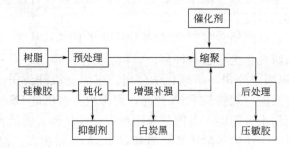

一般制造有机硅压敏胶黏剂的方法是先将有机硅橡胶切碎,放入混合釜中用部分溶剂搅拌溶解,再将有机硅树脂和缩合催化剂的溶液打入釜中,搅拌混合均匀。然后在一定温度下缩合反应一定时间,冷却至室温后中和残留的缩合催化剂,再加入填料等添加剂。充分搅拌混合均匀,最后用溶剂调节至所需的胶液黏度。

使用时,可直接在一般的涂布机上涂布。经 60~90℃ 的烘道干燥数分钟，除去有机溶剂后即可得到所需的压敏胶黏制品。

如生产交联型有机硅压敏胶黏制品、则需先加入适量的交联剂。一般先将过氧化苯甲酰配成 10% 浓度的溶液，搅拌下加入压敏胶液中，再充分搅拌 10~15min、混合均匀即可涂布。在涂布机上涂布后先经 60~90℃ 的烘道干燥数分钟，再在 150℃ 烘道热处理 5min。使有机硅橡胶交联，可得到性能较好的压敏胶制品。

(1) 羟基封端硅橡胶 硅橡胶作为有机硅 PSA 的基体组分，是硅-氧原子交替排列成主链的线形聚硅氧烷。它包括一种或几种聚二有机硅氧烷，基本上是由羟基或乙烯基封端的 $R^1R^2_2SiO_{1/2}D$ 单元封端的 R^1R^2SiO 链节组成，最常含有的是 Me_2SiO 单元、$PhMeSiO$ 单元和 Ph_2SiO 单元，或者兼有两种单元。硅橡胶分子中的硅氧键很容易自由旋转，分子链易弯曲，形成 6~8 个硅氧键为重复单元的螺旋形结构。这种螺旋形结构对温度比较敏感，当温度升高时，螺旋结构的分子链就舒展开来引起黏度增加。线形聚硅氧烷具有较低的结晶温度（-55~-65℃）、低的内聚能和表面张力以及其他的特殊表面性质等。

为了使有机硅压敏胶具有良好的粘接性能，对硅橡胶有以下三点要求：

① 高黏度、高分子量，黏度至少达到 $5\times10^5 mPa\cdot s$ 以上，分子量达几十万，只有这样才能保证有机硅 PSA 具有良好的柔韧性、内聚强度和低迁移率；

② 一定的羟基含量，一般是羟基封端的 PDMS，以便和硅树脂发生缩合反应；根据需要制备的有机硅 PSA 性能不同，硅橡胶需带上不同的侧基官能团，如乙烯基、氢基、苯基、含氟基团等。

③ 它的基本结构：

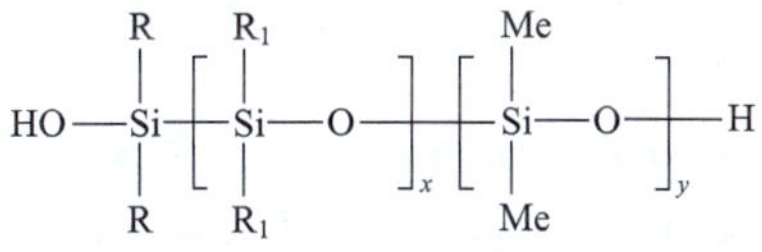

$$HO-\underset{R}{\underset{|}{\overset{R}{\overset{|}{Si}}}}-\underset{R_1}{\underset{|}{\overset{R_1}{\overset{|}{Si}}}}-O\left[\underset{R_1}{\underset{|}{\overset{R_1}{\overset{|}{Si}}}}-O\right]_x\left[\underset{Me}{\underset{|}{\overset{Me}{\overset{|}{Si}}}}-O\right]_y H$$

其中 R_1 可是苯基、乙烯基、含氟基团；R 可是乙烯基、氢基。

根据侧基的不同有机硅压敏胶可分为甲基型和苯基型两种。苯基型又分为低苯基型（6%mol），黏度为 $5\times10^4 \sim 1\times10^5 mPa\cdot s$，高苯基型（12% mol）黏度为 $6\times10^3 \sim 1.2\times10^4 mPa\cdot s$，苯基型压敏胶的特点是具有高黏度、高剥离强度和高粘接性。

(2) MQ 树脂 MQ 硅树脂是一类其分子由单官能链节（$R_3Si_{1/2}$）和四官能链节（SiO_2）组成的 Si—O 键为骨架而构成的高度支化的立体（非线性）结构的聚有机硅氧烷，根据其支链上连接的基团不同，可分为甲基 MQ 树脂、乙烯基 MQ 树脂、氨基 MQ 树脂、含氢 MQ 树脂、苯基 MQ 树脂等等，每种材料都具有其各自的特性，适用于不同的环境与场所。其性质硬而脆，在室温以上具有很宽的玻璃化温度（T_g）转变区域。MQ 树脂对硅橡胶具有增黏补强作用，与橡胶共混后不会使橡胶的脆化温度升高，而使压敏胶的低温黏附性变好，提供耐高温蠕变性。为提高硅树脂和硅橡胶的相容性，二者的主要基团应一致。MQ 硅树脂中至少 1/3 的有机基团应该是甲基。通常是由水解后的水玻璃与一、二、三氯硅烷的一种或多种混合或者与六甲基二硅氧烷等可水解的硅氧烷合成 MQ 树脂，例如，以水玻璃和六甲基二硅氧烷为基本原料可合成甲基 MQ 型硅酮树脂，其合成路线示意如下：

$$Na_2(SiO_2)_n + H_2O \xrightarrow{H^+} HO\text{-}[Si(OH)_2\text{-}O]_n\text{-}H$$

$$(CH_3)_3Si\text{-}Si(CH_3)_3 + H_2O \xrightarrow{H^+} 2(CH_3)_3SiOH$$

$$\longrightarrow \left[\begin{array}{c} O\text{-}Si(CH_3)_3 \\ | \\ \text{-}Si\text{-}O\text{-} \\ | \end{array}\right]_x$$

由于 MQ 树脂具有复杂的三维球型结构，具有两种不同的链节，其中的有机链节可提高对硅橡胶的相容性并起增黏作用，硅氧烷链节对硅橡胶具有补强作用，可以提高压敏胶的内聚强度。

甲基 MQ 树脂具有如下优良特性：

优异的耐热性、耐低温性能，可在-60℃至＋300℃温度环境下使用，因此，适用于各种高温、低温工作场所，如：制作耐高温涂料，用于 H 级电机的绝缘及接合、密封等。

良好的成膜性、适度的柔韧性，硬而不脆，且耐老化，抗紫外线辐照，因而特别适用于对暴露于户外的重要物品（如文物、广告牌等）的表面进行涂饰、保护，可防腐、耐风化、防止褪色。

很好的抗水性，是制作各种防水涂料，日化业制作唇膏等的理想材料

较好的粘接性能，可用于制作多种材料的脱模剂，且持久耐用，是一种半永久性脱模剂。

甲基乙烯基 MQ 硅树脂。甲基乙烯基 MQ 硅树脂是甲基 MQ 树脂中的部分 Me_3SiO 被 $ViMe_2SiO$ 取代后的产物，其组成结构为 $(Me_3SiO_{0.5})_a$ $(ViMe_2Si_{0.5})_b(SiO_2)_c$。使用较多的是 $a+b/c=0.6\sim1.2$ 的产品。主要用作加成型液体硅橡胶的活性补强填料，加成型纸张隔离剂剥离力控制剂以及硅橡胶提高硬度及模量的添加剂。其制法同样也有硅酸钠法与硅酸酯法之分。

乙烯基 MQ 树脂除具有甲基 MQ 树脂的一般性能外，还具有：

良好的反应活性：乙烯基可参与反应，与多种有机材料共聚，生成各种有独特性能的新材料，用于一些特殊领域。

改善、调节压敏胶的剥离力，因而可作为剥离力调节剂，用于制作压敏胶带等。

在硅橡胶中作为补强剂，补强后硅橡胶无色透明，机械强度高。

含氢 MQ 树脂除具有甲基 MQ 树脂的一般性能外，还具有良好的反应活性、较易于与某些有机材料（如：含有乙烯基的有机材料）进行加成反应。

MQ树脂的软化点80~300℃，用户直接添加时可加热使之成为液体，然后加入体系中，间接添加时可用溶剂（如苯、二甲苯、120#溶剂等）分散开然后加入体系中，需用于无色无味的环境的，应当用无色无味的分散剂（如硅油等）分散开后使用。

MQ树脂作为有机硅压敏胶的主要成分，其影响有机硅压敏胶性能的主要因素是：

M/Q比值决定了硅树脂的分子量、羟基含量，一般适宜的M/Q比在0.6~0.9。

M/Q<0.6　易凝胶化，很难制取，且与硅橡胶的相容性差。

M/Q>0.9　与硅橡胶相容性好，但内聚力下降。

羟基含量：它影响到与硅橡胶的反应程度，及有机硅PSA对基材的黏附力和粘接强度。其范围一般1~5%。

官能团含量：通过引入含不同官能团侧基的封端单体（MM），可以制得含乙烯基、H基、苯基等不同基团的MQ树脂，从而赋予MQ树脂特殊的性能。如引入乙烯基，可提高其固化性能，可调节对基材的黏附力；引入苯基，可提高硅树脂的耐热性和柔韧性，使有机硅压敏胶在高温（260℃）和低温（-73℃）下均具有优异的黏合能力，具有高黏度、高剥离强度和高粘接性。

(3) 催化剂　来固化有机硅压敏胶黏剂的催化剂有两种。最常用的催化剂是过氧化苯甲酰（BPO）；在要求较低温度（140℃）固化条件和（或者）胶黏剂黏附强度更高的场合，可用2,4-过氧化二氯苯酰代替BPO。与不固化的有机硅压敏胶黏剂相比，固化的有机硅压敏胶黏剂改进了高温剪切性能，但剥离黏附力稍有损失。当使用BPO时，为了使催化剂完全分解，固化温度应高于150℃。在低于150℃的温度下，BPO会在排气管中挥发缩合，并达到爆炸的范围。

有机硅压敏胶黏剂还可用第二种类型的催化剂——氨基硅烷。这类催化剂可在室温下起作用，因此在制造胶黏带或其他需要贮藏的产品时，不推荐使用这类催化剂。因为在室温下，氨基硅烷会继续与胶黏剂中的反应点反应，从而导致完全固化，造成压敏度损失。氨基硅烷主要用于除去溶剂后能迅速粘接或层压成材料的场合。当有机硅压敏胶黏剂用氨基硅烷交联时，其剥离强度高至5000gf/cm。

5.3.2.2　有机硅压敏胶的特点及用途

有机硅压敏胶是一种新型的具有广阔发展前景的胶黏剂。它不仅具有压敏胶所必须的良好的粘接强度和初黏性，还有许多独特的性能：

(1) 对高能和低能表面材料具有良好的黏附性，因此它对未处理的难黏附材料，如聚烯烃、聚四氟乙烯、聚酰亚胺、聚碳酸酯薄膜、有机硅脱膜纸等都有较好的粘接性能。

(2) 具有突出的耐高低温性能，适应温度范围广，可长期在-73~

260℃温度范围内使用,且在高温和低温下仍然保持其粘接强度和柔韧性,不变脆不变干。

(3) 具有良好的化学惰性,耐油、耐酸碱性好,使用寿命长,同时具有突出的电性能,耐电弧、漏电性特别好。耐水性、耐湿性和耐候性均优。因此可作为制造 H 级电机绝缘胶带的压敏胶用;可用来制作飞机、船舶电动机的电器绝缘,提高其在严峻条件下使用的可靠性。

(4) 具有一定的液体可渗透性和生物惰性,可用于治疗药物与人的皮肤的粘接。

同时,有机硅压敏胶黏剂与普通类型的压敏胶黏剂相比也有许多缺点和不足之处:

(1) 工艺复杂、成本比较高。其成本大约是丙烯酸酯压敏胶的 2~3 倍、天然橡胶压敏胶的 4~5 倍;

(2) 多数有机硅压敏胶是溶剂型,会造成空气污染;

(3) 干燥和热处理温度比较高(一般在 100~180℃);

(4) 粘接力小,因此基材的处理技术非常重要;

(5) 对于甲基型有机硅压敏胶,除价格很高的聚四氟乙烯等氟化物外,还没有找到合适的隔离纸。一般的有机硅隔离纸随时间延长会逐渐失去隔离效果。

由于以上种种特点,决定了有机硅压敏胶黏剂常常是作为一种特殊胶在高温、高湿、强腐蚀性等特殊环境中或在有特殊性能要求的场合下使用。可以根据需要选择不同的树脂/橡胶比例配制成各种压敏胶黏剂制品。

有机硅压敏胶黏剂有两种类型:一种为甲基有机硅压敏胶黏剂;另一种为苯基改性的有机硅压敏胶黏剂。它们的主要成分是含有端羟基的硅生胶(分子量约 15 万~20 万)和 MQ 树脂(水玻璃与三甲基氯硅烷的缩聚物)。两者的结构如下。将这两种聚合物溶于溶剂中并以硅醇(Si—OH)缩聚的方式进行化学反应,当除去水分时,缩聚反应迅速进行:

$$HO-\underset{\underset{R}{|}}{\overset{\overset{R}{|}}{Si}}-O-\underset{\underset{R}{|}}{\overset{\overset{R}{|}}{Si}}-O-\underset{\underset{R}{|}}{\overset{\overset{R}{|}}{Si}}-O\cdots\cdots O-\underset{\underset{R}{|}}{\overset{\overset{R}{|}}{Si}}-O-\underset{\underset{R}{|}}{\overset{\overset{R}{|}}{Si}}-OH$$

[R＝甲基(—CH$_3$)或苯基基团(—Ph$_2$SiO)]

(硅生胶的结构)

$$H\left[\begin{array}{c}CH_3\\CH_3-Si-CH_3\\|\\O\\|\\-O-Si-O-\\|\\O\\|\\CH_3-Si-CH_3\\|\\CH_3\end{array}\right]H$$

(MQ 树脂的结构)

(MQ 树脂与硅生胶的缩聚反应)

甲基有机硅压敏胶黏剂具有宽的黏度和物理性质（表 5-46）。甲基有机硅压敏胶黏剂具有宽的黏度和物理性质。典型的甲基有机硅压敏胶黏剂，其固体含量为 55%±1%，黏度范围 1000～5000mPa·s 至 40000～90000mPa·s。因此胶黏剂配制者和用户可以使用范围很宽的填料和基材。

■表 5-46　典型的甲基有机硅压敏胶黏剂的物理性质

黏度/mPa·s	剥离强度/(g/cm)	搭接剪切强度 (25℃)/(kgf/in²)	黏性[1]
65000	445	33	中等
3000	535	60	低
9000	1000	68	不黏
4800	714	50	高

[1] 在 Polyken 黏性测试机上测试。

甲基有机硅压敏胶黏剂是完全混溶性的，为了满足特殊需要，可以进行掺混。干涸（不黏的）的有机硅压敏胶黏剂（剥离强度为 1100gf/cm），可用来提高黏性的甲基有机硅敏胶黏剂的剥离强度，且不损失其迅速粘接的特性，见图 5-13。此外，黏性甲基有机硅压敏胶黏剂的剪切强度也因添加不黏的甲基有机硅压敏胶黏剂而有所增长。

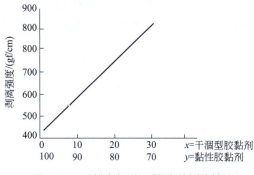

■图 5-13　甲基有机硅压敏胶黏剂的掺混

不胶黏的（干涸的）甲基有机硅压敏胶黏剂在升温（93℃）和加压（7kgf/cm²）下涂敷时即成干胶黏剂，它特别适于制造薄膜（聚酯对铝）和箔（铝对铝）的层压件。过氧化苯甲酰催化的甲基有机硅压敏胶黏剂，其剥离黏附着力高达1100g/cm。

苯基改性的有面硅压敏胶黏剂有两种类型：一种为低苯基（6mol%）胶黏剂，其黏度为50000～100000mPa·s；另一种为高苯基（12mol%）胶黏剂，其黏度范围为6000～25000mPa·s。它们的物理性质见表5-47。苯基有机硅压敏胶黏剂在高温（250℃）和低温（-73℃）下均具有优异的黏合能力，它们具有独特的综合性能：高黏度、高剥离强度和高胶黏性（甲基有机硅压敏胶黏剂的黏度高时，其胶黏性有所下降）。

■表5-47 典型的苯基有机硅压敏胶黏剂的物理性质

黏度/mPa·s	剥离强度/(gf/cm)	搭接剪切强度/(25℃)/(kgf/in²)	黏性①
75000	500	30	高
15000	890	45	高

① 在Polyken黏性测试机上测试。

苯基有机硅压敏胶黏剂另一个独特性能是不与甲基胶黏剂和其他甲基聚合物混溶。当这种高苯基胶黏剂在甲基有机硅防粘纸涂层上涂敷并固化时，它会转移到其他表面。目前，高苯基压敏胶黏剂已广泛用于汽车和宇航工业，以及电气绝缘和设备市场。例如，这些胶黏剂可用于将警告和资料标签粘贴到发动机的热部件上、电气设备的热的外壳上和太阳能收集器中的板上。

有机硅压敏胶黏剂可以配合多种耐高温的基材，制成特殊性能的胶黏带。其耐高温带基可以是聚四氟乙烯薄膜、聚四氟乙烯玻璃布、聚酰亚胺薄膜、玻璃布、耐高温聚酯薄膜（Myla）、铝箔、铜箔等，它既可胶接低能表面，也可以胶接高能表面，现已成功地用于阿拉斯加石油管线的胶接。表5-48列出几种有机硅压敏胶黏带的部分性能。

■表5-48 几种有机硅压敏胶黏带的部分性能

胶黏带	基材	厚度/mm	剥离强度/(g/cm)	击穿电压/(V/层)	耐热性能
美国3M公司80#胶带	聚四氟乙烯薄膜	0.088	334	9000	
3M64#胶带	聚四氟乙烯玻璃布	0.150	502	4530	150℃长期，250℃效用
3M90#胶带	聚酰亚胺薄膜	0.070	279	7000	
晨光化工研究院F-4G胶带	聚四氟乙烯薄膜	0.09	150～250	75000	2001000h

有材机硅压敏胶黏剂配以耐高温带基的胶黏带大量用于耐高低温的绝缘包扎、遮盖、粘贴、防粘、高温密封等场合。

例如，聚四氟乙烯带基的有机硅压敏胶带可用于聚四氟乙烯电容器芯组的包扎，经四年贮存以200℃、240h例行试验，包扎不会松开，用于高速动平衡器具上的增重粘贴，经液氮温度（-192℃）时的高速运转后不脱落；在用于电子仪器仪表的绝缘中，特别适用于井下器的绝缘包扎；也可用于电视机的保险丝包扎；在镀铬式铬酸加热腐蚀除锈中，对不需要镀或不要腐蚀的地方可用该胶带粘贴遮盖；在使用脱胶剂时，对不需要脱胶的地方可用该胶带保护起来；在聚乙烯包装袋热合条上，贴上聚四氟乙烯玻璃布的有机硅压敏胶带，可以防止热熔的聚乙烯粘在热合条上而拉破口袋。

涂有机硅压敏粘合剂的聚酯薄膜（Myla）胶带具有耐高温、耐化学品性能，因而在印刷线路板镀敷操作中可用作遮盖膜；在此应用中，涂有机硅的胶黏带封件直排的锡线，胶黏剂不会从边缘流出。

由于有机硅防粘纸涂层的化学性能与甲基有机硅压敏胶黏剂相似，所以它能作该胶黏剂的底漆。当在聚酯薄膜上涂敷、固化时，这些底漆可以减少胶黏剂往带基上转移，同时减少"拉丝"（Legging）量（"拉丝"即在裁切过程中从底基材料和胶带边缘拉出粘片剂的毛丝）。

以玻璃布为基材的有机硅压敏胶带，可用于电工器材的绝缘包扎，也可用于等离子喷镀中，对不需喷镀的地方进行遮盖。

铝箔基材的有机硅压敏胶带，可用作辐射热和光的反射面及电磁波的屏蔽等。

下面将已经在工业上得到应用的几种有机硅压敏胶制品及其主要用途总结列于表5-49。

■表5-49 各种有机硅压敏胶黏剂制品及其主要用途

基材种类	使用温度范围/℃	主要用途
聚酯	-60~+160	各种遮盖带；各种蜡纸的粘贴、修补等
玻璃布（单面）	-75~+290	各种电机上的H级绝缘带、高温遮盖带等
玻璃布（双面）	-75~+290	各种高温零部件的连接和密封
含浸有机硅树脂的玻璃布	-75~+290	H级绝缘带、高温遮盖带等
增强有机硅橡胶	-75~+290	粘接硅橡胶电缆、捆扎电器件等
含浸有机硅树脂的玻璃布	-75~+200	各种沟槽的护衬、造纸机的包覆等
铂箔箱	-75~+430	热处理用粘接带、宇宙飞船的高温粘贴等
背面有机氟处理的铝箔	-75~+200	高温防湿、防摩擦保护等
聚酰亚胺	-60~+260	H级电气绝缘带
处理讨的聚四氟乙烯	-75~+200	电绝缘带、防湿、防摩擦保护等
高分子量聚乙烯	-60~+150	防磨损和防污垢的保护

5.3.2.3 从环保的观点看有机硅压敏胶黏剂（SPSA）发展

有机硅PSA由低固含量向高固含量和无溶剂型发展，以适应当今越来越严格的环保要求，有机硅压敏胶主要有以下几种：

(1) 低固含量有机硅 PSA——溶剂型　这一类有机硅压敏胶发展最完善、性能优异，因此至今仍被广泛地应用。这一类的发展是以提高稳定性和改进性能为目的。典型的溶剂是苯、甲苯、二甲苯、二氯甲苯、石油醚及其混合物，实际应用上常选用甲苯、二甲苯和石油醚作溶剂。使用溶剂的首要目的是降低有机硅 PSA 的黏度以便于生产上的涂胶，溶剂在 PSA 烘干过程完全被蒸发，因此溶剂的加入量应以使胶液的黏度达到要求时的最低用量为宜。

1977 年，O'Malley 提出了一个 PSA 的组成，A：50 份的 MQ 树脂，B：38 份的 OH 封端的聚二甲基硅氧烷（PDMS），其中含有 5.8% mol 二苯基硅氧烷，黏度大于 1×10^7 mPa·s，C：12 份含乙烯基和苯基的 PDMS，黏度大于 1×10^7 mPa·s（25℃）。将 A、B 和 C 三组分和溶剂混合，加入少量的伯胺作为缩合脱水催化剂，加热到 130℃，反应 2～4h，调整固含量 55% 左右。应用时加入 1%BPO 固化。

1986 年，Blizzard 为了改进有机硅压敏胶的黏度稳定性、剪切强度及其他性质随时间的稳定性，在 MQ 树脂和高黏度、端 OH 基的 PDMS 基础上，加入一定量的六甲基二硅氮烷和少量水，然后在 130℃甲苯溶液中脱水缩合 1～5h，得固含量 50%～60% 的有机硅压敏胶。其中六甲基二硅氮烷的作用是与反应物残留的 OH 反应，使 OH 的含量减至最少，从而提高其黏度稳定性。加入少量水是为了去除反应时产生的氨，从而提高其剪切强度的稳定性。

随后 Homan 提出用异丙醇等醇类代替水作为氨捕捉剂（0.1%～10%），将反应的氨除去，并指出：①MQ 硅树脂与硅橡胶的缩合反应和 Si—OH 与六甲基二硅氮烷的封端同时进行，可提高黏度和物理性能的时间稳定性；②有机硅 PSA 的初黏性、粘接强度等性能可通过改变封端剂的用量和种类来改变。

Hahn 等指出，为了使有机硅压敏胶具有优异的性能，必须选用高黏度的半固体状的硅橡胶（gum），如果 MQ 树脂和低分子量的聚硅氧烷反应，不能形成合格的有机硅压敏胶。因此，所合成的 SPSA 一般具有较高的黏度。为了施工时涂布方便，必须加入大量的溶剂稀释到所需要的黏度，因此这一类 SPSA 固含量较低。

关于溶剂型有机硅 PSA 已有许多专利报道。例如，美国专利介绍了一种耐高温有机硅 PSA，它是以芳烃为溶剂，将 MQ 树脂（含 $R_3SiO_{1/2}$ 单元和 $SiO_{4/2}$ 单元，R 为不超过 6C 的单价烃基，R 中不饱和烯烃为 0～0.25%）与羟基或乙烯基为端基的二有机机硅氧烷混合，用稀土金属或过渡金属催化剂聚合得到。该压敏胶具有超强的粘接性和耐高温性。再如 Dow corning 公司选用高沸点的溶剂和增塑剂合成的有机硅 PSA 具有很好的初黏性和剥离强度，不需要分离硅醇缩合催化剂，该有机硅 PSA 可应用于制备标签、胶带、商标等。溶剂型有机硅 PSA 的性能尽管优异，但一般合成的有机硅

PSA 均为低固含量，因而要使用大量溶剂，耗费大量原料和能源，并造成环境污染。为适应环保要求，有机硅压敏胶由低固含量向高固含量和无溶剂型发展是必然的趋势。

(2) 高固含量有机硅 PSA　低固含量有机硅压敏胶的缺陷是显而易见的，由于其溶剂一般是用毒性较大的甲苯、二甲苯，如果施工时对挥发组分的处理设备不完善，会造成很大的环境污染问题。近年来，随着人们环保意识的加强，如何减少压敏胶中的有机溶剂的含量，进而减小有害空气污染的挥发性有机化合物（VOC）的呼声越来越高，如何提高溶剂型有机硅 PSA 的固含量，降低 VOC 值被摆在比较突出的位置。减少胶中挥发性有机化合物（VOC）需要提高溶剂型有机硅压敏胶的固含量。

因此近几年发展的有机硅 PSA 一般都是高固含量型，即有机硅含量一般在 60%以上，甚至可达到 80%～95%，与传统的固含量为 40%～50%的有机硅 PSA 体系相比，极大地降低了 VOC 含量。高固含量有机硅 PSA 通常主要由胶黏剂基体（烯烃基聚二有机硅氧烷和羟基聚二有机硅氧烷）、增黏树脂（含 Si—H 键的 MQ 硅树脂）、交联剂和硅氢加成催化剂组成。带有反应活性的烯键和 Si—H 键的有机硅橡胶与高度相容的 MQ 硅树脂经铂催化硅氢加成反应制备得到。选用合适的引发剂和催化剂，高固含量有机硅 PSA 在 110℃或更低的温度得到有效固化。

Murakami 提出了一种具有优异的初黏性和粘接强度的加成型有机硅 PSA 组成，其组成：(A) 含乙烯基（0.02%～0.1%）的 PDMS，黏度大于 5×10^5 mPa·s；(B) 增黏的 MQ 树脂；(C) 含 Si—H 基团的液体聚二甲基硅氧烷；(D) 加成型铂催化剂；(E) 芳香族溶剂。所得有机硅 PSA 固含量可调整范围 40%～80%。

法国专利介绍了一种单组分硅橡胶压敏胶黏剂，该压敏胶黏剂含有 Pt 交联催化剂，用加聚反应进行交联。另外，黑龙江石油化学研究院以硅酸钠、二甲基氯硅烷、异丙醇为原料合成出 MQ 树脂，再在催化剂和交联剂的存在下与硅橡胶作用合成出有机硅压敏胶黏剂，测试结果表明，压敏胶的初黏性和持黏性均较好。

在有机硅压敏胶的各组分中，对产品的黏度起决定作用的是高分子质量的硅橡胶。若要提高固含量，必须使用低黏度的硅橡胶，即使用低分子质量的硅橡胶，但会降低压敏胶的性能，甚至失去压敏性。为克服这一相互矛盾的因素，现在一般采用黏度相对较低的乙烯基聚二甲基硅氧烷和低黏度的氢基硅氧烷代替原来的高黏度硅橡胶，与 MQ 树脂构成加成型固化的有机硅压敏胶，既提高了固含量，又具有较好的粘接性能。

欧洲专利报道了固含量达 95%的多组分有机硅压敏胶，其中 MQ 硅树脂不含链烯基，而是含有 1%～4%的 Si—H 基，并且选用多官能团的有机硅氧烷作为交联剂，如 1,3,5,7-四乙烯基-四甲基-环四硅氧烷。美国专利也报道了一种硅酮压敏胶黏剂，其特点是初黏力和搭接剪切强度都较高，其组成是(质量份):(a) 65~75 份含硅醇官能团的硅酮树脂,其 M 单元与 Q 单元之比为 1.1∶1,M 为 R3SiO—,而 Q 为—OSi(R$_2$)O—;(b) 25~35 份具有硅醇基团的聚二有机硅氧烷;(c) 0.5~4.0 份结构为 SiR$_4$ 的多烷氧基硅烷交联剂。高固含量胶黏剂体系的显著优点在于只需少量或无需溶剂稀释,调配方便,生产设备简单,可在传统的低固含量胶黏剂涂布机上涂布和固化。

美国专利 5399614(Lin Shaow B)报道了高固含量的有机硅 PSA,其主要组分如下:(A) MQ 硅树脂,其中羟基含量 0.2%~0.5%,链烯基含量 0~0.5%,M 单元/Q 单元为 0.6~0.9;(B) 通式为 $R^2R^1_2SiO(R^3_2SiO)_mSiR^1_2R^2$ 的聚二有机硅氧烷,其中 R^1 为烷基或芳基,R^2 为链烯基,R^3 中绝大部分是 R^1,只有小于 0.5% 的 R^2;(C) 通式为 $R^4_2HSiO(R^5_2SiO)_nSiHR^4_2$ 的含氢硅油,其中 R^4 为烷基或芳基,R5 含有小于 0.5% 的—SiH 基,分子链上每个硅原子最多只连接一个氢原子;(D) 铂催化剂;(E) 有机溶剂。

高固含量胶黏剂体系的显著优点在于只需少量或无需溶剂稀释,性能广泛,调配方便,并且生产设备要求简单,亦可在传统的低固含量胶黏剂涂布机上得到很好的涂布和固化,处理和存储方便。有人用 DSC 研究了高固含量有机硅 PSA 铂催化硅氢加成反应的固化动力学,结果表明 SiH/Si—烯键含量比从 1.12 增加到 2.17,固化反应热为 95% 时的反应温度从 136℃降低到 93℃,证明高固含量有机硅 PSA 在低温下具有出色的固化性能。

典型的高固含量有机硅 PSA 的特点及优点见表 5-50。

■表 5-50 高固含量有机硅 PSA 的特点及优点

特　点	优　点
高含量硅酮固体份	减少 VOC 释放
	减少材料和溶剂的处理
	与脂肪族、非有害大气污染溶剂相溶
加成固化有机硅化学	不须进行过氧化物的处理
	无副反应
	潜在的洁净体系
"指令"固化动力学	可调的固化条件(例如温度、时间)
	提高生产率
	更适合对温度敏感的薄膜
多组分体系配方	可调范围和方式更灵活
	性能可随意调控
	具有可用于特殊反应的功能化硅酮

(3) 无溶剂型有机硅压敏胶 Vengrovious 用喷雾干燥法制备了一种具有良好分散性的粒度直径为 $10\sim 200\mu m$ 的 MQ 树脂,它能够直接分散到液体硅橡胶中形成透明稳定的液体,从而制得一种无溶剂的加成型有机硅压敏胶。

另一专利将 MQ 树脂有机溶液预先和含乙烯基或 H 基团的有机硅氧烷液体混合,然后蒸出溶剂,得到无溶剂的中间体,再与其他组成混合,也制备了一种无溶剂的有机硅压敏胶。美国专利介绍了一种乳液型聚硅氧烷压敏胶黏剂,其制法是:在水相中用表面活性剂将聚硅氧烷分散,分散相组成为:聚硅氧烷 40%~80%(质量分数),它是一种端硅烷基的聚二有机硅氧烷($T_g<-20$℃),和含硅烷醇的聚硅氧烷($T_g>0$℃)的混合物,分散在 20%~60%(质量分数)的挥发性聚硅氧烷液体(沸点>300℃)中,这种乳液基本上不含任何无硅原子的挥发性有机溶剂。

同时无溶剂型有机硅 PSA 及用其他无毒可回收的溶剂代替芳香族类溶剂的有机硅 PSA 也逐渐发展完善起来。

Medford 研制了一种加成型 SPSA,其特点是:既具有高的初黏性和粘接强度,而溶剂含量不超过 5%~10%。其组成:30~50 份乙烯基封端的 PDMS,黏度 500~10000mPa·s(25℃);50~70 份 MQ 树脂(或加有少量 MHQ 树脂);低黏度的含 H 原子的聚二甲基硅氧烷液体;铂催化剂。

Hamada 报道了一种具有高的粘接强度的加成型的 PSA 组成,其主要成分与上述配方基本相同,即含乙烯基的硅氧烷聚合物,增黏的 MQ 树脂(OH 含量<1%),含 H 原子的聚二甲基硅氧烷和铂催化剂。他同时指出:

① 加成型 SPSA 可在较低的温度下固化,过氧化物型 SPSA 需要较高的固化温度(大于 130℃)。但前者的粘接强度低于后者;

② 当硅橡胶的黏度小于 1×10^5 mPa·s 时,可用来制备无溶剂 SPSA;当黏度大于 1×10^6 mPa·s 时,必须加入一定量的溶剂稀释;

③ MQ 树脂中 OH 含量须小于 1%,否则不能得到高强度的 SPSA。

Boardman 介绍了一种固含量达 95%~98% 的加成型 SPSA。它的组成为:(A)含 Si—OH1%~3% 的 MQ 树脂;(B) 乙烯基封端和氢基封端的液体聚二甲基硅氧烷,其重复结构单元数 0~1000;(C) 含两个以上组分的能同 B 中的乙烯基和 H 基团发生反应的硅氧烷作交联剂;(D) 加成型铂催化剂,并加入 D_4^H 作外部交联剂。

(4) 非芳香族溶剂型有机硅压敏胶 1997 年,Gross 提出了用线性和环型的有机硅氧烷单体代替挥发性的有机溶剂合成有机硅 PSA。有机硅氧烷可作为一种非污染型、可循环利用的载体使用,其基本组成:将—OH 基封端的高黏度的 PDMS 和 MQ 树脂分别溶于 D_4 或 D_5 中,将两者混合直接作有机硅 PSA 使用,或加入 15×10^{-6} 的 KOH 作催化剂,加热到 130℃ 反应 2h,进行缩合脱水后,调节至一定固含量和黏度即可。其缺点是成本太高,不利于推广。

1998年，Cifuentes提出采用高沸点的羧酸和有机胺作为溶剂和增塑剂，它的作用是，一方面可以提高有机硅压敏胶的物理性能，另一方面可以作为缩合脱水的催化剂。主要成分为：①37～47份含—OH的聚二有机硅氧烷，运动黏度为100～$1\times10^8 mm^2/s$；②56～63份—OH含量2.9%的MQ树脂；③5～30份沸点＞200℃的含6个以上C原子的羧酸和含9个以上C原子的有机胺；④过氧化物作固化剂。

(5) 热熔型有机硅压敏胶黏剂 热熔型有机硅PSA在近十年发展很快。顾名思义，热熔型PSA是指PSA在常温下为固态，一旦加热到一定温度，就由固态熔化为可涂布黏度的流体，经涂布、冷却后又变成为固态。

热熔型有机硅PSA制品的主要制造步骤是：①合成热熔型有机硅PSA。它的主要组分是硅树脂、液体硅橡胶以及二者的缩聚物，还有约1%～15%（质量分数）的添加剂。添加剂用于降低PSA体系的动态黏度和赋予PSA一些其他性能，已报道有甲基硅烷基聚醚蜡（US 5607721）、低黏度苯基液体硅橡胶（US 5162410）、平均分子量为300～1500的不燃烃基物（EP 0443759）。②加热PSA使之成为可涂布的胶液。加热温度一般在85～200℃范围内。③将胶液涂布到基材上。涂布温度一般为100～150℃，它取决于涂布设备、PSA组成及对成品的要求。根据需要可选用不同基材，可使用的基材有布、玻璃布、硅橡胶、聚酯（PET）、聚四氟乙烯、聚乙烯、玻璃、木头、金属和皮肤等。④冷却热熔胶至成为非流动体。当热熔胶组分需固化时，则PSA组分中应包含一种固化催化剂，这种催化剂在通常状态不具有活性，然而在高于热熔温度或高能辐射状态下可有效促使PSA组分的固化，催化剂用量一般占PSA总质量的0.1%～1.0%。

近些年，许多科研人员和生产厂家均对此抱有浓厚兴趣。例如，Dow Corning公司研制成功一种含苯基硅氧烷流体的热熔型有机硅PSA，主要成分是硅氧烷共聚体和端羟基聚二甲基硅氧烷混合物与10%苯基甲基硅氧烷流体（25℃黏度为$22.5\times10^6 m^2/s$），所制胶黏带的剥离力0.14N/cm，粘不锈钢4.8N/cm，此胶黏带还具有不燃性。松下电器产业［株］以硅氧烷$HOCH_2(SiCH_3CH_3O)_5SiCH_3CH_2OH$ 80%、硅烷$H_2N(CH_2)_2NH(CH_2)_3(OCH_3)_3$ 3%，硬脂酰胺17%配成热熔型有机硅PSA，用于固定电子件到基材，然后可焊接导线制造电子器件，黏合150℃、2min，胶耐温121℃、大于300h。埃克森化学专利公司报道一种硅烷改性的石油树脂，可制备热熔型有机硅PSA，适用于路标线组合物，提高玻璃珠对路面的黏合力，延长使用时间。

湿固化热熔型有机硅PSA（US 5905123，US5473026）的研究也较引人注目。在其组分中除了MQ硅树脂、聚有机硅氧烷外，还有通式为$R_{4y}SiX_y$（y为可水解基团）的硅烷和湿固化催化剂等。整个组分在室温不流挂、无溶剂，在潮气环境热熔后即固化产生很强的黏力。可以用羧酸的锡盐或有机钛化合物作催化剂，例如二月桂酸二丁基锡、钛酸四丁酯等。

热熔型有机硅PSA的优点是不使用有机溶剂、安全、环保和应用方便，并且可以采用传统设备进行涂布、成本低、无污染。它的主要缺点是在其制备过程中，每批产品的"加热历史"情况起着重要作用。由于每批热熔胶必须在限定的熔融期加工，一旦涂布过程出现机械故障，那么整批产品只有报废。

(6) **乳液型有机硅压敏胶黏剂** 乳液型压敏胶的开发一般都集中于聚丙烯酸酯上，单纯的有机硅压敏胶乳液还未见报道，只有少量有机硅改性丙烯酸酯压敏胶的专利报道。例如最近日本的Yamauchi研制成功硅氧烷改性丙烯酸酯聚合物乳液，可用作制备压敏胶。丙烯酸酯PSA一般低温柔韧性和高温稳定性较差，难以粘接低能表面材料，而有机硅PSA却具有出色的耐候性、低温柔韧性、高温稳定性和对低能表面材料粘接力强，通过物理共混或化学共聚合成丙烯酸酯/有机硅复合PSA具有很大潜力。专利US 50914823报道应用含有烯链不饱和键和氢质子供给能力的端基官能团化合物，合成了厚胶层可快速完全固化的丙烯酸酯/有机硅复合PSA。

5.3.2.4 从节能的观点看有机硅压敏胶发展

固化形式逐渐由高温固化（过氧化物型）向较低温固化（加成型）和常温固化（湿固化型）发展。

(1) **过氧化物固化型** 最早的有机硅压敏胶都采用这种形式固化，这种压敏胶的固化剂主要有两种：过氧化苯甲酸和过氧化2,4-二氯苯甲酰。它们的固化温度分别是119℃和80℃，其固化机理可表示为：

$$ROOR \xrightarrow{\triangle} 2RO\cdot$$

$$2-O-Si(CH_3)(CH_2H)-O- \xrightarrow{2RO\cdot} -O-Si(CH_3)(CH_2)-O- + 2ROH$$

有时也使用辛酸铅等有机金属盐以及氨基硅烷等。使用过氧化物时，热处理必须采用高温短时间的工艺，使其快速分解，否则，过氧化物会升华，凝结在通气口，容易引起爆炸。因过氧化物的自由基固化，由于发生了两个甲基之间形成亚甲基桥的反应，极大地提高了聚合物的内聚强度，赋予胶黏剂较大的内聚力，使得压敏胶的耐高温蠕变性能有了很大改进，初黏性、剥离力、高温持黏性都达到了很高的标准，同时提高了抗溶剂能力。若不用过氧化物固化，则聚合物分子之间只发生羟基间的缩合反应，不但固化温度高，而且内聚力低。但它仍有缺点：

① 此体系仍然需用高分子质量硅橡胶，所以仍有操作困难和污染环境的问题。

② 交联必须在至少150℃的高温下进行。

③ 因为交联点不宜控制，所以粘接强度易变。

(2) 硅氢加成固化型 高固含量的有机硅压敏胶通常都采用乙烯基—H基加成体系。它的主要构成是：A：树脂类增黏剂即含 OH 基的 MQ 硅树脂；B：含乙烯基的聚二有机硅氧烷；C：作交联剂用的含 H 原子的液体硅氧烷；D：硅氢化加成铂催化剂。

其固化机理为：在铂的催化下，双键和 Si—H 发生加成反应，形成一个交联网络，使胶黏剂固化。而压敏胶的初黏性和剥离强度是通过 MQ 树脂的用量来控制的。

这种固化形式的主要特点：①固化温度低，可使用许多不耐热的材料作基材，扩大了其应用范围。②催化剂用量极少，不会对有机硅橡胶的性能产生不利的影响；③可制得高固含量的 SPSA。

对这类 SPSA 主要组成的要求是：

(1) 胶黏剂内部所含的 H 基/乙烯基的摩尔比为 1～20，才能有较好的交联密度；

(2) 当各组分与催化剂混合之后，可能在室温下起反应，因此为提高其室温稳定性，需加入一定的阻聚剂，如胺类、炔类，它在较低的温度下起阻聚作用，当加热到一定的温度，如 80℃ 时，则失去阻聚性，不影响加成反应。

(3) 在此体系中，端烯基硅橡胶与硅树脂需要高度相容，由于带有反应活性烯键的硅橡胶和带有 Si—H 键的有机硅烷经铂催化可以很容易发生硅氢加成反应、进行扩链，所以反应后的体系分子质量很大。这样就可以选择小分子质量的硅橡胶作基料，极大地降低了体系黏度；溶剂的使用量也大幅下降，可以制成高固含量的压敏胶（硅酮含量一般在 60% 以上，甚至可以达到 80%～95%，而传统的固含量为 40%～50%），甚至可制成无溶剂的压敏胶。如果选用合适的引发剂和催化剂，高固含量有机硅 PSA 在 110℃ 或更低的温度就可以固化。同时，由于体系中—OH 含量的减少，使得胶液稳定性得到了提高。

在硅树脂合成方面也采用了另一种体系，即用正硅酸乙酯或硅酸钠水溶液与 R_3SiCl 反应，这样的工艺更简单、性能更加优越。通过控制适当的 M/Q 的比例，可生产出满足不同性能的硅树脂。

在这种有机硅压敏胶体系中，硅橡胶间通过交联提高了内聚强度，改善了高温蠕变性能，所以耐温性能好于其他体系。但由于硅橡胶与硅树脂间是物理混合，所以粘接强度不如端羟基硅橡胶体系高。

(4) 常温固化型压敏胶 常温固化有机硅压敏胶主要有三种类型：

① 在有机硅压敏胶中加入室温固化催化剂，如氨基硅烷。它能与含官能团的有机硅氧烷发生交联。它的缺点是：配制好的胶黏剂不能长时间储存，必须尽快用完。由于氨基硅烷与胶黏剂中活性基团的反应，会导致 SPSA 压敏性的消失。但由于它具有很高的剥离强度，因此可用于不同质材料

之间的复合。

② 可湿固化的有机硅压敏胶。它的主要原理是在含羟基的 MQ 树脂和含羟基、烷氧基或其他可水解基团的聚硅氧烷中加入多官能团的烷氧基硅烷作交联剂，如乙烯基三乙（甲）氧基硅烷，同时加入固化促进剂如有机锡或金属羧酸盐，加速烷氧基与空气中的水分发生水解缩合形成硅氧键。

③ 湿固化加成型。在加成型有机硅压敏胶的基础上引入含烷氧基团的多官能团交联剂和湿固化促进剂，它首先通过加成型固化机理形成压敏胶，然后该胶中的烷氧基团继续与空气中的水汽发生反应。Mealey 提出了这样一种组成：50～80 份 MQ 树脂（OH 含量小于 1%）；20～50 份含乙烯基官能团的高分子量的聚二甲基硅氧烷；含 H 原子的有机硅氧烷；交联剂乙烯基三乙氧基硅烷；加成反应铂催化剂；湿固化用有机锡或羧酸盐催化剂。它的目的一方面可以提高压敏胶的粘接性能，另一方面有机硅压敏胶通过进一步的湿固化可以形成一种永久性的不可剥离的胶黏剂。这类胶黏剂主要用于玻璃幕墙等需要预固定的材料间的粘接。Krahnke，Clark，Krhnke 等都报道了类似机理的有机硅压敏胶。

(5) 辐射固化型　辐射固化主要包括紫外辐射（UV）固化和电子束（EB）固化。辐射固化型有机硅 PSA 是一类新颖的、无污染、低能耗和高效率的压敏胶，其主要组分有：带烯键聚硅氧烷、可与烯键聚硅氧烷共聚合的单官能团烯类单体和有机硅 MQ 增黏树脂，此外还包括约 0.5%～15%（质量分数）的填充剂、0.05%～2% 的多官能团烯类单体交联剂、0.1%～5% 的光引发剂和少量溶剂（US 5514730）。由于 PSA 体系不含或只含少量溶剂，因此，辐射固化避免了溶剂型高温烘干的工序，也就避免了对一些热敏感基材的破坏。

专利(JP 04268315)报道使用含有 SiO、$Si(CH_3)O_2$、$CH=CHCO_2C_3H_6SiO_{3/2}$ 结构单元的聚有机硅氧烷，配合二叔丁基过氧化物、糖精、2-羟基-2-甲基-1-苯基丙酮等组分，经 UV 固化制得耐热的有机硅 PSA。UV 引发阳离子固化体系使用的是经选择乳液型鎓盐，例如碘鎓盐或硫鎓盐，固化速率依赖于盐的反离子 X— 的性能。研究表明，聚硅氧烷高分子在 UV 作用下产生甲基硅烷基 $R_3Si—$ 和硅烯基 $R_2Si:$，可能存在两种光引发聚合机理，通过红外光谱对产物结构的分析，发现主要是由硅烷基 $R_3Si—$ 引发烯类单体聚合，同时还发生接枝（或嵌段）作用。

目前，辐射固化型有机硅 PSA 还处于探索阶段，辐射固化过程应该尽可能在无氧环境中进行，固化速率取决于引发剂和辐射固化官能团。为获得好的弹性性能，辐射固化官能团间的链段分子量应该足够大，然而固化官能团间的分子链增长，相当于交联官能团的浓度被稀释，辐射固化的速率和程度降低。

此外，对于大量用在压敏胶制品上的改性硅酮防黏剂（离型剂）的文献中有些采用辐射固化的方法。例如，以二甲苯二氯硅烷和八甲基环四硅氧烷为原料合成了 α,ω-二氯二甲基硅氧烷，然后使之与含羟基的丙烯酸酯反应，获得了丙烯酸酯基封端的改性硅氧烷作为防黏剂的主体预聚物，经 UV 辐射引发聚合使防黏剂预聚物由液态转变为固体膜。再如，专用由可辐射聚合的有机硅氧烷、甲基丙烯酸基化合物、光引发剂叔胺（R3N）为主要组分，涂在压敏胶背面，然后在一个大气压并不完全隔绝氧的情况下用紫外光固化。

5.3.2.5 从功能性的观点看有机硅压敏胶发展

通过有机硅 PSA 合成的原料组成的改变，由物理共混或接枝、嵌段、共聚等化学方法，引入不同种类的官能团，可以把有机硅和其他功能基团连接起来，或采用不同的合成工艺，可以制得具有许多特殊性质的有机硅 PSA 和降低它的生产成本，扩大其应用范围。

1984 年，Abber 等人利用有机硅压敏胶所具有的良好的液体可渗透性和对皮肤的粘接性，将其应用于迁移性治疗上，使液体药物透过压敏胶胶膜到达皮肤，被皮肤吸收。由于 SPSA 具有良好的生物惰性，经过一定时间后移去粘接层，不会引起皮肤的发炎和感染。

Lin 等人将含氟有机硅氧烷单体用于压敏胶的合成中，克服其与 MQ 树脂相容性差的问题，从而使这种 PSA 具有突出的抗溶剂性。

传统的压敏胶没有或很少有触变性。Heying 等人合成了一种具有良好触变性的有机硅 PSA，适用于对涂层胶有严格位置和空间限制的电子加工领域。方法是在加成型 PSA 的基础上，加入 2%～15% 的气相 SiO_2（预先用羟基硅油预处理的）。

Lutz 等人通过在加成型 PSA 的配方中加入大量的 SiO_2 作填料，减小了 SPSA 的较高的温度膨胀系数，消除了由于冷热循环，胶体和基材间由于温度膨胀系数不同产生的应力对粘接强度的破坏，延长了使用寿命。并采取特殊工艺克服了加入大量填料所引起黏度的显著增加同时减弱 SPSA 的初黏性的缺点。

Merrill 指出，用甲基 MQ 树脂和端羟基 PDMS 制备出一种高黏度、无初黏性，很高的剥离强度和剪切强度的胶黏剂，适用于多种不同材料间的复合，特别适用于玻璃丝布与云母带的粘接，制造性能优异的绝缘耐火云母带。

美国专利报道一种热塑性多嵌段共聚物有机硅 PSA，除了基本组成 MQ 树脂和硅橡胶外，还有一种由软、硬段构成的热塑性多嵌段共聚物，其中硬段由二异氰酸酯与有机二醇和二胺组成，占 40%（质量分数），软段为羟基聚二有机硅氧烷，占 60%。

欧洲专利报道的有机硅压敏胶中除了 MQ 树脂、硅橡胶等基本组分外，还加入了一种由二异氰酸酯与有 2 个反应性基团的聚有机硅氧烷反应制备的软、硬链段交替的热塑性共聚物。硬段来自二异氰酸酯部分，软段则由聚有机硅氧烷疏水部分和聚乙烯氧化物亲水部分组成。此胶明显改善了有机硅压敏胶的"冷流性"。

德国希尔斯股份公司通过接枝的方法来改善有机硅压敏胶的性能。它是在硅氧烷主链上接枝无定型聚α-烯烃。该胶可湿气固化，具有较高的粘接力、内聚力和热稳定性。

欧洲专利是在传统配方基础上加入油溶的金属盐做稳定剂来提高耐温性。产品能通过288℃老化实验。具体配方为：(A) MQ树脂，其中M/Q为0.6～0.9，(B) 端羟基聚二有机硅氧烷，(C) 稳定剂，一种油溶的稀有金属盐，例如：铈盐、镧盐等。加入的量为（A+B）总量的 $(200\sim500)\times10^{-6}$，(D) 有机溶剂。此胶在150～200℃固化。

此外，还可通过共聚、共混制成热熔型有机硅压敏胶。它在近十年发展很快，例如Dow corning公司研制的一种热熔型有机硅压敏胶是由硅氧烷共聚体和端羟基聚二甲基硅氧烷组成，用苯基甲基硅氧烷作软化剂，所制胶带的剥离强度（粘不锈钢）4.8N/cm。

在有机硅压敏胶的固化方式上，也在进行多方面的研究。其中对紫外光(UV)固化和电子束(EB)固化研究比较多。它具有无污染、低能耗和高效率等优点。其基本组分是：带烯键聚硅氧烷、可与烯键聚硅氧烷共聚合的单官能团烯类单体、MQ硅树脂、光引发剂、多官能团烯类单体交联剂和少量溶剂。由于PSA体系不含或只含少量溶剂，因此，辐射固化取消了溶剂型压敏胶高温烘干工序，也就避免了对一些热敏基材的破坏。

硅氧烷可以改善聚酰亚胺的耐冲击性，耐候性，减少吸湿、而且保持良好耐热、机械性能和粘接强度。文献用两端具有氨基的聚二甲基硅氧烷(PDMS)、3,4-二氨基二苯基醚(3,4-DAPE)和间苯二甲酸氯化物(JPC)，采用改良的低温缩合法合成了聚硅氧烷（软段）和芳香聚酰胺（硬段）组成的多嵌段共聚物有机硅PSA。用电子探针显微分析器（EPMA）电子探针观察到聚硅氧烷链段与芳香聚酰胺链段存在相分离，并且用X射线光电子能谱（XPS）测定了膜表面的Si/C值，与HNMR算出的Si/C值不一致，认为有部分聚硅氧烷漂移到数纳米的表层中。压敏胶的接触角与聚硅氧烷含有率有关，呈现高疏水性。德国希尔斯股份公司合成了硅氧烷接枝的无定形聚α-烯烃压敏胶，该胶湿气固化，具有较高黏合力、内聚力和热稳定性。Minnesota Mining and Mfg公司在丙烯酸异辛酯-丙烯酸-丙烯酰胺基硅氧烷接枝共聚物中加入硅酸盐MQ增黏树脂，涂于基材上制备压敏胶带，90°剥离力361N/dm，改进对汽车漆面的黏性和抗低温冲击性能。

亦有生物降解的有机硅压敏胶研究，例如专利报道一种由含聚乙烯醇的有机硅乳液和天然橡胶为主要组分的压敏胶，涂在无纺人造丝基材上制成胶带，在土壤中不到一年即完全分解。

此外，在有机硅 $SiO_{1/2}$ 分子链中引入了P、B、N、Ti、Al、Sn、Pb、

Ge 等其他元素的杂硅氧烷有机硅胶黏剂也可制成压敏胶带。一种由四乙氧基硅烷和三氯氧化磷等合成的含 Si—O—P 键的胶黏剂，胶膜透明，粘接剪切强度 $0.27\sim1.25\text{MPa}$，剥离强度 $1.0\sim3.0\text{kN/m}$，能用于粘接金属和玻璃。Hughes Aircraft 公司由卡硼烷双二甲基硅醇、甲苯基双脲基硅烷、二甲基双脲基硅烷和甲基乙烯基脲基硅烷制备聚卡硼烷硅氧烷，配合铂催化剂等制成透明、热稳定的胶黏剂。

医用有机硅压敏胶近十几年发展迅速，因其具有无毒、无臭、无刺激、生理惰性，使用温度范围宽，合适的粘接强度和药物透释性等特点，在医疗上和经皮治疗系统制剂中获得广泛应用。例如，防治心血管病硝酸甘油控释贴片、降血压贴片、镇痛镇静药膜、止血贴片、避孕药膜、眼用控释药膜和手术治疗等，医用有机硅压敏胶应用面日益扩大，需求量不断增加。GE 公司公布 2 种甲基有机硅产品，用作工业压敏胶带，分别命名为 PSA800-D1 和 PSA825-D1。这 2 种产品在 325℃下耐压缩和氧化达 72h，260℃下暴露 4h 仍能从金属表面顺利地除去。目前东芝公司生产的有机硅压敏胶产品的型号主要有 PSA518、PSA529、PSA590、PSA595、PSA596、PSA600、PSA6573A 和 PSA6574。

KRL6250S 有机硅压敏胶带，是以聚酰亚胺薄膜为基材，涂以进口耐高温有机硅压敏胶，再覆以杜邦聚酯膜而成，具有极好的耐高温性、电绝缘性、耐化学性，无毒、无异味，对人体及环境无害，由于具有极低的剥离强度，模切后可作为 PCB、手机及各种电子电器产品用及时贴，并可制成各式 Kapton 标签，使用十分方便，是近年发展起来的新型压敏胶带品种。

Avalon 等研制的一种胶膜在 188℃时的剥离强度$>3.6\text{N/cm}$。Gordon G V 等研制的胶膜浸泡在 JP-8 煤油或流水中 21d 或 120℃的润滑油中 24h 仍具有$>3.6\text{N/cm}$的剥离强度。可用于制作电机绝缘胶黏带、飞机和船舶电动机的电器绝缘，提高其在严峻条件下使用的可靠性。

有机硅压敏胶可用作表面保护胶带，使用面广，数量大，如汽车、飞机、机械零件、建筑增强板、家用电器、木制品、玻璃制品、塑料及塑料成型制品等。RieglerBill 等研制了一种用于航空领域的低放气、热稳定性好、粘接性能良好的有机硅压敏胶，总失重$<1\%$，挥发分含量$<0.1\%$，满足 ASTM E-595 的指标要求。美国专利报道了一种导电硅酮压敏胶黏剂，它能较好地粘接在硅橡胶上，胶膜在硅橡胶的应用温度下，显示出稳定的导电性和粘接性。

绝缘有机硅压敏胶用于变压器线圈、电器设备的接线、电线电缆的组合绝缘等，与普通压敏胶相比，它对低能表面有很好的粘接性、耐候性、低温柔韧性和高温化学稳定性优异，其主要缺点是价格很贵，并以溶剂型为主，造成环境污染。

5.4 有机硅塑料

硅树脂为基本成分中添加云母粉、石棉、石英粉、玻璃丝纤维或玻璃布等填料及固化催化剂后,可以模压或注射成型而制成塑料制件,即有机硅模塑料。它们有较高的耐热性,力学强度和电绝缘性能随温度变化小,较优良的耐电弧性以及防水、防潮等性能。例如,在 300℃×500h 后,其力学强度和电性能基本无变化,热失重仅为 2%~2.5%。有机硅模塑料可用于制作线圈架、接线板、特种开关、仪器仪表壳体等耐热绝缘零部件,广泛用于宇航、飞机制造工业、无线电、电工及其他工业。

有机硅塑料无毒、无味,可广泛应用于医疗器材,电子工业各种电器的封装,电器开关,以及导弹和飞机上的耐热绝缘部件。表 5-51 列有几种有机硅塑料的材料性能,其中马丁耐热最突出。

■表 5-51 有机硅塑料的材料性能

性能	国产 3250 有机硅环氧玻璃布层压板	美国 DOW 公司模塑料 DC-301	美国 DOW 公司模塑料 DC-306	美国 DOW 公司模塑料 DC-308	日本 Shin Etsu 公司有机硅模塑料 KMC-8	KMC-10
相对密度	1.68	1.86	1.88	1.88	1.86	1.88
吸水率/%	<1.0	0.08	0.09	0.1	0.05	0.08
马丁耐热/℃	250	450	270	270	>300	270
纵向拉伸强度/MPa	170	32	42	42	—	—
横向拉伸强度/MPa	120	32	42	42	—	—
弯曲强度/MPa	220	53	63	56	52	62
冲击强度/(kJ/m^2)	80	—	—	—	—	—
抗压强度/MPa	—	137	102	84	—	—
热膨胀系数/×10^{-5}℃$^{-1}$	—	2.5	2.2	3.2	3.2	2.4
介电常数	3.8	3.4	3.8	3.6	3.4	3.8
体积电阻/Ω·cm	≥10^{13}	10^{14}	10^{13}	10^{14}	10^{15}	10^{15}

有机硅塑料按其成型方法不同,主要可分为层压塑料、模压塑料和泡沫塑料三种类型。

5.4.1 有机硅层压塑料

硅树脂玻璃布层压板及云母板,按所用硅树脂特性划分,可以归入电绝缘漆或粘接剂范畴；若按最终产品形态划分，也可将它们归入塑料范畴。目前使用最多的玻璃布层压有机硅塑料，其工艺简介如下：将低碱玻璃布（高碱玻璃影响有机硅树脂的熟化及制品的电性能），经脱蜡处理后浸渍在规定浓度的硅树脂甲苯溶液中，加入适量固化催化剂[Pb、Fe、Co、Ti、Mn的可溶性盐类，胺类以及 $Bu_2Sn(OAc)_2$-$Pb(OCOC_7H_{15})_2$ 等]，制成预浸布（预浸布含有机硅树脂35%～45%），通过加热塔干燥而预熟化（110～130℃，5～15min），使其热板凝胶化时间符合应用要求，切割铺层压制而得的层压塑料。压制温度为170～200℃，压力为10～20MPa，压制时间长短由树脂的固化速率及层压板的厚度来决定，然后冷却到80℃以下取出，再从100℃逐渐升到250℃进行热处理2h，使之完全交联固化。得到白色不透明的有机硅玻璃布层压塑料具有突出的耐热性和电绝缘性能，可在250℃长期使用，300℃短期使用，且吸水率低，耐电弧性和耐燃性好，介电损耗小。它还能耐10%～30%硫酸，10%盐酸，10%～50%氢氧化钠，3%双氧水等，但不能耐浓酸和某些溶剂如四氯化碳、丙酮、甲苯、醇、脂肪烃、润滑油等。可用作 H 级电机的槽楔绝缘、高温继电器的外壳、高速飞机的雷达天线罩、接线板、线圈架、变压器套管、各种开关装置、变压器套管等，还可用作飞机的耐火墙以及各种耐热输送管等。

也可采用石棉布或石棉纸代替玻璃布制取层压塑料，它们价格便宜，但机械强度较差。适用于玻璃布层压塑料的硅树脂有：国外的 DC-2103、DC-2104、DC-2105、DC-2106、KR-266、KR-267、KR-268、R-270、K-4l、SI-2105 和国产的 W33-2 等。

有机硅层压塑料可采用高压和低压两种成型方法来制取，也可采用真空袋模法（vacuum bag laminating）。

高压成型法的使用压力约为 $70kgf/cm^2$；低压成型法的使用压力约为 $2kgf/cm^2$。两者的主要区别在于使用的催化剂和聚合度不同：高压法层压塑料通常是用三乙醇胺用催化剂；低压法层压塑料是使用具有高活性的专用催化剂，如二丁基双醋酸锡和 2-乙基己酸铅（lead-2-ethlhexoate）的混合物。高压法层塑料一般具有卓越的电气性能，吸水率最低。适用于玻璃布层压塑料的有机硅树脂有：美国道康宁公司的 DC-2103、2104、2105、2106，日本信越化学公司的 KR-266、267，国产的 941（W33-2）等。这些硅树脂一般都是聚甲基苯基硅氧烷在甲苯中的溶液，但树脂中甲基与苯基的含量各不相同。

聚乙烯基硅氧烷树脂对玻璃布具有良好的粘接性能，使用聚乙烯基硅氧烷树脂可以制得低压成型的有机硅层压塑料。其室温拉伸强度为175～246MPa，而在260℃下的拉伸强度为84.5～105.8MPa。如果层压制品在110～260℃下进行热处理，则其室温拉伸强度可提高到240～316MPa，

260℃下的拉伸强度也相应地提高到 154～175MPa；弹性模数分别为 21000～24600MPa 和 7500～13300MPa；室温挠曲强度为 210MPa，150℃下挠曲强度为 105MPa，370℃下的挠曲强度为 100MPa，480℃下为 52MPa。

5.4.2 有机硅模压塑料

有机硅模压塑料是由有机硅树脂、填料、催化剂、染色剂、脱模剂以及固化剂经过混炼而成的一种热固化塑料。通常所用的填料有：玻璃纤维、石棉、二氧化硅、石英粉、滑石粉、云母等；催化剂为氧化铅或碳酸铅、三乙醇胺以及三乙醇胺与过氧化苯甲酰的混合物；常用的脱模剂是油酸钙。国内无溶剂聚硅氧烷模压树脂结构为 $\{[CH_3SiO]_n \cdot [(C_6H_5)_2SiO]_m \cdot [(CH_3)-(CH=CH_2)SiO]_x \cdot [C_6H_5SiO_{1.5}]_y\}$（2型）、$\{[CH_3SiO_{1.5}]_n \cdot [(CH_3)_2SiO]_m \cdot [C_6H_5SiO_{1.5}]_x \cdot [(C_6H_5)_2SiO]_y\}$（3型）、$\{[CH_3SiO_{1.5}]_n \cdot [(CH_3)_2SiO]_m \cdot [C_6H_5SiO_{1.5}]_x\}$（4型），其中3型用作电子元件塑封模塑料；4型用作电子元件模压型料。

有机硅模压塑料又分为模塑粉和增强有机硅塑料。

(1) 模塑粉 硅树脂预缩物是端基含有羟基的线型聚甲基苯基硅氧烷，R/Si=1.0～1.7，苯基在有机基团中的比例为 30%～90%。在催化剂存在下加热脱水缩合形成体型结构。把硅树脂预缩物与催化剂以及适当的填料如玻璃纤维、石棉或硅藻土混合，用泵抽去溶剂，然后把树脂-填料混合物在110℃温度下固化 10min，冷却后进行破碎，就可制得模塑粉。基本组成为硅树脂预聚体 25%，填料 73%，颜料＞1%，脱模剂＞1%，催化剂微量。模压成型温度 150～180℃，成型压力 10～25MPa，压制时间 100～150s，成型后热处理条件为 200℃ 2h。有机硅模塑粉通常耐无机酸性能好而耐碱性较差。

模塑粉的加工成型方法有两种：一种是采用压缩模塑；另一种是采用传递模塑。模塑的条件是：温度为 175～200℃、压力 300～700kgf/cm^2、模塑固化时间为 15～30min。模塑零件趁热脱模，并递送至烘炉中在 90℃下进行固化，然后慢慢地把温度提高至 250℃，最后进行 72h 的后固化以提高零件的性能。用于电气绝缘材料和精密产品的封装材料，如二极管、晶体管、集成电路等的材料。国外有机硅模塑粉的牌号很多，如 Dow Corning 304，305，306，307，308（Dow Corning Co.，美）MC 506，507（General Electrio Co.，美）KMC-8，9，10，12，13（信越化学会社，日本）SH-304，305，306，307，308（日本东丽硅酮）XMC-1340（东芝硅酮，日本）M-91-121（玻璃纤维增强）(Dow Corning Co.)，其性能见表 5-52。

■表 5-52 有机硅模塑粉性能

性能	Dow Uorning Co						信越化学体式会社				
	DC304	DC305	DC306	DC307	DC308	KMC-8	KMC-9	KMC-10	KMC-12	KMC-13
色泽	黑	黑	灰	灰	灰	灰	灰	灰	灰	灰
螺旋流动长度①/cm	22	45	96	50	70	25	45	90	60	70
成型温度/℃	150~180	150~180	150~180	160~180	160~180	150~180	150~180	150~180	150~180	150~180
最低成型压力/(kgf/cm²)	28	28	28	35	28	30	30	30	30	30
成型时间/s	60~180	60~180	60~300	120~300	45		60~180			
填料	二氧化硅	二氧化硅	二氧化硅+短玻璃纤维			二氧化硅			二氧化硅+短玻璃纤维	
成型收缩率/%										
成型后	0.67	0.61	0.38	0.3	—					
热处理后	0.63	0.86	0.22	0.2	—					
相对密度	1.86	1.86	1.88	1.88	1.88	1.86	1.86	1.88	1.88	1.80
使用温度/℃	~300	−65~250	−65~350	−65~350	−65~175					
洛氏硬度(M)	90	95	80	70	—					
吸水率(24h)/%	0.08	0.08	0.09	0.09	0.10	0.05	0.05	0.08	0.08	0.08
抗拉强度/(kgf/cm²)	320	320	420	320	420					
抗压强度/(kgf/cm²)	−1370	1120	1020	770	840					
抗弯强度/(kgf/cm²)	530	510	630	580	560	520	520	620	520	620
缺口抗冲强度(kg·cm/2.5cm)	4.1	4.1	4.1	3.5	—					
弯曲弹性模数/(×10⁶kg/cm)	0.11	0.12	0.12	0.07	—					
热变形温度/℃	450	450	270	225	270	>300	>300	270	210	270
热膨胀系数×10⁻⁵℃⁻¹	2.5	2.5	2.2	2.3	3.2	3.5	3.5	2.4	2.5	2.4
热导率[cal/(cm·s·℃×10⁴)]	9.2	11	12	13	12	9	9	12	12	12
热真空中失重(10⁻⁶mmHg,100℃)	0.46	0.4	0.35	0.096	—					
介电常数(10⁶周)	3.4	3.38	3.79	3.80	3.59	3.40	3.40	3.84	3.80	3.85
体积电阻 Ω·cm	1×10¹⁴	1×10¹⁴	1×10¹⁴	1×10¹⁴	1×10¹⁴			2×10¹⁶		

① 螺旋流动长度是指在一个截面直径为 3.17mm 的半圆形螺旋状沟槽的模具中,175℃,56kgf/mm² 压力下注入模塑粉,测定其在螺旋沟槽中流动的长度。

注:1cal=4.18J。

(2) **增强有机硅塑料** 增强有机硅塑料是用几毫米到几十毫米长的玻璃纤维增强硅树脂的塑料,它的基本组成与有机硅模塑粉相同,所不同的是填料的纤维较长,松密度较大。成型温度与时间也与模塑料的相同,成型压力略高于10MPa。用来制作耐热绝缘制品,可用压缩或传递模塑法加工。国外品种较多,代表性的有信越化学社的KMC-20,其特点是热稳定性高,连续使用温度为850℃,可在450℃短期使用;高温下尺寸稳定性好,空气中350℃下加热1000h后收缩率为0.16%;耐弧性优良且不燃。

根据用途不同,有机硅模压塑料可分为结构材料用的有机硅模压塑料和半导体封装用的有机硅模压塑料两种类型。

① 结构材料用的有机硅模压塑料 这种塑料习惯称之为有机硅塑料,它的特点是耐高温、抗潮、机械强度和电绝缘性能随温度变化很小。有机硅石棉、玻璃纤维以及石英粉模压塑料在300℃加热1000h后或400℃加热100h后,其机械强度只降低20%~50%,材料并未破坏,制件保持原形。

耐热、绝缘、阻燃、抗电弧的有机硅塑料是多由高支链度固体硅树脂预聚物出发,加入无机填料(如石棉、石英粉、滑石粉及玻璃纤维等),固化催化剂以及润滑(脱模)剂等混炼得到模塑料。而后将其置入平板硫化机模板内,在加热加压下成型为塑料制品。后者具有优良耐热性,特别是其机械强度及电绝缘性能随温度变化不甚敏感。例如,在300℃加热500h后,其机械强度及电性能基本不变,失重仅2.0%~2.5%。因此多将其制成特种开关、滑片、接线板、接触器、线圈架、仪器仪表壳体及零附件等。用来制做大功率直流电机的接触器、接线板、各种耐热的绝缘材料,以及能在200℃以上长期使用的仪器壳体和电气装置的零部件,如刷架环、线圈架、电工零件、印刷线路盘、电阻与换向开关、配电盘等,而被广泛用于火箭、宇航、飞机、电子电气及仪表工业部门。

国产GS-301有机硅模压塑料是由甲基硅树脂和石棉、石英粉、白炭黑等填料所组成,它可在250℃下长期工作,瞬时可耐650℃高温,在60mA与8mm距离下耐电弧的时间大于180s。适用作各种耐高温、耐电弧的开关、接插件和接线盒等。它的性能如下:

密度:1.8g/cm^3

流动性:≥170mm

收缩率:≤0.5%

马丁耐热:>300℃

冲击强度:≥5.0kgf/cm^2

耐电弧:≥180s

表面电阻:1×10^{10}Ω

体积电阻:1×10^{11}Ω·cm

介电强度:≥5.0kV/mm

有机硅模塑料现有注射成型新品种。例如，美国道康宁公司生产一种专供注射成型用的有机硅模压，商品牌号为 M-91-121。它是一种玻璃纤维增强的松密度较低的粒料，螺杆注射成型时间为 50s，传递模塑成型时间平均为 3min，它可以在 350℃下连续使用。日本信越公司也研制成功一种可用于螺杆注射成型用的有机硅模压塑料，商品牌号为 KMC-400。

有机硅-玻璃纤维布层压制品早已为人们所知，但成型条件很苛刻，根据用途，有时还要使其耐热性更高一些。信越化学公司的 KMC-300 系列是使玻璃纤维布同时浸渍硅树脂和无机填充剂的产品，为 1m 宽的薄板状，以无黏着感的预浸渍物形式出售。

通常加工成层压板、管子或圆棒，经切削加工后供实用。与以前的有机硅层压制品不同，其最大的特点是在成形时在加热的情况下就可以从压机或模具中取出制品，必要时也可以直接放入 200℃的烘箱进行二次硫化，不需要分级硫化和徐徐冷却。现在可制取层厚达 150mm 的产品。

表 5-53 列出了上述有机硅模压塑料的种类及概况。

■表 5-53　有机硅模压塑料的种类及概况

项目	KMC-10 系列	KMC-420	KMC-401	KMC-2100 系列	KMC-300 系列
形状	颗粒	颗粒	粒状	纤维状	薄板
玻璃纤维	粉状	粉状	短纤维	3～6mm	布
成型方法	传递成型	模压成型传递成型注射成型	注射成型	模压成型	层压
优点	电子品级	耐热性	成型周期短	冲击强度大	成型周期短

信越化学公司的 KMC-10 系列：KMC-8，KMC-10，KMC-90 等；KMC-2100 系列：KMC-2103，KMC-2106 等；KMC-300 系列：KMC-310，KMC-320 等。除模压成型外，使用生产效率更高的注射成型工艺已成为发展方向。

② 半导体元器件封装用的有机硅模压塑料　用于封装电子元件、半导体晶体管、集成电路等的有机硅模压塑料具有耐热性高、低温、耐燃、不燃、吸水率低、防潮性好和无腐蚀等特性，在宽的温度、湿度和频率范围内仍能保持稳定的电绝缘及机械性能，从而使封装的半导体元件免潮气、尘埃、冲击、振动及温度等因素的影响。加工时漏料少，不易开裂；使大容量的电子制品得以小型化，而且对半导体元件有良好相容性，成型脱模性好，很少污染模具，是一种比较理想的塑料包封材料。

有机硅模压塑料是由有机硅树脂、填料、染色剂、脱模剂以及固化剂经过辊炼而成的一种热固性塑料，这可采用传递模型或压缩模塑的加工成型方法，来封装电子、电气用品，如二极管、晶体管、集成电路等。

高温下使用的封装材料历来是用陶瓷（或玻璃、金属），但陶瓷性脆，且收缩率达 20%；采用金属的话，则绝缘问题是一大难题。采用塑料封装显示了很大的优越性，适合半导体封装的塑料据报道有数十种，如聚酯、聚氨酯、酚醛、聚酰胺等。但最常用是改性环氧树脂和有机硅模塑料。据了解日本85%半导体器件是采用环氧树脂模塑料封装，而美国都是85%采用改性有机硅模塑料。我国半导体器件封装也大多采用这两种模塑料，但对这两种模塑料的评价和看法也各有不同。如果从有机硅和环氧两大类产品特性以及国外有关资料报道，这两大类模塑材料各有优缺点，要根据被封装半导体器件的类型和工艺要求来进行选择。

但是，近年来在包封集成电路及大规模集成电路等方面，虽遭到了环氧树脂等的强烈冲击，但在要求高耐热性的大功率晶体管塑封方面，有机硅模塑料还占据着优势。表5-54为硅树脂包封料、硅氧烷-环氧包封料及环氧树脂包封料性能的对比。

■表5-54　3种树脂包封料的性能对比

性　　能	硅树脂	硅氧烷-环氧树脂	环氧树脂
模压温度/℃	170~180	160~180	160~180
模压时间/min	3	1.2~2.0	1.0~2.0
螺旋流动长度/cm	88.9~127.0	76.2~101.6	76.2~101.6
流动时间/s	15~25	15~20	10~15
相对密度（25℃）	1.88	1.85	1.79
弯曲强度/MPa	58.8	93.1	118.6
压缩强度/MPa	93.1	215.7	268.6
缺口冲击强度/(J/m)	14.69	17.63	—
阻燃性（UL94）	V—0	V—0	V—0
热变形温度/℃	>300	>300	200
导热系数/[W/(m·K)]	4.77×10^{-5}	4.77×10^{-5}	5.25×10^{-5}
膨胀系数/(mm·℃/mm) 　α_1（-70~150℃） 　α_2（150~250℃）	 3.2×10^{-5} 3.2×10^{-5}	 2.1×10^{-5} 6.8×10^{-5}	 2.5×10^{-5} 6.6×10^{-5}
玻璃化转变温度/℃	—	166	162
收缩率/% 　成型时 　后固化后	 0.28 0.19	 0.49 0.43	 0.59 0.54
耐电弧/s	240	183	137
介电强度/(kV/mm)	15	14	12
体积电阻率/Ω·cm	2×10^{16}	2×10^{16}	1×10^{16}
介电常数（10^6Hz）	3.9	3.9	3.9
介电损耗角正切（10^6Hz）	0.004	0.007	0.010
吸水率[①]/%	0.40	0.52	0.95

① 在0.1MPa蒸汽中（121℃）放置140h后。

由有机硅模塑料（包括结构性制品及外壳包封）转变成制品，一般都要通过混炼，成型及后固化3个阶段。

(1) 混炼　可利用通用热固性模塑料的加工工艺及设备（如使用双辊混炼机），先将硅树脂、填料、玻璃纤维、添加剂及催化剂等在80～90℃下充分混匀，得到模塑料。由于双辊机剪切力较大，混炼中易将玻璃纤维研成粉末，而影响最后制品的抗冲击强度。为此可改用高速搅拌混合机（叶式搅拌转速高达2000～4000r/min）只需2～4min即可将物料混匀，并可使玻璃纤维维持一定长度，得到的模塑料在加热下可软化，并具有一定流动性，应将其密封保存在非金属容器内，严防吸潮或混入金属杂质。否则在成型过程中容易引起开裂、起泡或流动性变差。

(2) 成型　可依需要选用传递、模压或注射工艺，或者说根据模塑料及制品性能的要求确定成型方法。一般说，模压成型法适于制取外形尺寸较大、制件收缩率较小、机械强度较高的产品。由于模塑料中纤维状填料比例较大，流动性较差，故需用较高温度（160～180℃）和较长时间方能完成固化（成型压力及时间，取决于制品尺寸）。传递成型及注射成型法适于制取外形复杂、尺寸较小、数量较大的产品。它们要求使用具有较好流动性及能快速固化的模塑料，其工艺特点是温度较高，压力较小及时间较短。

(3) 后固化　后固化可提高制品的物理机械性能及耐高温性能，具体工艺则决定于塑料的种类及制件的尺寸。一般说，缩合型硅树脂模塑制品，应在200℃下处理2h以上，并随制品厚度增加而延长。聚合型及加成型硅树脂模塑料可在150℃下处理一定时间即可达到完全交联。

美国道康宁公司新研制成功一种有机硅-环氧树脂混合型的半导体封装用有机硅模压塑料，商品牌号为DC-361。它适用于封装敏感性电子元件（如各种自动装置中微信息处理机），该模压塑料既具有有机硅的耐高温、容易模压的特点，又具有环氧的良好机械强度、耐盐雾和可靠的密封性能。它的主要优点是：固化速度快、模压周期短（1～2min）；模塑料纯度高，固化时不需使用酸酐和其他含氮试剂，所以杂质含量小；具有良好的耐燃性（符合UL94V-0级）和防潮性；强度比纯有机硅模压塑料高（DC-361的挠曲强度为119MPa，而通常的有机硅模压塑料只有70MPa）；具有优异的耐盐雾性能；在宽广的温度和频率范围内电性能稳定；加工性能良好，制品不易开裂，适合于大容量的传递模塑，并允许在各种情况下高速模压。

半导体封装用有机硅模压塑料可用于封装小功率晶体管、集成电路、高频大功率晶体管等各种半导体器件，用有机硅模压塑料代替金属、陶瓷作半导体和集成电路的封装材料，可大大减少工序（如可控硅由原来陶瓷封装的47道工序缩减到9道工序），减轻劳动强度，产品合格率大幅度提高；而且由于节省了大量的镍、钴等稀有金属，可使成本大大降低。如一块中规模集成电路的陶瓷外壳的成本低于有机硅塑料外壳的成本。

国内外半导体封装用有机硅模压塑料的主要生产牌号见表5-55。

■表 5-55　半导体封装用有机硅模压塑料的主要牌号

国别	厂商	牌号
美国	道康宁公司	DC-302,305,306,307,308,480,361,1-5021
	通用电气公司	MC-383,506,507,550
日本	信越化学公司	KMC-8,9,10,12,13
	东丽有机硅公司	SH-302,304,305,306,307,308,PHX$_{908}$
联邦德国	瓦克化学公司	P-505,505R,506
中国		GZ-611,612,621（KH-611,612,621），GS-3,ASB-2#,3#,4#

5.4.3 有机硅泡沫塑料

有机硅泡沫塑料是一种低密度的具有泡孔结构的海绵状材料,它可经受360℃的高温并且耐燃,是用作隔热、抗湿、隔音和电绝缘的优良材料。

有机硅泡沫塑料可分为两类:一类是粉状的,加热到160℃左右即行发泡;另一类是液态双组分的,室温下即可发泡。

(1) 有机硅粉状泡沫塑料　道康宁公司的有机硅粉状泡沫塑料——R7002,R7003,将含有硅醇基的低熔点（熔点 60~70℃）、低分子量的含 SiOH 基的无溶剂硅树脂,加入无机填料（硅藻土、石英粉、白土、滑石粉、氧化铝、二氧化钛等）、发泡剂（如偶氮二异丁腈、N,N'-二亚硝基亚甲基四胺、$4,4'$-氧化双苯磺酰肼等）、催化剂（如金属辛酸盐、环烷酸盐及胺类等）及脱模剂等,混合后熔融粉碎而成的,加热到高于发泡剂的分解温度（160℃左右）开始发泡,经 4h 即可得相对密度 0.244~0.512 的泡沫体,再进一步在高温下熟化即可以制成有机硅泡沫塑料。在高温下熟化以除去挥发物,高温熟化的条件是 200℃×1h,225℃×1h,250℃×(4~8)h,最后在 3h 内冷到室温。这种有机硅泡沫塑料可耐 360℃高温,适用于隔热、隔音、阻燃、电绝缘材料等,可用作喷气机和导弹中热敏元件的绝热保护材料,可在 340℃下长期使用。它在宇航、建筑、机械等工业中得到广泛应用。

(2) 双组分室温有机硅液状泡沫　双组分室温有机硅液状泡沫由双组分液状组成:一组分为含硅醇基和硅氢键的液态聚硅氧烷,另一组分是以季胺碱 R_4NOH（或铂的化合物 H_2PtCl_6）作催化剂和少量醇类物质,以助其生成氢气引起发泡交联。其发泡原理是:在碱性条件下水或醇可以打开 Si—H 键,生成硅氧烷、硅醇,放出氢气而发泡交联,使用时只需将两组分混合并高速搅拌 15~30s,马上注入模具或待允填部位,3min 内即发泡完毕。最后在 200℃熟化 15min,即得相对密度为 0.039~0.096 的泡沫体,最后在使用温度下熟化几小时,即获最佳物性。开始时泡沫塑料为软质,数小时后变硬,可以加工。微孔结构小而均匀,60%是闭孔的。在 260℃下尺寸稳定,340℃下可使用三年,吸水率低。主要用作绝热电气元件的灌封料,可以在纸或铝箔做成的复杂形状的制件内部就地发泡。

有机硅泡沫塑料可用作航天器、火箭等的轻质、耐高温、抗湿材料，也可作为推进器、机翼、机舱的填充材料以及火壁的绝缘等。

5.4.4 微粉及梯形聚合物

硅树脂微粉及梯形聚合物，可看作是硅树脂产品的特殊用途之一。前者系硅树脂分散固化成微粉的产物。根据其不同制法可得到球形微粉及无定形微粉两种。硅树脂微粉与无机填料相比，具有相对密度低，而同时具有耐热性、耐候性、润滑性及憎水性好等特点，因而可广泛用作塑料、橡胶、涂料及化妆品等的填料及改性添加剂。如用于改善环氧树脂等的抗开裂性，提高塑料薄膜的润滑性、防粘连性，改进塑料制品及化妆品的性能等，其应用效果已引起人们注目。为了提高硅树脂微粉与有机树脂的相容性及反应性，从而扩展其应用范围。表 5-56 列出市售硅树脂微粉的特性。

■表 5-56　硅树脂微粉特性

外观	含水量 (105℃× 1h)/%	pH 值	相对 密度 (250℃)	比表 面积 /(m²/g)	亚麻油 吸附量 /(mL/100g)	平均 粒径 /μm	热失量/%	
							300℃	700℃
白色粉末	<2	7~9	1.3	20~30	84	4	2~3	10~12
球形白色粉末	<2	7~9	1.3	15~30	75	2	2~3	10~12

梯形硅树脂区别于网状立体结构的硅树脂，前者具有突出的耐热性（525℃开始失量）、电气绝缘性及耐火焰性。既可溶解在苯系、四氢呋喃及二氯甲烷等溶剂中，流延成无色透明、坚韧的薄膜，而且用作涂料时，对基材的粘接性及成膜性好，特别是可以制成高纯度的苯梯硅树脂（Na、K、Fe、Cu、Pb、Cl 含量相应低于 1×10^{-6}，而 U、Th 含量相应小于 1×10^{-9}），它们现在已广泛用作半导体元器件的缓冲涂层、钝化材料及内绝缘涂料。今后随着成本的下降，用作耐高温材料也大有希望。

5.5　有机硅改性密封胶

密封胶常用于填充一层或多层同种材料或异种材料间的接缝、缝隙和孔空，在使用时是一种流动的或可挤注不定型的材料，能嵌填封闭接缝，能依靠干燥、温度变化、溶剂挥发和化学交联等过程达到与基材稳定的粘接，并逐渐定型为塑性固态或弹性，起防水、密封、减震、防腐等作用的密封材料。用其密封这些部位既经济、方便，又符合功能要求。当今，密封胶在建筑、工业和（生活）消费等方面得到极广泛的应用，而且还在增长。

我国最早用于建筑的是聚硫型建筑结构接缝密封胶，以后开发了有机硅、聚氨酯和丙烯酸等高性能密封胶，发展十分迅速，其品种和数量越来越多，其中以有机硅型密封胶发展最快，已成为最大胶种。

有机硅密封胶已成功地使用几十年，其耐高温性、低温柔韧性、室外耐候性均十分优异，各个领域对密封胶的各种性能要求也越来越高，但有时会超出应有的功能范围。非有机硅密封胶用于窗玻璃和小接缝的工业密封也有二十年的历史，其优点是对普通建筑材料表面粘接性能稳定，弹性优良，具有抗撕裂、耐磨、抗穿刺、可涂性、颜色稳定和耐久性优良，对基材不污染并无腐蚀，耐酸碱和有机溶剂。有机硅改性密封胶的基料是有机硅改性有机聚合物，这种聚合物兼有有机硅化合物和有机聚合物的特点。用其配制的密封胶粘附性优良，弹性好，耐老化，各项性能优于有机聚合物密封胶，达到有机硅密封胶水平，成本低于有机硅密封胶的成本，成为一种很有发展前途的新型中高档密封胶。

5.5.1 有机硅改性密封胶的原料

硅改性聚合物为液态流体，没有加入填料的固化产物为柔软橡胶状材料，延伸率相对较低，剪切和拉伸强度也不高，直接应用价值不高，但通过加入补强剂、填料、增塑剂、光稳定剂、交联促进剂、除湿剂等，配制为密封胶后物理性能将产生明显变化。其功能性取决于密封剂的配方设计、工艺条件及主要成分的选择，主要成分如下：

① 基料　硅改性聚合物是硅改性密封胶的基料，利用硅改性聚合物端基的水解作用，使其固化而形成以 Si—O—Si 为骨架的弹性体，达到密封和粘接的效果，其技术关键是官能团、主链结构和分子量的选择。

② 补强填料　主要作用是增加密封胶的强度、耐化学性，并改善黏流状态，获得建筑接缝密封施工需要的触变性和挤出性，也可在一定程度上降低成本，可供选择的填料有碳酸钙、炭黑、二氧化硅、矾土、二氧化钛、玻璃粉、分子筛（粉末）、陶土等。为确保密封胶的贮存稳定性，必须将填料高于120℃焙烘12h以上。

③ 增塑剂　配制硅改性密封胶使用的增塑剂，主要是改善施工性及改善物性，调整密封胶的硬度、黏度、模量、阻燃性等，常用的有邻苯二甲酸酯类（如 DOP、二苯甲酸二乙二醇酯和氯化石蜡等）。

④ 颜料　硅改性密封胶加入颜料的主要用途是使密封胶与被粘物同色或使密封胶与涂装涂料同色，以增加美感。可采用任何一种颜料或着色剂，

主要使用颜料有二氧化钛（钛白粉）、色素炭黑、氧化铁等。

⑤ 催化剂　催化剂主要在预聚体合成中和后期密封胶加速交联固化中使用，常用的催化剂有金属有机化合物及叔胺两类。金属有机化合物包括锡、铅、铋的羟酸盐，常用的有辛酸亚锡、辛酸铅、二月桂酸二丁基锡、二乙酸二丁基锡等；叔胺类催化剂有三亚乙基二胺、1,2,4-三甲基哌嗪、N-甲基吗啉。金属羧酸盐对聚氨酯密封胶合成及固化的催化效果比叔胺类要好，其中二月桂酸二丁基锡（DBDTL）使用最普遍，几乎是欧美及日本厂家的首选。只是因其毒性较大，操作时应注意劳动保护（空气中最高允许质量浓度 $0.1mg/m^3$），室内应通风良好。后来人们发现，同时并用两种催化剂会有良好的协同效果，如美国专利提出，用有机锡（DBDTL）和有机铋（异辛酸铋）双重催化剂来加速固化速度，能得到拉伸强度明显增高的密封胶。日本专利提出，在双组分聚氨酯密封胶的固化组分中，采用 Sn-Pb 复合固化催化体系，可在较宽的温度范围内固化，且适用期较长。日本钟渊公司研究表明，在用辛酸亚锡催化后合成的预聚体中，加入一定量的 α-巯基苯并咪唑继续反应，所得预聚体配成的单组分密封胶，能明显缩短表干时间。日本另一专利报道，采用咪唑衍生物作催化剂，在无湿气存在下，该化合物对贮存稳定性影响较小，但在 40~60℃ 低中温加热时固化速度显著提高，而用有机金属盐类或叔胺类催化剂，在低温时对固化速度的提高不能令人满意。

⑥ 触变剂　为了赋予密封胶理想的操作性、可挤出性及防流挂性，硅改性密封胶一般使用气相法白炭黑、氢化蓖麻油、织物拉丝蜡等作触变剂。即嵌填垂直接缝时，不流淌，抗下垂。

⑦ 稳定剂　硅改性密封胶存在老化问题，主要是热氧化和光老化，须添加一定量的抗氧剂和光稳定剂。抗氧剂的作用是阻止密封胶的热氧化，阻止由氧诱发的聚合物的断链反应，并分解生成氢过氧化物，加入空间受阻酚及芳族仲胺作抗氧防老剂，与亚磷酸酯、膦、硫醚等化合物组成复合物，可使防老化效果更佳，2,6-二叔丁基对甲酚（防老剂 264）、4,4-二叔辛基二苯胺、四亚甲基 β-(3,5-二叔丁基-4-羟基苯基) 丙酸季戊四醇酯（抗氧剂 1010）是特别有效的抗氧剂。光稳定剂包括 2 个组分，一种是紫外线吸收剂，另一种是受阻胺，二者复合在一起加入密封胶中，其光稳定效果更好。常用的紫外线吸收剂是苯并三唑系和苯并三嗪系，国产紫外线吸收剂苯基氯化苯并三唑效果也很好，受阻胺常用牌号为 Tinwvin292，系瑞士 Ciba 公司产品。如将抗氧剂 1010 和紫外吸收剂 UV-327 复合加入聚氨酯材料中（添加质量分数约为 0.1%~0.5%）其耐老化效果特别显著。

⑧ 其他助剂　为提高储存稳定性，必须加一定量的除水剂，还有改善流动性的溶剂，如二甲苯、甲苯等。用以改善密封胶综合性能的其他助剂有增黏剂、杀虫剂等。

5.5.2 典型配方

5.5.2.1 硅改性聚氨酯密封胶的典型配方

配方 1

组　　分	质量份
预聚体（硅改性聚氨酯）	100
填料（碳酸钙，0.07μm）	90
增塑剂（DIDP）	40
触变剂（SiO_2）	5
增白剂（TiO_2）	5
脱水剂（乙烯基三甲氧基硅烷）	1
增黏剂[N-β-(氨乙基)-γ-氨丙基三甲氧基硅烷]	2
固化剂（DBDTL）	5

配方 2

组　　分	质量份
预聚体（LS2237）	36.0
填料（碳酸钙 312）	46.8
增塑剂（Jayflex DIUP）	14.5
交联催化剂（Matatin740）	0.02
干燥剂（乙烯基三甲氧基硅烷）	41.5
粘接促进剂[N-β-(氨乙基)-γ-氨丙基三甲氧基硅烷]	1.0

注：LS2237 是由 IPDI（异佛尔酮二异氰酸酯）和 EO/PO 聚醚化合而成。

配方 3

（1）预聚体配方

组　　分	质量/g
聚氧化丙烯二醇（NiaXPPG-2025）	2001
甲苯二异氰酸酯（HyleneTM）	204
氨丙基三甲氧基硅烷	68.3

(2) 密封胶配方

组　　分	质量份
预聚体（SPU）	100
炭黑（水分质量分数<0.05%）	35
3-（2-氨乙基）三甲氧基硅烷	0.5
触变剂（Thixseal1084）	0.5
丙基三甲氧基硅烷	0.5
二月桂酸二端基烷	0.08
抗氧剂	2

5.5.2.2 硅改性聚醚密封胶的典型配方

日本旭硝子公司于 1993 年提出一种低模量高延伸性的密封胶。先将聚氧化丙烯二醇（$M_n=12000$）的端羟基变成烯丙基，随后在氯铂酸催化下同甲基二甲氧基硅烷反应，制得有机聚合物。

配方 1

组　　分	质量份
聚合物（MS）	100
填料（碳酸钙）	160
增塑剂（DOP）	60
增白剂（TiO_2）	20
触变剂（氢化蓖麻油）	5
酚抗氧剂	1
氨基丙基二甲氧基甲基硅烷	1
固化剂（DBDTL）	1

此密封胶在相对湿度 50% 和 60% 下固化 7d，固化试样 50% 模量 0.18MPa，断裂强度 0.72MPa，延伸率 860%。

配方 2

组　　分	质量份
聚合物（MS）	95
N-（三甲氧基甲硅烷基）六甲基二硅烷基胺	5
填料（碳酸钙）	140
增塑剂（DOP）	55
触变剂（氢化蓖麻油）	3
增白剂（TiO_2）	5
催化剂（辛酸亚锡和二月桂酸二丁基胺混合物）	少量

配方中预聚体是由聚氧化丙烯三醇（$M_n=20000$）在碱存在下同烯丙基氯反应，使聚醚的一端羟基等变成烯丙基，随后在铂催化剂存在下同甲基二甲氧基硅烷反应，生成端接甲基二甲氧基甲硅烷基丙基的聚氧化丙烯，此密封胶固化试样50%模量0.15MPa，断裂强度0.36MPa，延伸率420%。

配方3

组　分	质量份
聚合物（MS）	100
硅烷共聚物	10
填料（碳酸钙Vigot-10）	150
增塑剂（DOP）	50
触变剂（氢化蓖麻油）	5
增白剂（TiO$_2$）	20
酚抗氧剂	1
氨基硅烷	1
固化剂（DBDTL）	1

该预聚体是由聚氧化丙烯二醇（$M_n=19000$）制得，每摩尔含1.6个可水解硅烷基的聚氧化烯烃（旭硝子公司）。此密封胶具有良好的机械强度和耐久性。

配方4

组　分	质量份
聚合物（MS）	100
增塑剂	50
填料	140
触变剂	3
抗氧剂	1
紫外线吸收剂	1
干燥剂	2
黏附促进剂	3
交联催化剂	2.5

5.5.2.3　硅改性丙烯酸密封胶的配方和性能

有机硅改性丙烯酸密封胶一般为单组分，其典型配方如下：

原　料	配比(质量分数)
共聚物	50
触变剂	5~6
填料	30~40
抗氧剂	0.5
紫外光吸收剂	0.5
除水剂	1
增黏剂	1.5
交联剂	1.5
溶剂	2.5

国外单组分湿固化有机硅改性丙烯酸密封胶的配方实例如下：

物料名称	配比(质量分数)
有机硅改性丙烯酸共聚物（$M_n=16000$）	47.50
Trixatrol	6.40
TiO_2	4.60
二甲苯	2.6
A-1100（Union carbide）	0.20
OS-1000（Allied-signal）	0.90
石灰石	34.73
二丁基锡二乙酸酯	0.07

其性能：

项　目	指标
黏度指数/s	28
Boeing Jig 流挂性/s	0.03
黏合剥离强度/(kN/m)	
玻璃	2.3C/F
铝	1.8C/F
砂浆	2.2C/F
D-Bell 最大应变/MPa	0.95
D-Bell 最大应变	179%
移动：+25% ASTMC719	Pass: G. A. Pm
弹性回复率（ISO7389）	C/F
硬度（邵尔 A）	28

5.5.3 硅改性密封胶的特点

(1) 硅改性密封胶与传统密封胶的性能比较

■表5-57 硅改性密封胶与传统密封胶力学性能对比

力学性能	SPUA	SPUB	PS1	PS2	PUR	Silicone
180°剥离强度/(kN/m)	8.95	10.62	6.15	4.95	8.56	6.05
拉伸强度/MPa	3.12	1.94	1.53	1.33	1.57	1.23
扯断伸长率/%	340	872	197	460	683	1137
硬度（邵尔A）	54	42	49	26	26	20

表5-57中，SPUA为A公司的硅改性聚氨酯密封剂产品，SPUB为B公司硅改性聚氨酯试验品；PS1, PS2为聚硫密封剂商品；PUR为聚氨酯密封剂商品，Silicone为有机硅密封剂商品。试验中，180°剥离强度按HB5249-93规定进行测试，拉伸强度和扯断伸长率试样制备按HB5246规定进行；拉伸强度和扯断伸长率按GB/T 528—1998规定进行；邵尔A硬度按GB/T531—1999规定进行。从表5-58可以看出，硅改性聚氨酯密封剂比传统聚硫、聚氨酯、硅酮密封剂的综合力学性能具有很大的优势。

■表5-58 有机硅建筑密封胶与其他建筑密封胶性能比较

密封胶种类	耐湿性	耐热性	耐寒性	耐久性	装饰性	耐污染性
有机硅	◎	◎	◎	◎	△	◎
有机硅改性	×	△	○	○	◎	◎
聚硫	○	○	△	○	○	○
聚氨酯	△	△	○	×	◎	○

注：◎最好；○较好；△可以；×不好。

(2) 贮存稳定性 硅改性密封胶的端基皆为硅-碳键。由于其具有疏水性，降低了预聚体对湿气的敏感性，在干燥氮气保护下，密封胶的贮存相当稳定。且硅烷官能团甲基、二甲基与多数添加剂的相容性良好，在适宜固化剂存在下，能发挥贮存稳定和高度活性的较佳平衡。

(3) 耐候性 硅改性密封胶中预聚体的特征是分子链中不饱和键含量极低，具有卓越的耐候性和耐老化性、耐气候变化和UV辐射等。户外使用数年未见表面裂口、裂纹或变色现象。

(4) 模量、黏度、弹性 密封胶模量是用以表征其耐位移能力，低模量密封胶受外力作用时借助其高延伸率使密封胶与被粘接界面的应力降低，避免被粘物体的破坏。硅改性聚醚密封胶具有低黏度、低模量和高弹性优点，硅改性聚氨酯密封胶黏度要比硅改性聚醚密封胶大，使用不同的配方可制成高、中、低不同模量的密封胶。

(5) 耐化学性 由于硅氧烷交联和聚合物化学结构在抗化学品性能上的协同效应，具有良好的耐水解性和耐化学品性能，可耐抗冻液、柴油和汽车润滑油。这将迅速促进该类密封胶成为众多工业、运输和汽车制造业等的理想密封材料。因其耐热性和耐久性优于常用密封胶商品，硅改性聚氨酯密封胶特适用于汽车发动机间隔密封。

(6) 环保性 硅改性密封胶系无溶剂、无游离异氰酸酯和无不愉快臭味的物质，在贮存和使用中没有毒害，对环境无污染，产品遇湿气固化时仅释放出微量醇分子，完全符合环保要求，且对石材、水泥、钢铁等建材无腐蚀性。它又不同于有机硅类密封胶，后者使用时会释放出低相对分子质量有机硅，从接缝中渗出扩散到墙面，沾污周围物体。聚氨酯和聚硫橡胶密封胶，虽也似端硅烷聚醚一样无沾污性，但长期户外曝晒后，前者接缝表面会出现鳄皮般裂纹，后者呈现某些较深裂纹，这些裂纹不仅有损表观，且影响使用寿命。

(7) 粘接性 硅改性密封胶中含有硅烷氧基的端基，可与多种材料表面的羟基反应水解成硅羟基，这种化学键会使其对多种材料产生优异的粘接性，对常用建筑材料如花岗岩、石材、玻璃、混凝土和金属等具有优良的胶接密封性，近年来，胶接对象进一步扩到多种塑料如 PVC、尼龙、聚碳酸酯、丙烯酸酯树脂、玻璃纤维、ABS 和聚苯乙烯等，硅改性密封剂无须底涂可直接实现粘接密封，甚至可胶接油漆面和有机硅污染的表面，不仅施工简便，而且由于良好的可涂漆性，不必担心对整车涂漆效果的影响，这意味着它也可用作修补密封胶。

5.5.4 技术进展

Plueddemann 公开了一种主要含 100mol 乙烯基酯或丙烯酸酯单体，1～8mol（甲基）丙烯氧基丙基硅烷或乙烯基硅烷，至多 50mol 选自乙烯、氯乙烯、偏氯乙烯、醋酸乙烯酯、苯乙烯、丙烯腈及丁二烯的任选乙烯基单体，以及 0.4～5mol 份巯基硅烷或硫醇链转移剂的共聚物。由此共聚物配制的密封胶由于内聚力和伸长性能不佳而不宜用做高档密封胶。

Gilch 提出由聚丙烯酸丁酯（M_w250000）70g，MeSi(OEt)$_2$(CH$_2$)$_3$NH31.6g，二月桂酸二丁基锡 0.5g，甲苯 30g 于 140℃下反应 4h，得 20℃溶于 CH$_2$Cl$_2$ 的树脂。由此聚合物 62.1g，邻苯二甲酸二辛酯 25.9g，疏水气相法白炭黑 12.0g 组成的密封胶的拉伸强度为 1.2MPa，伸长率 100%。

Wakabayashi 制备了由丙烯酸丁酯（BA）63.5g，甲基丙烯酸甲酯（MMA）389g，甲基丙烯酸硬脂酸酯 117g，γ-甲基丙烯酰氧基丙基三乙氧基硅烷 30.5g 共聚而得的共聚物（M_w9700）。此共聚物 50g 和具有 1.7 个 (MeO)$_2$MeSi(CH$_2$)$_3$ 基团的聚氧化丙烯（M_w8000）50g、TiO$_2$40g、抗氧剂、紫外光吸收剂、邻苯二甲酸二丁基锡 2.5g 组成的密封胶的拉伸强度为

$40kgf/cm^2$，断裂伸长率 350%。

BASF 公司发表了配比为 450∶150∶10∶10 的丙烯酸丁酯-醋酸乙烯酯-丙烯酸羟乙酯-巯基乙醇的调聚物（k 值 21.4）与 1g 二月桂酸二丁基锡，304mmol 甲苯二异氰酸酯（TDI），84mmol 3-氨基丙基三甲氧基硅烷组合后得到的密封胶，撕裂强度为 0.3MPa，扯断伸长率 121%。于 1992 年又发表了以偶氮二异丁腈引发，聚合 97.9 份丙烯酸甲酯，2 份 2-(2-异氰酸乙氧基)乙基甲基丙烯酸酯，同时加入 $(MeO)_3Si(CH_2)_3SH$ 为链终止剂，得到一调聚物（k 值 28）。用此聚合物配制的密封胶分别黏结帆布与铝、帆布与木、帆布与玻璃，测得剥离强度分别为 0.5MPa、0.9MPa、0.4MPa。

Fukatsu Syunsuke 发表了由含有部分乙二醇的聚丙二醇二甲基丙烯酸酯、γ-巯基丙基甲基二甲氧基硅烷、MMA 得到的共聚物与 TDI 反应，再与 γ-巯基丙基甲基二甲氧基硅烷反应得聚合物。上述聚合物于室温，相对湿度为 65% 的条件下固化 7 天，得到的产物的拉伸强度为 $50.3kgf/cm^2$，伸长率为 800%。

修玉英等以氨基硅烷偶联剂为基础，对以异氰酸酯基为端基的聚氨酯预聚体进行再封端，合成了一系列不同硅烷封端率的单组分湿固化聚氨酯。测试结果表明：硅烷偶联剂成功接枝在聚氨酯预聚体上，产物的表干时间、粘接强度、耐湿热都得到很大改善，力学强度在一定封端率下保持较好。又从原料和工艺两方面出发，对以 γ-氨丙基三乙氧基硅烷（KH550）为基础的硅烷改性聚氨酯进行了改善。原料方面，改性后的 KH550 由伯胺基转化为仲胺基，反应活性降低；工艺方面，将 KH550 加料顺序提前。试验结果表明：这两种方法均有利于降低 SPU 树脂的黏度和提高反应平稳性；较好解决了由于黏度上升太快引起的 KH550 自聚凝团问题。

张斌等在无溶剂条件下利用烷氧基硅烷合成了有机硅低聚物，用聚酯多元醇对其进行了改性。采用了红外光谱对低聚物进行了表征，同时测试了材料的粘接性能、力学性能、耐水性、耐热性。结果表明，改性后的聚氨酯具有优良的耐水性、耐热性。

史小萌等利用硅氧烷封端对聚氨酯进行改性得 SPU 预聚体，制备出硅烷化聚氨酯密封剂。发现改性后的产物在粘接性、耐热性、耐水性、贮存稳定性及某些力学性能上综合了硅酮和聚氨酯的优点，又避免了各自的部分缺点。合成了不同结构的硅烷化聚氨酯预聚物，其中封端剂 OLJ-3（仲胺类活性硅烷）封端的硅烷化聚氨酯的性能较优；不同的 NCO/OH 的反应配比和不同相对分子质量的聚醚可以合成出不同相对分子质量和黏度的硅烷化聚氨酯；相对分子质量高，则硅烷化聚氨酯的断裂伸长率高，模量和强度低，反之，相对分子质量低，则硅烷化聚氨酯的断裂伸长率低，而模量和强度高。

王文荣等以 TDI、聚醚多元醇、$α,ω$-二羟基聚二甲基硅氧烷和硅烷偶联剂为原料制备出有机硅改性硅烷化聚氨酯密封剂。研究表明，改性后的硅烷化聚氨酯密封剂具有更优良的力学性能。又选用了 HXS-422、HXS-423 二官能基、三官能基烷氧基硅烷封端的聚氨酯预聚体为主剂制成 A 组分，以有机锡为固化催化剂，氨基硅烷为黏附促进剂制成 B 组分，组成双组分弹性密封胶。研究了二官能基与三官能基 SPU 聚合物，不同用量对密封胶的适用期和贮存稳定性的影响，以及黏附促进剂、固化催化剂用量对密封胶性能的影响。

范兆荣等为提高单组分聚氨酯密封剂的力学性能，以混合聚醚多元醇和甲苯二异氰酸酯（TDI-80）为原料，先制得预聚体，配以各种助剂和填料制得了单组分硅氧烷改性聚氨酯密封剂。探讨了二元醇与三元醇的比例、封端剂及增塑剂的用量对密封胶性能的影响。

胡勤斌等通过改变 SPU 预聚体合成的工艺条件、原材料及配比，对单组分硅烷化聚氨酯密封剂的机械性能进行研究。结果发现：在 60℃左右，分子量 4000 的聚醚与 MDI 反应，再用自制的 LZ001 偶联剂进行封端，在 NCO/OH 1.5~1.8 的范围内得到的预聚体，给密封剂带来很好的机械性能。

5.6 有机硅树脂乳液在涂料工业中的应用

有机硅乳液涂料是以水为介质的低 VOC 含量的一类室温固化环保型涂料。目前已有超过半数以上的有机硅涂料为非溶剂型涂料，包括水性涂料、高固体分涂料、粉末涂料等。有机硅乳液涂料除单纯的有机硅乳液外，已出现了有机硅微乳液、共混乳液、共聚乳液及复合乳液。聚硅氧烷乳液有阴离子型、阳离子型、非离子型和自乳化型。阴离子型乳液比阳离子型乳液具有更好的贮存稳定性，用途广泛。在阳离子型乳液中加入少量的非离子型表面活性剂，可以保护乳液粒子，增强其稳定性。近年来开发的有机硅微乳液，颗粒细微，粒径小于 $0.15\mu m$，外观呈半透明到透明，有很好的贮存稳定性和优良的渗透性能。未交联的有机硅乳液聚合物是黏的非弹性的胶状物，PDMS 与其他多功能有机硅单体在有机锡等催化剂作用下交联成具有弹性的聚合物网膜。按交联先后分前交联和后交联系统，目前大多数商品化的有机硅橡胶胶乳属于前交联体系，即在乳化或干燥失水过程中发生交联。

有机硅涂料具有优良的耐高温性及耐候性、保光性以及抗颜料粉化等特性，但一般需高温（150~250℃）固化，并且固化时间长、大面积施工不方便、对底层附着力差、耐溶剂性能差，温度较高时漆膜的机械强度不好，价格也较贵，因此常与其他有机树脂制成改性树脂。改性的方法有物理共混法和化学反应改性两种，化学改性的产品比单纯物理共混改性的性能好。化学改性主要是在有机硅柔软的硅氧烷链的末端或侧基上引入活泼的官能基团，与其他高分子结合生成嵌段、接枝或互穿网络共聚物，从而使有机硅获得新的应用。经其他有机树脂改性的有机硅树脂可以改善其附着力、固化性能、施工性能，而且还保持有机硅树脂良好的耐热性、耐候性等，使之更适合于涂料应用的需要。改性后的有机硅涂料主要有有机硅丙烯酸酯类、有机硅聚氨酯类、有机硅环氧树脂类、有机硅聚醚类、有机硅聚酰亚胺-聚酰胺类、有机硅醇酸树脂类等。其中，有机硅丙烯酸酯类无论从选用单体种类，还是从制备方法上讲，都比其他改性有机硅树脂要多，而且其性能优异，用途相当广泛。

5.6.1 有机硅乳液作成膜聚合物的特点

乳液涂料俗称乳胶漆，属于水性涂料的一种，是以合成聚合物乳液为基料，将颜料、填料、助剂分散于其中而组成的水分散系统。

用作成膜聚合物的有机硅乳液是涂料中非常重要的一种组分，乳液涂料干后的漆膜中，它占了很大的比例，几乎影响涂料所有的性能。有机硅乳液是展色剂，不仅起到黏结颜料、为干燥涂膜提供黏附性、整体性和韧性的作用，而且也是涂料最终使用性能如自行成膜性、涂膜透明性、耐候性、耐水性、耐洗擦性、弹性、黏结力强、耐碱性、高硬度、抗污性等的基础。此外，为了降低成本、综合平衡水性涂料的各项性能，也常常将有机硅乳液与其他成膜聚合物如苯丙乳液、聚丙烯酸酯乳液等配合使用，以制备性价比最佳的水性含硅聚合物涂料。

主要成膜物质关系到涂料和涂膜的性能，在选择乳液时应注意以下几方面：

一是乳液的玻璃化温度 T_g。若 T_g 太低，漆膜干后，当温度稍高时，漆膜就会发黏，污染物就易粘在漆膜表面上造成污染。据报道：国内普通乳液 T_g 一般在 5℃左右，当温度高于 70℃时涂膜就会发黏，当 T_g 提到 15℃时，漆膜的耐热性就显著提高，发黏温度从 70℃提到 100℃，且柔韧度仍较好。

二是选择耐水性较好的乳液。有机硅丙烯酸酯类乳液有以下特点：由于其乳液是在丙烯酸乳液中引入有机硅基团，而硅氧烷基团对无机底材的附着力特别好。由于 Si—O（450kJ/mol）的键能比 C—C（345kJ/mol）、C—O（351kJ/mol）大得多，所以它对基材有很强的附着力、耐水性、抗泛白性。另外硅丙漆膜表面能较低，涂层就不易积尘，使漆膜具有抗沾污性。同样由于 Si—O 键键能大的原因，其耐紫外光、耐红外辐射、耐氧化降解及耐化学品能力都很强，因此具有超耐久性能，其耐候性可以与价格昂贵的氟树脂相媲美，而优于常见的成膜聚合物。同时硅丙乳液又含有 C—C、C—O 键，致使涂膜保留一定柔韧性。硅丙的耐水性，由以下实验证明：取 T_g 同样为 25℃的醋丙、苯丙、纯丙、硅丙乳液，分别涂在三块玻璃板上自然干燥 7d 后，放入水中（同样条件）结果见表 5-59。由表 5-59 结果可清楚地看出硅丙的耐水性是最佳的。

■表5-59　几种乳液耐水性实验结果

乳液种类	浸入水中时间/h			
	3	24	96	500
醋丙乳液	起泡	起泡	起泡	起泡
苯丙乳液	无异常	无异常	起泡	起泡
纯丙乳液	无异常	无异常	无异常	起泡
硅丙乳液	无异常	无异常	无异常	无异常

由于成膜物质的选择决定产品的关键性能，对醋酸乙烯均聚物、乙烯-醋酸乙烯共聚物、苯丙乳液、纯丙乳液、硅丙乳液、环氧乳液及聚氨酯乳液等几种常用乳液进行物性比较，筛选搭配，其物性见表5-60，认为硅丙乳液各方面性能都比较优异，是理想的成膜物质。

■表5-60　几种常用乳液物性的比较

名称	固含量/%	黏度/mPa·s	pH值	MTF/℃	平均粒径/μm	性　　能
醋酸乙烯均聚物	35～65	50000	3～7	0～18	0.2～1.0	耐水性、耐碱性不好
乙烯-醋酸乙烯共聚物	45～60	30000	3～8	0～17	0.2～3.0	耐水性、耐碱性较好
苯丙乳液烷	40～58	10000	7～9	0～100	0.1～1.5	耐水性、耐碱性良，光泽好，易泛黄
纯丙乳液烷	30～68	20000	2～9	0～65	0.3～1.0	耐水性、耐碱性优良，不泛黄
硅丙乳液	25～60	10000	2～9	0～80	0.1～1.0	耐水性、耐酸碱性优异，不泛黄，耐沾污、耐磨、抗渗性优异
环氧乳液	50～66	30000	5～8	0～30	0.4～3.0	光泽好、附着力强
聚氨酯乳液	20～53	10000	7～9	0～40	0.1～1.0	弹性、光泽好，其他各种性能优良

三是涂膜的吸水率。吸水率的测定是将涂料涂在玻璃板上，干燥7d后将膜揭下。取长宽各15cm称量，然后用此膜包裹一个长宽各为10cm的薄木片。并将有膜的一面放在盛有海绵的玻璃水池中，使水量刚好达到膜面并高出1～2mm。放置24h，称量接触水部位膜的质量。并计算出吸水率，做3次实验取其平均值的吸水率分别是醋丙乳液45%、苯丙乳液39%、纯丙乳液30%和硅丙乳液21%。

5.6.2　有机硅乳液涂料实例

5.6.2.1　硅丙烯酸乳液外墙涂料

有机硅丙烯酸乳液外墙涂料是一种加入有机硅改性的乳液型外墙涂料，

与普通乳胶漆相比，它的耐候性有了很大提高，同时它还具有水溶性外墙涂料安全无毒的特点，还具有优良的耐沾污性、耐化学腐蚀性，同时不回黏、不吸尘。此外，由于其优异的耐候性和耐污性，它能广泛用于混凝土、钢结构、铝板、塑料等材料表面，有效保护建筑物。

以 NSC 生产的 KD7（其典型性能见表 5-61），它是一种常温下单组分固化的阴离子型硅丙树脂。它粒径小，具有半水溶性，所以渗透性好。由于带有硅烷基团，对无机底材的密封性特别好。同时它又是一种无皂体系，又可以单组分交联，所以可以形成耐水性极好的漆膜。由于具有以上性能上的特点，所以可用作底漆和面漆。

■表 5-61 KANEBINOL KD7 的典型性能

主要成分	硅丙树脂
其他主要成分	水、成膜助剂
外观	半透明水性乳液
固含量	32%
黏度	500mPa·s
pH 值	8.0
最低成膜温度	0℃
玻璃化温度	30℃
电荷性质	阴离子
引火点	95℃以上

硅丙烯酸乳液外墙涂料配方：

原料	用量	备注
水	5	
DTN731	0.4	分散剂
丙二醇	0.6	
MORNON3900	0.1	防腐剂
钛白粉 R902	23	
沉淀 BaSO$_4$	5	
ADECARATE B192	0.3	消泡剂
KANEBINOL KD7	110	
TEXANOL	4	成膜助剂
ADECANOLUH420	0.3	增稠剂
ADECANOLUH472	0.3	增稠剂
合计	149	

生产工艺：将去离子水、分散剂、消泡剂、防腐剂加入分散罐中，低速搅拌 5min，依次加入钛白粉、沉淀 $BaSO_4$，高速搅拌 30min。研磨，控制浆料细度＜10μm，加入乳液 KD7，用 AMP-95 调至 pH=9，加入适量已用水等量稀释的增稠剂即可。

以下是普通外墙乳胶漆（涂料 A）与硅丙烯酸外墙涂料（涂料 B）的对照实验结果。

漆膜耐候性：将涂料涂在丙烯酸系白涂板上，约 0.1mm（干膜）厚，50℃下放置 3 天，测定漆膜耐候性，具体数据见表 5-62。

■表 5-62 硅丙烯酸涂料耐候性（色差、光泽）

涂料品种	初期				1000h 后						2000h 后					
	L	a	b	光泽	L	a	b	ΔE	光泽	保光率/%	L	a	b	ΔE	光泽	保光率/%
涂料 A	95.1	-0.4	2.7	81.0	94.2	-0.4	4.8	2.3	76.7	95	94.1	-0.6	6.1	3.5	52.2	64
涂料 B	94.9	-0.4	2.7	79.3	94.1	-0.2	5.9	1.5	76.9	97	93.5	-0.3	4.5	2.2	65.8	83

由上表可见，涂料 B 的色差 ΔE 和保光率这两项指标均优于涂料 A。

漆膜耐水性：将涂料在 PE 板上成型，50℃下放置 7 天，制成 0.5mm 的干膜。在蒸馏水中放置 7 天，测定漆膜吸水率及溶出率，结果见图 5-14。

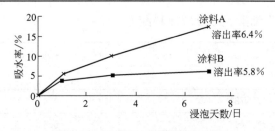

■图 5-14 漆膜吸水率随时间变化图

一段时间后，涂料 A 比涂料 B 的吸水率高，吸水率高说明涂料内的亲水基多。亲水基越多的涂料越容易产生溶胀，而且涂料的性质也容易发生变化，这样的涂料保护墙面、装饰墙面的性能较差，还会影响涂料附着力，容易出现鼓涨、脱落的现象。溶出率是涂料溶解在水中的指标。涂料 A 的溶出率高，表示涂料 A 在水中更容易溶解。由于外墙涂料要经受雨、雾等湿润气候影响，因此溶出率高的涂料使用寿命较短。

漆膜耐碱性：按乳胶量的 7% 加入 Texanol，室温下放置一日后，用 PE 板浇膜，60℃下干燥 3 天，得到约 0.5mm 的膜。将此膜放置在 4%NaOH 水溶液中浸泡，测定其吸水率、溶出率。经过一段时间 4%NaOH 的浸渍，涂料 B 的吸水率和溶出率均稳定在较低范围内,显示出涂料 B 较稳定的耐碱性。墙面本身是碱性的,在使用过程中不易因为发生析碱现象而造成墙面鼓涨、脱落。

由此可见,硅丙烯酸涂料的耐候性、耐水性、耐碱性等主要性能指标均优于普通外墙涂料。所以硅丙烯酸外墙涂料是一种高性能外墙涂料,它具有高耐候性、高耐沾污性、高保色性和低毒性,是一种较好的环保型涂料,前景非常广阔。

5.6.2.2 耐候自清洁外墙涂料

丙烯酸涂料由于存在高温易返黏,低温易脆裂的缺陷难以满足发展的要求,开发了一种耐候、耐沾污性、高保色性及低污染的高性能、低成本、适用于大型化、高层化建筑外墙的新型水性硅丙耐候自清洁的乳胶涂料。

耐候自清洁外墙涂料的配方:

原材料	质量分数/%	供应商	原材料	质量分数/%	供应商
水	200		羟乙基纤维素	3.2	美国
AMP-95	2	Angus	硅丙乳液	400	进口
润湿分散剂	7	Rohm & Hass	杀菌剂	2	德国
成膜助剂	30	伊士曼	防霉剂	6	德国
消泡剂	3	Henkel	遮盖性乳液	30	Rohm & Hass
钛白粉	220	Dupont	聚氨酯增稠剂	6.8	Rohm & Hass
填料	90	国产			

生产工艺:

(1) 预混合:按配方标准称取各种物料,在低速搅拌(300~400r/min)下按顺序加入分散介质水、润湿分散剂、部分消泡剂、颜料、填料以及增稠剂 A;

(2) 高速分散:将其在高速搅拌下(1200~1500r/min)进行分散。颜填料粒子在高速搅拌机高剪切速率作用下,被分散成原级粒子,并且在分散助剂的作用下得到分散稳定状态,高速分散时间在 20~30min,然后加入增稠剂 B,中速进行(900~1100r/min)分散,分散5~8min;

(3) 调漆:当颜、填料达到所要求的细度时,加入基料、剩余消泡剂、pH 调节剂、适量增稠剂 C 及其他助剂,此过程在调漆缸中低速搅拌(300~400r/min),以得到具有合适黏度和良好稳定性的涂料。

耐候自清洁外墙涂料和涂膜的常规性能:

检测项目	技术指标	检测结果
容器中状态	无硬块，搅拌后呈均匀状态	合格
施工性	刷涂二道无障碍	多道喷（抹）涂无障碍
涂膜外观	涂膜外观正常	合格
干燥时间/h	≤2	2
对比率（白色）	≥0.93	0.98
耐碱性（168h）	无异常	无异常
耐洗刷性/次	≥5000	超5000
耐人工老化性		1000h无粉化
耐沾污性（白色）/%	≤10	5
耐温变性（5次循环）	无异常	符合

以有机硅氧烷改性的丙烯酸乳液制备的耐候自清洁高级外墙涂料：①涂层不易粉化及褪色，具有很好的耐候性、遮盖力及触变性，漆膜耐水、耐碱性以及耐擦洗性远远超过乳液型外墙涂料的国家标准；②与普通乳胶漆外墙涂料相比，由于硅丙乳液的粒径远小于普通乳液，使其涂料具有极佳的附着力，漆膜不易脱落，同时还可阻隔雨水和空气中二氧化碳侵入墙体，可对水泥砂浆墙壁进行长期保护；③具有很好的耐冻融稳定性和贮存稳定性，且漆膜本身具有自洁功能及很好的耐温变性；④从长远角度分析，由于硅丙外墙涂料不易脱落、褪色及粉化，其使用寿命长，可节省翻修所用的材料费和工时费；⑤涂料不仅常温贮存稳定性好、时间长，而且耐冻融和热贮存稳定性均很好，可避免涂料过期所造成的不必要的浪费。

硅丙外墙涂料质轻、高质、价格适中，为性能优异的高档水性无光外墙涂料。主要用于水泥砂浆、石棉板、灰膏墙等基材的外涂装，涂刷各种建筑物的外墙壁及经常处于湿热的墙壁，如浴室和厨房的内装修，是一种具有发展前途的外墙涂料的新品种。

5.6.2.3 有机硅-丙烯酸酯超耐候性外墙涂料

利用甲基丙烯酰氧基丙基三甲氧基硅烷（MPS）的烷氧基与氯硅烷（CMS）的取代反应，合成了具有支化结构的高硅含量反应性有机硅单体甲基丙烯酰氧基丙基三(三甲基硅氧基)硅烷（MATS），并以MATS为功能性单体，与丙烯酸酯类单体［丙烯酸丁酯（BA）、甲基丙烯酸甲酯（MMA）、丙烯酸（AA）］进行乳液共聚合，即得稳定的有机硅氧烷-丙烯酸酯共聚乳液，有机硅质量分数可高达35%，硅-丙乳液主要性能指标：

项目	技术性能	项目	技术性能
外观	泛蓝光乳白色液体	耐碱性/h	>72
平均粒径/μm	0.1	钙离子稳定性	无絮凝,不分层
固体质量分数/%	45±2	稀释稳定性	通过
pH值	8	机械稳定性	通过
黏度(涂-4杯)/s	54	冻融稳定性	通过
最低成膜温度/℃	8.5	游离单体质量分数/%	<1
耐水性/h	>96		

以此乳液为基料的乳胶涂料配方:

组分	质量分数	组分	质量分数
硅-丙乳液	40~60	成膜助剂	2~3
钛白粉	20~30	分散剂	0.1~0.2
改性膨润土	10~20	pH调节剂	适量
复合增稠剂	0.1~0.3	增塑剂	0.7~1.0
消泡剂	0.1~0.3	去离子水	适量

制备工艺:

a. 将配方量的水、分散剂、成膜助剂、增稠剂、增塑剂依次加入容器中,混合均匀后将钛白粉和改性膨润土加入,高速分散30min,再用胶体磨研磨至细度合乎要求后,过滤,即得白色漆浆。

b. 用pH调节剂将漆浆调至pH=8~9,加入硅-丙乳液和消泡剂,搅拌分散均匀后,即得硅-丙乳胶漆。

涂料性能测试:依照外墙涂料测试方法(国标)测试所得乳胶涂料性能,结果:

检测项目	GB9755技术指标	纯丙乳胶漆	硅-丙乳胶漆
耐刷洗性/次 ≥	1000	5000	10000
耐碱性(48h)(实测96h)	不起泡,不掉粉,允许轻微失光和变色	涂膜无变化	涂膜无变化
耐水性(96h)	同上	涂膜无变化	涂膜无变化
耐冻融循环性(10次,实测20次)	无粉化,不起鼓,不开裂,不剥落	合格	合格
耐人工老化性(250h,实测600h)	不起泡,不剥落,无裂纹	起泡,剥落,有裂纹	不起泡,不剥落,无裂纹
粉化/级 ≤	1	1	<1
变色/级 ≤	2	2	<2
耐沾污性(5次循环,实测8次)	—	不合格	合格
储存稳定性(半年)	—	合格	合格

由 MATS 分子中的支化型大体积疏水基团能有效提高共聚物的有机硅含量，使硅-丙共聚乳液中硅质量分数的上限由 15% 提高到了 35%，能形成致密的硅氧烷薄膜，有机硅化合物的优良性能以充分显示出来，显著降低聚合物的表面能，提高其耐水性和力学性能，可制得一类具有优良疏水性及低表面能的功能材料。以此乳液为基料配制的乳胶涂料具有优良的耐候性、耐水性、耐擦洗性和耐沾污性等性能。

5.6.2.4 有机硅弹性乳液外墙防水涂料

外墙弹性涂料顾名思义应具有涂膜柔软、延伸率高、耐老化性能优异、装饰性良好等特点。有机硅弹性涂料是在丙烯酸树脂中引入有机硅键，聚合成的新型成膜物质。有机硅的加入提高了丙烯酸树脂的耐候性、耐水性和耐久性，涂膜延伸率能达到 300%～700%，在冬天涂层保持一定的柔软性，能掩盖墙面微小裂纹，从而提高了涂料涂层的装饰功能。一般采用多步乳液聚合法制备成的复合聚合物乳胶液，其中心为硬树脂。同普通乳胶相比，其涂膜的弹性和耐水性更好，光泽和硬度更高，耐沾污性能也相当高，是一种很有发展前途的功能性涂料。

以丙烯酸丁酯（BA）、甲基丙烯酸甲酯（MMA）、丙烯酸（AA）、D_4、乙烯基环四硅氧烷（D_4^v）、过硫酸铵、十二烷基苯磺酸、乳化剂 OP-10、十二烷基硫酸钠、相容剂等为原料，用预乳化连续滴加法进行乳液共聚，可制得微交联的接枝共聚物-硅丙乳液，其中有机硅单体占单体总量的 13%，有机硅单体中 D_4^v 的用量在 4%～6%，相容剂的用量为单体总量的 2%。该乳液是既有优异的弹性，又有良好的耐沾污性和防水性能的有机硅改性弹性乳液，它可制备高质量的装饰型外墙防水涂料。

有机硅改性弹性乳液外墙防水涂料按以下基本配方制备：

原料名称	用量(质量份)	原料名称	用量(质量份)
硅丙乳液	25～35	增稠剂	0.25
颜、填料	25～40	流平剂	1
成膜助剂	5	消泡剂	适量
分散剂	2	去离子水	30～40

涂料的制备工艺如图 5-15 所示。用砂磨机研磨两道。

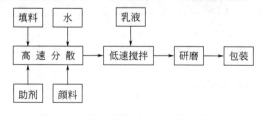

■图 5-15　外墙弹性防水涂料的制备工艺

颜、填料：R930 钛白粉、400 目硅灰石粉、325 目轻质碳酸钙、325 目滑石粉；各种涂料助剂均为德谦企业股份有限公司产品。

从表 5-63 中结果可见，用该乳液配制的涂料有较好的综合性能，完全适合用于制备外墙防水涂料。

■表 5-63 有机硅改性弹性乳液外墙防水涂料的综合性能

检验项目		检验结果
拉伸强度/MPa	无处理	2.52
	加热处理	2.56
	碱处理	2.28
	紫外线处理	2.45
延伸率/%	无处理	520
	加热处理	500
	碱处理	485
	紫外线处理	492
加热伸缩率/%	伸长	0
	缩短	3
低温柔性（-35℃）		无裂纹
不透水性（0.3MPa, 30min）		不渗漏
耐沾污性/%		23.5
吸水率/%		0.35
耐水性（168h）		无变化
遮盖力/（g/m²）		173

用有机硅改性弹性乳液制备的涂料，其填料用量和细度对弹性外墙防水涂料的影响很大，用量以 30%～35% 为佳、细度则以 50～80μm 最为适宜。其附着力不理想，可通过先涂刷硅溶胶作为过渡层的方法解决。总之，该涂料具有良好的防水性能、耐沾污性和耐老化性，适合外墙装饰和防水应用。

5.6.2.5 有机硅弹性装饰涂料

有机硅弹性装饰涂料是由有机硅胶乳与有机高分子乳液聚合而成的新型材料。有机硅弹性装饰涂料的成膜物质以两种共聚乳胶液为基料。乳胶液［1］是有机高分子乳液，包括纯丙烯酸、醋丙树脂、苯丙树脂及其他聚合乳液，能够形成透明膜，具有一定的弹性和耐水性，但对有些填料黏结性差。乳胶液［2］是有机硅胶乳，表面张力较低，对疏水性物质浸润性良好，能与高分子表面形成较小的接触弹性胶状网，从而增加黏结性能，但耐化学性和热稳定性稍差。两种或两种以上乳胶聚合后其各性能互补，能使涂料具有良好的附着力、弹性和稳定性。

涂料的配制：

(1) 色浆的配制 将 300 目以上颜料粉加入搅拌罐中，按表 5-64 配制加入分散剂、助剂、消泡剂等，混合、研磨到 50μm 以下备用。

■表5-64　弹性装饰涂料用色浆的配制

原材料	质量份	原材料	质量份
颜料	25	SN消泡剂	适量
阳离子型丙烯酸共聚物胺盐的水溶液分散剂	3	调节剂	适量
阳离子型聚羧酸钠盐的水溶液分散剂	2	10%防霉剂	适量
助剂	10	水	30

(2) 专用封闭底漆的配制　按表5-65配制，将前3种原料边搅拌边加入，并开始升温到60℃，待原料完全溶解，溶液达到透明时，停止加热并冷却，然后加入后3种原料，搅拌10～15min，控制黏度11～17s[(25±3)℃]为宜，备用。

■表5-65　弹性装饰涂料专用封闭底漆的配制

原材料	规格型号	质量份	原材料	规格型号	质量份
溶剂	XL	423	合成树脂	EP	3.3
合成树脂	S	134	溶剂	XL	适量
溶剂	酮类	422	溶剂	酮类	适量
增塑剂	工业品	13.4			

(3) 弹性装饰涂料的配制　按表5-66的一定顺序将原料加入高速分散机内混合均匀，调节乳胶黏度和pH 8～9，加入助剂和颜料、填料，分散研磨，调整黏度，过滤出料，检测重量，包装入库。

■表5-66　弹性装饰涂料的配制

原材料	规格型号	质量份	原材料	规格型号	质量份
乳液[1]	50±2%	550	增稠剂[2]	工业品	40
乳液[2]	自制	310	成膜助剂	工业品	30
颜填料	300目以上	150	分散剂	工业品	适量
色浆	自制		调节剂	工业品	适量
溶剂油	工业品	20	消泡剂	SN	适量
增稠剂[1]	30%	40			

生产工艺如图5-16所示。

共聚改性提高乳胶与涂膜的性能：对有机硅乳胶与有机高分子乳液聚合改性后的乳胶进行性能测试，结果表明，改性复配后乳胶的黏结强度提高150%，涂膜拉伸强度提高100%以上，如表5-67，不仅提高了有机硅乳胶的机械强度，同时改善了有机硅乳胶与颜料、填料的相容性，降低了成本，是配制弹性装饰涂料比较好的成膜物质。

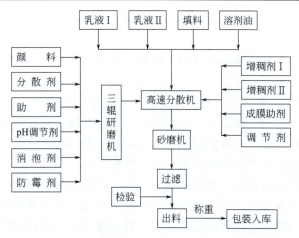

■图 5-16 有机硅乳胶弹性装饰涂料生产流程示意

■表 5-67 共聚改性涂液的测试结果

品种	有机硅乳胶	有机高分子乳胶	共聚改性乳胶
固含量/%	30	50	50
pH 值	9~11	6~9	7~8
粘接强度/MPa	0.2	0.3	0.5
拉伸强度/MPa	0.4	0.6	1.0
弹性	差	稍差	较好
耐紫外线照射	无粉化、但褪色	无粉化、不变色	无粉化、不变色

涂料性能：标弹性装饰涂料性能均达到或超过日本 JIS A0910—1984《弹性复层涂料》中的 E 规定的标准：

检测项目	日本 JIS 标准	测试结果
低温稳定性	3 次不结块，组成物无分离与凝聚现象	无变化
粘接强度/MPa	标准状态，≥0.7 浸水后，≥0.5	0.8 0.5
不透水性	0.1MPa，0.5ml 不透水	0.3MPa，0.4ml 不透水
抗裂性/MPa ≥	1.0（顶裂法）	3.0
延伸性/% ≥	120	300
抗冷热循环性（10 次）	无剥落裂缝、起泡、无明显变化和降低光泽等现象	合格
耐水性	96h，23℃ 无异常	合格
耐碱性	48h，无异常	合格
耐酸性	5%HCl 浸泡，24h 涂膜无变化	合格
耐候性	250h 涂膜无异常	合格

该弹性装饰涂料分为底层涂料和主层涂料两组分,不使用罩面涂料。以降低成本、性能优异的原则,复配改性乳液的用量受到一定限制。

施工应用:

(1) 基材检查与处理:涂料在涂刷之前,首先应清除底面尘灰和污染物。待充分干燥后,使表面含水率10%以下,pH值在9以下。施工温度5℃以上为宜,雨天最好不要施工。如基材有裂纹,可注入环氧树脂或用封闭底漆材料、聚合物、水泥砂浆、水泥膏浆、水泥系基材处理涂料等进行修补处理(注意不要使用腻子),打磨平整即可施工。

(2) 底层涂料的施工:膜弹性装饰涂料的底层涂料为环氧树脂系透明溶液专用封闭底漆,也称溶剂型底漆。可以封闭基层防止返碱,保护基层,增强基层附着力。底层涂料浸渍性好,对基材有补强效果,易于上层施工,使用溶剂型底层涂料应注意放火、通风换气。剩余材料可用塑料膜盖好,以便下次使用。

(3) 主涂层的施工:底层涂料干燥后,进行主层涂料的施工。一般以辊涂为好,也可弹涂。底层涂料与主层涂料施工间隔应在3h以上。

弹性装饰涂料具有良好的黏结性、耐老化性、耐候性、不透水性和伸缩性,适应不良因素引起的墙面开裂和季节性台风、雨水压力的渗透。其主要适用于水泥砂浆混凝土建筑物的外墙装饰装修,即厂房、商店、高层建筑、民宅、宾馆、办公楼等建筑物的装饰,无论新建筑还是更新涂饰都适用。

5.6.2.6 有机硅丙烯酸乳液磁漆

具有与溶剂型磁漆相当的耐水性、耐沾污性、耐候性和装饰性的乳胶磁漆。其各项性能基本达到了日本三洋化成的同类产品SW-135。

在乳化器中加入规定量的水、含有—Si(OR)$_3$活性乳化剂,搅拌溶解后加入丙烯酸酯类单体、含有—Si(OR)$_3$活性有机硅单体,加热至指定温度,高速搅拌30min,使其充分乳化。在釜内投入1/4有机硅预聚物,搅拌加入引发剂,升温至反应温度,保温至出现蓝相后,滴加剩余乳化液,滴毕再保温至固体分达到41%以上,降温出料,得到GB-206乳液。按以下工艺配制磁漆:

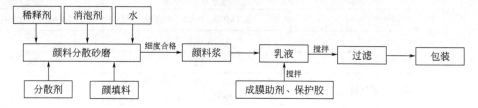

其合成的乳液GB-206的物性和日本三洋化成SW-135对比测定,结果列于表5-68。

涂膜的物性:用GB-206和日本SW-135分别制成磁漆,涂膜对比检验结果列于表5-69。

■表 5-68　乳液的物性

性能	SW-135	GB-206
外观	乳白色液体	乳白色液体
pH 值	8.5	7.0±0.2
固体分/%	35	40
黏度（涂-4 杯，25℃）/s	10	1015
T_g/℃	0	10
M.F.T（最低成膜温度）/℃	0	10

■表 5-69　漆膜的物性

性能	SW-135	GB-206	试验方法
光泽/%	90	≥90	60°镜面反射
硬度	1H	2H	铅笔硬度
耐水性/(℃/h)	50/120	常温/504	
耐沾污性		≤3%	白色或浅色、光泽下降率
耐人工老化性	6%~7%	8%~9%	1000h 人工加速老化，失光率

注：色彩色差 CR-30（日本 Mindta 公司），以及人工老化试验机 Q-UV（美国 Q-Panel LAB. Products）。

从表 5-70 可以看出除人工老化失光率稍逊外，其余各项性能均达到了日本 SW-135 涂料水平。本涂料是交联固化成膜，主要性能达到了国外同类产品的水平，具有良好的装饰性、耐沾污性、耐水性、耐老化性，尤其值得一提的是耐水性达到了溶剂型涂料的水平，可以应用于建筑物外墙和户外设施的装饰和维护。

5.6.2.7　水性防锈乳胶漆

随着钢铁、冶金、机械制造业的不断发展，防锈、降耗问题已引起各部门普遍重视。虽已有许多控制钢铁腐蚀的措施与办法，但全世界每年生产的钢铁仍有 30% 遭受腐蚀，其中 10% 的钢铁将变成废铁。如金属腐蚀在英国每年达几亿英磅，在美国约占国民生产总值的 4.2%，在我国约占国民生产总值的 4%，超过了火灾、风灾和地震造成损失的总和。如此惊人的损耗，激励着防锈涂料的发展。随着全球环保意识的加强，各种环保法规的出台，无毒（或低毒）、无污染、省能源、经济高效的环保型涂料将受到重视。水性防锈乳胶漆是以水为稀料，不但来源丰富、价格低廉，有利于降低成本，而且可以避免有机溶剂的挥发造成对大气的污染，对制漆和施工人员健康的危害，同时还可以消除由此而引起的火灾危险。

水性防锈乳胶漆的关键是乳液，作为防锈乳胶漆用的乳液应基本满足两点：①具有较好的稳定性，乳液不易受添加剂的影响而破乳；②形成漆膜后应有较好的耐介质性。硅丙乳液的综合性能较好，耐水性、耐碱性优异，为了其增加在金属等多孔性表面上的附着力，采用环氧树脂改性硅丙乳液。水性防锈乳胶漆配方：

组　　分	质量份	组　　分	质量份
环氧改性硅丙乳液（46%～47%）	38	三聚磷酸铝 APW-2	8
钴催化剂（6%）	0.02	滑石粉（400目）	10
铅催化剂（25%）	0.1	云母粉（600目）	3
分散剂	0.7	硫酸钡（400目）	5
pH调节剂 AMP-95	0.2	缔合型聚氨酯增稠剂	适量
消泡剂	0.2	碱溶胀增稠剂	适量
防锈剂（亚硝酸酯类）	0.8	去离子水	15～20
氧化铁红	15		

生产工艺：

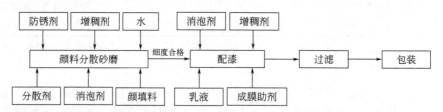

水性防锈乳胶漆的性能指标：

项　　目		指　　标	采用标准
外观		铁红色，光滑平整	GB1729—79
黏度（涂-4杯）/s		60～80	GB1723—79
细度/μm		≤50	GB1724—79
pH值		8～9	
干燥时间/h	表干	≤1	GB1728—79
	实干	≤8	GB1728—79
柔韧性/mm		≤1	GB1731—79
冲击强度/cm		≥50	GB1732—79
附着力（划圈法）/级		≤1	GB9286—88
耐硝基性［涂一道,(25±5)℃］		不咬起,不渗色	GB1734—79
耐盐水性［(25±5)℃,3.5% NaCl 浸48h］		无变化	GB1734—79
耐汽油［120#,(25±5)℃,24h］		不起泡,小脱落	GB1734—79
耐中性盐雾（400h）		小起泡,小脱落,划线处单向锈蚀≤2mm	EQY-238—94
耐去离子水性［240h,(25±5)℃］		无变化	GB1733—79

　　该水性防锈乳胶漆具有优异的防腐蚀性能，适合要求环保的钢铁防护底漆用。

5.6.2.8 真石漆

真石漆多用于建筑物的外墙涂装，由于其质感丰富，立体感强，颜色鲜艳，外观看起来质朴粗犷，给人一种返璞归真，回归自然的感觉。加上其生产工艺、设备简单、施工便利、成本低，更是备受各涂料生产厂家的欢迎。

真石漆配方：

原材料	质量分数/%	原材料	质量分数/%
硅丙乳液	19.6	聚氨酯增稠剂	0.1
2%羟乙基纤维素	4.0	十二脂醇成膜助剂	0.6
AMP-95 中和剂	适量	粗砂（彩砂）	14.7
防霉剂	适量	细砂（白砂）	53.9
水	4.8	消泡剂	适量
分散剂	0.4	9%聚乙烯醇缩甲醛	2

选用的合成树脂乳液要具有好的耐候性和耐碱性外，还要选择高黏度型，以便在涂层干燥之前要将骨料黏附于壁面；乳液涂膜具有高硬度，以增强其耐沾污性。

砂石作为真石漆的骨料，可以使用天然彩砂，也可使用人造彩砂。但是，由于天然彩砂在色泽、品种上受到限制。而且难以得到理想颜色，因而人造彩砂往往成为其重要成分。

真石漆的骨料存在着粒径的级配问题。骨料粒径粗，涂膜饰面质感就强，但其喷涂时，回弹损失率就大，涂料贮存时越易沉淀。粒径细，涂膜饰面质感不丰满，装饰效果体现不出。一般选择人造彩砂粒径在 20~60 目范围，天然白砂在 20~120 目之间的级配。这样可使涂料喷涂便利，同时达到满意的装饰效果。

真石漆中彩砂颗粒粗，相对密度大，因而对防沉剂和增稠剂的要求比较苛刻。因为乳液成膜是透明的，以裸露出彩砂颗粒，因此，不能选用膨润土作为增稠剂、悬浮剂，应选用触变性强的乳液型增稠剂。

真石漆涂层性能：

项　　目	性　　能
容器中状态	搅拌后无结块，呈均匀状态
施工性	喷涂无困难
低温贮存稳定性	无结块、絮凝现象
热温贮存稳定性	无结块、霉变及组成物变化
初期抗裂性	无裂纹
干燥时间/h	3
耐水性（96h）	涂层无起泡、开裂、剥落
耐碱性（96h）	涂层无起鼓、开裂、剥落

5.6.2.9 有机硅改性丙烯酸树脂荧光涂料

有机荧光颜料亦称日光颜料,在日光照射下吸收光能,不以热能的形式散发,而以低频可见光将所吸收的能量发射出去,从而呈现异常鲜艳的色彩。将有机荧光颜料分散于丙烯酸树脂中制成荧光涂料,其耐候性和保光性都较好,但热塑性能有限,导致其高温易返黏、粘尘,低温易脆裂,使用受到限制。而用有机硅改性丙烯酸乳液作主要成膜物质,将普通固体颜料分散其中,制成的涂料具有优良的耐候性、耐擦洗性、耐污染性、防尘性能好、可常温固化,施工方便,成本低。但现采用荧光颜料乳液直接分散于有机硅改性丙烯酸树脂中制成高性能的荧光涂料的方法,使其应用范围更为广泛,性能更加优良,其生产工艺如下。

有机硅改性丙烯酸乳液的制备:在装有冷凝器、搅拌器的三口瓶中,加入 50g 去离子水、2.1g 保护胶 AP-1,搅拌、升温,在 60℃时加入 0.2g 过硫酸钾,保温 10min。然后在 62～64℃下,滴加混合单体(12.0g 甲基丙烯酸甲酯、18.0g 丙烯酸丁酯、1.0g 丙烯酸、5.0g 乙烯基三乙氧基硅烷)、1.5g 乳化剂 OS(MS-1)及 1mL 2% $FeSO_4$ 水溶液,3h 滴完。然后再加 0.2g 过硫酸钾,保温反应 60min,使剩余的单体反应完全。整个反应过程用 NaOH 水溶液控制整个反应过程的 pH 值为 6.0～7.0。

荧光颜料乳剂的制备:将 180mL 37%甲醛溶液和 500mL 水加入到反应器中,升温到 80℃左右,调节 pH 值为 7.5～8.0,加入 155g 对甲苯磺酰胺,搅拌,于 85℃反应 30min。加入 50g 三聚氰胺,保温 10～15min,加入适量荧光纯荧光染料[碱性桃红 6GDN(Rhodamine 6GDN)、酞青绿 G(Heliogen Green G)、分散荧光黄(Disperse Yellow)、碱性玫瑰精(Rhodamine B)中任选],继续反应 10～15min,冷却,即成荧光颜料乳液。

有机硅改性丙烯酸荧光涂料的制备:将 24g 荧光颜料乳液、5g 滑石粉(600 目)和适量水经过高速搅拌预混,然后加入到 40g 有机硅改性丙烯酸乳液中,搅拌,加入 2g 成膜助剂,0.5g 增稠剂,0.3g 消泡剂,1.2g 防沉剂,搅拌即成荧光涂料。

荧光涂料和涂层性能的测试:按 GB1727—79 在马口铁上喷涂,室温干燥 7d 后按 GB/T 1766 评级变色,按 GB 9266 测试耐洗刷性,按 GB 1722 测试耐水性,按 GB 9265 测试耐碱性,按 GB/T 9154 测试耐冻融循环性,其荧光涂料和涂层的性能:

项目	技术性能	GB 1727—79
在容器中的状态	搅拌混合后无硬块,呈均匀状态	均匀,无硬块
荧光性	有较强荧光感	
涂膜外观	均匀细密	均匀细密
干燥时间	表干 1h,实干 5h	表干 2h,实干 24h
耐水性/h	240h 无异常	≥48

续表

项目	技术性能	GB 1727—79
耐碱性（24h）	不起泡,不掉粉,无失光和变色	不起泡,不掉粉,允许轻微失光和变色
耐洗刷性/次	>2000	≥2000
耐沾污性（5次）	反射系数下降率7%	反射系数下降率≤15%
耐冻融循环性（10次）	不起泡,不剥落,无裂纹	不起泡,不剥落,无裂纹
施工性	施工无困难	施工无困难

由上表可知，以有机硅改性的丙烯酸树脂为基料，将荧光染料分散于对甲苯磺酰胺的三聚氰胺溶液中制成荧光颜料乳液直接分散于基料中制得荧光涂料，而不是将固体荧光颜料分散于成膜树脂中，大大提高了颜料在树脂中的分散性能，从而使涂料的均匀性大大提高，涂料的涂抹性能也得到很大改善。减少了固体荧光颜料粉碎、筛选，简化了生产流程，降低了成本。所得荧光涂料具有荧光性强、保光、保色和耐候性好、涂层性能优良等特点，可广泛用于建筑装饰、广告设计、道路标记等，为新型高性能的荧光涂料。

5.6.2.10 乳胶漆用疏水剂

提高乳胶漆耐沾污性的一种有效手段是增强乳胶漆漆膜的疏水性。用作疏水剂的原料主要有两类：一类是有机硅类材料，另一类是蜡类材料。若能够与树脂和颜填料的—OH紧密连在一起，在漆膜表面形成网状疏水薄膜，降低漆膜的表面张力，从而使水分无法渗入毛细孔而只能成水珠落下。

以有机硅和石蜡为主要原料，制备一种乳液型疏水剂。将其作为一种功能性组分加入到乳胶漆中，一方面随着成膜时水分的蒸发，疏水剂从漆膜内部迁移到表面，从而能有效地降低了漆膜的表面张力，提高其表面疏水性，防止含有污染物的水分通过毛细管渗入漆膜内部，增强乳胶漆的耐沾污性；另一方面，由于该乳液在漆膜表面并没有形成非常致密的薄膜，从而使漆膜又具有很好的透气性。这样，既可以产生较好的疏水效果，又可以避免单一组分使用时重涂性差、透气性不好等缺点。

疏水剂的制备：将30.00份石蜡和硅油的混合物加热至80～90℃，使其全部熔化后，低速搅拌使其充分混合，然后依次加入称量好的乳化剂（由0.40份硬脂酸、2.18份三乙醇胺、2.91份吐温-80、2.55份十二烷基苯磺酸钠、4.00份油酸组成，HLB≈16，用量为10%～12%）和70.00份热水，以1000r/min搅拌速度乳化35min，然后冷却至室温。再加入0.20份消泡剂和0.20份pH调节剂，搅拌均匀，即得稳定性较好的疏水剂。

以乳胶漆总质量的0.8%的该疏水剂作为一功能性组分加入到乳胶漆体系中，并按照国家标准GB/T 9755，对乳胶漆的主要性能进行检测，由表5-70结果表明，加入疏水剂后，能够很大程度上提高乳胶漆的耐沾污性、耐洗刷性和耐候性。

■表 5-70　乳胶漆性能指标

检测项目	国标优等品指标	未加疏水剂	加入疏水剂
耐沾污性/%	≤15	10.8	2.2
耐洗刷性/次	≥2000	21000	86000
耐候性			
老化时间/h	600h 不起泡、不剥落、无裂纹	600h 不起泡、不剥落、无裂纹	1200h 不起泡、不剥落、无裂纹
粉化/级	≤1	1	0
变色/级	≤2	1	0

5.6.2.11　膨胀型硅丙乳液防火涂料

防火涂料是指在涂料中添加适当比例的阻燃剂和协同剂，经加工能达到阻燃目的的涂料，主要分为添加型防火涂料和膨胀型防火涂料二种。添加型防火涂料主要是涂料中的阻燃剂起阻燃作用，无机类阻燃剂有：锑化物、聚磷酸盐、氢氧化铝、氢氧化镁、硼酸锌、硫化锌等，其具有热稳定性好、价格较低廉、低烟无毒等特点，但添加量大，阻燃效率较低，在涂料中易沉淀；有机类阻燃剂有：磷酸酯类、卤素化合物（四溴乙烷、四溴丁烷、六溴十二烷、氯化石蜡、十溴联苯醚等），其中卤素类化合物阻燃剂阻燃效率较高，但受高温时易产生腐蚀性气体或烟雾，价格较高。文献报道国外已生产出了多种高效低毒性的复合阻燃剂和无机阻燃剂。

膨胀型防火涂料是目前国内外高性能防火涂料，由成膜物、脱水催化剂、炭化剂、发泡剂、颜填料、助剂等组成。就防火机理而言，膨胀型防火涂料是涂膜遇火受热即膨胀形成均匀致密的蜂窝状炭化层，使火焰热量受到隔离而减少其对底材的传导，从而起到阻火或延缓火焰扩展，为人们提供灭火时间的作用。该种涂料既有良好的防火性能，又有很好的装饰性能、无毒无污染和环境友好的特点，平时起普通涂料的装饰保护作用，遇火发挥防火减灾功能。

膨胀型防火涂料的阻燃剂由脱水催化剂［磷系阻燃剂的聚磷酸铵（APP）］、成炭剂［热稳定性较高的季戊四醇（PER）］、发泡剂［热分解温度为250℃、发泡效果好的三聚氰胺（MEL）］三部分组成。在火焰高温的作用下三者相互作用，发生膨胀形成立体蜂窝状炭化层。

膨胀型硅丙乳液防火涂料配方（质量：kg）如下：

硅丙乳液	28.0	丙二醇苯醚	1.0
APP	25.0	PE-100（10%）	5.0
MEL	14.0	硅油	0.4
PER	7.0	其他助剂	适量
钛白粉	6.0	去离子水	25.5

生产工艺：将液体组分和固体组分充分混合均匀，用三辊机或砂磨机研磨到一定细度，用去离子水调至合适黏度，搅匀过滤包装。其硅丙乳液膨胀防火涂料的技术性能如下：

	检验项目	标准要求	实测结果	结论
理化性能	在容器中状态	无结块，搅拌后均匀无结块、白色稠液体	无结块，搅拌后均匀无结块、白色黏稠液体	合格
	细度/μm	≤100	50	合格
	表干时间/h	≤4	0.5	合格
	实干时间/h	≤24	6	合格
	附着力/级	≤3	2	合格
	柔韧性/mm	≤3	2	合格
	耐水性/h	24h无皱皮，无剥落允许轻微失光和变色	96h无皱皮，无剥落有轻微失光和变色	合格
	耐潮湿性/h	48h不起泡，不脱落允许轻微失光和变色	48h不起泡，不脱落有轻微失光和变色	合格
防火性能	耐燃时间/mim	>20	36.2	一级
	火焰传播比值	≤25	14	一级
	阻燃性			一级
	质量损失/g	≤5	3.2	
	炭化体积/cm³	≤25	16	

由上表可知，硅丙乳液膨胀型防火涂料按 GB15442.1—1995《饰面型防火涂料防火性能分级及试验方法》检测，该防火涂料的防火性能达到国家饰面型防火涂料一级标准，理化性能优良。检测硅丙乳液膨胀型防火涂料理化性能试验的环境条件按 GB/T 9278—1988 中 3.1 条规定进行，主要依照酒精喷灯燃烧法进行分析和评价，用耐燃时间来表示。

该防火涂料是以硅丙乳液为成膜物的 P-C-N 体系的防火涂料，具有防火效率高、装饰性能强、常温自干、价格低廉、使用、运输安全方便的特点，符合环保要求，漆膜防水、透气、抗渗性能优良，耐候性、耐擦性、保光性等都明显好于其他防火涂料，使用寿命长，可广泛用于工农业及家庭的涂装，可用作建材、保温材料、木器、化纤、工程建筑、篷布等行业的防火涂料。此防火涂料为单组分，以水为分散介质，无毒、无刺激性气味，对人体及环境无危害性，真正实现了 VOC 零排放。

5.6.2.12 石刻保护有机硅-丙烯酸酯乳液涂料

石质文物的风化作用比较复杂，既有物理风化，又有化学风化和生物作用。针对石质文物的特征和风化蚀变的原因，国内外均采用在石刻表面涂上一层保护涂料，且大多是单一的环氧树脂、丙烯酸树脂、有机硅树脂。环氧树脂黏结力大、强度高，但耐候性较差、在紫外线下易变色；丙烯酸树脂具有良好的耐候性、透明性，但耐水性差、溶液黏度比较大；有机硅的憎水性和耐候性相对较好，但固化时收缩应力大。随着材料科学的不断发展，人们对文物保护材料要求也越来越高，往往单一的材料不能满足要求，需要研制性能更加优良的复合材料。将丙烯酸树脂或环氧树脂改性有机硅可获得优良的树脂。通过化学改性，使产物兼具有机硅与有机高分子的良好性质，其热稳定性、耐候性、防水性得以改善，并且降低了成本，是石刻理想的保护材料。

以甲基丙烯酸甲酯、丙烯酸丁酯为主要原料，通过种子乳液聚合制备出有机硅-丙烯酸酯乳液涂料。其配方如下：

甲基丙烯酸甲酯（MMA）	15g
丙烯酸丁酯（BA）	15g
丙烯酸羟乙酯（HEA）	1.5g
丙烯酸（AA）	1.0g
甲基三乙氧基硅烷（MTES）和正硅酸乙酯（TEOS）混合有机硅	5g
十二烷基硫酸钠（SDS）和聚乙二醇辛基苯基醚（OP-10）	单体总量的6%
过硫酸铵	单体总量的0.3%

乳液的合成工艺：

① 将 MMA、BA、AA、HEA 混合单体按计量加入装有复合乳化剂和水的四口烧瓶中，高速搅拌 40~60min，得到稳定的预乳化液。

② 取上述预乳化液量的 1/10 加入到四口烧瓶中，通氮气搅拌升温至 75~80℃，加入部分引发剂水溶液（约为总量的 2/5），15~20min 后出现蓝色荧光，均匀滴加混有剩余引发剂的其余乳液，控制反应温度 75~80℃，1.5~2h 滴加完毕，继续反应 0.5~1h。

③ 然后降温至 70℃ 左右，滴加甲基三乙氧基硅烷和正硅酸乙酯混合有机硅单体，1h 加毕，控制 pH=5~6，保温 30~60min 得到种子乳液聚合物。

有机硅-丙烯酸酯乳液涂料性能见下表。

项　　目	性能指标
外观	乳白色、有蓝光
黏度/mPa·s	5~6
固含量/%	30±2
附着力/级	1
铅笔硬度	5H~6H
耐水性（96h）	无变化
耐洗刷性/次	>3000
耐酸性（0.1mol/LHCl, 24h）	涂膜完好
耐碱性（0.1mol/LNaOH, 24h）	涂膜完好
耐盐性（5%Na$_2$CO$_3$, 24h）	涂膜完好

将此乳液涂料涂于石刻石材上，成膜性好，耐酸沉降一级，硬度6H，半年后附着力一级，透水气率87.4%，耐紫外光720h一级不黄变。该种子乳液黏度小、渗透力强、透气率高、成膜性好且强度高、对岩石无污染、成本低，是摩崖石刻文物理想的保护材料。

5.7 有机硅改性聚合物皮化材料

随着人们生活水平的提高和对舒适与"回归大自然"的追求，真皮制品已成为生活中的重要高档消费品之一。而涂饰质量的好坏．对满足顾客的要求，提高革的质量起着相当重要的作用。涂饰剂的主要成分是成膜剂，其一般是天然或合成的高分子物质，例如乳酪素、丙烯酸树脂、硝化纤维及聚氨酯等。但是，近年来，对皮革制品提出了更多的性能要求．如丰满有弹性、真皮感强、卫生性能好、手感滑爽、染色牢固、防水、防污、耐光、可洗等。目前的成膜剂已不能满足人们的要求，迫切需求一种新的皮化材料的问世，或对目前的四大成膜剂进行化学改性。聚硅氧烷具有其特有的优良性能，如：柔软性、疏水性、耐热耐寒性、耐候性、抗溶剂性、耐摩擦性、化学稳定好等。把聚硅氧烷和有机高分子以化学键或其他稳定的形式结合起来，可把聚硅氧烷的优良特性引入有机高分子而得到新的聚合物。有机硅用于丙烯酸树脂、聚氨酯、硝化棉、酪素等的改性，可提高这些材料的综合性能。

由于聚硅氧烷的链很柔软，官能团的活性又比较大，容易和各类高分子反应。聚硅氧烷可以多种方式与有机高分子结合，例如：嵌段、共聚、接枝、互穿网络、共混等。近10多年来，聚硅氧烷与有机高分子结合的研究蓬勃发展，成为一个趋势。

5.7.1 有机硅改性丙烯酸树脂

丙烯酸树脂是一种黏结性强、成膜强度好、来源广泛、价格低廉的高分子材料，但它的耐寒、耐热和抗溶剂性能差。将有机硅氧烷用于丙烯酸树脂的化学改性。既可以有效地发挥有机硅氧烷的优越性能和丙烯酸树脂使用量大且价廉的优点，又可以克服有机硅氧烷价格高和丙烯酸树脂性能不足之缺点。丙烯酸树脂经有机硅化合物改性后成为新型理想的涂饰材料，这类材料或形成—Si—O—C—键或形成—Si—C—键。制备带—Si—O—C—键的共聚物，工艺简单，但其不如带—Si—C—键的共聚物耐水解稳定性好。

国内的郭振楚以 D_4 与丙烯酸酯乳液共聚反应，其共聚乳液综合性能得到提高，所形成的膜在耐甲苯及耐熨烫性能上远远优越于一般丙烯酸树脂。

丹东轻化工研究院徐敏研制的 DX-8501 硅丙树脂涂饰剂是采用有机硅氧烷接枝改性丙烯酸树脂。通常情况下，改性有 2 种方法：①采用双端活性硅氧烷与丙烯酸树脂共聚（缩合）反应，将—Si—O—Si—链引入丙烯酸树脂大分子主链，得到嵌段共聚物。②采用单端活性硅氧烷与丙烯酸树脂共聚（接枝）反应，在丙烯酸树脂大分子侧链上形成梳状侧链结构。徐敏采用的是后者。加料方式采用单体滴加法，不仅使聚合反应温度容易控制，而且生成的凝聚物较少，乳液颗粒较细。储存一年多以后，未发现有沉淀和分层的现象。DX-8501 硅丙树脂具有良好的耐候性，在 $-40\sim40$ ℃条件下使用无热黏冷脆现象，底、中层通用，涂饰革粒面清晰，真皮感强，手感柔软、丰满、有弹性，与皮革结合牢固，耐摔软，是高档服装革的专用涂饰材料。黄光速等用少于 15% 的硅氧烷齐聚物与丙烯酸酯通过两段聚合的方法复合聚合，要比同类纯丙烯酸树脂的 T_g 低 30℃，吸水率低 50%。中科院成都有机化学研究所研制成功的 AS-Ⅰ、AS-Ⅱ树脂皮革涂饰剂是有机硅预聚体、丙烯酸单体通过种子乳液聚合制得的，其化学稳定性、耐储存性好，胶膜的综合性能及耐水、耐溶剂性能好，是目前国内改性丙烯酸树脂涂饰剂中较优异的涂饰剂之一。国外也有类似的报道。BASF 公司研制的丙烯酸硅氧烷共聚物，作为皮革涂饰剂，使皮革具有优异的耐曲挠性，其是由丙烯腈、丙烯酸、丙烯酸丁酯、甲基丙烯酸与聚硅氧烷反应而制得。有机硅和丙烯酸树脂共混改性涂饰剂是一个较有吸引力的领域。US 0042281，SU 523969 相继作了这方面的报道。

5.7.2 有机硅改性聚氨酯

涂饰层中的成膜材料对成品革的物理性能影响很大，尤其顶层涂饰赋予成品革表面耐水、耐溶剂、耐机械擦伤等性能，对成革的外观起决定性作用。与其他涂饰材料相比，聚氨酯皮革涂饰剂除赋予皮革制品优良的耐磨、耐寒、耐油、抗撕裂、黏附力强、不热黏冷脆、抗曲挠等性能外，尤其重要的是能保持天然皮革柔韧手感和透气性能，所以近年来，聚氨酯树脂已部分取代丙烯酸树脂乳液，用作皮革涂饰材料。但是水乳型聚氨酯因其高分子链上含有较多的亲水基团，使涂膜易吸湿返潮、耐水性能差。这一缺点可通过内交联或外加交联剂的方法加以改进，但也可通过结合有机硅进行改善。聚硅氧烷涂膜具有极佳的耐热、耐寒、耐磨、耐水、透气性和耐候性、耐燃性能，但其耐油性差，黏结性不强，强度不高，价格较贵，将它用到聚氨酯的合成改性中，扬长避短，就可获得一种新的高分子涂饰材料，涂饰后得到的皮革将具有较好的耐湿擦性，手感也更加滑爽舒适。

有机硅改性聚氨酯的工作曾有专利报道，它是采用双羟甲基二甲基聚硅氧烷改性聚氨酯，该产物用于普通丙烯酸树脂底涂过的皮革，可得到高度光亮、耐挠曲性优异的涂层，而且两周后仍然光亮。Winfried等人把双或三异氰酸酯、聚乙二醇（$Mw=500\sim6000$）、疏水多元醇和$NH_2(CH_2)_aSiR_n(OR')_{3-n}$、（R，R'为烷基；$n=0$，1；$a=2\sim4$）反应制成烷氧基硅烷封端的聚氨酯作为皮革涂饰剂，可以有效地改善皮革的手感，Herbert等人研制出聚氨酯硅氧烷离子聚合物用于皮革涂饰，使皮革表面光滑、耐曲挠性好，其是由聚己二酸二乙酯、丙三醇、三羟甲基丙酸、三甲基环己烷、二异氰酸酯、端羟基聚硅氧烷等，在80～95℃时，溶解于三乙胺和二乙胺的水溶液中反应而制得。德国Bayer公司的Lutz等人研制的硅改性聚氨酯用于皮革的漆膜涂饰，其是由聚氨酯和羟基硅油制得。利用水性聚氨酯和聚硅氧烷乳液进行物理共混改性，聚氨酯可以改善聚硅氧烷乳液的耐油、耐非极性溶剂的性能，而聚硅氧烷乳液可改善水性聚氨酯的耐水和耐溶剂的性能，两者共混可以获得取长补短的效果。唐晓明研制的LH-P-2型多功能光亮剂，是聚氨酯有机硅涂饰剂。李莉等人通过选择合适的有机硅材料、分子量、原料用量、聚合工艺合成出来一种新型的有机硅改性聚氨酯水乳液KAU-S，是采用羟基硅油、二异氰酸酯、聚醚乙醇、扩链剂、交联剂，溶剂进行溶液共聚，采用成盐剂使KAU-S成盐乳化。其与聚氨酯乳液涂饰剂KAU相比，胶膜具有更高的断裂强度和断裂伸长率，耐溶剂性能更好，涂饰在皮革上可获得更高的耐湿擦级数和更加舒适滑爽的手感，可以作为皮革中、顶层涂饰剂使用。陈家华等人在交联结构的离子型聚氨酯-有机硅共混的乳液中加入丙烯酸类单体和氧化还原引发剂。获得乳液型互穿网络聚合物（三元聚合物），该涂饰剂性能很好。化工部成都有机硅研究中心研究成功的NS-01有机硅改性聚氨酯防水光亮剂，是采用有机硅改性聚氨酯，在其主链上引入硅氧烷链。并采用自乳化体系而制得，该光亮剂乳液稳定性好，不怕冻，解冻后不破乳，用于顶层涂饰光亮自然、滑爽、手感柔韧，耐湿擦4～4.5级，耐干擦4，5级。杨文堂等人先合成出含硅聚氨酯树脂乳液，然后与合成蜡和其他助剂复配，制备出集封底、补伤、手感于一体的聚氨酯封补剂。沈一丁等人用羟基硅油对阳离子聚氨酯进行改性，使聚氨酯涂膜具有良好的手感、柔软度、耐湿擦性和防水性。

聚氨酯用作皮革封底剂是在20世纪90年代初由拜耳、斯塔尔、巴斯夫等公司推出的皮革封底剂系列之一，国内也相继成功开发出了同类型产品。而阳离子型的聚氨酯，决定了其对铬鞣坯革封底涂饰具有阴离子成膜剂无法比拟的优点：粒纹清晰、真皮感突出、手感特别柔软，用于服装革封底效果明显，使用也十分普遍。但应用于牛鞋面革封底涂饰时，由于涂层不耐制鞋胶黏剂中溶剂的浸渍破坏，会造成涂层剥落，至今没能有效解决。这是因为在制革的湿工段中用了大量阴离子材料处理，革面带负电荷，采用阳离子树脂封底，通过阴阳电荷作用，阻止了成膜树脂渗透，使涂层机械嵌入式的黏合力减弱。其次，相对阴离子成膜树脂而言，为增加阳离子聚氨酯水乳液贮存稳定性，其分子结构中含有更多的亲水基，胶膜耐水、耐甲苯等溶剂的性能自然会降低,因此对用于封底的阳离子聚氨酯进行耐溶剂性能的改性是非常必要的。

有机硅因其结构的特殊性和较高的硅氧化学键能,具有较好的疏水性、透气性、耐候性、耐腐蚀性,且无毒等优点,用于聚氨酯改性,具有较好的耐水性、耐溶剂性和更好的滑爽性。因此,有机硅改性聚氨酯作为一种新型的皮革封底剂必将会引起皮革工作者的重视。

朱春风合成的耐溶剂型有机硅阳离子聚氨酯封底剂取得了较理想的效果。用羟基硅油、TDI、聚醚二元醇、1,4-丁二醇、叔胺二元醇共聚,再经季铵化反应、乳化,制得固体含量为20%左右的稳定乳液。所得胶膜为米黄色不透明,耐水、耐甲苯性能明显优于未改性聚氨酯。羟基硅油改性聚氨酯胶膜耐甲苯等溶剂性能明显提高,封底涂饰涂层的耐溶剂性能,可满足制鞋对鞋面革的要求。另外改性产品的涂层滑爽,封底涂饰配方中油蜡的用量可适当减少。

5.7.3 有机硅改性硝化棉

硝化棉所成的膜光亮、耐水、耐磨,但是膜较硬、脆,不宜单独作为皮革光亮剂使用。国内经常采用的改性方法有外加增塑剂改性、醇酸树脂改性、有机硅改性、聚氨酯预聚体改性、丙烯酸树脂改性等。上海皮革研究所用硝化纤维清漆作光亮组分,有机硅作滑爽组分,研制出兼具光亮和滑爽双重功能的光滑剂。丹东轻化工研究院承担的国家"八五"重点科技攻关项目DX-8502硅丙硝化棉光亮剂的研究,是采用有机硅-丙烯酸树脂对硝化棉进行接枝改性,先使硝化棉、醋酸丁酯、丙烯酸酯、引发剂进行乳液聚合反应,接着加入有机硅、引发剂进行接枝聚合,最后加入乳化剂和水而制成。其中丙烯酸树脂类单体用量在30%~40%,水的含量在50%以下。能形成无色光亮透明的漆膜,油光感强、柔韧性、耐候性及耐老化性好,该产品适用于中高档羊皮服装革的顶层涂饰。张仁权等人研制出的QSW型皮革滑爽光亮剂,是由有机硅滑爽组分和光亮组分(硝化棉和聚氨酯改性醇酸树脂)所组成,吸收了两者的优点,是一种价格低廉、综合性能良好的适合高寒地区应用的新型皮革顶层涂饰剂。

5.7.4 有机硅改性酪素

干酪素是含磷蛋白质,含有氨基(—NH$_2$)、亚氨基(—NH)、羧基(—COOH)等多种官能团,与皮革纤维通过次价键可以形成牢固地结合,酪素黏合剂具有黏着力强、成膜光亮、手感舒适、耐高温熨烫、透水汽、抗打磨等特点。在皮革涂饰浆料中适量地添加可以改善涂层的光泽、手感,降低塑性,提高耐高温熨烫等。所以,酪素是粒面革、修面革,特别是打光革的重要涂饰材料。但由蛋白质的结构特点所决定，酪素膜也存在着延伸性、不滑爽、耐曲挠性差、脆硬易折断，对水敏感，耐湿擦性能差等缺点，使用有局限性。

为了提高酪素的耐曲挠性、抗水性能，樊丽辉等人用含端基氮丙环

（ —N$\begin{matrix}CH_2\\|\\CH_2\end{matrix}$ ）的有机硅氧烷与酪素结构中的氨基（—NH$_2$）、羧基（—COOH）反应，提高改性酪素的耐水、耐曲挠、耐摩擦等综合性能的新方法，其改性合成原理是：

干酪素的化学结构简式：

$$H_2N-CH-CONH-CH_2CONH-CONHCH-COOH$$
$$\quad\quad\quad |R\quad\quad\quad\quad\quad\quad\quad\quad\quad\quad\quad\quad\quad |R$$

含氮丙环的有机硅氧烷化学结构简式：

$$\begin{matrix}H_2C\\\ \ \ \ \ \ \ \end{matrix}\!N-R-\!\!\left[\!\begin{matrix}CH_3\\|\\Si-O\\|\\CH_3\end{matrix}\!\right]_n\!\!-R-N\begin{matrix}CH_2\\\ \ \ \ \ \ \ \\CH_2\end{matrix}$$

酪素的氨基（—NH$_2$）与含氮丙环的有机硅氧烷的基本反应：

$$2Casein-NH_2 + \begin{matrix}H_2C\\\ \ \ \ \ \ \ \\H_2C\end{matrix}N-R-\!\!\left[\!\begin{matrix}CH_3\\|\\Si-O\\|\\CH_3\end{matrix}\!\right]_n\!\!-R-N\begin{matrix}CH_2\\\ \ \ \ \ \ \ \\CH_2\end{matrix} \longrightarrow$$

$$Casein-NH-CH_2-CH_2-NH-R-\!\!\left[\!\begin{matrix}CH_3\\|\\Si-O\\|\\CH_3\end{matrix}\!\right]_n\!\!-R-NH-CH_2-CH_2-NH-Casein$$

酪素的羧基与含氮丙环的有机硅氧烷的基本反应：

$$2Casein-COOH + \begin{matrix}H_2C\\\ \ \ \ \ \ \ \\H_2C\end{matrix}N-R-\!\!\left[\!\begin{matrix}CH_3\\|\\Si-O\\|\\CH_3\end{matrix}\!\right]_n\!\!-R-N\begin{matrix}CH_2\\\ \ \ \ \ \ \ \\CH_2\end{matrix} \longrightarrow$$

$$Casein-COOCH_2-CH_2-NH-R-\!\!\left[\!\begin{matrix}CH_3\\|\\Si-O\\|\\CH_3\end{matrix}\!\right]_n\!\!-R-NH-CH_2-CH_2OOC-Casein$$

有机硅氧烷主链是极性键，但侧链上连接的是非极性基团烷基，朝外定向排列，阻止了水分子进入到其内部，起到疏水、防水作用，同时大分子有机硅链段呈螺旋状结构，所以有机硅树脂具有十分优异的弹性及抗曲挠性。

通过化学反应把大分子有机硅链段引入到酪素结构中，同时封闭了极性强、对水敏感的氨基、羧基等基团，降低了改性酪素的亲水性，提高了其成膜的耐湿擦性能，使改性酪素的柔顺性增加，脆性减弱，耐曲挠性增强。

基本合成工艺：

酪素液的配制 ┐
含氮丙环有机硅氧烷的合成 ┘→接枝改性→取样检测→调 pH 值→过滤放料

主要技术指标：

外观：米黄色黏稠液

pH 值：7~8

固含量/%：20±1

贮存期：1 年不分层、不变质

含氮丙环的有机硅的合成　在 20~30℃低温下，乙烯基封端的有机硅氧烷与氮丙环的摩尔比为 1：1.2 进行开环加成反应，反应完全后，低温减压蒸馏回收残留氮丙环。

在用量相同的情况下，黏度大的含氮丙环有机硅氧烷改性酪素产品的柔顺性、耐曲挠性优，而黏度小的含氮丙环有机硅氧烷改性酪素产品柔顺性差，但耐湿擦性能优。因此，选用黏度 1000mPa·s 含氮丙环有机硅氧烷与酪素反应制成硬性改性酪素皮革涂饰剂，主要用于顶层或面层涂饰；选择黏度约 10000mPa·s 的含氮丙环有机硅氧烷与酪素反应制成柔顺性、耐曲挠性优的软性改性酪素皮革涂饰剂，主要用于皮革的底层涂饰。

当用黏度相同的含氮丙环有机硅氧烷改性酪素随着有机硅含量的增加，改性酪素硬度下降，耐水性增强。如图 5-17、图 5-18 所示。

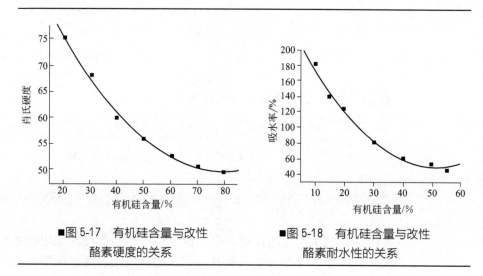

■图 5-17　有机硅含量与改性酪素硬度的关系　　■图 5-18　有机硅含量与改性酪素耐水性的关系

吸水率表示改性酪素成膜的耐水性能。吸水率越低，耐水性越好。随着有机硅含量的提高，吸水率降低，耐水增强。但有机硅含量太大，易造成凝胶，为了使有机硅改性酪素产品生产工艺稳定，通常有机硅含量控制在 30% 左右。

(1) 山羊鞋面革打光涂饰

改性酪素 1# （软）　　100 份　　　　金属络合染料水　10 份

改性酪素 5# （硬）　100 份　　　　水　400～500 份

喷涂、烘干、抛光，取皮样检测光亮度、耐曲挠、耐干湿擦。

(2) 绵羊软鞋面革涂饰

底浆：

颜料膏：100 份	金属络合染料水：10 份
改性酪素 1# （软）：100 份	FS-0509：160 份
FS-0510：120 份	水：100 份

喷涂、烘干、熨平。

面浆：

颜料膏：100 份	金属络合染料水：10 份
改性酪素 1# （软）：100 份	FS-0510：160 份
FS-0511：150 份	手感蜡：30 份
水：100 份	

喷涂、烘干、熨平。

顶涂浆：

金属络合染料水：10 份	改性酪素 5# （硬）：100 份
手感剂：20 份	交联剂：10 份
水：400 份	

喷涂、烘干、熨平，取皮样检测耐曲挠、耐干湿擦。

(3) 全粒面牛软鞋面革涂饰

底浆：

颜料膏：100 份	金属络合染料水：10 份
改性酪素 1# （软）：100 份	FS-0501：180 份
FS-0510：120 份	手感蜡 FS-0536：30 份
水：100 份	

喷涂、烘干、熨平。

上层浆：

颜料膏：100 份	金属络合染料水：10 份
改性酪素 1# （软）：100 份	FS-0501：180 份
FS-0510：120 份	手感蜡 FS-0536：30 份
水：100 份	

喷涂、烘干、熨平。

面浆：

金属络合染料水：10 份	改性酪素 5# （硬）：100 份
水性光油：180 份	FS-0510：100 份
交联剂：20 份	手感剂 FS-0531：30 份
水：100 份	

喷涂、烘干、压光，取样检测耐干湿擦、耐曲挠。

(4) 牛修面革涂饰

底浆：

颜料膏：100 份	改性酪素 1# （软）：60 份

FS-0509：180 份　　　　　　　　FS-0510：120 份
手感蜡 FS-0536：30 份　　　　　水：100 份
喷涂、烘干、熨平。
上层浆：
颜料膏：100 份　　　　　　　　改性酪素 1#（软）：100 份
FS-0511：120 份　　　　　　　　FS-0510：160 份
蜡液 FS-0530：30 份　　　　　　FSA-100：50 份
水：100 份
喷涂、烘干。
面浆：
金属络合染料水：10 份　　　　　改性酪素 5#（硬）：100 份
水性光油：100 份　　　　　　　手感剂 FS-0531：20 份
水：200 份
喷涂、烘干、压光，取样检测耐干湿擦、耐曲挠。
涂饰皮样性能测试结果如下：

项目	样山羊鞋面	绵羊鞋面	全粒面牛软鞋面	牛修面革
干擦/级	5	5	5	5
湿擦/级	4.5	4.5	4.5	4.5
耐曲挠	20000 次不断裂	20000 次不断裂	20000 次不断裂	10000 次不断裂

有机硅氧烷改性酪素可以提高柔顺性和耐水性。有机硅改性酪素皮革涂饰剂可以用于皮革的底涂，也可以用于皮革的顶涂或面涂，改善涂层的塑性，提高涂层的耐干湿擦、耐曲挠，使光泽自然，手感舒适。

广东省皮革化工研究所黄建铭等人研制了 PLF 光亮剂系列产品，是以专用树脂和改性有机硅聚合物进行合成，经油相配制、水相配制和乳液制备而成的，可作为顶层涂饰剂来使用，按 PLF：水＝1：(0.1～1)（质量比）比例调好的皮革光滑剂，喷于革面，进行烘干、熨烫，皮革表面滑爽、柔软，手感舒适。

5.8　有机硅树脂石材防护剂

我国是文明古国，各种石刻、石雕等石质文物既是国家的宝贵财富，又是不能再生的无价文化遗产和旅游资源。这些石质文物大部分暴露在自然界的风化环境中，特别是近代工业的发展、环境污染和酸雨对石质文物古迹的侵蚀更加严重。若不采取有效的保护措施，这些珍贵文物将不复存在。因此，研究新型材料用于石质文物的保护与修复，受到各国研究者的广泛重视。

石材的风化作用比较复杂，既有物理风化，又有化学风化和微生物作用。在风化损坏中，水起着特别重要作用，水引起膨胀开裂、冻融开裂破坏及钢筋锈蚀而破坏强度；墙壁受潮后，影响隔热、保温性能；墙壁涂层黏结力降低；大气浸蚀（风化）、石灰浸蚀或水使盐类溶解和迁移，由于雨水中SO_3的水使有害气体变成酸，腐蚀而产生凹凸不平的表面，损害强度和外观；由于雨水中的杂质或砖石内盐的浸出而产生各种污斑；水促进微生物繁殖和生长，容易生长苔藓、地衣、霉菌而损害墙壁外观。基于水破坏原因，石材保护涂层应符合以下要求：

(1) 涂层具有良好防水性，防止水对石刻的接触和渗入，同时具有一定透气性和渗透性，以便把石刻、石雕内部水、气排出，防止内部水、气引起涂层脱落。

(2) 涂层必须是无色透明，不能遮盖石刻原来底色。

(3) 涂层耐候性好，耐温热变化，要求至少十年以上不发生明显老化现象。

(4) 涂料化学性质稳定，不与石刻基体发生反应，涂料渗透能力强，渗透深度保证不会与表面风化层一起成片脱落。

5.8.1 石材防护剂种类

石材防护过程主要经历了由涂料、沥青到丙烯酸酯、不饱和聚酯、环氧树脂、有机硅树脂等几个阶段。其中，国内外研究最多的是有机硅树脂，它被石材保护剂中最有前途的防护材料。

(1) **涂料、油膏、沥青等防护材料**　这类防水材料的防水原理是通过堵塞砖石孔眼以排斥外面的水分浸入。由于毛细孔被封堵，造成建筑物不透气。因此，当水分从砖石孔隙排出时，它能冲破表面的防水涂层，致使涂层的寿命很短。此外，这些油性涂料长期暴露于环境中还会发生老化、褪色和剥离，并易吸收灰尘。

(2) **改性有机硅树脂防护涂料**　目前主要有丙烯酸改性的溶剂型和乳液型有机硅建筑防水剂，集丙烯酸涂料和有机硅涂料的优点，具有超耐候性、涂层附着力好、耐水性优异等特点。但由于其涂层较厚而使其应用受到限制。

(3) **表面成膜型有机硅树脂**　表面涂膜型树脂的防护原理是把有机硅树脂涂覆在预先处理的石材表面，形成一层光亮如镜的保护膜，与空气中的H_2O、O_2、CO_2等隔离开来。

该防水剂以独特憎水性、透气性及优良的耐候性，目前被认为是最优异建筑防水剂。通过与建筑材料的化学反应，有机硅在砖石基材表面生成一层几个分子厚的不溶性防水树脂薄膜。主要有水溶液型、乳液型、溶剂型等三种类型建筑防水剂。

国内外有许多专利文献报道此类树脂防护剂。日本专利 JP60-186,468 用有机硅和碱在酸性催化剂作用下反应,合成制备出透明防护剂。该防护剂中含有高浓度的有机硅化合物,用有机硅作为交联组分。如果石材预先处理不够,留在石材微孔内的水分、湿气和盐可加速石材的腐蚀。因此,日本专利 JP61-270,276 又提出用一种湿气固化型有机硅丙烯酸防护剂来涂覆。该防护剂主要由可水解的含硅丙烯酸树脂组成,合成的聚合物平均分子量为 15000。

表面涂膜型有机硅树脂的优点是:在石材上形成的保护膜,耐热、耐蚀、耐候,而且有增亮效果。其缺点是:一旦膜破损,难以修复,造成更严重的腐蚀。

(4) 渗透型有机硅树脂石材保护剂 渗透固结型树脂的防护原理是:通过石材表面渗透到石材内部 5～15mm 左右(甚至可达 50mm),与石材成分中的 SiO_2 反应固定在石材内,形成疏水性的保护层。

为满足人们对石材装饰的越来越高要求,特别是高档宾馆、饭店、娱乐场所以及文物保护,都需要既能防水、防污,又能保持天然石材本身的色彩和历史文物的原貌。而目前常用的成膜有机硅防水剂由于其不可回避的"反光现象"和长期的热胀冷缩易造成整块脱落而使其应用也受到一定的限制。为此,开发了高渗透型有机硅树脂保护剂。

此类树脂防护剂国内外有关文献报道更多:美国专利 US.4,478,911 中提出对多孔石材的表面处理使用一种含烷氧基硅烷、水、有机溶剂和聚合催化剂的单相液体混合物,使其通过渗透进入石材微孔隙内聚合,不但提高了石材的整体机械强度,又耐腐蚀。

四乙氧基硅烷、三乙氧基甲基硅烷、三甲氧基甲基硅烷等硅烷类单体渗透性强,经水解后在石材内部聚合,形成的树脂耐候性能优良,经过硅烷处理后的石材憎水性大大增加,而其水解聚合挥发出乙醇,使防护处理后的石材具有一定的"呼吸"功能。

将有机硅玻璃树脂与改性的丙烯酸、聚酯添加硅烷偶联剂、湿气固化剂、分散剂、流平剂制成清澈如水的液体,然后加入渗透剂醋酸丁酯制备而成。此防护剂在石材表面所形成的水膜如同玻璃,透明晶亮,柔和丰满。

5.8.2 有机硅树脂石材防护剂

有机硅树脂作为一种新型胶黏剂材料,被广泛用于石材领域,这是因为它具有良好的黏结性、透明性、疏水性、耐候性、密封性;耐高温、低温性能强;安全无毒,工艺简便。特别是用于天然石材表面的防护处理,既可弥补石材的原生缺陷,又可防止外生污染,长久地保持天然石材典雅大方、自然华贵的装饰效果。

有机硅树脂在石材上的应用原理是偶联剂的概念。即有机物与无机物之间由硅烷分子搭上一座"桥",与石材表同的羟基通过缩合反应形成化学键结合,从而大大提高了有机物与无机物的结合力度及耐久、耐候性。有机硅防护效应并不是由于多孔性砖石建筑材料的微孔结构或毛细管被其堵塞,也不是由于它在砖石建筑材料表面形成一层机械"屏障"所致,而是由于它与砖石材料毛细孔的四周壁及其表面发生化学反应,形成一层由小分子球形树脂排列的新的憎水表面(见图 5-19),因而它并不损害其多孔结构;又因为有机硅材料自由空间大,气体透过率也相当大,故也不妨碍砖石材料的透气性。

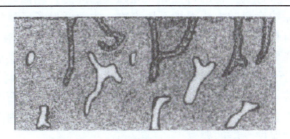

■图 5-19　经有机硅护理后的石材断面

混凝土和砖石大都是硅酸盐类建筑材料,其表面含有很多硅醇基($\equiv$Si—OH),在潮气作用下,这些硅醇基与有机硅憎水基分子发生缩合反应,而使防护剂的烃基连接在基材表面上。其反应方程如下:

(1) **有机硅先与水汽发生水解反应:**

$$R_mSi(OR)_{4-m} + (4-m)HOH(水汽) \longrightarrow R_mSi(OH)_{4-m} + (4-m)ROH$$

R 为—CH_3、—CH_2CH_3、—$CH_2CH_2CH_3$ 等

(2) 生成的硅醇基相当活泼,很容易在分子间或者与存在于混凝土和砖石表面上的硅醇基发生缩合反应。

$$nR_mSi(OR)_{4-m} \longrightarrow nR_mSi(OR)_{(4-m)/2} + [n(4-m)/2]H_2O$$

$$nR_mSi(OR)_{4-m} + n(4-m)(\equiv Si-OH) \longrightarrow n(\equiv SiO)_{4-m}SiR_m + n(4-m)H_2O$$

最后所形成的砖石表面分子结构可用图 5-20 表示:

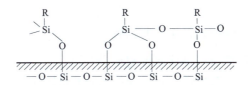

■图 5-20　GSP-54 与石材表面和孔隙内壁化学反应后的分子结构示意

由上可知,由于有机硅憎水基团键合到了石材表面上,使砖石建筑材料的表面张力降低到有机硅表面张力水平,从而使水的接触角增大(120°左右),实现所谓"反毛细管效应"和"水珠荷叶效应"。

由于烃基和硅原子之间的 Si—C 键，硅原子和砖石表面的 Si—O 键以及 C—C 键、C—H 键断裂所需的能量相当高（离解能：Si—C 键 301kJ/mol，Si—O 键 452kJ/mol，C—C 键 347kJ/mol，C—H 键 414kJ/mol）。因此，憎水基团与硅原子或硅原子与氧原子之间的键不会断裂，所形成的憎水层的寿命大体上等于基材的寿命。

5.8.3 有机硅树脂石材防护剂的制备

针对石质文物的特征和风化蚀变的原因，国内外均采用在石刻表面涂上一层保护涂料的方法保护石质文物。主要开发了环氧树脂、丙烯酸树脂、有机硅材料和多种无机材料，其中以烷氧基硅烷水解液为保护涂料效果较好。因为在聚硅氧烷侧基上引入部分烷基基团，使聚硅氧烷具有无机硅酸盐与有机高分子材料双重特性，具有优异耐候、耐老化、耐化学腐蚀和生物惰性。烷基烷氧基硅烷水解液成膜后，由于石材等无机岩石极性，使大部分烷基在涂层外表面，可阻止岩石外部水的渗入，而不影响内部残留水的排出，能满足石刻保护涂层的要求。

在催化剂作用下，将单体四烷氧基硅烷和烷基三烷氧基硅烷进行共水解缩聚。控制用水量及反应条件使其发生部分水解缩聚，得到具有一定聚合度的线形聚硅氧烷。未水解的四烷氧基硅烷和烷基三烷氧基硅烷在涂料涂于石材上固化时，又是线型聚硅氧烷的交联剂，使其成为三维网状结构，不需外加交联剂。由于在聚硅氧烷侧基上引入部分烷基基团，使聚硅氧烷具有无机硅酸盐与有机高分子材料双重特性，具有优异耐候、耐老化、耐化学腐蚀和生物惰性。烷基烷氧基硅烷水解液成膜后，由于石材等无机岩石极性，使大部分烷基在涂层外表面，可阻止岩石外部水的渗入，而不影响内部残留水的排出，有机硅在自然条件下使用寿命 15～20 年，满足石材保护涂层的要求。

将单体四烷氧基硅烷、烷基三烷氧基硅烷以一定比例与溶剂乙醇加到装有回流冷凝器的四口瓶中，搅拌均匀。加热升温到一定温度，加入计量水和催化剂，控制 pH 值 4～5，进行水解缩聚 3～6h。反应结束加碱中和，调节 pH 值至中性，降温出料，得到无色透明的聚硅氧烷溶液。

5.8.4 有机硅树脂石材防护剂性能

石材保护有机硅涂料性能见表 5-71。

石材保护有机硅涂料涂膜的红外光谱图如图 5-21。

从图 5-21 可知：3352cm^{-1} 为 Si—OH 的特征峰；2970cm^{-1} 为甲基 C—H 伸缩振动；1034cm^{-1} 为 Si—O—Si 伸缩振动；1266cm^{-1}、798cm^{-1} 为 Si—CH_3 伸缩振动；960cm^{-1} 为 Si—OC_2H_5 伸缩振动。

选用不同规格的不同石材，采用石材保护有机硅涂料刷涂 2 遍，48h 后测试它的憎水性、防污性、接触角等，结果见表 5-72。

■表 5-71　有机硅石材防护剂性能

项　　目	性能指标
外观	无色透明液体
黏度/mPa·s	10.5～17
固含量/%	20±2
干燥时间（25℃）	24h
附着力/级	1
柔韧性	1mm
铅笔硬度	3H～4H
耐冷热水循环（10～100℃，不小于30次，每次隔5min）	漆膜无损
耐温性（间隔0.5h，100℃—常温－24℃）	漆膜无损
耐酸性（0.1mol/L HCl，24h）	涂膜完好
耐碱性（0.1mol/L NaOH，24h）	涂膜完好
耐盐性（5% Na_2CO_3，24h）	涂膜完好
耐候性	室外放置1年，涂层不发黄，漆膜无损
易除性（在丙酮中浸泡20min）	涂层除去，大理石无变化

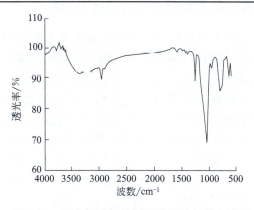

■图 5-21　聚有机硅氧烷树脂涂膜的红外光谱图

■表 5-72　不同石材涂刷有机硅防护剂前后的物性

项　　目		大理石（6mm 厚）	花岗岩（5mm 厚）	砂岩（8mm 厚）
憎水性	涂刷前浸泡24h增重/g	70～90	80～100	1000～1100
	涂刷后浸泡48h增重/g	8～10	7～10	190～230
	涂刷前后吸水率的减少/%	86～91	87.5～93	77～83
防污性（擦拭后观其颜色）	涂刷后滴蓝墨水立即擦拭	深	深	深
	涂刷后滴蓝墨水24h擦拭	无	无	有隐纹
	涂刷后滴铁锈水立即擦拭	深	深	深
	涂刷后滴铁锈水24h擦拭	无	无	无
接触角/(°)	涂刷前	0	0	0
	涂刷后	115～120	120～125	100～110
施工面积/(m^2/L)		20～25	15～20	8～11

注：1. 以上数据是基于$1m^2$的石材所测的结果；
　　2. 由于选用的石材和施工工艺不同，所测的结果会有所偏差。

石材保护有机硅涂料是有机硅树脂，它有着优异的防水、防污性能，非成膜性使它真正能够做到不改变石材外观，大大延长建筑材料的使用寿命，并能广泛地用于高档装饰以及文物保护。

随着有机硅树脂不断发展，在石材上的应用范围逐步扩大，如：天然石材的修补所用的胶黏剂是以铂型氢化硅烷为催化剂制造的有机氢化硅氧烷聚合物；具有耐候性的人造石材是用有机硅改性的树脂与经硅烷处理的无机填料制造而成的；还有石材强化、染色、蚀刻、清洗、施工等工艺过程，都分别用到了有机硅树脂。因此，有机硅树脂在石材领域的应用前景相当可观。

5.9 有机硅树脂在其他方面的应用

5.9.1 有机硅改性环氧树脂的电子封装材料

目前国内外有机硅改性环氧树脂的文献报道中，一般都是通过有机硅链端所带的活性端基与环氧基反应的方式来引进有机硅链段。这些方法消耗了环氧基，使固化网络交联度下降，因此增韧的同时也伴随着耐热性（T_g）的下降，不能使两者共同得到提高。现采用氯端基封端的有机硅与双酚A型环氧树脂中的羟基反应，生成Si—O键的方式来引进有机硅，得到有机硅改性双酚A型环氧树脂，改性过程中不消耗环氧基，还提高了树脂固化物的交联密度；然后，将改性树脂与各种电子封装用环氧相混合并共同固化，达到了既提高了环氧树脂的韧性、耐热性，又能明显降低吸水率的目的。

用两种带端基氯的有机硅-α,ω-二氯聚二甲基硅氧烷（DPS）和α-氯聚二甲基硅氧烷（CPS）分别改性普通双酚A环氧树脂（BPAER）和四溴双酚A环氧树脂（TBBPAER）。将改性树脂与固化剂N,N'-二氨基-二苯基甲烷（DDM）按一定配比混合（氨基氢与环氧基的物质的量之比为1:1），搅拌均匀后注入模具中，按80℃/3h+150℃/2h+175℃/1h工艺进行固化。

有机硅改性环氧树脂固化后的力学性能和热性能如表5-73所示。

■表5-73 纯环氧树脂、有机硅双端交联环氧树脂改性物固化后的力学性能和热性能

EP/DMS/DPS 各组分用量(质量比)	拉伸强度/MPa	断裂伸长率/%	冲击强度/(kJ/m²)	T_g/℃	备注
100/0/0	45.26	5.94	10.8	135.42	未改性
100/5.7/0	67.04	11.29	20.2	167.98	改性
100/0.7/5	45.94	6.10	12.1	160.56	改性
100/0.7/10	46.82	81.58	31.6	141.89	改性
100/0.7/15	42.29	5.62	3.0	135.96	改性

而当 $m(\text{TBBPAER}):m(\text{CPS})=100:10$ 时，固化物的冲击强度达到 17.2kJ/m^2，拉伸强度达 39.89MPa，断裂伸长率达到 5.60%，玻璃化温度达到 $147.0℃$；分别比未改性 TBBPAER 提高了 12.8kJ/m^2、28.26MPa、4.29% 以及 $7.9℃$。

有机硅改性环氧树脂电子封装材料具体做法。该有机硅改性环氧树脂：常温常压下，将 100 份的双酚 A 型环氧树脂与 0~20 份的烷基硅和 0~100 份的氯端基聚硅氧烷在有机溶剂中反应，反应完毕后，洗涤除去季铵盐，再减压蒸馏除去有机溶剂，得到产物改性树脂。再将得到的改性树脂与 0~200 份酚醛环氧树脂、0~100 份含溴型环氧树脂和 0~100 份含磷型环氧树脂相混合，用 0~80 份高温固化剂固化，即得性能更优良的电子封装环氧树脂材料，具有该领域要求的高 T_g、高韧性、低吸水率等优良性质。此外，工艺相对简单，成本相对低廉，有利于大量推广应用及工业化。

又如：将 E-44 环氧树脂环己酮溶液和分子量为 4200、22600 的端羟基聚二甲基硅氧烷（PDMS）二甲苯溶液加入三颈瓶中，加入催化剂，升温，回流反应。反应完后减压蒸馏制得环氧改性 PDMS 基料。E-44 与 PDMS 不同配比所得改性树脂的耐热性和弹性见表 5-74。

■表 5-74 配比对环氧改性树脂性能影响

E-44/PDMS($M=22600$)（质量比）	0	0.5	1.0	2.0	5.0
耐热性/℃	220	220	210	160	130
弹性	很好	好	较好	较差	差

随着共混比 E-44/PDMS 增大，环氧转化率增大，耐热性变差，弹性降低。共混比超过 1 后，环氧转化率增加不大，而耐热性和弹性下降较多，说明环氧树脂过量未与 PDMS 反应，只是与 PDMS 物理共混。可见物理共混不能很好地改善有机硅胶的性能，故共混比应控制在小于 1 为好。

用环氧改性有机硅 PDMS/E-44 树脂为基料，密封胶配方如下：

组分名称	配比/质量份	组分名称	配比/质量份
基料	100	膨润土	5~7
正硅酸乙酯	5~10	二月桂酸二丁基锡	5~10
气相白炭黑	5~8	WD-52 偶联剂	1~5

所制密封胶具有较好的弹性，黏结性较未改性有机硅密封胶大为提高，但固化时间增长。加入适量乙二胺等胺类固化剂可使固化速度大大加快，但须注意避免产生过多气泡。

■表 5-75　不同基料制密封胶性能

基料	PDMS(Ⅰ) ($M=4200$)	PDMS(Ⅱ) ($M=22600$)	PDMS/E-44	E-44
外观	无色液体	无色胶状	褐色膏状	黄色膏状
密度/(g/cm³)	1.09	1.12	1.44	1.82
流动性/s	20	45	65	55
固化时间/h	1	0.5	5	24
剪切强度(Fe-Fe)/MPa	0.04	0.12	0.98	—
弹性	很好	好	好	差

采用 E-44 环氧树脂与 PDMS 共混反应制得改性树脂，可作为单组分密封胶基料改善密封胶的性能，该法简便可行，具有良好的开发前景。表 5-75 为不同基料制密封胶性能。

5.9.2　有机硅改性环氧树脂在油墨中的应用

以二苯基二氯硅烷和二甲基二氯硅烷为原料，经水解缩合制得低分子量（2000 左右）含 α,ω 端羟基的聚甲基苯基硅氧烷［苯基/甲基摩尔比＝1/(4～5)］，该有机硅与 E-20 环氧树脂经碱催化共缩聚，其树脂作为油墨连结料，制成耐高温双组分油墨。

以有机硅改性环氧树脂为黏结料，加一定量钛白粉、甲苯或乙酸乙酯、增塑剂及光滑助剂，经混炼研磨制成 A 组分；取一定量液态酸酐为固化剂，配以适量增黏剂经充分混合制成 B 组分，分别包装备用。应用时取一定量 A 组分和 B 组分，添加适量乙酸乙酯或甲苯稀释，充分混合均匀后，经 100～150 目筛网过滤制成油墨。取金属铜片（100mm×100mm×0.3mm）或塑料基片，经表面净化，高温干燥处理后，将油墨印刷（用移印机或丝印机）至其表面，呈清晰标记，经 20～150℃分段升温固化成膜。

双组分油墨移印成膜的耐热、耐候性、耐溶剂性能及电绝缘性能列于表 5-76。可见有机硅改性环氧树脂双组分热固性油墨附着力达 2 级，耐热，耐寒，耐汽油，煤油的性能及电绝缘性能较好，因此该油墨能作为特种油墨，用于移印或丝印。

■表 5-76　移印油墨的成膜性能

附着力/级					表面电阻率 $/\times10^{15}\Omega$	体积电阻率 $/\times10^{16}\Omega$	击穿电压 $/(kV/mm)$
25℃	250℃/2h	−55℃/2h	煤油	汽油			
2	2	2	2	2	5～8	1～2	>25

5.9.3 有机硅树脂作为补强材料

未经补强的硅橡胶生胶强度很低,基本没有使用价值,而补强后的硅橡胶力学性能大大提高。传统补强方法是向生胶中添加白炭黑,但所得产品透明性稍差,且随着白炭黑用量的增加,胶料黏度急剧增大,造成加工困难,影响施胶工艺,无法满足那些既需要高强度,又需要良好流动性的产品的要求。以 MQ 树脂为补强剂则具有如下优点:

(1) 不增加体系的黏度,产品具有很好的透光性;

(2) 可单独使用,也可和其他补强材料混合使用。

影响 MQ 树脂补强效果的主要因素包括 M/Q 比值、官能团种类等。

(1) M/Q 比值的影响 M/Q 比值决定了 MQ 树脂与硅橡胶的相容性。当 M/Q 比值为 1.0 时,两者是完全相容的,看不到两者之间微观的相分离结构;M/Q 为 0.8 时,出现明显的微相分离,硅橡胶为连续相,MQ 树脂为分散相,分散相的尺寸很小(约为 5nm),且比较均匀;当 M/Q 为 0.6 时,分散相的尺寸明显增加,且很不均匀,分散相的尺寸约为 50nm。要取得良好的增强效果,适当的相分离是必需的,所以一般选择 M/Q 为 0.8 较好。

(2) 官能团种类的影响 官能团种类影响 MQ 树脂与硅橡胶之间化学键的强度,进而影响材料的力学性能。对于缩合型硅橡胶,MQ 树脂中硅羟基决定了它和硅橡胶之间的化学结合程度,随着硅羟基的增加,两者的化学结合程度增强,而相容性减弱,适当的羟基质量含量有利于补强。而对于加成型室温硫化硅橡胶,乙烯基 MQ 树脂具有很好的相容性和分散性,乙烯基可与交联剂发生硅氢加成反应而产生交联,从而与硅橡胶产生牢固的化学结合,提高硅橡胶的力学强度。随着乙烯基 MQ 树脂用量的增加,交联密度变大,交联趋于完善,力学性能逐渐得到改善;但当交联密度过高时,力学性能反而下降。这是因为当材料受到外力时,可通过集中交联点将应力均匀分散到众多分子链上,使材料抵抗外力的能力增强;但当交联密度过高时,交联点分布很不均匀,在外力作用下,应力容易集中在少数网链上,从而导致橡胶断裂。因此加入适量的乙烯基 MQ 树脂,能形成集中交联网络,使硅橡胶具有较好的拉伸强度和扯断伸长率。

5.9.4 有机硅树脂作为增黏剂

MQ 树脂中的有机链节可提高对硅橡胶的相容性并起增黏作用,硅氧烷链节对硅橡胶具有补强作用,可以提高压敏胶的内聚强度,因此可用作压敏胶的增黏剂。MQ 树脂作为增黏剂的最大特点是它与硅橡胶共混后不会使其脆化温度升高,从而使压敏黏合剂的低温黏附性极好。一般的压敏黏合剂在达到玻璃化温度时会失去压敏黏附性，而用 MQ 树脂增黏的压敏黏合剂在液氮温度下也能保持良好的压敏黏附性。此外，这种黏合剂还有以下突出特点：①对高能和低能表面材料都有良好的黏结性，特别对一些难粘接材料如聚四氟乙烯、聚酰亚胺、聚碳酸酯等有较好的粘接性能；②具有突出的耐高低温性能，可在-73~296℃长期使用，且在高温和低温下保持其黏结强度和柔韧性；③具有良好的化学惰性，使用寿命长，同时具有突出的耐湿性和电绝缘性能；④胶层无色透明。

目前大多数耐高低温压敏胶是以 MQ 树脂增黏的羟基封端的硅橡胶为主体原料，例如，耐火云母所用黏合剂是在此基础发展起来的。专利 CN 1477172 报道了以 MQ 树脂和羟基封端硅橡胶为原料，以碱为催化剂，制得耐高温有机硅黏合剂，180℃剥离强度达 20N/25cm 以上，200℃下长期使用不破坏。郭金彦等研制了耐高低温有机硅压敏胶并报道了最优配方和合成工艺，当 MQ 树脂/橡胶比为 1∶1 时，以甲苯为溶剂，二丁基二月桂酸锡为催化剂，过氧化苯甲酰为交联剂可制得初黏性、180℃剥离强度、持黏性均较好的压敏胶。尹朝辉等制备的 MQ 改性丙烯酸甲酯压敏胶，在保持较好的力学性能和绝缘性的同时，较大地提高压敏胶的耐高温性能。他们还发现 MQ 树脂含量为 0.3%~0.5% 时，压敏胶具有较好的综合性能。刘卫等以 MQ 树脂增粘硅橡胶制得的药用压敏胶具有很好的透气性，对人体皮肤无刺激，软化温度接近人体皮肤温度，能很快软化并与皮肤很好地接触。

5.9.5 有机硅树脂在精纺纯毛织物防缩整理中的应用

羊毛纤维具有手感柔软、光泽柔和、质地坚牢、保暖性和吸湿性优良等特点，制成的服装以独特高雅的风格和良好的穿着舒适性倍受越来越多消费者的喜爱，但羊毛纤维自身的特点使得毛织物在穿着过程中有一些不尽人意的缺点。羊毛纤维表面因具有鳞片层而产生定向摩擦效应，加上其优良的弹性和卷曲性，使得毛织物在水洗过程中会因机械外力作用产生毡缩，导致了织物的尺寸不稳定，这给消费者带来护理上的麻烦，影响羊毛服装的市场占有率。另外现行的氧化防缩工艺产生了可怕的"AOX"问题，必将被将来的环保法规禁止并淘汰。因此对羊毛织物进行生态防毡缩整理具有重要的研究意义。有机硅树脂合成时操作简便，成本低廉，用其对精纺毛织物进行防毡缩整理工艺流程短、条件易控制，且无环境污染问题，整理后的织物面积毡缩率都达到良好的"机可洗"效果，各方面性能指标均较好，具有较好的实际应用价值。

表 5-77 是有机硅树脂防缩整理对织物机械和服用性能的影响，从表中可看出经过处理后织物的面积毡缩率降到 2.4%，洗后平整度较好，抗弯长度和刚度都变小，弹性回复角提高，强力稍有降低。经过氧化前处理后纤维上生成大量阴离子性的硫代磺酸基，随后用有机硅树脂处理时，一部分树脂

与硫代磺酸基能成牢固的离子键结合，阻止纤维间的移动形变，另一部分树脂在交联剂的作用下与纤维大分子交联剂结合，形成一层柔软又有弹性的薄膜，提高了纤维在受力后的回复形变力，弹性提高，织物变得柔软有弹性，抗弯刚度和长度下降；同时减小了纤维和纱线间的摩擦阻力，降低定向摩擦系数，从而降低了毡缩率；织物的强力下降，这可能是由于 H_2O_2 前处理破坏了一部分胱氨酸二硫键，导致织物的强力下降，也有可能是纤维与树脂发生交联后存在许多焊接点，导致纤维承受外力时应力集中所致。

■表 5-77　有机硅树脂防缩处理后织物机械和服用性能的变化

处理方法	毡缩率/%	平整度/级	抗弯长度/cm	抗弯刚度/(mg/cm)	强力保留率/%	弹性回复角/(°)	手感/级
未处理	13.6	2	1.53	83.63	100	278	3
处理后	2.4	4.5	1.28	70.25	90	315	1

电镜扫描有机硅树脂防缩处理前后的照片如图 5-22 所示，图 5-23(a)为未处理羊毛纤维照片，图 5-22(b)为经过有机硅树脂处理后的电镜照片。通过观察可发现未处理的羊毛鳞片十分清楚，而整理后的鳞片模糊，纤维表面光滑。说明有机硅树脂的确在纤维表面上形成了一层光滑的弹性膜，确实把鳞片的边沿覆盖起来以限制羊毛纤维之间的移动变形，降低了定向摩擦效应，从而减小了织物的毡缩率。

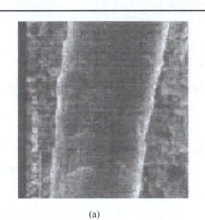 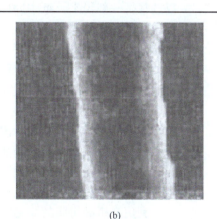

(a)　　　　　　　　　　　　　(b)

■图 5-22　电镜扫描照片

这里由于：① 有机硅树脂分子表面张力低于羊毛纤维的表面张力，常温下能迅速在羊毛纤维表面进行扩散、铺展与成膜，所携带的基团与羊毛肽键具有相似的结构，极易自动吸附在羊毛纤维上并与羊毛大分子形成氢键结合；同时在整理剂工作液中加入的交联剂能与羊毛纤维大分子和有机硅树脂形成化学键交联将树脂与羊毛纤维大分子连接起来，在纤维表面形成高分子弹性膜，将羊毛的鳞片层包覆起来，减小定向摩擦效应，达到防毡缩的目的。有资料研究表明,经过有机硅防缩整理后的羊毛纤维之间存在许多"焊接点",这些"焊接点"阻碍了纤维间的相对移动,对羊毛的防缩也起到了一定的作用。

② 经过氧化前处理后,羊毛纤维鳞片中的二硫键遭到一定的破坏,并生成亲水性的磺基丙氨酸,更有利于有机硅树脂在羊毛纤维上吸附成膜。经还原处理后的羊毛纤维生成了大量阴离子性的硫代磺酸基,随后用有机硅树脂处理时,一部分树脂与硫代磺酸基形成牢固的离子键结合,阻止纤维间的移动形变,同时减小了纤维和纱线间的摩擦阻力,降低定向摩擦系数,从而降低了毡缩率。

5.9.6 有机硅树脂在特种纸加工中的应用

硅树脂有乳剂型和溶剂型之分,它们各有长处和短处。使用溶剂型硅树能时,往往会因溶剂挥发而造成污染。但是由于它加工时干燥较快,生产效率甚高而受重视。此外,如果采用非极性的溶剂,如甲苯等物来溶解硅树脂,则其涂布液的稳定性和耐久性都要比乳剂型硅树脂的好得多。因此,在加工紧度较大的纸,如玻璃纸、高级纸时,多数工厂都用溶剂型硅树脂;而在加工紧度较小的纸,如牛皮纸、厚纸时,人们多受用乳剂型硅树脂。

对剥离纸施用的有机硅,其涂布浓度或涂布量必须根据纸的性质适当加以选择。一般说来,纸中固体硅树脂含量应为 $0.5g/m^2$,可采用迈耶型涂布机或辊式涂布机进行涂布。干燥后在 120~180℃下进行热处理。硅树脂的涂布量和纸的剥离性能有一定的关系,这又取决于原纸的密度或原浆的质量。例如,对于高平滑度、耐药剂的玻璃纸,以及性质与玻璃纸相近的基片来说,由于硅树脂渗透较慢,容易存留在纸幅表面上,故而能充分发挥效能。不论是使用溶剂型还是使用乳剂型的硅树脂,在树脂用量较少的情况下,往往会由于有机硅大量渗入纸内,而得不到预期的剥离效果。总之,一种剥离纸能否取得预期的剥离效果,也要看存留在纸面上的有机硅有多少。为了提高纸的密度和平滑度,可预先在纸上涂布一层诸如聚乙烯醇之类的亲水性成膜物质,并适当加以压光。

利用有机硅树脂的非黏结性加工制成的剥离纸用途很多。比如,仅以它作为压敏型粘贴纸而言,就有不少的商品品种,其中如糊墙纸、粘贴花砖、粘贴纸板,以及门窗用装饰材料、隔栅纸等。另外,作为日用杂品使用的是黏性纸带、粘贴纸、剥纸笔、封口胶纸等等。

5.9.7 有机硅改性聚氨酯用作弹性体

有机硅改性聚氨酯做弹性体具有较高的耐热性,其热变形温度可达190℃,其耐热性较好的原因,一方面是因为 Si—O 键热稳定好,另一方面是以聚硅氧烷为主体的软段有很好的柔顺性，对微相分离有利。张晨用二苯基硅二醇与己二酸、丁二醇制成聚酯二醇，再与多苯基多异氰酸酯反应，以三羟甲基丙烷为扩链剂，制得室温浇注有机硅改性聚氨酯。从测试结果看，以二苯基硅二醇改性聚氨酯，其耐热性稍有提高，但效果不理想。其原因可能是合成的聚硅氧烷聚酯二醇黏度太大，与异氰酸酯反应不充分；有机硅改性聚氨酯严重分相。陈精华等在无溶剂的条件下，利用不同分子量和官能团的聚醚、氨基硅油、二异氰酸酯合成了有机硅改性聚氨酯弹性体材料，其合成方法操作简单，易于实现，且无环境污染。采用该方法合成的有机硅改性聚氨酯弹性体材料与未改性的相比，具有更优良的力学性能、疏水性及耐热性。李彦涛、杨淑兰等将聚醚、有机硅材料在一定温度下脱水使之同异氰酸酯反应生成预聚体，在预聚体中加入泡沫稳定剂、催化剂、防老剂、填料、扩链剂、发泡剂、纤维搅拌均匀，然后倒入模具中熟化成型，脱膜，修整。即可得到耐热性较好的海绵垫衬弹性体。

5.9.8 有机硅改性聚氨酯在医学上的应用

有机硅改性聚氨酯的疏水性和生物相容性已经被成功地应用到医学上。一些著名的医疗装置生产商，比如 Kontron 公司生产的 Cardiothane51 是由质量分数为 90% 聚氨酯和质量分数为 10% PDMS 构成的嵌段共聚物，该产品有较好的血液相容性，已用于主动脉内气囊、人工心脏、导管和血管中。另外，该公司还生产室温硫化含游离硅的聚氨酯产品 Cardiomat40。英国医疗装置生产商 Aortech 国际公司收购了澳大利亚 Elastomedic Pty 公司及其聚氨酯生物材料 Elast Eon 的专利生产技术。Aortech 公司原在 Elastomedic 公司内拥有 33% 的股份。聚氨酯材料将纳入 Aortech 公司新型人工心脏阀门，并探索它用于一系列植入人体装置的可能性。Elastomedic 在过去 12 年内开发了 Elast Eon 材料，据称该材料把聚氨酯与高含量的有机硅结合起来，具有耐久性、柔韧性、血液相容性及在人体内的惰性。最近两年 Elastomedic 与 Aortech 公司联合开展了临床试验及商品化工作。聚氨酯弹性体具有优异的韧性、软触感及优异的耐湿气及耐多种化学药品性能，其生物相容性和血液相容性也很好，非常耐微生物，易于加工，能采用通常的方法灭菌，甚至暴露在 γ 射线下而性能无变化，可适合于所需的医疗环境。美国 Avcoereto 公司开发的聚氨酯-聚二甲基硅氧烷嵌段共聚物，有很好的机械性能，此材料在外循环血泵中应用，能满足人工心脏苛刻的要求。

利用有机硅改性聚氨酯的表面疏水性，作为纸张处理剂可以增加纸张的防水性。有机硅改性聚氨酯也被广泛用作密封胶、建材中的浸渍材料，用于替代矿物质，特别是水泥和沙石。此外何向东等合成了主链型联苯类及氧化偶氮苯类液晶聚硅氧烷聚氨酯弹性体，该液晶聚硅氧烷聚氨酯兼具液晶的性质和橡胶的弹性，具有良好的成膜性能，可制成各种液晶膜。日本 Tada

Hiroak 等人用有机硅改性聚氨酯在非水溶剂中包覆微粒而获得良好的分散稳定性。

5.9.9 水性聚氨酯-含硅丙烯酸酯织物涂层胶

聚氨酯（PU）乳液涂层具有防水透湿、柔软、耐磨和耐低温等特殊功能，在防水透湿织物涂层、皮革涂层中已得到广泛应用，但存在着耐水性差、耐候性不佳等缺点。而丙烯酸酯（PA）乳液涂层具有较好的耐水性、耐候性和耐化学介质等性能，但也存在硬度大、手感性能差、不耐溶剂等缺点。有机硅具有良好的耐热性、耐低温性、疏水性好，以及良好的透气性。若用丙烯酸酯、有机硅改性聚氨酯水分散体，则既兼有三者的优良特性，又能克服彼此的缺点，可大大拓宽其应用范围，用于织物的涂层整理，使织物具有良好的防雨防风，通气透湿，穿着舒适的功能，弥补了使用单一树脂带来的耐久性、手感和成本方面的不足。

自乳化功能的二羟甲基丙酸（DMPA）、聚醚二元醇（N210）、甲基丙烯酸-β-羟丙酯（HPMA）与甲苯二异氰酸酯（TDI）反应生成 C═C 双键封端的水性聚氨酯种子乳液。然后利用钴 60-γ 辐射法乳液聚合工艺，使端乙烯基 PU 乳液与 MMA、BA、EA 组成的丙烯酸酯混合单体、乙烯基硅烷[m(MMA)∶m(BA)∶m(EA)=35∶30∶35，且乙烯基硅烷的用量为 10%～15%]发生接枝共聚制备出稳定的水系聚氨酯-含硅丙烯酸酯（PUAS）乳液。其乳液胶膜在力学性能、耐候性、耐水性、柔韧性等各方面表现俱佳。根据涂层织物的种类及性能要求，加入柔软剂和增稠剂，得到 PUAS 织物涂层胶，其性能如下：

检验项目	辐射乳液聚合法
固含量/%	40
黏度/mPa·s	30000
胶膜吸水率/%	9.6
胶膜断裂强度/MPa	4.5
断裂伸长率/%	860
涂层耐静水压/Pa	1081（尼龙绸 210T） 7301（涤纶绸 190T） 4116（棉布 110×76）
涂层透湿量/[g/(m^2·d)]	13994（尼龙绸 210T） 2312（涤纶绸 190T） 4856（棉布 110×76）
涂层干摩擦牢度/级	4

由于采用辐射聚合法制备，使 PUAS 织物涂层胶不含甲醛，符合环保要求的绿色产品，制备的织物涂层胶性能优良。

5.9.10 有机硅乳液手套涂覆液

检查手套是一种超薄、随用即弃的一次性手套，穿戴起来手指触感和灵活性相当好，价格也低廉，不仅可以作为医疗卫生方面的防护手套，在生活中也可作为一般的卫生防护手套。检查手套是由天然或合成胶乳制备的，它们都具有自黏性，难以穿戴。因此，为使消费者穿戴舒适，需要对手套表面进行处理。检查手套是从滑石法型、改性淀粉型向无粉型过渡。因为粉剂存在过敏症及污染工作环境等问题，为此有粉手套已逐渐被无粉手套取代。

无粉手套涂覆液必须对天然及合成橡胶有较强黏合力，涂层有较高的强度和足够的伸长率，橡胶拉动时不会与其黏合的橡胶表面分离，橡胶与涂层之间伸长率不同而使涂层遭到破坏，不影响手套的耐曲挠和柔软性，耐磨且防水，提供良好的穿戴性，摩擦阻力小，滑爽性好。

聚氨酯分子链中的氨基甲酸酯键的特殊结构，具有良好的粘接力，弹性好，强度高，耐摩擦、耐油、耐候性好，但滑爽度不够，与聚氨酯相比，聚硅氧烷的主链非常柔软，表面张力低，摩擦系数小，耐水性好。但是，由于它的内聚力和密度低，因而强度偏低，对基材黏附力差。利用这两种高聚物的优点，将聚氨酯和有机硅乳液及一些助剂共混，聚氨酯能很好地黏附于橡胶制品的表面，在表面形成具有弹性及强度的涂层，而有机硅则因很柔软、不结晶，在表面富集，表面性能得到改观，防水性好，增加润滑作用，便于穿戴。

由聚醚多元醇（PPG）、异佛尔酮二异氰酸酯（IPDI）、N-甲基吡咯烷酮（NMP）、亲水单体、乙二胺（EDA）和异佛尔酮二胺（IPD）为扩链剂、交联剂、中和剂、消泡剂、湿润剂、表面活性剂等制得聚氨酯乳液，然后将其与有机硅乳液以 9∶1 的比例混合，再依次加入表面活性剂、消泡剂、湿润剂等，45℃搅拌 2h，自然冷至室温，制得手套涂覆液。

无粉手套制备工艺流程

工艺 A：手模→浸凝固剂→干燥→浸胶乳→干燥→浸涂覆液→干燥、硫化→翻面脱模。

脱膜后手套仅穿戴面进行了涂覆液的处理，接触面可采用喷涂硅氧烷乳液来处理。

工艺 B：手模→浸凝固剂→干燥→浸涂覆液→干燥→浸胶乳→干燥→浸涂覆液→干燥→翻面脱模。

通过聚氨酯与有机硅乳液共混作为柔软、滑爽的天然及合成胶乳手套无粉涂层，对其物理机械性能及老化性能无影响，无需使用传统的粉剂，解决天然及合成胶乳手套易粘连、穿戴不便问题。与有粉工艺、无粉工艺如卤化方法相比，水性聚合物以水为分散介质，对环境无污染，尤其是无需添加或改动工艺和生产装置，便可在生产联动线一次性完成，提高产品质量、档次，改善生产环境。

5.9.11 有机硅乳液用作金属表面的憎水膜

以聚四氟乙烯和硅溶胶为基础组分的水基憎水剂在化学镀镍膜和磷化膜上进行憎水处理。利用溶胶凝胶法将正硅酸乙酯、甲基三乙氧基硅烷和无水乙醇按一定比例混合，在60℃下搅拌30min，用稀硫酸调节水的pH值到2，缓慢滴入到上述溶液中，反应2h，停止加热，继续反应至室温。放置老化24h后，得到所需要的硅溶胶；然后将其硅溶胶与聚四氟乙烯乳液按一定比例混合，加水稀释并不断搅拌，反应10min即可得新型水基憎水剂BH-201。

采用浸涂法将化学镀镍预处理、磷化预处理后的45#碳钢浸没到水基憎水剂中，浸1~2min后提出，放入烘箱中，在化学镀镍膜层表面固化温度为150~200℃，固化时间1h，膜层增重为0.81mg/cm^2，表面获得憎水膜的憎水角达155°~157°；在磷化膜层表面固化温度为150~200℃，固化时间2h，膜层增重为0.54mg/cm^2，表面获得憎水膜的憎水角达146°~148°，其憎水膜层在1800次平面摩擦下的磨损失重仅为0.16mg/cm^2。与工业上常用的有机硅氧烷类憎水剂进行对比，BH-201憎水剂获得的憎水膜层与基材具有良好的附着力好和耐磨性、憎水效果优异、制备工艺简单等优点。因此，达到在金属构件表面超憎水和提高耐腐蚀性等目的。

5.9.12 有机硅乳液用作脱模剂

塑料因在其加工成型中塑料熔体与模具表面接触，往往会在它们的表面形成一种化学键，也会在两物体表面形成负压，因此存在着塑料成型的制品难以脱离，或者几乎不能脱离的状况。这时必须使用能够形成一层高效隔膜的添加剂，防止黏合作用的发生，以利于制品的脱模。这种添加剂就叫脱模剂。

脱模剂选用时，经济性和脱模效果都是不可忽视的重要因素。质量差的脱模剂会使产品表面产生龟裂皱纹，影响产品的外观和模具的使用寿命，并带来环境污染，而脱模剂的价格也是用户必须考虑的重要方面。从脱模性能上考虑，理想的脱模剂应具备下述特征：①脱模性优良，形成均匀膜薄而有效、且形状复杂的成型物时，尺寸精确无误；②脱模持续性好；③成型物表面光滑，不因涂刷发黏的脱模剂招致灰尘的黏着；④具有化学惰性，不与成型物发生化学反应、不腐蚀模具、不残留分解物；⑤二次加工性能优越，当脱模剂转移到成型物时，对电镀、印刷、涂饰、黏合等加工物均无不良影响；⑥不腐蚀模具，不污染制品，气味和毒性小；⑦具有一定的热稳定性、不因受热而碳化分解；⑧不易与成型材料混合、不影响制品色泽和后加工性；⑨清洗性好、易成型；⑩不污染环境等。

脱模剂载体具有：①载体（分散剂）与脱模剂的组分具有良好配伍性，起到分散作用；②具有高挥发性；③不腐蚀金属模具，安全、低毒（或无毒）；④不燃、无闪点、无爆炸；⑤对成型材料呈惰性。

此外，使用脱模剂时要注意涂覆均匀，用高浓度一次涂覆，不如以低浓度涂覆 2~3 次，可提高脱模性；脱模剂浓度要适当，过高会使气体停滞；在稀释水型脱模剂时，需用离子交换水或饮用水，不能用硬水；定期清除变质的脱模剂和污染物等。

常用的脱模剂有无机物、有机物和高聚物三类。无机物脱模剂有石墨粉、二硫化钼、滑石粉等粉末，在塑料工业中不常用。有机脱模剂有脂肪酸、脂肪酸皂、石蜡、乙二醇等，也常作润滑剂使用。高聚物脱模剂主要有有机硅、聚乙烯醇、醋酸纤维素及氟塑料粉末等，其中有机硅是最重要的脱模剂。

有机硅具有良好的润滑和防粘性能，脱模剂是它在工业上最早的应用之一。其优点是无毒、耐高温、抗氧化、不易挥发、不腐蚀模具、具有良好的喷出性，并能使脱模部件的表面具有良好的光洁性，表面张力适中，易成均匀的隔离膜，脱模寿命较长，加上对金属无腐蚀，对大多数橡胶、塑料不互溶，因此被广泛用作橡胶制品、塑料制品、金属铸造等的脱模剂，在聚氨酯、橡胶、聚乙烯和聚氯乙烯等树脂的加工中也广泛应用。缺点是脱模后制品表面有一层油状面，二次加工前必须进行表面清洗。

有机硅作为脱模剂主要有：油型脱模剂、溶液型脱模剂、乳液型脱模剂、硅膏型脱模剂、气雾剂型脱模剂。

有机硅乳液保持有机硅聚合物的界面特性，可在金属、塑料、橡胶、玻璃等加工中作为脱模剂使用。有机硅乳液由于是以水为溶剂（分散介质），无有机溶剂，使用方便、安全、无毒，改善作业环境，因此使用面广。使用时，可用水稀释。以典型的二甲基硅油乳液，对聚酯树脂涂于聚乙烯片上的脱模性试验表明，乳液稀释 15 倍以下，均具有良好的脱模效果。若和其他脱模剂混合使用，则效果更佳。如黏着性极强的聚氨酯树脂的脱模，单纯使用二甲基硅油乳液是不够的，需要添加石蜡、固态聚硅氧烷、改性硅油等才行。

长链烷基硅油用作脱模剂，其具有良好的抗黏性及润滑性、不腐蚀模具、无毒安全，可在模塑、浇注、封装及涂布等工艺中使用。适合用作聚氨酯内脱膜剂，可获得良好的涂饰、印刷及压纹等后加工性。长链烷基硅油脱模剂，一般以甲苯、工业汽油等稀释剂稀释到 2%~10% 的浓度使用或配成气雾剂、乳液使用。脱模后的塑料、橡胶制品可在其表面印刷、蒸镀、热压及涂饰。而一般的二甲基硅油脱模剂的制品，则很难在其表面印刷、蒸镀、涂饰。氨基硅油具有良好的润滑性和防黏性，无毒、耐高温、抗氧化且不易挥发，对金属无腐蚀，对大多数橡胶和塑料不互溶，同时它有很好的喷出性并使脱模部件的表面具有良好的光洁性。在脱模剂中它还常常能起到稳定的作用，防止脱模剂的分层。因此它是一种比较理想的脱模剂。

5.9.13 有机硅改性丙烯酸酯类水基压敏胶

（甲基）丙烯酸酯压敏胶一般低温柔韧性和高温稳定性差，难粘接低表面能的材料，而有机硅压敏胶却具有出色的耐候性、低温柔韧性、高温稳定性和对低表面能的材料粘接力强，通过物理共混或化学共聚合成（甲基）丙烯酸酯/有机硅复合压敏胶具有很大潜力。有机硅改性后的（甲基）丙烯酸酯类乳液压敏胶具有较好的固化性（既可加热固化，也可室温催化固化），具有良好的粘接性、耐油耐溶剂性、耐候性、耐水性以及良好的透气性等。

常用有机硅烷偶联剂有：甲基丙烯酰氧丙基三甲氧基硅烷、乙烯基三乙氧基硅烷、乙烯基三甲氧基硅烷、D_4、三甲氧基硅烷、四甲氧基硅烷。Lee 研制了一种硅酮乳液压敏胶：用于可储存的标签，胶带。Lee 研制了另一种硅酮乳液压敏胶：抗水抗湿抗汽油，对汽车涂料有好的黏合力。用含乙烯基硅氧烷和（甲基）丙烯酸酯共聚，当乙烯基硅氧烷单体的用量低时，乳液聚合反应稳定性和共聚物乳液储存稳定性都没有明显的变化，但用量高时，反应不稳，产生自增稠，导致搅拌困难，甚至凝胶。其原因是有机硅在水相中易发生水解、缩聚、交联反应。但是 Li 等人制成了一种高含量的有机硅压敏胶：有机硅的含量为单体的 16%～58%（摩尔分数）。张心亚等人研制了一种有机硅改性压敏胶，其最佳配方有机硅含量为 1%，此时初黏力 16#球，持黏力 16h，180°剥离强度 18.5N/25mm。

有机硅乳液在医药、化工、电子电气等方面亦有着广泛的用途。有机硅无毒，生理惰性，有机硅乳液可用于医药及制造医药的消泡剂、针头及注射器等的润滑剂、医用橡胶及塑料制品的脱模剂；在杀虫剂、除草剂、植物生长调节剂和微营养剂配制过程中用作润湿分散剂。汽车、家具类上光剂，如氨基硅油，无论是液态还是乳液形态，均可交联固化，适宜于金属、汽车抛光和软表面如装饰顶棚的抛光；除了光泽度好和易于抛光的优点外，氨基硅油在抛光中还可继续交联，与表面形成化学键，如氨基硅油与硬脂酸或月桂酸混合使用，均可提高抛光膜的耐久性和耐水性；用蜡上光，光泽仅保持 1 周，用含氨基硅油的抛光剂，可使光泽保持 2～3 个月。

目前有机硅微乳液的应用主要集中在织物整理、化妆品和表面处理等几个领域。但活性有机硅微乳液具有很高的渗透性，可用于柴油机密封圈的修复或多孔材料的防水；还可用于制备液压油等。今后拓展有机硅微乳液新的应用领域，如用于制备有机硅纳米粒子或微胶囊，用作药物、催化剂或生物酶的载体，以及如何采用简单的方法制备出粒径合适的硅树脂纳米颗粒，以降低生产成本，能大规模走向工业应用。

参 考 文 献

[1] 李因文, 沈敏敏, 马一静, 黄活阳, 哈成勇. 有机硅改性环氧树脂的合成与性能 [J]. 精细化工, 2008, 25 (11): 1041-1045.

[2] 洪晓斌, 谢凯, 盘毅, 等. 有机硅改性环氧树脂研究进展. 材料导报, 2005, 19 (10): 44-48.

[3] 袁立新, 狄志刚, 傅敏, 等. 常温固化耐高温环氧改性有机硅聚氨酯防腐涂料的研制. 上海涂料, 2005, 44 (11): 9-11.

[4] 衷敬和, 姜其斌, 黎勇, 陈红生, 李强军, 李钦. 有机硅绝缘浸渍漆的现状及发展趋势绝缘材料 [J]. 绝缘材料, 2008, 41 (6): 21-24.

[5] 冯圣玉, 张洁, 李美江, 朱庆增. 有机硅高分子及其应用. 北京: 化学工业出版社, 2004.

[6] 张建华, 林金火, 姜其斌. 有机硅改性不饱和聚酯的制备与应用研究. 绝缘材料, 2007, 40 (1): 11-13.

[7] 南方, 林安, 甘复兴, 等. 耐高温防腐涂料的研制. 装备环境工程, 2006, 3 (2): 17-22.

[8] 赵陈超, 章基凯. 有机硅乳液及其应用. 北京: 化学工业出版社, 2008.

[9] Wu C S, Liu Y L, Chiu Y S. Epoxy Resins Possessing Flame Retardant Elements from Silicon Incorporated Epoxy Compounds Cured with Phosphorus or Nitrogen Containing Curing Agents. Polymer, 2002, 43: 4277-4284.

[10] 王海桥, 李营, 荀国立, 等. 有机硅耐高温涂料的研究. 北京化工大学学报, 2006 (1): 61-64.

[11] 郭中宝, 刘杰民, 范慧俐, 等. 颜填料对环氧树脂有机硅耐高温涂料综合性能的影响. 现代涂料与涂装, 2007 (3): 13-14.

[12] 龚利华, 陈林. 耐热型环氧改性有机硅涂料的研究. 全面腐蚀控制, 2004, 18 (6): 27-30.

[13] 王荣国, 李二明, 史崇明. W-800℃有机硅耐高温涂料配方研究. 河北化工, 2005, 5: 51-52.

[14] 郭中宝, 刘杰民, 范慧俐, 陈敏, 张彪. 环氧改性有机硅树脂涂料耐温性能研究. 化工新型材料. 2007. 35 (4): 57-59.

[15] 邓明山, 金双喜, 黄海. 环氧改性有机硅耐高温涂料的研制. 安徽化工, 2000, (2): 27-28.

[16] 夏赤丹, 吴学军, 徐云丽, 余汉年. 常温固化环氧有机硅共缩聚树脂耐高温涂料的研究. [J]. 湖北化工. 2002, (6): 17-19.

[17] Sharif Ahmad, GuptaA P, Eram Sharmin, etal. Synthesis, characterization and development of high performance siloxane-modified epoxy paints. Progress in Organic Coatings, 2005, 54: 248-255.

[18] Ji Wei-Gang, Hu Ji-Ming, Liu Liang, et al. Water uptake of epoxy coatingsmodified withγ-APS silane monomer. Progress in Organic Coatings, 2006, 57: 439-443.

[19] 苏倩倩, 刘伟区, 侯孟华. 有机硅改性提高环氧树脂韧性和耐热性的研究. 精细化工, 2008, 25 (1): 23-27.

[20] 段伟. 张良均. 胡峰, 王立. 常温固化环氧改性有机硅耐高温涂料的研制. 现代涂料与涂装. 2009, 12 (11): 13-16.

[21] 张军科, 徐勃. 热环氧/有机硅/酚醛树脂涂料的研制. 2008, 138 (8): 10-12.

[22] 李玉亭, 张尼尼, 蔡弘华, 李海洋, 何祝丽, 罗仲宽. 有机硅改性环氧树脂的合成及其性能. 材料科学与工程学报, 2009. 27 (1): 58-61.

[23] 贾梦秋, 邓海锋. 耐高温有机硅树脂的合成. 化工新型材料, 2007, 7 (7): 146～48.

[24] J. Macan, H. Ivankoviʹc, M. Ivankoviʹc, H. J. Mencer. Study of cure kinetics of epoxy-silica organic-inorganic hybrid materials. Thermochim Acta, 2004, 414 (2): 219～225.

[25] Liu Yingling, Wei Wenlung, Hsu Kehying, Ho Wenhsuan. Thermal stability of epoxy-silica hybrid materials by thermogravimetric analysis. Thermochim Acta, 2004, 412 (1-2): 139～147.

[26] 张顺, 谢建良, 邓龙江. 有机硅改性环氧树脂耐热胶黏剂的研制. 材料导报, 2006, 20 (专

辑Ⅵ）：54-56.
- [27] Ananda Kumar S, Sankara T S N. Ther-mal properties of siliconized epoxy interpenetrating coating. Progress Inorganic Coating, 2002, (45): 323.
- [28] 彭荣华，等. 有机硅改性环氧结构胶的制备. 热固性树脂, 2002, 17 (5): 17.
- [29] Nagai M, et al. JP-Kokai 平 15-206.443, 438.2003.
- [30] Aoki R. et al. JP-Kokai 平 15-49.113, 118.2003.
- [31] Okumura T. JP-Kokai 平 12-265 061.2000.
- [32] Bragina N V, at al. RU 2 182 582.2003.
- [33] Matsumoto M. JP-Kokai 平 12-07740.2000.
- [34] Yamamoto A. JF-Kokai 平 12-63749.2000.
- [35] 毕辉，寇开昌，吴海维，王志超，张教强. 聚酰亚胺胶黏剂的改性研究. 中国胶粘剂, 2008.17 (7): 44-49.
- [36] USP 2003 166818.
- [37] 王东红，齐暑华，杨辉，张剑，武鹏. 有机硅压敏胶的研究进展. 粘接, 2006, 27 (2): 49-51.
- [38] USP 2003 065086.
- [39] US Patent 6, 013, 693 (2000, 1, 11).
- [40] HEYING et al, USP 6121368.2000.
- [41] HUTZ et al, USP 6201055.2001.
- [42] Avalon, Gary A, Bradshaw, MichaelA. PSA problem solving Paper. Film and Foil Converter, 2003, 77 (2): 18-19.
- [43] CushmanMichae, l OrbeyNese, Gilmanova Nina, et al High temperature applique films for advanced aircraft coatings. International SAMPE Technical Conference, SAMPLE 2004, 1619-1630.
- [44] Gordon G V, SchmidtR G. PSA release force profiles from silicone liners, probing viscoelastic contributions from release system components Journal ofAdhesion. 2000, 72 (2): 133-156.
- [45] USP 2004 041131.
- [46] Murray S, Hillman C, Pecht M. IEEE Transactions on components and packaging Technologies, 2003, 26 (3): 524-531.
- [47] 王劲，刘涛，冯树东聚酰亚胺胶黏剂的现状与研究进展. 化工新型材料, 2006, 34 (12): 1-5.
- [48] 章基凯，硅树脂 [B]. 中国氟硅有机硅材料工业协会技术培训中心, 2005.
- [49] 郭旭，黄玉东. 有机硅树脂合成及其共混改性研究. 合成树脂及塑料, 2003, 20 (6): 25-28.
- [50] 秦亮，陈麒，倪礼忠. 有机硅树脂改性方法. 玻璃钢, 2003 (4): 12-15.
- [51] 黎艳，刘伟区，宣宜宁. 有机硅改性双酚A型环氧树脂研究. 高分子学报, 2005 (2): 244-247.
- [52] 陈细容，刘宜茂. 有机硅改性醇酸树脂的研制. 广州化工, 2005, 33 (4): 37-39.
- [53] 林子云. 有机硅改性的涂料印花粘合剂的研制. 胶体与聚合物. 2004, 22 (2): 4-6.
- [54] 史小萌，马启元，戴海林. 硅烷化聚氨酯密封胶的研究进展. 新型建筑材料, 2003 (2): 44-46.
- [55] Silane-terminated PU soffer high flexibility for adhesives and sealants [J]. Urethane Technology, 2003, 20 (4): 22-26.
- [56] Philip C G, Lisa A M. Pitch pocket and sealant [P]. US: 2002/0115770, 2002-08-22.
- [57] 马仁杰，王自新，魏克超，王玲. 有机硅改性密封胶研究进展. 化学推进剂与高分子材料. 2005.3 (1): 22-27.
- [58] 倪雅，刘国彬，孟凡浩，晁兵. 硅改性聚氨酯密封剂综述及国内研究进展. 化工时刊. 2009.23 (8): 67-70.
- [59] 修玉英，王功海，罗钟瑜等. 硅烷偶联剂改性聚氨酯的研究. 化工新型材料, 2007, 1,

67~69.

[60] 张斌,孙海龙,矫彩山等.有机硅改性聚氨醋的合成与性能.中国胶粘剂,2005,14,4~7.
[61] 王文荣,刘伟区,苏倩倩.有机硅改性硅烷化聚氨酯密封胶的研制.化学建材.2007,23(4),33~35.
[62] 范兆荣,吴晓青,刘运学等.单组分硅氧烷改性聚氨酯密封胶的研制.中国胶粘剂.2008,17(4),41~43.
[63] 王荣昌,李颖.硅烷基聚氨醋(SPU)双组分弹性密封胶的研制.中国胶粘剂.2006,15(3),32~38.
[64] 王少强,邱化玉.有机硅改性聚氨酯在皮革中的应用现状及研究进展.皮革化工.2006,23(4):18-22.
[65] 黄文润.硅油及二次加工品[M].北京:化学工业出版社,2004,1.95~98.
[66] 王小萍,贾德民,庞永新.聚酯-聚硅氧烷嵌段聚氨酯弹性体的研究.特种橡胶制品,1999,20(2):1.
[67] 刘俊峰,胡友慧.聚氨酯改性有机硅体系性能的研究.高分子材料科学与工程,2000,16(2):106.
[68] 杨文堂,丁慧君,郭嘉.聚氨酯封底剂的合成应用研究.皮革化工,2000,17(2):27~28.
[69] 朱春风.耐溶剂型阳离子聚氨酯封底剂的合成及应用.中国皮革,2004,33(7):21~23.
[70] 王海虹,涂伟萍,胡剑青,等.核壳型有机硅改性丙烯酸聚氨酯乳液的合成研究.中国皮革,2005,34(9):6~8.
[71] 聂王焰,周艺峰.石刻保护有机硅涂料的研究.涂料工业,2005.35(8):16-19.
[72] 章基凯.有机硅材料.中国物资出版社,1999.
[73] 来国桥,颜立成,倪勇,邬继荣,薛敏钊.有机硅改性环氧树脂在油墨中的应用.功能高分子学报,2004,17(1):131-134.
[74] 黎艳,刘伟区等.电子封装用环氧树脂的增韧和提高耐热性研究.精细化工,2004,21:82-85.
[75] 韦春,谭松庭,刘敏娜,王霞瑜.高分子学报,2002,(2):187~191.
[76] EP 0449181,EP 0196645.
[77] 杨俊文,贺江平.有机硅树脂在精纺纯毛织物防缩整理中的应用.毛纺科技,2005.(1):28-30.
[78] 徐晓秋,杨雄发,董红,伍川,蒋剑雄.MQ树脂的制备和应用研究进展.化工新型材料,2009,37(10):5-7.
[79] 周玲娟,纪乐,王庭慰.MQ树脂补强加成型室温硫化硅橡胶的性能研究.橡胶工业,2008,55(1):31-33.
[80] 郭金彦,邱明伟,张恩天,等.耐高低温有机硅压敏胶粘剂的研制.中国胶粘剂,2003,12(5):23-28.